U0230025

宁夏回族自治区地勘基金项目　资助
宁夏回族自治区地球物理地球化学勘查院宁夏重磁资料开发利用技术创新中心　完成

宁夏区域重磁资料开发利用研究

李宁生　冯志民　朱　秦　刘天佑　曾建平　等著

地质出版社
·北　京·

内容提要

为达到地质勘查基金效益最大化，充分发挥勘查成果服务社会的目的，在宁夏回族自治区国土资源厅的直接部署和指导下，宁夏回族自治区地质矿产资源勘查开发创新团队提供技术支撑，由宁夏回族自治区地球物理地球化学勘查院和中国地质大学（武汉）合作完成《宁夏区域重磁资料开发利用研究》一书。全书以宁夏回族自治区1∶20万重力数据为基础，结合各比例尺地面高精度磁测、可控源音频大地电磁、激电与化探等物化探成果资料，总结分析了宁夏回族自治区全区岩（矿）石物性特征，采用多尺度滑动窗口线性回归分析法消除地形相关假异常，重新解译全区剩余重力异常、断裂体系和区域构造单元，预测全区金属矿、煤田、固原地区岩盐矿及六盘山盆地油气远景。

本书可供地球物理、地球化学、矿产地质等专业的技术人员及科研和教学人员参考。

图书在版编目（CIP）数据

宁夏区域重磁资料开发利用研究／李宁生等著. —北京：地质出版社，2016.12
ISBN 978-7-116-10068-8

Ⅰ.①宁…　Ⅱ.①李…　Ⅲ.①重磁勘探—研究—宁夏　Ⅳ.①P631

中国版本图书馆CIP数据核字（2016）第273050号

责任编辑：王春庆
责任校对：王洪强
出版发行：地质出版社
社址邮编：北京市海淀区学院路31号，100083
电　　话：（010）66554646（邮购部）；（010）66554578（编辑部）
网　　址：http：//www.gph.com.cn
传　　真：（010）66554682
印　　刷：北京顺诚彩色印刷有限公司
开　　本：787mm×1092mm　1/16
印　　张：23　　插页：1页
字　　数：560千字
版　　次：2016年12月北京第1版
印　　次：2016年12月北京第1次印刷
审 图 号：宁［2016］第20号
定　　价：180.00元
书　　号：ISBN 978-7-116-10068-8

（如对本书有建议或意见，敬请致电本社；如本书有印装问题，本社负责调换）

《宁夏区域重磁资料开发利用研究》

编著委员会

主　　任：李宁生[1]　冯志民[1]　朱　秦[2]　刘天佑[3]
曾建平[1]

副 主 任：安百州[1]　虎新军[1]　白亚东[1]　杨宇山[3]
张世晖[3]　许彩琦[1]

委　　员：陈晓晶[1]　周永康[1]　陈涛涛[1]　彭南宁[1]
商占玉[4]　刘　芳[4]　李媛媛[3]　黄思雷[3]
赵亚博[3]　王赛昕[3]　刘鹏飞[3]　朱　丹[3]
闵志伟[3]　赵福元[1]　仵　阳[1]　王东升[1]
吕　苗[1]　张　媛[1]　艾　宁[5]

1—宁夏回族自治区地球物理地球化学勘查院

2—宁夏回族自治区国土资源厅

3—中国地质大学（武汉）

4—宁夏回族自治区地质局

5—宁夏回族自治区地质调查院

前　言

全面、综合分析宁夏回族自治区（全书简称为宁夏）全区的物化探资料，运用新的物化探数据处理手段，结合地质资料解译宁夏全区构造、预测矿产靶区，是宁夏物化探人的夙愿。特别是针对大面积黄土覆盖，传统地质手段无法有效开展工作的地区，物化探人更要当好“先行者”，确保信息超前，为宁夏回族自治区地质局、宁夏回族自治区地球物理地球化学勘查院和其他地勘单位更好地发挥“资源保障、技术支撑、服务社会”的公益职能提供物化探技术保障。

为达到地质勘查基金效益最大化，充分发挥勘查成果服务社会的目的，在宁夏回族自治区国土资源厅地勘处的直接部署和指导下，宁夏地质矿产资源勘查开发创新团队提供技术支撑，由宁夏回族自治区地球物理地球化学勘查院和中国地质大学（武汉）合作完成《宁夏区域重磁资料开发利用研究》一书。全书以宁夏1∶20万重力数据为基础，综合1∶100万航磁、1∶1万等比例尺地面高精度磁测、可控源音频大地电磁、激电与化探等物化探成果资料，总结分析了宁夏全区岩（矿）石物性特征，采用多尺度滑动窗口线性回归分析法消除地形相关假异常，重新解译全区剩余重力异常、断裂体系和区域构造单元，预测全区金属矿、煤田、固原地区岩盐矿及六盘山盆地油气远景。

全书共分为十一章，第一章介绍宁夏全区的物探工作程度和宁夏自然地理、地质、地球物理概况，初步分析了现有资料，对以往资料中存在的不足进行了讨论，阐述了全区物化探资料二次开发的意义。第二章总结全区物性工作情况，补充采集与测定了全区部分地区物性标本，系统全面地完成了全区的物性统计工作。第三章着重介绍本次工作运用到的重磁数据处理方法技术。第四章分析宁夏黄土塬地区重力布格异常特征与高程形态的相关性，用多尺度滑动窗口线性回归分析法消除与地形相关的假异常，并用理论模型证实方法的有效性，重新编制了宁夏全区布格重力异常图，通过局部地区对比看出该方法很大程度消除了地形相关的“虚假异常”。第五章主要讨论以新编的布格重力异常数据为基础求取全区剩余重力异常，在全区圈定局部异常138个，并对各异常进行定性分析。第六章采用重磁数据处理新方法在全区解译断裂构造，以深部地球物理探测成果（深反射地震、大地电磁测深等）为佐证，结合地质资料，重新建立宁夏全区断裂构造分布图。第七章在综述宁夏重点金属矿工作区地质背景及前人物化探工作基础上，运用小波分析、2.5/3D人机交互反演、物性反演等方法，重点分析贺兰山北段、卫宁北山－香山地区、南西华山地区、西吉盆地等地区有利成矿区域，并对月亮山宁C－92－75航磁异常进行定性分析与定量解释，对比分析宁夏与甘肃地区区域重力、航磁异常特征，探讨两区区域构造与成矿特点。第八章、第九章、第十章主要利用小波分析，讨论宁夏全区煤田、固原地区岩盐、六盘山盆地油气的地球物理找矿标志，就不同矿种、不同地层所对应的不同阶次小波的特点进行细致讨论。在煤田预测中以勘探开发程度高的宁东、贺兰山煤田验证了预测方法的有效性，在此基础上预测了卫宁北山、香山－徐套、宁南等区的煤田远景。在固原地区岩盐矿预测中，提出岩盐地层沿李俊—硝口—和尚铺一线的重力梯级带，以及旁侧的剩余重力负异常带分布。在六盘山盆地油气资源预测中，划分一级远景区一个，二级远景区两个，三级远景区四个。第十一章对全书进行总结，并提出宁夏部分区域下一步工作建议。

本书综合多种国内外先进的研究方法，对宁夏全区的地球物理、地质构造、矿产预测等多个方面进行了较为翔实的研究，是地球物理学和地质学有机融合的典范，可供地球物理、矿产普查、区域地质、矿产地质等专业的技术人员阅读与参考。

作　者

2016年7月

目　　录

第一章
宁夏全区物探工作程度及地质地球物理特征

第一节　宁夏全区物探工作程度

宁夏全区物探工作程度较低，目前仅1∶20万重力工作覆盖全区，其余工作仅覆盖部分地区（图1－1）。

一、重力

1980～1990年，宁夏回族自治区地质局物探大队（现为宁夏回族自治区地球物理地球化学勘查院，简称宁夏物勘院）重力分队在宁夏全区及相邻省（区）的周边地带进行了1∶20万区域重力测量，完成面积约87000 km^2。重力观测原始数据经北京重力资料处理中心各项改正及预处理后，编制了全区自由空间重力异常等值线平面图、布格重力异常等值线平面图及相关的常规转换图，并按1∶20万分幅编制了调查区各幅的布格重力异常图及说明书。在完成1∶20万、1∶50万重力编图后，提交了《宁夏回族自治区1∶20万区域重力调查工作报告》。

根据重力资料解释了全区莫霍面埋深，银川地堑、海原凹陷、天环向斜等坳陷构造的平面展布轮廓与形态，区域性构造断裂及局部隆起构造的规模和分布特征。这些资料成果为基础地质研究、非金属矿产成矿预测、认识天然地震发生点分布的规律性等方面提供了地球物理依据。该次成果是宁夏目前最为完整的系统资料，工作精度较高，资料整理也较全。但二次开发滞后，除完成全区编图外，未进行过其他与矿产有关的相应工作。

1995年在海原凹陷进行过1∶5万高精度石油重力调查，解释了海原凹陷带基本情况。

二、磁法

1950～1957年，燃料工业部石油管理总局下属物探队、地质部地球物理勘探队先后在鄂尔多斯盆地西缘马家滩地区、六盘山地区、银川地堑开展了中小比例尺重磁及扭称、大地电磁和地震测量，其成果为发现马家滩油田提供了依据。

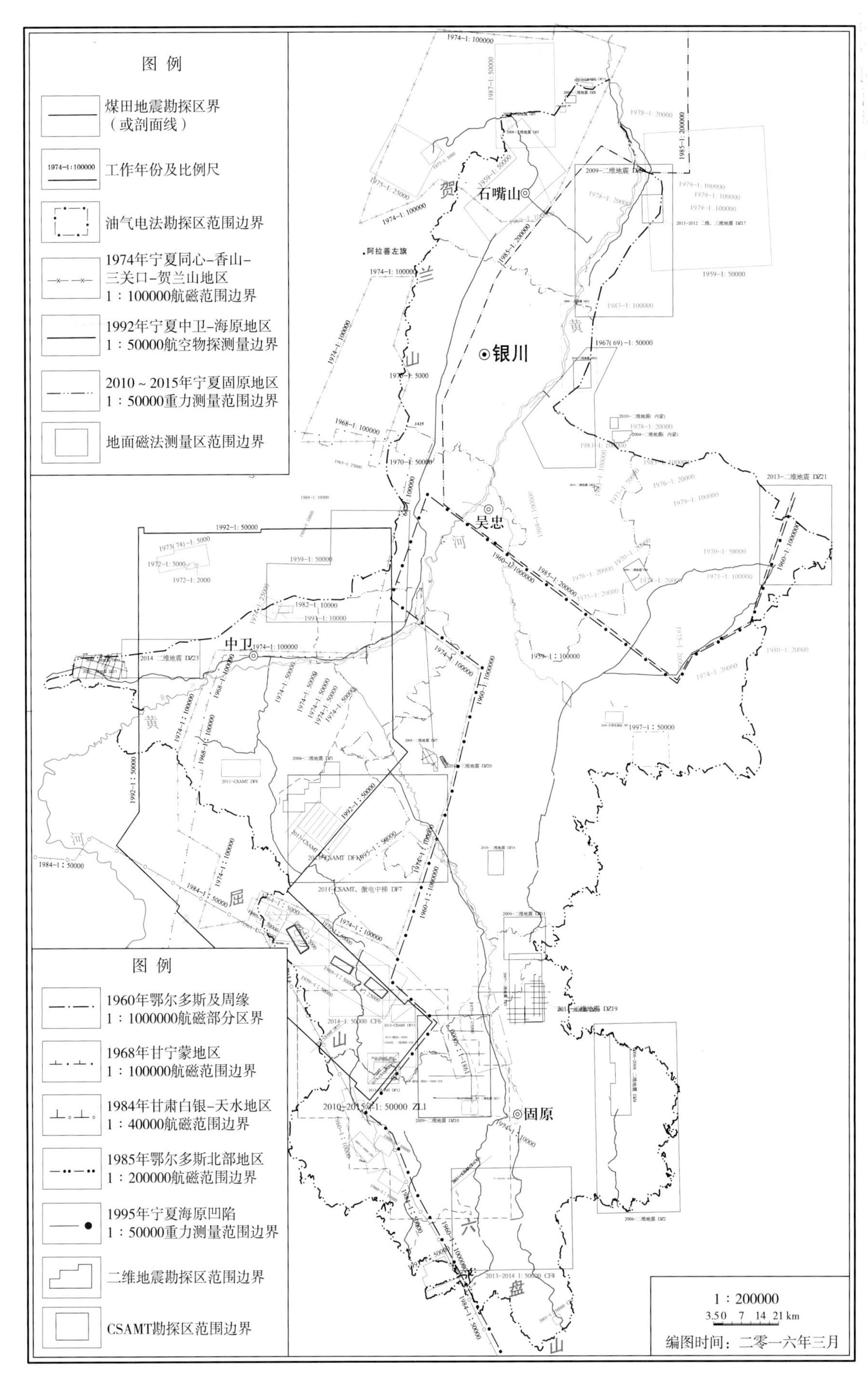

图 1-1　宁夏物探工作程度图

1960 年，地质部航空物探大队所属分队在鄂尔多斯盆地及周边地区开展了 1：100 万航空磁测。此次工作覆盖宁夏全区，该项工作成果在研究分析宁夏地区区域构造特征、基底构造、岩性分布等方面起到一定作用。

1968～1992 年，地质部航空物探遥感中心在贺兰山中北段、银川平原、陶乐—马家滩地区和卫宁北山—南西华山地区开展了 1：5 万～1：20 万的航空磁测，这些航磁资料在宁夏金属矿成矿预测、成矿远景区（带）的划分等综合研究工作中常被用到。

截至目前，在宁夏全区内共发现不同规模的局部航磁异常 50 余处，且主要集中于南西华山、月亮山、西吉—将台—兴隆—联财等地区。自 20 世纪 50 年代末至 2005 年，经Ⅰ级查证（钻探）的异常数仅占磁异常总数的 1/6，其余磁异常大部分按Ⅱ级查证要求，以 1：1 万至 1：5 万比例尺的地面磁测进行了检查。

宁夏全区内航空磁测工作程度较低的地区是青铜峡—盐池一线以南，东经约 106°以东范围地区，除 1：100 万航空磁测外，未进行过较大比例尺的航磁测量。北祁连磁异常在延续到南西华山、月亮山处中断，向西南其走向及异常特征不明。

三、其他物探方法

20 世纪 50～90 年代，宁夏地质局各物探分队，分别在卫宁北山、南西华山及六盘山等地区的 Au、Cu、Pb、Zn 矿（化）点分布范围内做过较大比例尺的常规电法测量，由于北部干旱造成的供电困难、仪器探测深度有限等原因，其找矿效果未能取得较大的突破。从 1995 年后几乎处于停滞状态。

1996～1997 年，宁夏地质工程勘察院物测公司、地球物理地球化学勘查院物探公司分别在位于清水河中游的河谷平原、罗山西麓山前洪积平原和中宁平原的饮用水水源地开展地面电法勘查。根据电测深解释资料，圈定出最有利的富含淡水区（带），所布水文钻孔打出水量满足要求、水质符合饮用标准的水井，为保证固原黑城、吴忠红寺堡、中宁恩和的城乡建设水源地做出了贡献。

宁夏煤炭资源丰富。含煤地层有上石炭统太原组、下二叠统山西组及中－下侏罗统延安组。以找煤为目的的地球物理勘探工作始于 1954 年，到 1979 年分别由地质、石油、煤炭部门下属各部委物探分队，在鄂尔多斯西缘断褶带中段及韦州地区开展找煤工作。工作方法有重力、地震及电测深和测井等，这些方法所取得的成果，对上述地区发现含煤区、含煤岩系和含煤构造起到了重要作用，同时为计算煤炭储量提供了基础物探资料。近年来，由于能源资源需求，有陕西、安徽、中煤、甘肃等煤田地质物测队及宁夏物勘院在灵武、盐池、韦州、六盘山等地开展了二维和三维地震预查、普查、详查等工作。

值得一提的是，至 2000 年，中国石化集团公司在六盘山地区已完成 1：5 万重力详查 2404 km^2（海原凹陷 1800 km^2，固原凹陷 604 km^2）；大地电磁测深剖面 12 条，共 1120 km；二维地震剖面 63 条，共 1969. 7 km；钻井 95 口，其中探井 6 口，进尺 13672. 8 m，浅井 89 口，进尺 43543. 19 m。2001 年，又在六盘山盆地完成了地震、重力、电法 3 条剖面共 221 km，电法 EMAP 剖面 13 条共 182 km，二维地震 128. 4 km，化探面积 3547 km^2。这些资料为在固原凹陷、海原凹陷寻找岩盐提供了丰富的信息。

四、存在的问题

覆盖全区的磁测资料是1960年地质部航空物探大队所属分队所测的1∶100万航磁资料，因为比例尺太小，地质效果不好。宁夏境内航空磁测工作程度较低的地区是青铜峡—盐池一线以南，东经约106°以东范围地区。北祁连磁异常在延续到南西华山、月亮山处中断，向西南其走向及异常特征不明。目前已有的1∶5万至1∶50万航磁由于飞行高度和精度不一，只能分片区应用。

2010年，宁夏物勘院利用1∶5万航磁资料和1∶10万航磁资料圈定了区内航磁异常60处，在对区内不同岩石磁性特征总结的基础上，对圈定的异常进行了初步定性解释，但是方法技术较单一，未进行综合研究分析。

2011年，宁夏物勘院在南西华山做了面积性的磁法，确定了异常的分布范围和形态特征，认为磁异常与海原群变质岩及侵入岩有关，与地质上的认识存在差异。

2011～2015年，宁夏物勘院完成固原地区1∶5万高精度重力、地震、电法和钻井资料。由于固原地区的岩盐矿区新生界的地层覆盖较厚，传统的方法并不能很好地剥离掉新生界的影响且使得解释结果与实际钻孔存在较大的偏差。

从航磁异常图、1∶20万重力布格异常图和全区地质图对比来看，在六盘山中南段的马莲乡地区呈现高重力、高磁场特征，但是该地区出露新生界，新生界应为重力低和无磁或弱磁性，显然物探结果与地质结果不符；西吉盆地呈现低重力、高磁场特征，该地区也为新生界覆盖，应表现为重力低和无磁性，物探结果与地质结果不符。

总的来说，宁夏区内重磁资料的利用率不高，处理解释方法较单一，综合研究程度不够深入。

第二节　自然交通地理经济概况

宁夏回族自治区位于中国西北部，是中国五个少数民族自治区之一，是祖国西北部一方物华天宝的热土。自治区地处黄河中上游地区，西北、东北边与内蒙古自治区接壤，西南、东南部与甘肃省、陕西省毗邻。全区南起北纬35°14′，北抵北纬39°23′，西自东经104°17′，东迄东经107°39′，总面积6.64×10^4 km^2。全区人口668×10^4人，其中汉族占63.68%，回族占35.56%，其他少数民族占0.76%，是我国回族聚居地区之一。首府银川市坐落于贺兰山下、黄河之滨，是一个风景秀丽的塞上古城，为全区政治、经济、文化的中心。现辖5个地级市、2个县级市、9个市辖区和11个县。

一、交通概况

宁夏交通设施较为发达（图1－2）。铁路有包（头）—兰（州）、宝（鸡）—中（卫）、太（原）—中（卫）—银（川）铁路干线及其支线，通车里程783 km；公路主要有高速公路G6(北京—拉萨)、G20(青岛—银川)、G70(福州—银川)、G2012(定边—武威)，

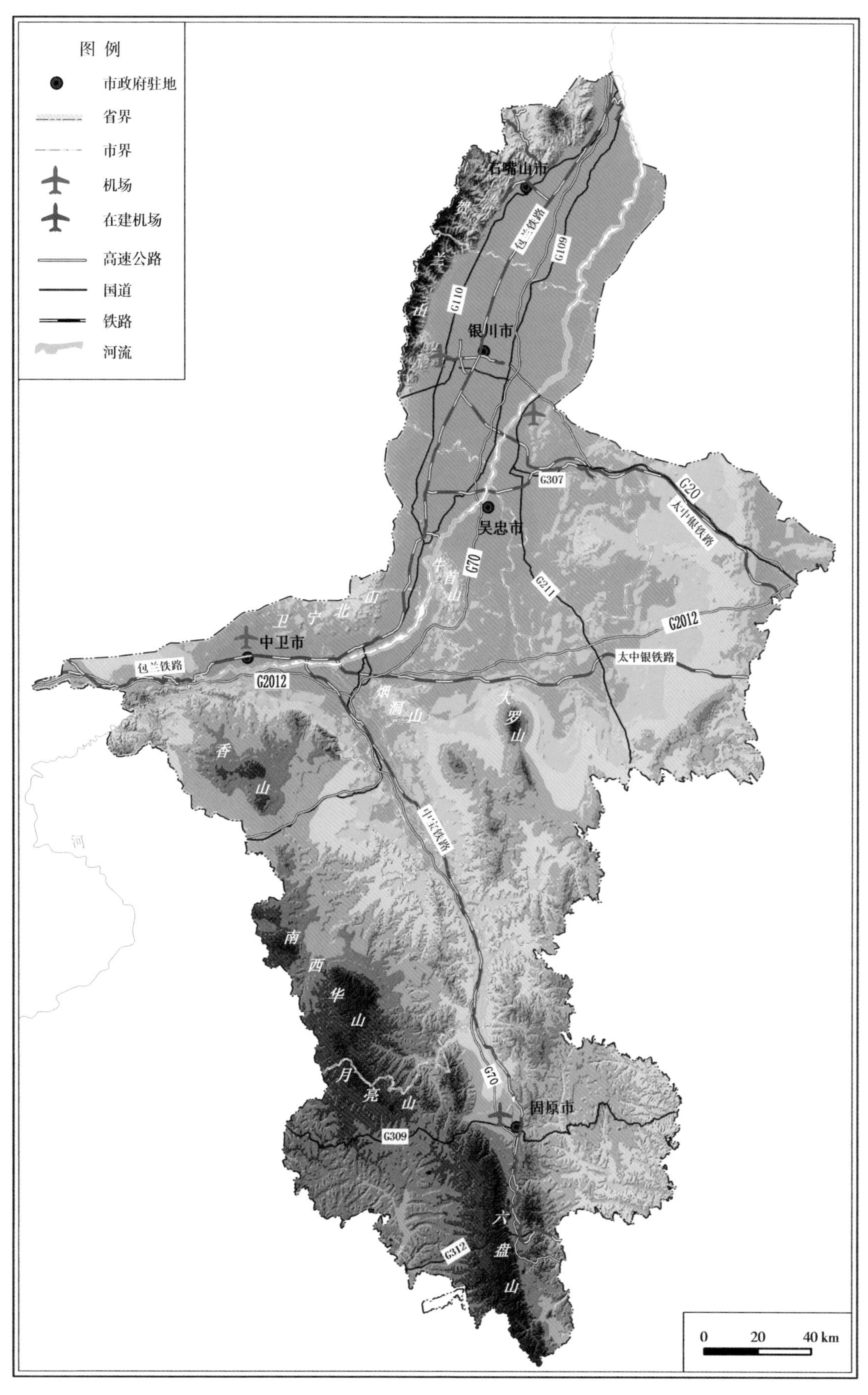

图1-2 宁夏交通概况图

（据《宁夏回族自治区区域地质志报告》，2013）

国道 G109（北京—拉萨）、G110（北京—银川）、G211（西安—银川）、G307（河北黄骅港—银川）、G309（山东荣成—固原—兰州）、G312（上海—新疆霍尔果斯口岸）及省道等，通车里程 26522 km。另外还有银川河东机场、中卫香山机场和固原六盘山机场三个民用机场，开通北京、上海、天津、广州、沈阳、西安、青岛、济南、太原、乌鲁木齐、南京、成都、重庆、长沙、郑州、台北等 40 余条航线，通航里程 61406 km。宁夏邮电通信设施和技术装备的现代化程度是西部最好的省份之一，形成了以西安—银川—兰州—乌鲁木齐和北京—呼和浩特—银川—兰州光缆为干线的大通络光缆传输网，通达全区各县的移动通信网和数字微波网以及多媒体信息网。

二、自然地理

宁夏地跨黄土高原和内蒙古高原，海拔 1000 m 以上，地势南高北低。地貌兼有山地、高原、平原和沙（丘）地。

山地主要分布于西部。挺拔于西北部的贺兰山为北北东走向，绵亘延伸 200 余千米，主峰敖包圪垯海拔 3556 m，也是全区最高峰。贺兰山不仅恰成宁夏、内蒙古两区的自然分界，也是我国内流区和外流区的主要分界，起着扼制西北寒风侵袭银川平原、阻挡腾格里沙漠东移的天然屏障作用；耸峙西南部的六盘山，大致为北西西走向，向南延入甘肃境内，一般海拔 2000 m，其主峰米缸山海拔 2942 m，为陕北黄土高原和陇西黄土高原之界山及渭河与泾河的分水岭；境内西南的南华山与西华山略呈北西－南东向遥相对应，海拔分别达 2955 m 和 2703 m；高矗在黄河之南的香山、牛首山，基岩裸露，山势峥嵘。香山主峰海拔 2357 m。大罗山、小罗山近南北向巍然屹立于宁夏腹地，大罗山最高海拔 2624 m。

宁夏东部的黄土高原位于黄河以南及六盘山以东，是我国黄土高原的一部分。黄土覆盖厚度百余米，大致由南向北厚度渐减。

宁夏平原位于贺兰山脉与鄂尔多斯高原、黄土高原之间，属断陷冲积平原，南起沙坡头，北至石嘴山，海拔 1100～1200 m。在青铜峡以北为银川平原，南北长 150 km，东西最宽 40 余千米；其南为（中）卫（中）宁平原，长不足 100 km。宁夏平原地势平坦，自古受益“黄灌”之利，为本区主要农业区。

主要河流有黄河及其支流清水河、苦水河、红柳沟、葫芦河、泾河、茹河等。黄河是本区最大的河流，自中卫市南长滩入境，呈东西向穿过卫宁盆地，至鸣沙变为近南北向，穿青铜峡入银川盆地，呈北北东向沿盆地东缘蜿蜒北流，至石嘴山市头道坎北的麻黄沟出境，区内流程 397 km。宁夏中、南部地区的黄河支流，大体以六盘山为中心呈放射状分布。北流的清水河源出于固原境内六盘山东侧。它与苦水河、红柳沟、祖历河等水系多下切黄土及其下伏的红色地层。河水溶解大量硫酸钠盐类，不宜人畜引用和灌溉，具水量小、水质差、含沙量大等水文特征。南流的葫芦河、泾河、茹河等水系，一般具有水量较大、水质较好、含砂砾亦大的水文特点。同心、南山台子及盐（池）环（县）定（边）等扬水工程的建成，对改善宁夏人民生活具有重要意义。

宁夏地处内陆，冬季正当西北高寒气流南下之要冲，夏季处于东南湿润气流北行的末梢，形成明显的大陆性气候。其基本特征是：辐射强、日照长、温差大；南凉北暖、南湿北干；冬寒长、夏热短、春暖快、秋凉早。

宁夏年太阳总辐射为544.28～640.58 kJ/cm^2。年日照时数为2000～3000 h，是我国太阳光能源最丰富的地区之一。宁夏平原年平均气温8～9℃，六盘山地区5～6 ℃。银川最高平均气温25.4℃，极端高温39.3℃；最低平均气温-14.6℃，极端低温-30.6℃。平原地区全年无霜期4～5个月，南部山区3～4个月。年陆面蒸发量约1000 mm以上，银川平原只有1600 mm。六盘山、贺兰山是宁夏南、北两个低温、多雨中心，年平均气温分别为0.9 ℃和-0.8 ℃，年降水量分别为700 mm和200 mm。全区夏季降水量约占全年的60%，有利于作物生长，但时有冰雹危害，尤以南部山区为甚。

宁夏植被主体为草原群落，自南而北由干旱草原向荒漠草原及草原化荒漠过渡，旱生性是其基本特征。据2000年调查统计，宁夏的林地面积为115.34×10^4 km^2，其中有林地14.65×10^4 km^2，疏林地1.52×10^4 km^2，灌木林27.91×10^4 km^2，未成林造林地2×10^4 km^2。全自治区森林覆盖率为8.40%。天然次生林主要分布于六盘山、贺兰山和大罗山，多属中、幼龄林。

宁夏土壤包括地带性土壤、山地土壤、水成或盐成土壤及耕地熟化土壤四大系列。南部黄土丘陵区与干旱草原植被相适应，发育黑垆土；中、北部与荒漠草原相匹配，发育灰钙土。山地土壤分布于贺兰山、六盘山、罗山等地，自下而上主要类型有山地草甸土、山地棕壤、山地灰褐土、山地灰钙土；平原上地下水位较高或地面积水的低洼地区发育隐域性的水成、盐成土壤，包括草甸土、湖土、盐土及白僵土。

三、经济概况

宁夏山川秀丽，物产资源丰富。黄河灌区的银川平原，自然条件得天独厚，素有“塞上江南”之美称。这里沃野千里，沟渠纵横，稻香鱼鲜，旱涝保收，盛产水稻、小麦、油料、甜菜和瓜果，是全国商品粮基地之一。南部山区宜林宜牧，东部26664 km^2草原是很有发展前途的天然牧场。宁夏出产的枸杞、甘草、贺兰石、滩羊二毛皮和发菜被誉为红、黄、蓝、白、黑“五宝”，驰名中外，久负盛名。

宁夏矿产资源较为丰富，开发潜力较大。目前已发现36种矿产，主要有：煤、石油、天然气、铁、铜、铅、锌、镁、金、银、石膏、盐、芒硝、磷、石灰岩、白云岩、石英（砂）岩（硅石）、黏土等，其中煤、石膏、石灰岩、白云岩和石英（砂）岩（硅石）是优势矿种。

自1958年自治区成立以来，经过50多年的发展，宁夏已基本形成了以煤炭、电力、化工、冶金、机械、轻工、建材、医药、食品等为主的工业体系，主要工业产品有40个大类、2000多个品种。宁夏煤炭资源丰富，已探明资源储量314×10^8 t，其中宁东煤田查明煤炭资源储量273×10^8 t，石油、天然气也有一定储量，铀矿、煤层气、页岩气等资源同样有很好的前景和潜力，具备发展油气化工、煤化工乃至核能的良好条件，已成为西北地区重要的能源和煤化工基地。宁夏电力工业发展潜力很大，规划建设火电装机2500×10^4 kW左右，宁夏已被国家确定为四个“西电东送”火电基地之一。

宁夏2012年地区生产总值2341.29亿元，人均地区生产总值36394元。2012年全区采矿业增加值256.67亿元，占全区地区生产总值的11%，占第二产业增加值的22.1%，占工业增加值的29.2%。

第三节　地质概况

一、地层

宁夏境内新生界覆盖甚广（表1－1）。前新生界基岩出露于贺兰山、卫宁北山、香山、牛首山、罗山、西华山、南华山、月亮山、六盘山、青龙山山区及灵武、盐池台地，南部黄土区沟谷中也有零星分布。区内出露最老的地层为贺兰山北段的古元古界贺兰山群，其中深变质岩系，厚逾万米。分布在西华山、南华山和月亮山的中元古界海原群主要为绿帘阳起石英片岩、云母石英片岩、大理岩等中浅变质岩系。这些变质岩系构成宁夏大地的古老结晶基底。

自中元古代开始，大体以青铜峡—固原一线为界，其北东部为鄂尔多斯盆地西缘，属华北型沉积；南西部属祁连型沉积。前一地区中元古界为碎屑岩－硅质白云岩沉积，寒武系—奥陶系为连续沉积的碎屑岩、泥质岩、碳酸盐岩等。自晚奥陶世早期（南部从晚奥陶世晚期）开始至早石炭世，该区隆升，缺失沉积。

祁连沉积区（宁夏境内）尚未发现新元古界及寒武系；中、上奥陶统香山群为数千米厚的碎屑岩－碳酸盐岩；志留系为碳酸盐岩－碎屑岩，中、下泥盆统为红色砂砾岩，中、上统陆相红色碎屑岩建造；下石炭统为膏盐型蒸发岩沉积。

中、晚石炭世，祁连区与鄂尔多斯盆地西缘区沉积特征趋向一致，均形成了海陆交互相陆屑含煤建造。二叠纪开始发生海退，全区形成以陆相为主的沉积，盆地西缘区下部含煤，而祁连区则夹有大量的火山碎屑岩。三叠系是宁夏主要含油层，侏罗系为山间盆地的碎屑岩含煤建造。全区缺失晚白垩世和古新世沉积。自始新世以后，在主要山体外侧地区广布红色河湖相沉积。

第四纪以来，其沉积物分布广泛，约占全区总面积的67%。河湖相沉积物主要分布于银川平原、卫宁平原、清水河及苦水河谷地内；洪积物分布在贺兰山、牛首山、罗山等山前平原和灵盐地区。第四系厚度以银川平原最厚，达1600 m左右，卫宁平原厚约250 m，清水河谷地厚270 m，海原盆地厚达500 m，其他地区厚度较小。风积物在宁夏北部为风成沙土，南部为黄土沉积。

二、岩浆岩

宁夏岩浆岩出露很少，各类岩浆岩出露面积约102 km^2，其中侵入岩出露面积100 km^2，火山岩类（不包括火山碎屑岩）约2 km^2。在岩石类型上，主要为中－酸性侵入岩及少量基性岩；地质时代上，古元古代末期岩浆岩分布在贺兰山中－北段，早古生代晚期岩浆岩分布在南华山、西华山及月亮山一带；晚三叠世末期基性火山岩仅在贺兰山北段汝箕沟出露。根据岩浆活动时期简述如下。

1. 古元古代变超基性侵入岩

见于贺兰山北端的达拉不盖—柳条沟一带，侵入于古元古界贺兰山群中，岩体呈豆荚

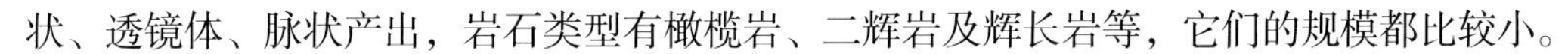

状、透镜体、脉状产出，岩石类型有橄榄岩、二辉岩及辉长岩等，它们的规模都比较小。

2. 古元古代末期黑云斜长花岗岩

分布在贺兰山中段黄旗口一带，呈岩基状产出，南北长约 20 km，平均宽约 4.5 km，出露面积约 90 km^2。

3. 早古生代辉绿岩

沿中－上奥陶统香山群硅质岩及下部砂、板岩层间侵入，呈岩床状产出，厚数米至几十米。

4. 早古生代晚期花岗闪长岩

岩体主要分布于南华山、月亮山，在西华山之南西与甘肃交界处也有出露，其产出呈岩株状、岩瘤状，延展面积 1～2 km^2，侵入于中元古界海原群。

5. 三叠纪玄武岩

出露于贺兰山北段古拉本一带，侵位于上三叠统延长群顶部。

此外，在南华山、西华山、贺兰山、卫宁北山及固原等地发育一些规模不大的脉岩，常见的有辉绿岩脉、闪长岩脉、闪长玢岩脉、石英（或花岗）闪长玢岩脉、花岗斑岩脉、花岗岩脉等。

三、构造

宁夏大地构造单元综合区划划分到五级。其中，一、二级构造单元遵循全国统一划分命名；三、四级构造单元划分命名采用三段式，即：地名＋主构造时代＋构造属性；五级构造单元划分命名采用地名＋构造形态。这样就将宁夏大地构造划分为：1 个一级（Ⅰ）构造单元（柴达木－华北板块），3 个二级（Ⅱ）构造单元（华北陆块、阿拉善微陆块、祁连早古生代造山带），3 个三级（Ⅲ）构造单元（鄂尔多斯地块、腾格里早古生代增生楔和北祁连中元古代—早古生代弧盆系），5 个四级（Ⅳ）构造单元（鄂尔多斯西缘中元古代—早古生代裂陷、鄂尔多斯中生代坳陷、卫宁北山－香山晚古生代前陆－上叠盆地、景泰－海原中元古代—早古生代弧后盆地和白银－西吉中元古代—早古生代岛弧），12 个五级（Ⅴ）构造单元，包括褶断带、冲断带、大型断（坳）陷盆地、大型向斜构造等（图 1－3；表 1－2）。

四、矿产概况

宁夏非金属矿产丰富，尤其是煤炭、石膏、石灰岩、白云岩、硅石、黏土矿等更属优势资源，其中煤和石膏居国内前列。金属矿产有铁、铜、金等小型矿床。金、银、铜、铅、锌等多金属矿化也比较发育。

根据宁夏全区煤炭资源赋存规律划分了四个煤田，北部贺兰山煤田、中部宁东煤田、中西部香山煤田、东南部宁南煤田。贺兰山煤田长 100 km，宽 20～30 km，含煤面积约为 559.77 km^2，主要含煤层系为太原组、山西组，太原组煤质为中－低灰，中－富硫；山西组煤质大体是中－富灰，煤种从气煤至无烟煤均有。宁东煤田南北长 104～200 km，东西宽 80～105 km，面积 13224 km^2。煤田主要含煤地层为石炭系上统太原组、二叠系下统山西组、侏罗系中统延安组，太原组煤层呈中灰、富硫、特低磷－低磷特征，石炭－二叠纪煤层一般

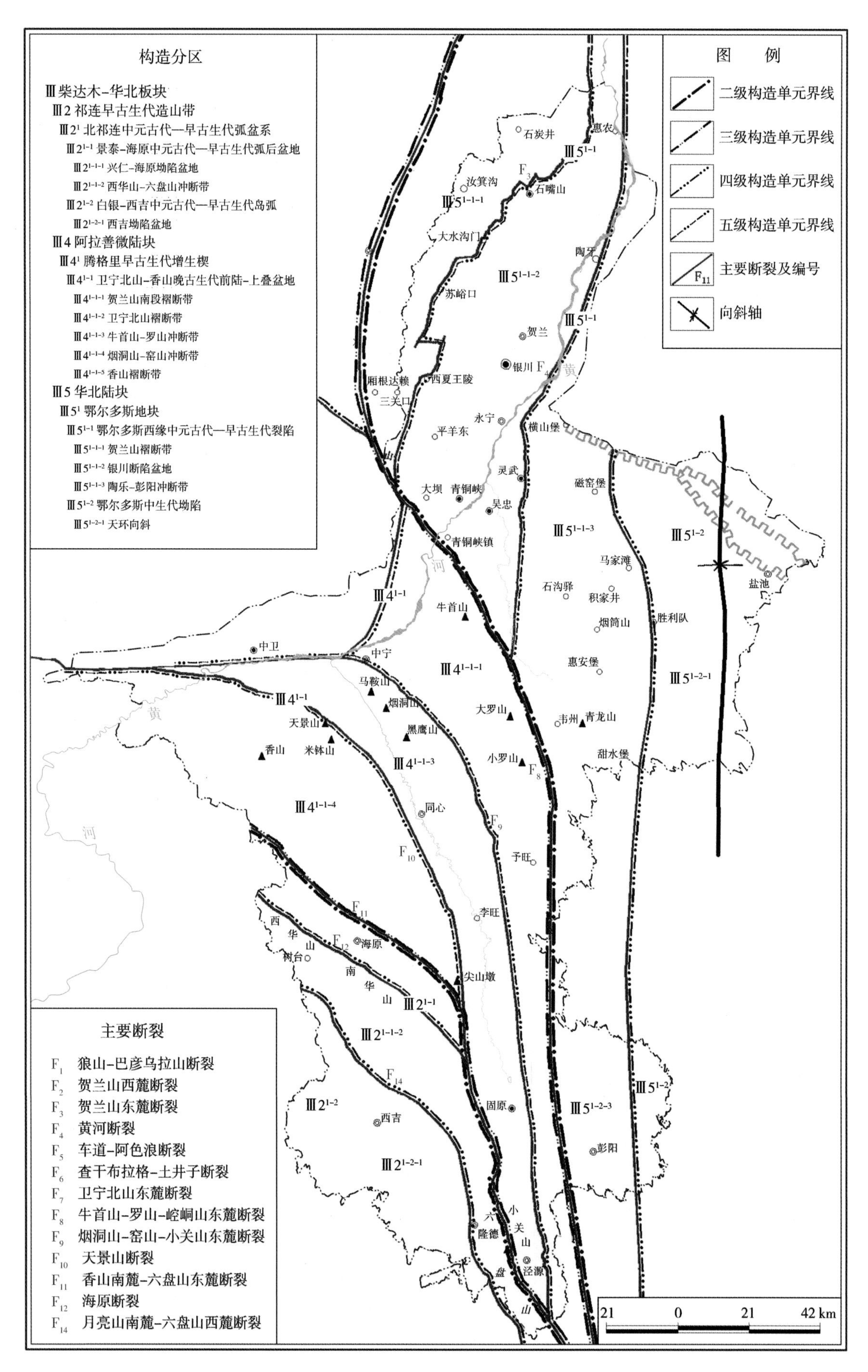

图 1-3 宁夏回族自治区构造单元综合划分图

（据《宁夏回族自治区区域地质志报告》，2013，有修改）

表1-1 宁夏回族自治区岩石地层时空结构表

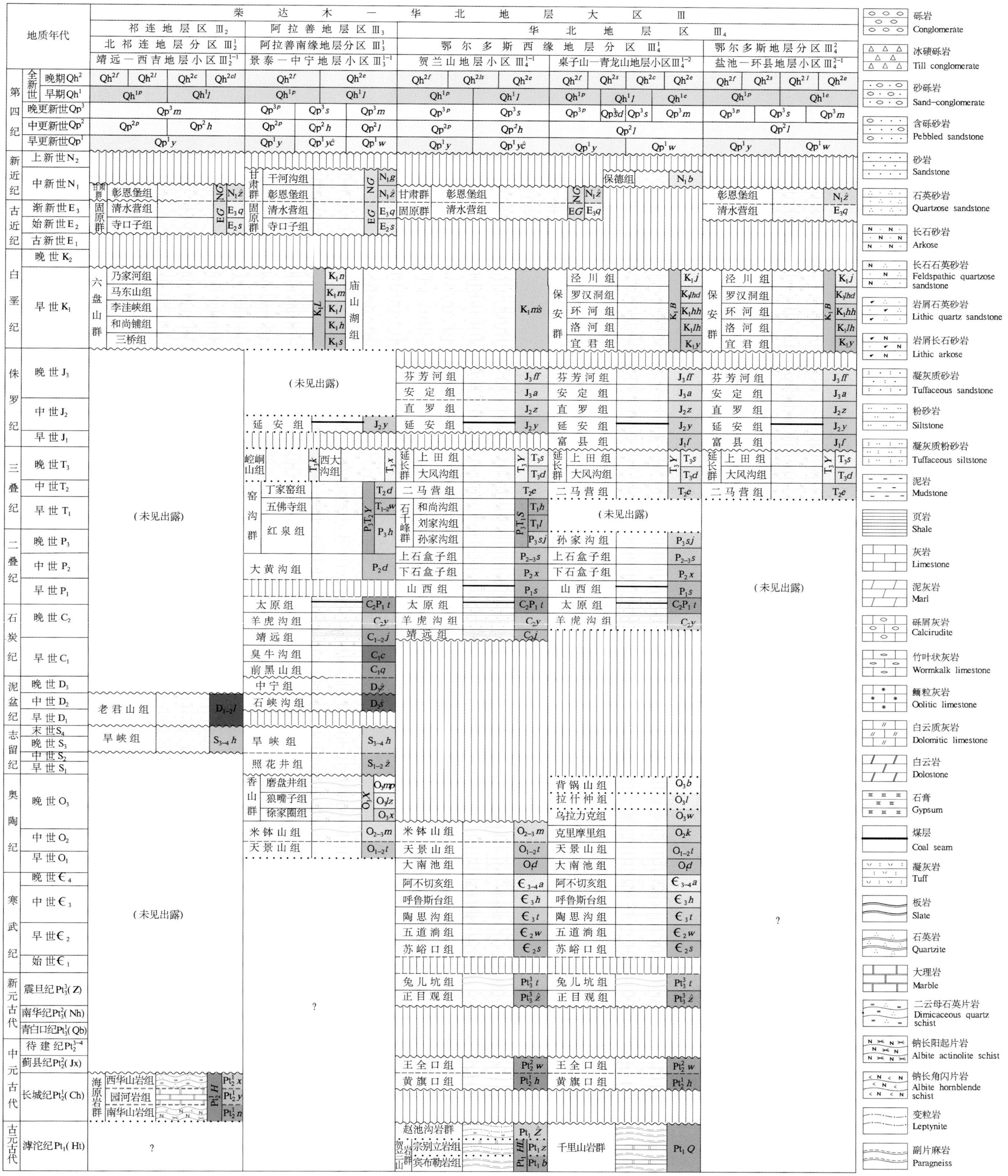

柴达木—华北地层大区 Ⅲ

地质年代	祁连地层区 $Ⅲ_2$ 北祁连地层分区 $Ⅲ_2^1$ 靖远—西吉地层小区 $Ⅲ_2^{1-1}$	阿拉善地层区 $Ⅲ_3$ 阿拉善南缘地层分区 $Ⅲ_3^1$ 景泰—中宁地层小区 $Ⅲ_3^{1-1}$	华北地层区 $Ⅲ_4$ 鄂尔多斯西缘地层分区 $Ⅲ_4^1$ 贺兰山地层小区 $Ⅲ_4^{1-1}$	华北地层区 $Ⅲ_4$ 鄂尔多斯西缘地层分区 $Ⅲ_4^1$ 桌子山—青龙山地层小区 $Ⅲ_4^{1-2}$	华北地层区 $Ⅲ_4$ 鄂尔多斯地层分区 $Ⅲ_4^2$ 盐池—环县地层小区 $Ⅲ_4^{2-1}$
第四纪 全新世 晚期 Qh^2	Qh^{2f}, Qh^{2l}, Qh^{2c}, Qh^{2cl}	Qh^{2f}, Qh^{2e}	Qh^{2f}, Qh^{2ls}, Qh^{2e}	Qh^{2f}, Qh^{2s}, Qh^{2c}, Qh^{2e}	Qh^{2f}, Qh^{2s}, Qh^{2l}, Qh^{2e}
全新世 早期 Qh^1	Qh^{1p}, Qh^1l	Qh^{1p}, Qh^1l	Qh^{1p}, Qh^1l	Qh^{1p}, Qh^1l, Qh^{1e}	Qh^{1p}, Qh^{1e}
晚更新世 Qp^3	Qp^3m	Qp^{3p}, Qp^3s, Qp^3m	Qp^{3p}, Qp^3s	Qp^{3p}, Qp^3sd, Qp^3s, Qp^3m	Qp^{3p}, Qp^3s, Qp^3m
中更新世 Qp^2	Qp^{2p}, Qp^2h	Qp^{2p}, Qp^2h, Qp^2l	Qp^{2p}, Qp^2h	Qp^2l	Qp^2l
早更新世 Qp^1	Qp^1y	Qp^1y, $Qp^1y\acute{c}$, Qp^1w	Qp^1y, $Qp^1y\acute{c}$	Qp^1y, Qp^1w	Qp^1y, Qp^1w
新近纪 上新世 N_2					
新近纪 中新世 N_1	甘肃群 彰恩堡组 NG $N_1\check{z}$	甘肃群 干河沟组 N_1g；彰恩堡组 $N_1\check{z}$ NG	甘肃群 彰恩堡组 NG $N_1\check{z}$	保德组 N_1b	彰恩堡组 $N_1\check{z}$
古近纪 渐新世 E_3	固原群 清水营组 EG E_3q	固原群 清水营组 EG E_3q	固原群 清水营组 EG E_3q		清水营组 E_3q
古近纪 始新世 E_2	寺口子组 E_2s	寺口子组 E_2s			
古近纪 古新世 E_1					
白垩纪 晚世 K_2					
白垩纪 早世 K_1	六盘山群 K_1L：乃家河组 K_1n；马东山组 K_1m；李洼峡组 K_1l；和尚铺组 K_1h；三桥组 K_1s	庙山湖组	$K_1m\check{s}$	保安群 K_1B：泾川组 K_1j；罗汉洞组 K_1lhd；环河组 K_1hh；洛河组 K_1lh；宜君组 K_1y	保安群 K_1B：泾川组 K_1j；罗汉洞组 K_1lhd；环河组 K_1hh；洛河组 K_1lh；宜君组 K_1y
侏罗纪 晚世 J_3	（未见出露）	（未见出露）	芬芳河组 J_3ff；安定组 J_3a	芬芳河组 J_3ff；安定组 J_3a	芬芳河组 J_3ff；安定组 J_3a
侏罗纪 中世 J_2		延安组 J_2y	直罗组 J_2z；延安组 J_2y	直罗组 J_2z；延安组 J_2y	直罗组 J_2z；延安组 J_2y
侏罗纪 早世 J_1				富县组 J_1f	富县组 J_1f
三叠纪 晚世 T_3		崆峒山组 T_3k；西大沟组 T_3x	延长群 T_3Y：上田组 T_3s；大风沟组 T_3d	延长群 T_3Y：上田组 T_3s；大风沟组 T_3d	延长群 T_3Y：上田组 T_3s；大风沟组 T_3d
三叠纪 中世 T_2		窑沟群 P_3T_1Y：丁家窑组 T_2d	二马营组 T_2e	二马营组 T_2e	二马营组 T_2e
三叠纪 早世 T_1	（未见出露）	五佛寺组 $T_{1-2}w$	石千峰群 P_3T_1S：和尚沟组 T_1h；刘家沟组 T_1l	（未见出露）	
二叠纪 晚世 P_3		红泉组 P_3h	孙家沟组 P_3sj	孙家沟组 P_3sj	
二叠纪 中世 P_2		大黄沟组 P_2d	上石盒子组 $P_{2-3}s$；下石盒子组 P_2x	上石盒子组 $P_{2-3}s$；下石盒子组 P_2x	（未见出露）
二叠纪 早世 P_1			山西组 P_1s	山西组 P_1s	
石炭纪 晚世 C_2		太原组 C_2P_1t；羊虎沟组 C_2y	太原组 C_2P_1t；羊虎沟组 C_2y；靖远组 C_2j	太原组 C_2P_1t；羊虎沟组 C_2y	
石炭纪 早世 C_1		靖远组 $C_{1-2}j$；臭牛沟组 C_1c；前黑山组 C_1q			
泥盆纪 晚世 D_3		中宁组 $D_3\check{z}$			
泥盆纪 中世 D_2	老君山组 $D_{1-2}l$	石峡沟组 $D_2\check{s}$			
泥盆纪 早世 D_1					
志留纪 末世 S_4、晚世 S_3	旱峡组 $S_{3-4}h$	旱峡组 $S_{3-4}h$			
志留纪 中世 S_2、早世 S_1		照花井组 $S_{1-2}\check{z}$			
奥陶纪 晚世 O_3		香山群 O_3X：磨盘井组 O_3mp；狼嘴子组 O_3lz；徐家圈组 O_3x		背锅山组 O_3b；拉什仲组 O_3l；乌拉力克组 O_3w	
奥陶纪 中世 O_2		米钵山组 $O_{2-3}m$	米钵山组 $O_{2-3}m$	克里摩里组 O_2k	
奥陶纪 早世 O_1		天景山组 $O_{1-2}t$	天景山组 $O_{1-2}t$；大南池组 O_1d	天景山组 $O_{1-2}t$；大南池组 O_1d	
寒武纪 晚世 $Є_4$			阿不切亥组 $Є_{3-4}a$	阿不切亥组 $Є_{3-4}a$	
寒武纪 中世 $Є_3$	（未见出露）		呼鲁斯台组 $Є_3h$；陶思沟组 $Є_3t$	呼鲁斯台组 $Є_3h$；陶思沟组 $Є_3t$	?
寒武纪 早世 $Є_2$			五道淌组 $Є_2w$；苏峪口组 $Є_2s$	五道淌组 $Є_2w$；苏峪口组 $Є_2s$	
寒武纪 始世 $Є_1$					
新元古代 震旦纪 Pt_3^3(Z)		?	兔儿坑组 Pt_3^3t；正目观组 $Pt_3^3\check{z}$	兔儿坑组 Pt_3^3t；正目观组 $Pt_3^3\check{z}$	
新元古代 南华纪 Pt_3^2(Nh)					
新元古代 青白口纪 Pt_3^1(Qb)					
中元古代 待建纪 Pt_2^{3-4}					
中元古代 蓟县纪 Pt_2^2(Jx)			王全口组 Pt_2^2w	王全口组 Pt_2^2w	
中元古代 长城纪 Pt_2^1(Ch)	海原岩群 Pt_2^1H：西华山岩组 Pt_2^1x；园河岩组 Pt_2^1y；南华山岩组 Pt_2^1n		黄旗口组 Pt_2^1h	黄旗口组 Pt_2^1h	
古元古代 滹沱纪 Pt_1(Ht)	?		赵池沟岩群 $Pt_1\check{Z}$；贺兰山岩群 Pt_1HL：宗别立岩组 Pt_1z；宾布勒岩组 Pt_1b	千里山岩群 Pt_1Q	

图例：
- 砾岩 Conglomerate
- 冰碛砾岩 Till conglomerate
- 砂砾岩 Sand-conglomerate
- 含砾砂岩 Pebbled sandstone
- 砂岩 Sandstone
- 石英砂岩 Quartzose sandstone
- 长石砂岩 Arkose
- 长石石英砂岩 Feldspathic quartzose sandstone
- 岩屑石英砂岩 Lithic quartz sandstone
- 岩屑长石砂岩 Lithic arkose
- 凝灰质砂岩 Tuffaceous sandstone
- 粉砂岩 Siltstone
- 凝灰质粉砂岩 Tuffaceous siltstone
- 泥岩 Mudstone
- 页岩 Shale
- 灰岩 Limestone
- 泥灰岩 Marl
- 砾屑灰岩 Calcirudite
- 竹叶状灰岩 Wormkalk limestone
- 鲕粒灰岩 Oolitic limestone
- 白云质灰岩 Dolomitic limestone
- 白云岩 Dolostone
- 石膏 Gypsum
- 煤层 Coal seam
- 凝灰岩 Tuff
- 板岩 Slate
- 石英岩 Quartzite
- 大理岩 Marble
- 二云母石英片岩 Dimicaceous quartz schist
- 钠长阳起片岩 Albite actinolite schist
- 钠长角闪片岩 Albite hornblende schist
- 变粒岩 Leptynite
- 副片麻岩 Paragneiss

注：天蓝色岩性花纹为海相地层；黄绿色岩性花纹为海陆过渡相地层；橘黄色岩性花纹为陆相地层；红棕色岩性花纹为变质地层。

表 1-2 宁夏大地构造单元综合划分方案

<table>
<tr><th>单元级别</th><th>Ⅰ级</th><th>Ⅱ级</th><th>Ⅲ级</th><th colspan="2">Ⅳ级</th><th>Ⅴ级</th></tr>
<tr><td rowspan="12">构造单元名称</td><td rowspan="12">柴达木-华北板块Ⅲ</td><td rowspan="4">华北陆块
Ⅲ5</td><td rowspan="4">鄂尔多斯地块
Ⅲ5^{1}</td><td rowspan="3">鄂尔多斯西缘
中元古代—
早古生代裂陷
Ⅲ5^{1-1}</td><td rowspan="3">鄂尔多斯西缘冲断构造带</td><td>贺兰山褶断带
Ⅲ5^{1-1-1}</td></tr>
<tr><td>银川断陷盆地
Ⅲ5^{1-1-2}</td></tr>
<tr><td>陶乐-彭阳冲断带
Ⅲ5^{1-1-3}</td></tr>
<tr><td colspan="2">鄂尔多斯中生代坳陷
Ⅲ5^{1-2}</td><td>天环向斜
Ⅲ5^{1-2-1}</td></tr>
<tr><td rowspan="5">阿拉善微陆块
Ⅲ4</td><td rowspan="5">腾格里早古生代
增生楔
Ⅲ4^{1}</td><td rowspan="5">卫宁北山-香山晚古
生代前陆-上叠盆地
Ⅲ4^{1-1}</td><td rowspan="8">宁南弧形构造带</td><td>贺兰山南段褶断带Ⅲ4^{1-1-1}</td></tr>
<tr><td>卫宁北山褶断带
Ⅲ4^{1-1-2}</td></tr>
<tr><td>牛首山-罗山冲断带
Ⅲ4^{1-1-3}</td></tr>
<tr><td>烟洞山-窑山冲断带
Ⅲ4^{1-1-4}</td></tr>
<tr><td>香山褶断带
Ⅲ4^{1-1-5}</td></tr>
<tr><td rowspan="3">祁连早古
生代造山带
Ⅲ2</td><td rowspan="3">北祁连中元古代—
早古生代弧盆系
Ⅲ2^{1}</td><td rowspan="2">景泰-海原中元古
代—早古生代弧后
盆地Ⅲ2^{1-1}</td><td>兴仁-海原坳陷盆地
Ⅲ2^{1-1-1}</td></tr>
<tr><td>西华山-六盘山冲断带
Ⅲ2^{1-1-2}</td></tr>
<tr><td>白银-西吉中元古
代—早古生代岛弧
Ⅲ2^{1-2}</td><td>西吉坳陷盆地
Ⅲ2^{1-2-1}</td></tr>
</table>

(据《宁夏回族自治区区域地质志报告》, 2013, 有修改)

为中高变质的烟煤及部分无烟煤；山西组煤层属中灰，特低硫、低磷煤为主；延安组煤层一般为低灰、特低硫、高发热量、高化学活性的不粘、长焰煤。香山煤田东西长 95～167 km，宽 110～160 km，面积 17600 km^2。含煤地层分布面积 1950 km^2，占煤田总面积的 11.08%。煤田主要含煤地层为靖远组、羊虎沟组、太原组和延安组。靖远组、羊虎沟组、太原组煤质以低-中灰为主，中至富硫，中高发热量煤；延安组煤层以低灰为主，特低硫煤。香山煤田煤种齐全，自不粘煤至无烟煤均有。宁南煤田含煤面积 770.76 km^2，含煤地层有晚古生代的石炭-二叠纪地层，中生代的侏罗系延安组，主要分布于炭山与王洼地区，炭山区煤层灰分普遍较高，硫分为中硫，属于低变质阶段发的长焰煤，王洼矿区煤层属于低变质阶段的长焰煤及不粘煤。截至 2014 年，宁夏全区预测潜在资源量 1471×10^8 t。

产于古近系渐新统清水营组中的石膏，集中分布于清水河（同心－李旺段）西侧的贺家口子、兴隆、高崖以及盐池县的青山等地区；中卫市甘塘地区出露的下石炭统前黑山组中也赋存石膏岩。现已查明全区石膏资源量为 25×10^8 t，潜在资源量500多亿吨。

石油、天然气、煤层气、暗色泥岩气、油页岩主要分布在鄂尔多斯西缘褶皱带天环向斜两侧，20世纪60年代中后期发现了马家滩、李庄子、大水坑、红井子、摆宴井等一批中小型油田；在刘家庄刘1井钻至石炭－二叠系，获日产天然气近 $5.8\times10^4 m^3$。80年代在盐池县高沙窝以东天池构造天1井获日产 $16\times10^4 m^3$ 的工业气流。鄂尔多斯盆地生油（气）层系有下古生界奥陶系、上古生界石炭－二叠系、中生界上三叠统—中侏罗统，这些有机质含量高的烃源岩系，具有良好的生油（气）潜力。另外，海原盆地白垩系下统烃源层发育，有较好的找油前景。

宁夏金属矿产中的铁矿，主要分布于卫宁北山和贺兰山北段。前者成因类型为中低温热液型，矿石有赤铁矿、褐铁矿和菱铁矿等；后者属沉积变质型，矿石以赤铁矿为主。两地区铁矿均为小型矿床。

有色金属矿产，铜、铅锌等一般不具工业价值，多为矿点或矿化点。卫宁北山、西华山、香山、六盘山等地区中低温热液型铜、铅锌矿化比较发育，其中仅香山喽岘子为一小型铜矿床。金矿产地有卫宁北山金场子小型矿床；西华山窝宝沟、柳沟金矿点；贺兰山北段牛头沟金矿点（或金矿床）。

第四节　地球物理概况

一、布格重力异常特征

纵观全区布格重力异常图，可以看出以下几个方面的特征。

（一）布格重力异常值由北东（陶乐地区）向南西（西吉地区）呈下降趋势，下降幅度为80 mGal[1]

在地形上，陶乐地区平均海拔1100 m，西吉县三合一带平均海拔2100 m，其重力分布与地形起伏呈镜像关系。这种异常现象，依地壳均衡理论解释，说明宁夏区内地壳下界莫霍面北东升、南西降。由区域重力场反演莫霍面深度（地壳厚度）的资料可知，陶乐地区地壳厚度为47 km，西吉地区地壳厚度为50.5 km。依此，可以认为布格重力异常的变化趋势反映了宁夏地区地壳内部的质量分配已趋于某种程度上的均衡。

（二）以青铜峡－固原南北重力梯级带为界，其东、西两侧地区的重力场特征有着明显的不同

东部地区，布格异常等值线之拉长方向主要为南北、北北东，次为北北西；相对重力

[1] $1\ mGal=10^{-5}\ m/s^2$。

高、重力低的异常形态规则，整体性强，规模较大，似有“稳定”型的重力场特征。布格异常主要反映了该区中生代大地构造发展阶段的构造形迹或形变。

西部地区，布格异常的等值线以北北西－北西西向展布的弧形为特色；重力高与重力低异常带平列相间，排布较紧密，具有活动型的布格异常分布特点。它们反映了由中新生代地壳运动建造的弧形构造的分布规律。

而介于这两个地区之间的青铜峡－固原南北重力梯级异常，显然是划分不同构造单元的重要地球物理标志。

（三）布格重力异常图凸显出宁夏地区的区域构造格局

有几条较大规模的重力梯级带纵横于全区，它们都分布在区内构造起伏强烈的隆起带与沉降区之间的过渡部位上。从布格异常梯级带的走向分布规律来看，大体上可分为三组：

1. 南北向梯级带

包括青铜峡－固原、白土岗（西）－彭阳等梯级带。这一组的规模最大，延伸长度大于或等于280 km。

2. 北北东向梯级带

包括贺兰山东、西两麓山前、银川平原黄河区段、横山堡－布拉格等梯级带。它们的延展长度为120～140 km。

3. 北北西－北西西弧形梯级带

包括香山北麓（甘塘）－三营、西华山－南华山－六盘山、西吉－隆德。其中甘塘－三营梯级带延伸长度为260 km，余者长度150～160 km。这组梯级带向南东分别收敛于青铜峡－固原梯级带，并与之成锐角切接。

除以上区域性重力梯级带外，还有东西向、北西向梯级带分布，如卫宁北山南缘、烟洞山北东麓等梯级带，但它们的规模相对较小。

纵贯和横跨全区的重力梯级带，反映了区域性断裂（带）的分布特征、构造线方向及所属构造系。而被两相邻的区域性断裂所围限的壳体，或质量剩余，或质量不足。“剩余者”的地面重力分布，表现为相对重力高，如与西华山－月亮山、贺兰山、横山堡－陶乐等相对应的重力高带，即是其例；而“不足者”引起的地面重力变化，则表现为相对重力低，如银川断陷盆地、天环向斜及海原断陷和卫宁断陷等相对重力低区。这些较大规模的隆起带和坳陷（或断陷）区的区域构造轮廓在布格异常图上显示的尤为清楚。

二、航磁异常（ΔT）特征

宁夏回族自治区航磁ΔT等值线平面图（图1－4），展示了宁夏相对周边省区处于一个磁场变化低缓的背景场区，在弱的正或负背景场上，点缀了不多的航磁异常。其中以西华山—南华山—月亮山地区和西吉—隆德联财一线各有一条带状的航磁异常群分布。这与宁夏全区火成岩极不发育、变质岩出露区仅西华山—南华山地区的绿片岩有中等磁性、贺兰山区的老变质岩（贺兰山群）大部分不具磁性及其他出露区的沉积岩几乎都无磁性的特点是一致的。

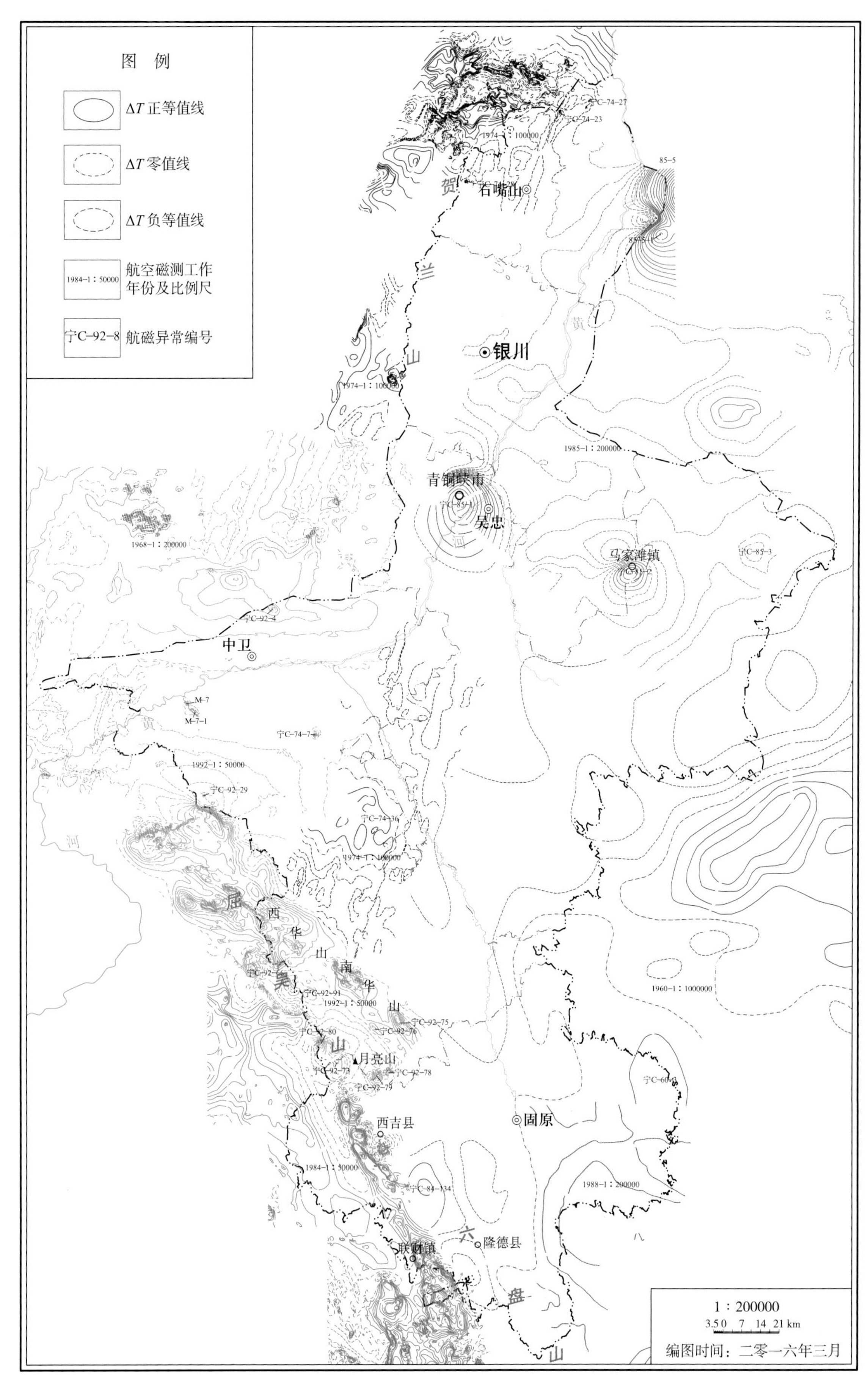

图1-4 宁夏航磁异常（ΔT）图

宁夏东部的中、新生界厚层覆盖和西部基岩出露区的物性特征以及境内火成岩不发育的特点，决定了全区磁场分布特征——在正（或负）的背景磁场上叠加了零星的磁异常，成群成带的异常仅出现在西南部。

全区磁场展布特征具有明显的差异性。中东部为平稳而略有起伏的负磁场上分布了几个变化规则、宽缓、面积广大的磁异常——青铜峡异常、马家滩异常等，对应地台分区的西缘断褶带的地质和构造特征。北部贺兰山地区和西南部西南华山地区呈基岩出露区的磁场特征，异常规模小、不规则、梯度变化大；西南部的西吉异常带处于第四系覆盖区，呈北北西向带状分布，面积较大，局部磁异常杂乱展布，规模较小。

第二章
岩（矿）石物性特征

第一节　全区已收集物性资料

一、岩石（地层）密度特征

20世纪80～90年代，为配合宁夏1：20万区域重力调查，在宁夏及其周边地区采集各类岩石密度标本17198块，其密度测定的统计结果见表2－1至表2－7。

（一）全区岩石（地层）密度特征

根据表2－1中的岩石密度资料可以看出，岩石密度值随地层年代由老到新而相应地由大变小，下古生界—元古宇密度值在2.66～2.74 g/cm^{3}之间变化；中生界—上古生界密度值在2.52～2.65 g/cm^{3}之间变化；新生界密度值最低，在1.47～2.48 g/cm^{3}之间变化。

酸性－中酸性侵入岩体的岩石密度值为2.60～2.63 g/cm^3。位于甘肃会宁县华家岭一带的晚古生代花岗岩（$Pz_3\gamma$）侵位于下古生界，与围岩有0.10 g/cm^{3}的密度差，其埋藏浅，规模较大，能引起明显的重力异常；出露于南华山、月亮山地区的奥陶纪花岗闪长岩（$O\gamma\delta$），规模小，重力响应不明显；位于贺兰山黄旗口西侧之古元古代黑云斜长花岗岩（$Pt_1\gamma o\beta$）侵入体，岩石密度值为2.70 g/cm^3，与围岩（新元古界、下古生界）之间密度差异不大，重力效应难以确定（表2－1；图2－1）。

表2－1　全区地层密度统计表

地层区划			地层密度/（g·cm^{-3}）	
界	系或群	统或组	变化范围	平均密度
新生界（Cz）	第四系（Q）		1.30～1.65	1.47
	新近系（N）	中新统干河沟组（N_1g）	2.32～2.44	2.37
		中新统彰恩堡组（N_1z）	2.36～2.47	2.38
	古近系（E）	渐新统清水营组（E_3q）	2.26～2.57	2.48
		始新统寺口子组（E_2s）	2.37～2.54	2.44

续表

地层区划			地层密度/($g \cdot cm^{-3}$)	
界	系或群	统或组	变化范围	平均密度
中生界（Mz）	下白垩系（K_1）	下白垩系（K_1）	2.44~2.64	2.52
	侏罗系（J）	上侏罗统安定组（J_3a）	2.40~2.68	2.52
		中－下侏罗统（J_{1-2}）	2.32~2.66	2.55
	三叠系（T）	上三叠统（T_3）	2.47~2.67	2.57
		中三叠统（T_2）	2.62~2.69	2.65
上古生界（Pz_2）	二叠系（P）①	上二叠统（P_2）	2.57~2.66	2.60
		下二叠统（P_1）	2.54~2.74	2.61
	石炭系（C）②	上石炭统（C_3）	2.48~2.61	2.57
		中石炭统（C_2）	2.60~2.70	2.64
		下石炭统（C_1）	2.56~2.64	2.61
	泥盆系（D）	上泥盆统沙流水组（D_3s）	2.59~2.66	2.63
		中－下泥盆统（D_{1-2}）	2.43~2.62	2.54
下古生界（Pz_1）	志留系（S）	上志留统旱峡组（S_3h）		2.70
		下志留统照花井组（$S_{1-2}z$）		2.66
	奥陶（O）－寒武系（∈）		2.60~2.74	2.68
新元古界（Pt_3）	震旦系（Z）	正目关组（Zz）	2.64~2.83	2.69
中元古界（Pt_2）	蓟县系（Jx）	王全口组（Jxw）	2.70~2.77	2.74
	长城系（Ch）	黄旗口组（Chh）	2.59~2.72	2.65
		西华山组（Chx）	2.58~2.94	2.80
		园河组（Chy）		
		南华山组（Chn）		
古元古界（Pt_1）	贺兰山群（Pt_1HL）		2.60~2.76	2.70
晚古生代花岗岩（Pz_3r）岩石平均密度为2.60 g/cm^3（标本采自甘肃会宁华家岭）				
奥陶纪花岗闪长岩（$Or\delta$）岩石平均密度为2.63 g/cm^3（标本采自海原县南西华山）				
古元古代黑云斜长花岗岩（$Pt_1ro\beta$）岩石平均密度为2.70 g/cm^3（标本采自贺兰山黄旗口地区）				

①②本资料中二叠系二分，石炭系三分。

（据《宁夏回族自治区1∶20万区域重力调查工作成果报告》，1993，有修改）

（二）全区变质岩岩石密度特征

变质岩的密度值较高，变化范围也较大，一般为2.58~2.94 g/m^3。不同变质类型的岩石密度值存在一定的差异，变质岩系的岩石密度值高于沉积岩的密度值（表2－2）。

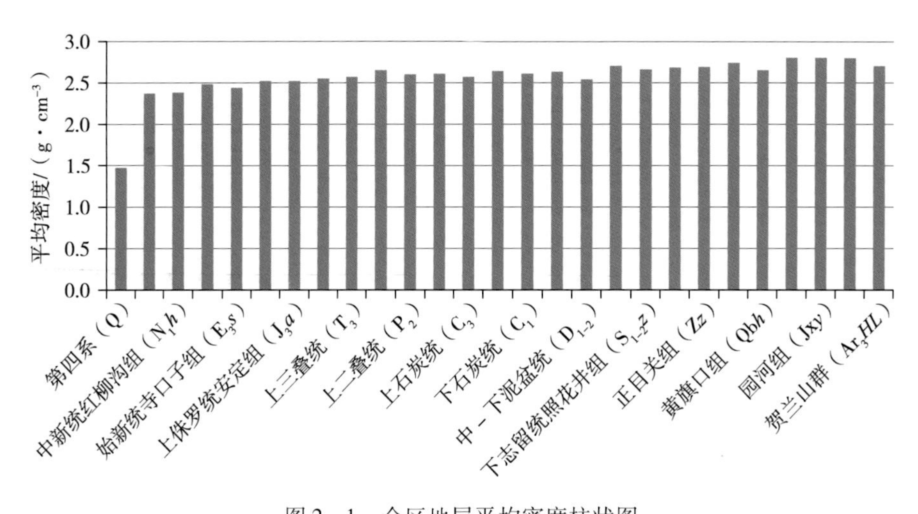

图 2－1　全区地层平均密度柱状图

表 2－2　全区变质岩岩石密度统计表

地层时代	岩石名称	平均密度/（g·cm^{-3}）	原岩及变质作用类型	采样地区
Pt_2	钠长石绿帘阳起片岩	2.91	原岩为中基性火山岩碎屑沉积岩，属区域低温动力变质作用的低绿片岩相	海原南西华山
	钠长石绿帘绿泥片岩	2.94		
	云母石英片岩	2.74		
	炭质云母片岩	2.58		
	含云母大理岩	2.85		
Pt_1	浅粒岩	2.60	原岩以富铅的半黏土质粉砂质沉积为主，属区域中、高温作用的角闪岩相－麻粒岩相	贺兰山中、北段
	混合岩	2.70		
	变粒岩	2.63～2.73		
	片麻岩	2.70～2.76		
	二云母石英片岩	2.74		

（据《宁夏回族自治区 1∶20 万区域重力调查工作成果报告》，1993）

（三）全区密度层特征

从区域上看（表 2－3～表 2－7），存在两个主要的密度分界面；下部密度分界面是在下古生界及以下地层与上覆中生界、上古生界之间，存在 0.10～0.20 g/cm^3 以上的密度差；上部密度分界面则是在上古生界以下地层与其上覆层系之间，存在 0.06～0.20 g/cm^3 的密度差。其中，下部密度分界面主要分布于青铜峡—固原一线以东地区；上部密度分界面分布于以西地区。第四系与下伏新近系之间虽然存在近 1.00 g/cm^3 的密度差，但这一界面除在银川断陷盆地连续分布外，在其他地区第四系沉积范围不大，分布不广，与下伏岩系多为不连续的局部密度分界面。以上密度分界面在有构造起伏的地区，能够影响正常的重力分布特征，形成局部重力异常。总之，重力异常主要反映了燕山期、喜马拉雅期大地构造发展阶段所建造的构造形迹。

表 2－3　全区密度层划分表

<table>
<tr><th rowspan="2">地层代号</th><th rowspan="2">密度层代号</th><th rowspan="2">平均密度值/(g·cm^{-3})</th><th colspan="2">密度界面</th></tr>
<tr><th>代号</th><th>密度差/(g·cm^{-3})</th></tr>
<tr><td>Q</td><td>σ_1</td><td>1.47</td><td rowspan="2">$\Delta\sigma_{2.1}$</td><td rowspan="2">0.95</td></tr>
<tr><td rowspan="2">E—N</td><td rowspan="2">σ_2</td><td rowspan="2">2.42</td></tr>
<tr><td rowspan="2">$\Delta\sigma_{3.2}$</td><td rowspan="2">0.12</td></tr>
<tr><td rowspan="2">T_2—K_1</td><td rowspan="2">σ_3</td><td rowspan="2">2.54</td></tr>
<tr><td rowspan="2">$\Delta\sigma_{4.3}$</td><td rowspan="2">0.06</td></tr>
<tr><td rowspan="2">D_3—P_2</td><td rowspan="2">σ_4</td><td rowspan="2">2.60</td></tr>
<tr><td rowspan="2">$\Delta\sigma_{5.4}$</td><td rowspan="2">0.08</td></tr>
<tr><td rowspan="2">$€_1$—S_3</td><td rowspan="2">σ_5</td><td rowspan="2">2.68</td></tr>
<tr><td rowspan="2">$\Delta\sigma_{6.5}$</td><td rowspan="2">0.05</td></tr>
<tr><td>Ar_3—Z</td><td>σ_6</td><td>2.73</td></tr>
</table>

（据《宁夏回族自治区 1∶20 万区域重力调查工作成果报告》，1993）

表 2－4　银川地堑密度层划分表

<table>
<tr><th rowspan="2">地层代号</th><th rowspan="2">密度层代号</th><th rowspan="2">平均密度值/(g·cm^{-3})</th><th colspan="2">密度界面</th></tr>
<tr><th>代号</th><th>密度差/(g·cm^{-3})</th></tr>
<tr><td>Q</td><td>σ_1</td><td>1.47</td><td rowspan="2">$\Delta\sigma_{1.2}$</td><td rowspan="2">0.9～1.0</td></tr>
<tr><td rowspan="2">E—N</td><td rowspan="2">σ_2</td><td rowspan="2">2.38～2.46</td></tr>
<tr><td rowspan="2">$\Delta\sigma_{2.5}$</td><td rowspan="2">0.22～0.30</td></tr>
<tr><td rowspan="2">$€_1$—O_2</td><td rowspan="2">σ_5</td><td rowspan="2">2.68</td></tr>
<tr><td rowspan="2">$\Delta\sigma_{5.6}$</td><td rowspan="2">0.05</td></tr>
<tr><td>Ar_3—Z</td><td>σ_6</td><td>2.73</td></tr>
</table>

（据《宁夏回族自治区 1∶20 万区域重力调查工作成果报告》，1993）

表 2－5　贺兰山地区密度层划分表

<table>
<tr><th rowspan="2">地层代号</th><th rowspan="2">密度层代号</th><th rowspan="2">平均密度值/(g·cm^{-3})</th><th colspan="2">密度界面</th></tr>
<tr><th>代号</th><th>密度差/(g·cm^{-3})</th></tr>
<tr><td>E—N</td><td>σ_2</td><td>2.31～2.56</td><td rowspan="2">$\Delta\sigma_{2.3+4}$</td><td rowspan="2">0.03～0.28</td></tr>
<tr><td rowspan="2">C_2—K_1</td><td rowspan="2">σ_{3+4}</td><td rowspan="2">2.59</td></tr>
<tr><td rowspan="2">$\Delta\sigma_{3+4.5+6}$</td><td rowspan="2">0.12</td></tr>
<tr><td>Ar_3—O_2</td><td>σ_{5+6}</td><td>2.71</td></tr>
</table>

（据《宁夏回族自治区 1∶20 万区域重力调查工作成果报告》，1993）

表 2-6 鄂尔多斯西缘密度层划分表

地层代号	密度层代号	平均密度值/(g·cm⁻³)	密度界面	
			代号	密度差/(g·cm⁻³)
C_2—K_1	σ_{3+4}	2.49	$\Delta\sigma_{3+4.5}$	0.17
ϵ_1—O_2	σ_5	2.66		
			$\Delta\sigma_{5.6}$	0.07

（据《宁夏回族自治区 1：20 万区域重力调查工作成果报告》，1993）

表 2-7 祁连区密度层划分表

地层代号	密度层代号	平均密度值/(g·cm⁻³)	密度界面	
			代号	密度差/(g·cm⁻³)
Q	σ_1	1.47	$\Delta\sigma_{1.2}$	0.92
E—N	σ_2	2.39		
			$\Delta\sigma_{2.3+4}$	0.06～0.21
D_3—K_1	σ_{3+4}	2.45～2.60		
			$\Delta\sigma_{3+4.5}$	0.07～0.22
ϵ_1—S_3	σ_5	2.67		
			$\Delta\sigma_{5.6}$	0.11
Pt_2	σ_6	2.78		

（据《宁夏回族自治区 1：20 万区域重力调查工作成果报告》，1993）

σ_1 密度层的横向变化特征：由南向北、由东向西密度值逐渐增高。宁南山区为 1.30～1.45 g/cm^3；宁北为 1.50～1.65 g/cm^3；银川平原为 1.50 g/cm^3。第四系密度的这种变化趋势可能与表层沉积中的风成沙含量有关。

σ_2 密度层的横向变化特征：由东向西密度值逐渐增高。宁东为 2.25～2.40 g/cm^3；宁北为 2.40～2.50 g/cm^3；贺兰山、卫宁北山约为 2.50 g/cm^3；固原地区约为 2.23～2.40 g/cm^3。区内平均为 2.25～2.50 g/cm^3。

σ_{3+4}密度层的变化特征：平均值在宁东为 2.47～2.49 g/cm^3，在贺兰山区为 2.59 g/cm^3。层内白垩系密度在海原、同心一带为 2.45 g/cm^3，南华山、马东山、六盘山一带约为 2.55 g/cm^3，似乎反映出由盆地边缘向中心密度值逐渐降低的特征。从区域地质资料可以看出，这一层在银川断陷盆地、香山、青云台拱基本上是缺失的，只是局部山间坳陷发育；卫宁北山以泥盆－石炭系为主；海原坳陷盆地以白垩系为主，南西华山以南新生界底部为 σ_5 密度层，偶见泥盆系、二叠系。因此这一密度层实际主要存在于鄂尔多斯西坳陷地区。

σ_5 密度层的变化特征：均是海相沉积地层，密度值在纵向和横向上变化都很小，平均值在 2.66～2.68 g/cm^3 之间，是区内分布最广，对布格重力异常影响最大的一个密度层。

综上所述，宁夏全区岩石（地层）密度具备以下四个特征：

（1）同一地质时代中，相同岩性的岩石密度值随着岩石粒度的变化而变化，如侏罗系中－下统中的砂岩的密度值随粒度的增大而增大。不同岩性的岩石密度值，一般灰岩高于砾岩，砾岩高于砂砾岩，砂砾岩高于砂岩。宁夏沉积岩主要由上述几种岩性的岩石组成，因而地层密度值主要取决于它们之间的共存比例，而这种共存比例与沉积环境有密切关系。

（2）不同地质时代的相同岩性的岩石密度值，一般较老地层中岩石密度值高于较新地层中的岩石密度值。砂岩的这种垂向分异性较好，灰岩则不太明显。将各地质时代地层的平均密度值与其他地质年龄做对应分析，随着地层年龄的增加，岩石密度相应增高，并趋于常数。

（3）海相沉积地层的岩石密度值相对陆相沉积地层而言，具有密度值高，变化范围小的特点。海相沉积环境相对稳定，多含碳酸盐岩，易结晶，且有较好的静压力条件。另一方面，本区海相沉积地层在后期构造运动作用下，岩石具有不同程度的变质。鉴于上述因素，可以得出海相地层密度值高于陆相沉积地层的密度值，因而形成本区连续而明显的密度界面的结论。

（4）变质岩的密度值较高，变化范围也较大，一般为 2.59 ~ 2.94 g/cm^3。不同变质类型的岩石密度值存在一定的差异，变质岩系的岩石密度值高于沉积岩的密度值。花岗岩类密度较低；斜长花岗岩类密度较高，与下古生界密度值相当。当围岩为中－上元古界—下古生界时，花岗岩可能引起微弱负重力异常；当围岩为上古生代以来的地层时，可能引起正的重力异常（引自《宁夏回族自治区 1：20 万区域重力调查工作成果报告》）。

二、岩石（地层）磁性特征

（一）贺兰山北段

收集贺兰山北段岩（矿）石样本 28 种，其中新近系砾岩，白垩系砂岩，侏罗系砂岩，三叠系砂页岩，二叠系砂泥岩，石炭系页岩、砂岩、煤层，奥陶系灰岩、页岩、砂岩，寒武系灰岩，震旦系石英岩、页岩，元古宇片麻岩、片岩，总计 778 块标本，均为弱磁和无磁；赤铁矿磁性最强，磁化率最高为 $20000 \times 4\pi 10^{-6}$ SI，剩磁为 7000×10^{-3} A/m；含铁泥岩呈强磁性，其剩磁为 7600×10^{-3} A/m；除此之外，变辉长岩、黑云斜长片麻岩，含钛铁辉长岩表现出中强磁性，其余岩石标本磁性相对较弱（表 2－8）。

表 2－8　贺兰山北段岩（矿）石磁性参数统计表

采集地区	岩（矿）石名称	$\kappa/(4\pi 10^{-6}$ SI)		$M_r/(10^{-3}$ A · m^{-1})		备　注
		变化范围	平均值	变化范围	平均值	
贺兰山北段	辉绿岩	500 ~ 2100		530 ~ 960		平均值变化范围
	辉长岩		580/1300		600/350	
	含钛铁辉长岩		2800			钻孔岩心
	花岗岩		420		720	
	煌斑岩		1400		600	
	变辉长岩		1100/1100 /1500		900/4100 /1800	

续表

采集地区	岩（矿）石名称	$\kappa/(4\pi10^{-6}$ SI)		$M_r/(10^{-3}$ A · $m^{-1})$		备　注
		变化范围	平均值	变化范围	平均值	
贺兰山北段	混合岩		220/720		240/550	
	变粒岩		2000		500	
	黑云斜长片麻岩		2700/1270		180/1940	
	片麻岩	见无磁标本	1100/700	见无磁标本		
	赤铁矿	200～20000		400～7000		围岩无磁性
	含铁泥岩		1100		7600	

（据《宁夏回族自治区 1∶20 万区域重力调查工作成果报告》，1993）

（二）卫宁北山、香山地区

收集卫宁北山、香山地区岩（矿）石标本 21 种，共 1011 块，其中卫宁北山地区含铁砂岩、含铁石英砂岩和粉砂岩标本中有磁性标本数少于 10%，35 块褐铁矿标本中 18 块为无磁性标本（表 2－9）。

表 2－9　卫宁北山岩（矿）石磁性参数统计表

采集地区	岩（矿）石名称	块数	$\kappa/(4\pi10^{-6}$ SI)		$M_r/(10^{-3}$ A · $m^{-1})$		备　注
			变化范围	平均值	变化范围	平均值	
卫宁北山	含铁砂岩	123	50～880		50～860		有磁性标本数小于 10%
	含铁石英砂岩和粉砂岩	52	30～910		100～390		有磁性标本数小于 10%
	赤－褐铁矿	25	150～300		100～600		
	褐铁矿	35		380		60	无磁性 18 块
	赤铁矿	41	100～400				
	褐铁矿化石英脉		0～220		0～150		
	辉绿岩脉	77	30～130	130			
	闪长玢岩脉	40	无磁性		无磁性		仅限二人山地区
	灰岩、板岩、页岩	69	无磁性		无磁性		
	石英砂岩、砂岩	382	无磁性		无磁性		
香山	辉绿岩脉	64		2800		700	
	砂砾岩、长石石英砂岩、板岩、白云岩	103	无磁性		无磁性		

（据《宁夏回族自治区 1∶20 万区域重力调查工作成果报告》，1993）

统计可知：卫宁北山地区含铁砂岩、含铁石英砂岩和粉砂岩、褐铁矿、赤铁矿、褐铁矿化石英脉和辉绿岩脉磁化率小于 $1000\times4\pi10^{-6}$ SI，剩磁小于 900×10^{-3} A/m，呈弱磁性；闪长玢岩脉、灰岩、板岩、页岩与砂岩均无磁性。香山地区辉绿岩脉磁化率为 $2800\times4\pi10^{-6}$ SI，剩磁 700×10^{-3} A/m，呈强磁性；砂砾岩、长石石英山岩、板岩、白云岩、碧玉岩和燧石岩均无磁性。

（三）南西华山地区

收集南西华山地区岩石标本13种，共571块，其中云母钠长石英片岩82块中，72块标本无磁性，其余标本中，石英砂岩111块、大理岩49块、白云钠长石英片岩93块、矿化石英脉30块、煌斑岩32块标本，均表现无磁性（表2-10）。

表2-10　南西华山岩石磁性参数统计表

采集地区	岩（矿）石名称	块数	$\kappa/(4\pi 10^{-6}$ SI)		$M_r/(10^{-3}$ A·m^{-1})		备　注
			变化范围	平均值	变化范围	平均值	
南西华山	含磁铁绿泥绿帘阳起片岩	34		3800		520	
	绿泥绿帘阳起片岩	35		1990		190	
	绿帘斜长角闪片岩	45		5600		300	
	含磁铁绿泥石英片岩		400~10000	6000	50~1900	900	
	绿泥钠长石英片岩	35	160~3130	1500	0~190	110	
	云母钠长石英片岩	82	490~4200	2300	0~470	30	72块无磁性
	花岗闪长岩	8	410~3900		60~3800		
	超基性岩转石		500~5000		130~1500		
	石英砂岩、大理岩、白云钠长石英片岩、矿化石英脉、煌斑岩	315	无磁性		无磁性		

（据《宁夏回族自治区1：20万区域重力调查工作成果报告》，1993）

统计可知：南西华山岩石标本整体呈中-强磁性特征，磁性最强的岩石为含磁铁绿泥石英片岩，磁化率为$6000\times4\pi10^{-6}$ SI，剩磁为900×10^{-3} A/m；绿泥钠长石英片岩磁性相对偏弱，磁化率为$1500\times4\pi10^{-6}$ SI，剩磁为110×10^{-3} A/m；含磁铁绿泥绿帘阳起片岩、绿帘斜长角闪片岩、绿泥绿帘阳起片岩、云母钠长石英片岩、花岗闪长岩与超基性岩转石相对磁性较强，磁化率为（1990~5600）$\times4\pi10^{-6}$ SI，剩磁为（30~520）$\times10^{-3}$ A/m。

（四）西吉异常带

西吉异常带共收集、统计岩石标本六大类，由于资料缺少完整性，能够利用的标本只有角闪岩、花岗岩、含磁铁矿石英片岩和含磁铁矿角闪黑云母片岩，其中角闪岩、花岗岩呈弱磁性，采自于甘肃静宁与白银矿区的含磁铁矿石英片岩与含磁铁矿角闪黑云母片岩，磁性很强，其磁化率（7810~9726）$\times4\pi10^{-6}$ SI，剩磁（1570~2300）$\times10^{-3}$ A/m（表2-11）。

（五）六盘山中南段地区

收集六盘山中南段地区岩石标本7种，共163块，其中白云石英片岩31块，19块为无磁性标本（表2-12）。

表 2－11　西吉异常带岩（矿）石磁性参数统计表

采集地区	岩（矿）石名称	$\kappa/(4\pi10^{-6}$ SI)		$M_r/(10^{-3}$ A·m^{-1})		备　注
		变化范围	平均值	变化范围	平均值	
西吉异常带	角闪岩	2600～3000		微	很小	据西吉泉儿湾钻孔岩心资料
	花岗岩	弱		弱		
	含磁铁矿石英片岩		9726		2300	采自甘肃静宁
	含磁铁矿角闪黑云母片岩		7810		1570	采自白银矿区
	混合岩化斜长角闪岩					
	混合岩化花岗闪长岩					

（据《宁夏回族自治区 1：20 万区域重力调查工作成果报告》，1993）

表 2－12　六盘山中南段岩石磁性参数统计表

采集地区	岩（矿）石名称	块数	$\kappa/(4\pi10^{-6}$ SI)		$M_r/(10^{-3}$ A·m^{-1})		备　注
			变化范围	平均值	变化范围	平均值	
六盘山中南段	白云石英片岩	31	64～168		47～225		19 块无磁性
	花岗闪长岩	27	45～391	128	48～207	94	
	石英片岩	31	57～255	124	39～181	96	
	片岩	8	42～139		88～240		
	花岗岩	23	3～182		80～277		
	砂砾岩	30	19～106	56	36～104	67	
	石英砂岩	13	48～176	96	46～126	79	

（据《宁夏回族自治区 1：20 万区域重力调查工作成果报告》，1993）

据统计：六盘山中南段地区岩石磁性相对强的为花岗闪长岩，其磁化率最大值为 $391\times4\pi10^{-6}$ SI，剩磁最大值 207×10^{-3} A/m，其余岩石磁化率介于（3～255）$\times4\pi10^{-6}$ SI，剩磁介于（36～277）$\times10^{-3}$ A/m，整体上，该区岩石呈弱磁性。

（六）综述

宁夏地区岩（矿）石具有以下四点磁性特征：

（1）沉积岩为无磁性或弱磁性。

（2）太古宙—古元古代变质岩系以海原、固原、同心、盐池以北地区为弱磁性；同心－固原以东、盐池以南磁性较强。基底磁性偏高，一定程度上取决于变质岩系的原岩成分。

（3）海原以南、六盘山以西地区：下古生界中基性、基性岩浆岩具有强度不等的磁性。西吉－联财岩浆侵入带内中基性、基性侵入岩磁性较强。

（4）基性、超基性侵入岩脉磁性较强。

三、地震反射层及弹性波速特征

（一）银川盆地

银川盆地地震反射层弹性波速变化特征（表2－13）：反射层 T_0 ~ T_1 对应地质层位 Q 弹性波速最低，为1966 m/s，随着反射层深度增加，对应地质层位的弹性波速进一步增大，增大量约720 m/s，T_g 以下反射层弹性波速突然增大，为强地震反射层。

表2－13　银川盆地地震反射层及弹性波速统计表

反射层	对应地质层位	弹性波速/(m·s^{-1})	
		变化范围	平均值
T_0 ~ T_1	Q	1527~2347	1966
T_1 ~ T_3	N_2	2129~3664	2699
T_3 ~ T_5	N_1	2632~5621	3478
T_5 ~ T_g	E	3182~7127	4126
T_g 以下		4656~9260	8006

（据《宁夏回族自治区1：20万区域重力调查工作成果报告》，1993）

（二）宁夏及邻区

宁夏及邻近地区地壳速度结构见表2－14所示，从沉积层到下地壳，纵波速度逐渐增加；西海固地区沉积层纵波速度相对最低，为4.4 km/s，上地壳及以下层位纵波速度各地区基本相近。

表2－14　宁夏及邻近地区地壳速度结构

层位	层参数	银川地堑	西海固地区	鄂尔多斯地块	阿拉善微陆块
沉积层	底面埋深/km	5~8	2~4	3~5	2~3
	纵波速度/(km·s^{-1})	5.20	4.40~5.70	5.20	5.20
上地壳	底面埋深/km	11~15	19~23	11~12	13~15
	纵波速度/(km·s^{-1})	5.90~6.38	5.90~6.10	5.90~6.20	5.92~6.33
中地壳	底面埋深/km	20~22	33~35	20~21	22~24
	纵波速度/(km·s^{-1})	6.22~6.33	6.20~6.30	6.20~6.22	6.33
下地壳	底面埋深/km	36~40	42~49	40~43	43~48
	纵波速度/(km·s^{-1})	6.50~6.60	6.70~6.90	6.50~6.60	6.50~6.80
地壳总厚度/km		36~40	42~49	40~43	43~48

（三）综述

宁夏及邻区地震反射层及弹性波速具有以下四个特征：

（1）因构造环境及地质演化历史不同，宁夏及邻区各地岩石圈结构特点存在较大差异。银川地堑和六盘山断裂带位于构造活动强烈的南北地震带上，在其形成的历史过程中，受三个动力性质不同的地质块体（青藏地块、鄂尔多斯地块和阿拉善微陆块）的交互作用，地壳结构较为复杂，具有岩石圈结构层变异强烈、地壳厚度突变显著的特点。

（2）地壳总厚度总体趋势是南部大于北部。由于南部处于青藏高原北东边缘向华北陆块的过渡带，其地壳厚度介于青藏高原（厚度约 60 km）与华北陆块（约 42 km）之间，北部银川地壳总厚度约小于 40 km。

（3）在银川地堑和六盘山断裂带存在低速异常体。银川地堑地壳中存在长度近 80 km 的低速异常透镜体，厚度为 10 ~ 15 km；在六盘山断裂带，上地壳存在厚度约 11 km 的低速透镜体。

（4）鄂尔多斯地块和阿拉善微陆块的地壳结构相对简单，地壳分层比较平坦，莫霍面起伏不大，是整体相对稳定的构造单元。

四、宁夏部分地区电性特征

宁夏部分地区电性特征，见表 2 - 15 至表 2 - 18。

注：表 2 - 15 中月亮山地区资料引自《宁夏西吉县月亮山地区北部物化探异常查证报告》（2015 年）；硝口上店子地区资料引自《宁夏固原市硝口 - 寺口子岩盐矿预查综合物探专题报告》（2012 年）；罗家老圈地区资料引自《宁夏中卫市罗家老圈金银铅多金属矿预查电法工作报告》（2011 年）；徐套地区资料引自《宁夏回族自治区中卫市徐套乡物化探异常查证报告》（2015 年）；南西华山地区资料引自《宁夏中卫市南西华山柳沟地区激电中梯电法工作报告》（2012 年）；立洼峡地区资料引自《宁夏泾源县立洼峡地区铅锌矿普查电法专题报告》（2015 年）。

表 2 - 15　宁夏部分地区电性特征统计表

地点	地层	岩性	视电阻率 $\rho_S/(\Omega\cdot m)$		视极化率 $\eta_S/\%$		备注
			变化范围	平均值	变化范围	平均值	
月亮山地区	$N_1\hat{z}$	泥岩、夹砂岩	15.00 ~ 30.00		0.50 ~ 1.50		露头小四极法测定，括号内为钻孔 ZK1 的数据
	K_1s	砾岩	100.00 ~ 400.00 (166.70 ~ 373.10)		0.50 ~ 1.00		
	Pt_2^1x	片岩	400.00 ~ 900.00 (393.60 ~ 636.20)		0.50 ~ 0.80		
	加里东期	花岗闪长岩体 花岗伟晶岩脉	90.00 ~ 200.00		0.80 ~ 1.20		
		黄铁矿化岩石	200.00 ~ 300.00		4.00 ~ 12.00		
硝口上店子地区	Q		10.00 ~ 100.00				露头小四极法测定
	E_3q		5.00 ~ 15.00				
	K_1n		10.00 ~ 20.00				
	K_1n（含盐）		20.00 ~ 80.00				
	K_1m		>100.00				

续表

地点	地层	岩性	视电阻率 $\rho_S/(\Omega \cdot m)$		视极化率 $\eta_S/\%$		备　注
			变化范围	平均值	变化范围	平均值	
罗家老圈地区	Qp^{3eol}	黄土	57.10～158.90	87.40	0.20～0.80	0.4	露头小四极法测定
	C_1c	砾岩、石英砂岩、粉砂岩、泥岩	69.70～193.50	111.90	0.50～1.60	1	
	C_1q^1	褐铁矿（化）石	32.64～109.00	71.30	0.20～0.90	0.5	
	C_1q^1	砾岩、砂岩、粉砂岩	406.10～1198.70	724.10	0.60～1.10	0.8	
	C_1q^2	白云质灰岩、灰岩	126.20～537.00	258.00	0.20～0.90	0.5	
	C_2t	砂岩、页岩、泥岩、灰质页岩	38.60～77.40	50.90	0.20～0.90	0.4	
	$O_{2-3}l^2$	变质砂岩夹板岩、绢云母千枚岩	209.20～699.20	480.90	0.60～1.20	0.8	
	$O_{2-3}l^3$	板岩、砂岩	102.40～461.10	313.70	0.20～1.30	0.6	
	$O_{2-3}mp^2$	绢云母千枚岩、变质砂岩	200.00～977.00	480.50	0.10～0.90	0.7	
徐套地区	Q	卵石、沙砾	12.70～22.90	16.40	0～0.70	0.4	露头小四极法测定
	E—N	泥岩	5.70～8.90	7.62	0.20～0.80	0.7	
	K_1n	泥灰岩、砂岩	10.00～80.00				
	K_1m	灰岩	>100.00				
	J_2y	砂岩	61.20～307.80	171.13	0.70～1.70	1.2	
	J_2y	页岩夹煤层	100.80～225.60	158.30	0.20～3.40	0.9	
		泥岩	5.70～19.80	10.22	0.10～2.67	0.7	
南西华山地区	Jx*b*	绿片岩	875.00～1272.00	1010.25	1.57～1.64	1.6	露头小四极法测定
	Jx*m*	云母片岩	97.70～552.00	387.00	0.26～1.99	0.97	
		云母片岩夹褐铁矿化	449.00～847.00	641.00	1.17～2.92	1.95	
		大理岩	353.00～575.00	454.00	0.11～1.77	1.04	
立洼峡地区	E*q*	紫红色砂岩夹泥岩	5.50～96.40	30.30	0.42～1.62	0.87	标本采集于钻孔 QZK101 和钻孔 LZK110－1，采用露头小四极法测定
	K*m*	深灰色、灰色碎裂砂屑灰岩、泥灰岩	24.10～67.90	37.10	0.42～1.79	0.96	
	K*l*	蓝灰色薄层状泥岩与紫红色中－厚层状泥岩互层	1870.30～1503.80	862.50	0.50～1.22	0.76	
	Kh^a	紫红色砂岩与灰色泥质灰岩互层	20.60～50.20	30.20	0.82～1.74	1.31	
	Kh^b	深灰色厚层泥质灰岩局部闪锌矿化	194.60～925.00	542.60	1.06～1.77	1.39	

续表

地点	地层	岩性	视电阻率 ρ_S/(Ω·m)		视极化率 η_S/%		备注
			变化范围	平均值	变化范围	平均值	
立洼峡地区	Kh^b	碎裂状含铅、锌闪锌矿破碎带	18.30~949.40	330.68	1.07~2.94	1.40	标本采集于钻孔 QZK101 和钻孔 LZK110-1，采用露头小四极法测定
	Kh^c	褐红色泥质粉砂岩、粉砂质泥岩多次交替	83.74~1926.45	709.11	0.13~0.61	0.32	
	Ks^a	钙质砾岩、角砾岩、泥质灰岩	122.90~3070.40	1353.64	0.92~1.74	1.27	
	Ks^b	深灰色厚层泥质灰岩硅化、黄铁矿化、铅锌矿化、矿点	444.70~2402.40	893.90	1.09~1.56	1.30	
		含矿（化）岩石标本（不规则）	0.60~1.63	1.74	0.70~1.63	1.08	

表 2-16　宁夏北部及相邻地区壳幔电性结构分层

层序	银川地堑			鄂尔多斯地块			阿拉善微陆块		
	电阻率/Ω·m	厚度/km	底面深/km	电阻率/Ω·m	厚度/km	底面深/km	电阻率/Ω·m	厚度/km	底面深/km
1	5~50	2~5	2.4~5	50	1~2	1~2	100	1~2	1~2
2	600~1000	16~19	19~22	30	5~8	6~10	50	12~15	14~18
3	1~20	6~8	25~27	1000	20~25	30~32	400	12~15	29~30
4	1000~5000	60	85~89	10~12	7~8	36~39	10~70	7~9	37~38
5	0.2~12			10^3~10^4	87~92	123~131	5000	75	112
6				10			8~17		

表 2-17　宁夏中部地区壳幔电性结构分层

层序	牛首山-罗山断裂以东			牛首山-罗山断裂以西		
	电阻率/(Ω·m)	厚度/km	底面深度/km	电阻率/(Ω·m)	厚度/km	底面深度/km
1	6~9	1.5~2.5	1.5~2.5	10~50	1.5~18	6~17
2	110~270	104~108	107~110	100~1000	12~36	29~49
3	10~13	7~9	115~119	15~50	8~21	42~50
4	5000	124~127	240~246	2000	72~93	115~136
5	3			4~20	4~6	

表 2-18　宁夏南部地区壳幔电性结构分层

层序	彭阳-庆阳			固原-西吉			海原		
	电阻率 Ω·m	厚度 km	底面深度 km	电阻率 Ω·m	厚度 km	底面深度 km	电阻率 Ω·m	厚度 km	底面深度 km
1	30~39	8~11	8~11	25~75	7~9	7~9	8	3	3
2	256~492	33~45	28~43	225~1860	18~27	28~34	200	6	9
3	14~16	5~12	32~55	1.4~6.0	1.4~6.0	29~38	3	2	11
4	130~433	19~33	77~89	1000	40~45	82~88	200	63	74
5	15~26	3~4	82~92	3.8~6	1~7	89~92	0.6		

分析可知，宁夏壳幔具有以下特征：

（1）地壳上地幔电性层状结构可大致分为 5~6 个电性层。一般而言，地壳表层低阻层普遍发育，电阻率从几欧姆·米到几十欧姆·米，厚度不等，约 1000 m 到几千米，与中、新生代沉积层相一致。中下地壳存在 1~2 个厚几千米的低阻薄层。

（2）不同的地质构造单元，深部电性结构差别明显。鄂尔多斯地块和阿拉善微陆块的电性层横向变化平缓，成层和整体性好，表明这两个地块较为完整，相对稳定，在很长的地质历史时期内较少受到形变破裂。上地幔第一高导层埋深较大，顶面埋深在 110~130 km 范围内，表明来自上地幔的垂直作用力较弱。而位于构造活动剧烈的银川断陷盆地和走廊过渡带的宁夏南部地区，电性结构复杂，电性界面起伏大，并且壳内有几个低阻层分布，则是剧烈的构造作用和深部物质运动的反映。

（3）深部电性结构特征与地质构造有着较好的对应关系。例如，在定边-景泰和永靖-庆阳剖面上，位于牛首山-罗山-固原断裂带经过的壳内低阻层位明显错位，显示了深部电性结构特征与地质构造存在很好的一致性。

（4）壳内低阻层一般被认为起因于岩石脱水和部分熔融，通常为地壳脆弱韧切转换带，在全区壳内低阻层深度一般在 20~30 km 之间。

五、已收集物性资料存在的问题

本次工作已收集物性资料主要来源于《宁夏回族自治区 1∶20 万区域重力调查工作成果报告》《鄂尔多斯盆地北部 1∶20 万石油重力调查Ⅰ、Ⅱ工区成果报告》，涉及宁夏全区不同地质时代、不同岩类（沉积岩、变质岩与侵入岩）的地层密度资料，贺兰山北段、卫宁北山与香山地区、南西华山地区、西吉异常带和六盘山中南段地区的相关代表岩石的磁性资料，宁夏及邻区地震反射层及弹性波速资料以及宁夏部分地区地层电性资料，取得了许多有关物性研究方面的成果，但是直接将上述物性资料用于本研究，仍然存在以下三个主要问题：

（1）地层（岩石）密度资料：《宁夏回族自治区 1∶20 万区域重力调查工作成果报告》以统（或组）为地层最基本单位对密度进行归纳统计，缺乏对不同地区所涉及不同地层（岩石）的针对性。

（2）地层（岩石）磁性资料：《宁夏回族自治区 1∶20 万区域重力调查工作成果报告》中未将各类岩（矿）标本归类至地层（组），增加了后期针对局部地区的磁异常深入分析工作的难度。

（3）某些重点研究区，如西吉蝉窑地区和月亮山地区，缺少地层（岩石）密度、磁性资料，需要进行补充完善。

第二节　全区补充采集标本

针对已收集物性资料存在的主要问题，共采集与测定标本1650块，其中月亮山钻孔48块、蝉窑地区46块、南华山362块、西华山409块、卫宁北山365块、贺兰山北段420块（图2－2）。

一、月亮山地区

本次标本采集工作，于月亮山地区采集钻孔ZK1钻遇白垩系地层标本共计48块，其中立洼峡组泥岩12块，砂岩4块，和尚铺组泥岩4块，砂岩28块（表2－19）。

表2－19　月亮山钻孔ZK1物性统计表

<table>
<tr><th rowspan="2">地层</th><th rowspan="2">岩性</th><th rowspan="2" colspan="2">块数</th><th colspan="3">$\kappa/(4\pi 10^{-6}\ SI)$</th><th colspan="3">$M_r/(10^{-3}A\cdot m^{-1})$</th><th colspan="3">$\rho/(g\cdot cm^{-3})$</th></tr>
<tr><th>范围</th><th colspan="2">均值</th><th>范围</th><th colspan="2">均值</th><th>范围</th><th colspan="2">均值</th></tr>
<tr><td rowspan="2">白垩系立洼峡组</td><td>泥岩</td><td>12</td><td rowspan="2">16</td><td>28～78</td><td>49</td><td rowspan="2">48</td><td>9～48</td><td>21</td><td rowspan="2">22</td><td>2.28～2.68</td><td>2.43</td><td rowspan="2">2.45</td></tr>
<tr><td>砂岩</td><td>4</td><td>38～59</td><td>46</td><td>13～37</td><td>24</td><td>2.45～2.6</td><td>2.50</td></tr>
<tr><td rowspan="2">白垩系和尚铺组</td><td>泥岩</td><td>4</td><td rowspan="2">32</td><td>17～89</td><td>55</td><td rowspan="2">49</td><td>8～47</td><td>23</td><td rowspan="2">22</td><td>1.99～2.49</td><td>2.24</td><td rowspan="2">2.26</td></tr>
<tr><td>砂岩</td><td>28</td><td>19～83</td><td>47</td><td>9～32</td><td>17</td><td>2.06～2.57</td><td>2.38</td></tr>
</table>

根据统计：月亮山地区白垩系泥岩、砂岩磁化率均值小于$50\times 4\pi 10^{-6}$ SI，剩磁均值为22×10^{-3} A/m，呈无磁性或弱磁性，砂岩密度相对大于泥岩密度。

整体上，立洼峡组地层密度集中在两个区间，其中泥岩密度值为2.0～2.1 g/cm³，砂岩密度相对较高，集中于2.4～2.5 g/cm³之间；和尚铺组砂泥岩密度值比较平均，分布区间为2.1～2.3 g/cm³，均值为2.26 g/cm³（图2－3）。

二、蝉窑地区

蝉窑地区共采集标本46块，其中片岩22块，片麻岩9块，花岗岩15块（表2－20）。

表2－20　蝉窑地区物性统计表

<table>
<tr><th rowspan="2">地层</th><th rowspan="2">岩性</th><th rowspan="2" colspan="2">块数</th><th colspan="3">$\kappa/(4\pi 10^{-6}SI)$</th><th colspan="3">$M_r/(10^{-3}A\cdot m^{-1})$</th><th colspan="3">$\rho/(g\cdot cm^{-3})$</th></tr>
<tr><th>范围</th><th colspan="2">均值</th><th>范围</th><th colspan="2">均值</th><th>范围</th><th colspan="2">均值</th></tr>
<tr><td rowspan="3">西华山组</td><td>黑云母石英片岩</td><td>10</td><td rowspan="3">31</td><td>300～510</td><td>409</td><td rowspan="3">556</td><td>126～277</td><td>184</td><td rowspan="3">247</td><td>2.68～2.71</td><td>2.70</td><td rowspan="3">2.69</td></tr>
<tr><td>黑色片岩</td><td>12</td><td>254～1139</td><td>708</td><td>60～401</td><td>248</td><td>2.68～2.70</td><td>2.69</td></tr>
<tr><td>石英片麻岩</td><td>9</td><td>303～559</td><td>500</td><td>178～402</td><td>310</td><td>2.63～2.74</td><td>2.68</td></tr>
<tr><td colspan="2">花岗岩体</td><td colspan="2">15</td><td>131～1027</td><td colspan="2">440</td><td>65～436</td><td colspan="2">231</td><td>2.61～2.70</td><td colspan="2">2.64</td></tr>
</table>

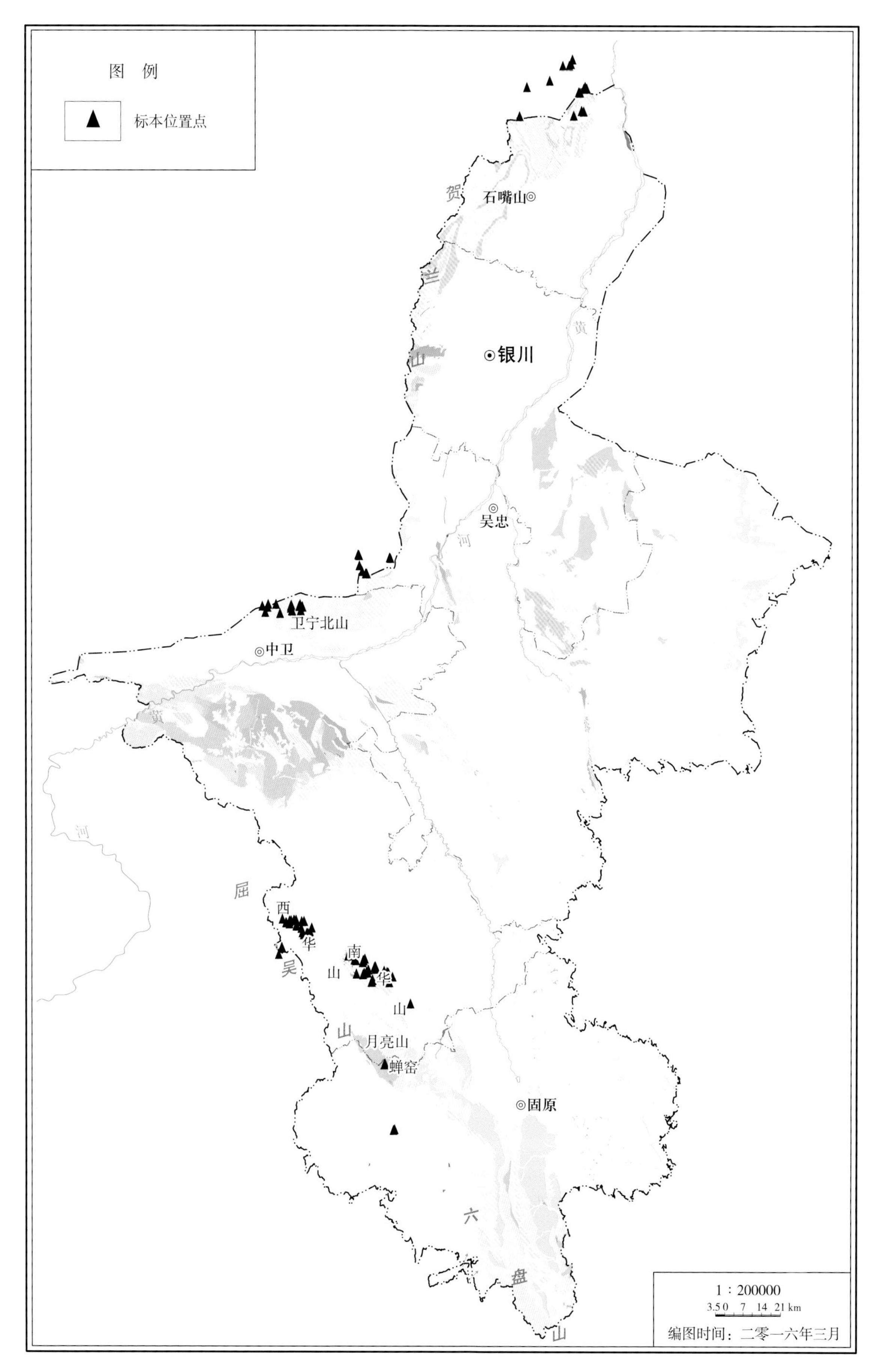

图 2－2 全区标本采集位置图

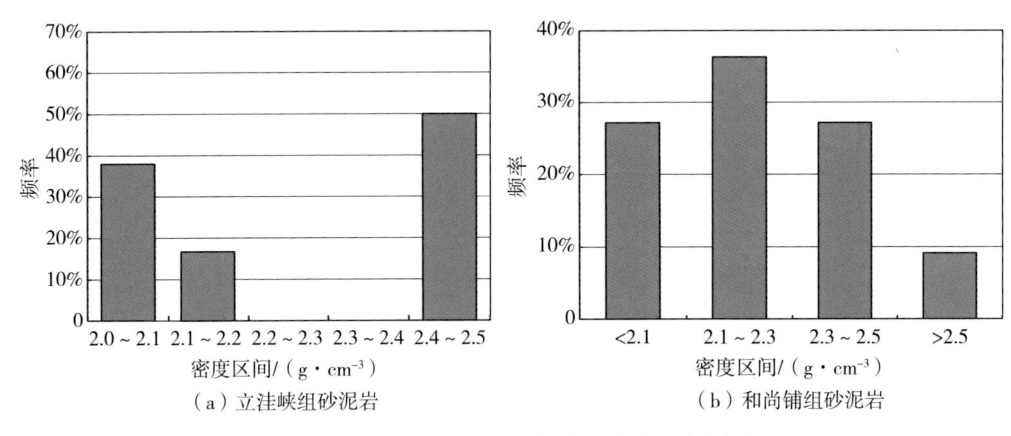

图 2－3　月亮山 ZK1 岩石标本密度分布直方图

根据统计：蝉窑地区黑色片岩磁性相对最强，磁化率（254～1139）×$4\pi10^{-6}$ SI，均值为 708×$4\pi10^{-6}$ SI，剩磁（60～401）×10^{-3} A/m，均值为 248×10^{-3} A/m，变质岩整体呈较强磁性；与该地区变质岩相比较，蝉窑地区花岗岩体磁性相对弱一些，其磁化率均值 440×$4\pi10^{-6}$ SI，剩磁均值 231×10^{-3} A/m。

西华山组片岩与花岗岩体密度相近，片岩密度值集中于 2.68～2.70 g/cm^3 之间，均值为 2.69 g/cm^3；花岗岩体密度值分布区间为 2.62～2.66 g/cm^3，均值为 2.64 g/cm^3（图 2－4）。

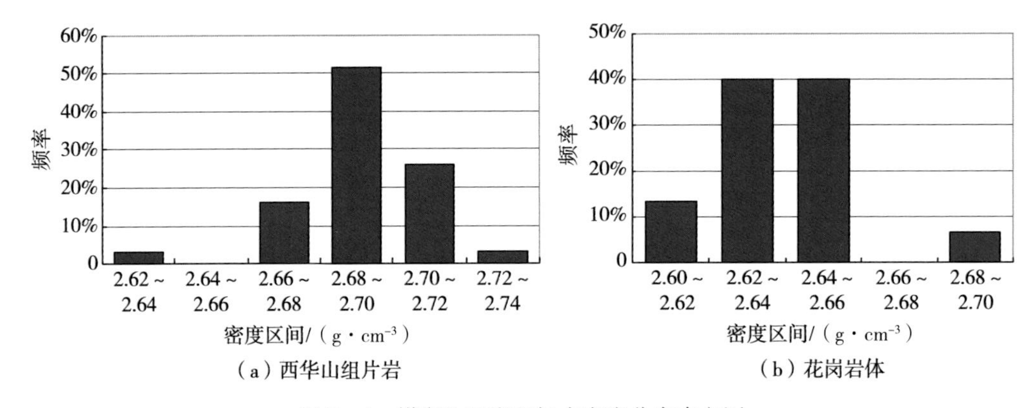

图 2－4　蝉窑地区岩石标本密度分布直方图

三、南华山地区

南华山地区共采集长城系南华山组、园河组、志留系、泥盆系老君山组等 6 套地层标本 362 块，涉及变质岩类样本 192 块，砂岩类标本 91 块，加里东晚期侵入岩类 79 块（表 2－21）。

表 2－21　南华山地区物性统计表

地层		岩性	数量/块	κ/($4\pi10^{-6}$ SI)			M_r/(10^{-3} A·m^{-1})			ρ/(g·cm^{-3})		
				范围	均值		范围	均值		范围	均值	
石炭系	羊虎沟组	砂岩	30	90～450	221	221	11～279	75	75	2.30～2.57	2.41	2.41

续表

地层		岩性	数量/块	κ/(4π10⁻⁶ SI) 范围	均值		M_r/(10^{-3}A·m^{-1}) 范围	均值		ρ/(g·cm^{-3}) 范围	均值	
泥盆系	老君山组	含砾砂岩	10	158～536	375	369	51～333	193	164	2.50～2.60	2.55	2.5
		砾岩	21	15～850	363		16～295	135		2.34～2.62	2.45	
志留系		紫红色含砾砂岩	7	199～631	394	382	255～859	530	367	2.49～2.56	2.51	2.49
		紫红色细砂岩	23	176～643	374		11～825	206		2.36～2.58	2.46	
长城系	园河组	白云母石英片岩	14	100～565	327	391	217～761	438	352	2.67～2.83	2.75	2.77
		硅质大理岩	10	8～527	242		191～705	376		2.72～2.87	2.81	
		云母石英片岩	21	135～1163	605		33～2483	243		2.64～2.78	2.75	
		大理岩	25	53～1494	422	394	35～755	288	226	2.78～2.84	2.83	2.86
		绿帘绿泥片岩	11	58～1203	365		41～566	163		2.74～3.37	2.88	
		白云石大理岩	10	149～673	380	391	261～803	499	523	2.76～2.81	2.79	2.68
		含石墨大理岩	5	144～730	402		293～804	547		2.50～2.66	2.57	
	南华山组	白云母石英片岩	43	25～1026	268	419	11～329	137	142	2.58～2.77	2.69	2.86
		绿帘阳起片岩	23	141～3232	569		19～395	146		2.81～3.96	3.03	
		绿泥绿帘阳起片岩	25	17～1380	536	395	12～578	188	152	2.93～3.07	2.99	2.82
		云母石英片岩	5	116～424	254		29～255	116		2.62～2.69	2.65	
加里东晚期		花岗闪长岩体	34	48～766	315	553	23～1029	235	372	2.54～2.68	2.63	2.78
		石英闪长玢岩脉	15	504～1990	964		175～960	434		2.97～3.06	3.02	
		石英二长闪长岩体	30	153～827	380		215～976	446		2.65～3.33	2.70	

南华山地区各类岩石物性具备以下特征：

（一）岩石磁性特征

加里东晚期侵入岩、长城系园河组地层磁化率高、剩磁强，整体呈强磁性；石炭系羊虎沟组地层相对磁性最弱；长城系南华山组呈中－强磁性（图2－5）。

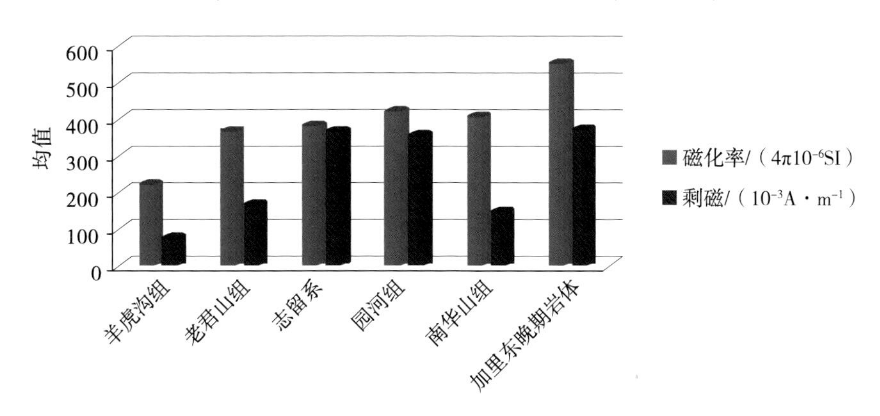

图2－5 南华山地区地层磁性柱状图

加里东晚期侵入岩中，石英闪长玢岩脉磁性最强，其 15 块岩石标本的磁化率处于 $(504\sim1990)\times4\pi10^{-6}$ SI，均值 $964\times4\pi10^{-6}$ SI，剩磁分布范围 $(175\sim960)\times10^{-3}$ A/m，均值 434×10^{-3} A/m，相对也比较高；长城系园河组云母石英片岩磁化率分布范围为 $(733\sim1163)\times4\pi10^{-6}$ SI，均值 $925\times4\pi10^{-6}$ SI，剩磁最大值 2483×10^{-3} A/m，均值为 414×10^{-3} A/m，为强磁性表现（图 2－6）。

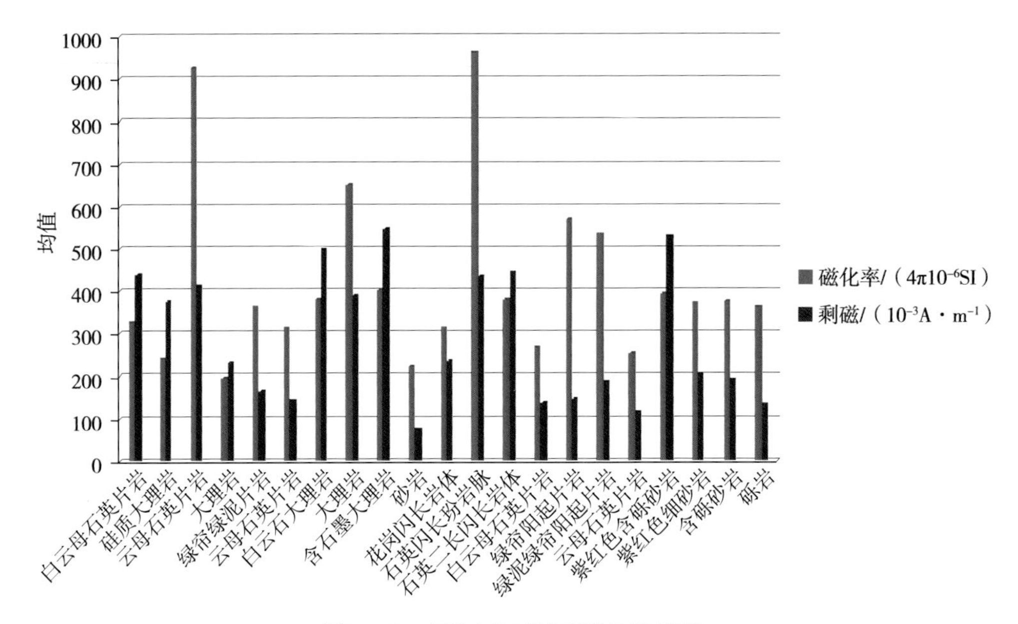

图 2－6　南华山地区岩石磁性柱状图

（二）地层岩石密度特征

南华山地区高密度地层为长城系园河组和南华山组以及加里东晚期侵入岩，地层密度大于 2.8 g/cm³；低密度地层有石炭系羊虎沟组、志留系与泥盆系老君山组，地层密度均小于 2.5 g/cm³；其余各地层密度处于 2.7～2.8 g/cm³ 之间（图 2－7）。

相比较，密度最高岩石为长城系南华山组中的绿帘阳起片岩，23 块岩石标本中，密度极大值为 3.96 g/cm³，极小值为 2.81 g/cm³，均值为 3.03 g/cm³；加里东晚期石英闪长玢岩脉岩石密度也比较高，其密度分布范围为 2.97～3.06 g/cm³，均值为 3.02 g/cm³；其余岩石密度均小于 3.00 g/cm³，其中石炭系羊虎沟组砂岩、志留系砂砾岩、泥盆系老君山组砂砾岩密度均较低，岩石密度均值小于 2.5 g/cm³（图 2－8）。

四、西华山地区

西华山地区采集志留系、泥盆系老君山组、加里东晚期侵入岩、长城系西华山组、园河组和褐铁矿共 10 大类岩（矿）石标本 409 块，主要涉及变质岩、侵入岩以及砂岩类沉积岩（表 2－22）。

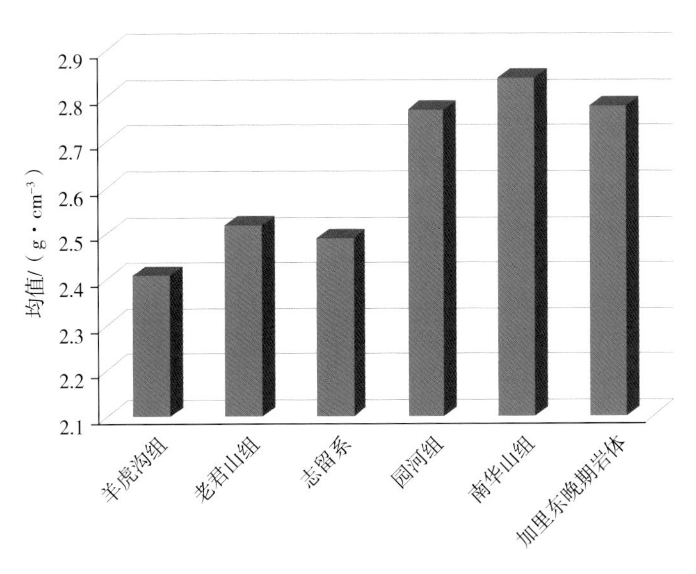

图 2－7　南华山地区地层密度柱状图

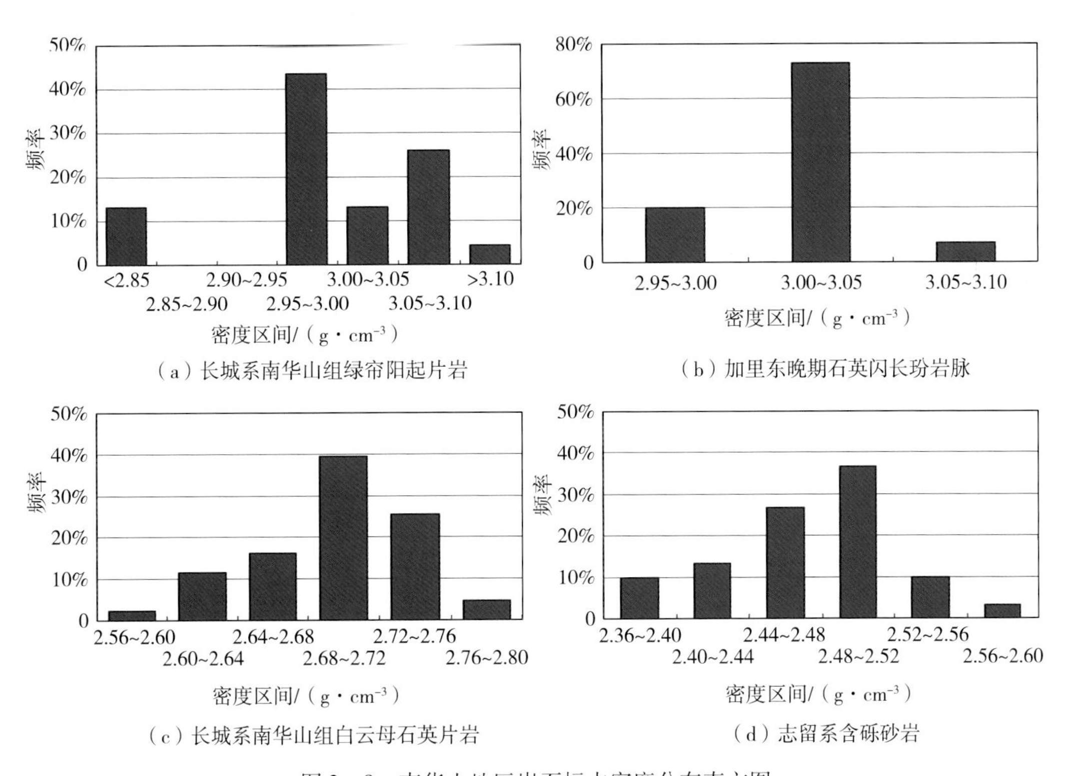

图 2－8　南华山地区岩石标本密度分布直方图

表 2－22　西华山地区物性统计表

地层		岩性	数量	$\kappa/(4\pi10^{-6}\ SI)$			$M_r/(10^{-3}A\cdot m^{-1})$			$\rho/(g\cdot cm^{-3})$		
				范围	均值		范围	均值		范围	均值	
石炭系	羊虎沟组	粗砾岩	14	55～283	176	175	49～301	136	140	2.32～2.57	2.47	2.48
		含粗砾砂岩	14	7～364	175		51～264	145		2.38～2.56	2.49	
泥盆系	老君山组	灰绿色砂岩	7	515～1304	1050	714	206～714	471	375	2.84～3.02	2.93	2.77
		角砾岩	9	87～839	425		162～493	291		2.61～2.66	2.64	
		杂砾岩	14	124～1129	667		88～594	364		2.56～2.99	2.73	
		含粗砾砂岩	21	7～1378	510	513	15～681	220	244	2.47～2.65	2.56	2.52
		含细粒砂岩	4	78～214	177		50～235	137		2.41～2.48	2.45	
		砂岩	6	461～1183	853		174～570	376		2.50～2.59	2.55	
		褐铁矿	10	219～1439	697	697	31～1646	165	165	2.65～2.70	2.68	2.68
志留系		紫红色砾岩	13	144～523	327	312	223～786	452	436	2.47～2.59	2.55	2.57
		紫红色细砂岩	17	26～494	297		25～941	420		2.49～2.56	2.59	
奥陶系		灰黑色长英质角岩	20	871～2262	1267	1267	163～811	368	368	2.67～2.81	2.70	2.70
长城系	西华山组	白云母石英片岩	35	137～1558	586	697	67～806	357	430	2.65～2.81	2.76	2.73
		大理岩	16	133～1287	683		26～933	401		2.69～2.72	2.71	
		云母石英片岩	4	82～1220	821		357～789	533		2.71～2.76	2.73	
		白云母钠长石英片岩	21	20～453	180	230	77～444	283	198	2.61～2.72	2.69	2.67
		方解石大理岩	2	74～329	202		55～167	111		2.66～2.66	2.66	
		硅质大理岩	2	216～399	308		52～347	200		2.70～2.73	2.71	
		褐铁矿化云母石英片岩	10	361～1798	1025	1025	49～295	152	152	2.64～2.70	2.68	2.68
	园河组	白云母石英片岩	7	25～4415	984	1066	126～1267	459	1163	2.67～3.19	2.80	2.77
		大理岩	20	153～1498	688		197～1628	512		2.04～2.87	2.79	
		硅质白云岩	13	157～919	408		294～951	548		2.78～2.87	2.84	
		含石墨白云石英片岩	6	251～684	513		298～970	647		2.56～2.65	2.60	
		含石墨大理岩	1		1576			2454			2.86	
		含石墨片岩	1		1596			1833			2.49	
		含石墨云母片岩	1		1289			1877			2.76	
		含石墨云母石英片岩	5	423～1831	1079		585～2171	1298		2.58～2.91	2.78	
		绿帘钠长阳起片岩	1		650			759			2.99	
		绿帘云母片岩	1		491			765			2.72	
		绿泥绿帘片岩	2	997～1621	1309		189～1258	723		2.75～2.78	2.76	
		绿泥绿帘阳起片岩	13	694～7456	2751		176～1737	683		2.64～2.96	2.82	
		绿泥石化云母片岩	1		740			2194			2.91	
		绿泥绿帘云母片岩	1		1013			1636			2.68	
		绿泥云母片岩	5	258～4641	1399		748～1717	1195		2.72～2.83	2.76	
		云母片岩	3	978～1276	1127		816～1475	1225		2.79～2.90	2.84	
		云母石英片岩	5	110～946	506		374～1810	964		2.65～2.78	2.70	
		白云母片岩	6	419～3123	1153	1153	184～649	405	405	2.60～2.85	2.67	2.67

续表

地层	岩性	数量	$\kappa/(4\pi10^{-6}$ SI)			$M_r/(10^{-3}$A·m^{-1})			$\rho/$(g·cm^{-3})		
			范围	均值		范围	均值		范围	均值	
加里东晚期	花岗结晶岩脉	15	65 ~ 1608	813	813	25 ~ 504	246	246	2.60 ~ 2.63	2.61	2.61
	花岗闪长岩体	30	26 ~ 1336	532	532	20 ~ 774	240	240	2.62 ~ 2.68	2.66	2.66
	煌斑岩脉	15	208 ~ 1022	515	515	248 ~ 1094	542	542	2.64 ~ 2.93	2.77	2.77
	夹褐铁矿石英脉	12	267 ~ 1223	818	818	32 ~ 486	191	191	2.51 ~ 2.68	2.63	2.63

西华山地区各类岩石物性具备以下特征：

（一）地层岩石磁性特征

长城系园河组、奥陶系地层呈强磁性；石炭系羊虎沟组地层呈弱磁性；长城系西华山组与加里东晚期侵入岩呈中－弱磁性（图2－9）。

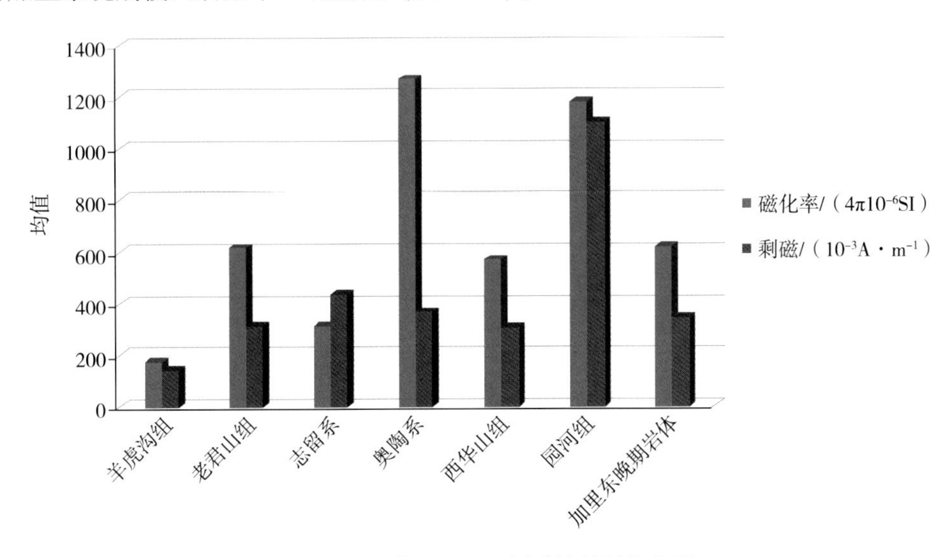

图2－9 西华山地区地层磁性特征柱状图

引起长城系园河组地层强磁表现的岩石主要为含石墨大理岩、含石墨片岩、含石墨云母片岩、含石墨云母石英片岩、绿泥绿帘片岩、绿泥绿帘阳起片岩、绿泥绿帘云母片岩、绿泥云母片岩和云母片岩，岩石磁化率均值大于1000×4π10^{-6} SI，剩磁均值大于1000×10^{-3} A/m，其中磁性最强的绿泥绿帘阳起片岩，磁化率最大值为7456×4π10^{-6} SI，均值4149×4π10^{-6} SI，剩磁最大值为1737×10^{-3} A/m，均值为1027×10^{-3} A/m（图2－10）。

（二）地层岩石密度特征

西华山地区地层密度均值均小于2.80 g/cm^3，其中长城系园河组、泥盆系老君山组以及加里东晚期煌斑岩岩石密度相对较大，均值为2.77 g/cm^3；石炭系羊虎沟组、志留系地

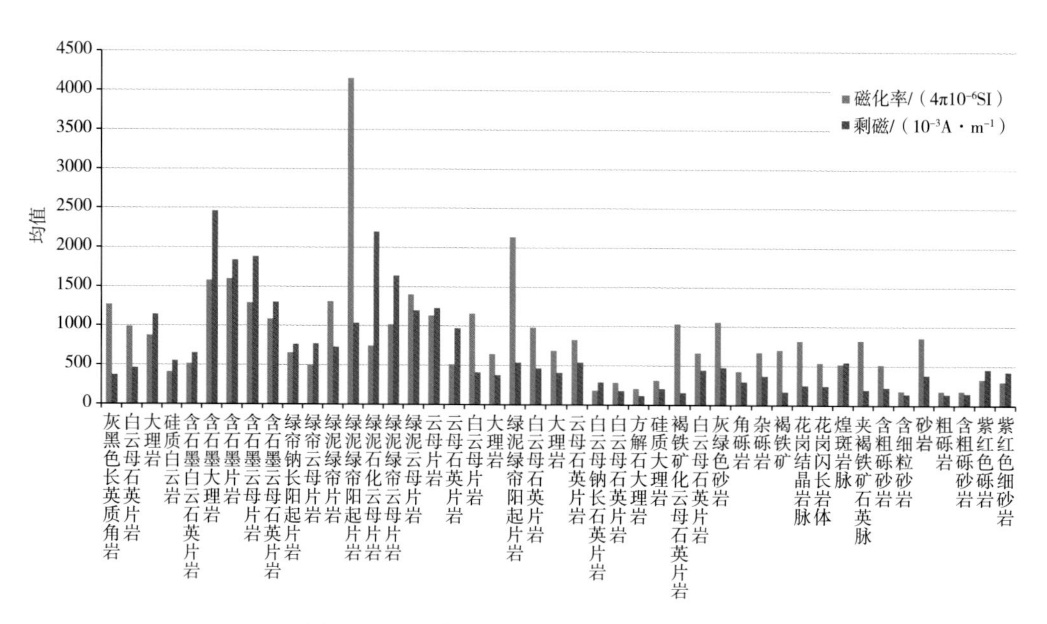

图 2-10　西华山地区岩石磁性特征柱状图

层密度相对较小，密度最小的石炭系羊虎沟组密度均值为 2.48 g/cm^3；其余地层密度处于 2.48～2.77 g/cm^3 之间（图 2-11）。

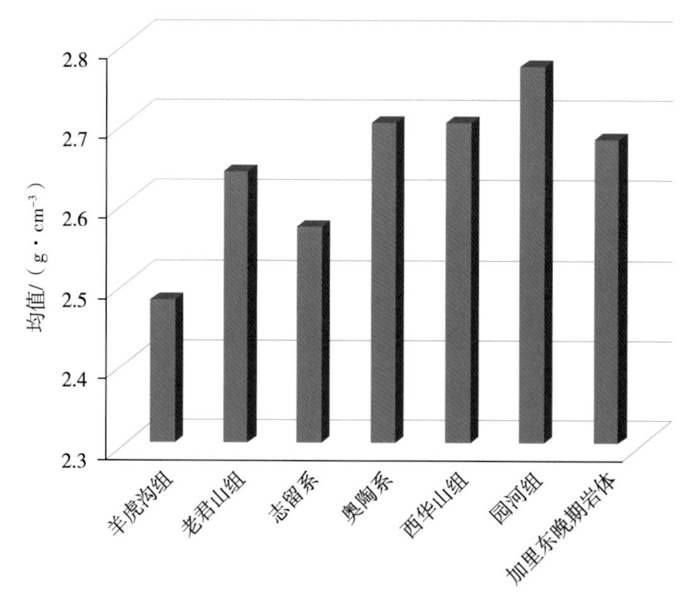

图 2-11　西华山地区地层密度特征柱状图

长城系园河组地层中绿泥绿帘阳起片岩，密度值为 2.99 g/cm^3，为西华山地区密度最大的岩石，密度较高的泥盆系老君山组灰绿色砂岩，密度值为 2.93 g/cm^3；石炭系羊虎沟组、志留系砂砾岩类岩石密度相对较小，密度最小的泥盆系雪山群含细粒砂岩，为 2.45 g/cm^3；其余地层岩石密度处于 2.60～2.90 g/cm^3 之间（图 2-12）。

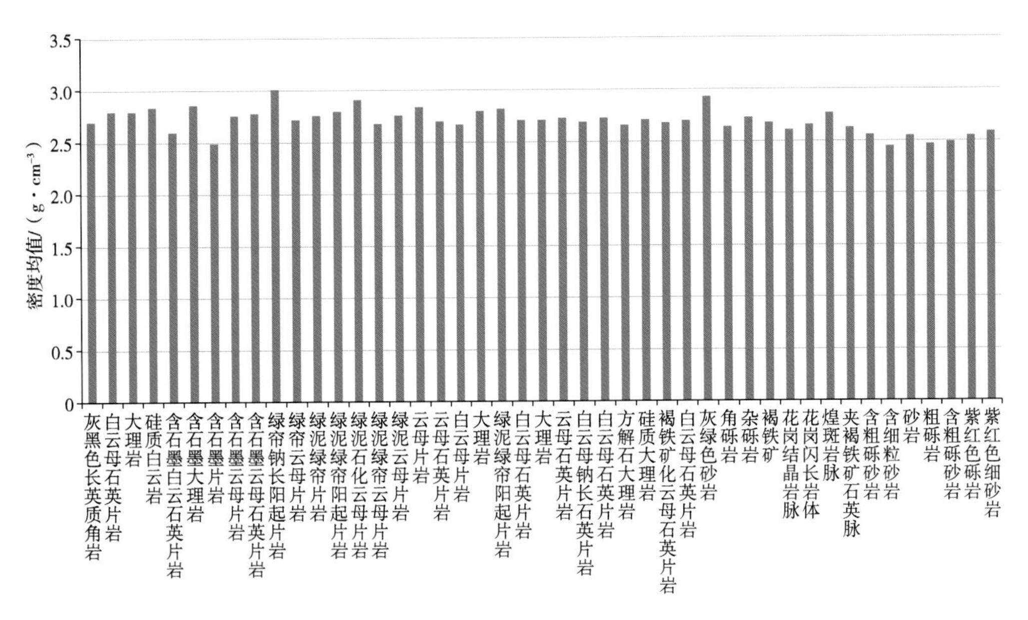

图 2－12　西华山地区岩石密度特征柱状图

五、卫宁北山地区

根据卫宁北山地区地层分布特征，于该地区采集各类地层岩石标本共 12 大类，350 块，主要为不同时期的各类砂岩，包括：二叠系石英砂岩 30 块，石炭系泥质粉砂岩、石英砂岩和含褐铁矿类砂岩 94 块，泥盆系中宁组各类砂岩 30 块，奥陶系石英砂岩 69 块、灰岩 6 块，以及各类侵入岩 121 块（石英闪长岩脉 30 块、石英二长闪长岩脉 30 块、闪长玢岩脉 30 块和花岗岩脉 31 块）（表 2－23）。

表 2－23　卫宁北山地区物性统计表

<table>
<tr><th colspan="2" rowspan="2">地层</th><th rowspan="2">岩性</th><th>数量</th><th colspan="3">κ/（4π10⁻⁶ SI）</th><th colspan="3">M_r/（10⁻³ A·m⁻¹）</th><th colspan="3">ρ/（g·cm⁻³）</th></tr>
<tr><th>块</th><th>范围</th><th colspan="2">均值</th><th>范围</th><th colspan="2">均值</th><th>范围</th><th colspan="2">均值</th></tr>
<tr><td rowspan="2">二叠系</td><td rowspan="2">太原组</td><td>含云母长石石英砂岩</td><td>15</td><td>98～295</td><td>166</td><td rowspan="2">172</td><td>14～176</td><td>101</td><td rowspan="2">90</td><td>2.43～2.60</td><td>2.53</td><td rowspan="2">2.49</td></tr>
<tr><td>粗砾长石石英砂岩</td><td>15</td><td>90～322</td><td>177</td><td>16～163</td><td>79</td><td>2.32～2.51</td><td>2.44</td></tr>
<tr><td rowspan="8">石炭系</td><td rowspan="4">羊虎沟组</td><td>石英砂岩</td><td>6</td><td>75～224</td><td>144</td><td rowspan="4">199</td><td>10～79</td><td>35</td><td rowspan="4">86</td><td>2.56～2.60</td><td>2.63</td><td rowspan="4">2.56</td></tr>
<tr><td>砂岩</td><td>1</td><td>256</td><td>256</td><td>142</td><td>141</td><td>2.44</td><td>2.44</td></tr>
<tr><td>泥质粉砂岩</td><td>12</td><td>68～203</td><td>137</td><td>16～50</td><td>36</td><td>1.89～2.87</td><td>2.47</td></tr>
<tr><td>黑色泥质粉砂岩</td><td>2</td><td>189～334</td><td>260</td><td>114～151</td><td>133</td><td>2.67～2.70</td><td>2.69</td></tr>
<tr><td rowspan="4">靖远组</td><td>褐铁矿</td><td>1</td><td>215</td><td>215</td><td rowspan="4">219</td><td>327</td><td>327</td><td rowspan="4">156</td><td>3.40</td><td>3.40</td><td rowspan="4">2.86</td></tr>
<tr><td>含褐铁矿石英砂岩</td><td>2</td><td>226～299</td><td>262</td><td>60～151</td><td>105</td><td>3.08～2.55</td><td>2.82</td></tr>
<tr><td>含褐铁矿砂岩</td><td>1</td><td>211</td><td>211</td><td>128</td><td>128</td><td>2.65</td><td>2.65</td></tr>
<tr><td>长石石英砂岩</td><td>9</td><td>79～504</td><td>186</td><td>7～141</td><td>62</td><td>2.35～2.68</td><td>2.57</td></tr>
</table>

续表

<table>
<tr><th colspan="2" rowspan="2">地层</th><th rowspan="2">岩性</th><th rowspan="2">数量
块</th><th colspan="3">$\kappa/(4\pi10^{-6}\ \mathrm{SI})$</th><th colspan="3">$M_r/(10^{-3}\mathrm{A\cdot m^{-1}})$</th><th colspan="3">$\rho/(\mathrm{g\cdot cm^{-3}})$</th></tr>
<tr><th>范围</th><th colspan="2">均值</th><th>范围</th><th colspan="2">均值</th><th>范围</th><th colspan="2">均值</th></tr>
<tr><td rowspan="9">石炭系</td><td rowspan="4">臭牛沟组</td><td>石英砂岩</td><td>8</td><td>93 ~ 310</td><td>166</td><td rowspan="3">159</td><td>27 ~ 122</td><td>54</td><td rowspan="3">61</td><td>2.45 ~ 2.70</td><td>2.61</td><td rowspan="3">2.59</td></tr>
<tr><td>片理化长石石英砂岩</td><td>5</td><td>105 ~ 353</td><td>180</td><td>17 ~ 131</td><td>65</td><td>2.67 ~ 2.69</td><td>2.68</td></tr>
<tr><td>粗砾石英砂岩</td><td>4</td><td>99 ~ 128</td><td>112</td><td>35 ~ 72</td><td>49</td><td>2.55 ~ 2.68</td><td>2.59</td></tr>
<tr><td>长石石英砂岩</td><td>13</td><td>84 ~ 330</td><td>179</td><td>179</td><td>27 ~ 131</td><td>75</td><td>75</td><td>2.45 ~ 2.53</td><td>2.49</td><td>2.49</td></tr>
<tr><td rowspan="5">前黑山组</td><td>石英砂岩</td><td>6</td><td>62 ~ 391</td><td>216</td><td>146</td><td>6 ~ 200</td><td>82</td><td>82</td><td>2.52 ~ 3.29</td><td>2.68</td><td>2.68</td></tr>
<tr><td>砂岩</td><td>5</td><td>76 ~ 117</td><td>97</td><td rowspan="4">129</td><td>23 ~ 40</td><td>29</td><td rowspan="4">39</td><td>2.63 ~ 2.67</td><td>2.64</td><td rowspan="4">2.62</td></tr>
<tr><td>灰岩</td><td>10</td><td>66 ~ 208</td><td>115</td><td>22 ~ 41</td><td>33</td><td>2.68 ~ 2.71</td><td>2.69</td></tr>
<tr><td>粉砂岩</td><td>5</td><td>94 ~ 173</td><td>124</td><td>36 ~ 50</td><td>43</td><td>2.52 ~ 2.65</td><td>2.61</td></tr>
<tr><td>长石石英砂岩</td><td>4</td><td>72 ~ 268</td><td>178</td><td>11 ~ 107</td><td>51</td><td>2.44 ~ 2.66</td><td>2.52</td></tr>
<tr><td rowspan="4">泥盆系</td><td rowspan="4">中宁组</td><td>含砾石英砂岩</td><td>11</td><td>82 ~ 298</td><td>184</td><td rowspan="4">186</td><td>20 ~ 118</td><td>64</td><td rowspan="4">68</td><td>2.57 ~ 2.69</td><td>2.62</td><td rowspan="4">2.54</td></tr>
<tr><td>含褐铁矿粉砂岩</td><td>1</td><td>257</td><td>257</td><td>103</td><td>103</td><td>2.41</td><td>2.41</td></tr>
<tr><td>粉砂岩</td><td>10</td><td>98 ~ 282</td><td>165</td><td>17 ~ 122</td><td>68</td><td>2.34 ~ 2.70</td><td>2.58</td></tr>
<tr><td>长石石英砂岩</td><td>8</td><td>98 ~ 224</td><td>138</td><td>4 ~ 59</td><td>35</td><td>2.38 ~ 2.82</td><td>2.56</td></tr>
<tr><td rowspan="3">奥陶系</td><td rowspan="2">磨盘井组</td><td>石英砂岩</td><td>34</td><td>70 ~ 437</td><td>184</td><td rowspan="2">253</td><td>6 ~ 206</td><td>83</td><td rowspan="2">87</td><td>2.61 ~ 3.16</td><td>2.65</td><td rowspan="2">2.70</td></tr>
<tr><td>灰岩</td><td>6</td><td>119 ~ 839</td><td>322</td><td>21 ~ 202</td><td>90</td><td>2.68 ~ 2.83</td><td>2.74</td></tr>
<tr><td>狼嘴子组</td><td>长石石英砂岩</td><td>35</td><td>82 ~ 416</td><td>193</td><td>193</td><td>6 ~ 200</td><td>86</td><td>86</td><td>2.54 ~ 2.67</td><td>2.62</td><td>2.62</td></tr>
<tr><td colspan="3">石英闪长岩脉</td><td>30</td><td>90 ~ 356</td><td>215</td><td>215</td><td>28 ~ 191</td><td>107</td><td>107</td><td>2.57 ~ 3.33</td><td>2.63</td><td>2.63</td></tr>
<tr><td colspan="3">石英二长闪长岩脉</td><td>30</td><td>104 ~ 469</td><td>247</td><td>247</td><td>9 ~ 159</td><td>83</td><td>83</td><td>2.58 ~ 2.75</td><td>2.70</td><td>2.70</td></tr>
<tr><td colspan="3">闪长玢岩脉</td><td>30</td><td>73 ~ 373</td><td>195</td><td>195</td><td>14 ~ 3093</td><td>681</td><td>681</td><td>2.58 ~ 2.66</td><td>2.62</td><td>2.62</td></tr>
<tr><td colspan="3">花岗岩脉</td><td>31</td><td>98 ~ 444</td><td>228</td><td>228</td><td>14 ~ 221</td><td>101</td><td>101</td><td>2.54 ~ 2.66</td><td>2.62</td><td>2.62</td></tr>
</table>

卫宁北山地区各类砂岩物性具备以下特征：

（一）地层岩石磁性特征

该地区岩石类型以不同时代各类砂岩为主，其间侵入石英闪长岩脉、石英二长闪长岩脉、闪长玢岩脉以及花岗岩脉，地层岩石整体呈现弱磁性，砂岩类中相对磁性最强的石炭系土坡组含褐铁矿石英砂岩磁化率均值为 $262\times4\pi10^{-6}$ SI，剩磁均值为 105×10^{-3} A/m，其余岩石磁化率均值小于 $200\times4\pi10^{-6}$ SI 的岩石占总数的64%，大于 $200\times4\pi10^{-6}$ SI 的岩石仅占总数的4%，岩石剩磁均值也具有相似规律，均值小于 100×10^{-3} A/m 的岩石百分比为75%（图2-13，图2-14）。

各类侵入岩也成弱磁性，磁化率均值最大为石英二长闪长岩脉，为 $247\times4\pi10^{-6}$ SI，剩磁最大为闪长玢岩脉，均值为 681×10^{-3} A/m。

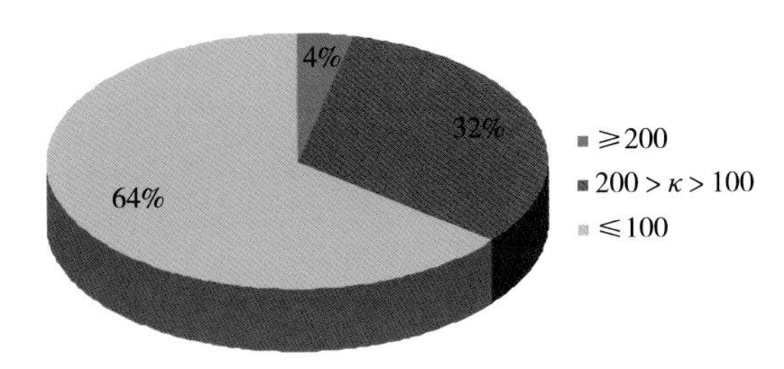

图 2-13　卫宁北山地区岩石磁化率百分比图

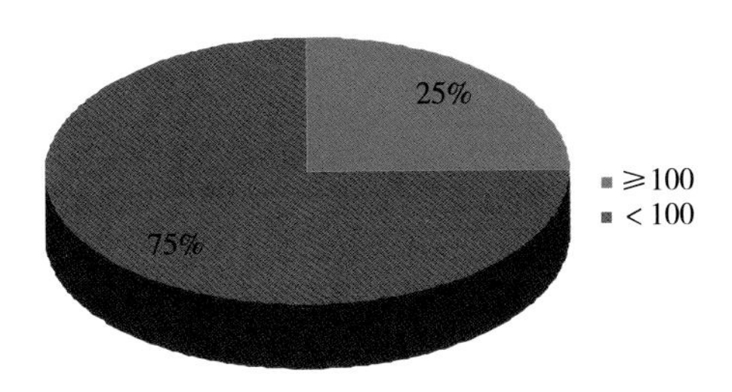

图 2-14　卫宁北山地区岩石剩磁百分比图

（二）地层岩石密度特征

卫宁北山地区岩石密度整体比较低，处于 2.55～2.65 g/cm^3 之间，石炭系靖远组岩石密度相对比较高，密度均值为 2.72 g/cm^3，二叠系太原组长石石英砂岩密度最低，密度均值为 2.49 g/cm^3（图 2-15，图 2-16）。

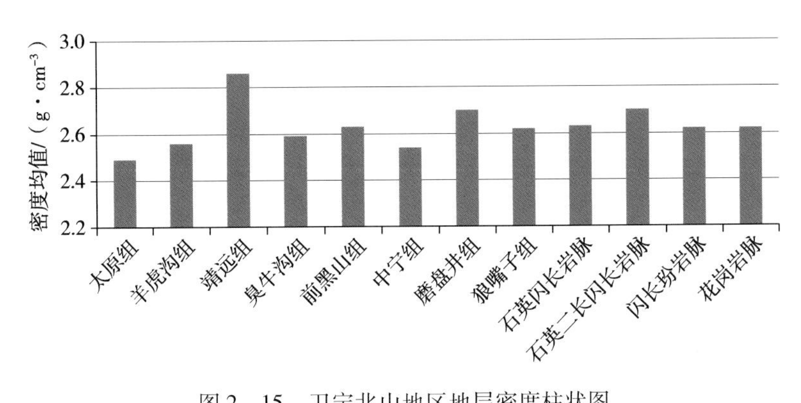

图 2-15　卫宁北山地区地层密度柱状图

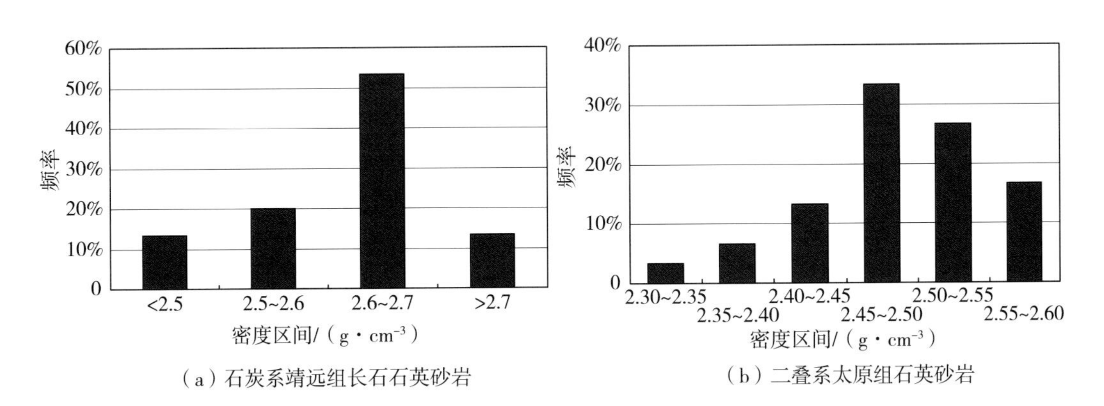

图 2-16　卫宁北山地区岩石标本密度分布直方图

石炭系靖远组各类岩石标本中，褐铁矿密度最大，达到 3.40 g/cm^3，含褐铁矿石英砂岩密度相对较大，密度均值为 2.82 g/cm^3，其余岩石密度较低（图 2-17）。

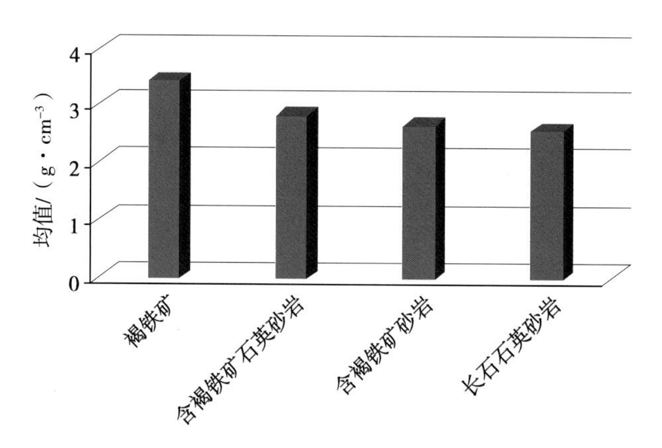

图 2－17　卫宁北山地区靖远组岩石密度柱状图

六、贺兰山北段地区

根据贺兰山北段地层分布与出露地表情况，在该地区共采集岩石标本 420 块，标本涉及蓟县系王全口组、长城系黄旗口组地层和古元古界贺兰山岩群，以及花岗闪长岩脉、片麻花岗岩体、变超基性岩脉、石榴花岗岩等 7 类侵入岩，同时收集了辉绿岩脉、混合花岗岩、辉长辉绿岩、辉绿玢岩以及辉绿橄榄岩 5 种侵入岩磁性资料（表 2－24）。

表 2－24　贺兰山北段地区物性统计表

地层		岩性	数量/块	$\kappa/(4\pi10^{-6}$ SI)			$M_r/(10^{-3}$ A·m^{-1})			$\rho/($g·cm^{-3})		
				范围	均值		范围	均值		范围	均值	
蓟县系	王全口组	砂岩	10	484～877	633	720	20～137	59	92	2.64～2.67	2.65	2.69
		含燧石条带白云岩	10	457～757	611		84～111	97		2.69～2.82	2.71	
		板岩	10	685～1144	915		26～213	119		2.68～2.75	2.71	
长城系	黄旗口组	石英砂岩	30	349～558	476	476	13～91	42	42	2.58～2.64	2.62	2.62
古元古界	贺兰山岩群	片麻岩	41	无磁性						2.22～2.80	2.71	2.69
		变粒岩	50							2.62～3.95	2.72	
		浅粒岩	19							2.55～2.74	2.64	
		大理岩	10							2.48～2.60	2.57	
		片麻变粒岩	10							2.66～2.94	2.82	
花岗闪长岩脉			30	269～558	383	383	23～155	82	82	2.56～2.61	2.59	2.59
片麻花岗岩体			30	251～527	390	390	27～169	75	75	2.66～2.80	2.75	2.75
变超基性岩脉			30	396～6014	4002	4002	39～1430	985	985	2.78～3.16	3.00	3.00
含石榴黑云母花岗岩			30	306～601	484	484	15～89	45	45	2.60～2.67	2.64	2.64
石榴花岗岩			30	330～750	568	568	17～148	73	73	2.77～2.99	2.62	2.62
似斑状花岗岩			30	340～682	504	504	14～113	55	55	2.57～2.64	2.62	2.62
石英岩			30	349～747	530	530	15～138	68	68	2.62～2.64	2.64	2.64

续表

地层	岩性	数量	$\kappa/(4\pi10^{-6}$ SI)		$M_r/(10^{-3}$ A·m^{-1})		$\rho/$(g·cm^{-3})	
		块	范围	均值	范围	均值	范围	均值
辉绿岩脉（收集）			2599		7615			
混合花岗岩（收集）			388		327			
辉长辉绿岩（收集）			11606		51244			
辉绿玢岩（收集）			1444		212			
辉绿橄榄岩（收集）			3645		1325			

贺兰山北段地区各类砂岩物性具备以下特征：

（一）岩石磁性特征

贺兰山岩群岩石无磁性：各组地层中的主要岩石为片麻岩、变粒岩、浅粒岩和大理岩，经测定，均呈无磁性特征。

蓟县系王全口组地层磁性最强，磁化率均值为 $720\times4\pi10^{-6}$ SI，剩磁均值为 92×10^{-3} A/m，王全口组各类岩石中板岩磁性最强，磁化率均值为 $915\times4\pi10^{-6}$ SI，剩磁均值为 119×10^{-3} A/m。

部分侵入岩呈强磁性：实测与收集的 12 类侵入岩中，变超基性岩脉、辉绿岩脉、辉长辉绿岩以及辉绿橄榄岩呈强磁性，其中辉长辉绿岩磁化率均值为 $11606\times4\pi10^{-6}$ SI，剩磁均值高达 51244×10^{-3} A/m，为该地区磁性最强岩石；变超基性岩脉、辉绿橄榄岩、辉绿岩脉磁性也很强，磁化率均值大于 $2500\times4\pi10^{-6}$ SI，辉绿岩脉剩磁高达 7615×10^{-3} A/m；其余 8 类侵入岩呈中－强磁性，一般地，磁化率均值范围为（400～600）$\times4\pi10^{-6}$ SI，剩磁均值小于 100×10^{-3} A/m。

（二）岩石密度特征

贺兰山北段岩石密度整体较低，相比较，各类侵入岩密度较高，最高为变超基性岩脉，密度值最大为 3.16 g/cm^3，样本密度主要处于 2.8～3.2 g/cm^3 区间，均值为 3.00 g/cm^3，片麻花岗岩体密度相对较大，均值为 2.75 g/cm^3（图 2－18）。

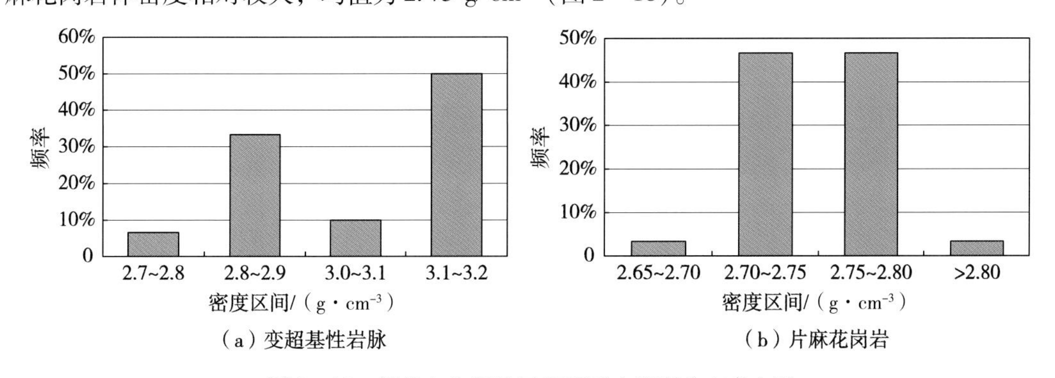

图 2－18　贺兰山北段地区岩石标本密度分布直方图

其余长城系、蓟县系沉积岩与贺兰山岩群变质岩岩石密度整体比较低，处于 2.60 ~ 2.70 g/cm^3 区间内（图 2 - 19）。

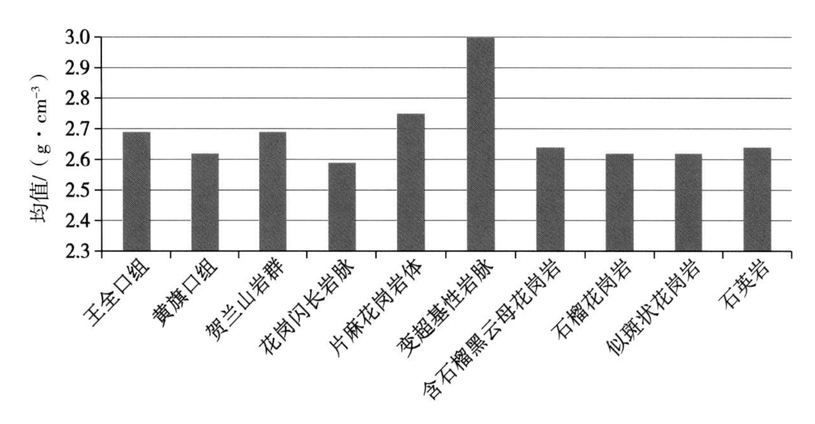

图 2 - 19　贺兰山北段地层密度柱状图

第三节　补充采集与已收集物性资料分析

一、地层（岩石）密度特征

宁夏全区已收集密度资料以统（组）作为统计地层（岩石）的最小单位，与新补充采集的以组内岩性为统计地层（岩石）的最小单位的密度资料的研究尺度不同，二者不具备直接的可对比性，这里只讨论新补充采集的不同地区同一地层组内的同一岩性密度的特征。

南华山与西华山地区具备对比性的有长城系园河组石英片岩、大理岩与石英片岩，石炭系羊虎沟组砾岩、志留系砾岩与细砂岩、泥盆系老君山组砂砾岩和加里东晚期花岗闪长岩体六类岩石。整体上西华山地区地层（岩石）密度值相对南华山地区较高，但差值不大，差值最大的两组岩石为石炭系羊虎沟组砂岩和志留系砾岩与细砾岩，差值为 0.08 g/cm^3（表 2 - 25）。

表 2 - 25　南华山与西华山地区地层（岩石）密度对比表　　单位：g/cm^3

地　层	岩　性	南华山		西华山		差　值
		密度区间	密度均值	密度区间	密度均值	
石炭系羊虎沟组	砂岩	2.30 ~ 2.57	2.41	2.32 ~ 2.57	2.49	0.08
泥盆系老君山组	砂砾岩	2.34 ~ 2.62	2.52	2.41 ~ 2.65	2.52	0
志留系	砾岩、细砂岩	2.36 ~ 2.58	2.49	2.47 ~ 2.59	2.57	0.08
长城系园河组	石英片岩	2.67 ~ 2.87	2.76	2.49 ~ 2.99	2.77	0.01
	大理岩、石英片岩	2.64 ~ 3.37	2.81	2.04 ~ 2.96	2.76	-0.05
加里东晚期花岗闪长岩体		2.62 ~ 2.68	2.66	2.54 ~ 2.68	2.63	-0.03

二、地层（岩石）磁性特征

宁夏全区新补充采集的磁性标本分布的6个地区之中，贺兰山北段地区、卫宁北山地区、南西华山地区与已收集的磁性标本资料具备直接的可对比性，于此将上述4个重点区不同批次采集的同一岩石标本磁性特征进行对比。

（一）贺兰山北段地区

1. 弱磁、无磁性岩（矿）石

已收集岩（矿）石标本测定结果表明新近系砾岩、白垩系砂岩，侏罗系砂岩，三叠系砂页岩，二叠系砂泥岩，石炭系页岩、砂岩、煤层，奥陶系灰岩、页岩、砂岩，寒武系灰岩，泥盆系石英岩、页岩，元古宇片麻岩、片岩，均为弱磁和无磁；新补充采集岩（矿）石标本测定结果显示，贺兰山岩群的片麻岩、变粒岩、浅粒岩和大理岩，均呈无磁性特征。

2. 强磁性岩（矿）石

已收集岩（矿）石标本测定结果表明赤铁矿磁性最强，磁化率最高为$20000\times4\pi10^{-6}$ SI，剩磁为7000×10^{-3} A/m；含铁泥岩呈强磁性，其剩磁为7600×10^{-3} A/m；除此之外，变辉长岩、黑云斜长片麻岩，含钛铁辉长岩表现出中强磁性。新补充岩（矿）石标本测定结果显示，部分侵入岩呈超强磁性：变超基性岩脉、辉绿岩脉、辉长辉绿岩以及辉绿橄榄岩呈强－超强磁性，其中辉长辉绿岩磁化率均值为$11606\times4\pi10^{-6}$ SI，剩磁均值高达51244×10^{-3} A/m，为该地区磁性最强岩石；变超基性岩脉、辉绿橄榄岩、辉绿岩脉磁性也很强，磁化率均值大于$2500\times4\pi10^{-6}$ SI，辉绿岩脉剩磁高达7615×10^{-3} A/m。

（二）卫宁北山地区

已收集岩（矿）石标本测定结果表明闪长玢岩脉、灰岩、板岩、页岩与砂岩均呈弱磁或无磁性；含铁砂岩、含铁石英砂岩和粉砂岩、褐铁矿、赤铁矿、褐铁矿化石英脉和辉绿岩脉磁化率小于$1000\times4\pi10^{-6}$ SI，剩磁小于900×10^{-3} A/m，呈弱磁性。

新补充岩（矿）石标本测定结果显示，各类砂岩、石英闪长岩脉、石英二长闪长岩脉、闪长玢岩脉、花岗岩脉等侵入岩，均呈现弱磁性，砂岩类中相对磁性最强的石炭系靖远组含褐铁矿石英砂岩磁化率均值为$262\times4\pi10^{-6}$ SI，剩磁均值为105×10^{-3} A/m。

卫宁北山地区地层（岩石）整体呈弱磁、无磁性，磁性相对较高的含褐铁矿化的岩石磁化率小于$1000\times4\pi10^{-6}$ SI，剩磁小于900×10^{-3} A/m。

（三）南西华山地区

已收集岩（矿）石标本测定结果表明：南西华山岩石标本整体呈中－强磁性特征，磁性最强的岩石为含磁铁绿泥石英片岩，磁化率为$6000\times4\pi10^{-6}$ SI，剩磁900×10^{-3} A/m，绿泥钠长石英片岩磁性相对偏弱，含磁铁绿泥绿帘阳起片岩、绿帘斜长角闪片岩、绿泥绿帘阳起片岩、云母钠长石英片岩、花岗闪长岩与超基性岩转石相对磁性较强，磁化率

（1990～5600）$\times 4\pi 10^{-6}$ SI，剩磁（30～520）$\times 10^{-3}$ A/m。

新补充地层（岩石）标本测定结果显示：长城系园河组地层呈强磁性；石炭系羊虎沟组地层呈弱磁性；奥陶系、长城系西华山组、泥盆系雪山群地层与加里东晚期侵入岩呈中－弱磁性。

园河组地层磁性最强的岩石主要为绿泥绿帘阳起片岩，磁化率均值为 $4149\times 4\pi 10^{-6}$ SI，剩磁均值为 1027×10^{-3} A/m，含石墨大理岩，含石墨片岩，含石墨云母片岩，含石墨云母石英片岩、绿泥绿帘片岩、绿泥绿帘云母片岩、绿泥云母片岩和云母片岩，岩石磁化率均值大于 $1000\times 4\pi 10^{-6}$ SI，剩磁均值大于 1000×10^{-3} A/m，呈较强磁性。

南西华山地区长城系园河组整体呈强磁性，引起地层强磁性的主要岩石为绿泥绿帘阳起片岩。

第四节　小　　结

（1）月亮山地区白垩系泥岩、砂岩呈现弱磁－无磁性，低密度特征。

（2）蝉窑地区变质岩呈较强磁性，黑色片岩磁性相对最强，花岗岩体呈弱磁性；南西华山组片岩与花岗岩体密度相近，均值为 2.69 g/cm^3；花岗岩体密度均值为 2.64 g/cm^3。

（3）南华山地区加里东晚期侵入岩、长城系园河组地层呈强磁性。加里东晚期侵入岩中，石英闪长玢岩脉磁性最强，园河组云母石英片岩为强磁性表现；南华山地区高密度地层为长城系南华山组地层以及加里东晚期侵入岩，地层密度大于 2.8 g/cm^3；低密度地层有石炭系羊虎沟组、志留系与泥盆系老君山组地层，地层密度均小于 2.5 g/cm^3。

（4）西华山地区长城系园河组地层呈强磁性；引起强磁表现的岩石主要为绿泥绿帘片岩、绿泥绿帘阳起片岩、绿泥绿帘云母片岩、绿泥云母片岩和云母片岩，其中磁性最强的是绿泥绿帘阳起片岩。西华山地区地层密度均值均小于 2.80 g/cm^3，其中长城系园河组以及加里东晚期煌斑岩岩石密度相对较大，均值为 2.77 g/cm^3；泥盆系老君山组、石炭系羊虎沟组、志留系地层密度相对较小，密度最小的石炭系羊虎沟组密度均值为 2.48 g/cm^3。

（5）卫宁北山地区不同时代各类砂岩与其间的侵入岩脉均呈现弱磁性、低密度特征。

（6）贺兰山北段不同时代沉积岩类与贺兰山岩群变质岩均无磁性。赤铁矿与各类侵入岩脉呈强磁性。岩石密度整体较低，各类侵入岩相对密度较高，密度最高为变超基性岩脉。

第三章
重磁资料二次开发采用的方法技术

重力勘探是以地壳中岩（矿）石等介质密度差异为基础，通过观测与研究天然重力场的变化规律以查明地质构造、寻找矿产、解决工程环境问题的一种地球物理方法。它主要用于探查含油气远景区的地质构造、研究深部构造和区域地质构造，与其他物探方法配合，也可以寻找金属矿。近年来，重力勘探方法在城市工程环境方面也得到应用。

磁法勘探是通过观测和分析由岩（矿）石或其他探测对象磁性差异所引起的磁异常，来研究地质构造、矿产资源或其他探测对象的一种地球物理方法。在所有的地球物理勘探方法中，磁法勘探是发展最早、应用最广泛的一种地球物理勘探方法。磁法勘探轻便易行、效率高、成本低、应用范围广。不仅可以研究深部构造和区域地质构造，也可用于直接寻找磁铁矿及其共生矿床，是固体矿产勘探最重要的地球物理方法之一。

重力场与磁场具有共同的位场理论基础，在模型的正演计算、观测结果的处理、位场的转换与反演解释及应用方面有很多共同之处。特别在重磁资料的综合解释方面，利用重磁异常进行地质解释既可以互相印证、互相补充，又可以互相约束，提高综合解释的精度。鉴于这两种地球物理勘探方法在基本理论及实际应用方面的相互关系，人们习惯上把这两种方法统称为“重磁勘探方法”（Gravimagnetic Exploration）。

随着现代科学技术的发展，重磁勘探仪器精度越来越高，仪器已从机械式发展到电子式。由于采用了近代物理学的原理，LaCoste - Romberg 重力仪、CG - 5 重力仪、质子旋进、磁通门、光泵与超导等磁力仪精度提高了几个数量级。重磁勘探采集的参数也由单分量、模量逐步向多分量、梯度张量、矢量发展。随着计算机的广泛应用，数据整理、数据处理和解释，数据存储、成果的图示等均发生了巨大的变化。重磁勘探的解释理论也不断地发展和完善。重磁勘探方法在地壳结构与区域深部构造研究、固体矿产勘探、油气勘探、环境与城市工程勘探方面发挥着越来越重要的作用。

在重磁资料处理解释方面，20 世纪 50 ~ 70 年代广泛使用的切线法、特征点法、90 量板法、米可夫量板法等，现在不仅可以由计算机来代替，而且出现了更多更新的方法；一些以前计算量太大、计算方法复杂的数据处理方法，如频率域延拓、化到地磁极、把起伏地形化到水平、最优化反演、三维人机交互反演与非线性反演等，现在可以方便在野外笔记本电脑上实现。

运用新的找矿理念与新的物探方法技术、对资料精细处理解释是重磁勘探的发展趋势。2013 年春，国土资源部举办了“找矿突破战略行动地球物理勘查技术国际高级研修班”，法国 Nancy 大学、力拓、Geosoft 等公司介绍了 GOCAD 地球物理资料可视化解释等软件及重磁资料3D约束反演与可视化方法，指出了重磁3D约束反演是固体矿产物探推断解释的有效手段。

第一节　小波分析方法

近年发展起来的小波分析方法，在信号处理、故障监控、图像分析等很多学科领域得到越来越广泛的应用，在重磁勘探领域的应用也取得了较好的效果。侯遵泽、杨文采等（1995，1997）对中国大陆布格重力异常进行了小波多尺度分解，得到中国大陆地壳内及上地幔密度的不均匀分布情况。高德章等（2000）采用二维小波多尺度分解技术，对东海及邻区自由空间重力异常进行分解，得到了沉积基底面和莫霍面产生的重力异常。刘天佑等（2006）对大冶铁矿地面磁测资料进行小波多尺度分解，分析深部铁矿的赋存情况。

一般的文献中往往忽略了重磁资料的小波多尺度分解应分解至几阶以及各阶分别反映的实际地质意义，尤其是在固体矿产勘探方面，在对孤立地质体的异常提取和解释中，用小波多尺度分析方法应分解到几阶要根据实际磁测资料和地质资料，结合理论模型分析来确定。

小波变换及多尺度分析原理如下：

设函数$f(t) \in L^2(R)$，定义其小波变换为

$$W_f(a,b) = < f,\psi_{a,b} > = |a|^{-1/2}\int_{-\infty}^{+\infty} f(t)\,\overline{\psi\left(\frac{t-b}{a}\right)}\mathrm{d}t \qquad (3-1)$$

其中，函数系

$$\psi_{a,b}(t) = |a|^{-1/2}\psi\left(\frac{t-b}{a}\right) \qquad a \in R, a \neq 0; b \in R \qquad (3-2)$$

称为小波函数（Wavelet Function），简称为小波（Wavelet）。$\overline{\psi(t)}$是$\psi(t)$的共轭函数。

多尺度分析又称多分辨分析，对于离散序列信号$f(t) \in L^2(R)$，其小波变换采用Mallat快速算法，信号经尺度$j=1$，2，…，J层分解后，得到$L^2(R)$中各正交闭子空间（W_1，W_2，…，W_J，V_J），若$A_j \in V_j$代表尺度为j的逼近部分，$D_j \in W_j$代表细节部分，则信号可以表示为$f(t) = A_j + \sum_{j=1}^{J} D_j$，据此函数可以根据尺度$j=J$时的逼近部分和$j=1$，2，…，$J$的细节部分进行重构。

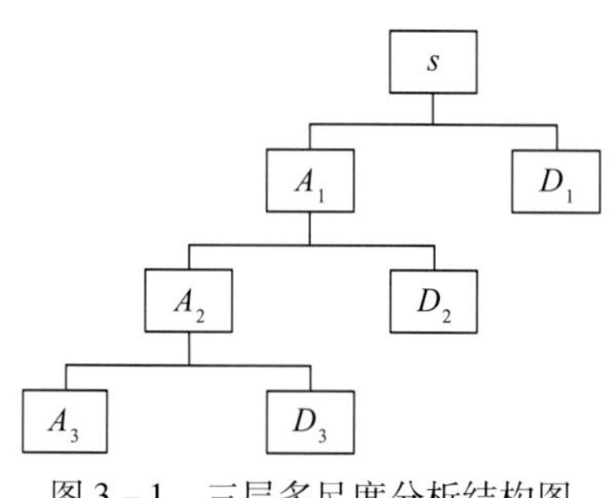

图3-1　三层多尺度分析结构图

小波变换引入了多尺度分析的思想，在空间域和频率域同时具有良好的局部分析性质。小波变换可以将信号分解成各种不同频率或尺度成分，并且通过伸缩、平移聚焦到信号的任一细节加以分析。小波分析的这些特点决定了它是进行地球物理数值分析的有效工具，利用小波变换的上述特点，对磁异常进行划分，便可得到各种尺度意义下的异常。

第二节　边界识别方法

地质体边界是指断裂构造线、不同地质体的边界线，实际上是具有一定密度或磁性差异的地质体的边界线。在地质体的边界附近，重、磁异常变化率较大，边界识别方法就是利用这一特点进行。利用重、磁位场识别地质体边界的方法分三大类：数理统计、导数计算、其他。

一、总水平导数

总水平导数（Total Horizontal Derivative）的计算公式为

$$THDR(x,y,0) = \sqrt{\left(\frac{\partial f(x,y,0)}{\partial x}\right)^2 + \left(\frac{\partial f(x,y,0)}{\partial y}\right)^2} \tag{3-3}$$

其中，$f(x, y, 0)$ 为某一平面上的数据。总水平导数是利用其极大值位置来确定地质体的边缘位置，适用于重力异常。对磁力异常必须换算成磁源重力异常或化极磁力异常才可以使用。

二、解析信号振幅

解析信号振幅（Analytical Signal Amplitude）又称总梯度模量，其计算公式为

$$ASM = \sqrt{THDR^2 + VDR^2} \tag{3-4}$$

其中，$THDR$，VDR 分别是异常的总水平导数与垂直导数。

对于2D，上式为

$$ASM(x,0) = \sqrt{\left(\frac{\partial f(x,0)}{\partial x}\right)^2 + \left(\frac{\partial f(x,0)}{\partial z}\right)^2} \tag{3-5}$$

对于3D，上式为

$$ASM(x,y,0) = \sqrt{\left(\frac{\partial f(x,y,0)}{\partial x}\right)^2 + \left(\frac{\partial f(x,y,0)}{\partial y}\right)^2 + \left(\frac{\partial f(x,y,0)}{\partial z}\right)^2} \tag{3-6}$$

解析信号振幅也是利用极大值位置来确定地质体的边缘位置，适用于重力异常和磁力异常。对于二度体磁力异常，解析信号振幅不受磁异常分量和磁化方向的影响；但对于三度体磁力异常，则受磁异常分量和磁化方向的影响，但所受影响比其他所有边缘识别方法均小，这是解析信号振幅的最大优点。

三、倾斜角

Miller 和 Singh（1994）将解析信号相位的概念引入了边缘识别，称倾斜角（Tilt－angle），有的作者称为斜导数（Tiltderivative）。倾斜角的计算公式为

$$TA = \arctan\left(\frac{VDR}{THDR}\right) \tag{3-7}$$

其中，VDR，$THDR$ 分别是异常的垂直导数与总水平导数。对于3D，上式为

$$TA(x,y,0) = \arctan\left[\frac{\partial f(x,y,0)}{\partial z} \Big/ \sqrt{\left(\frac{\partial f(x,y,0)}{\partial x}\right)^2 + \left(\frac{\partial f(x,y,0)}{\partial y}\right)^2}\right] \tag{3-8}$$

倾斜角实质上是垂向导数和总水平导数的比值。由于倾斜角为一阶导数的比值，所以能很好地平衡高幅值异常和低幅值异常，起到边缘增强的效果。

四、θ 图

Wijns 等在 2005 年首次提出了 θ 图法，该法利用解析信号振幅（ASM）对总水平导数（$THDR$）进行归一化，其计算公式为

$$\cos\theta = \frac{THDR}{ASM} = \frac{\sqrt{\left(\frac{\partial f(x,y,0)}{\partial x}\right)^2 + \left(\frac{\partial f(x,y,0)}{\partial y}\right)^2}}{\sqrt{\left(\frac{\partial f(x,y,0)}{\partial x}\right)^2 + \left(\frac{\partial f(x,y,0)}{\partial y}\right)^2 + \left(\frac{\partial f(x,y,0)}{\partial z}\right)^2}} \tag{3-9}$$

该方法利用极大值位置确定地质体的边缘位置。由于 θ 图是基于导数的比值而来，所以 θ 图能很好地平衡高幅值异常和低幅值异常，起到边缘增强的效果。Wijns（2005）完成了二度体磁力异常和三度体磁力异常的模型试算以及实际资料处理实践，认为 θ 图不受磁异常分量和磁化方向的影响，并且比解析信号振幅的分辨能力更强。通过我们的研究认为：θ 图受磁异常分量和磁化方向的影响与倾斜角和垂向导数所受影响相同，且所确定的地质体边缘位置也完全相同。此外，该方法的数值稳定性较差，这是由于解析信号振幅趋于零所造成的，即在解析信号振幅等于零的地方存在“解析奇点”，这是该方法的缺点。

五、均值归一总水平导数法

近年发展起来的这些方法，它们都是计算重磁异常的高阶导数及其比值来增强地质边界信息的。我们知道，高阶导数是一种高通滤波，它对数据误差有很强的放大作用，在一个计算点上两种导数的比值可能会有比较大的波动，导致实际资料计算结果无法利用。为了避免在一个点计算比值造成波动的影响，我们采用总水平导数均值归一的方法，避免了实际资料处理结果的振荡；同时，由于对不同强度的总水平梯度异常采用不同的均值进行归一，这样就突出了埋深大、体积小的地质体的边界信息，均衡了不同幅值的异常。其计算公式如下：

$$ETHD(x,y,0) = \frac{THD(x,y,0)}{EQU(x,y,0)} = \frac{\sqrt{\left(\frac{\partial T}{\partial x}\right)^2 + \left(\frac{\partial T}{\partial y}\right)^2}}{\frac{1}{m \times n}\sum_{i=1}^{m}\sum_{j=1}^{n}\sqrt{\left(\frac{\partial T}{\partial x}\right)^2 + \left(\frac{\partial T}{\partial y}\right)^2}} \tag{3-10}$$

其中，m，n 表示计算总水平导数 THD（x，y，0）的平均值所取窗口大小的点线数。

第三节　人机交互反演方法

可视化技术是利用现代计算机显示和描述地下诸多地质现象的一种技术，广泛应用于地质与地球物理解释。磁测资料可视化反演是指利用可视化技术，实现解释人员与计算机的交互反演解释。实际观测的磁异常曲线（曲面或等值线图）、地质模型及其正演计算的磁异常曲线在计算机屏幕上始终以图形或图像实体出现，解释人员可以直接对地质模型进行操作（修改、反演），实时地计算修改地质模型并将所产生的磁异常值与实际观测值进行比较，通过地质模型形态、物性的不断修改，使得磁异常正演计算值与实际观测值的差值逐渐缩小以达到反演目的。

磁测资料人机交互反演采用的模型通常有2.5D任意多边形截面水平柱体、3D任意形状地质体与三角面元组成的多面体等。2.5D任意多边形截面水平柱体正演有解析式，3D任意形状地质体则只能采用近似积分方法或三角面元组合的方法。人机交互方法是通过在各个剖面上修改地质体的角点来实现实时拟合和反演解释的，它充分发挥了解释人员的经验，具有方便、快捷的优点，但是人机交互反演也有反演解释结果随意性大的问题。解释人员在做人机交互反演之前，应当了解地质情况，并用其他的反演方法，如切线法、欧拉（Euler）齐次方程法与物性反演法等先对待反演地质体有一个初步的判断，这样可以减少人机交互反演结果的多解性。

一、2.5D任意多边形截面水平柱体人机交互反演方法

剖面人机联做的数学地质模型的基本形态选择为多边形截面水平棱柱体。2.5D人机交互反演步骤：

（1）对已知矿体数字化。

（2）建立反演的模型参数文件。

（3）建立观测数据文件。

（4）已知矿体正演，提取深部矿体剩余异常。

（5）若存在剩余异常，添加磁性体，发现深部盲矿。当没有剩余异常存在时，可能无深部盲矿体，且已知矿体均被钻孔控制和查明。但如果有剩余异常的存在，需考虑剩余异常是否由深部矿体的反映，同时还需添加新的磁性体拟合观测数据，进一步发现深部矿体，确定其产状和规模。

（6）分析深部矿体。由于实际问题的复杂性、反演的多解性，需要对深部矿体的存在可能性进行客观的综合分析。

解释人员根据勘探剖面已知的矿体或其他反演方法得出的初步解释结果建立初始模型，正演计算模型理论值与实际观测值进行对比，利用输出曲线图形对比不一致性或残差，依靠解释人员的经验修改模型及参数，重新计算模型理论值进行下一次对比，反复多次直至达到满意为止（图3-2）。

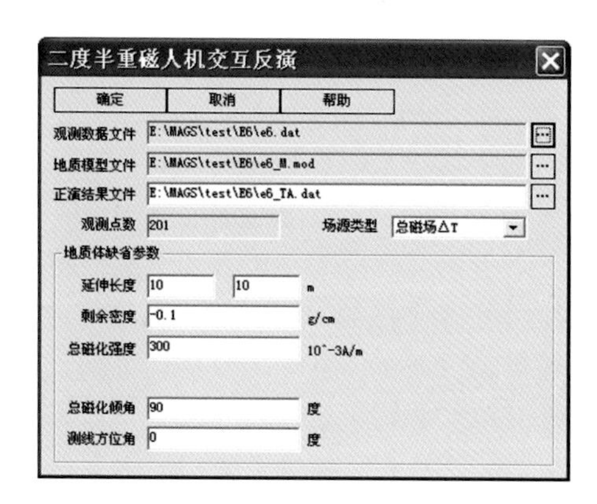

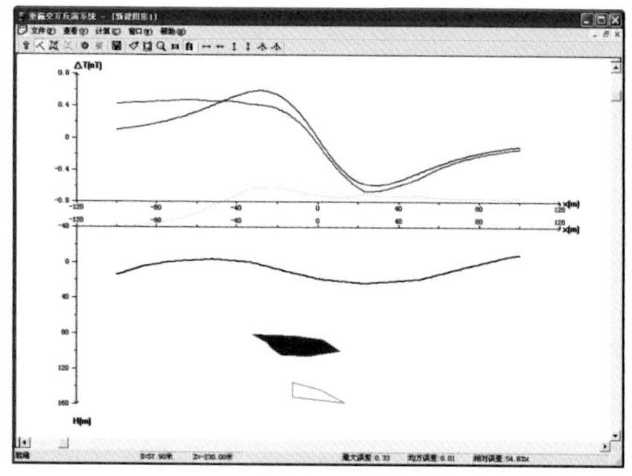

图 3－2　2.5D 人机交互反演

二、3D 任意形状地质体人机交互反演方法

在许多矿山，已经有大量已知的勘探线，钻孔已准确地控制了浅部矿体形态。但由于矿体形态十分复杂，多个矿体、磁性岩体等互相组合，很难用简单的反演方法及模型来描述矿体与围岩的复杂形态。因此，必须研究能够在一个勘探剖面、截面内精细修改，同时又是三度体的人机交互反演方法。3D 任意形状地质体的人机交互反演方法如下：

（1）采用面元或线元模型，其正演计算用数值积分法，即用辛普森积分和梯形积分实现三度体磁场三重积分的近似计算。

（2）为了便于修改模型，修改的过程是在剖面内完成，对 x，y 不同方向剖面逐条修改拟合，每一次修改拟合的正演计算都采用数值积分对任意三度模型进行计算。

（3）初始模型由已知的勘探线所控制的矿体、围岩构成，交互反演主要用于解释深部是否存在盲矿体。

（4）在 Windows 环境下，用 Visual C＋＋语言，OpenGL 函数实现立体模型与平面组合模型的旋转、移动、放大、缩小，以及任意选择剖面、断面进行精细反演解释（图 3－3～图 3－5）。

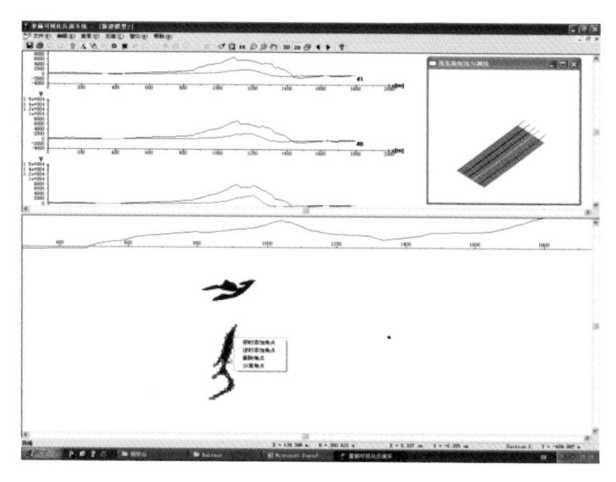

图 3－3　三维可视化模型编辑主界面

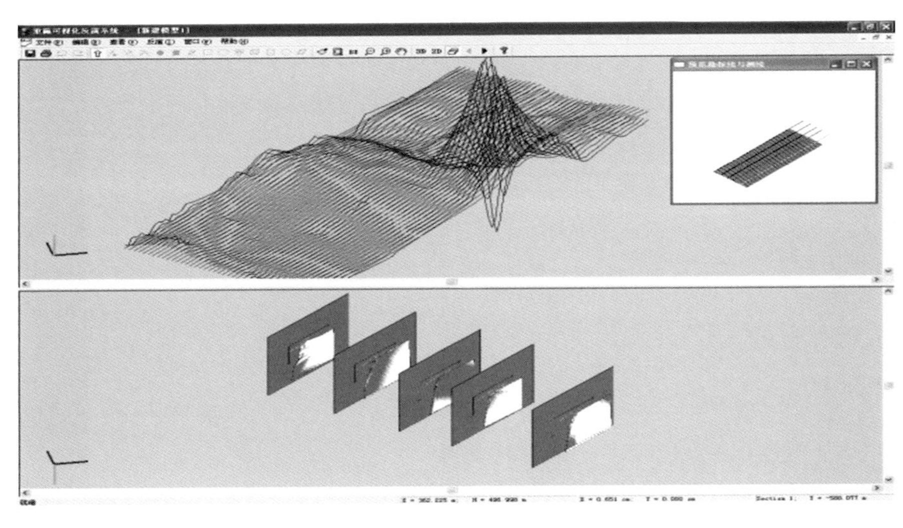

图3-4　三维可视化模型断面排列显示模式

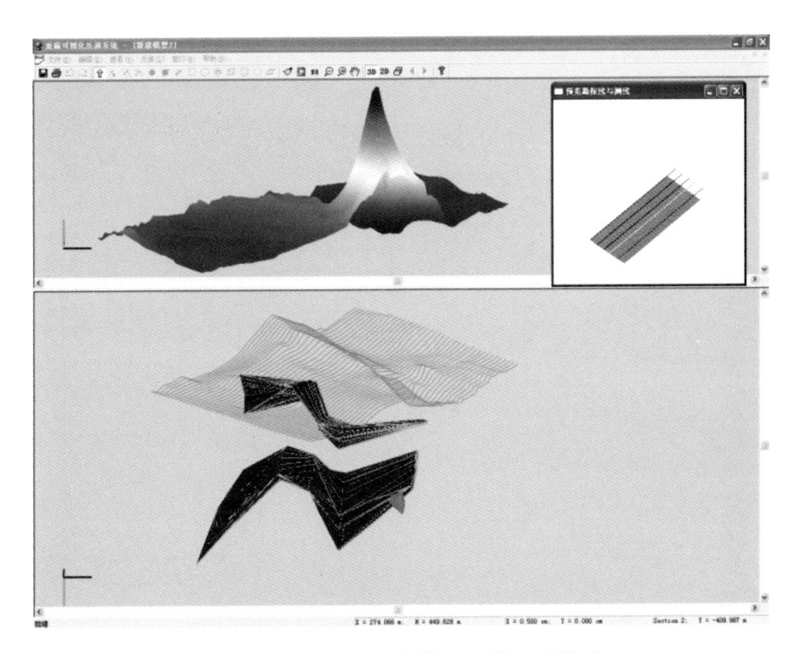

图3-5　三维可视化模型立体显示模式

第四节　物性反演方法

物性反演是把观测区域的地下介质划分为多层多块网格状的磁性体单元组合模型，利用观测的磁异常反演这些单元的磁性（磁化率或磁化强度），从而得到地下介质磁性分布方法。物性反演方法也称视磁化率成像方法或视磁化强度成像方法。

将观测区域地下空间介质划分为一系列块体单元（2D 反演将划分为矩形截面的无限长棱柱体），当块体单元足够小时，假设每个块体单元内部物性均匀分布，允许不同块体单元具有不同的物性。根据位场理论，当不考虑剩磁和退磁影响时，物性均匀的块体单元所产生的磁异常与其物性成正比，比例系数仅仅与块体单元形状及空间坐标有关。当块体单元大小位置固定时，比例系数可以预先确定出来，在反演过程中，物性值是唯一描述地质体的参数，也是唯一需要反演的参数。这样，根据磁异常反演场源体的问题就变成了反演物性的地下分布问题。

一、方法原理

（一）正演计算

我们以二度为例说明物性反演的方法原理。进行网格剖分，将地下空间划分为致密排列的二度矩形截面棱柱体单元，每个二度矩形截面棱柱体正演公式可由板倾角为 90°的二度板状体正演公式简化得出（图 3－6）。

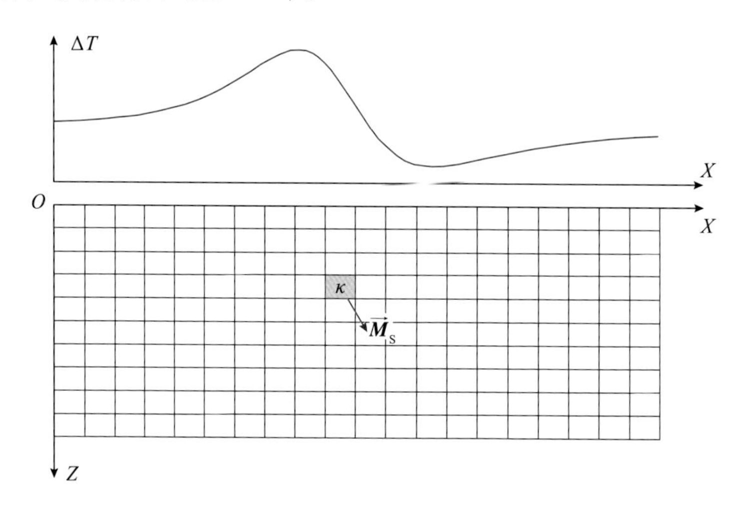

图 3－6　磁化率成像模型

假设单元总数为 N，每一个棱柱体单元内的磁化率分布均匀，测线上有 M 个观测点。那么，第 j 个棱柱体单元在第 i 个观测点的磁异常为

$$\Delta T_{ij} = G_{ij}\kappa_j \tag{3-11}$$

式中，κ_j 表示第 j 个棱柱体单元的磁化率；G_{ij} 表示单位大小的磁化率的第 j 个棱柱体单元网格在第 i 个观测测点产生的异常，由正演公式可以求出。根据位场叠加原理，第 i 个观测点的磁异常 ΔT_i 是地下全部 N 个棱柱体单元在该点处的磁异常之和，即

$$\Delta T_i = \sum_{j=1}^{N}\Delta T_{ij} = \sum_{j=1}^{n} G_{ij}\kappa_j \tag{3-12}$$

（二）预优共轭梯度法反演

对于物性反演问题最终归结为求解线性方程组

$$Gm = d \tag{3-13}$$

的求解问题。通常，观测数据的个数远远小于地下模型参数的个数，即 $M \ll N$，因此，式(3-13)是欠定的，没有常规意义下的解，通常采用共轭梯度法求解。

为避免迭代次数太大，提高共轭梯度法的收敛速度，VanDecar 和 Snieder（1994）提出采用预优矩阵改善方程组条件数，并导出求解类似方程组的预优共轭梯度算法。

VanDecar 和 Snieder（1994）修改方程组（3-12）为

$$\boldsymbol{P}\boldsymbol{A}^{\mathrm{T}}\boldsymbol{A}\Delta m = \boldsymbol{P}\boldsymbol{A}^{\mathrm{T}}\Delta b \tag{3-14}$$

式中，$\boldsymbol{P}$ 为预优矩阵，近似等于 $(\boldsymbol{A}^{\mathrm{T}}\boldsymbol{A})^{-1}$，即 $\boldsymbol{P}(\boldsymbol{A}^{\mathrm{T}}\boldsymbol{A})^{-1} \approx \boldsymbol{I}$（$\boldsymbol{I}$ 为单位阵）。因为 $\boldsymbol{P}(\boldsymbol{A}^{\mathrm{T}}\boldsymbol{A})$ 的奇异值集中分布在对角线上，而且都非常接近 1，可见，预优矩阵可以改善方程组的条件数。这种方法称为预优共轭梯度法，简称 PCG（Preconditioned Conjugate Gradient）法。预优共轭梯度法是求解大型线性方程组的有效方法，通过合理选取一个预优矩阵 $\boldsymbol{P}$，使得核函数的特征值集中分布，提高了收敛速度，从而在地球物理反演中得到广泛应用。

在物性反演中，通常物性分布集中于地表附近，而不是按照磁性体的真实深度合理分布的，这类似于电法中的“趋肤效应”。这是由于构造模型的核函数是线性的，重磁异常值与场源到观测点的距离呈指数衰减，导致核矩阵中数值随深度增加而急剧减小，相同的棱柱体单元，深部的异常响应比浅部的要弱得多，对观测数据的贡献相对很小，故容易出现“趋肤效应”。为减小“趋肤效应”，可以进行深度加权。

三度物性反演的方法原理与二度相同，只需将模型改为直立长方体组合模型。

二、理论模型

建立磁性体理论模型，磁化率为 0.02 SI，地磁倾角 $I=45°$，测线方位角 $A=0°$，对其进行物性反演和异常拟合（图 3-7）。

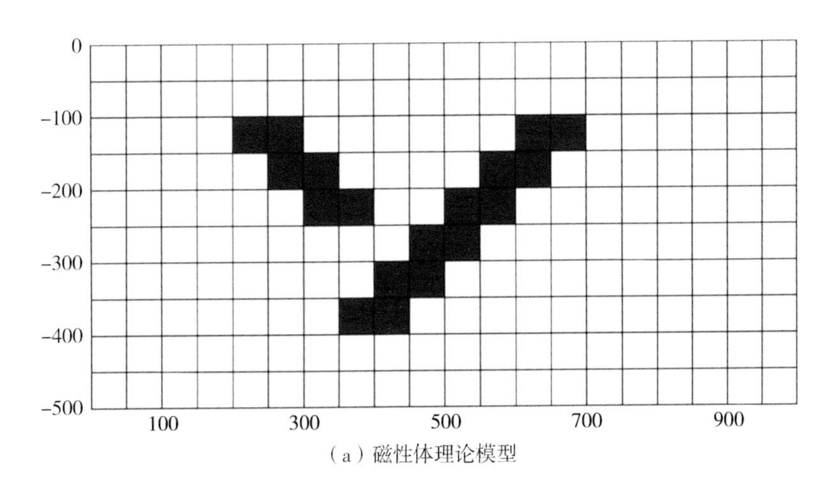

(a) 磁性体理论模型

图 3-7　物性反演

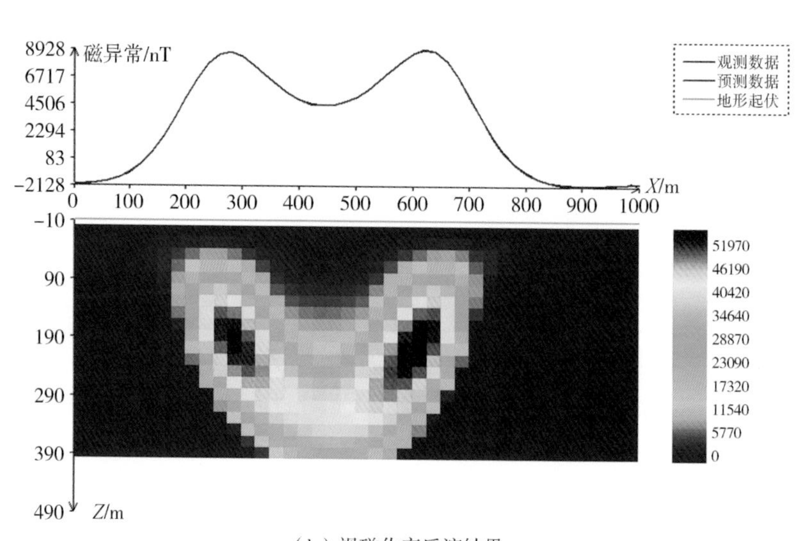

（b）视磁化率反演结果

图 3－7　物性反演（续）

第四章
布格重力异常与地形相关问题讨论

随着先进仪器设备的引进和观测技术的改善，重力测量精度已有显著提高。然而，尽管人们在提高测量精度方面做出了巨大的努力，却难以避免虚假现象，其中包括与高程形态相关的山形异常。这种现象严重地干扰了对异常的认识和评价。

形成布格重力异常与地形起伏相关的原因可以分为两个方面，一方面是由地壳结构、地质构造、岩石分布等地质因素所引起；另一方面则与重力异常的各项改正有关。为了获得布格重力异常，须对观测重力值进行纬度改正、高度改正、中间层改正与地形改正。这些改正不仅与测点的坐标、高程有关，还与测区地表物质密度以及改正所采用的公式有关。若改正参数选择不当或公式运用不当，就可能改变重力异常形态，甚至出现虚假异常，以致得出错误的解释。

第一节　宁夏地区布格重力异常与地形的相关性问题

宁夏黄土塬地区布格重力异常与地形常常呈现明显的相关性，布格重力异常出现与高程形态相关的“山形异常”（正相关）或“镜像异常”（负相关），这种现象严重影响对重力异常的解释。

宁夏固原硝口—寺口子地区 L1 ~ Z4 线布格重力异常与高程之间存在明显的相关性（图 4 – 1）。

第二节　重力资料的整理

野外观测结束以后，应将各测点相对于总基点（或正常重力）的重力差值确定出来。但这些差值还不能算作重力异常，因为其中包括了干扰因素的影响。为此，必须对实测数据进行整理，消除干扰，提取有用信息。地面上任一点的重力值都由四种因素决定，它们是：该点所在纬度、周围地形、固体潮及岩（矿）石的密度变化。其中固体潮的影响很小，只有在高精度重力测量时才不能忽略。纬度变化的影响较大，可达 5×10^4 mGal，约为重力平均值 g_{av}（9.8×10^5 mGal）的 0.5%，地形高差影响次之，可达 100 mGal。相对于这两种干扰而言，重力异常是十分微弱的。例如，储油构造的重力异常不超过10 mGal，仅为g_{av}的0.001%，金属矿的重力异常更小，不超过1 mGal。可见要从强干扰中提取如此微弱的异常，高精度地进行各项校正具有十分重要的意义。

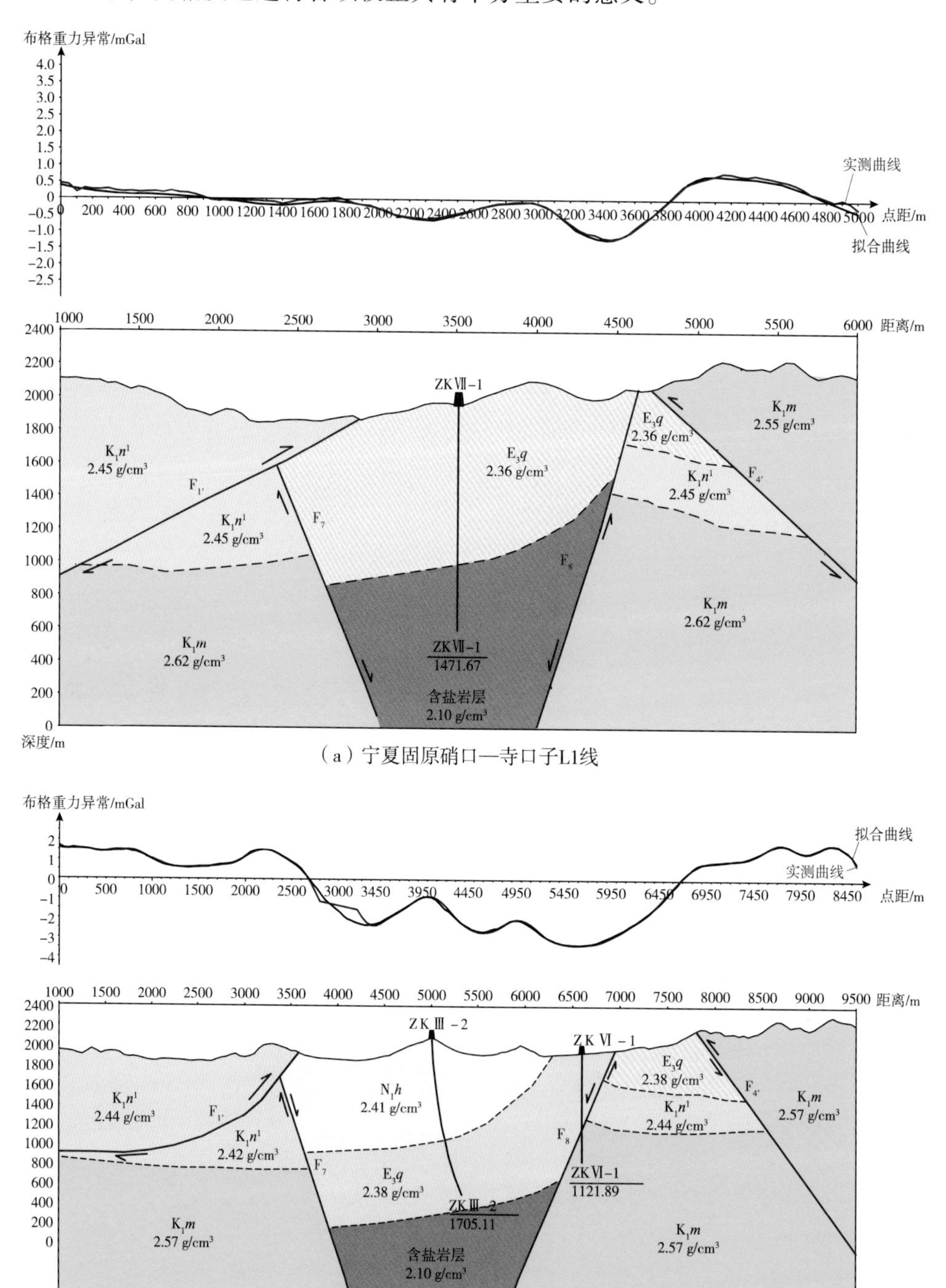

图4-1 宁夏固原硝口—寺口子 L1、L2、L3、Z4 线重力异常与地形相关

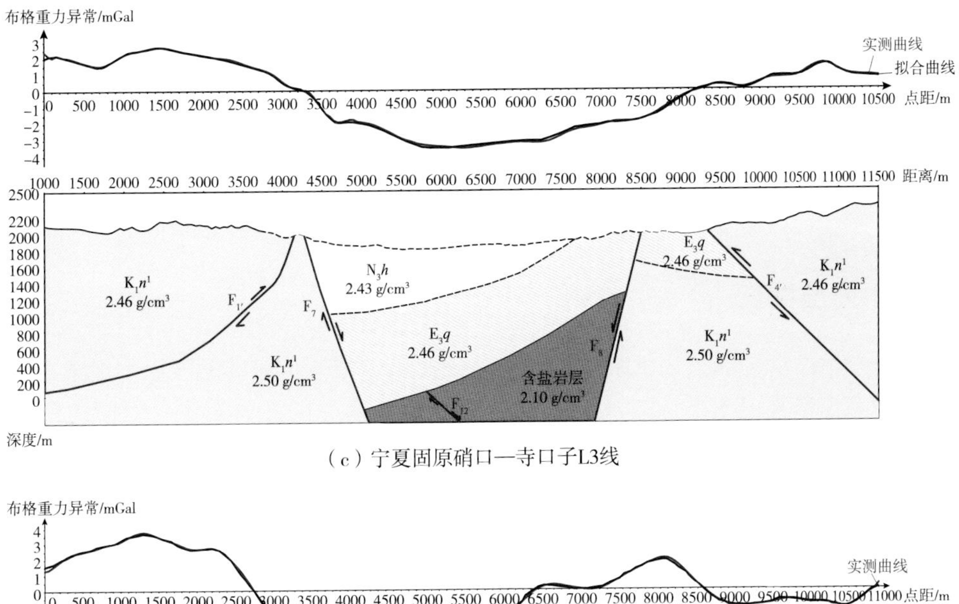

（c）宁夏固原硝口—寺口子L3线

（d）宁夏固原硝口—寺口子Z4线

图 4 - 1　宁夏固原硝口—寺口子 L1、L2、L3、Z4 线重力异常与地形相关（续）

消除自然地形引起的重力变化需要进行三项校正，即地形、中间层和高度校正。消除正常重力对测量结果的影响还须进行正常场校正。

一、地形校正

地形起伏往往使得测点周围的物质不能处于同一水准面内，对实测重力异常造成了严重的干扰，因此必须通过地形校正予以消除。其办法是：除去测点所在水准面（图 4 - 2 中 MN）以上的多余物质，并将水准面以下空缺的部分用物质填补起来。

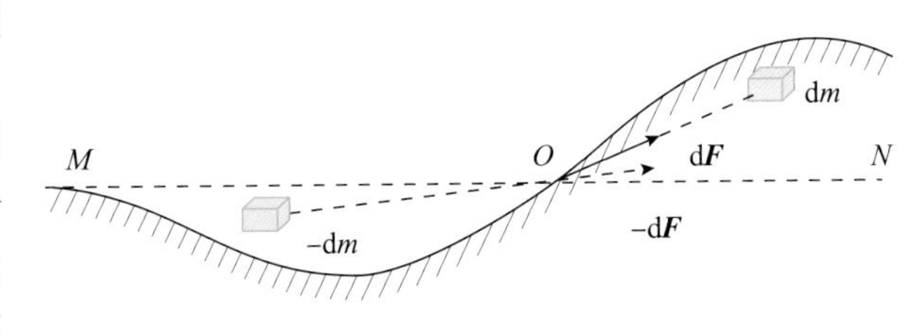

图 4 - 2　地形校正原理

测点 O 所在水准面以上的正地形部分，多余物质产生的引力的垂直分量是向上的，引起仪器读数减小。负地形部分相对该水准面缺少一部分物质，空缺物质产生的引力可以认为是负值，其垂直分量也是向上的，使仪器读数减小。可见地形影响恒为负，故其校正值恒为正（图4-2）。

实际工作中，地形校正按以下步骤进行：首先，在详细的地形图上，用量板将测点周围的地形划分成许多扇形小块；然后分别计算这些小块在该点产生的重力值并相加，就获得了该点的重力校正值。

现在已经在计算机上实现了按测网进行的地形校正，从而使校正精度大为提高。

二、中间层校正

经地形校正以后，测点周围的地形校正至水准面，但测点所在水准面与大地水准面或基准面（总基点所在的水准面）间还存在着一个水平物质层，消除这一物质层的影响就是中间层校正（图4-3）。

中间层可当作一个厚度为 Δh（单位为 m），密度为 σ 的无限大水平均匀物质面。由于地壳内物质每增厚 1 m，重力增加约 0.0419σ mGal，故中间层校正值 $\delta_{g_{中}}$（单位为 mGal）为

$$\delta_{g_{中}} = -0.0419\ \sigma \cdot \Delta h \tag{4-1}$$

当测点高于大地水准面或基准面时，Δh 取正，反之取负。

我国和世界大多数国家都取中间层密度值为 2.67 g/cm^3。但实践中发现在某些地区这个值偏大，因此工作中除按全国统一的中间层密度值作异常图外，还可作一些适合本地区实际中间层密度值的异常图，以便使地质解释更趋合理。

经过上述两项校正后，测点与大地水准面或基准面间还存在一高度差 Δh，为消除这个高度差对实测值的影响，必须进行高度校正（图4-4）。

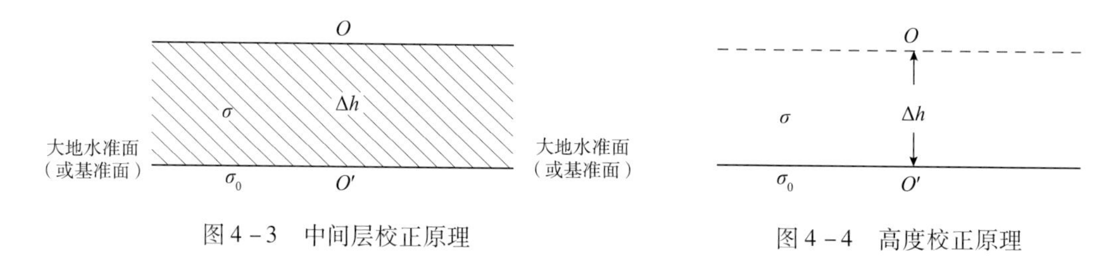

图4-3　中间层校正原理

图4-4　高度校正原理

三、高度校正

将地球当作密度呈均匀同心层分布的旋转椭球体时，地面每升高 1 m 重力减小约 0.3086 mGal，所以高度校正值 $\delta_{g_{高}}$（单位为 mGal）为

$$\delta_{g_{高}} = 0.3086\Delta h \tag{4-2}$$

测点高于大地水准面或基准面时，Δh 取正，反之取负。

高度校正和中间层校正都与测点高程 Δh 有关，因此常把这两项合并起来，统称为布格校正，以 $\delta_{g_{布}}$（单位为 mGal）表示，则

$$\delta_{g_{布}} = (0.3086 - 0.0419\sigma)\Delta h \tag{4-3}$$

应当指出，上述三项校正都是在将地球作为密度均匀体的条件下导出的。实际上，地

表实测重力值总是密度均匀体和造成局部范围密度不均匀的地质体（简称密度不均匀体，如构造、岩（矿）体等）的综合影响。上述校正仅消除了起伏地形上各测点与大地水准面或基准面间密度均匀体对实测重力值的影响，并没有消除密度不均匀体的影响。因此，对校正后仅由密度不均匀体引起的异常而言，各测点仍在起伏的自然表面上。

四、正常场校正

在大面积测量中，各测点的正常场校正值可直接由正常重力公式计算。

小面积重力测量不用上述绝对校正方法，而只做正常场的相对校正（纬度校正）。当测点与总基点不在同一纬度时，测点重力值包括了总基点和测点间的正常重力差值，这时正常场校正值 $\delta_{g_{正}}$（单位为 mGal）按下式计算

$$\delta_{g_{正}} = -0.814\sin2\varphi \cdot D \tag{4-4}$$

式中，φ 为测区的平均纬度；D 为测点与总基点的纬向（南北向）距离，单位为 km。在北半球，当测点位于总基点以北时，D 为正，反之为负。

五、布格重力异常

布格重力异常是应用最为广泛的一种重力异常，它是对观测值进行地形校正、布格校正（高度校正与中间层校正）和正常场校正后获得的，即

$$\Delta g_{\mathrm{B}} = g_k + \Delta g_T + \Delta g_h + \Delta g_\sigma - g_\phi \tag{4-5}$$

在地球自然表面上 A 点处进行重力测量，经零点校正后的观测重力值设为 g_k［图 4-5(a)］。布格重力异常经过地形校正和布格校正，相当于把大地水准面以上多余的物质（正常密度）消去了，做了正常场校正后，就将大地水准面以下按正常密度分布的物质也消去了，因而布格异常是包含了壳内各种偏离正常密度分布的矿体与构造的影响，也包括了地壳

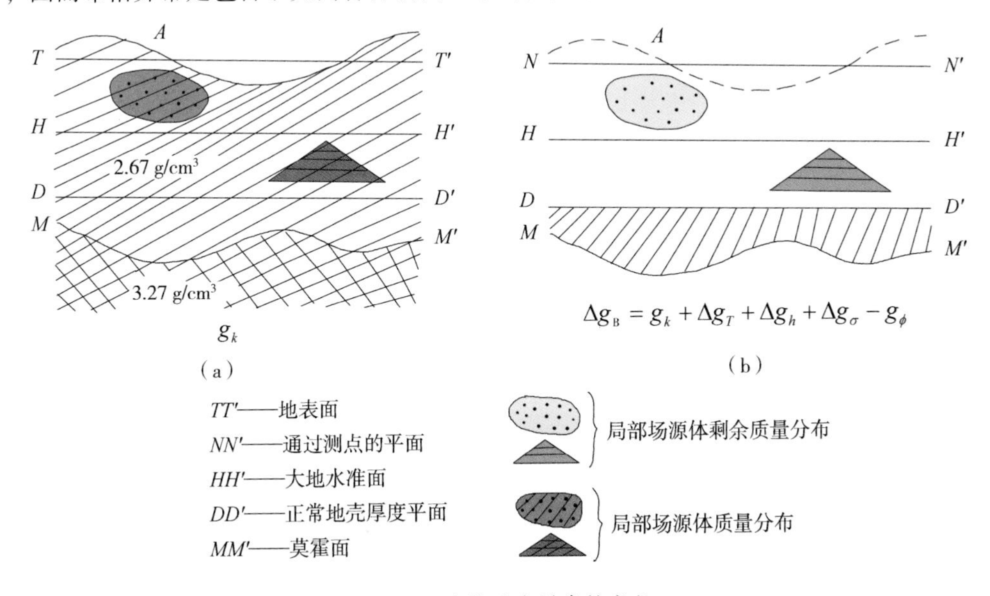

图 4-5　布格重力异常的意义

下界面起伏而在横向上相对上地幔质量的巨大亏损（山区）或盈余（海洋）的影响，所以布格重力异常除有局部的起伏变化外，从大范围来说，在陆地，特别在山区，是大面积的负值区，山越高，异常负值越大；而在海洋区，则属大面积的正值区［图4－5（b)］。

第三节　各种改正对布格重力异常的影响

重力测量结果是地球表面上的重力值，它受测点位置、海拔、测点周围地形影响、测点与海平面间的中间物质层和测点下面地壳起伏的影响、太阳和月亮的引力影响等。为此，要对重力测量结果做地形改正、中间层改正、正常场改正和高度改正。这些改正目前都是按照统一的模式进行的，如我国地形改正和中间层改正的密度值取2.67 g/cm^3，高度改正系数取0.3086。改正的参数选择不正确就会使布格重力异常发生畸变，产生所谓的“镜像异常”与“反镜像异常”。

一、采用海拔高度进行中间层改正对布格重力异常的影响

在高海拔地区，采用我国《区域重力调查技术规定》的高度改正与中间层改正公式（4－6）或近似公式（4－7）进行高度改正与中间层改正也可能会造成改正不准确。其中原因之一是中间层改正公式（4－6）要求改正半径 R 远大于厚度 h，且不考虑半径 R 以外物质的引力效应（或可被忽略），然而，当测区平均海拔达数千米时，半径 R 以外物质的引力效应不应被忽略，除非相应扩大改正半径 R。如在平均海拔5000 m左右的地区，中间层改正与地形改正半径为20 km，则该半径是测区海拔高度的4倍左右，显然偏小，这是导致布格重力异常与高程正相关的主要原因。在局部范围内，由这种原因造成的布格重力异常与地形起伏相关的现象，常常会被认为是因为改正密度偏小所致。在实际工作中，我们希望通过增大改正密度的方法来消除这种相关性，然而，改正密度取值往往已经远远超过其实际可能值时，虚假异常还是不能得到有效的压制。遇到这种情况，应当采用相对海拔高差的方法，也就是式（4－8）或式（4－9）进行中间层改正和高度改正。

$$\delta g_h = 3.086[1 + 0.007\cos(2\varphi)h - 7.2\times10^{-7}h^2]$$
$$\delta g_\sigma = 0.419\sigma[h - 0.5h^2/R] \tag{4-6}$$
$$\delta g_h = 0.3086h$$
$$\delta g_\sigma = 0.0419\sigma h \tag{4-7}$$

其中，h 为测点的海拔高度。

$$\delta g_h = 3.086[1 + 0.007\cos(2\varphi)\Delta h - 7.2\times10^{-7}\Delta h^2]$$
$$\delta g_\sigma = 0.419\sigma[\Delta h - 0.5\Delta h^2/R] \tag{4-8}$$
$$\delta g_h = 0.3086\Delta h$$
$$\delta g_\sigma = 0.0419\sigma\Delta h \tag{4-9}$$

其中，Δh 为测点相对总基点的海拔（基准高程）高差。

二、地形改正中所选用的密度值的影响

地形改正的好坏与密度值的选取密切相关，通常选取统一的密度值2.67 g/cm^3 进行地形改正，当实际的密度值大于改正密度时，对地形影响补偿不足，就会形成随地形增高而减小的镜像异常；反之，当实际密度小于改正密度时，就会形成随地形增高而增大的同向异常。

三、中间层物质密度的影响

世界各国的区域重力测量中都采用地壳表层的平均密度2.67 g/cm^3 作为中间层改正的密度值。实际上，对于我国大多数平原地区和黄土塬地区来说，用2.67 g/cm^3 可能偏大，因此，必然会造成布格重力随地形升高而数值偏低的线性下降，即出现镜像异常。但是在山区用2.67 g/cm^3 这个数值则不一定偏大，因此，合适的中间层密度要通过试验来确定。

地形改正、中间层改正与高度改正等各项改正不准确均会产生假异常（表4－1）。

表4－1　各项改正不准确产生假异常对应表

改正方法	采用改正参数	造成的结果	产生假异常特征
地形改正	实际密度大于地形改正密度 实际密度小于地形改正密度	改正不足 改正过剩	镜像，负相关 山形，正相关
中间层改正	实际密度大于中间层改正密度 实际密度小于中间层改正密度	改正不足 改正过剩	山形，正相关 镜像，负相关
高度改正	实际系数大于改正系数 实际系数小于改正系数	改正不足 改正过剩	镜像，负相关 山形，正相关

第四节　消除布格重力异常与地形相关的方法

各项改正不准必然造成布格重力异常与地形相关的假异常，为此，人们在各项改正中通常采用以下几点措施消除假异常：

（1）使用合适的高度改正系数进行高度改正。

（2）将研究区的最低高程（或平均高程）作为基准，并选择合适的半径 R，采用相对海拔高差进行中间层改正。

（3）选择合适的地形改正密度和中间层改正密度进行地形改正和中间层改正，常用的办法是以研究区的物性资料为参考，结合研究区实际地质情况，通过典型剖面的相关分析试验来确定密度参数。例如，在42线的210～190号点一段剖面上（该段在中元古界变质砂岩地层，可作为正常场），中间层密度分别取1.60 g/cm^3、1.70 g/cm^3、1.80 g/cm^3、

1.90 g/cm^3、2.00 g/cm^3、2.10 g/cm^3、2.20 g/cm^3、2.30 g/cm^3、2.40 g/cm^3、2.50 g/cm^3、2.67 g/cm^3、2.80 g/cm^3 时计算相应的布格重力异常，并对比布格重力异常与地形的相关性，可获得当2.30 g/cm^3 时相关性最小。因此，中间层改正密度取2.30 g/cm^3 时较为合适（图4-6）。

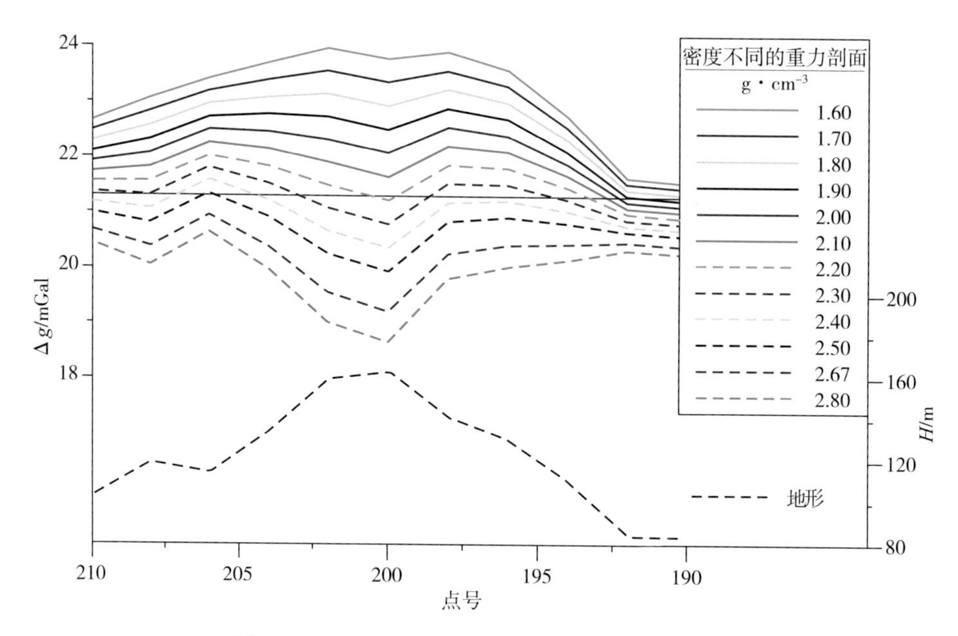

图4-6　取不同中间层密度求取的布格异常曲线

然而，在研究区面积比较大、高程起伏变化较大、地质构造情况复杂的情况下，特别是黄土塬地区，人们往往会发现采用上述措施仍然无法消除地形假异常，为此，前人已经做了许多研究工作。

1990年，蔡鑫、王宝仁针对鄂尔多斯盆地黄土高原区的双层结构地层提出了间接地形校正的方法，该方法通过对地形校正进行综合改善来消除地形影响。1996年，袁建国在黄土塬地区通过对测点逐一做黄土密度补偿，可以削弱镜像虚假异常。1998年，陈超、王晓柳提出了用滑动窗口调整中间层密度的方法和对相对海拔高差作校正的方法来避免这种虚假异常的产生。2007年，张春灌、张明华、安玉林采用均衡校正和残差负相关校正相结合的方法消除青藏高原重力异常与地形负相关所引起的假异常。2014年，王万银、任飞龙等采用回归分析方法消除与高程相关的布格重力异常。

从前人所采用的方法技术可以看出，消除地形相关假异常最基本的手段就是线性回归分析法。因此，下面我们首先介绍线性回归分析消除地形相关假异常的方法原理，然后从理论模型分析该方法的效果及优缺点，最后针对线性回归分析法的不足提出改进，并对宁夏全1∶20万重力资料进行重新处理。

一、线性回归分析法消除地形相关假异常

由地形改正的方法原理可以得到，测点位置的地改值可表示为

$$\delta g_T = \sigma \sum_i s_i$$

其中，σ 为地形改正使用的密度；s_i 为某一地形单元对测点的影响值。

由中间层改正的方法原理可以得到，测点位置的地改值可表示为

$$\delta g_\sigma = 0.0419 \cdot \sigma \cdot \Delta h$$

其中，Δh 为测点和基点的高差。由地形改正和中间层改正公式可以看出，密度选择不准确就会引起山形异常，特别是中间层改正会引起与地形线性相关的假异常，该虚假异常可表示为

$$\Delta g = a + b \cdot \Delta h$$

式中，a 为任意常数，$b = 2\pi G \cdot \Delta\sigma$，这里 $\Delta\sigma$ 为改正密度与实际密度的偏差。通过对局部地段异常值与高程之间进行线性回归，可以确定 a 和 b 的值，进而得到 $\delta g = 0.0419 \cdot \Delta\sigma \cdot \Delta h$，并用它做补偿中间层改正。

为了让得到的中间层改正补偿量中不包含局部异常与区域异常，陈超等（1998）先求出任意一点与相邻两点之间重力异常值及高程值的平均偏差，然后进行线性回归分析计算中间层改正补偿量。

二、理论模型试验

为了说明线性回归分析消除地形相关假异常效果及优缺点，我们设计了三种理论模型进行试算，这三种模型分别是浅表密度横向均匀层状模型、浅表密度横向不均匀层状模型、孤立形体模型。

（一）浅表密度横向均匀层状模型

设计浅表密度横向均匀层状模型，该模型由单一密度界面组成，密度界面的上覆地层密度为 2.30 g/cm³，下伏地层密度为 2.77 g/cm³（图 4-7）。

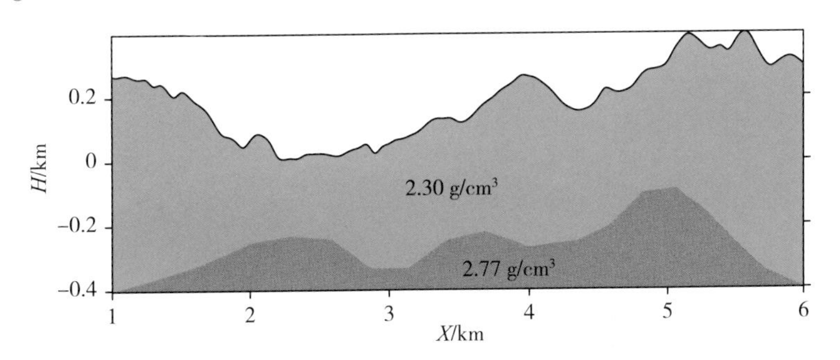

图 4-7 浅表密度横向均匀层状模型

下面讨论选择不同密度进行各项改正后采用线性回归分析法消除山形异常的结果。

1. 正确的改正密度

由模型浅表的密度可以知道，该模型的地形改正和中间层改正的正确密度为 2.30 g/cm³。根据重力资料的各项改正的物理意义可以知道，正确地对模型进行各项改正的结果相当于将浅表密度横向均匀层状模型产生的重力值减去采用正确的密度（2.30 g/cm³）进行各项

改正的等效模型产生的重力值（假设地壳的平均密度 2.67 g/cm³），获得的布格重力异常相当于采用正确的密度（2.30 g/cm³）进行各项改正后的结果模型产生的重力异常（图 4－7～图 4－9）。

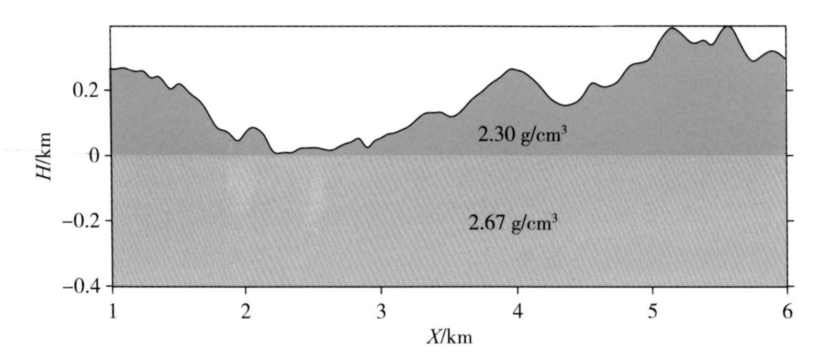

图 4－8　采用正确的密度（2.30 g/cm³）进行各项改正的等效模型

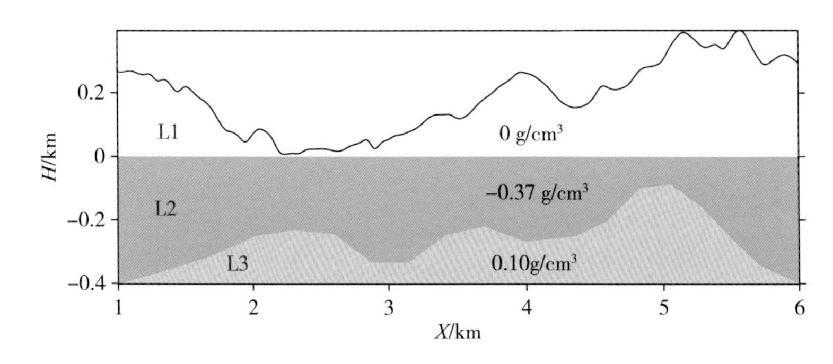

图 4－9　采用正确的密度（2.30 g/cm³）进行各项改正后的结果模型

对比重力异常曲线和地形可以发现，虽然采用了正确的地改和中间层改正密度，但是重力异常仍然存在与地形相关性，而这种相关性并不是由于重力资料的各项改正不正确造成的，而是由于重力资料的各项改正只是将观测重力值中的正常重力部分受地形影响部分消除掉，但并没有消除地形对重力异常的影响，也就是说经过各项改正后，布格重力异常的测点仍然还是在起伏地形上。因此，起伏地形上的布格重力异常仍然是地形的函数，当中既有与地形线性相关量，又有与地形非线性相关量［图 4－10（d）］。实际中，这种客观存在的相关性与各项改正不正确所造成的相关性往往很难区分。下面分析如果将该正确的布格重力异常进行线性回归分析并做地形相关性补偿对异常的影响。

将布格重力异常与地形高程做线性回归（图 4－11），得到

$$\Delta g = 0.0033462 \cdot h - 3.5516$$

因此，地形相关性补偿量为

$$\delta g = 0.0033462 \cdot h$$

根据前面的论述可以知道，该重力异常消除了当中客观存在的与地形线性相关部分，而保留了与地形非线性相关部分。比较补偿后的布格重力异常曲线与模型的起伏界面可以看出，补偿后的布格重力异常能很好地与界面起伏相对应（图 4－12）。

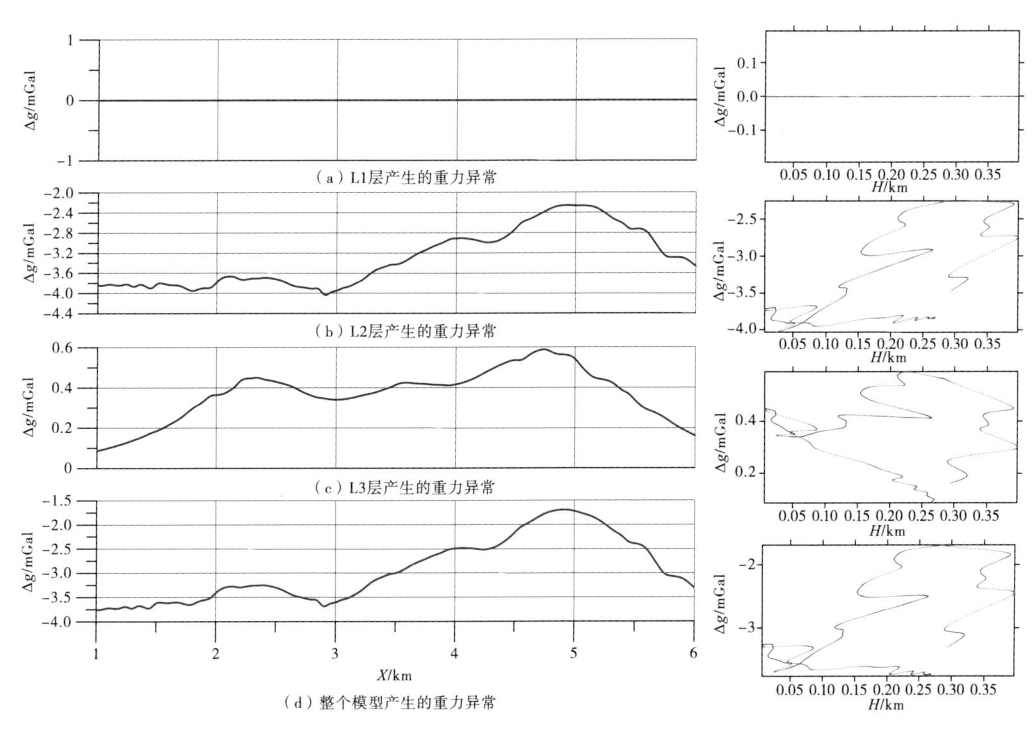

图4-10　采用正确密度进行各项改正后的模型产生的重力异常及其与地形高程散点图

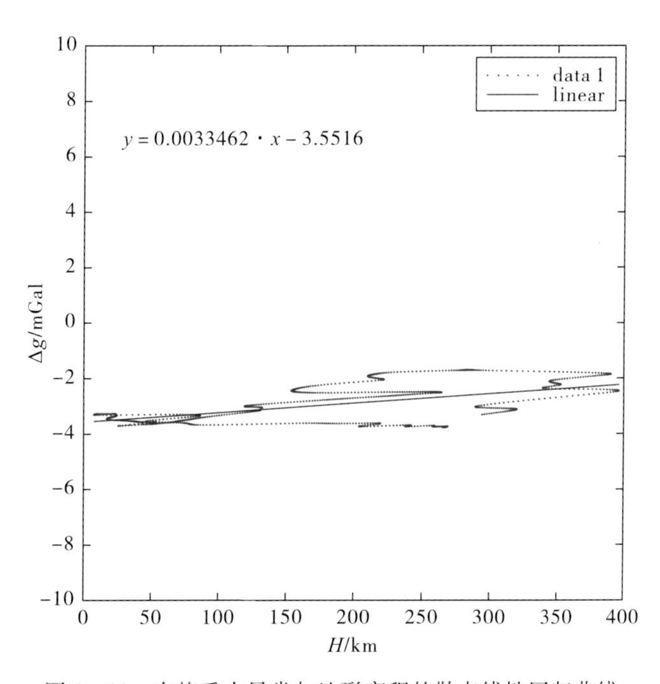

图4-11　布格重力异常与地形高程的散点线性回归曲线

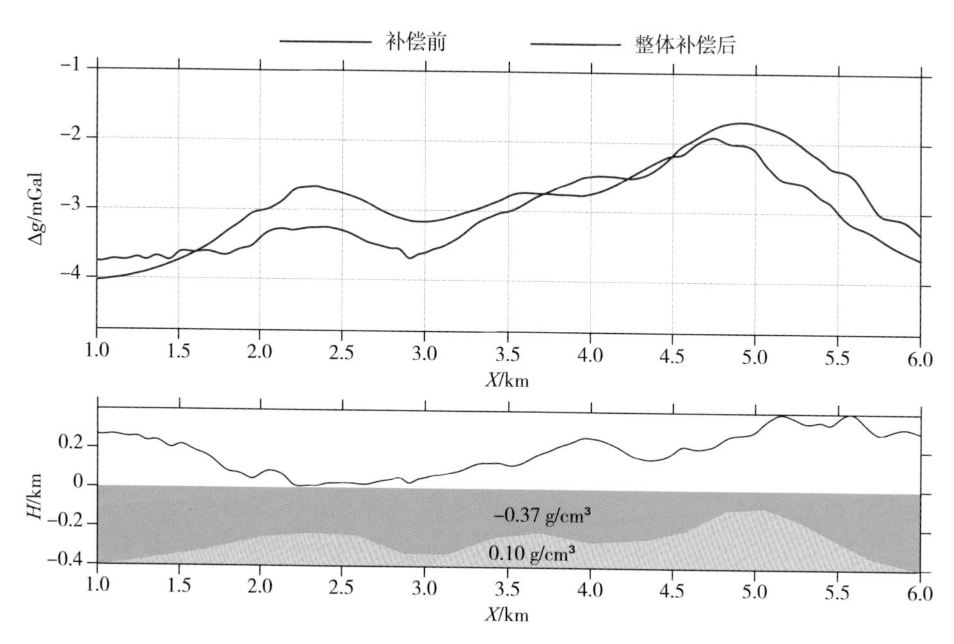

图 4-12　线性回归分析进行地形相关补偿后的布格重力异常

2. 改正密度小于实际密度（校正不足）

选择密度为 2.20 g/cm³ 对浅表密度横向均匀层状模型产生的重力值进行各项改正，相当于将该重力值减去改正密度（2.20 g/cm³）小于实际密度（2.30 g/cm³）时进行各项改正的等效模型产生的重力值（假设地壳的平均密度 2.67 g/cm³），获得的布格重力异常相当于改正密度（2.20 g/cm³）小于实际密度（2.30 g/cm³）时进行各项改正后的结果模型产生的重力异常（图 4-7，图 4-13，图 4-14）。

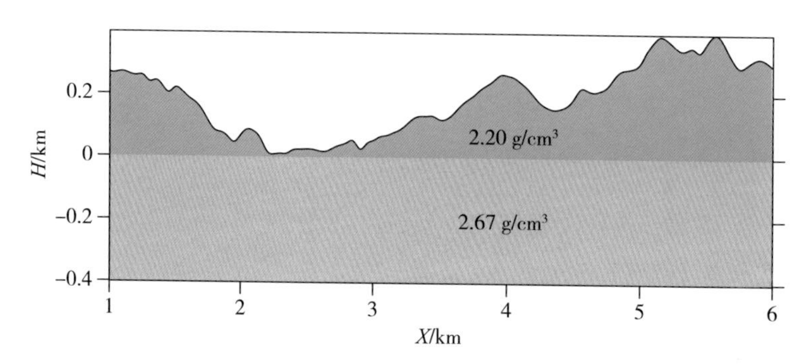

图 4-13　改正密度（2.20 g/cm³）小于实际密度（2.30 g/cm³）时进行各项改正的等效模型

由校正不足时的布格重力异常及其与地形高程的散点图可以看出布格重力异常与地形存在明显的正相关。由改正密度（2.20 g/cm³）小于实际密度（2.30 g/cm³）时进行各项改正后的结果模型可以明显看出由于校正不足浅表仍然还有正质量的物质残留，其产生的残留重力异常与地形呈现明显正相关，该残留量是造成布格重力异常与地形线性正相关的最主要因素（图 4-15）。

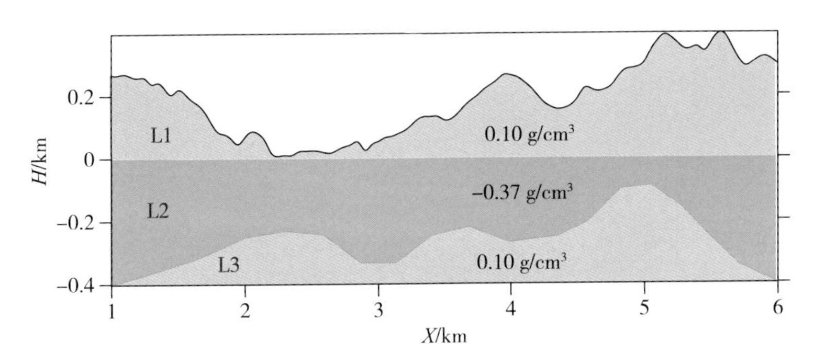

图 4-14 改正密度（2.20 g/cm³）小于实际密度（2.30 g/cm³）时进行各项改正后的结果模型

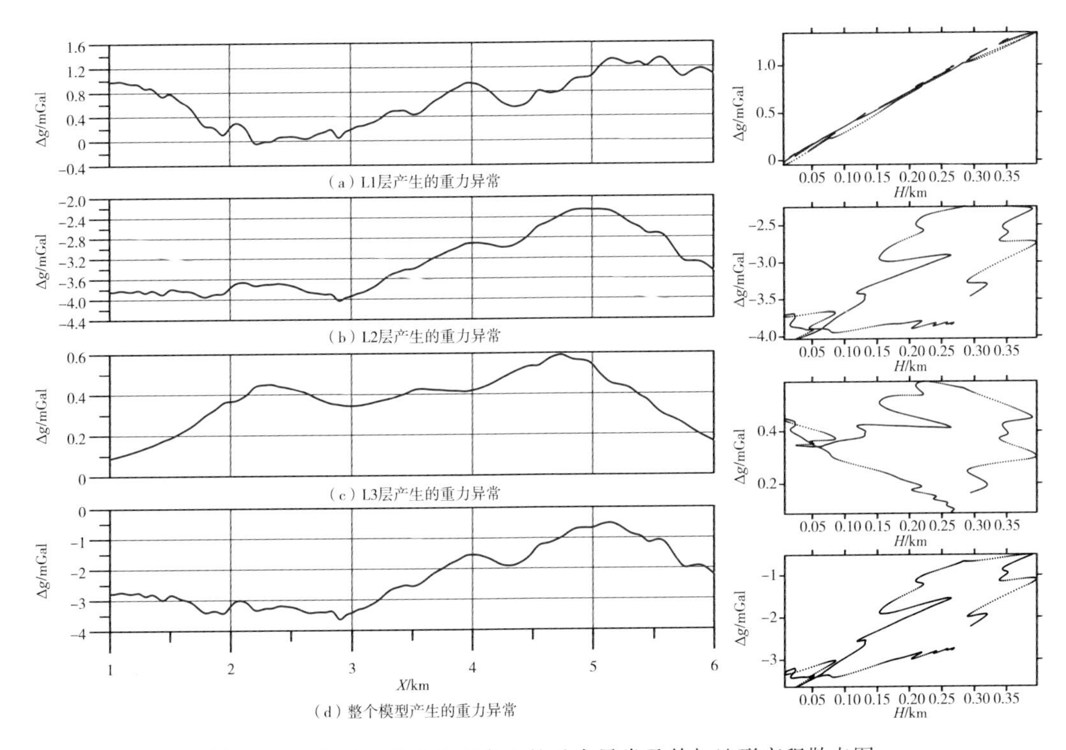

图 4-15 校正不足时模型产生的重力异常及其与地形高程散点图

将布格重力异常与地形高程做线性回归（图 4-16），得到

$$\Delta g = 0.0069593 \cdot h - 3.5713$$

因此，地形相关性补偿量为

$$\delta g = 0.0069593 \cdot h$$

根据前面的论述可以知道，地形相关性补偿后的布格重力异常不仅消除了由于地形改正和中间层改正不足所造成的“山形假异常”，而且也消除了有用异常中客观存在的与地形线性相关部分。比较补偿后的布格重力异常曲线与模型的起伏界面可以看出，补偿后的布格重力异常能很好地与界面起伏相对应（图 4-17）。

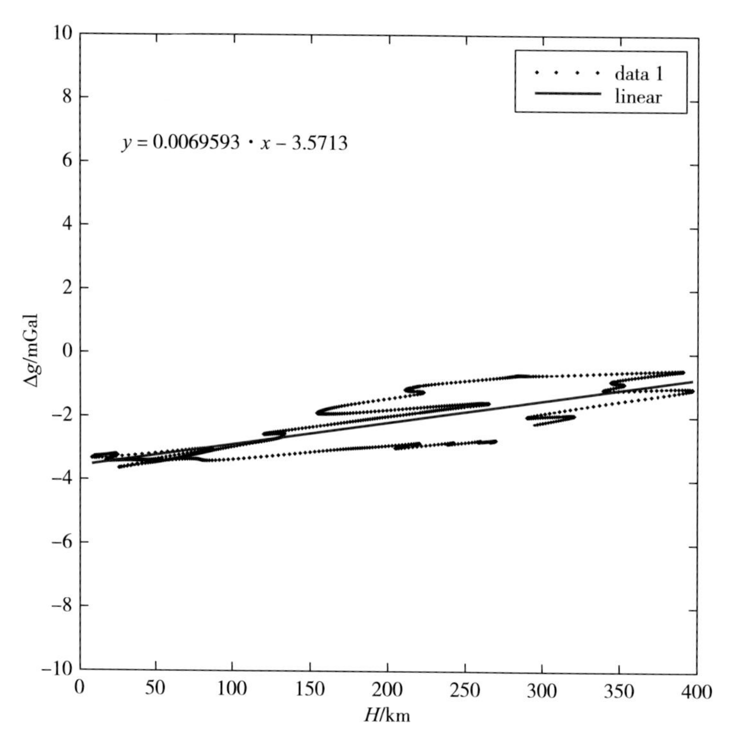

图 4－16　校正不足时的布格重力异常与地形高程的散点线性回归曲线

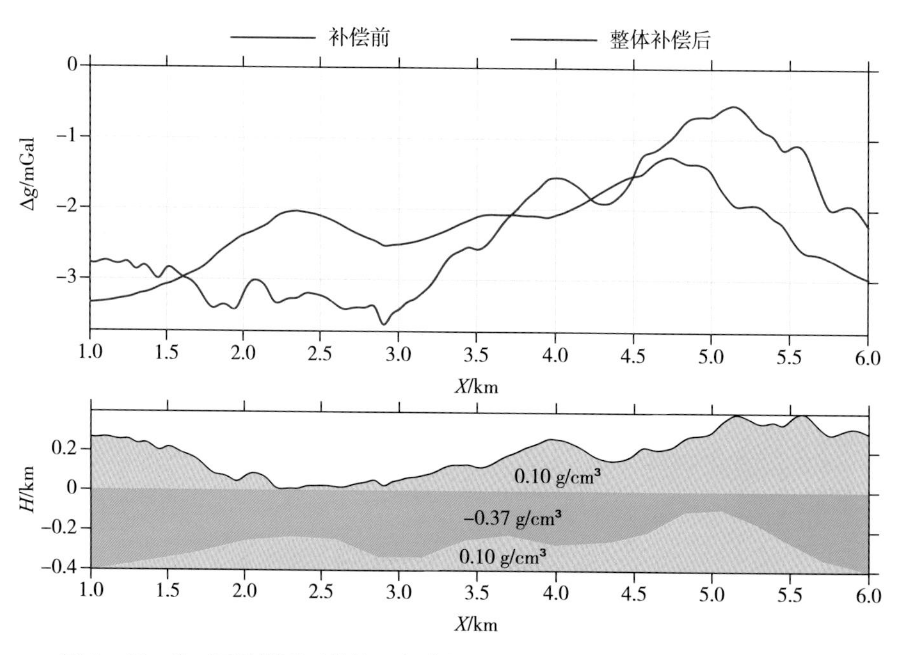

图 4－17　校正不足情况下线性回归分析进行地形相关补偿后的布格重力异常

3. 改正密度大于实际密度（校正过度）

选择密度为2.40 g/cm³ 对浅表密度横向均匀层状模型产生的重力值进行各项改正，相当于将该重力值减去改正密度（2.40 g/cm³）大于实际密度（2.30 g/cm³）时进行各项改正的等效模型产生的重力值（假设地壳的平均密度2.67 g/cm³），获得的布格重力异常相当于改正密度（2.40 g/cm³）大于实际密度（2.30 g/cm³）时进行各项改正后的结果模型产生的重力异常（见图4－7，图4－18，图4－19）。

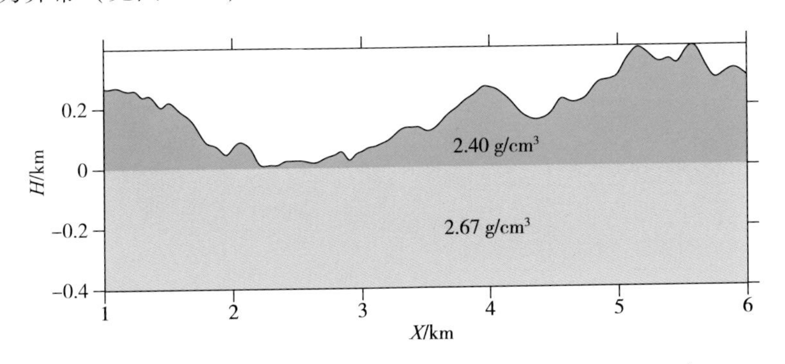

图4－18　改正密度（2.40 g/cm³）大于实际密度（2.30 g/cm³）时进行各项改正的等效模型

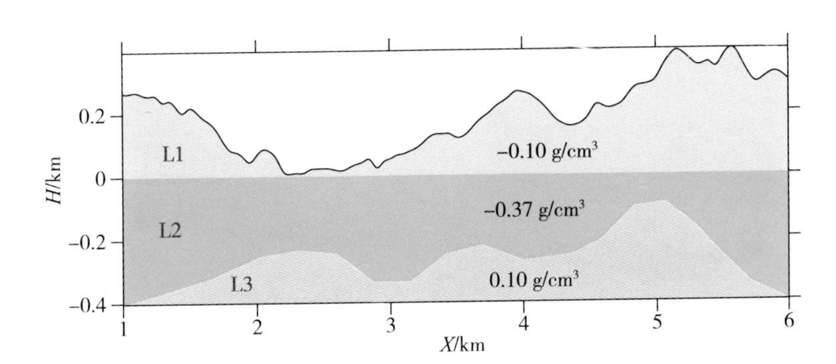

图4－19　改正密度（2.40 g/cm³）大于实际密度（2.30 g/cm³）时进行各项改正的结果模型

由校正过度时的布格重力异常及其与地形高程的散点图可以看出布格重力异常与地形存在较明显的负相关。由改正密度（2.40 g/cm³）大于实际密度（2.30 g/cm³）时进行各项改正后的结果模型可以明显看出由于校正过度浅表仍然还有负质量的物质残留，其产生的残留重力异常与地形呈现明显负相关。该残留量是造成布格重力异常与地形线性负相关的最主要因素（图4－19，图4－20）。

将布格重力异常与地形高程做线性回归（图4－21），得到

$$\Delta g = -0.00026695 \cdot h - 3.5319$$

因此，地形相关性补偿量为

$$\delta g = -0.00026695 \cdot h$$

根据前面的论述可以知道，地形相关性补偿后的布格重力异常不仅消除了由于地形改

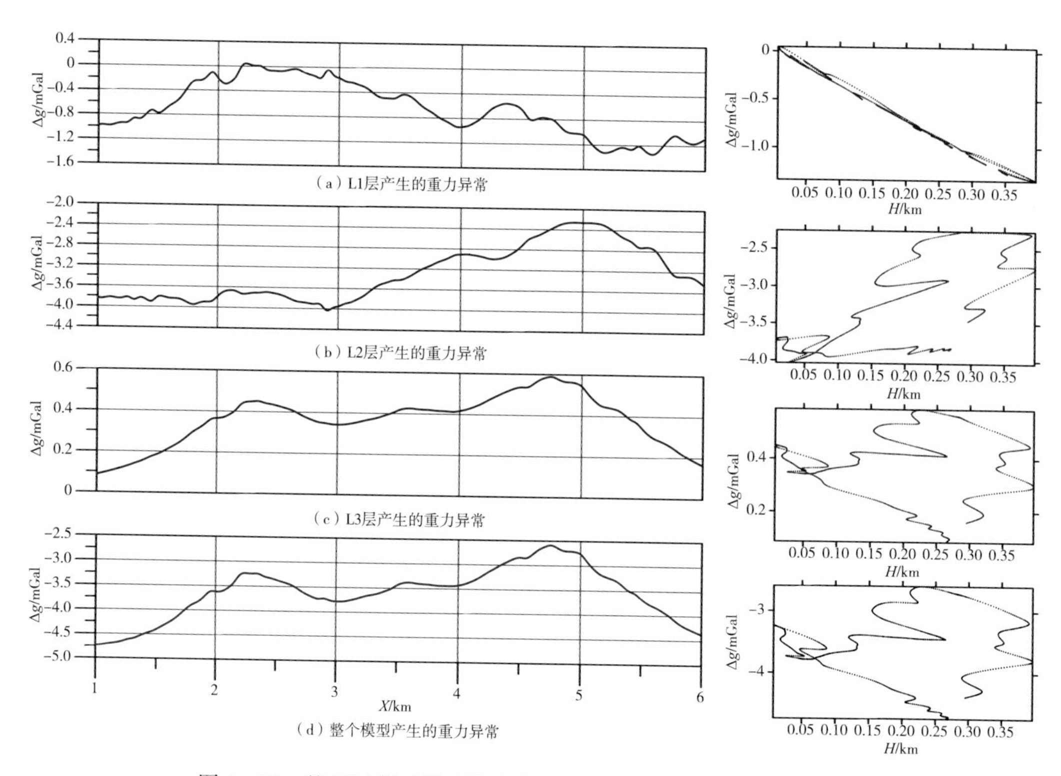

图 4-20 校正过度时模型产生的重力异常及其与地形高程散点图

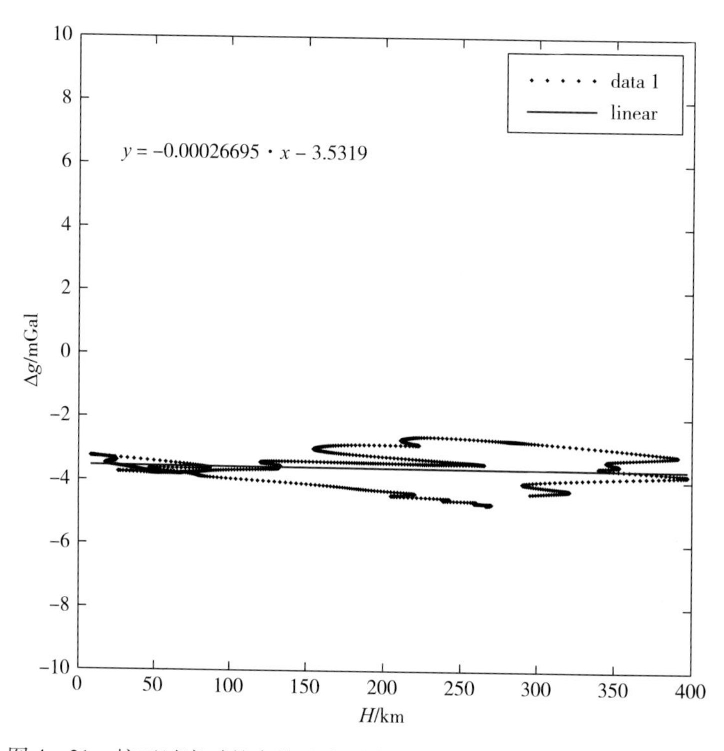

图 4-21 校正过度时的布格重力异常与地形高程的散点线性回归曲线

正和中间层改正过度所造成的“镜像假异常”，而且也消除了有用异常中客观存在的与地形线性相关部分。比较补偿后的布格重力异常曲线与模型的起伏界面可以看出，补偿后的布格重力异常能很好地与界面起伏相对应（图4-22）。

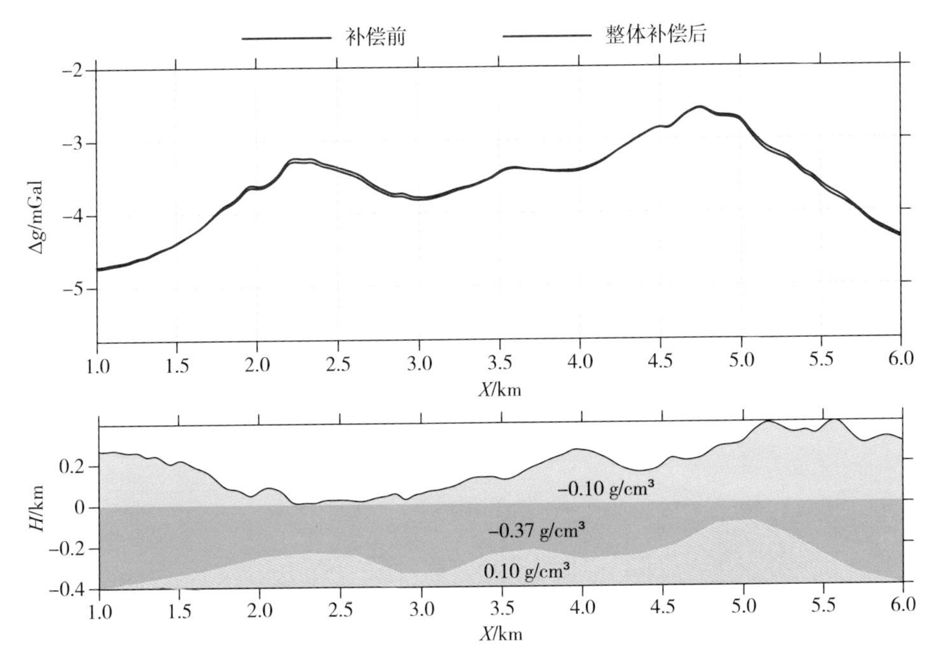

图4-22 校正过度情况下线性回归分析进行地形相关补偿后的布格重力异常

由模型试验结果可以看出，在浅表密度均匀的情况下，线性回归分析方法能有效地消除由于地形改正和中间层改正不正确所引起的“山形异常”和“镜像异常”，而且还有一定曲化平的效果，非常有利于定性解释，但是由于线性回归分析方法无法区分有用异常中的与地形线性相关部分而同时将它消除，因此，线性回归分析方法进行地形相关补偿后的布格重力异常的物理意义不明确，并对反演及定量解释不利。

（二）浅表密度横向不均匀层状模型

实际上浅表密度均匀的情况并不存在，当不同密度的地层出露地表，或在不同大地构造单元内，浅表的密度将会存在较大的差异。为了说明线性回归分析方法的有效性，设计了浅表密度横向不均匀的层状模型，并对其产生的重力异常进行处理（图4-23）。

选择密度为2.30 g/cm³ 对浅表密度横向不均匀层状模型产生的重力值进行各项改正相当于将该重力值减去选择密度为2.30 g/cm³ 进行各项改正的等效模型产生的重力值（假设地壳的平均密度2.67 g/cm³），获得的布格重力异常相当于浅表密度横向不均匀情况下各项改正后的模型产生的重力异常（图4-23，图4-24，图4-25）。

由浅表密度横向不均匀情况下各项改正后的模型产生重力异常及其散点图可以看出布格重力异常与地形存在较明显的相关，特别是测线的两端。由浅表密度横向不均匀情况下各项改正后的模型可以明显看出由于在整个剖面上采用统一的密度进行地形改正和中间层

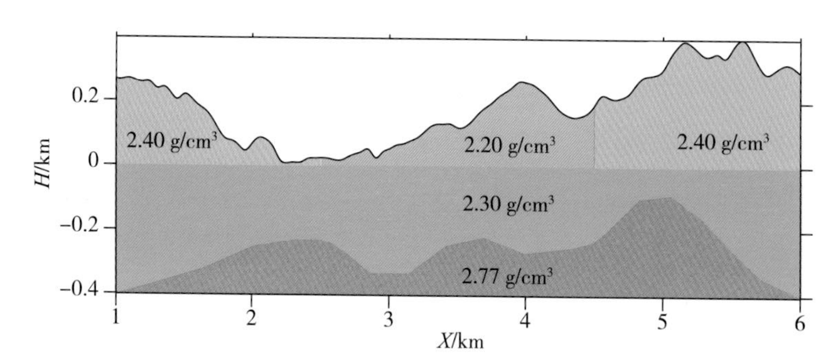

图 4－23 浅表密度横向不均匀层状模型

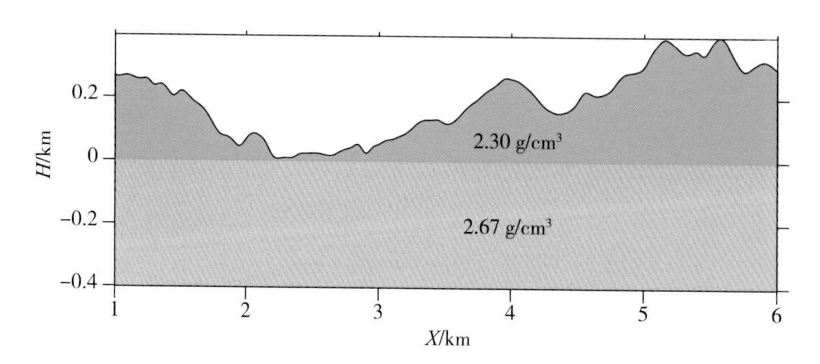

图 4－24 选择密度为 2.30 g/cm³ 进行各项改正的等效模型

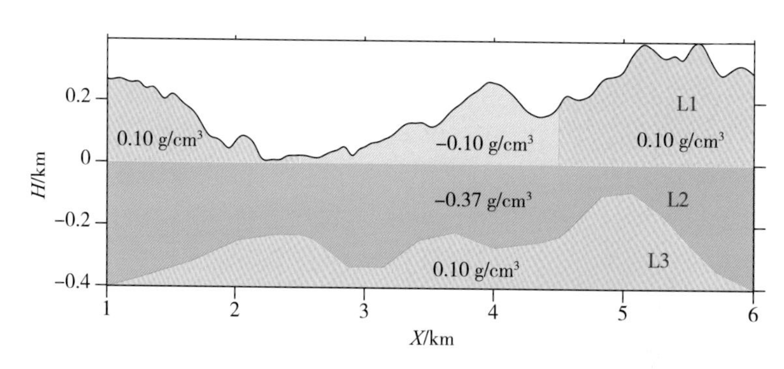

图 4－25 浅表密度横向不均匀情况下各项改正后的模型

改正，浅表必定会有物质残留，其产生的残留重力异常与地形必定呈现明显的相关性，该残留量是造成布格重力异常与地形线性相关的主要因素。浅表密度横向均匀情况下的残留异常散点图明显呈现直线分布特征，而浅表密度横向不均匀情况下的残留异常散点图呈现分叉特征，在两条直线上分布，反映了分区相关性的差异（图 4－25，图 4－26）。

将布格重力异常与地形高程做线性回归（图 4－27），得到

$$\Delta g = 0.0086094 \cdot h - 4.6482$$

因此，地形相关性补偿量为

$$\delta g = 0.0086094 \cdot h$$

由于采用统一密度进行地形改正和中间层改正，残留物质的密度横向仍然不均匀，而

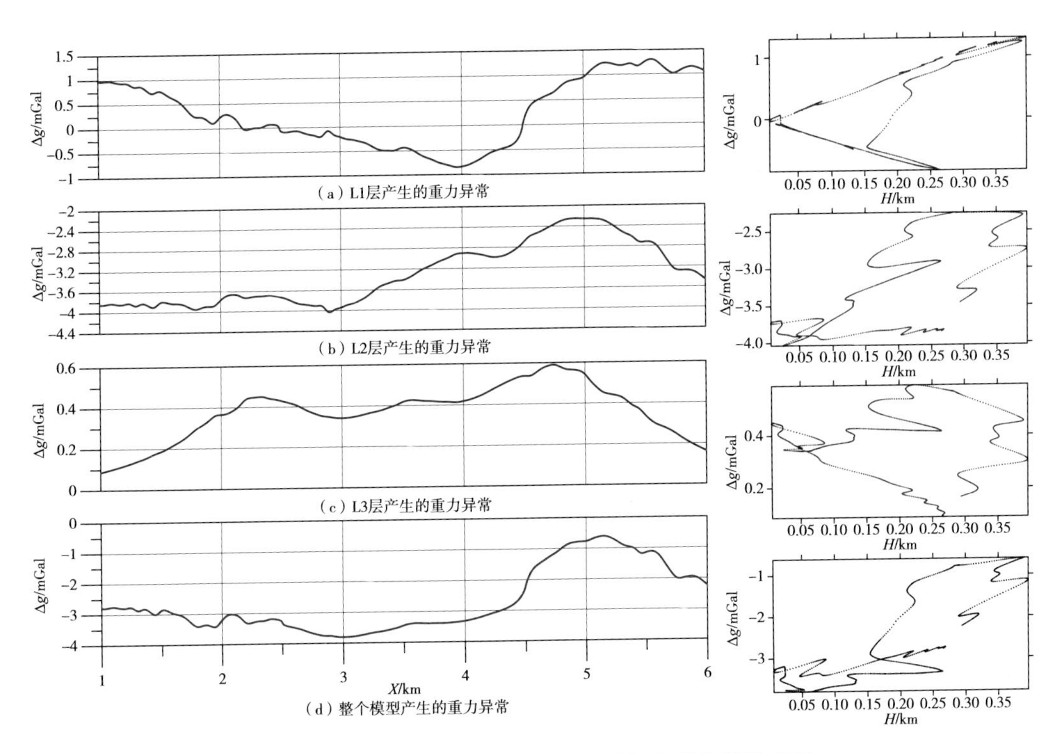

图 4-26　模型产生的重力异常及其与地形高程散点图

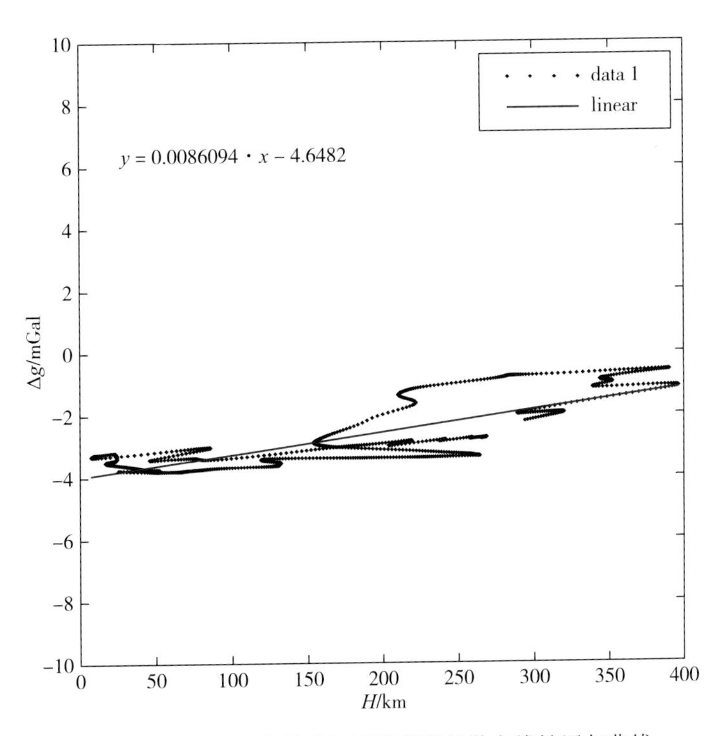

图 4-27　布格重力异常与地形高程的散点线性回归曲线

线性回归分析也是在整个剖面上统一进行，因此，地形相关性补偿后的布格重力异常无法获得理想的效果（图4－28）。

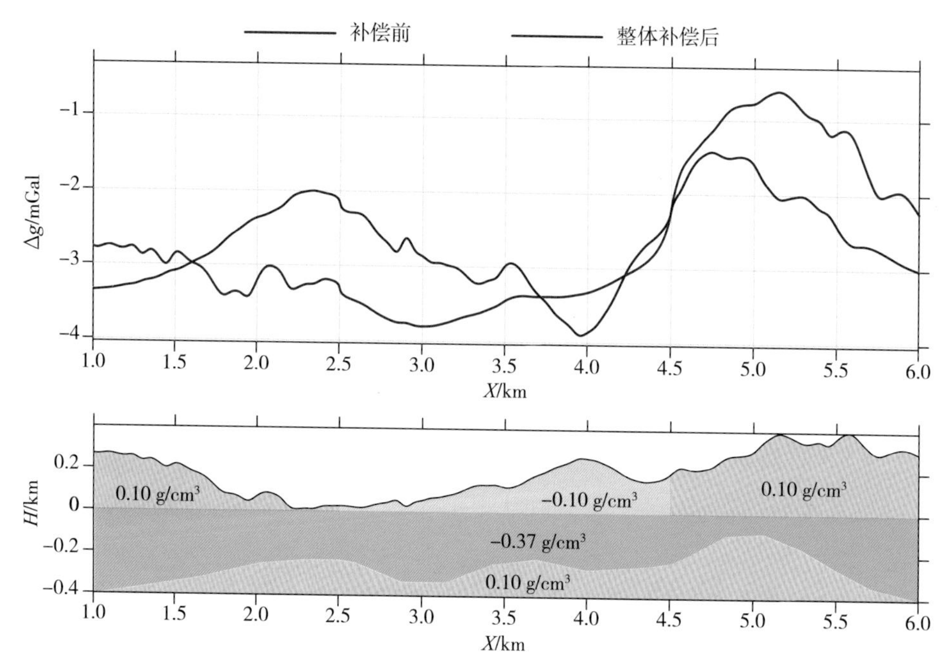

图4－28　线性回归分析进行地形相关补偿后的布格重力异常

（三）孤立形体模型

从层状模型的处理结果可以看出，由于线性回归分析方法无法区分有用异常中的与地形线性相关部分，因此，下面进一步分析线性回归分析方法对孤立形体模型异常的影响（图4－29）。

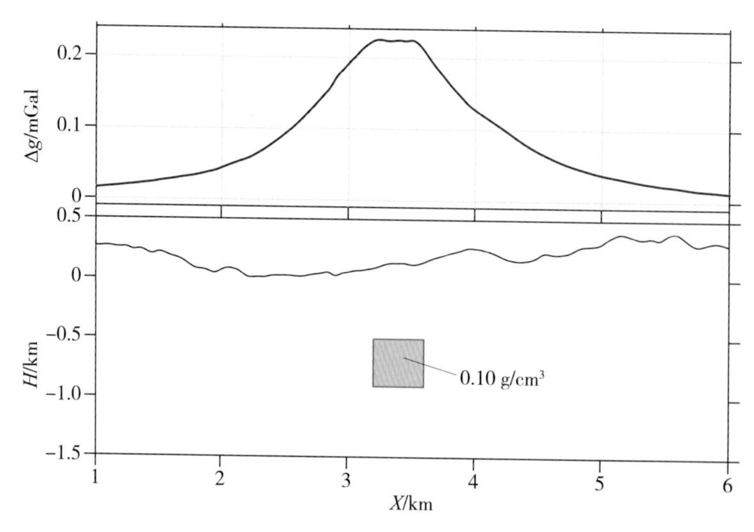

图4－29　孤立形体模型及其产生的重力异常

从图中可以看出受地形异常，重力异常发生了一定程度的畸变，该特征为重力异常在地形起伏情况下的正确反映。

将长方体模型的重力异常与地形高程做线性回归（图4-30），得到

$$\Delta g = -0.59879 \cdot h + 2.5939e-15$$

因此，地形相关性补偿量为

$$\delta g = -0.59879h$$

由于线性回归分析是在整个剖面上统一进行的，因此，地形相关性补偿后的重力异常无法获得理想的效果，反而使异常发生了更加严重的畸变，特别是在剖面两端，而且出现了高频的震荡假异常（图4-31）。

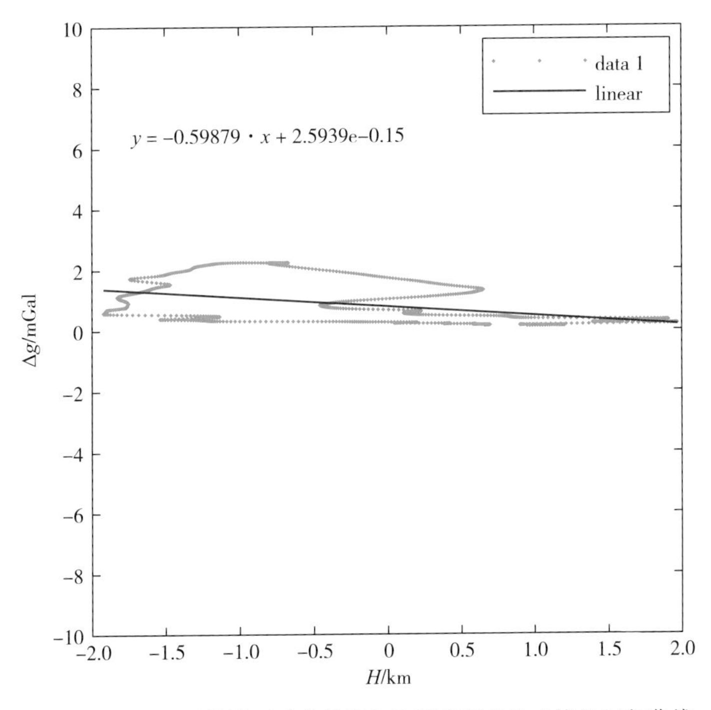

图4-30　孤立形体模型重力异常与地形高程的散点线性回归曲线

三、滑动窗口线性回归分析法消除地形相关假异常

因局部范围内地表岩石密度偏离统一密度而导致虚假异常采用整体线性回归分析方法并不能得到很好的地质效果。为此，人们提出了滑动窗口回归分析方法，该方法用窗口内的数据计算出回归系数并将其作为窗口中心点的回归系数，再计算出与高程相关的布格重力异常，然后从总的布格重力异常中减去得到回归分析剩余布格重力异常。研究表明，窗口大小是影响滑动窗口回归分析方法结果好坏的重要因素。实际上，窗口大小可以通过多次的试算得到，也可通过变差函数获得。通过变差函数的参数“变程”刻画变量的影响范围，可以通过测线方向及垂直测线方向的两个变差函数的变程来估计窗口的半径。其做法是通过计算工区高程数据的横向与纵向拟合变差函数，得到两幅变差图（图4-32）。

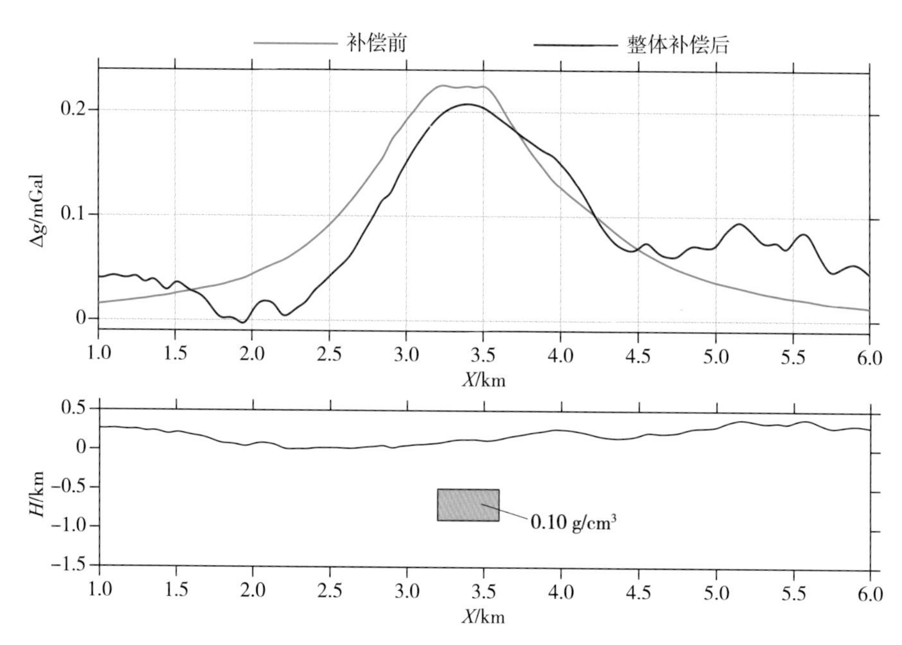

图 4－31　孤立形体模型重力异常进行地形相关补偿后的结果

从图中可以看出两个方向的变程（曲线转折端对应的横坐标的值）分别为 880 m、850 m，选取这两个变程值作为滑动窗口两个方向的半径。该做法与我们在做滑动平均法选择最佳半径的方法相似，即取一组不同的半径计算窗口内的平均值，以不同的半径作为横坐标，窗口内重力异常平均值作为纵坐标，画出的半径－重力异常平均值的曲线若趋于平缓，则以开始变平缓处的半径作为最佳半径（图 4－33）。

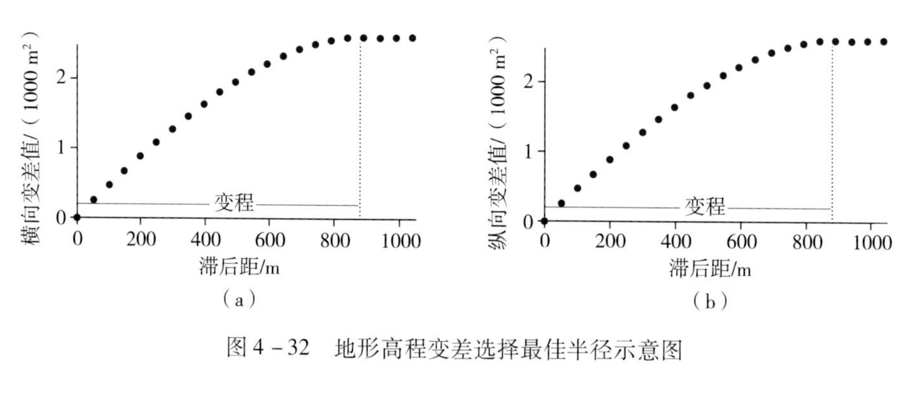

图 4－32　地形高程变差选择最佳半径示意图

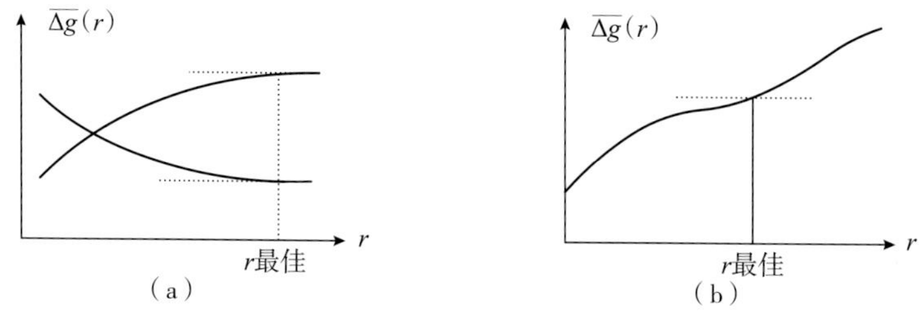

图 4－33　滑动平均法选择最佳半径示意图

图 4 - 34 ~ 图 4 - 38 分别是浅表密度均匀层状模型、浅表密度不均匀层状模型及孤立形体模型布格重力异常采用滑动窗口线性回归分析法消除地形相关假异常后的结果。从结果可以看出，采用滑动窗口回归分析法对层状模型的重力异常处理结果与采用整体回归分析法的结果基本一致，并没有非常明显的改善；对孤立形体模型的处理结果明显优于整体回归分析法，特别是剖面两侧，但高频震荡假异常情况仍然存在。

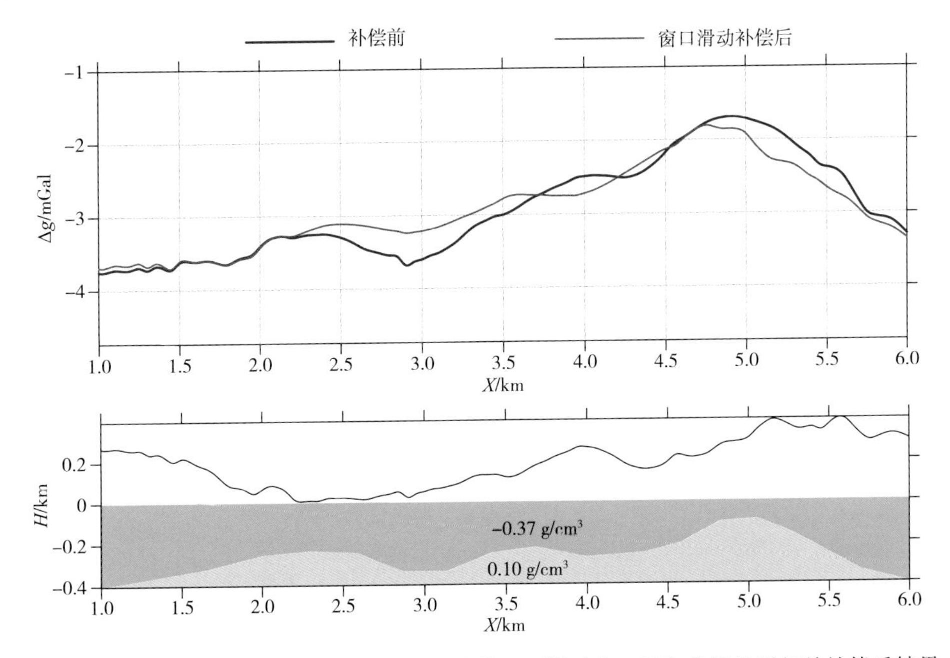

图 4 - 34　浅表密度均匀模型在各项改正正确情况下滑动窗口回归分析地形相关补偿后结果

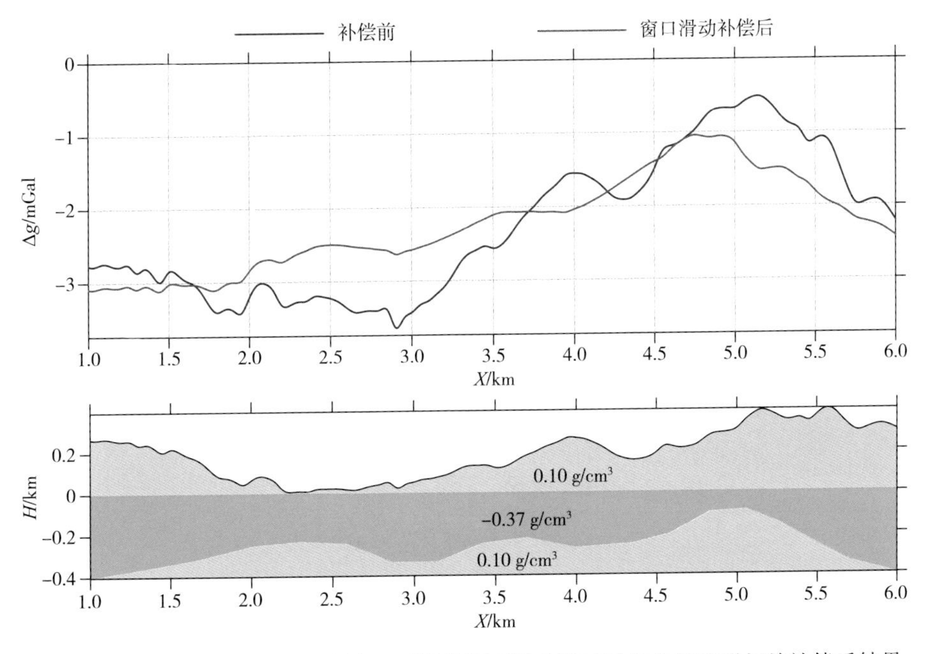

图 4 - 35　浅表密度均匀模型在校正不足情况下滑动窗口回归分析地形相关补偿后结果

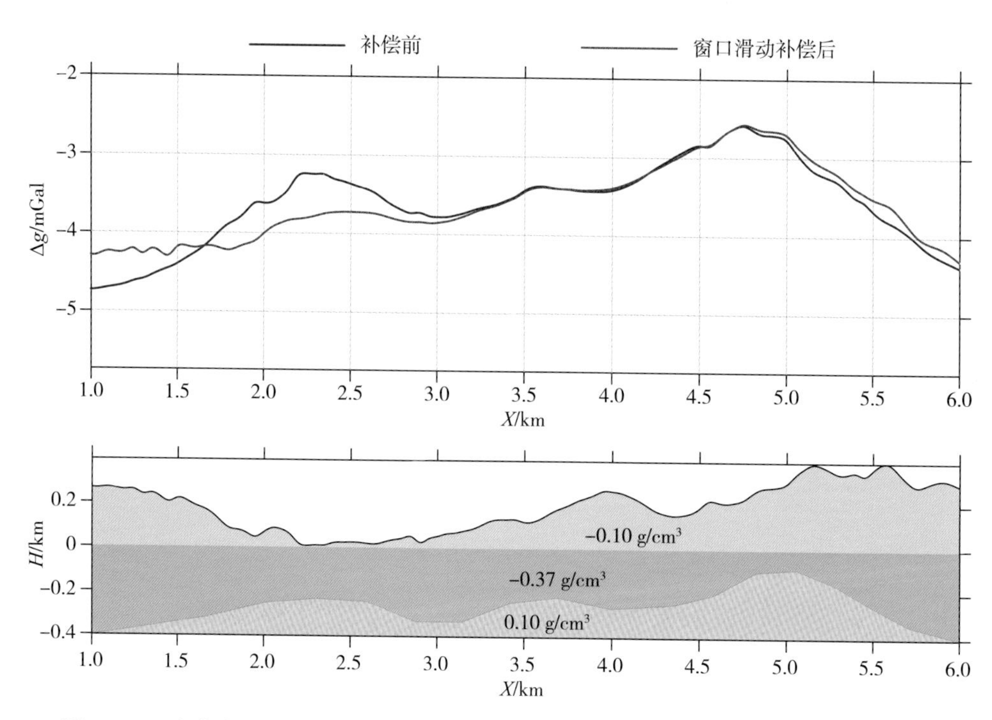

图 4－36　浅表密度均匀模型在校正过度情况下滑动窗口回归分析地形相关补偿后结果

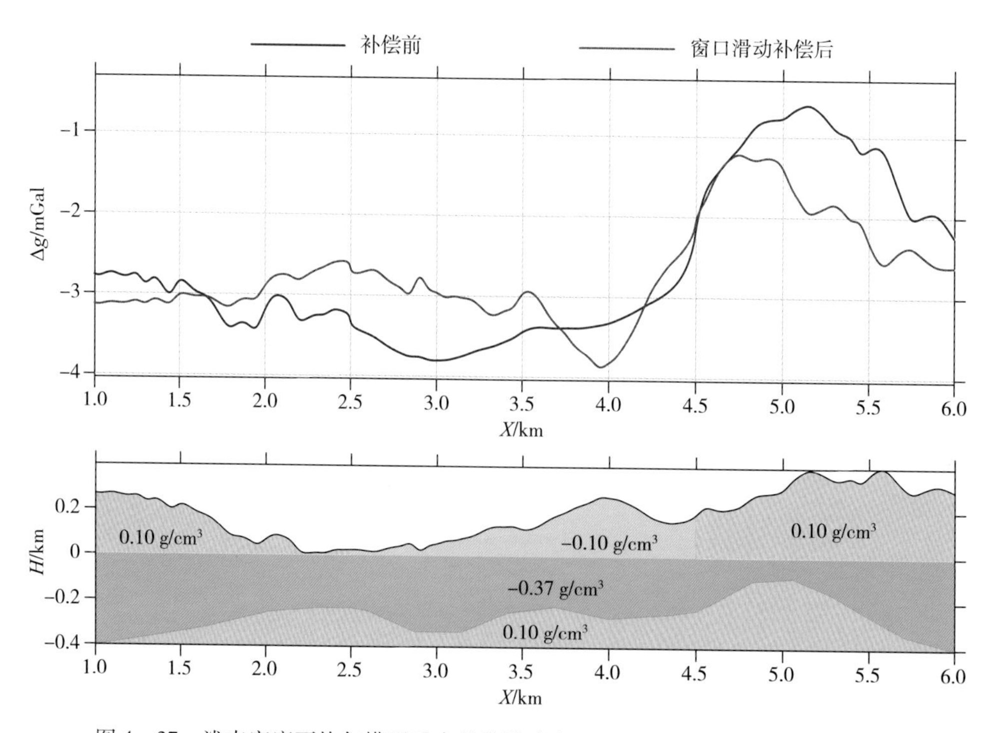

图 4－37　浅表密度不均匀模型重力异常滑动窗口回归分析地形相关补偿后结果

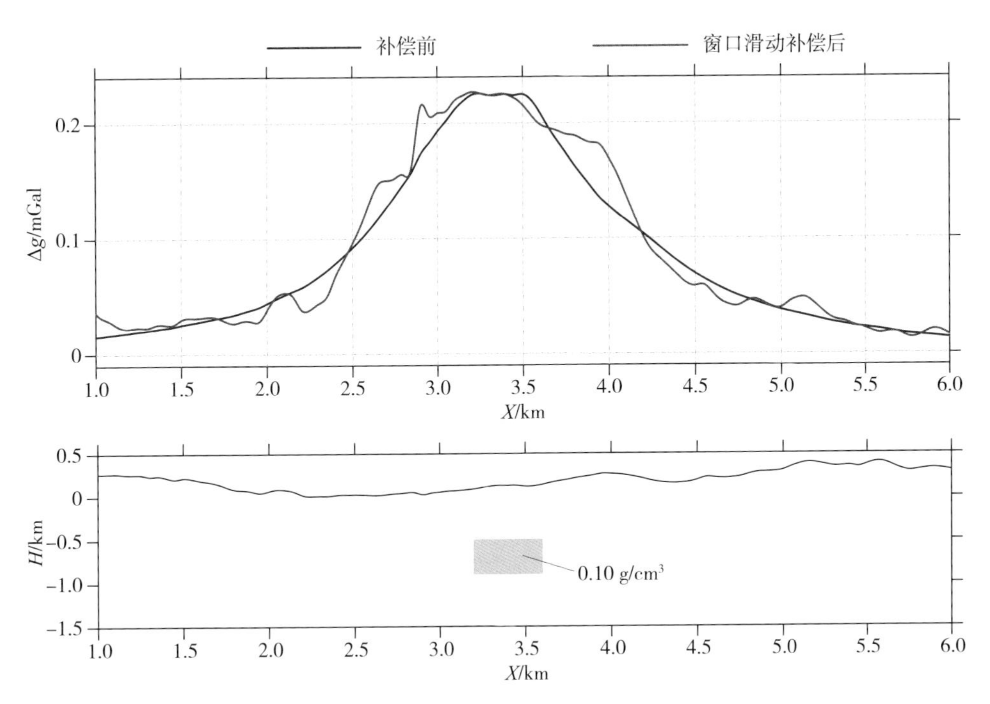

图 4-38 孤立形体模型重力异常滑动窗口回归分析地形相关补偿后结果

四、多尺度滑动窗口线性回归分析法消除地形相关假异常

滑动窗口方法采用的窗口为固定值，在实际中往往存在多个偏离统一密度的区域，这些区域的大小不同，其产生的重力影响范围也不同，采用固定大小的窗口进行滑动求取补偿校正量，往往难以获得很好的地质效果。针对该问题，我们对滑动窗口线性回归分析法进行了改进，采用多尺度滑动窗口线性回归分析法，具体步骤如下：

（1）将地形及重力异常分解为不同波长的分量，由于异常的波长不同，其影响范围就不同；

（2）取某一重力分量，按照该重力分量的波长选择滑动窗口大小；

（3）将选取的重力分量与所有的地形分量进行滑动线性回归分析，取地形相关系数最大的校正量作为该重力分量的地形相关补偿校正量，并进行地形相关补偿校正；

（4）重复步骤（2）和（3），将所有重力异常分量进行地形相关补偿校正；

（5）将校正后的所有重力异常叠加，得到最终的布格重力异常。

图 4-39 ~ 图 4-43 分别是浅表密度均匀层状模型、浅表密度不均匀层状模型及孤立形体模型布格重力异常采用多尺度滑动窗口线性回归分析法消除地形相关假异常后的结果。从结果可以看出，采用多尺度滑动窗口回归分析法能够在消除地形相关“假异常”的同时尽可能地保留有用异常中真实地形相关量。

将宁夏固原硝口—寺口子 L1—Z4 剖面布格重力异常经过多尺度滑动窗口回归分析法消除地形相关“假异常”后的结果（洋红色异常曲线），与其他方法对比可以看出，采用本文改进后的方法消除地形相关“假异常”的效果更加明显，得到的结果与地形的相关性最弱，异常更为平滑，并且符合实际地质和钻孔所揭示的情况（图 4-44）。

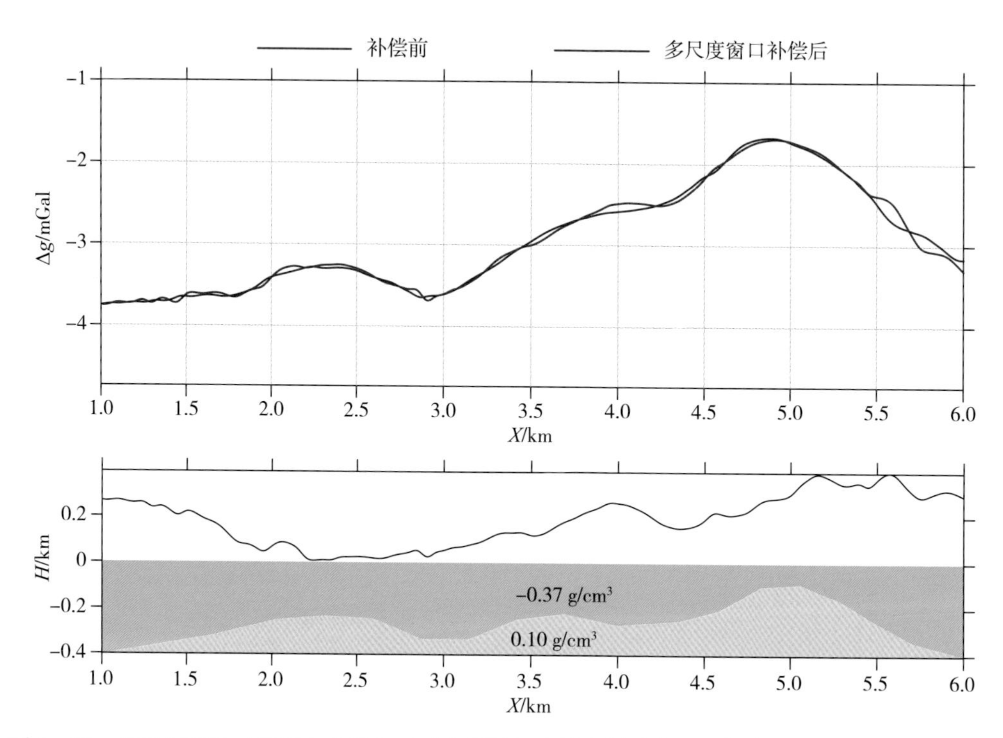

图 4－39　浅表密度均匀模型在各项改正正确情况下多尺度滑动窗口回归分析地形相关补偿后结果

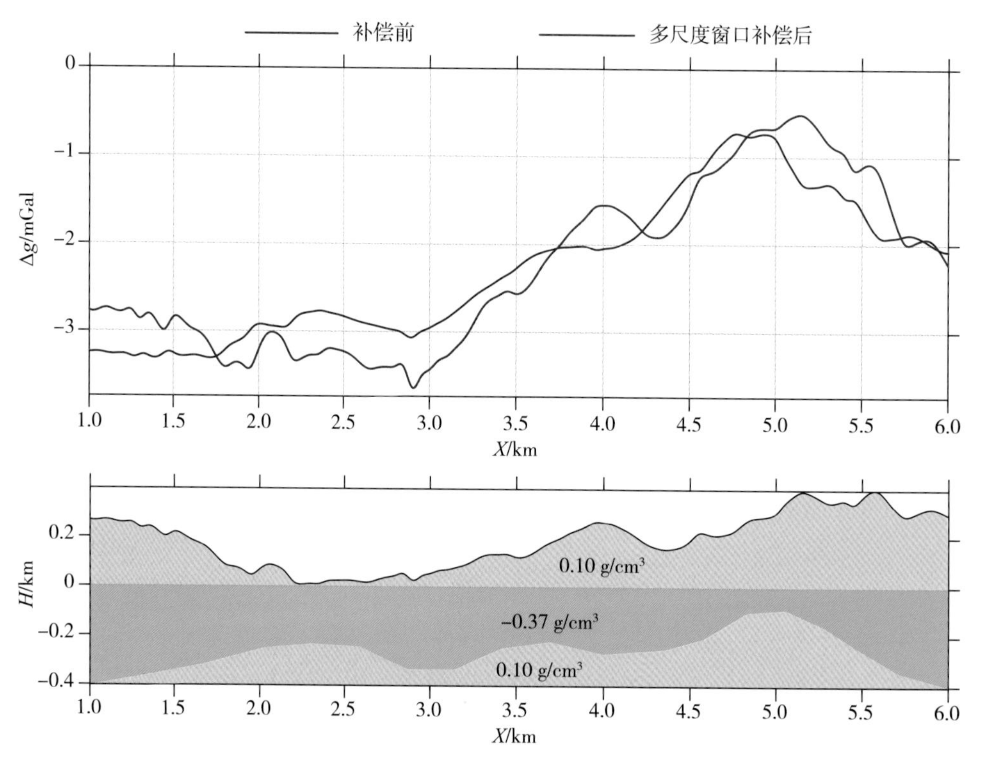

图 4－40　浅表密度均匀模型在校正不足情况下多尺度滑动窗口回归分析地形相关补偿后结果

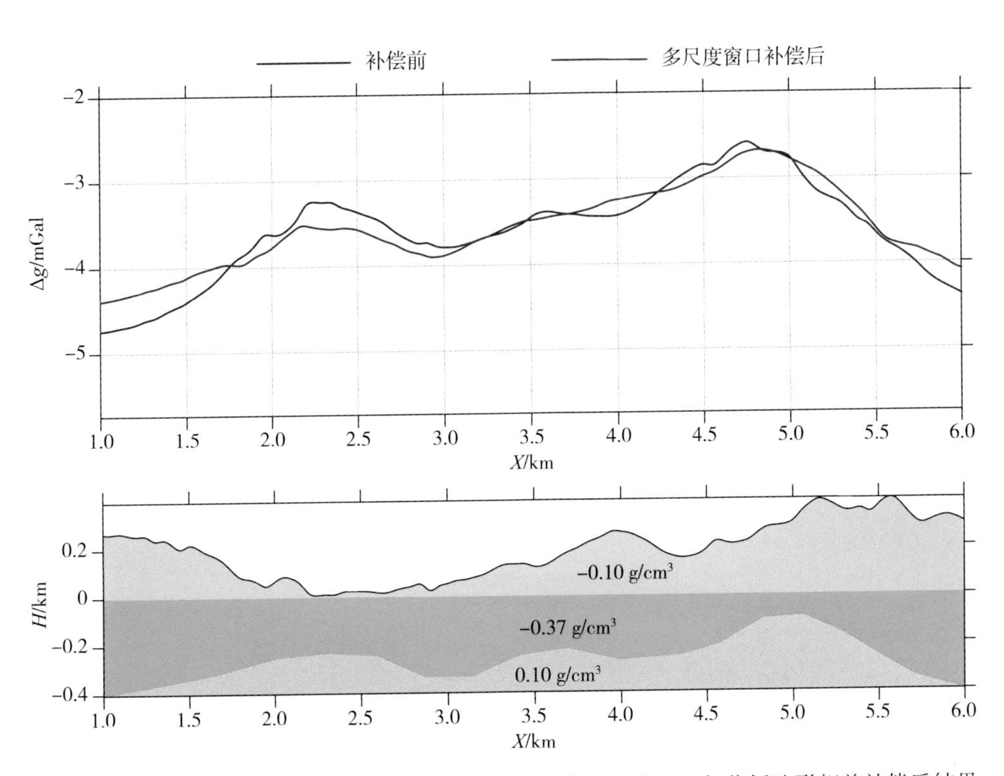

图 4－41　浅表密度均匀模型在校正过度情况下多尺度滑动窗口回归分析地形相关补偿后结果

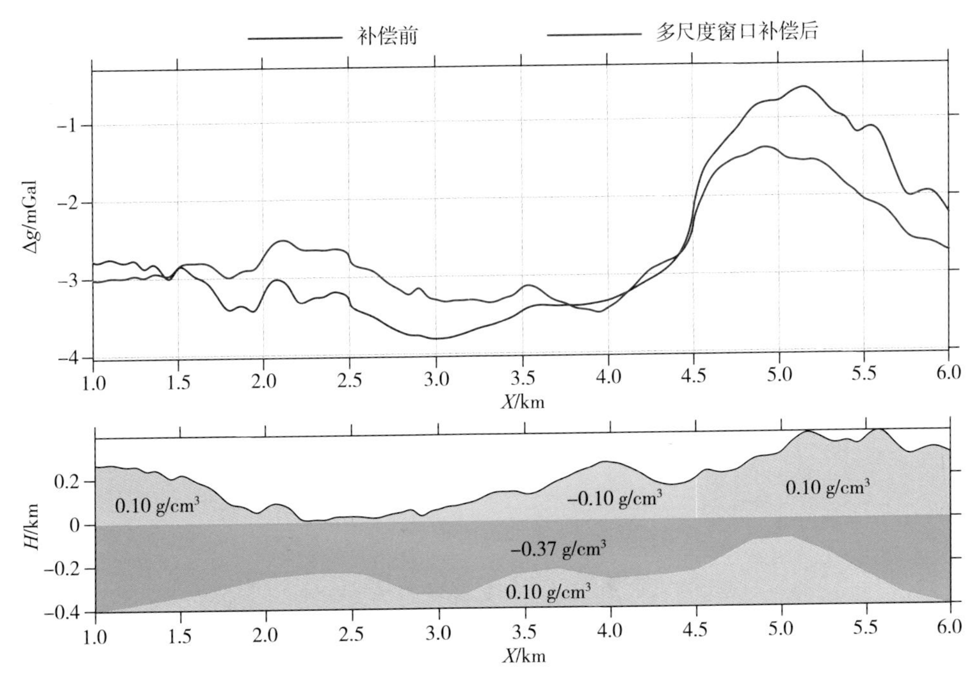

图 4－42　浅表密度不均匀模型重力异常多尺度滑动窗口回归分析地形相关补偿后结果

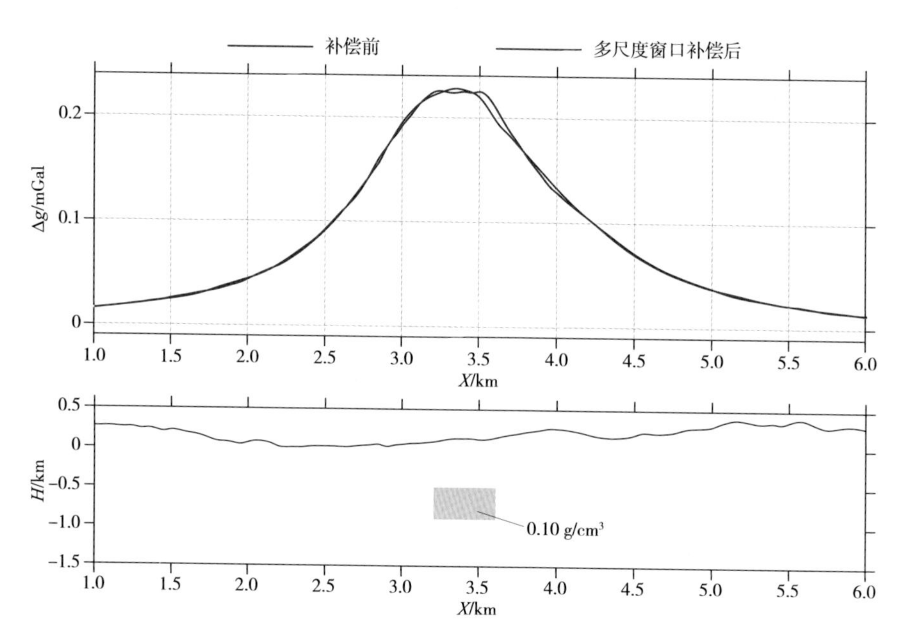

图 4-43　孤立形体模型重力异常多尺度滑动窗口回归分析地形相关补偿后结果

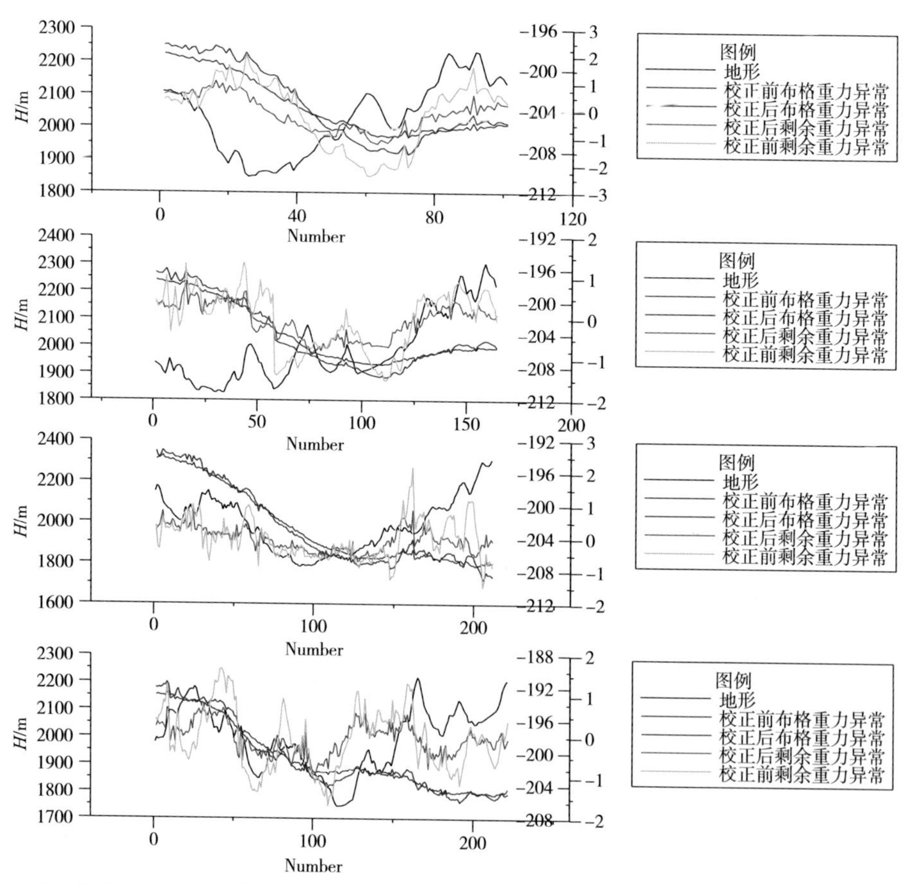

图 4-44　宁夏固原硝口—寺口子 L1—Z4 剖面多尺度窗口线性回归分析法消除地形相关性的结果

对比宁夏全区的地形图与宁夏全区布格重力异常图（布格改正的基准为海平面，未做回归分析地形相关补偿），发现局部异常与地形的相关性十分严重，做了回归分析地形相关补偿后，宁夏全区布格重力异常图（做相对高差布格改正，总基点为Ⅰ－28－G2，基准高程为1344.01 m）整体上反映的全区基本构造格架并没有改变，但从细节上看，与地形相关的“虚假异常”得到很大程度的消除。

由宁东局部地区与宁南局部地区布格重力异常地形相关补偿前后对比图，可以看出补偿前与地形镜像的北东向异常十分明显，补偿后镜像异常消失（图4－45，图4－46）。

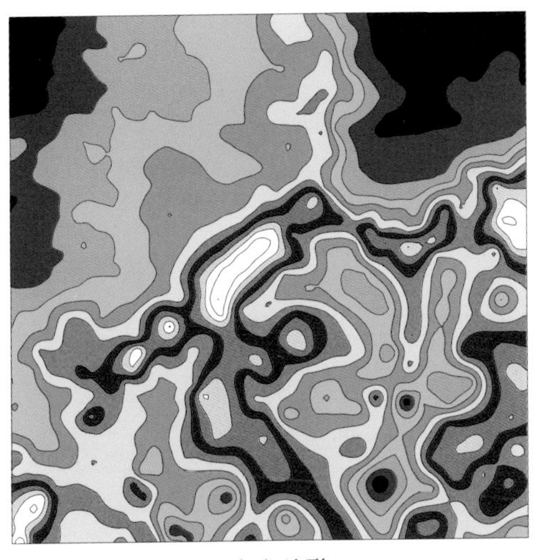

（a）地形

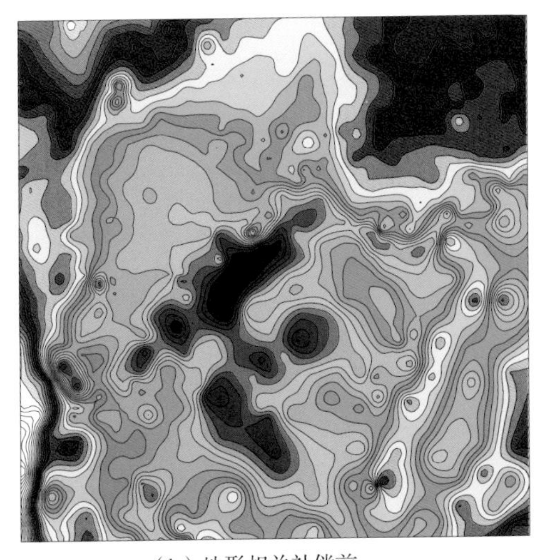

（b）地形相关补偿前

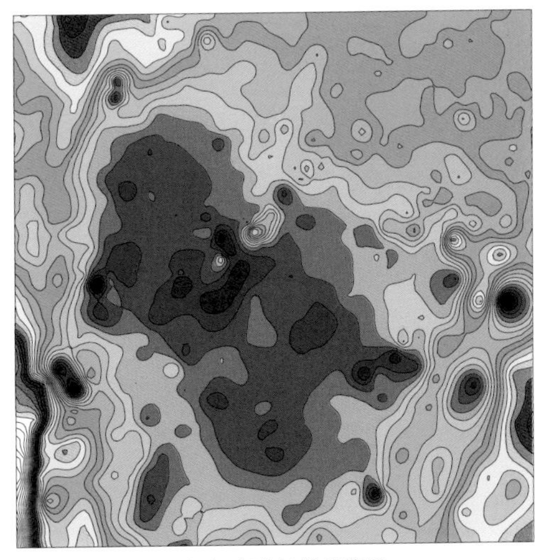

（c）地形相关补偿后

图4－45 宁东局部地区布格重力异常地形相关补偿前后对比图（单位：m）

由西吉盆地布格重力异常地形相关补偿前后对比图，可以看出补偿前存在与地形相关虚假异常，使得异常显得十分杂乱，补偿后地形相关虚假异常消失，异常显得更加规则（图4－47）。

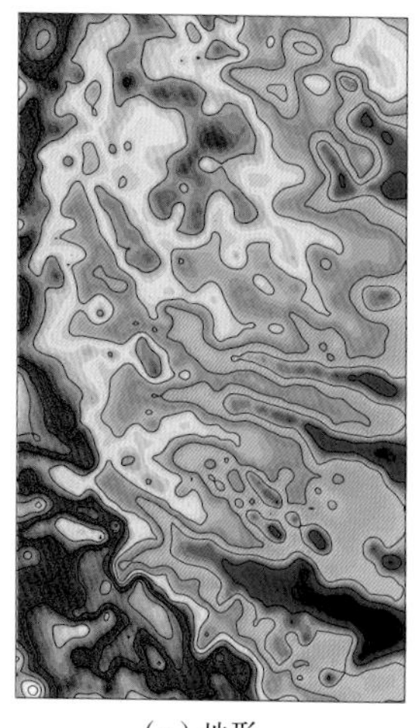

（a）地形

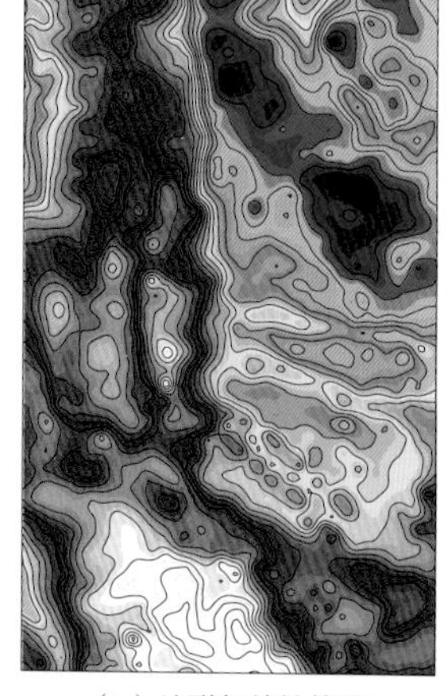

（b）地形相关补偿前

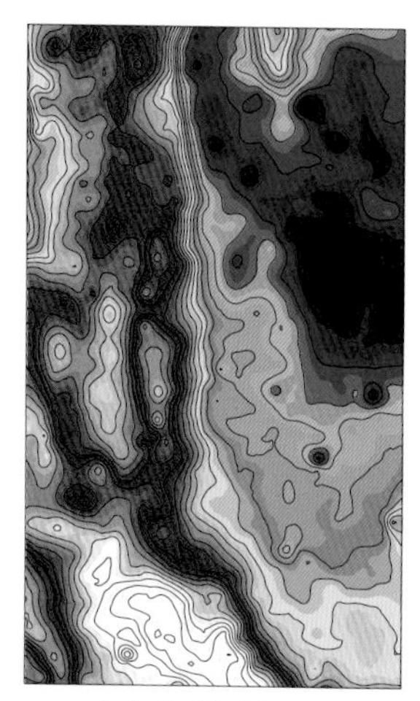

（c）地形相关补偿后

图4－46　宁南局部地区布格重力异常地形相关补偿前后对比图（单位：m）

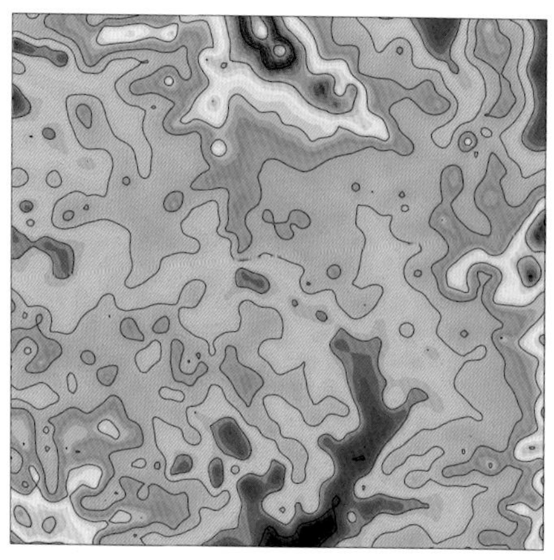

（a）地形

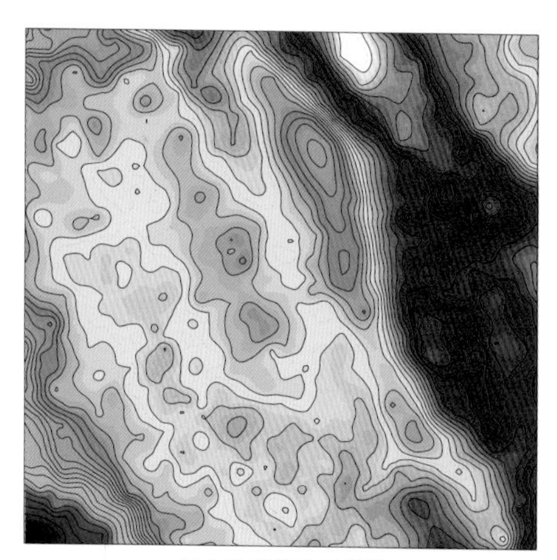

（b）地形相关补偿前

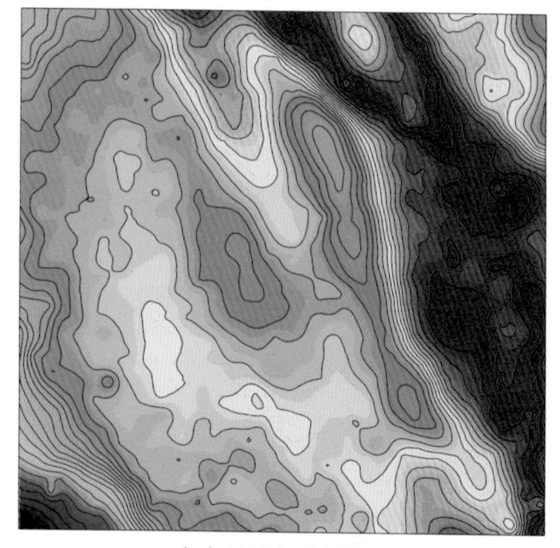

（c）地形相关补偿后

图4－47　西吉盆地布格重力异常地形相关补偿前后对比图（单位：m）

第五节　小　　结

通过对比分析原宁夏全区1：20万布格重力异常与地形，不难发现二者呈现明显的相关性，布格重力异常存在严重的与地形相关的虚假异常，这种现象将严重影响重力异常的解释。

前人的研究表明，引起布格重力异常与地形相关虚假异常的主要因素是不正确的各项改正，消除这种地形相关虚假异常的传统方法是线性回归分析，然而在宁夏黄土塬地区，这种传统方法并不能消除地形相关虚假异常，获得很好的地质效果。

理论模型试验表明，无论是整体线性回归分析方法还是窗口滑动线性回归分析方法都存在以下不足：

（1）在消除地形相关假异常的同时消除了有用异常中与地形线性相关部分，结果虽然有“曲化平”的效果，有利于对异常的定性解释，但其物理意义不明确，不利于重力异常的反演。

（2）容易造成异常的局部畸变或震荡，产生不可预测的“假异常”。

在实际中地表密度往往存在多个偏离统一密度的区域，这些区域的大小不同，其产生的重力影响范围也不同，采用整体线性回归分析方法或固定窗口滑动线性回归分析方法都难以获得很好的地质效果。针对该问题，本书提出了采用多尺度滑动窗口线性回归分析法，理论模型和实际资料的处理结果表明采用多尺度滑动窗口回归分析法能够在消除地形相关“假异常”的同时尽可能地保留有用异常中真实地形相关量，获得更好的地质效果。

对宁夏全区1：20万布格重力数据重新进行各项改正，并采用多尺度滑动窗口回归分析法消除地形相关假异常，获得了新的1：20万布格重力异常图。对比新老布格重力异常图可以看出，从整体上看，新的布格重力异常图并没有改变全区基本构造格架，但从细节上看，很大程度消除了地形相关的“虚假异常”。例如宁东地区在老布格重力异常图中与地形镜像的北东向假异常在新布格重力异常图中消失了；宁南地区老布格重力异常图中近东西向的地形相关虚假异常在新布格重力异常图中也消失；在西吉盆地由于地形相关虚假异常使得老布格重力异常图显得十分杂乱，而新布格重力异常图消除了地形相关虚假异常就显得更加规则。

第五章
局部重力异常提取与特征描述

第一节 局部重力异常提取

将布格重力数据进行了各项改正之后，取滑动窗口内观测值的平均值作为区域场，从各个测点上或计算点上的布格重力异常值中减去相应的区域重力异常值，其剩余部分即为该点的剩余重力异常值。通常把求得的剩余重力异常当成局部重力异常来看待，将其分布用图件来表示，称为剩余重力异常图。在一般情况下剩余重力异常用下式表示：

$$\delta g = \Delta g - \Delta g_{区}$$

式中，δg 为剩余重力异常值；Δg 为布格重力异常值；$\Delta g_{区}$ 为区域重力异常值。

以上各项计算单位均为 mGal。

重力场分离的关键问题是如何较为客观地确定区域场，即不漏掉有意义的局部重力异常，而又使其能得到明显的显示，为此本书采用了圆周法。

圆周法又称多边形法，是一种数据处理中常用的方法。它是在以计算点 O 为圆心，以 r 为半径所画的圆周上等间距取数的平均值作为该点的区域异常值，然后用观测值减去区域异常值得到该点的局部异常值，做一个取数量板。以重力为例，其偏差值的数学表达式为

$$\delta g(O) = g(O) - \bar{g}(r) = g(O) - \frac{1}{N}\sum_{i=1}^{N} g_i$$

式中，$\bar{g}(r)$ 为圆周上的 N 个取数点上的重力异常值平均。由此可见，运用该方法提取重磁局部异常受到诸多方面因素的制约。如果半径 r 选择太大，$\bar{g}(r) \to 0$，$\delta g(O) \to g(O)$，则很难提取出局部异常；如果半径 r 选择太小，$\bar{g}(r) \to g(O)$，$\delta g(O) \to 0$ 使得局部异常凌乱。为了使计算的结果比较真实地反映地下地质体的产状、形态，合理的选择计算半径是圆周法效果好坏的关键所在。

本书最佳半径通过下述试验方法估计。在全区布格重力异常平面等值线图中，由于兴仁凹陷重力异常完整，形态规则，以兴仁凹陷异常为例，用不同半径的圆周，取得相应的平均异常值。然后以 R 为横坐标，以平均异常为纵坐标，画出他们的关系曲线（图 5－1，图 5－2）。

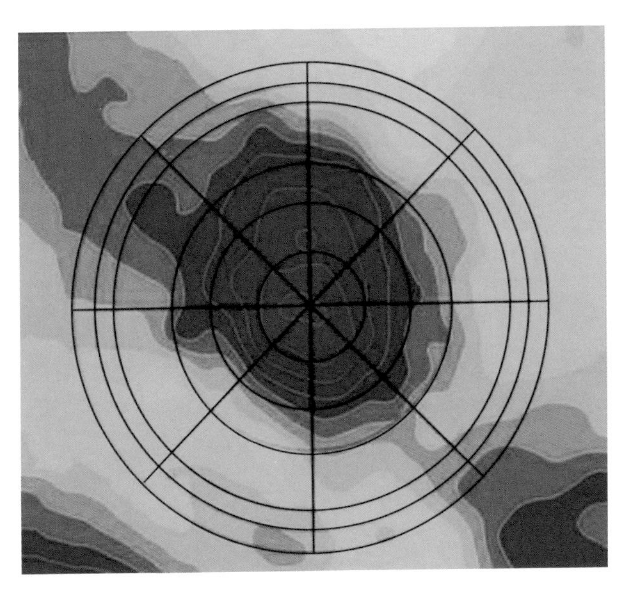

图 5－1　滑动窗口大小选取示意图

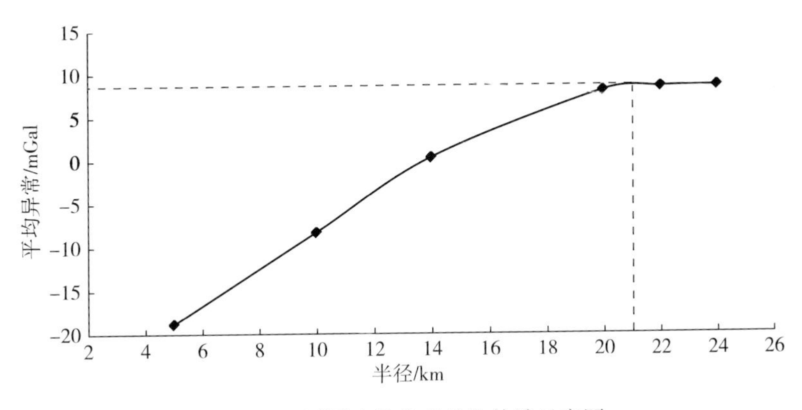

图 5－2　圆周法最佳半径的估计示意图

通过试验并结合与已知局部构造相互对比后，最佳窗口半径确定为 21 km。所编 1∶20 万剩余重力异常图等值线的间隔为 2 mGal；等值线标注了异常值；零值线、正等值线、负等值线分别用不同线条区分，并在极大峰值域内注记“＋”号，极小峰值域内注记“－”号，并对剩余异常进行了编号。

根据剩余重力异常（或称局部重力异常），可分析研究以下地质问题：

（1）圈定覆盖区内局部构造的分布范围，确定其与出露构造之间的关系；

（2）分析研究新生代、中新生代沉积盆地的内部结构及其次级构造，如银川地堑、卫宁盆地、海原断陷盆地内部的构造特征；

（3）验证中小型断裂的分布；

（4）划分次级构造单元；

（5）在一定的地质地球物理条件下，圈定侵入岩体及找矿靶区。

第二节 局部重力异常特征描述

重力场经场分离后，获得剩余重力异常（局部重力异常）（图5-3）。其识别标志是：剩余重力异常（δg）值大于或等于2 mGal；剩余重力异常具有一定的圈闭规模（或分布范围）；剩余重力异常与已知局部构造基本重合；剩余重力异常的多条等值线同向扭曲现象明显的部位。依上述原则，在1∶20万剩余重力异常图上，统计确定局部异常138处，并对其进行了编录及定性解释（附表2）。以下就重点区域包括的重点局部异常做以描述。

一、贺兰山褶断带

贺兰山褶断带位于红果子-闽宁镇重力梯级带以西。表现为北北东向延伸的相对重力高带。重力高带宏观上主要反映了下古生界—新太古界褶皱隆起。在剩余重力异常图上，局部重力正异常与贺兰山褶断带的核部相对应，局部重力负异常与隆褶带中的中生界含煤岩系有关。

局部重力正异常区位于隆褶带的中北部，主要包括δg_{-10}（石嘴山）、δg_{-11}（暖泉）与δg_{-16}（小口子）三处局部重力正异常。异常区走向北东向，呈长条状展布，长122 km，宽5~15 km，面积约1220 km^2，幅值12~19 mGal，两侧等值线分布不匀称，东南侧梯度变化较大，可能是古元古界变质结晶基底相对隆起的反映。

局部重力负异常区位于贺兰山西麓断裂北段西侧，主要包括δg_{-1}（贺兰山北）、δg_{-2}（贺兰山）、δg_{-3}（石炭井）与δg_{-8}（小松山）四处局部负异常，异常区呈不规则三角状展布，面积约510 km^2，幅值-3~-8 mGal。主体位于普遍混合花岗岩化的古元古界贺兰山岩群之上，应该由侵入于古元古界变质岩系中的古老酸性岩体引起。

除此之外，δg_{-17}（芦花镇）局部重力负异常，位于隆褶带的东侧。异常走向北东向，面积约131 km^2，幅值-5.5 mGal，东侧梯度变化较大。异常西侧可见古元古代黑云斜长花岗岩，内穿插有辉绿岩脉，推断应该由大面积的黄旗口中元古代晚期复式花岗岩体引起（图5-4）。

以全区布格重力异常数据（地形相关补偿后）为基础，结合地质图，选取剖面1（line1）进行地质-地球物理反演，剖面西起钻洞梁，横跨贺兰山东麓断裂，东至通伏乡，总长45.4 km（图5-3）。

反演结果显示：贺兰山褶断带整体呈高重力异常，为深部密度较大的古元古界变质岩结晶基底隆升所引起，上覆中生界三叠系与上古生界二叠系，其顶面的凹凸起伏则会在高重力异常带内又产生次一级的重力低异常。隆褶带东侧为银川断陷盆地，呈低重力异常（图5-5）。

二、陶乐-横山堡冲断带

陶乐-横山堡冲断带位于银川断陷盆地东侧，在剩余重力异常图上显示为北北东向延

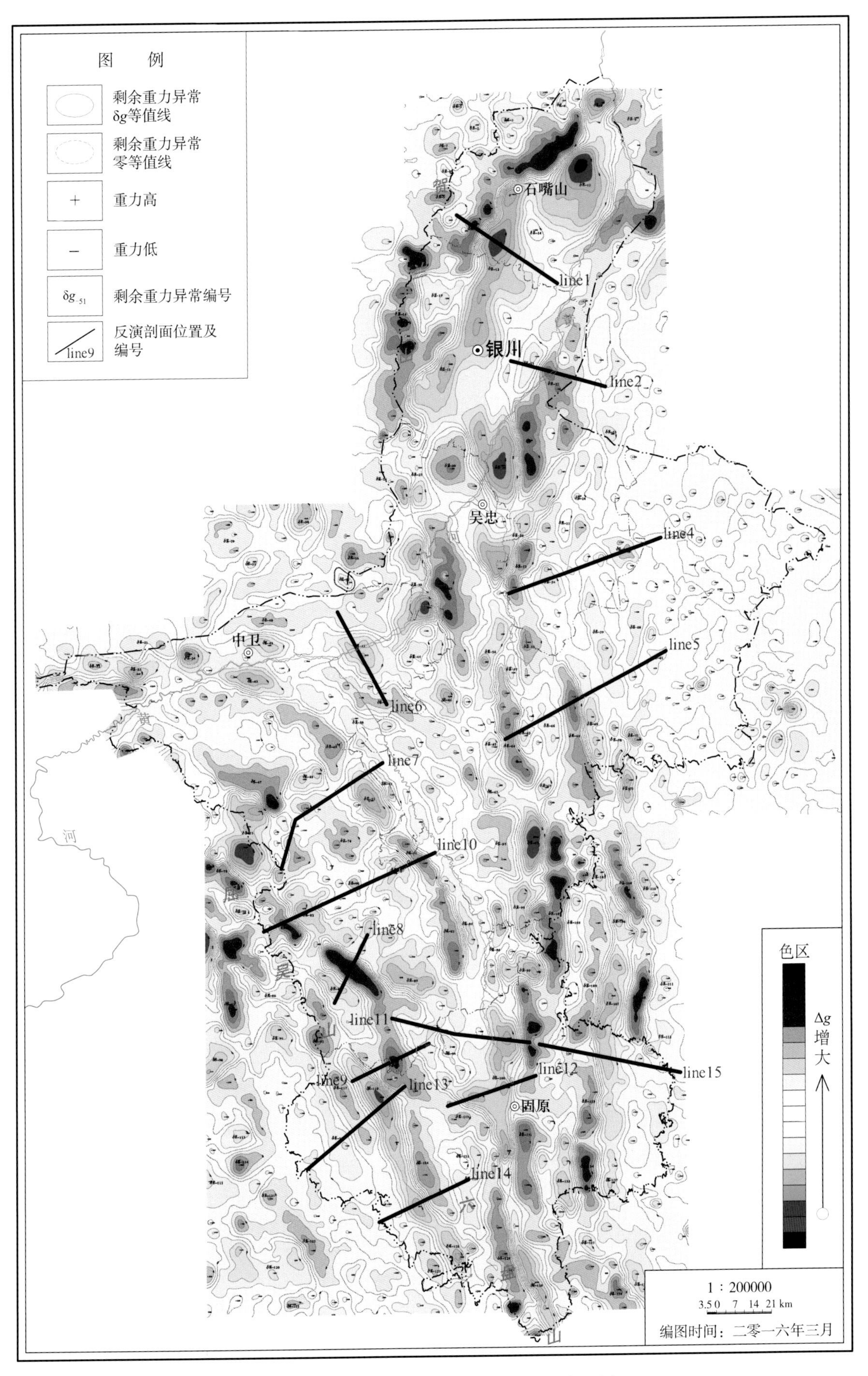

图5－3　全区剩余重力异常与反演剖面位置图

（说明：底图为宁夏全区布格重力异常图）

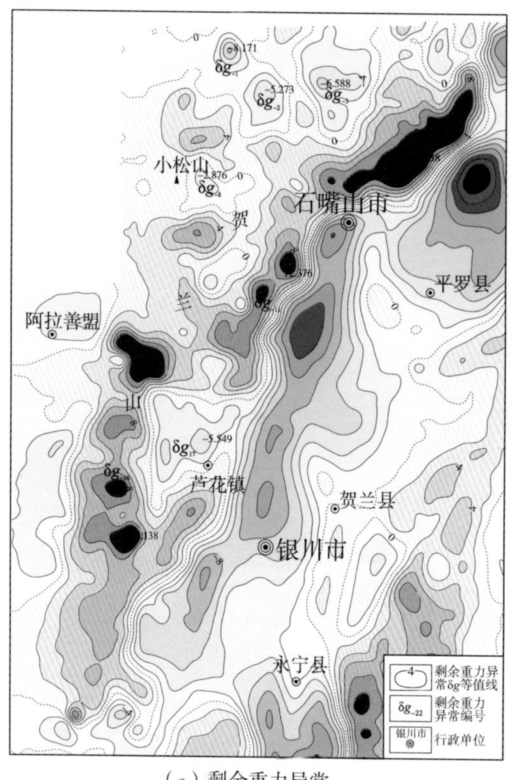

(a)剩余重力异常

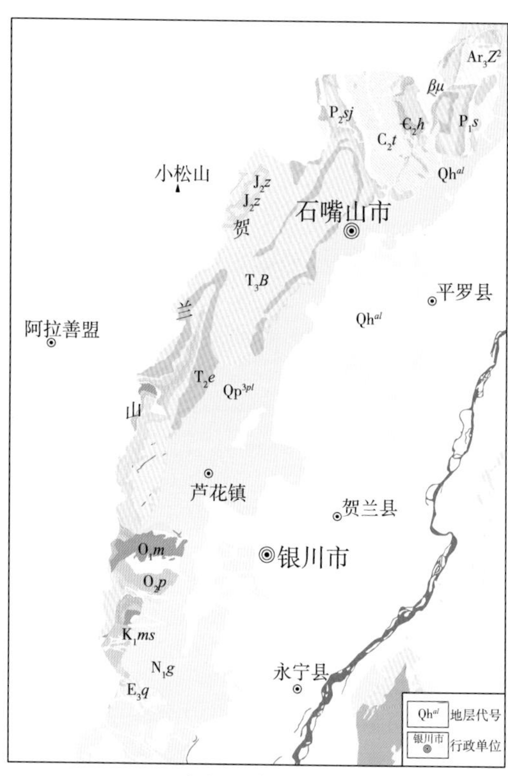

(b)地质图

图 5-4 贺兰山褶断带剩余重力异常与地质对比图

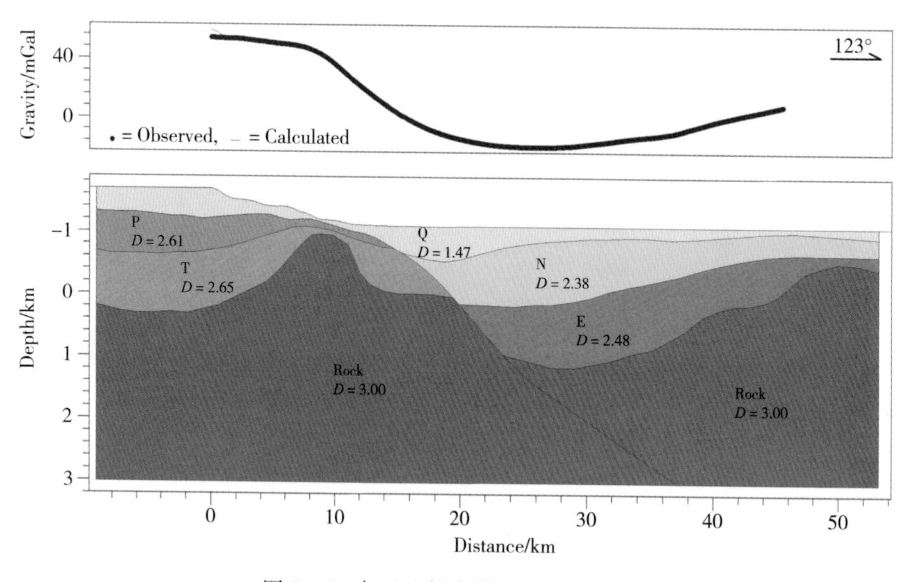

图 5-5 贺兰山褶断带 line1 反演剖面

展的重力高带，该冲断带包括 δg_{-6}（园艺）、δg_{-15}（陶乐）、δg_{-22}（横山堡）三处主要局部重力正异常。

冲断带的北端的 δg_{-6}（园艺）局部重力正异常，呈似椭圆状展布，面积约 61 km^2，幅值 5.3 mGal，西侧梯度变化较大；中部的 δg_{-15}（陶乐）局部重力正异常，沿北东向展布，面积约 226 km^2，幅值 12.5 mGal，西侧梯度变化较大；南端的 δg_{-22}（横山堡）局部重力正异常，呈不规则串珠状展布，面积约 615 km^2。对比地质图，冲断带内大面积覆盖第四系黄土，边部有小面积石炭系与奥陶系出露（图 5-6）。

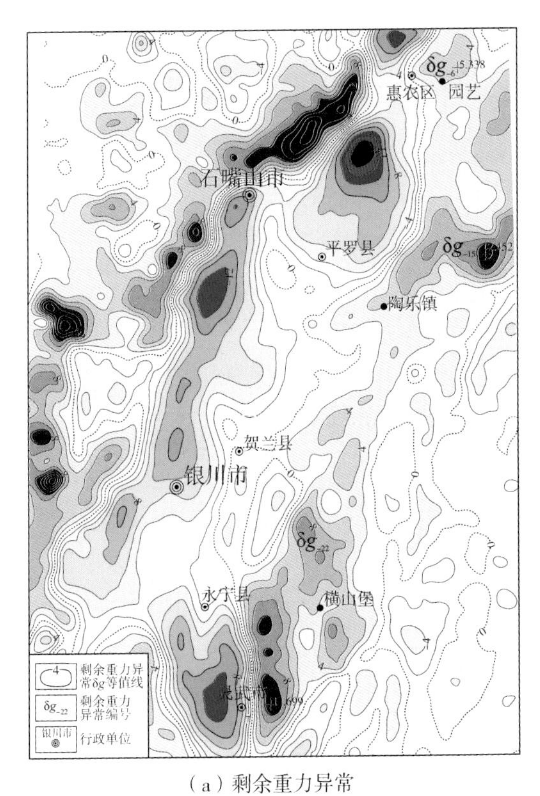

（a）剩余重力异常

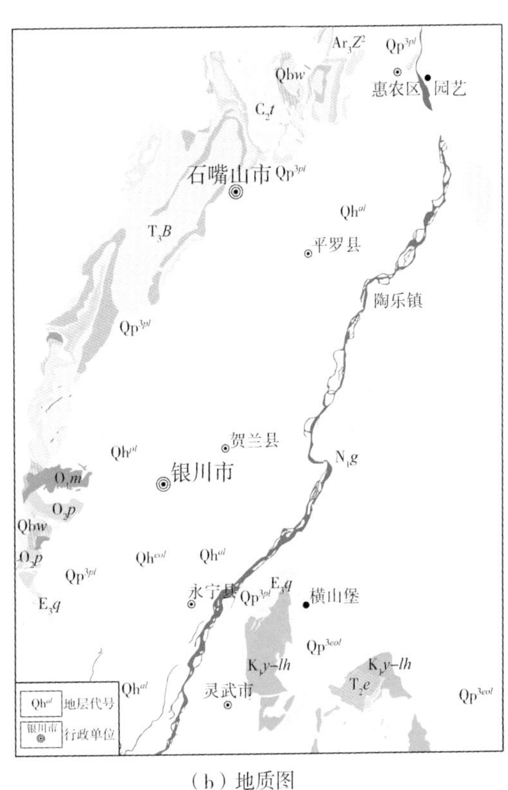

（b）地质图

图 5-6　陶乐-横山堡冲断带剩余重力异常与地质对比图

以全区布格重力异常数据（地形相关补偿后）为基础，依据钻井资料，结合地质图，选取剖面 2(line2) 进行地质-地球物理反演，剖面西起大新镇，东至芒哈图北，横跨黄河断裂，总长 36.9 km（见图 5-3）。

反演结果显示：冲断带整体呈高重力异常，为深部的新元古界老地层隆升所引起，上覆下古生界奥陶系与上古生界石炭系，其顶面的凹凸起伏则会在高重力异常带内产生次一级的重力低异常。冲断带以东为鄂尔多斯盆地西缘，老地层深度增大，奥陶系、石炭系、二叠系以及古近系沉积厚度增大，重力异常呈逐渐下降的趋势，冲断带西侧的银川断陷盆地上覆巨厚的新生界，呈重力低异常（图 5-7）。

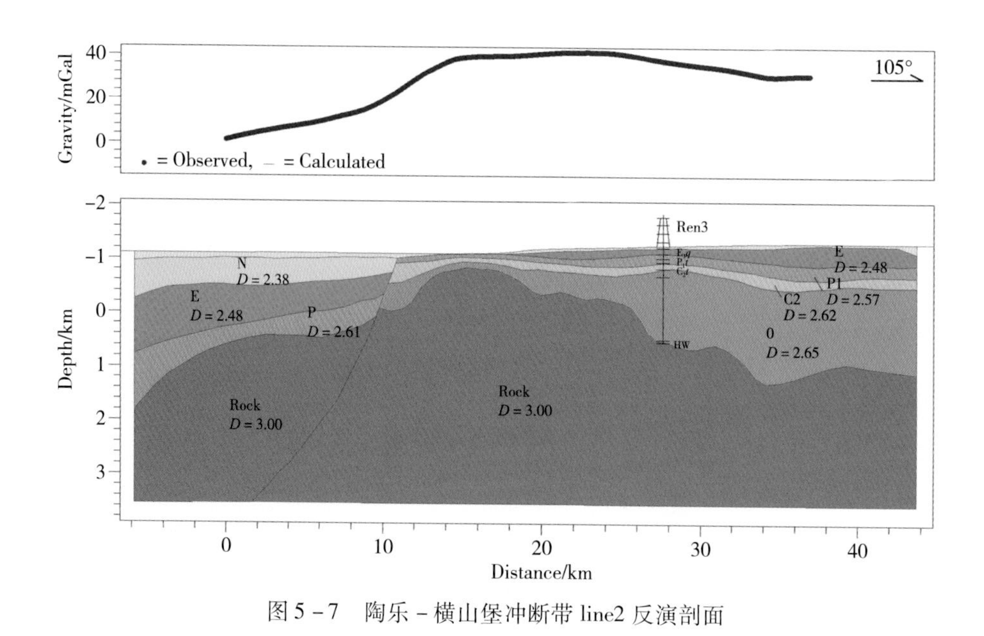

图 5－7　陶乐－横山堡冲断带 line2 反演剖面

三、银川断陷盆地

银川断陷盆地位于贺兰山褶断带与陶乐－横山堡冲断带之间，为一规模较大的新生代断陷盆地。从剩余重力异常图可以看出，盆地内部结构东西两侧并不对称，特别是在中部的平罗－银川段尤显突出：其东侧重力异常变化相对较平缓，并显示出北北东向断层呈阶梯状排列；而西侧异常变化梯度大，其梯级带仅沿贺兰山东麓山前分布，表明构造起伏大，断层产状陡立。断陷盆地内部构造复杂，反差强度大，分异明显。银川断陷盆地包括 δg_{-12}（宝丰）、δg_{-13}（银川—西大滩）、δg_{-14}（平罗）、δg_{-18}（兴泾镇）、δg_{-19}（灵武）和 δg_{-20}（吴忠）六处主要局部重力异常。

盆地内局部重力异常多为负异常，其北部分布的 δg_{-12}（宝丰）局部负异常，北东走向，呈不规则片状展布，面积约 448 km^2，幅值 －18 mGal，两侧等值线分布较匀称，梯度变化较大；中部主要分布 δg_{-13}（银川—西大滩）与 δg_{-18}（兴泾）两处局部负异常，为断陷盆地内同一局部负异常带内的两个不同极小值点，其两侧等值线分布不均匀，西侧梯度变化较大；南部分布 δg_{-19}（灵武）与 δg_{-20}（吴忠）两处局部负异常，其中 δg_{-19}（灵武）局部负异常面积比较大，约为 465 km^2，异常幅值 －13 mGal，上述五处带状局部负异常反映了盆地内部的次一级新生界拗陷区。断陷盆地的北部平罗县以南地区分布 δg_{-14}（平罗）局部正异常，呈椭圆状展布，面积约 33 km^2，幅值 1.3 mGal（图 5－8）。

以全区布格重力异常数据（地形相关补偿后）为基础，结合钻井资料、地质图，选取剖面 3（line3）进行地质－地球物理反演，剖面西起崇岗镇以西，东至通伏乡，横跨贺兰山东麓断裂，总长 32.4 km（见图 5－3）。

反演结果显示：银川断陷盆地整体呈重力低异常，为上覆新生界古近系、新近系与第四系巨厚的沉积地层所引起，地层具有西厚东薄的沉积特点，造成了断陷盆地两侧等值线分布不均匀，西侧梯度变化较大的现象（图 5－9）。

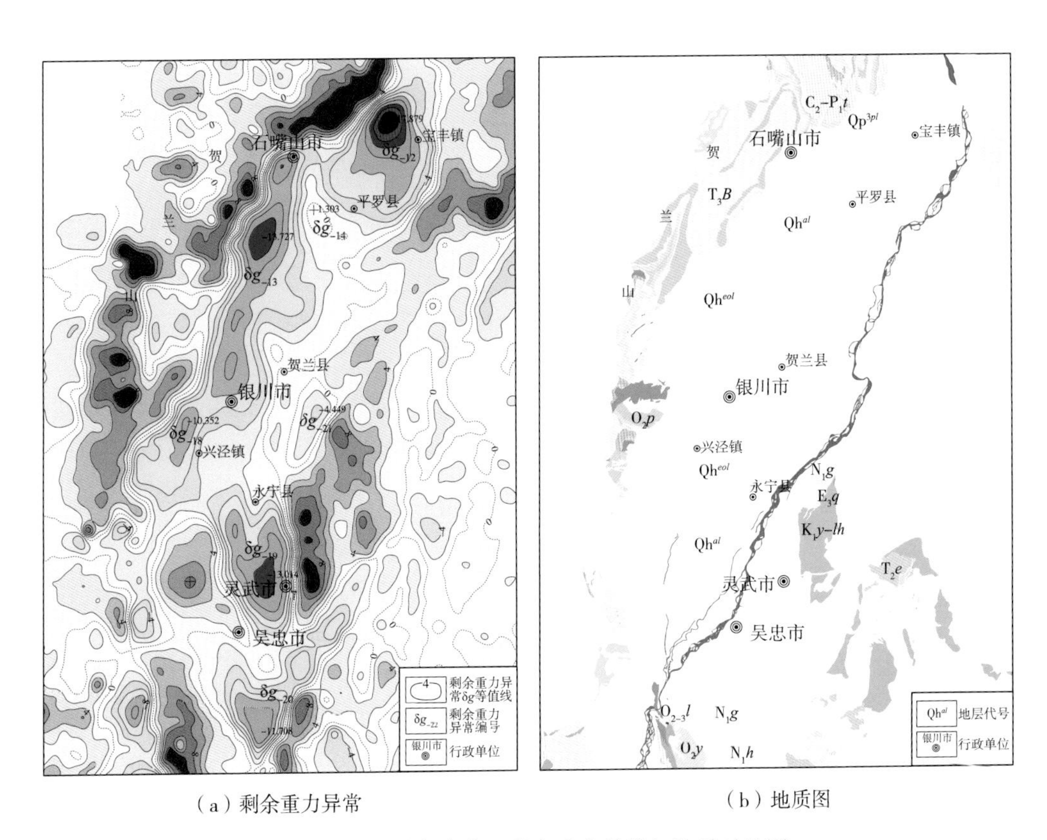

（a）剩余重力异常　　　　（b）地质图

图 5-8　银川断陷盆地剩余重力异常与地质对比图

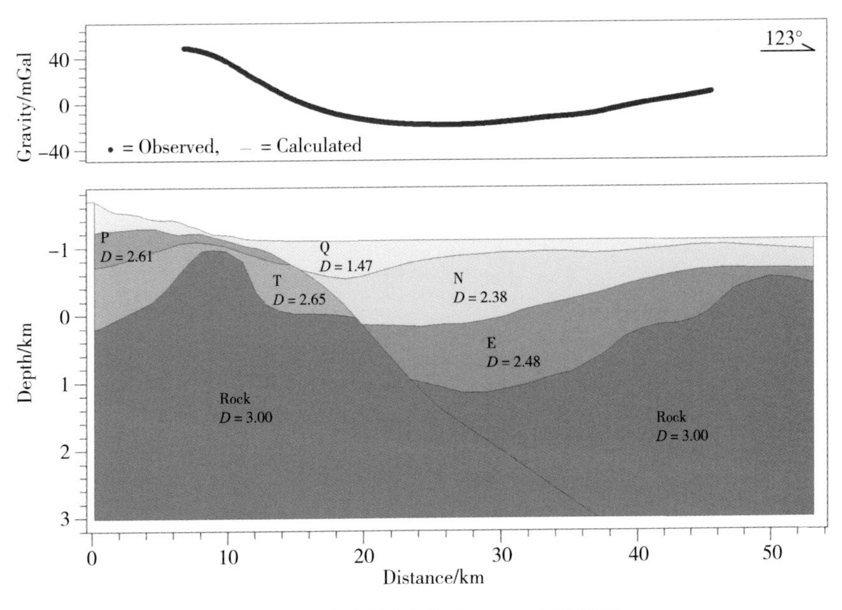

图 5-9　银川断陷盆地 line3 反演剖面

四、宁东地区

宁东地区位于陶乐－横山堡和青龙山－云雾山两个重力高带以东地区。在剩余重力异常图上，该地区整体表现为一平缓宽泛的相对重力低值区。该区局部重力异常主要分布于马家滩－大水坑一线以西。正、负异常幅值较小，梯度变化不大。宁东地区主要分布δg_{-23}（清水营）、δg_{-24}（庙儿台）、δg_{-25}（麻黄湾）、δg_{-54}（石沟驿）、δg_{-55}（马家滩）、δg_{-59}（烟筒山）、δg_{-60}（曙光）、δg_{-61}（大水坑）、δg_{-65}（韦州西）、δg_{-66}（韦州）、δg_{-69}（惠安堡）、δg_{-70}（甜水堡西）、δg_{-71}（林记口子）和δg_{-72}（甜水堡）14处局部重力异常。

该地区局部重力异常多为负异常，11处局部重力负异常多呈似圆形或带状形状展布，整体走向北北东，面积相对较小，介于28～225 km^2之间，异常幅值－10.4～－2.3 mGal，两侧等值线梯度变化不大；三处局部重力正异常呈椭圆状或条带状展布，走向多样，异常面积90～127 km^2，幅值介于3.8～5.4 mGal之间。异常区大部分被第四系覆盖，边部少数地区出露三叠纪、侏罗纪、奥陶纪地层（图5－10）。

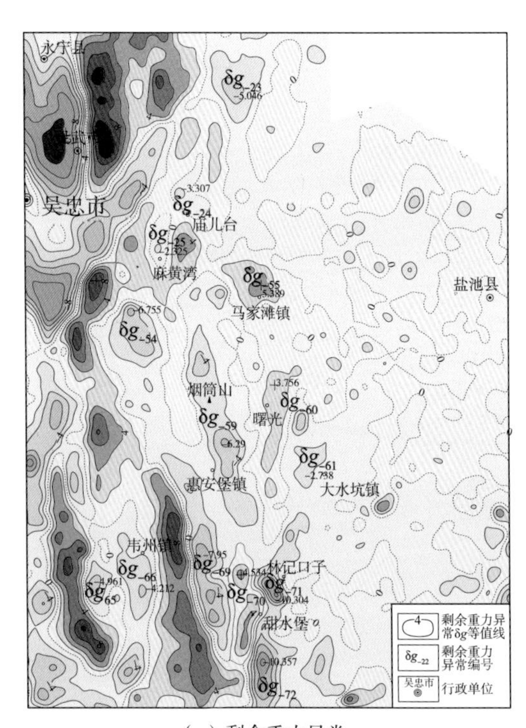

（a）剩余重力异常

（b）地质图

图5－10　宁东地区剩余重力异常与地质对比图

从本区局部重力异常的分布规律来看，它们分别与已知中生界油藏或煤田区有较好的对应关系。如δg_{-23}与清水营井田对应，δg_{-24}与羊肠湾井田对应，δg_{-25}与枣泉井田对应，δg_{-54}对应石沟驿侏罗系含煤区，δg_{-55}与马家滩储油构造对应，δg_{-59}与积家井矿区对应，δg_{-61}与大水坑油藏分布区对应，δg_{-66}对应着韦州矿区，δg_{-71}则对应萌城找矿区。

以全区布格重力异常数据（地形相关补偿后）为基础，依据钻井资料，结合地质图，在宁东地区共选取两条剖面进行地质－地球物理反演，其中剖面4（line4）西起扁担沟镇南，东至马家滩镇东，经过D0015、1888－MZK702两口钻孔，横跨白土岗－青龙山－彭阳断裂、暖泉－惠安堡断裂与磁窑堡－曙光断裂，总长60.6 km；剖面5（line5）西起小罗山，东至大水坑镇，经过韦6、韦43、大425三口钻孔，横跨白土岗－青龙山－彭阳断裂、暖泉－惠安堡断裂与车道－阿色浪断裂，全长68 km（见图5－3）。

反演结果显示：宁东地区中北部布格重力异常呈两侧高、中心低的特征，反映深部老地层两侧隆升高、中心相对比较低的“盆状”样式，老地层顶面局部的起伏，造成上覆中生界三叠系与侏罗系沉积厚度的差异，进而影响局部重力异常的高低。受鄂尔多斯地块向西挤压的作用，宁东地区中北部发育一系列东倾逆断层，断层产状上陡下缓；宁东地区南部布格重力异常呈西高东低的特点，反映深部老地层西部抬升高，向东部逐渐降低的“斜坡”样式，上覆上古生界石炭纪、中生界白垩系与侏罗系顶面的凹凸起伏则会在低重力异常带内产生次一级的重力高异常，处于鄂尔多斯地块与阿拉善微陆块的交接地带，宁东地区南部断裂产状发生转换，呈西倾特征（图5－11，图5－12）。

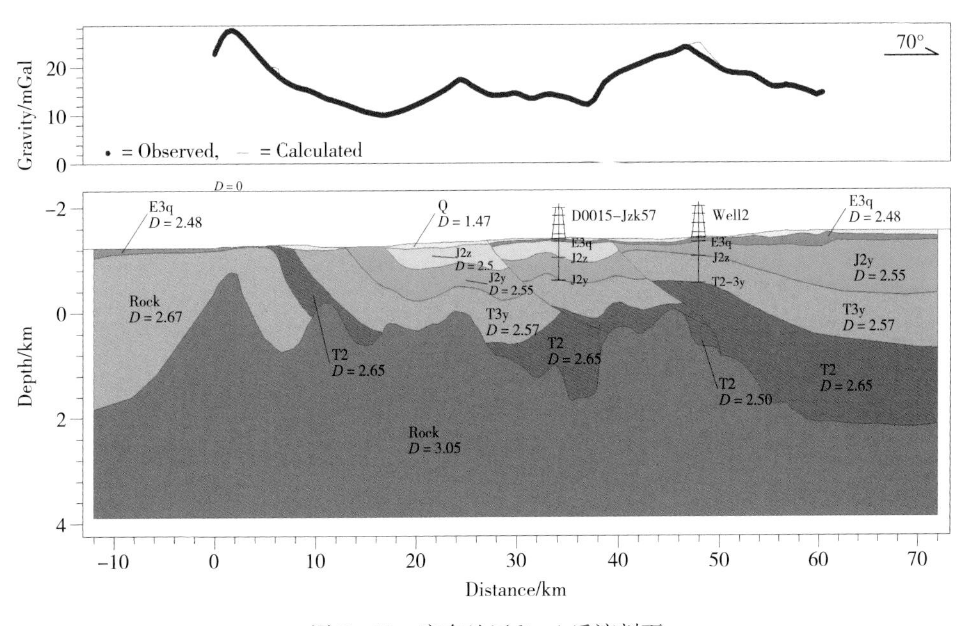

图5－11　宁东地区line4反演剖面

五、卫宁新生代断陷带

卫宁新生代断陷带位于香山隆起与卫宁北山隆起之间，依据局部重力异常的形态特征及分布规律可以看出，与卫宁新生代断陷带相对应的重力场为一系列串珠状分布的负异常，其中δg_{-41}（中卫）、δg_{-42}（常乐）、δg_{-43}（中宁）、δg_{-38}（白马乡）四处局部重力异常沿区内的黄河分布，沙坡头以西的δg_{-32}（甘塘）、δg_{-33}（上苍房庙）、δg_{-34}（孟家塘）三处局部重力异常位于腾格里沙漠南缘。

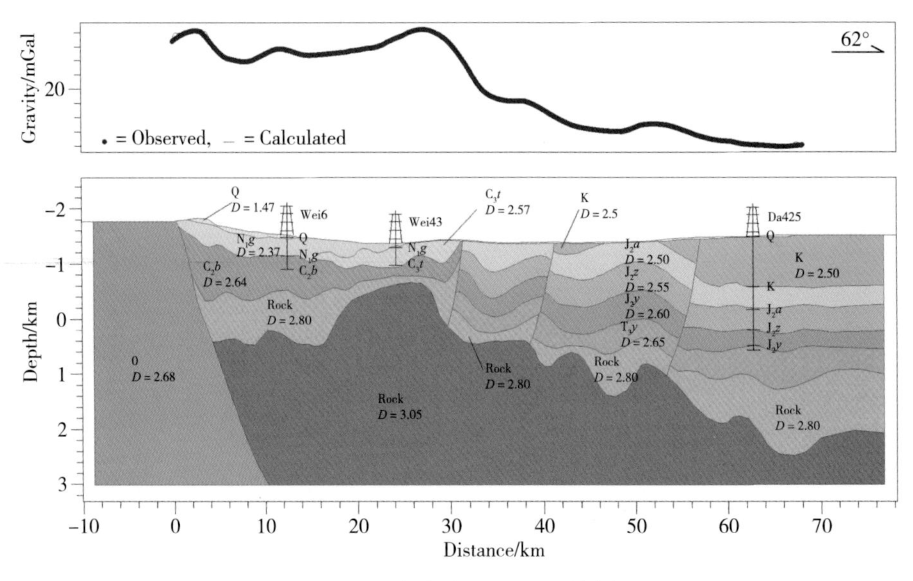

图 5 - 12　宁东地区 line5 反演剖面

该断陷带中局部重力异常均为负异常，位于断陷带中西部的 δg_{-32}、δg_{-33} 等五处局部重力负异常近东西向延伸，呈等轴状展布，异常面积较小，幅值介于 -13.3 ~ -6.1 mGal 之间，南北两侧等值线梯度变化不大；断陷带东北部的 δg_{-38} 与 δg_{-43} 局部重力负异常，走向近南北，呈椭圆形展布，异常幅值 -13.6 ~ -8.1 mGal，东侧等值线梯度变化较大。断陷带大部分被第四系覆盖。根据局部异常，分析断陷带内部结构并非均一，新生代构造运动形成的小型断陷和隆起相间排列，彼此间多呈断层接触（图 5 - 13）。

以全区布格重力异常数据（地形相关补偿后）为基础，结合地质图、钻井资料，在宁东地区选取剖面 6（line6）进行地质 - 地球物理反演，剖面南起烟洞山，北至石空镇西，横跨温都尔勒图 - 恩和 - 马高庄断裂，总长 38.9 km（见图 5 - 3）。

反演结果显示：卫宁新生代断陷带布格重力异常呈南北两侧高、断陷中心低的特征，反映深部高密度老地层在卫宁北山地区与香山地区隆升比较高，卫宁断陷带地区相对较低的“盆状”样式，上覆奥陶纪、泥盆纪、石炭纪以及古近纪、新近纪地层沉积的厚度、顶面起伏状态是引起低重力异常带内又产生次一级的重力高异常的原因（图 5 - 14）。

六、香山 - 徐套地区

香山 - 徐套地区位于西华山 - 六盘山断裂的北部，在剩余重力异常图上表现为正、负异常相间，成弧形展布的特征。从北往南局部重力异常由高到低，主要包括：δg_{-47}（香山）、δg_{-49}（米钵山）、δg_{-52}（河西）、δg_{-74}（徐套）、δg_{-75}（蒿川乡）五处局部重力正异常与 δg_{-48}（下流水）、δg_{-50}（喊叫水北）、δg_{-51}（喊叫水）、δg_{-73}（兴仁镇）四处局部重力负异常，它们与古生界下陷，上覆中新生代沉积有关。

香山 - 徐套地区局部重力正异常，展布方向以北北西向为主，呈长条形或串珠状展布，分布面积广，其中：δg_{-49} 面积最大，约为 563 km^2，幅值 7.5 mGal；δg_{-47} 幅值最高，

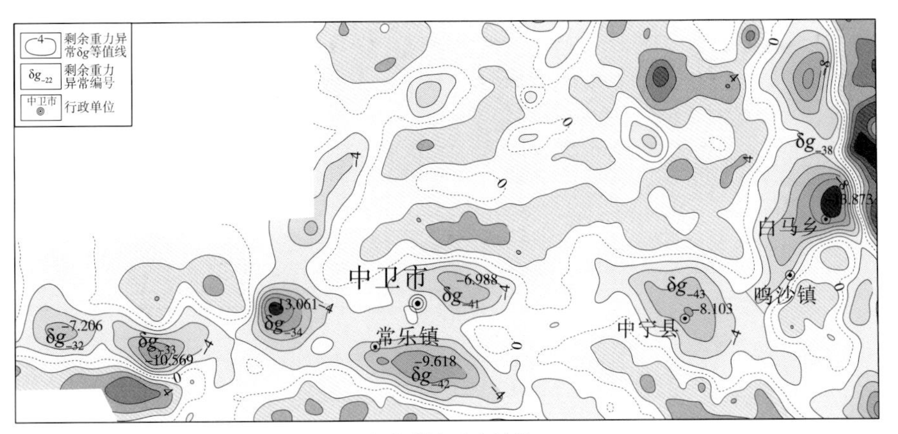

（a）剩余重力异常

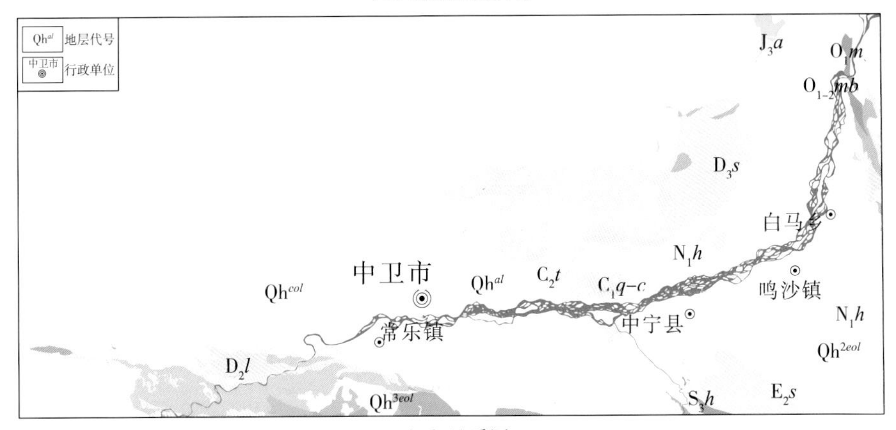

（b）地质图

图 5－13　卫宁新生代断陷带剩余重力异常与地质对比图

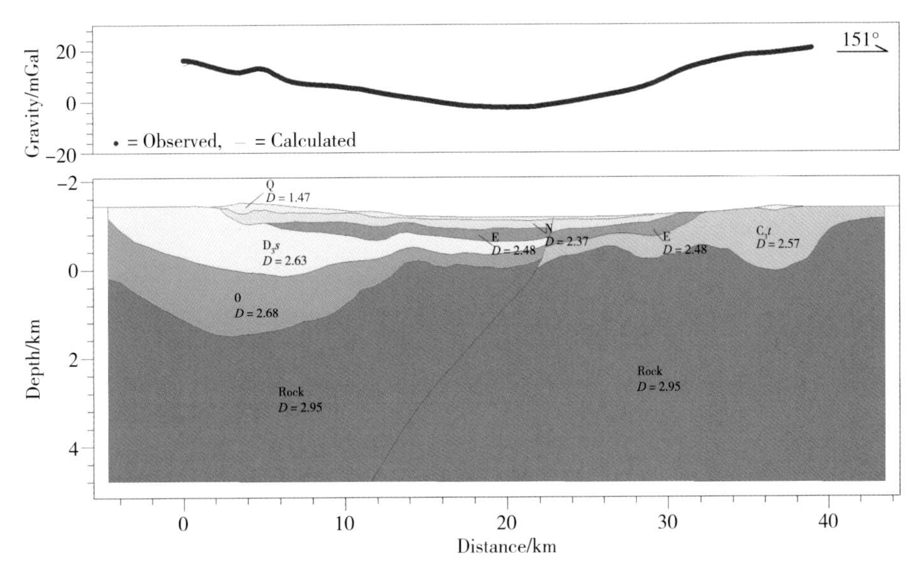

图 5－14　卫宁新生代断陷带 line6 反演剖面

为 13.6 mGal，面积约为 476 km²，为中－上奥陶统香山群出露区。该地区局部重力负异常，与上述局部重力正异常相间分布，走向以北东、北西向为主，其中：位于西华山－六盘山断裂北端兴仁以西地区的 δg_{-73}，走向近南北，呈近似圆形展布，面积约 510 km²，幅值 －24.6 mGal，为该区面积最大、幅值最高的局部重力负异常，负异常分布区域均被新生界覆盖，推测香山－徐套地区的正负异常应该是中生代盆地基底原始起伏和构造起伏的综合反映，原始隆起主体应该是下古生界，可能缺失三叠系、侏罗系沉积，构造起伏可能会使上覆的三叠系、侏罗系沉积层抬升甚至剥蚀（图 5－15）。

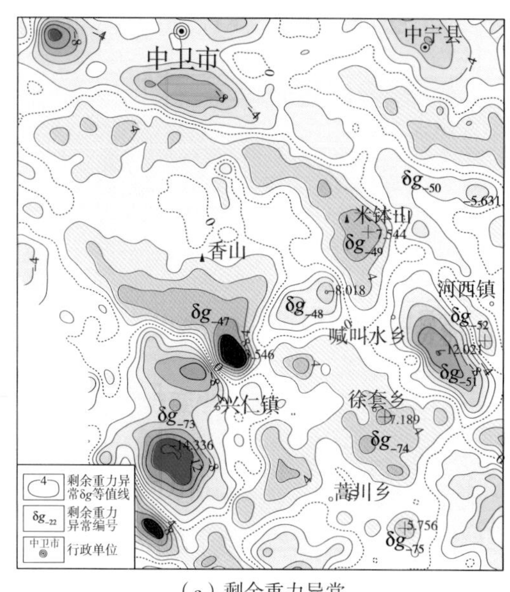

（a）剩余重力异常

（b）地质图

图 5－15　香山－徐套地区剩余重力异常与地质对比图

以全区布格重力异常数据（地形相关补偿后）为基础，依据钻井资料，结合地质图，在宁东地区选取剖面 7（line7）进行地质－地球物理反演，剖面西起张家岘北，东至河西镇北，经过盘探 3、徐套 ZK01 与盘浅 18 三口钻孔，横跨西湾－兴仁断裂、喊叫水－黑城断裂与甘塘－三营断裂，总长约 57.5 km（见图 5－3）。

反演结果显示：香山－徐套地区布格重力异常呈东西两侧低、中心部位高的特征，反映该地区深部高密度老地层中部隆升高，边部快速沉降的“凸起”样式，老地层顶面的起伏，引起上覆中生界侏罗系、白垩系沉积厚度的差异，从而引起局部重力异常的高低变化，老地层隆升越高、中生界沉积厚度变薄，局部重力升高（图 5－16）。

七、西华山－六盘山冲断带

西华山－六盘山冲断带指西华山－六盘山断裂以西、西吉盆地以东地区，在剩余重力异常图上，表现为一系列长条状正异常弧形展布区域，走向北北西向，剩余重力异常特征线具有向北西发散、往北东突出、向南东收敛的特征。其所显示的构造形迹反映出区域性构造应力为祁连造山带北东向挤压阿拉善微陆块的特点。

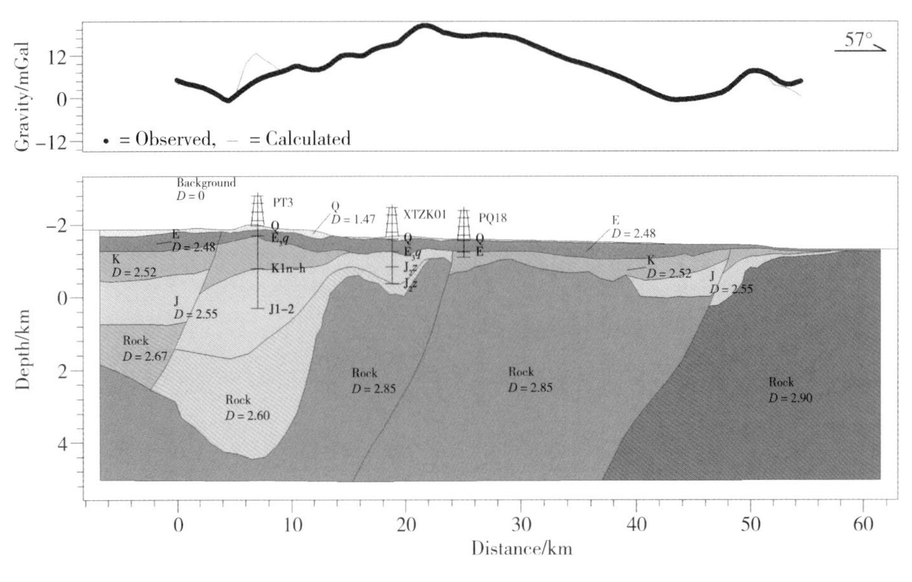

图 5-16　香山-徐套地区 line7 反演剖面

从局部异常的分布规律来看，自北向南分布着与古生界或中元古界隆起有关的一系列局部重力正异常，依次为 δg_{-81}（西华山）、δg_{-88}（南华山）、δg_{-93}（火石寨）与 δg_{-129}（六盘山）异常，其中：δg_{-81} 与 δg_{-88} 局部重力正异常，位于北祁连造山带北端的南西华山地区，沿北西向呈长条状展布，异常面积较大，幅值较高，等值线两侧梯度变化较大；δg_{-93} 局部正异常位于月亮山地区，沿北北西向呈长条状展布，面积约 140 km^2，幅值 11 mGal，等值线两侧梯度变化较大，月亮山地区大部分被第四系覆盖，偶见白垩系、蓟县系出露，推测上述三处局部正异常是由中元古界海原群变质岩系的逆冲抬升隆起所致；δg_{-129} 局部正异常位于北祁连造山带的南段六盘山地区，近南北向呈长条状展布，面积较大，约 262 km^2，幅值相对较低，为 8.7 mGal，西侧梯度变化较大，异常内大面积出露白垩系（图 5-17）。

以全区布格重力异常数据（地形相关补偿后）为基础，依据钻井资料，结合地质图，在西华山-六盘山冲断带选取两条剖面进行地质-地球物理反演，其中剖面 8（line8）西起关庄乡北，东至海原县，横跨南华山，过西华山-六盘山断裂，全长 27.9km；剖面 9（line9）西起新营镇，东至李俊乡，经过盘西 6 井，横跨天都山-月亮山断裂与西华山-六盘山断裂，总长 32 km（见图 5-3）。

反演结果显示：西华山-六盘山冲断带北段南华山地区布格重力异常整体呈西高东低、中部局部高的特征，反映出北祁连前缘带受南西向北东逆冲的区域构造应力作用，该区深部老地层沿西华山-六盘山断裂及其附属断裂面逐层推覆叠置，形成逆冲推覆的构造样式，局部高重力异常为推覆作用形成的南华山隆起，其西侧为树台凹陷，东侧为海原凹陷。该区中段月亮山地区，布格重力异常整体呈东西两侧低、中心部位明显凸起的特征，反映出西华山-六盘山冲断带内老地层顶面局部起伏状态，隆升区重力异常相对高，沉降区重力异常相对低，其西侧为西吉盆地，东侧为固原凹陷（图 5-18，图 5-19）。

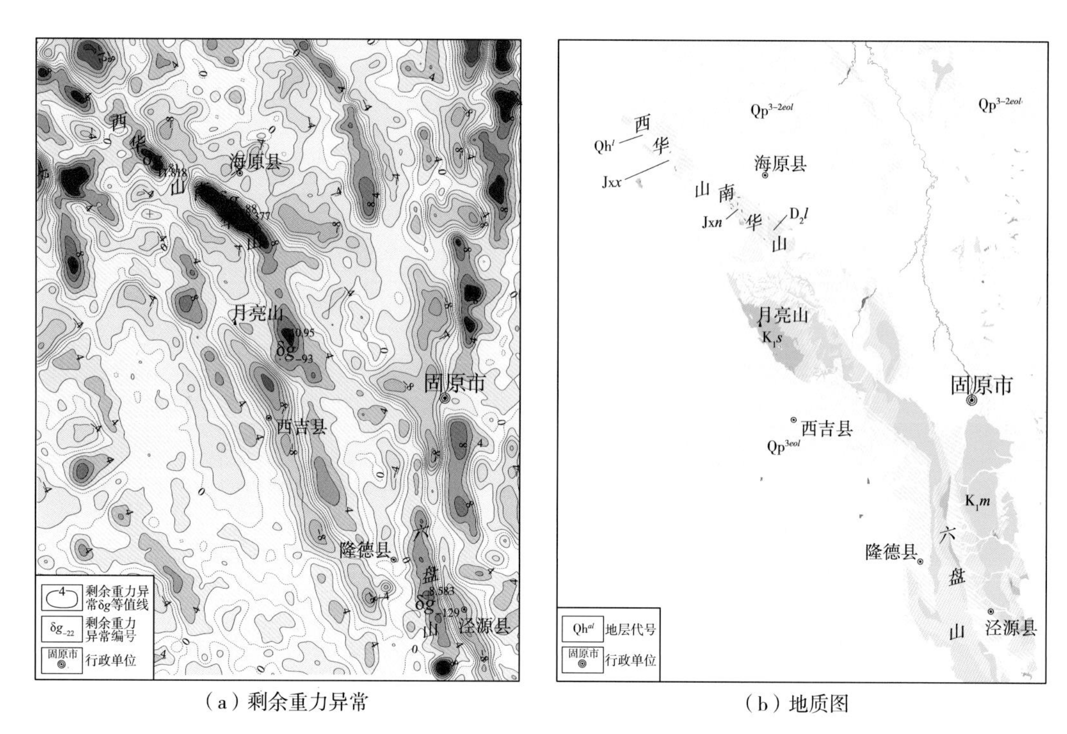

（a）剩余重力异常　　（b）地质图

图 5－17　西华山－六盘山冲断带剩余重力异常与地质对比图

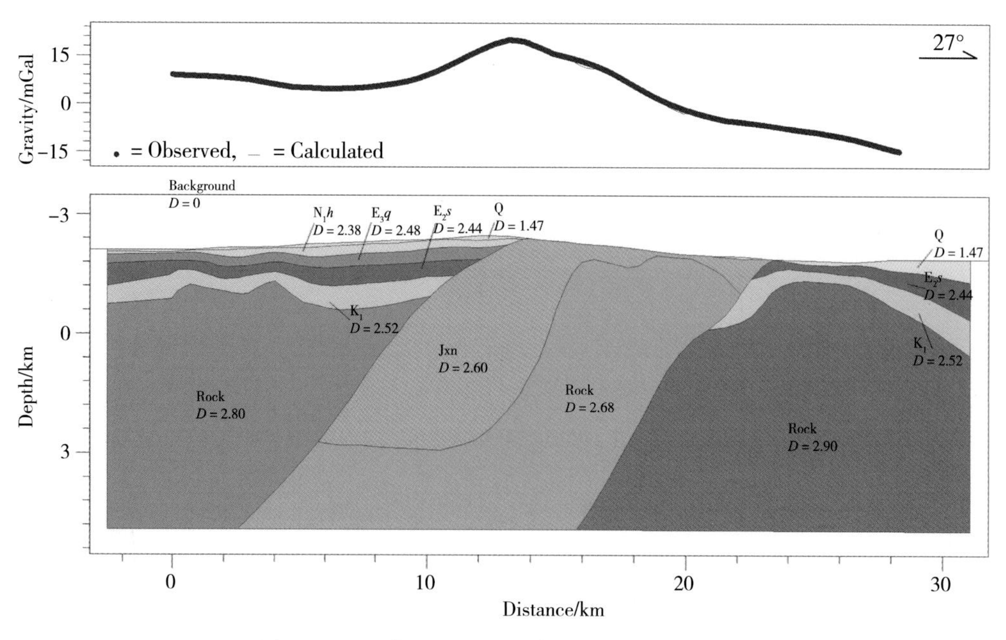

图 5－18　西华山－六盘山冲断带 line8 反演剖面

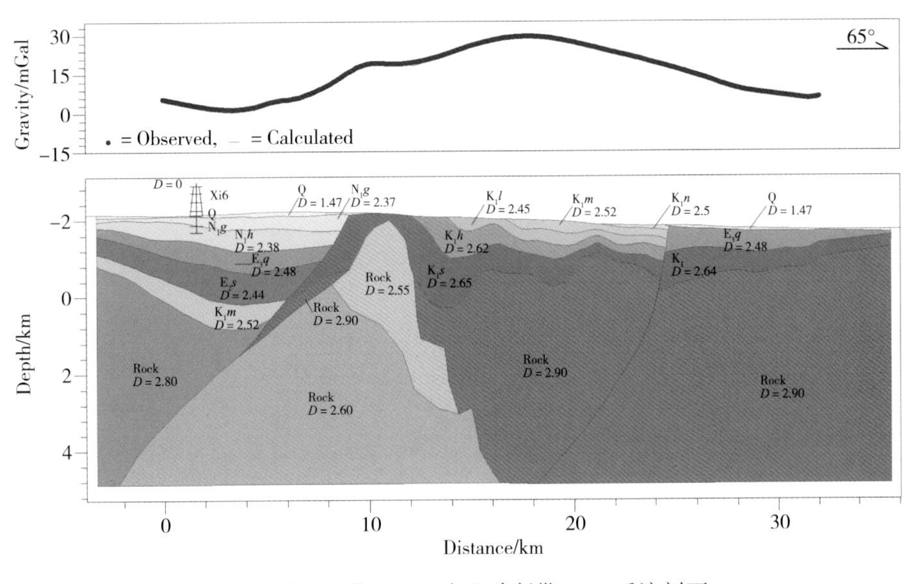

图 5－19 西华山－六盘山冲断带 line9 反演剖面

八、六盘山盆地

六盘山盆地夹持于西华山－六盘山断裂与青铜峡－固原断裂之间，包含海原凹陷与固原凹陷两部分，整体上，在剩余重力异常图上表现为北北西向呈倒三角形展布的区域重力低带。由北向南分布着五处局部异常，依次是 δg_{-82}（海原）、δg_{-76}（关桥）、δg_{-89}（贾埫）、δg_{-94}（寺口子）和 δg_{-100}（固原）。

该区以重力局部负异常为主，其中分布于海原凹陷的三处局部重力异常分布面积不一，其中 δg_{-89} 的面积最大，约为 385 km^2，其异常幅值亦最低，为－9. 9 mGal；固原凹陷分布两处局部重力异常，位于寺口子地区的 δg_{-94} 局部正异常，沿北西向呈长条状展布，面积约 124 km^2，幅值 4. 0 mGal。位于固原市以西地区的 δg_{-100} 局部负异常，沿近南北向呈条带状展布，面积约 771 km^2，幅值－11. 1 mGal，两侧梯度变化较大（图 5－20）。

以全区布格重力异常数据（地形相关补偿后）为基础，依据钻井资料，结合地质图，在六盘山盆地选取了三条剖面进行地质－地球物理反演，其中北部的剖面 10（line10），西起西华山，东至高崖乡，横跨西华山－六盘山断裂与喊叫水－黑城断裂，总长 70. 4 km；中部的剖面 11（line11），西起月亮山南，东至云雾山，经过硝口 ZKⅤ－2、ZKⅡ－1 两口钻孔，横跨西华山－六盘山断裂与青铜峡－固原断裂，总长 52. 6 km；南部的剖面 12（line12），西起偏城镇北，东至官厅乡南，经过硝口 ZK201、ZK202 两口钻孔，横跨西华山－六盘山断裂与青铜峡－固原断裂，总长 34. 5 km（见图 5－3）。

反演结果显示：六盘山盆地海原凹陷重力异常呈东西两侧高、中部低的特征，西侧高重力异常是西华山－六盘山冲断带中段的西华山隆起所引起，东侧为高崖突起。中部低重力异常中突起的局部高重力反映凹陷基底的局部隆起，造成了其上覆中生界白垩系以及新生界沉积厚度减薄的特征；盆地中部的固原凹陷重力异常呈东西两侧高、中部低，西侧梯

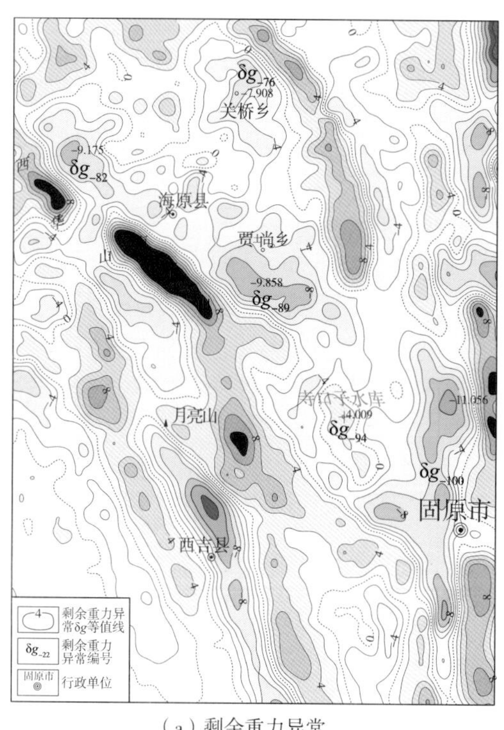

(a) 剩余重力异常

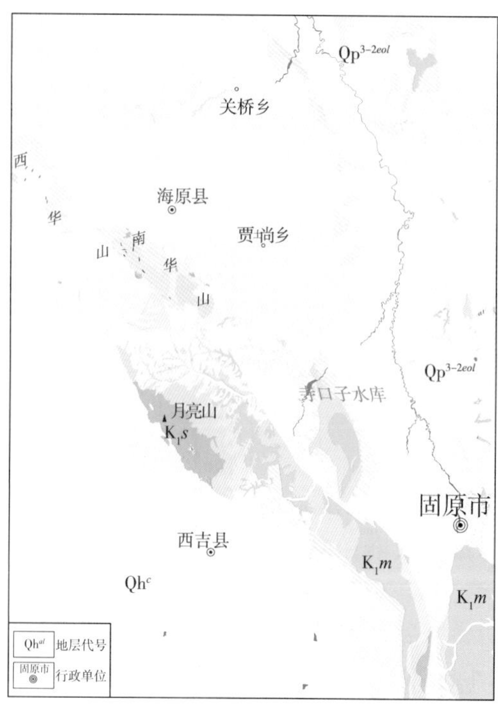

(b) 地质图

图 5－20　六盘山盆地剩余重力异常与地质对比图

度小，东侧梯度大的特征，反映出凹陷基底总体上西侧低、东侧高，也就是上覆中生界白垩系与新生界沉积厚度具有“西厚东薄”的特点，在 ZKⅡ－1 下部可能赋存一定范围与厚度的岩盐层，由于钻孔深度不够，未能揭示，盆地南部的地层沉积形态与中部相类似，硝口地区由于岩盐矿的成藏与赋存条件相对最好，岩盐大面积沉积，加之后期构造运动的改造，造成含盐区埋深变浅，便于针对性的勘探与开发工作（图 5－21，图 5－22，图 5－23）。

九、西吉盆地

西吉盆地位于宁夏西南部，是一个新生代坳陷盆地。东邻西华山－六盘山冲断带中南段，在剩余重力异常图上整体表现为北北西向长条状展布的四个局部重力异常带，分别是 δg_{-118}（西吉县）～δg_{-128}（沙塘）局部重力负异常带、δg_{-117}（新营）～δg_{-127}（联财）局部重力正异常带、δg_{-116}（震湖）局部重力负异常带以及 δg_{-121}（太平）～δg_{-122}（杨集）局部重力正异常带。

δg_{-118}～δg_{-128}局部重力负异常带位于盆地东部，为西吉盆地主体，异常带沿北西向呈长条状展布，面积约 333 km^2，幅值－12.7 mGal；δg_{-117}～δg_{-127}局部重力正异常带位于新营－联财地区，北西走向，呈长条状展布，面积约 257 km^2，幅值－7.1 mGal；δg_{-116}局部重力负异常带位于盆地中部。沿北西向呈长条状展布，面积约 220 km^2，幅值－4.3 mGal；

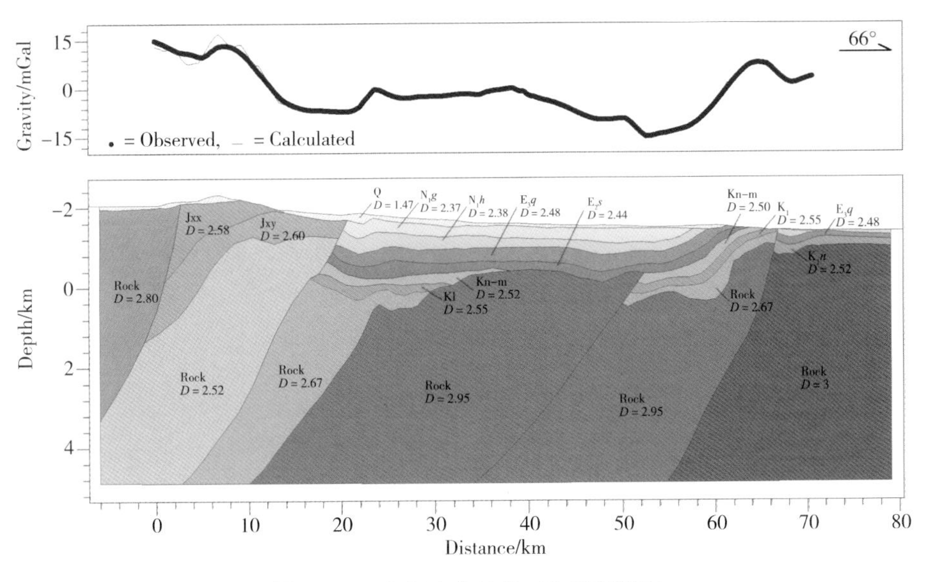

图 5－21　六盘山盆地 line10 反演剖面

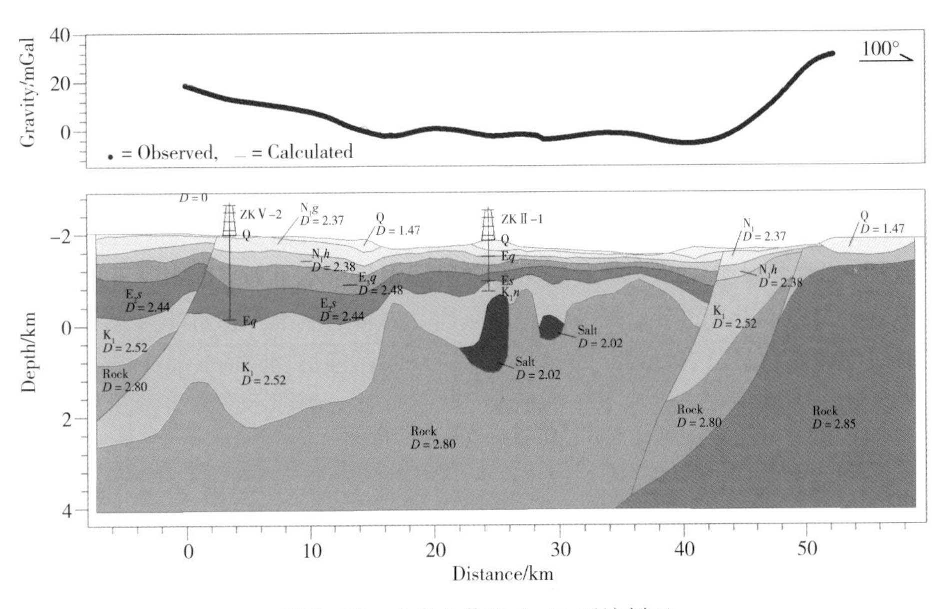

图 5－22　六盘山盆地 line11 反演剖面

$\delta g_{-121}\sim\delta g_{-122}$局部重力正异常带位于盆地西侧，北西走向，呈长条状展布，面积约 162 km^2，幅值 7 mGal。西吉盆地基本上被第四系覆盖，局部重力正异常区偶见寒武纪、志留纪、石炭纪、二叠纪地层出露（图 5－24）。

以全区布格重力异常数据（地形相关补偿后）为基础，依据钻井资料，结合地质图，在西吉盆地南北各选取一条剖面进行地质－地球物理反演，其中：北部的剖面 13（line13），西起老君坡，东至白崖镇，经过西 30、西 7、西 15、西 11 与西 13 五口钻孔，

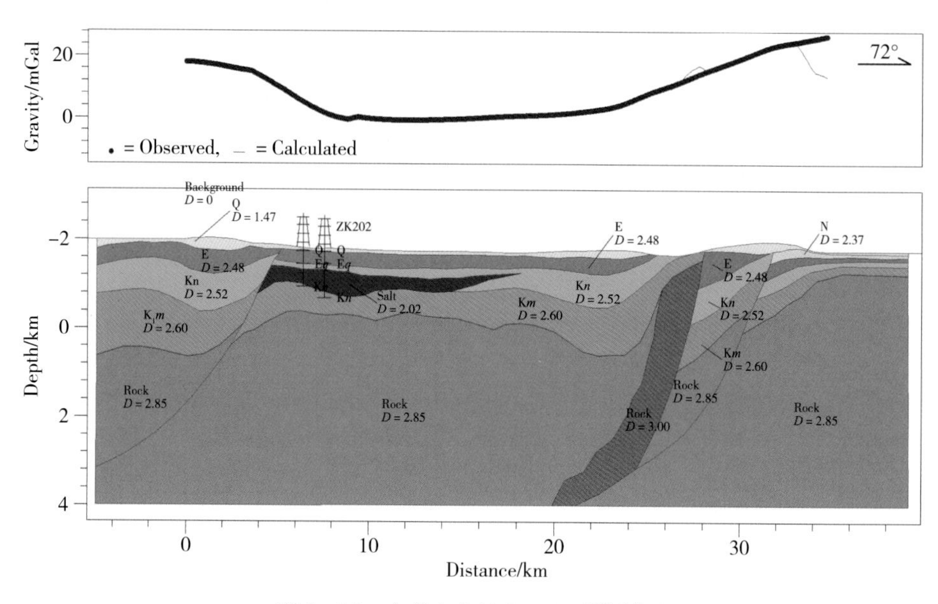

图 5－23　六盘山盆地 line12 反演剖面

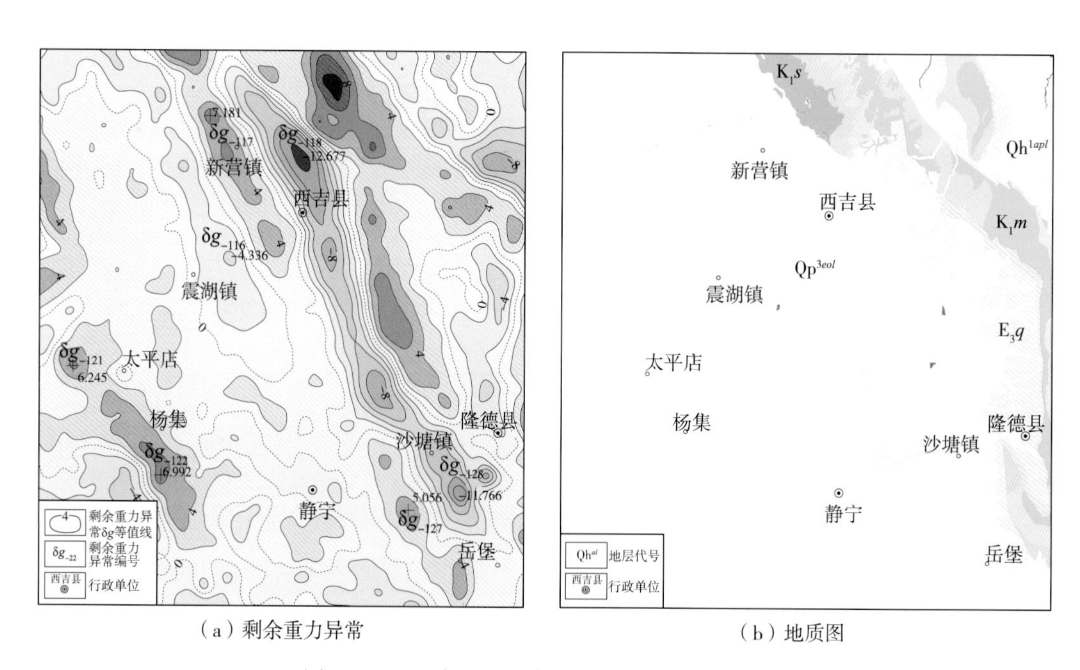

（a）剩余重力异常　　（b）地质图

图 5－24　西吉盆地剩余重力异常与地质对比图

横跨屈吴山－南湖断裂，总长 47 km；南部的剖面 14（line14），西起灵芝，东至观庄镇，经过西 22、西 21 两口钻孔，总长 37 km（见图 5－4）。

反演结果显示：西吉盆地布格重力异常呈西高东低的特征，反映出中元古界老地层西部隆升相对较高的形态，盆地北部老地层由西向东逐渐下降，西 13 钻孔区为盆地的沉积中心，上覆的白垩系、古近系沉积厚度明显增大，西 11 钻孔区老地层隆升最高，沿着盆地内部发育的逆推断裂，花岗闪长岩体侵入明显；盆地南部老地层抬升较北部更高，沿断裂上侵的花岗闪长岩体高度与范围进一步增大，直接引起了西22钻孔区重力异常陡然降低（图5-25，图5-26）。

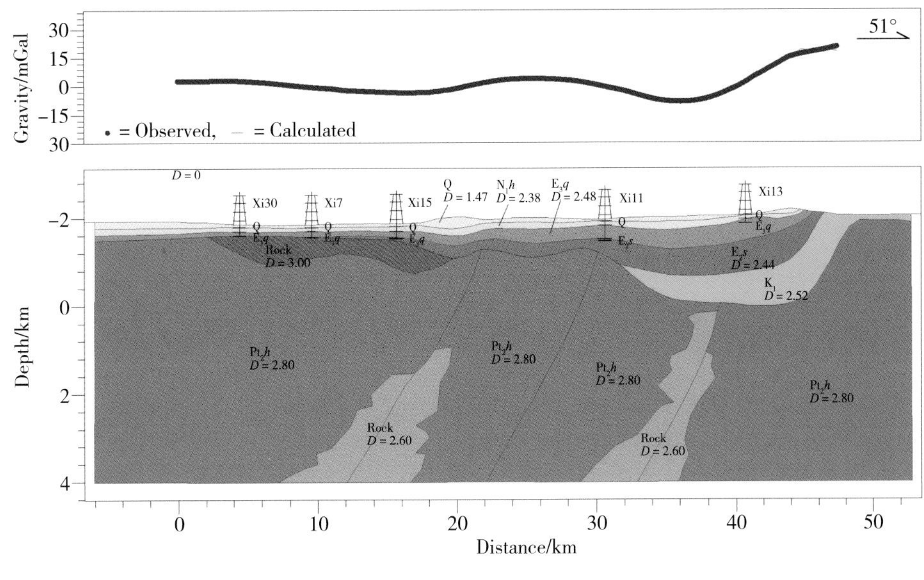

图5-25　西吉盆地 line13 反演剖面

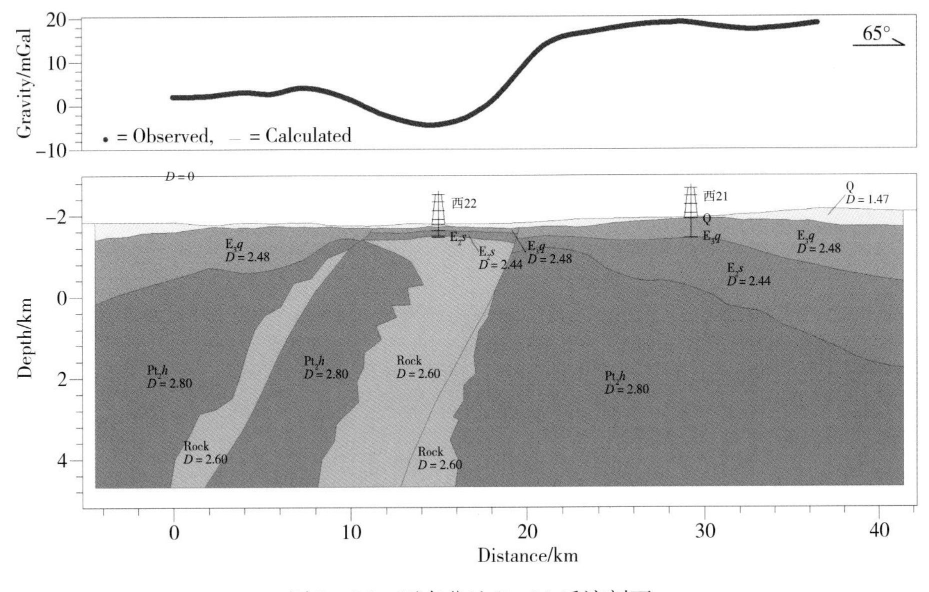

图5-26　西吉盆地 line14 反演剖面

十、彭阳地区

彭阳地区位于宁夏东南部，其内主要分布 δg_{-101}（炭山）、δg_{-104}（毛井）、δg_{-109}

（车道）、δg_{-131}（开城）、δg_{-133}（交岔）与 δg_{-134}（彭阳）六处局部重力正异常以及 δg_{-107}（罗洼）、δg_{-132}（古城）、δg_{-137}（红河）与 δg_{-138}（四十里铺）四处局部重力负异常。

从局部重力异常的分布规律来看，彭阳地区分布的局部重力正异常均沿鄂尔多斯地块西缘内部发育的断裂呈条带状展布，走向同为南北向。其中：δg_{-101}面积最大，约为 278 km^2，δg_{-134}幅值最高，为 12.6 mGal，异常区可见新元古界青白口纪、下古生界奥陶纪、中生界侏罗纪与白垩纪地层出露；该地区局部重力负异常与上述正异常相间分布，沿南北向呈长条状展布，δg_{-107}面积最大，约为 459 km^2，其幅值也最大，为 -10.2 mGal，异常区大部分被第四系所覆盖，偶见中生界侏罗纪、白垩纪地层露头。

推测 δg_{-101}、δg_{-131}正异常主要由沿固原深大断裂抬升隆起的中元古界、下古生界及侵入其中的基性岩脉共同所致，δg_{-104}、δg_{-133}、δg_{-134}正异常反映了中元古界、下古生界隆起形成的南北古脊梁南段展布，δg_{-109}应该是白垩纪—侏罗纪盆地基底的隆起，可能是这一地区煤系埋深相对较浅的区域（图 5 - 27）。

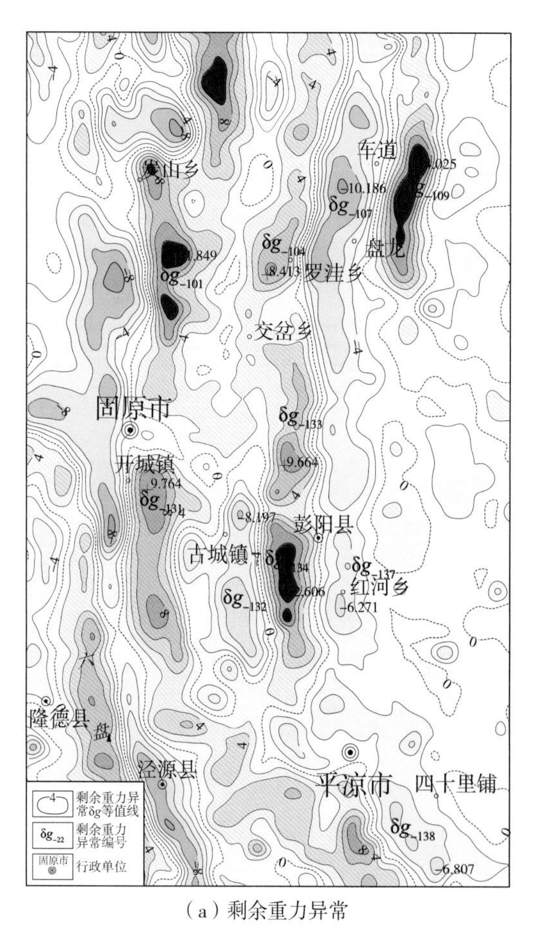

（a）剩余重力异常

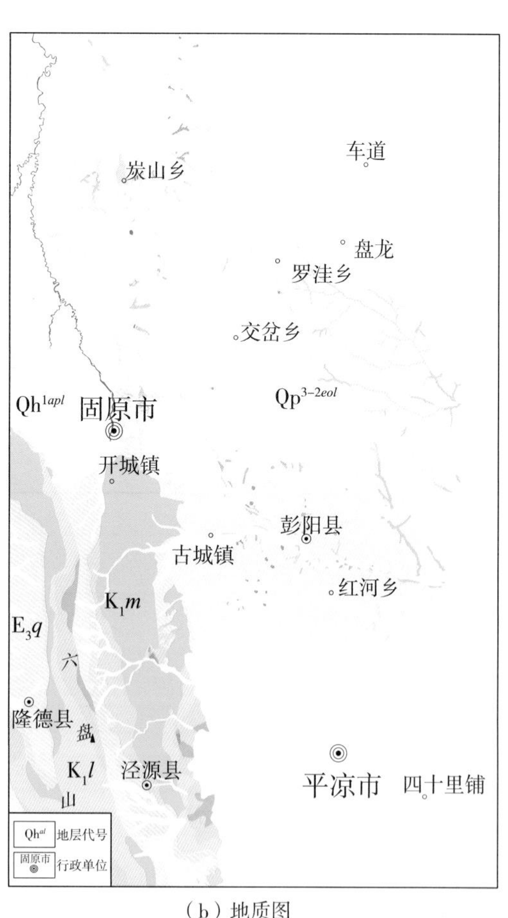

（b）地质图

图 5 - 27　彭阳地区剩余重力异常与地质对比图

以全区布格重力异常数据（地形相关补偿后）为基础，依据钻井资料，结合地质图，在彭阳地区北部选取剖面 15（line15）进行地质－地球物理反演，剖面西起云雾山，东至殷家城南，经过钻孔 1295－47，横跨白土岗－青龙山－彭阳断裂与车道－阿色浪断裂，总长 55 km（见图 5－3）。

反演结果显示：彭阳地区重力异常呈西高东低的特征，反映了老地层东、西部隆升相对较高、中部下凹的形态，在此种隆升形态下，上覆中生界三叠系与侏罗系沉积厚度明显增厚，钻孔 1295－47 附近区域为该地区的沉积中心，该地区以东为鄂尔多斯盆地西缘，重力异常逐渐降低，以西为云雾山隆起，重力异常升高明显（图 5－28）。

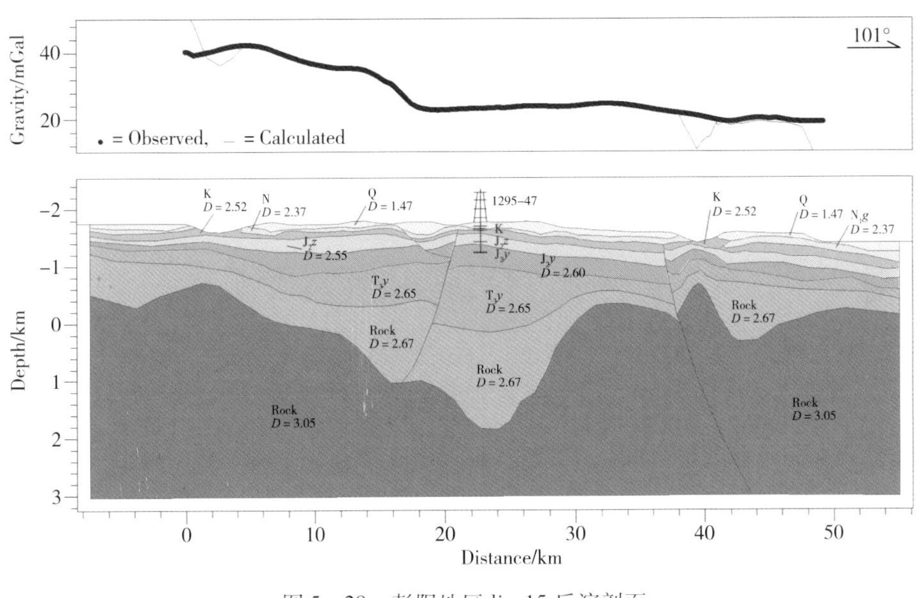

图 5－28　彭阳地区 line15 反演剖面

第三节　与《宁夏全区物化探基础图件编制》对比

本书重新对全区布格重力异常资料进行处理，消除了由地形影响导致的虚假异常，采用圆周平均法对全区布格重力求取剩余重力异常。从重新处理后的图件可以看出，本次求取剩余重力异常与宁夏物勘院《宁夏全区物化探基础图件编制》（图 5－29）所求取剩余重力异常较为相符，但在细节方面有所不同，主要体现在以下几个方面。

一、最佳窗口选取

本书以重力异常形态较完整的兴仁异常为目标区，分别选取不同半径的圆周求取其相应的平均异常值，得到半径与平均异常值的关系曲线，计算出圆周最佳半径为 21 km，与《宁夏全区物化探基础图件编制》确定半径（22 km）相近。

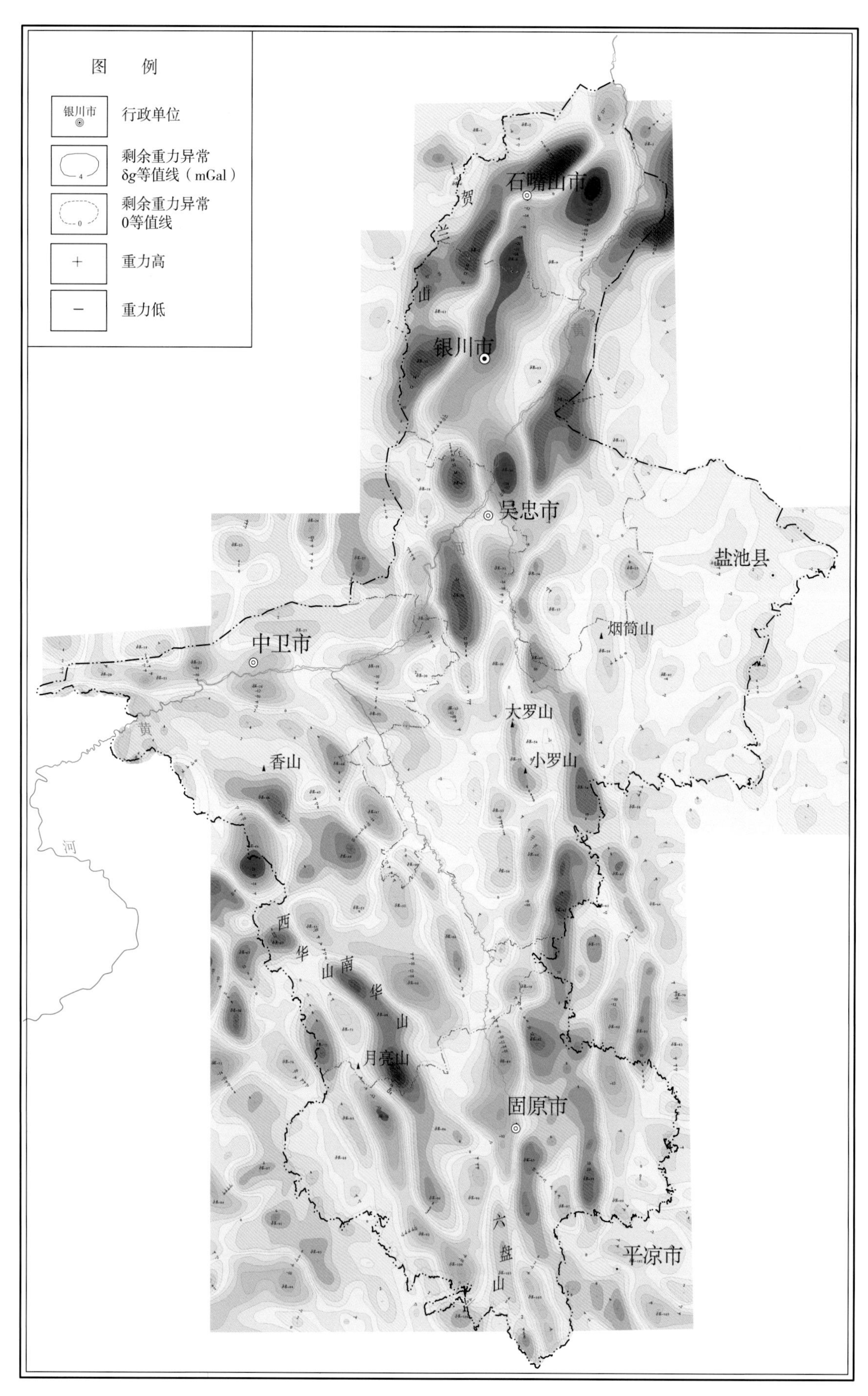

图 5－29　全区剩余重力异常图

（据《宁夏全区物化探基础图件编制》，2010）

二、圈定局部重力异常个数

在全区剩余重力异常图上，本书共解译局部重力异常 138 处，比《宁夏全区物化探基础图件编制》总体多出 33 处局部重力异常。其中：新解译的局部重力异常包括 δg_{-5}（惠农区负异常）、δg_{-9}（木仁高勒正异常）、δg_{-18}（兴泾镇负异常）等 37 处局部重力异常；由于《宁夏全区物化探基础图件编制》圈定的 δg_{-42}（王乐井负异常）、δg_{-43}（红柳沟正异常）和 δg_{-102}（白庙负异常）三处异常范围较小，不足以形成圈闭，在本书中去除；同时将 δg_{-92}（桃源异常）与 δg_{-82}（西吉异常）合二为一。

三、局部异常对比

本书求取剩余重力异常采用与《宁夏全区物化探基础图件编制》相同的位场分离方法且滑动窗口的半径接近，分析认为两次圈定的剩余重力异常存在差异与本次消除地形影响有关，具体表现如下。

（一）新解译的局部重力异常

共 37 处，见表 5－1。

表 5－1　新解译局部重力异常统计表

序号	异常编号	异常名称	异常特征	地质概况
1	δg_{-1}	贺兰山北	重力低，走向北北西，幅值－8.2 mGal，面积 34 km²	正谊关断裂的西端北侧，主体位于普遍遭混合花岗岩化的新太古界贺兰山岩群之上
2	δg_{-4}	惠农区西	重力低，似椭圆状，走向近南北，幅值－4.4 mGal，面积 25 km²	正谊关断裂的西端北侧，主体位于普遍遭混合花岗岩化的新太古界贺兰山岩群之上
3	δg_{-5}	惠农区	重力低，椭圆状，走向北北东，幅值－12.9 mGal，面积 89 km²	位于正谊关断裂北侧，南端出露石炭系
4	δg_{-7}	小松山北	重力高，不规则椭圆状，幅值6.3 mGal，面积 117 km²	宁夏区外
5	δg_{-9}	木仁高勒	重力高，走向东西，幅值 8.1 mGal，面积约 53 km²	异常位于贺兰山西麓断裂的北段东侧
6	δg_{-18}	兴泾镇	重力低，走向北东，幅值－10.4 mGal，面积约 55 km²	第四系覆盖
7	δg_{-24}	庙儿台	长条状重力低，整体走向北北东，幅值－3.3 mGal，面积约 65 km²	第四系覆盖，少数地区出露三叠系、侏罗系。钻井揭示该区主要钻遇侏罗系
8	δg_{-25}	麻黄湾	重力低，等轴状，走向北东，幅值－2.3 mGal，面积约 42 km²	第四系覆盖，钻孔揭示西侧钻遇侏罗系
9	δg_{-26}	元山子	长条状重力高，走向北西，幅值 6.3 mGal，面积 161 km²	西侧为新生界覆盖区，少数地区出露寒武－奥陶系、白垩系

续表

序号	异常编号	异常名称	异常特征	地质概况
10	δg_{-35}	柴敖包南	重力低，走向北东东，幅值 -5.3 mGal，面积38 km^2	宁夏区外
11	δg_{-37}	烟洞沟南	重力低，走向北西，幅值 -4.8 mGal，面积45 km^2	可见石炭系、白垩系、古近系出露
12	δg_{-41}	中卫	重力低，等轴状，走向近东西，幅值 -6.1 mGal，面积约73 km^2	第四系覆盖
13	δg_{-50}	喊叫水北	三角状重力低，走向北西，幅值 -5.6 mGal，总面积约为149 km^2	新生界覆盖区，奥陶系零星出露
14	δg_{-52}	河西	长条状重力高，走向北西，幅值 5.8 mGal，面积为77 km^2	新生界覆盖区
15	δg_{-57}	沙泉东	长条状重力低，走向近南北，幅值 -4.9 mGal，面积32 km^2	新生界覆盖区
16	δg_{-60}	曙光	长条状重力高，走向北东，幅值 3.8 mGal，面积约92.5 km^2	第四系覆盖，钻井揭示南侧见侏罗系煤
17	δg_{-62}	窑山北	重力低，椭圆状，幅值 -6.0 mGal，面积45 km^2	第四系覆盖区
18	δg_{-65}	韦州西	重力低，不规则椭圆状，走向近东西，幅值 -5 mGal，面积34 km^2	新生界覆盖区
19	δg_{-67}	下马关	椭圆状重力低异常，走向北东，幅值 -6.4 mGal，面积51 km^2	第四系覆盖
20	δg_{-69}	惠安堡	条带状重力低，走向北北西，幅值 -7.95 mGal，面积约225 km^2	新生界覆盖，南侧出露寒武系、白垩系
21	δg_{-70}	甜水堡西	条带状重力高，走向近南北，幅值 4.6 mGal，面积约127 km^2	新生界覆盖，南侧出露寒武-奥陶系
22	δg_{-71}	林记口子	等轴状重力低，走向北西，幅值 -10.3 mGal，面积约28 km^2	第四系覆盖，北部出露三叠系
23	δg_{-78}	共和	重力高，走向北西，幅值 11.6 mGal，面积168 km^2	宁夏区外
24	δg_{-79}	黄桥	重力低，椭圆状，走向北西西，幅值 -6.5 mGal，面积68 km^2	宁夏区外
25	δg_{-84}	李旺	长条状重力低，走向北北西，幅值 -7.1 mGal，面积331 km^2	新生界覆盖区
26	δg_{-86}	复兴	串珠状重力低，整体走向近东西向，幅值 -5.4 mGal，面积99 km^2	宁夏区外
27	δg_{-94}	寺口子	重力高，长条状，走向北西，幅值 4.0 mGal，面积为124 km^2	大部分地区出露白垩系

续表

序号	异常编号	异常名称	异常特征	地质概况
28	δg_{-96}	七营	重力高，不规则长条状，走向近南北，幅值7.3 mGal，面积245 km^2	新生界覆盖区，零星出露白垩系。相对两侧为局部隆起
29	δg_{-98}	张家塬	长条状重力低，走向南北，幅值 -9.4 mGal，面积128 km^2	第四系覆盖。相对两侧为局部凹陷
30	δg_{-103}	毛井西	串珠状重力高，走向南北，幅值 -5.6 mGal，面积约135 km^2	宁夏区外
31	δg_{-106}	钱阳山南	长条状重力低，主体走向近南北，幅值 -8 mGal，面积约59 km^2	东侧可见石炭系、二叠系、三叠系
32	δg_{-113}	甘沟驿	重力低，椭圆状，走向北东东，幅值 -4.6 mGal，面积约76.06 km^2	第四系覆盖
33	δg_{-123}	寺子川	重力高，走向近东西，幅值5.6 mGal，面积约41 km^2	宁夏区外
34	δg_{-125}	张易	重力高，走向北西，幅值1.1 mGal，面积约20 km^2	新生界覆盖区
35	δg_{-133}	交岔	条带状重力高，走向近南北，幅值9.7 mGal，面积约141 km^2	新生界地层覆盖，南侧出露寒武系、白垩系。推断异常由下古生界隆起所致
36	δg_{-135}	崆峒	重力低，走向北西，幅值 -5.3 mGal，面积约47 km^2	第四系覆盖，南侧为古生界隆起，可见奥陶系、二叠系、石炭系
37	δg_{-136}	麻川	重力高，不规则椭圆状，走向近南北，幅值9.0 mGal，面积约29 km^2	宁夏区外

1. δg_{-9}（木仁高勒局部正异常）

位于贺兰山褶断带西侧。异常呈椭圆状展布，长11 km，宽6 km，面积约53 km^2，幅值8.1 mGal（图5-30）。

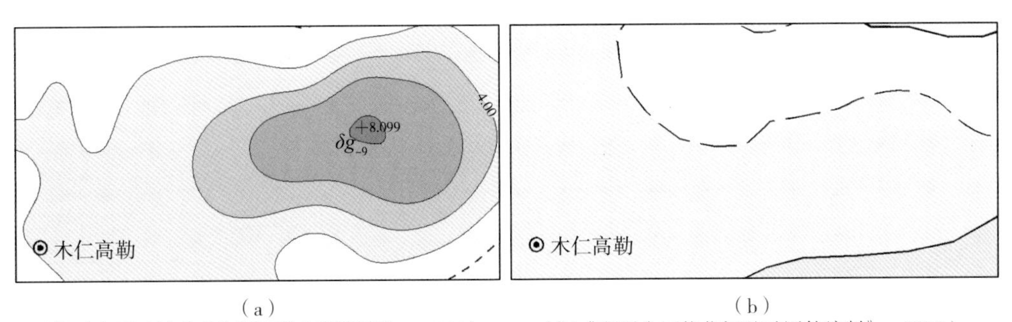

（a）
（据《宁夏区域重磁资料开发利用研究》，2016）

（b）
（据《宁夏全区物化探基础图件编制》，2010）

图5-30 木仁高勒局部正异常图

2. δg_{-18}（兴泾镇局部负异常）

位于银川断陷盆地中部。为一北东向等轴状异常圈闭，该异常长14 km，宽5 km，面积约55 km^2，幅值 -10.4 mGal，西侧梯度变化较大，异常被第四系覆盖（图5-31）。

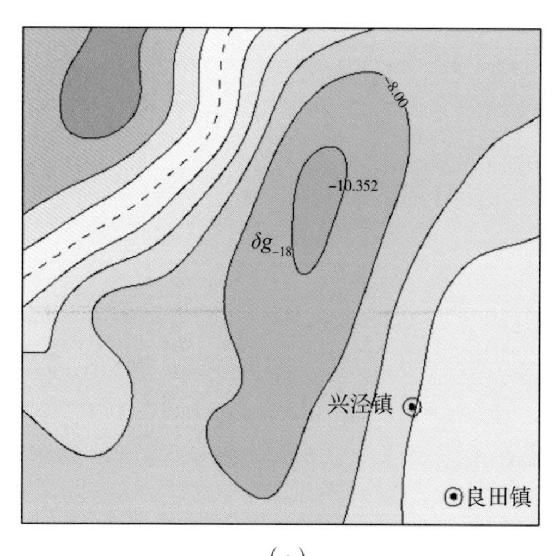

(a)

（据《宁夏区域重磁资料开发利用研究》，2016）

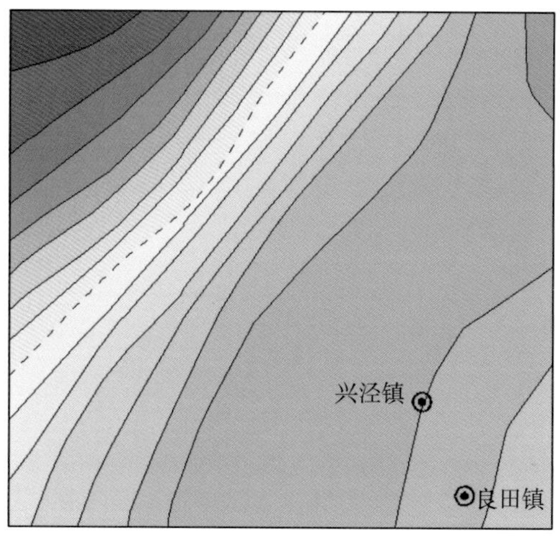

(b)

（据《宁夏全区物化探基础图件编制》，2010）

图 5-31　兴泾镇局部负异常图

3. δg_{-25}（麻黄湾局部负异常）

位于宁东地区北部。该异常长 12 km，宽 4 km，面积约 42 km²，幅值 -2.3 mGal，异常被第四系覆盖，钻孔揭示西部主要钻遇侏罗纪地层（图 5-32）。

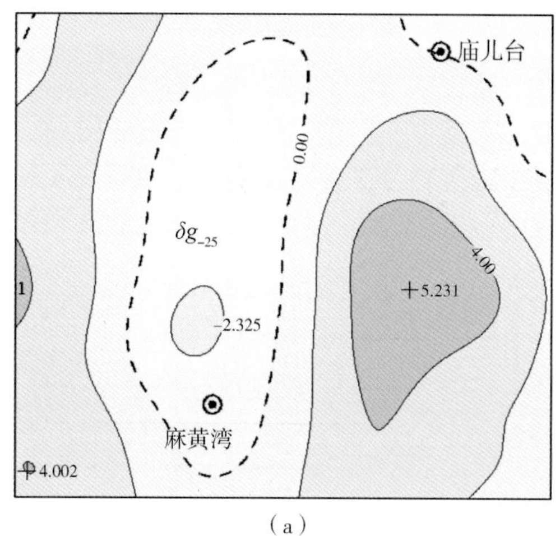

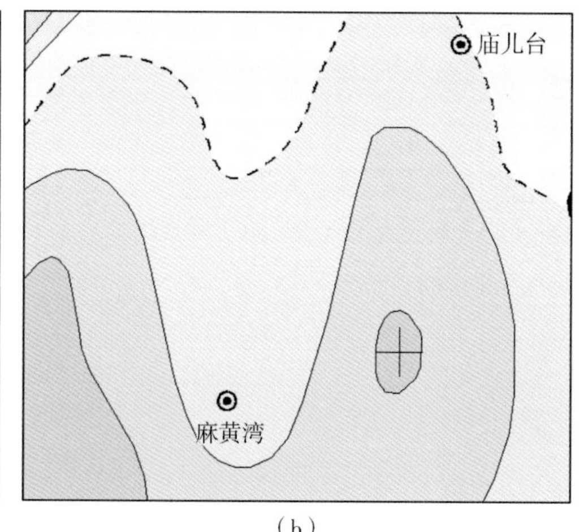

(a)　　　　(b)

（据《宁夏区域重磁资料开发利用研究》，2016）　（据《宁夏全区物化探基础图件编制》，2010）

图 5-32　麻黄湾局部负异常图

4. δg_{-67}（下马关局部负异常）

位于青铜峡 - 固原大断裂中段。为一北东向展布的椭圆状异常圈闭，该异常长 12 km，宽 6 km，面积约 51 km²，幅值 -6.4 mGal，异常被第四系覆盖（图 5-33）。

5. δg_{-94}（寺口子局部正异常）

位于固原异常北部。为北西向展布的长条状局部正异常圈闭，该异常长 20 km，宽 9 km，面积约 124 km²，幅值 4.0mGal，大部分地区出露白垩纪地层（图 5-34）。

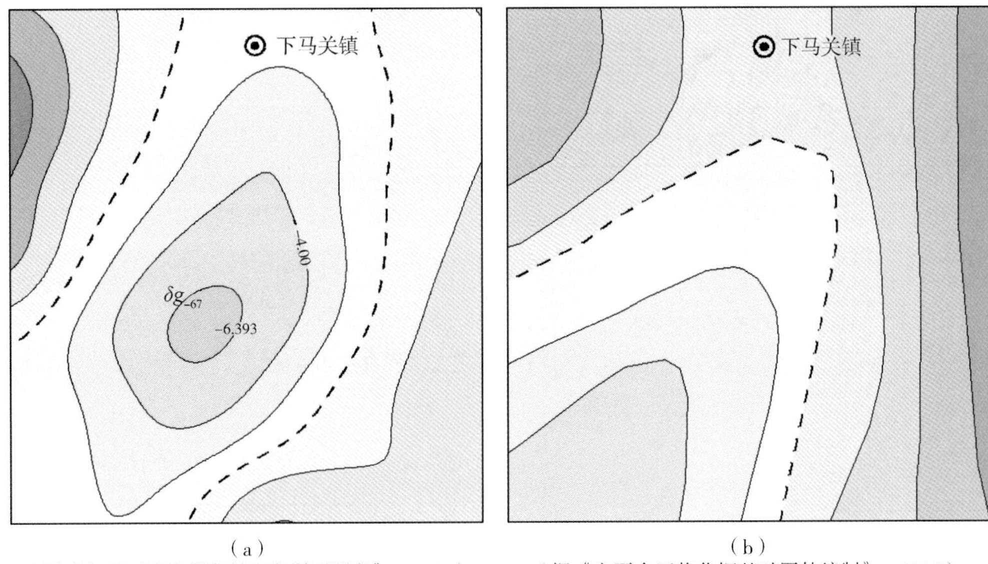

（a）
（据《宁夏区域重磁资料开发利用研究》，2016）

（b）
（据《宁夏全区物化探基础图件编制》，2010）

图 5－33　下马关局部负异常图

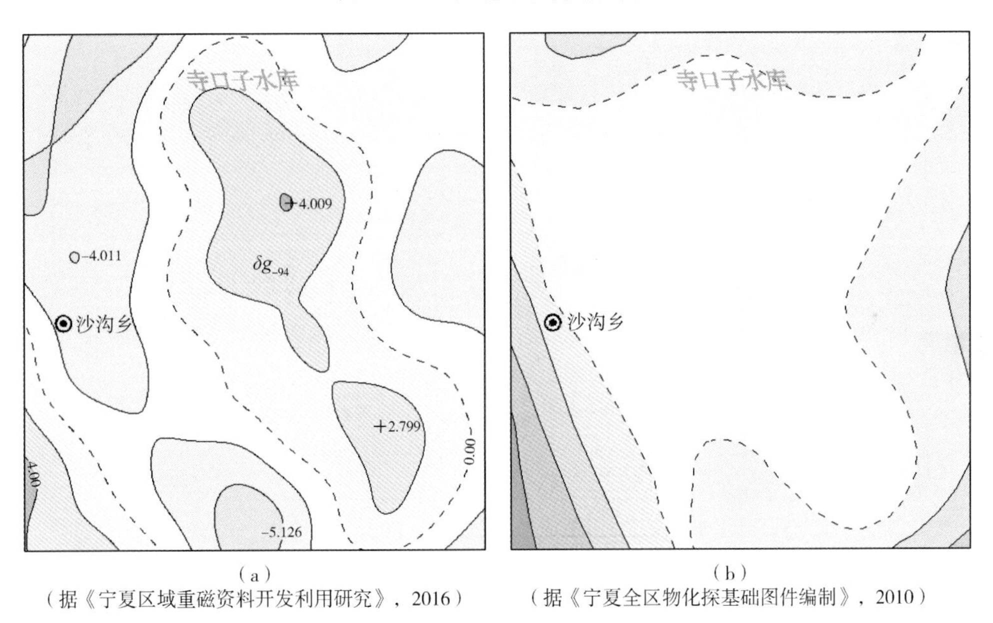

（a）
（据《宁夏区域重磁资料开发利用研究》，2016）

（b）
（据《宁夏全区物化探基础图件编制》，2010）

图 5－34　寺口子局部正异常图

6. δg_{-96}（七营局部正异常）

位于七营以东地区。为近南北向展布的长条状局部正异常圈闭，该异常长 41 km，宽 10 km，面积约 245 km^2，幅值 7.3 mGal。新生界覆盖区，零星出露白垩纪地层，相对两侧为局部隆起（图 5－35）。

7. δg_{-125}（张易局部正异常）

位于六盘山异常西侧。为北西向展布的长条状局部正异常圈闭，该异常长 8 km，宽 3 km，面积约 20 km^2，幅值 1.1 mGal，为新生界覆盖区（图 5－36）。

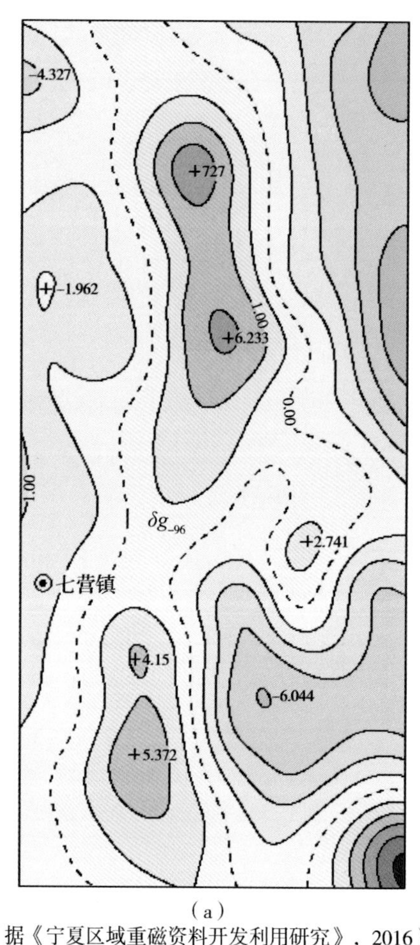

（a）
（据《宁夏区域重磁资料开发利用研究》，2016）

（b）
（据《宁夏全区物化探基础图件编制》，2010）

图 5－35　七营局部正异常图

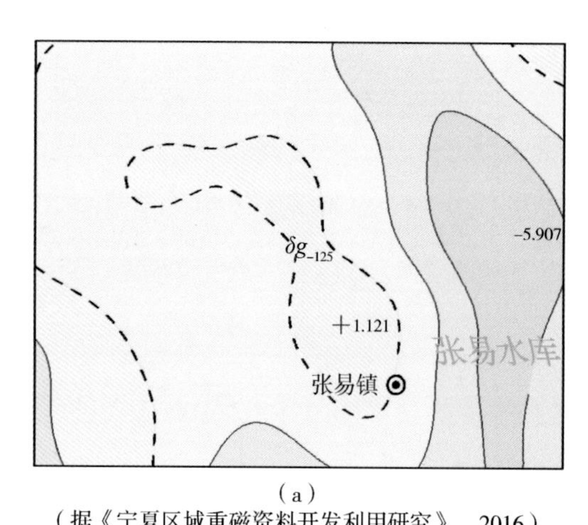

（a）
（据《宁夏区域重磁资料开发利用研究》，2016）

（b）
（据《宁夏全区物化探基础图件编制》，2010）

图 5－36　张易局部正异常图

（二）形态发生变化的局部重力异常

共7处，见表5-2。

表5-2　形态发生变化的局部重力异常统计表

序号	异常编号	异常名称	异常特征	
			《宁夏区域重磁资料开发利用研究》	《宁夏全区物化探基础图件编制》
1	δg_{-14}	平罗	椭圆形，圈闭	鼻状，未封闭
2	δg_{-17}	芦花镇	片状，圈闭	鼻状，不封闭
3	δg_{-27}	大坝	条带状弧形展布	不规则三角状展布
4	δg_{-45}	烟洞山	长78 km，南延至同心东	长49 km，南延至河西北
5	δg_{-81}	西华山	长条状，北西走向	椭圆状，近东西走向
6	δg_{-101}	炭山	长条状，长40 km，南延至固原东	三角状，长22 km，南延至官厅乡
7	δg_{-126}	观庄	长34 km，南延至隆德，长条状	长15 km，南延至观庄，近似椭圆状

1. δg_{-14}（平罗局部正异常）

位于银川断陷盆地北部。两次圈定局部异常形态不一致，本书圈定异常为椭圆形圈闭；《宁夏全区物化探基础图件编制》圈定异常为鼻状的未封闭异常。本书圈定的异常长8 km，宽5 km，面积约33 km^2，幅值1.3 mGal，异常区被第四系覆盖（图5-37）。

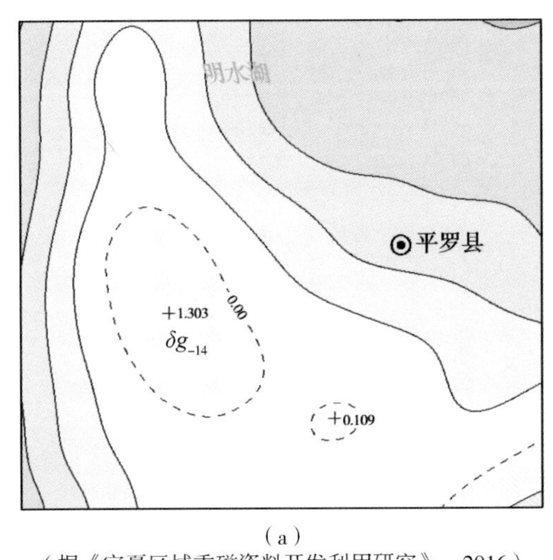

（a）
（据《宁夏区域重磁资料开发利用研究》，2016）

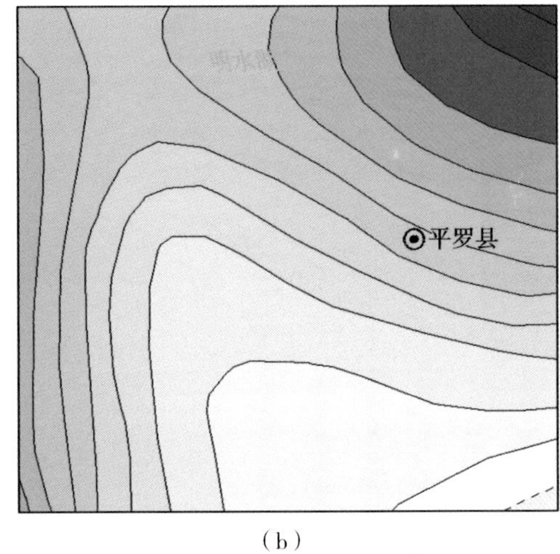

（b）
（据《宁夏全区物化探基础图件编制》，2010）

图5-37　平罗局部正异常图

2. δg_{-17}（芦花镇局部负异常）

位于银川断陷盆地西侧。两次圈定局部异常形态不一致，本书圈定的异常为不规则状的异常圈闭；《宁夏全区物化探基础图件编制》圈定的为鼻状不封闭的相对重力低异常。本次圈定的异常长15 km，宽11 km，面积约131 km^2，幅值-5.5 mGal，异常西侧可见古元古代黑云斜长花岗岩，内穿插有辉绿岩脉（图5-38）。

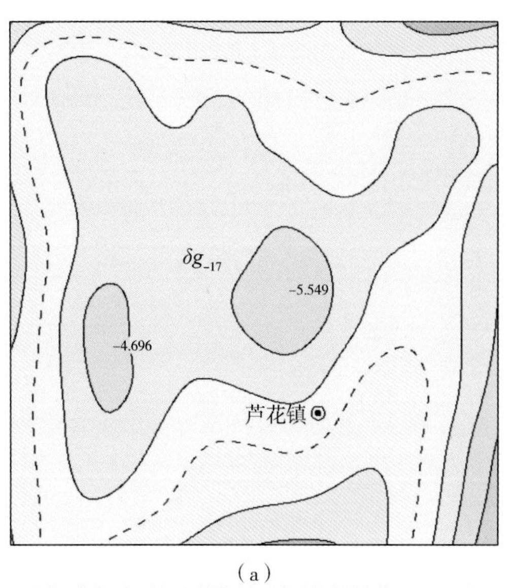

（a）
（据《宁夏区域重磁资料开发利用研究》，2016）

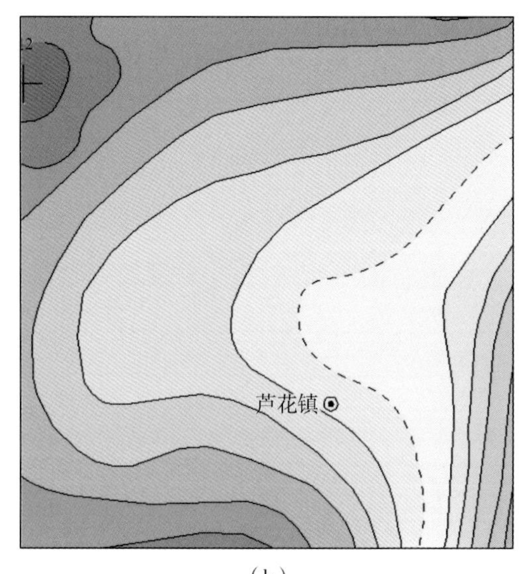

（b）
（据《宁夏全区物化探基础图件编制》，2010）

图 5－38　芦花镇局部负异常图

3. δg_{-27}（大坝局部负异常）

位于青铜峡市以西地区。两次圈定局部异常形态不同，本书圈定的局部异常呈不规则三角状展布，并与 δg_{-18}（兴泾镇负异常）相连通；《宁夏全区物化探基础图件编制》圈定的异常为条带状弧形展布，与银川－西大滩异常分离。本书圈定的异常长 32 km，宽 8 km，面积约 173 km^2，幅值－7.9 mGal，异常西侧有奥陶纪地层出露（图 5－39）。

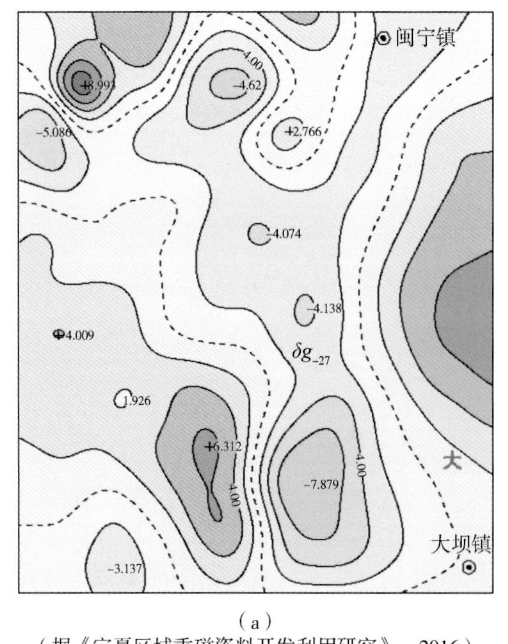

（a）
（据《宁夏区域重磁资料开发利用研究》，2016）

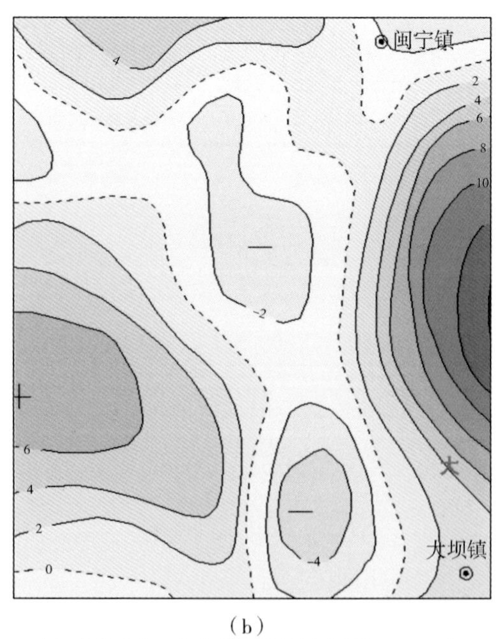

（b）
（据《宁夏全区物化探基础图件编制》，2010）

图 5－39　大坝局部负异常图

4. δg_{-45}（烟洞山局部正异常）

位于烟洞山及以南地区。两次圈定局部异常延伸长度不同，本书圈定的异常南延至同心东，长度为78 km；《宁夏全区物化探基础图件编制》圈定的异常南延至河西北，长度为49 km，对比发现本书圈定的异常延伸长度较远。本书圈定的异常面积约506 km²，幅值7.4 mGal。异常区可见寒武纪、奥陶纪、志留纪、泥盆纪、石炭纪地层（图5－40）。

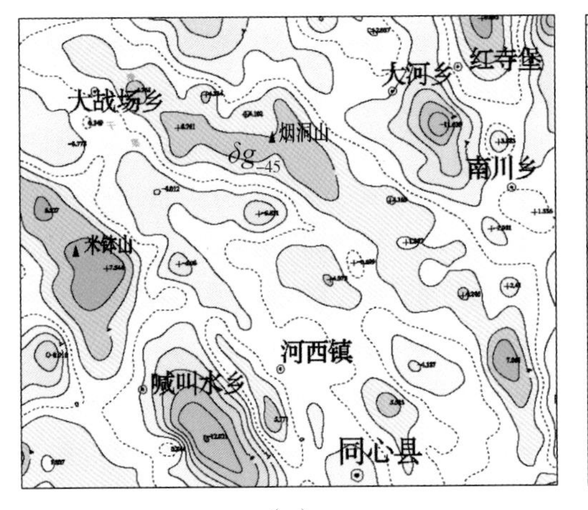

（a）
（据《宁夏区域重磁资料开发利用研究》，2016）

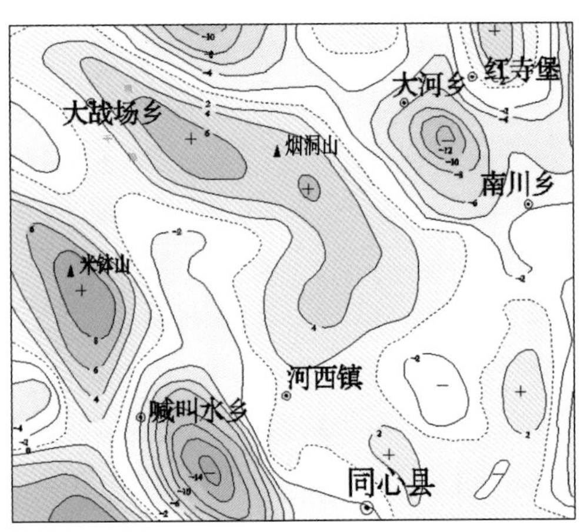

（b）
（据《宁夏全区物化探基础图件编制》，2010）

图5－40　烟洞山局部正异常图

5. δg_{-81}（西华山局部正异常）

位于西华山－六盘山冲断带。两次圈定的局部异常走向及形态均不一致，本书圈定的异常沿北西向呈长条状展布，与δg_{-88}（南华山局部正异常）形态一致，且与δg_{-80}（屈吴山局部正异常）分离；《宁夏全区物化探基础图件编制》圈定的异常呈近东西向椭圆状展布，区域上与屈吴山正异常相连。本书圈定的异常面积约133 km²，极大值11.8 mGal（图5－41）。

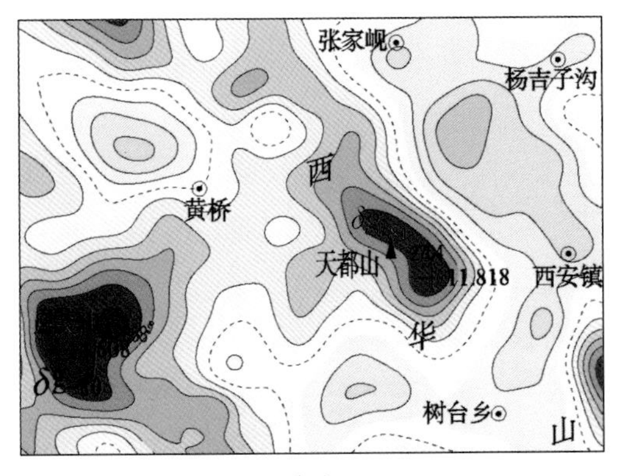

（a）
（据《宁夏区域重磁资料开发利用研究》，2016）

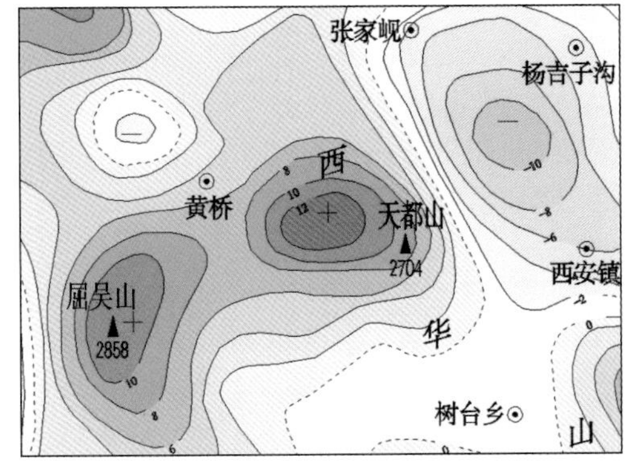

（b）
（据《宁夏全区物化探基础图件编制》，2010）

图5－41　西华山局部异常图

6. δg_{-101}（炭山局部正异常）

位于炭山及以南地区，青铜峡－固原深大断裂通过异常区西侧。两次圈定的局部异常延伸长度及形态均不一致，本书圈定的异常南延至固原东，长度为 40 km，呈长条状展布；《宁夏全区物化探基础图件编制》圈定的异常南延至官厅乡，长度为 20 km，呈三角状展布。本书圈定的异常面积约 278 km^2，幅值 11.8 mGal。地表可见青白口纪、奥陶纪、白垩纪、侏罗纪地层（图 5－42）。

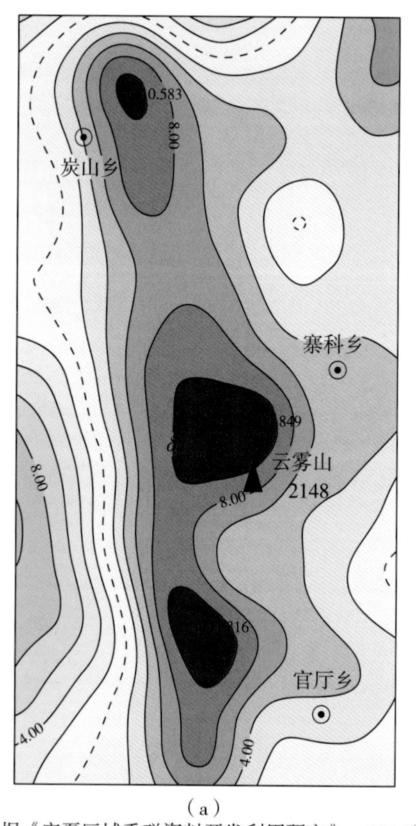

（a）
（据《宁夏区域重磁资料开发利用研究》，2016）

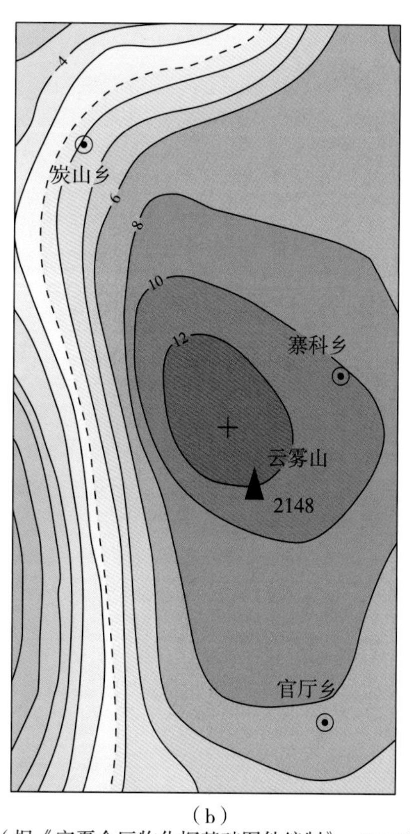

（b）
（据《宁夏全区物化探基础图件编制》，2010）

图 5－42　炭山局部正异常图

7. δg_{-126}（观庄局部负异常）

位于西吉盆地东南侧。两次圈定的局部异常延伸长度及形态不同，本书圈定的异常南延至隆德，长度为 34 km，呈长条状展布；《宁夏全区物化探基础图件编制》圈定的异常南延至观庄，长度为 15 km，呈近似椭圆状展布。本书圈定的异常面积约 177 km^2，幅值 －5.9 mGal，异常被第四系覆盖（图 5－43）。

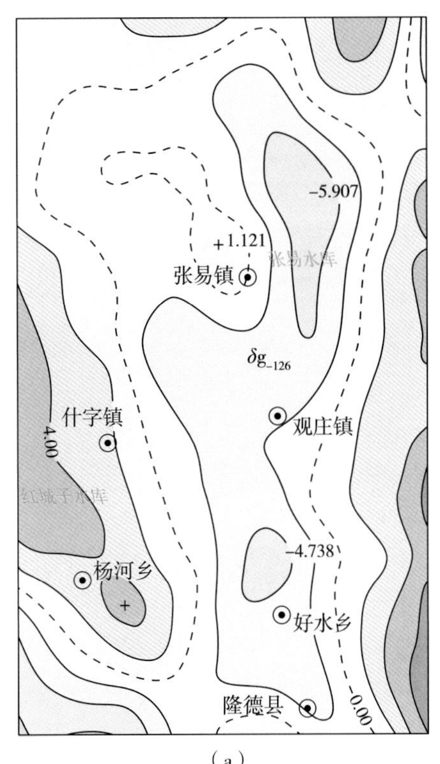

(a)
（据《宁夏区域重磁资料开发利用研究》，2016）

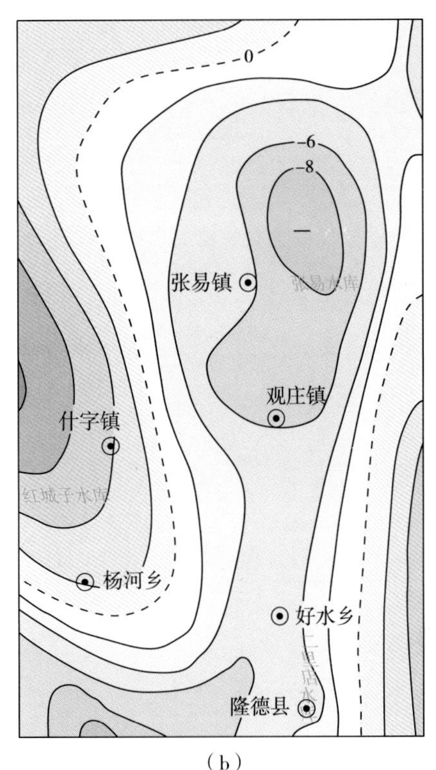

(b)
（据《宁夏全区物化探基础图件编制》，2010）

图 5－43　观庄局部异常图

第四节　小　　结

（1）以多尺度滑动窗口线性回归方法校正后的布格重力数据为基础，选取重力异常形态较完整的兴仁堡负异常为实例计算出圆周的最佳半径为 21 km，运用滑动平均法对重力场进行了分离。

（2）本次共解译局部重力异常 138 处。其中贺兰山褶断带圈定局部重力异常 8 处，陶乐－横山堡冲断带圈定局部重力异常 3 处，银川地堑圈定局部重力异常 6 处，宁东地区圈定局部重力异常 14 处，卫宁新生代断陷圈定局部重力异常 7 处，香山－徐套地区圈定局部重力异常 9 处，西华山－六盘山冲断带圈定局部重力异常 4 处，六盘山盆地圈定局部重力异常 5 处，西吉盆地圈定局部重力异常 7 处，彭阳地区圈定局部重力异常 10 处。

（3）对比《宁夏全区物化探基础图件编制》，本次新解译局部重力异常共 37 处。其中含 14 处局部重力正异常和 13 处局部重力负异常，否定了《宁夏全区物化探基础图件编制》圈定的 δg_{-42}（王乐井）、δg_{-43}（红柳沟）和 δg_{-102}（白庙）三处局部重力异常并将桃源异常与西吉异常合二为一，总体上多圈定 33 处局部重力异常。

（4）本次新解译的重点局部重力异常为 δg_{-9}（木仁高勒正异常）、δg_{-18}（兴泾镇负异常）、δg_{-25}（麻黄湾负异常）、δg_{-67}（下马关负异常）、δg_{-94}（寺口子正异常）、δg_{-96}（七营正异常）和 δg_{-125}（张易正异常）；形态发生变化的局部重力异常为：δg_{-14}（平罗正异常）、δg_{-17}（芦花镇负异常）、δg_{-27}（大坝负异常）、δg_{-45}（烟洞山正异常）、δg_{-81}（西华山正异常）、δg_{-101}（炭山正异常）和 δg_{-126}（观庄负异常）。

第六章
重磁资料处理解释与断裂、构造边界解译

第一节 概　　述

宁夏大地构造位于柴达木－华北板块中南部，地处华北陆块、阿拉善微陆块和祁连早古生代造山带交汇地区，是连接我国北方西部与东部不同大地构造单元的枢纽地区，也是我国地层、构造、地貌以及各种地球物理场的重要分界区域。

长期以来，不同学者从不同侧面研究宁夏地质构造。按传统槽－台理论，隶属昆仑－秦岭地槽褶皱区祁连褶皱系走廊过渡带之东北端与华北地台西缘结合带；按地质力学观点，属于祁吕贺山字形构造带、经向构造带、东西向构造带、陇西系弧形构造带及北西向构造带等多条构造带的复合地带。近年来还新提出早古生代的板块缝合带、板块碰撞变形调节带等各种观点。

宁夏经历了长期不同方式的构造变动，加里东期基本奠定了宁夏大地构造格架雏形，中－新生代强大的逆冲推覆构造是该区构造面貌定型的主要因素，它们改造与重组了前期构造样式与地层关系。

经过几代地质工作者的深入研究，宁夏地区的大地构造已经取得了很多成果，但仍存在一些争议。本章从宁夏区域重磁资料二次开发的应用角度，简要分析一些宁夏大地构造不同观点，并综合利用重磁、大地电磁测深与地震资料等，分析宁夏地区中－新生代的逆冲推覆构造。如：

（1）阿拉善微陆块与华北陆块之鄂尔多斯地块的边界划分问题。

（2）阿拉善微陆块－鄂尔多斯地块与祁连早古生代造山带的边界划分问题。

（3）青铜峡－固原断裂延伸方向问题。

第二节 宁夏构造单元的研究

一、阿拉善微陆块－鄂尔多斯地块与祁连早古生代造山带的边界研究概述

关于阿拉善微陆块－鄂尔多斯地块与祁连早古生代造山带的边界划分，宁夏回族自治

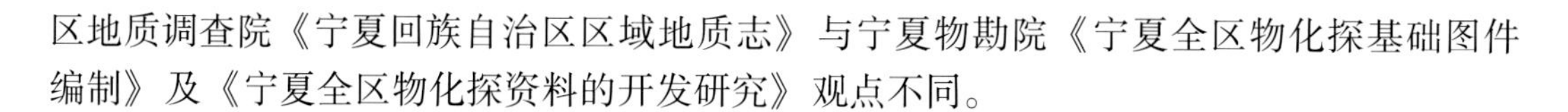
区地质调查院《宁夏回族自治区区域地质志》与宁夏物勘院《宁夏全区物化探基础图件编制》及《宁夏全区物化探资料的开发研究》观点不同。

(一)《宁夏回族自治区区域地质志》观点

1. 阿拉善微陆块与华北陆块之鄂尔多斯地块的边界划分与厘定

阿拉善微陆块的东部边界前人多以贺兰山西麓断裂为界（杨振德等，1986；王萍等，1997；张振法，1997），而王育新（1991）把狼山－巴彦乌拉山断裂作为阿拉善微陆块的东界；张家声等（2003）则认为东界是一个较宽的构造过渡带，指出贺兰山地区实际上是一个较活动的、处于阿拉善微陆块与鄂尔多斯地块之间的构造过渡带。《宁夏回族自治区区域地质志》认为东界北段位于磴口西－贺兰山西麓断裂，南段接土井子－青铜峡－牛首山东麓－煤山东麓－固原东－新集断裂（整条断裂《宁夏回族自治区区域地质志》简称磴口西－青铜峡－新集断裂）（图6－1）。

2. 阿拉善微陆块－鄂尔多斯地块与祁连早古生代造山带的边界划分与厘定

阿拉善微陆地－鄂尔多斯地块与祁连早古生代造山带的分界，前人多以龙首山－查汗布勒格断裂－三关口－青铜峡－固原断裂（张进，2003）或龙首山－查汗布勒格断裂－土井子－青铜峡－固原断裂为界（汤锡元等，1990；黄喜峰等，2010）。

《宁夏回族自治区区域地质志》认为二者分界应向南移至香山南麓－六盘山东麓断裂，东南延接固关－宝鸡断裂，断裂北西延入甘肃景泰，接唐家水－李家水坑深断裂带。

根据边界断裂把宁夏及邻区分为三个构造单元：华北地块/鄂尔多斯地块、阿拉善微陆块、祁连早古生代造山带（图6－1；表6－1）。

表6－1　《宁夏回族自治区区域地质志》的构造单元划分

<table>
<tr><th>单元级别</th><th>Ⅰ级</th><th>Ⅱ级</th><th>Ⅲ级</th><th colspan="2">Ⅳ级</th><th>Ⅴ级</th></tr>
<tr><td rowspan="11">构造单元名称</td><td rowspan="11">柴达木－华北板块Ⅲ</td><td rowspan="4">华北陆块Ⅲ5</td><td rowspan="4">鄂尔多斯地块Ⅲ5^{1}</td><td rowspan="3">鄂尔多斯西缘中元古代—早古生代裂陷Ⅲ5^{1-1}</td><td rowspan="3">鄂尔多斯西缘冲断构造带</td><td>贺兰山褶断带Ⅲ5^{1-1-1}</td></tr>
<tr><td>银川断陷盆地Ⅲ5^{1-1-2}</td></tr>
<tr><td>陶乐－彭阳冲断带Ⅲ5^{1-1-3}</td></tr>
<tr><td colspan="2">鄂尔多斯中生代坳陷Ⅲ5^{1-2}</td><td>天环向斜Ⅲ5^{1-2-1}</td></tr>
<tr><td rowspan="4">阿拉善微陆块Ⅲ4</td><td rowspan="4">腾格里早古生代增生楔Ⅲ4^{1}</td><td rowspan="4">卫宁北山－香山晚古生代前陆－上叠盆地Ⅲ4^{1-1}</td><td rowspan="7">宁南弧形构造带</td><td>贺兰山南段褶断带Ⅲ4^{1-1-1}</td></tr>
<tr><td>卫宁北山褶断带Ⅲ4^{1-1-2}</td></tr>
<tr><td>牛首山－罗山冲断带Ⅲ4^{1-1-3}</td></tr>
<tr><td>香山褶断带Ⅲ4^{1-1-4}</td></tr>
<tr><td rowspan="3">祁连早古生代造山带Ⅲ2</td><td rowspan="3">北祁连中元古代—早古生代弧盆系Ⅲ2^{1}</td><td rowspan="2">景泰－海原中元古代—早古生代弧后盆地Ⅲ2^{1-1}</td><td>南西华山－六盘山冲断带Ⅲ2^{1-1-1}</td></tr>
<tr><td>兴仁－海原坳陷盆地Ⅲ2^{1-1-2}</td></tr>
<tr><td>白银－西吉中元古代—早古生代岛弧Ⅲ2^{1-2}</td><td>西吉坳陷盆地Ⅲ2^{1-2-1}</td></tr>
</table>

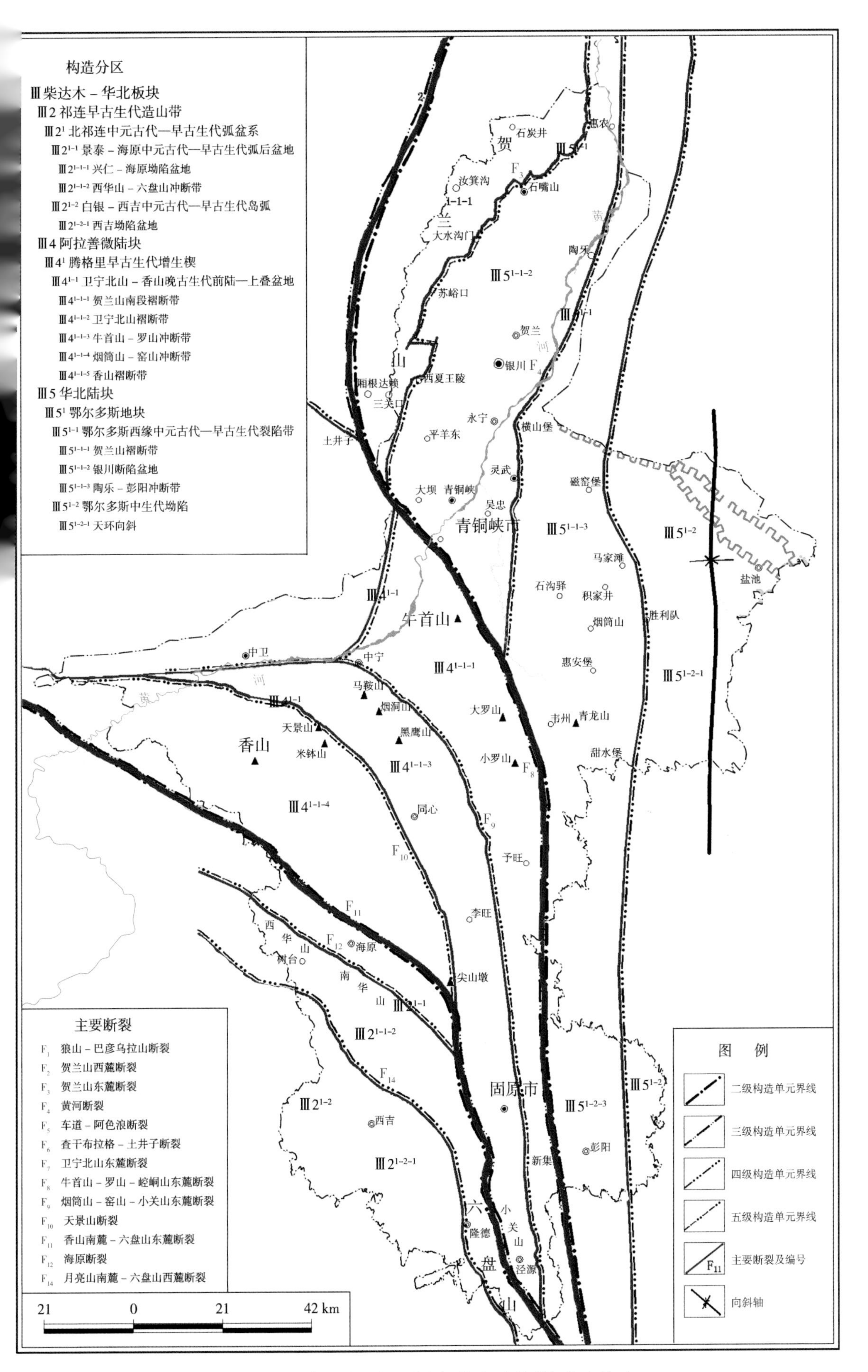

图 6－1 《宁夏区域地质志》的主要断裂与构造分区

（二）宁夏物勘院《宁夏全区物化探基础图件编制》观点

青铜峡－固原断裂南起泾源县新民，向北经固原、炭山、罗山（东）、牛首山（东）至大坝镇（青铜峡市管辖）转向北西，横切贺兰山南段后，遂隐伏于腾格里沙漠区之下，在宁夏境内延伸长度350 km。地质上认为该断裂为龙首山（甘肃省）－六盘山深大断裂的南段，是宁夏区内华北地台与祁连褶皱系的分界线；也是银川－昆明南北向构造带北段的组成部分（图6－2；表6－2）。

表6－2 《宁夏全区物化探基础图件编制》的构造单元划分

<table>
<tr><th>Ⅰ级</th><th>Ⅱ级</th><th>Ⅲ级</th></tr>
<tr><td rowspan="7">Ⅰ中朝准地台</td><td rowspan="5">Ⅰ$_1$ 鄂尔多斯西缘坳陷带</td><td>桌子山台陷</td></tr>
<tr><td>贺兰山台陷</td></tr>
<tr><td>银川地堑</td></tr>
<tr><td>陶乐台拱</td></tr>
<tr><td>青云台拱</td></tr>
<tr><td>Ⅰ$_2$ 鄂尔多斯台坳</td><td>盐池台陷</td></tr>
<tr><td>Ⅰ$_3$ 阿拉善台块</td><td></td></tr>
<tr><td rowspan="7">Ⅱ昆仑秦岭地槽褶皱系
（祁连褶皱系）</td><td rowspan="4">Ⅱ$_1$ 走廊过渡带</td><td>庆卫负向斜</td></tr>
<tr><td>长香复背斜</td></tr>
<tr><td>景兴叠坳陷</td></tr>
<tr><td>六盘山复背斜</td></tr>
<tr><td rowspan="2">Ⅱ$_2$ 北祁连加里东褶皱带</td><td>靖远叠坳陷</td></tr>
<tr><td>两华凸起（Ⅳ）</td></tr>
<tr><td>Ⅱ$_3$ 中祁连加里东褶皱带</td><td>华家岭－陇山复背斜</td></tr>
</table>

在布格重力异常图上，沿断裂延展方向为一醒目的重力梯级带，其两侧的重力场、磁场所反映出的构造特征迥然不同。

（三）宁夏物勘院《宁夏物化探资料开发应用研究》观点

青铜峡－固原深断裂是华北准地台与昆仑秦岭祁连造山系之分界线，西华山－南华山－六盘山深断裂是北祁连加里东褶皱带与走廊过渡带的分界线。贺兰山西麓大断裂为鄂尔多斯西缘坳陷带之西界，或称阿拉善断块的东南边界（表6－3）。

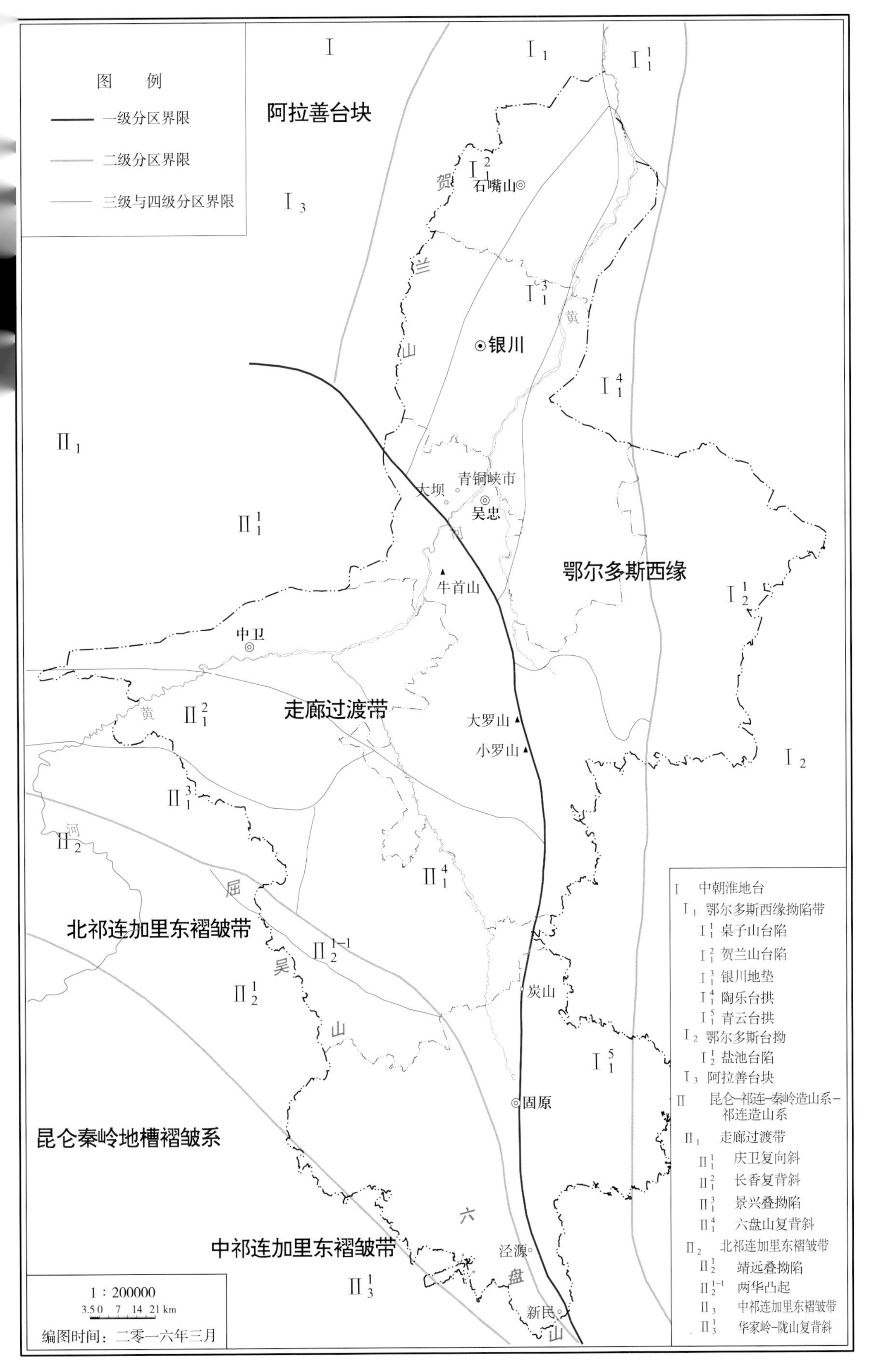

图 6-2 宁夏全区及邻区构造分区图

表 6-3 宁夏断裂特征

断裂编号	断裂名称	主要地质、地球物理依据	规模	性质	产状	构造意义
1	青铜峡-固原断裂	重力梯度带，重磁场特征明显，地质建造不同的分区线	系龙首山-六盘山深断裂之东段	先张后压	断面南西倾，固原段倾角30°	华北准地台与昆仑秦岭祁连造山系之分界线
2	西华山-南华山-六盘山深断裂	为构造地震活动带，沿断裂重力线性梯度带明显，两侧重磁场特征迥然不同；分布有加里东期侵入岩体（以中基性、中酸性为主，也见及基性、超基性岩体分布）	向西可延伸到甘肃毛毛山，往东至千阳	压扭性	断面南西倾，倾角陡	北祁连加里东褶皱带与走廊过渡带的分界线
3	磴口-崇信大断裂	沿断裂重力梯度带断续分布，在石油地震构造图上变现为一明显的高角度冲断带	系车道-阿色浪大断裂，主要分布于区外	冲断	断面东倾，倾角大于70°	鄂尔多斯西缘坳陷带之东界
4	贺兰山西麓大断裂	沿断裂分布有基性、超基性及中酸性侵入岩体，重力梯度带明显，重磁场特征不同的区划线	北起磴口，南至元山子，该断裂分布于内蒙古阿拉善左旗	压性	断面西倾，倾角50°	为鄂尔多斯西缘坳陷带之西界，或称阿拉善断块的东南边界
5	贺兰山东麓大断裂	沿断裂重力梯度异常醒目，地形地貌差异升降强烈	向北可交于黄河断裂北段，往南经吴忠、香龙山于明城以南交接复合于磴口-崇信大断裂	先压后张	断面东倾，倾角80°	为银川地堑的西界
6	黄河大断裂	沿断裂重力梯度带醒目，两侧磁场特征差异明显	北起磴口，南至马家滩以南	先压后张	断面西倾，倾角70°~75°	为银川地堑的东界或称陶乐-横山台拱西界
7	清水河大断裂	沿断裂表现梯度带和狭长重力低带	起始于香山北麓，经同心，于炭山交于青铜峡-固原深断裂	压扭性	断面西倾，倾角陡	

（据《宁夏回族自治区物化探资料开发应用研究》，2008）

（四）三种文献观点的差异

（1）《宁夏回族自治区区域地质志》把走廊过渡带归于阿拉善微陆块。认为阿拉善微陆块-鄂尔多斯地块与祁连早古生代造山带的边界应向南移至香山南麓-六盘山东麓断裂，东南延接固关-宝鸡断裂，断裂北西延入甘肃景泰，接唐家水-李家水坑深断裂带。

（2）《宁夏全区物化探基础图件编制》认为，青铜峡－牛首山－固原断裂向西延与龙首山－查汗布拉格断裂相连，是宁夏区内华北地台与祁连褶皱系的分界线，把走廊过渡带归秦祁昆造山系。

（3）宁夏物勘院《宁夏回族自治区物化探资料开发应用研究》观点与《宁夏全区物化探基础图件编制》相同。

二、宁夏区内的两条深大断裂分析

两条深大断裂指青铜峡－固原断裂与西华山－六盘山断裂。

为了厘定宁夏地区主要构造单元及分析不同文献关于构造单元划分的差异，先从深断裂分析入手，再进行构造单元划分。首先收集了宁夏邻区巴彦浩特盆地重力资料，目的是为了搞清楚青铜峡－固原断裂向西延是否与内蒙古、甘肃境内的龙首山－查汗布勒格断裂相连。其次收集了宁夏地区大地电磁测深成果，目的是充分利用大地电磁测深方法纵向分辨率比重力高的优点，根据重磁、大地电磁测深等多种资料进行联合解释以减少单一利用重力解释的多解性。

（一）青铜峡－固原断裂特征及北延情况

1. 重力资料分析

宁夏及邻区断裂体系呈南北与北西向弧形展布，由于受多期构造作用的影响，反映断裂特征的影像图中构造线不连续。在巴彦浩特盆地东西向与北西西向构造影像明显，并且可以与宁夏区内的构造线相接，说明巴彦浩特盆地东西向的查汗布勒格断裂可能与青铜峡－固原断裂相连，向西接甘肃境内龙首山断裂。但是还不能据此得出查汗布勒格－青铜峡－固原断裂是宁夏区内华北地台与祁连褶皱系的分界线（图6－3）。

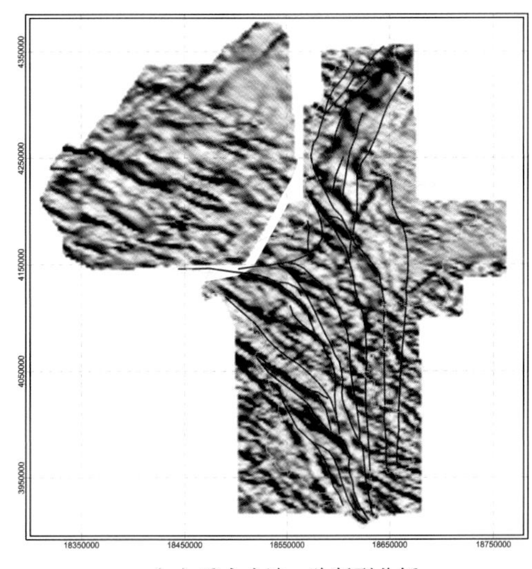

（a）重力小波一阶断裂分析

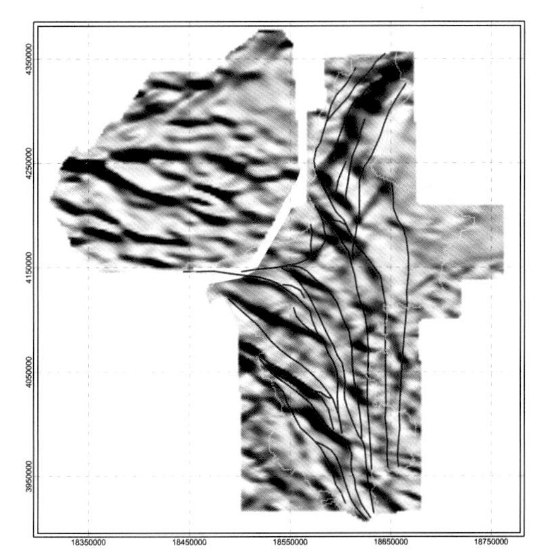

（b）重力小波二阶断裂分析

图6－3　重力小波断裂分析

（红色为宁夏物勘院《宁夏回族自治区物化探资料开发应用研究》报告中的断裂体系）

进一步分析青铜峡－固原断裂与查汗布勒格断裂、龙首山断裂关系如下：

（1）查汗布勒格断裂呈东西向横贯于巴彦浩特盆地中南部，属龙首山－青铜峡大断裂的一部分，长达200 km以上，是一条隐伏基底断裂。

（2）查汗布勒格断裂在地震剖面上，从基底向上至新近系均证实有明显断点。该断裂的特点是断层面陡直，倾角达80°以上，断面倾向以北倾为主，推测属剪切平推性质的断层。断层两侧地层差异较小，断距仅100～200 m。在一些地震剖面上出现深部断面较陡，浅层倾角变缓，并呈“树枝状”分叉，形成似“花状”构造。

在重力异常和磁异常剖面上，查汗布勒格断裂是在重力异常与磁力异常由高往低变化的梯度带上，重力反演计算该处石炭底界面的深度为2.8 km。水平位置与地震解释的位置相当（图6－4）。

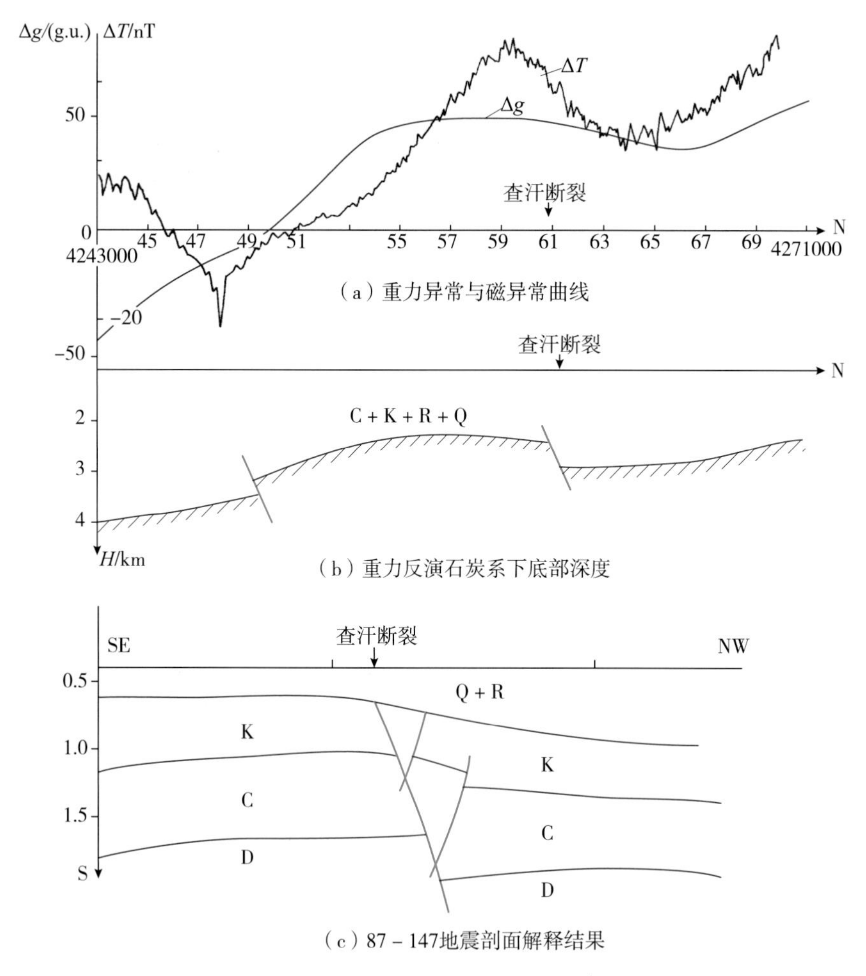

图6－4　查汗布勒格断裂综合解释图

查汗布勒格断裂是盆地南部坳陷的北界，根据石油地震与重磁解释结果，该断裂不具备深大断裂特征。因为该断裂两侧基底时代和性质没有太大差别，并不能控制坳陷的形成与发育沉积。如果是深大断裂，则在航磁ΔT异常图上应当有比较明显的反映，但是在航

磁 ΔT 异常图及各种延拓图件中，该断裂并没有北东向构造那样明显。

（3）查汗布勒格断裂向西接龙首山断裂，龙首山断裂西段，沿合黎山、龙首山南缘呈北西西向展布，西被阿尔金山南缘断裂带所截，东在贺兰山南端、六盘山－陇山东侧分布，为大型右行走滑断裂，是祁连造山带与阿拉善地块的分界断裂。

在重磁场上，弧形重力梯度带沿龙首山、贺兰山南端、六盘山东侧分布，北段重力值在－230～270 mGal，北侧是阿拉善地块高磁异常带南界，并且也是地壳厚度变异带，两侧地壳厚度相差3000多米，地震反射剖面与MT剖面探明山体两侧存在南倾的逆冲断裂。断裂南段近南北向沿牛首山、大小罗山、六盘山东侧分布，该梯度带也是东西两侧磁场的分界，东侧是鄂尔多斯地块NEE向宽缓带状磁异常，西侧是NNW向、串珠状线性展布。此梯度带反映了鄂尔多斯地块与祁连造山带之间的深断裂，两侧地壳波速也有明显变化，东盘上升，西盘下降，断距达4500 m（张新虎，2007）。

2. 大地电磁测深成果揭示的青铜峡－固原断裂带分段性及其向北延伸状况

青铜峡－固原断裂带（图6－5中 F_7）是鄂尔多斯地块西南边界，是海原弧形断裂束最外围的一条。青铜峡－固原断裂带从南部的甘肃的华亭马峡口，向北经固原、炭山、小罗山、大罗山，北到青铜峡，断裂带总体呈南北向延伸，断层倾向西，浅部较陡，沿断裂在地表多处发现辉绿岩岩体。该断裂曾经作为中朝古板块的西南边界，很早就引起了许多地质学家的注意，特别是对该断裂带过青铜峡往北的延伸性一致受到大家的关注。张进等（2002）对牛首山、贺兰山中段和南段等地区的地表地质调查等研究认为，青铜峡－固原断裂带是从贺兰山南部的三关口－吉井子地区通过，并推测往西与阿拉善地块内的查汗布勒格断裂带相接。

青铜峡以南的青铜峡－固原断裂带（F_7）上自南到北有Q、L、S、U、V、A、E、C和M九条大地电磁剖面横跨，在青铜峡以北有N剖面跨过了三关口地区的三关口断裂带。为了便于对比，把横跨青铜峡－固原断裂带的10条剖面的电性结构图单独切除罗列在一起（图6－5）。

青铜峡－固原断裂带具有明显的分段电性结构特征，在最南段固原、炭山附近的Q、L、S和U剖面上断裂带表现单一的断层样式，断层两侧介质的电阻率差异较小；断裂带中段小罗山、大罗山附近V、A、E和C剖面上表现为具有一定宽度的低阻异常带，往北到牛首山地区的青铜峡－固原断裂带的走向转为了北西方向，M剖面上的青铜峡－固原断裂带和黄河断裂带交叠，电性结构表现为明显的低阻带（图6－6）（詹艳，2008）。

在青铜峡北侧的N剖面电性结构揭示出三关口断裂带（F_8）仅在地壳浅部表现为电性异常带，在较深部两侧电性差异小，表明其切割深度不大。在N剖面N20号测点附近，出现上陡下缓明显的隐伏电性边界带 F_{21}，该断裂带切割深度较大，可达几十千米，有关研究认为该断裂带就是隐伏的查汗布勒格断裂带（图6－5）。

对比青铜峡－固原断裂带在青铜峡南侧电性结构特征和青铜峡北侧的N剖面深部电性结构特征，可见三关口断裂带（F_8）的规模和切割深度与青铜峡南侧的青铜峡－固原断裂带的规模差异较大，青铜峡－固原断裂带在青铜峡以北的延伸不与三关口断裂带相连。而在N剖面上N20测点附近的 F_{21} 断裂的规模与青铜峡南侧的青铜峡－固原断裂带的规模相似，如果 F_{21} 就是查汗布勒格断裂带，青铜峡－固原断裂带在青铜峡以北的延伸极

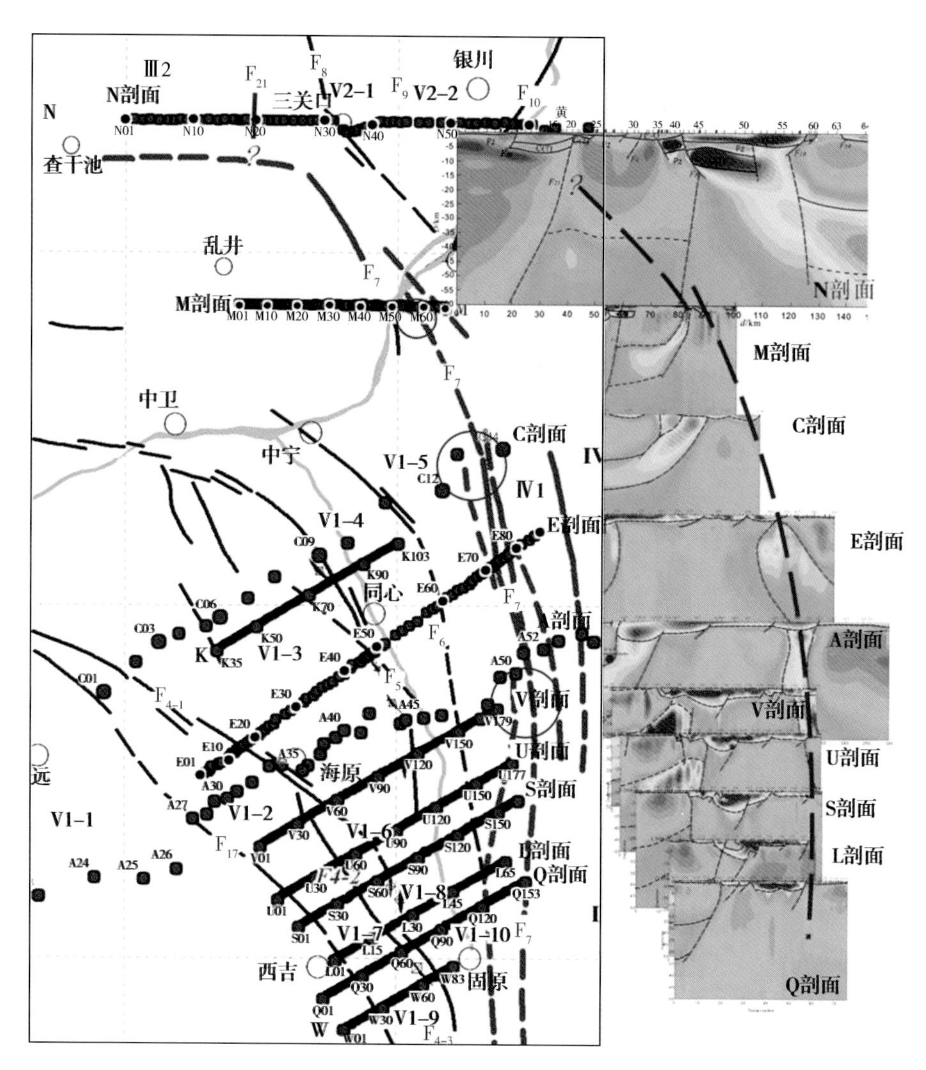

图6-5 青铜峡-固原断裂带电性特征

（据詹艳，2008，红色低阻，蓝色高阻）

F_4—海原-六盘山断裂带；F_5—香山-天景山断裂带；F_6—烟囱山断裂带；

F_7—青铜峡-固原断裂带；F_8—三关口断裂带

有可能就是和 F_{21} 相连（詹艳，2008）。

张进《陕甘宁地区古生代以来的构造及演化特征研究》（2002）关于青铜峡-固原断裂的论述：

通过在贺兰山西侧吉井子盆地和东侧花布山地区的调查，确定了青铜峡-固原断裂穿过贺兰山的具体位置及其在贺兰山西侧与东侧的构造表现以及向西的延伸状况：证实了该断裂从贺兰山南部与中部的边界-三关口处通过，穿过贺兰山后走向由北西向转变为东西向，并与查汗布勒格断裂相连；该断裂在不同的段落表现出不同的运动学特征，断裂的西段（查汗布勒格-三关口）主要表现为左行走滑性质；断裂的中段（三关口-花布山）

主要表现为挤压性质并兼有走滑分量；断裂南段（花布山－青铜峡）主要表现以逆冲性质为主兼有走滑分量。

甘肃地矿局《甘肃省大地构造概况》关于龙首山、走廊北侧、青铜峡－固原断裂的论述：

龙首山北侧大断裂向西延至合黎山附近，向东过红崖山北坡被沙漠覆盖，出露长度200 km，系龙首山拱断束与潮水断陷的分界，断裂可能形成于加里东期，在中新生代继续活动，沿断裂超基性和花岗岩侵入，属逆断层。

走廊北侧深断裂西起昌马以西与阿尔金北侧深断裂相连，沿龙首山南麓向东南延伸，过河西堡转向东，再东被沙漠覆盖，出露部分全长550 km；是阿拉善台块、敦煌地轴与走廊过渡带的分界，断裂形成于加里东期。

青铜峡－固原大断裂根据物探资料，古老基底在牛首山，罗山东麓，向西开始急剧下降，认为此处有一大断裂，它位于鄂尔多斯西缘与祁连山地槽褶皱带的分界处。

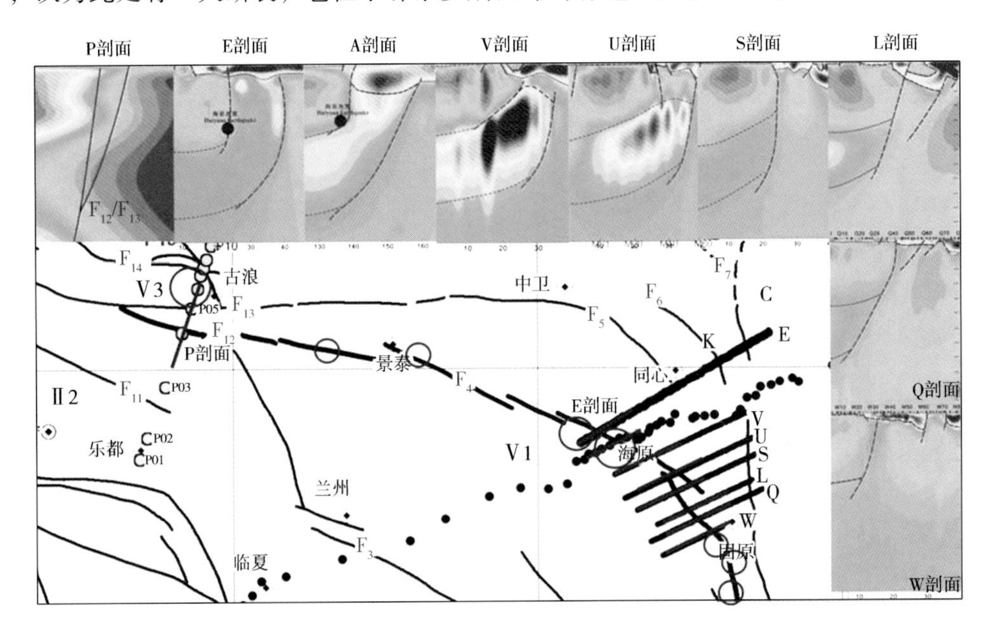

图6－6 西华山－六盘山断裂带电性结构

（据詹艳，2008，红色低阻，蓝色高阻）

F_4—海原－六盘山断裂带；F_5—香山－天景山断裂带；F_6—烟洞山断裂带；F_7—青铜峡－固原断裂带

（二）西华山－六盘山深断裂

1. 重力资料分析

该断裂在重力小波断裂分析结果可以看出（见图6－3），但是影像断断续续，不同文献所解释的结果有一定差异。

2. 大地电磁测深成果揭示的西华山－六盘山断裂带分段电性结构特征

西华山－六盘山活动断裂带是青藏高原东北缘地区乃至中国大陆现今活动最频繁的断裂带之一，沿该断裂带在1920年和1927年分别发生了海原、古浪大地震。该断裂带在西吉海原段走向为北西，左旋走滑断层，西南段走向转换为近南北向，运动性质转换为逆冲挤压。特别是近年在该断裂带上开展的详细古地震探槽研究，发现该断裂带明显分成西段（景泰段）、中段（海原段）、东段（固原段）三个段落，且具有明显的分段差异，推测这种分段和不同尺度破裂的原因可能与断层带深部结构和物性有密切关系。

九条大地电磁剖面横跨西华山－六盘山断裂带从走滑段到挤压段的关键地段，为了便于对比，把九条剖面横跨断裂带的电性结构图单独罗列在一起，自左到右再到下排列P、E、A、V、U、S、L、Q、W剖面（图6－6）。其中P剖面跨过古浪段，E、A、V、U剖面跨过该断裂带的海原段（即中段），S、L、Q和W剖面跨过该断裂带的固原段（即南段）。

九条剖面的电性结构图像清楚地看出：西华山－六盘山断裂带是明显的电性差异带，表现为较陡立且切割深度可达40 km左右：断裂带的海原段的E和A剖面上为较陡立具有一定宽度的低阻异常带，低阻异常带可以延伸到地下深度约30 km终止于壳内低阻层，往东南方向到V和U剖面上该低阻异常带的角度逐渐变缓并向北东抬起，显示为西南深、东北浅逆冲样式，在固原段较宽低阻异常带逐渐收缩变窄，电阻率逐渐增大，到马东山以南区域的Q和W剖面上表现为单一的断层样式，并且断层两侧介质的电阻率差异减小（图6－6）。

西华山－六盘山断裂带西南侧地块内发育连续成层的壳内低阻层，而其东北侧不存在大范围连续壳内的低阻层。表明西华山－六盘山断裂是青藏高原东北缘地区变形最前缘地带。

根据以上分析可得：

青铜峡－固原断裂为宁夏区内的深断裂，其北延可能与查汗布勒格断裂带（F_{21}）相连。大地电磁测深结果认为查汗布勒格断裂带（F_{21}）深切40 km，而石油地震探测结果认为是基底断裂，二者观点不一样。重力与大地电磁测深成果都证实西华山－六盘山断裂是深断裂。

三、重磁、大地电磁测深解释的构造单元边界

根据以上对两条深大断裂（青铜峡－固原断裂与西华山－六盘山断裂）的分析，把西华山－六盘山深断裂作为阿拉善微陆块－鄂尔多斯地块与祁连早古生代造山带的边界。向北西进入甘肃景泰，接唐家水－李家水坑深断裂带。把走廊过渡带归阿拉善微陆块，与《宁夏回族自治区区域地质志》基本一致。

《宁夏回族自治区区域地质志》主要综合地质建造、地层出露、构造演化等因素，把香山南麓－六盘山东麓断裂作为阿拉善微陆块－鄂尔多斯地块与祁连早古生代造山带的分界断裂，与本次研究有一定出入，分析认为，西华山－六盘山断裂与香山南麓－六盘山东麓断裂在深部应该为同一断裂，向浅层发育成两条，香山南麓－六盘山东麓断裂大规模活动时期比较早，后期活动性降低，成为一条区域性隐伏断裂，西华山－六盘山断裂相对活动较晚，在第四纪活动强烈，表现规模比较大。

四、小结

（1）根据重力、航磁、反射地震与大地电磁测深结果，青铜峡－固原断裂是阿拉善微陆块与华北陆块之鄂尔多斯地块的边界断裂，具有深断裂特征。青铜峡－固原断裂带在

青铜峡以北的延伸不与三关口断裂带相连，可能与阿拉善地块内的查汗布勒格断裂带相接。其北段向西与龙首山断裂带相接，但查汗布勒格断裂带可能不具深断裂特征。

（2）根据重磁与大地电磁测深结果，在宁夏地区有两条深断裂：青铜峡－固原深断裂与西华山－六盘山断裂，青铜峡－固原深断裂向西接西华山－六盘山断裂，本书对青铜峡－固原深断裂是阿拉善微陆块与鄂尔多斯地块的边界断裂的观点，及向西接西华山－六盘山断裂的观点与《宁夏回族自治区区域地质志》观点一致。但《宁夏回族自治区区域地质志》中关于阿拉善微陆块与鄂尔多斯地块的北部边界断裂，即贺兰山西麓断裂，由于该处位于重力图拼接的空白区，断裂特征不明显，本书不能确定两地块的边界断裂。

（3）关于河西走廊过渡带归属：

任纪舜等将祁连褶皱系划分为四个次级构造单元：①走廊过渡带；②北祁连地槽褶皱带；③祁连中间隆起或中祁连地块；④南祁连地槽褶皱带。

宋述光（1997）认为，事实上走廊过渡带是一新生代的断陷盆地，属于阿拉善地块的南部大陆边缘。而中祁连地块和柴达木地块为一泛大陆，其中发育有陆间沉积盆地（南祁连褶皱带）和陆间裂谷（拉脊山褶皱带）。

此带具有与阿拉善地块相同的前寒武纪基底，中寒武统和奥陶系地层为厚层的、紫红色陆源碎屑岩和结晶灰岩，火山岩不发育，说明走廊过渡带在早古生代是阿拉善地块的大陆斜坡（宋述光，1997）。《甘肃大地构造单元系统》把走廊被动陆缘带归阿拉善南缘褶皱带，本书的观点与《宁夏回族自治区区域地质志》观点一致，即把走廊过渡带归阿拉善微陆块。

第三节　宁夏及周缘构造单元关系分析

为了分析宁夏，特别是六盘山与周缘，南西华山、鄂尔多斯等构造单元的关系，收集了中国石化宁夏南部的三条主干综合剖面的重磁、大地电磁测深与二维地震资料，对它们进行综合解释与重震联合反演（图6－7）。

一、146.5线

重震、重电和综合地质解释的结果表明（图6－8），六盘山盆地断裂大多是早期断裂阶段正断层，后期挤压逆冲的逆断层，浅部的倾角较陡，一般在60°～70°之间，向深部逐渐变缓，并且向西南倾。重震联合反演的结果表明，海原凹陷是六盘山盆地最大的凹陷，且深度也最大，基底深度可达6000 m，保存有古近－新近系、白垩系、侏罗系和石炭－二叠系等完整的地层。

在剖面横坐标40 km处，对应着重力升高的陡坡带，重力幅值最高处对应于西华山褶皱带，主要出露元古界变质岩系和少量下古生界，褶皱变形也十分强烈。

在剖面横坐标120～150 km，即窑山－烟洞山断裂、青铜峡－固原断裂以东已出露早古生界寒武奥陶系。其对应的也是重力异常幅值最大的地方，再往东缘外侧，即鄂尔多斯盆地西缘的南北向冲断带，主要出露下古生界的下奥陶统、寒武系、震旦系和少量石炭－二叠系，褶皱变形十分强烈。

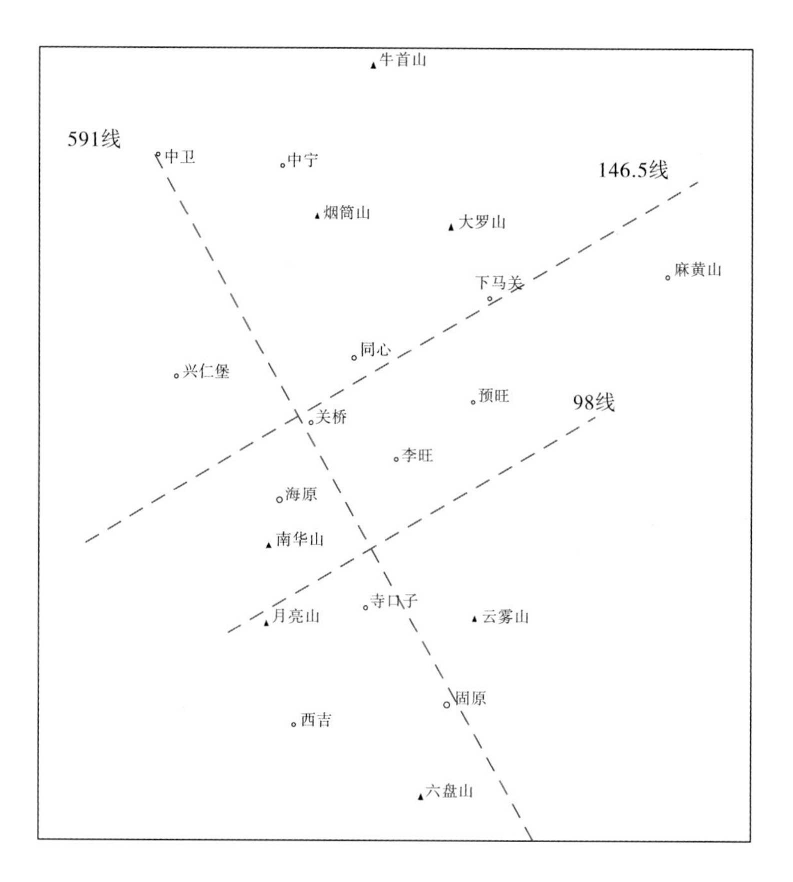

图6－7　宁夏南部的三条综合剖面位置

（据中国石化，2002）

二、591 线

在盆地北缘外侧主要为古生界出露区，分布着大面积的寒武系和零星的泥盆系、石炭系。其中香山一带的校育川石炭系出露较好，层序较完整，主要由浅海相－滨湖相的碳酸盐岩及海相交互煤系组成，总厚达 1180 m，其中黑色和深灰色页岩及炭质页岩较发育，厚约 180 m。

六盘山盆地的南北边界位置，东南界位于 40 号点附近的局部重力高及梯度带，即以青铜峡－固原断裂为界。以西的固原凹陷为第四系、古近－新近系和下白垩统广泛分布。其东的鄂尔多斯西缘逆冲带已有下奥陶统零星出露。盆地的北界在梨花坪凸起的北界，即校育川附近（图 6－9）。

591 线上断裂的特征和性质与 146. 5 线相同，即多数断层为逆冲性质，浅部陡立，往深部变缓，向西南倾。重震联合反演结果表明，固原凹陷往南逐渐变缓，到固原凹陷南端的炭山断阶，古近－新近系、白垩系已出露地表。但剩余重力异常曲线最低值在 60 ~ 80 号点附近，固原凹陷的中心并不在这里的原因可能是固原凹陷地层密度与北部的有较大差别造成。

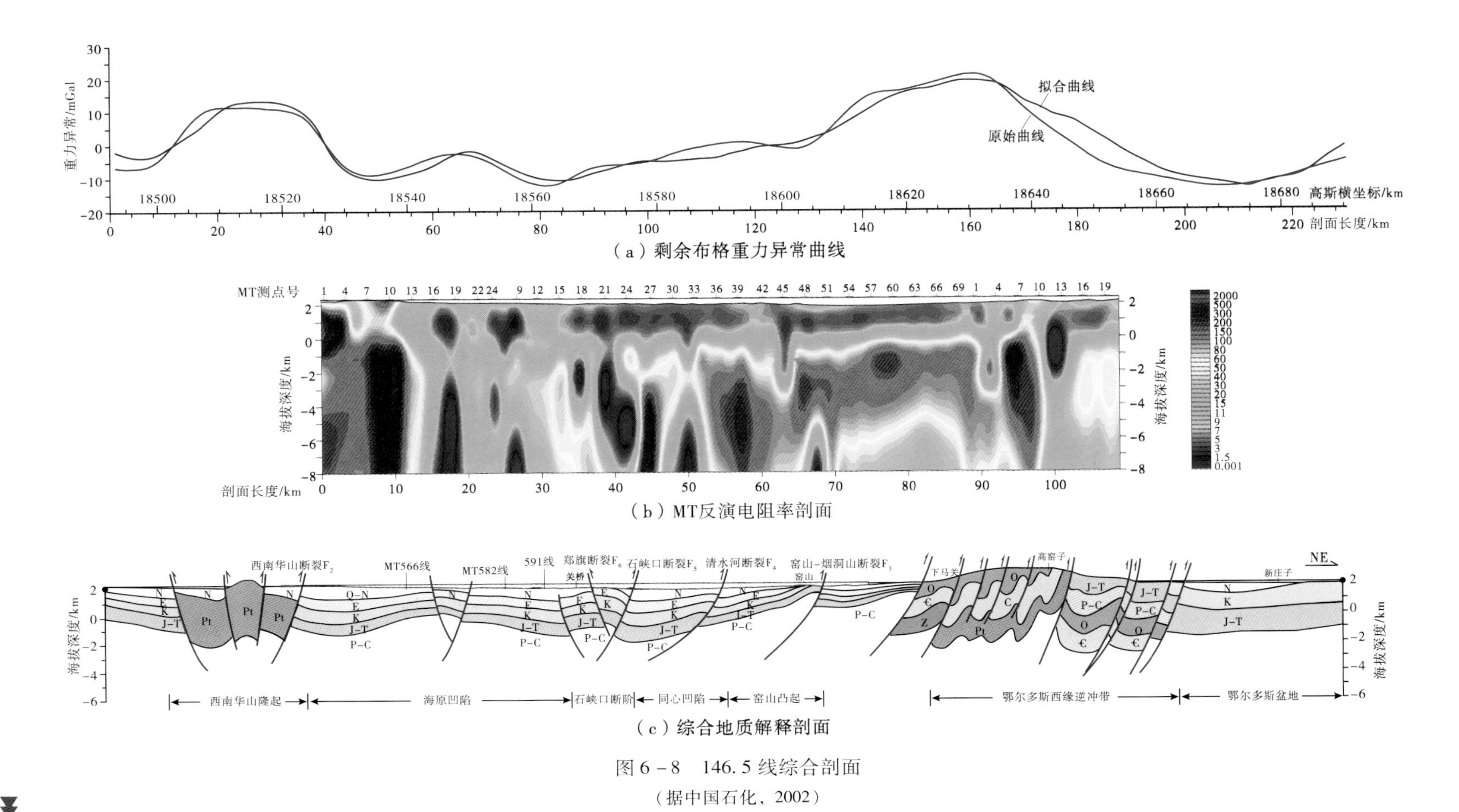

(a) 剩余布格重力异常曲线

(b) MT反演电阻率剖面

(c) 综合地质解释剖面

图 6-8　146.5 线综合剖面

(据中国石化, 2002)

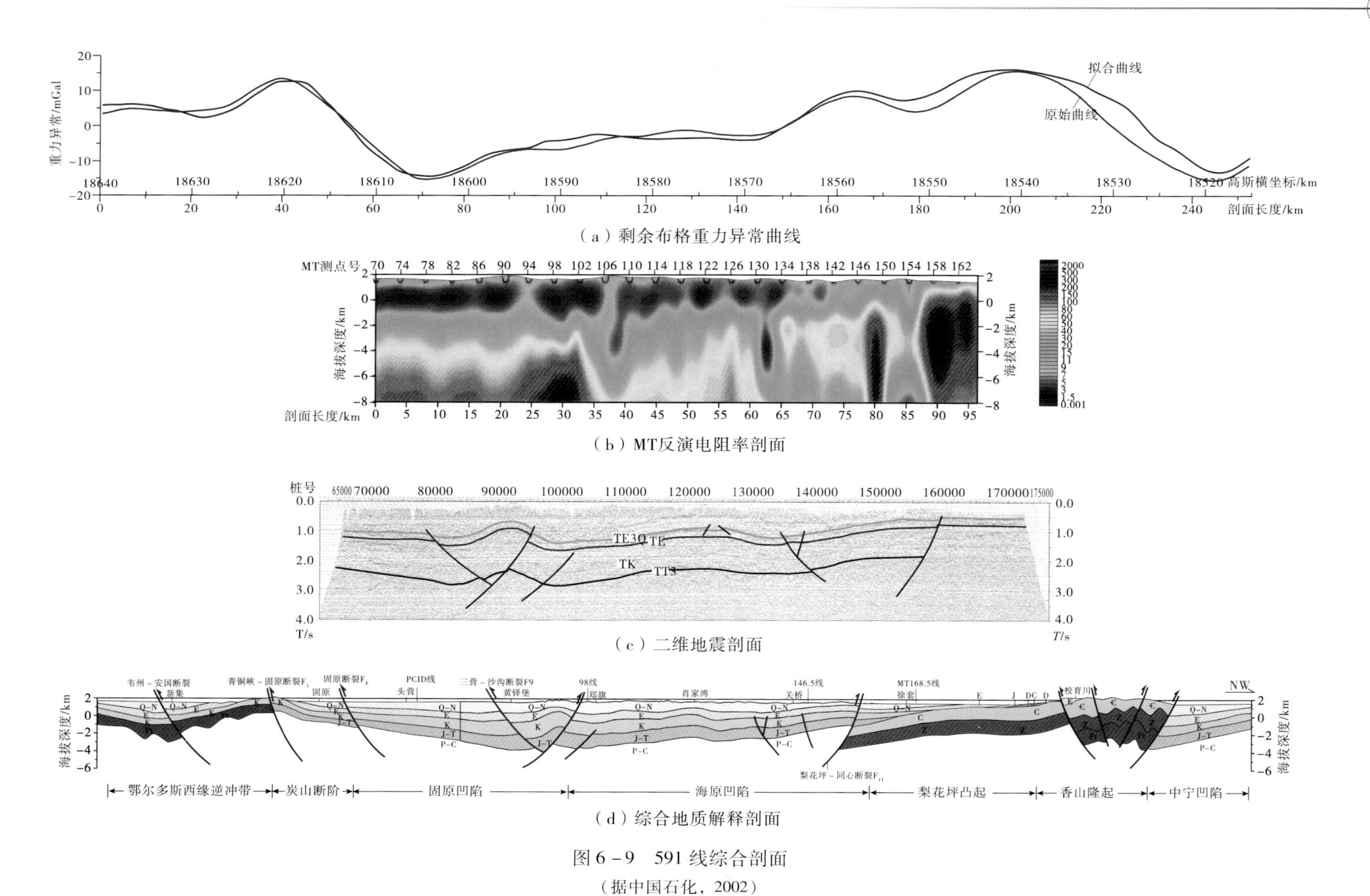

（a）剩余布格重力异常曲线

（b）MT反演电阻率剖面

（c）二维地震剖面

（d）综合地质解释剖面

图6－9　591线综合剖面

（据中国石化，2002）

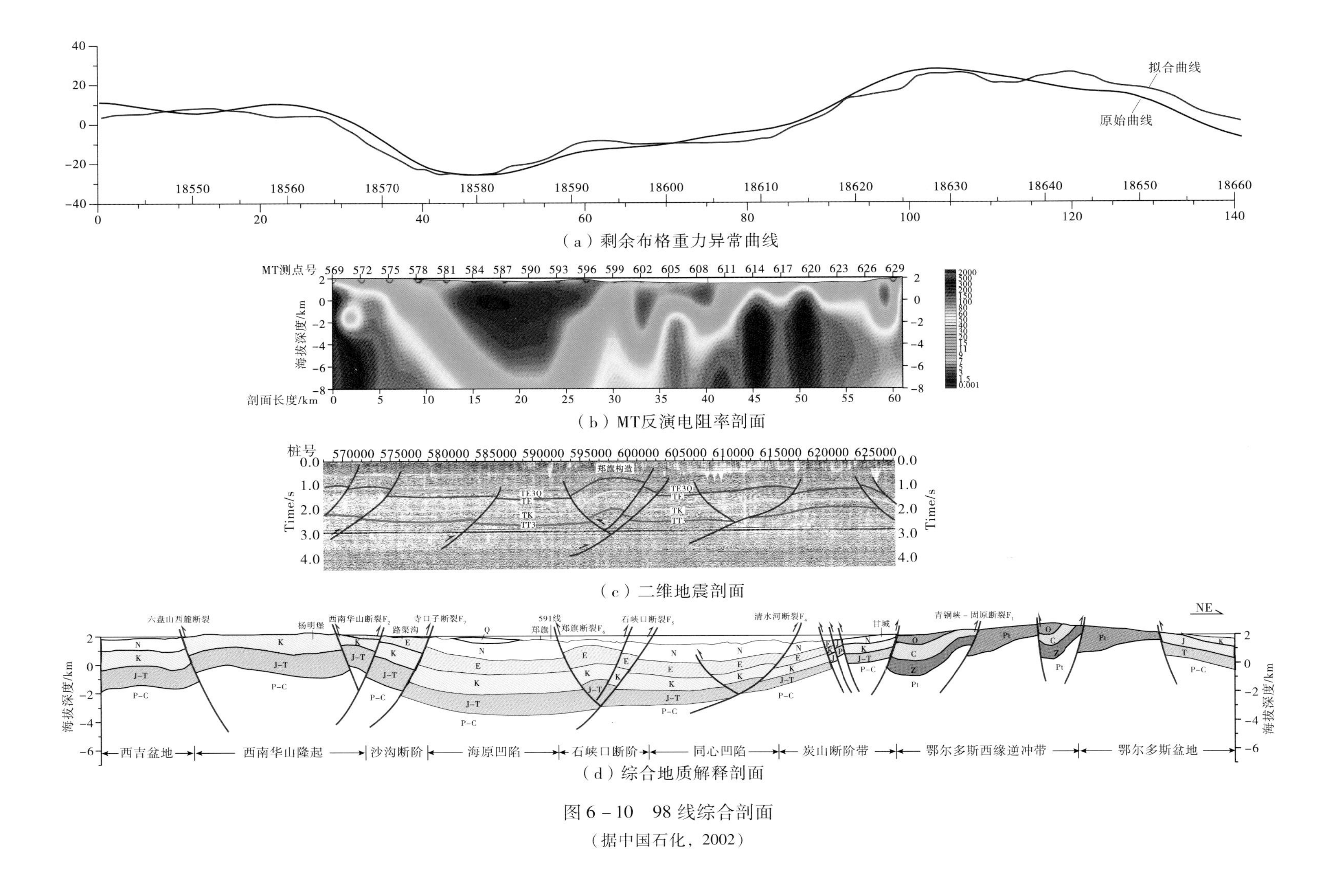

（a）剩余布格重力异常曲线

（b）MT反演电阻率剖面

（c）二维地震剖面

（d）综合地质解释剖面

图6-10　98线综合剖面

（据中国石化，2002）

三、98线

剖面中间的重力降低带反映六盘山盆地的主体，其主要构造单元有沙沟断裂、海原凹陷、石峡口断阶和同心凹陷。寺口子断裂以西的重力升高带为南西华山隆起，南西华山断裂作为六盘山盆地的西界，而清水河断裂往东，剩余重力值逐渐升高，该重力线性梯度带为青铜峡－固原断裂的反映，青铜峡－固原断裂以东，宽缓的重力高带为鄂尔多斯西缘逆冲带，在其隆起的核部已出露下古生界寒武－奥陶系，而往东即进入鄂尔多斯盆地，重力异常呈逐渐下降的趋势，地表可见侏罗－三叠系（图6－10）。

四、构造单元关系

（一）六盘山盆地与南西华山关系

南西华山是六盘山盆地的西南边缘隆起带，类似于龙门山对于四川盆地和南北构造带对于鄂尔多斯盆地。在青藏地块由西南向东北推挤的过程中，由于南西华山与早期的断坳盆地之间存在有力学不连续界面，容易因应力集中而破裂，导致发生逆冲而逼迫断坳盆地扭曲变形，进而发展成为压性拗陷盆地－再生前陆盆地（图6－11）。

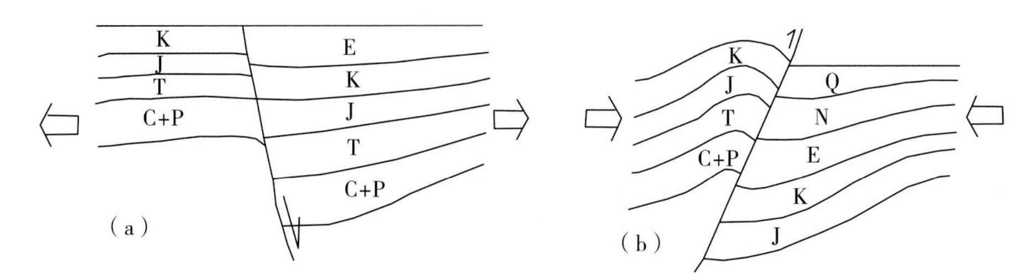

六盘山盆地从早期断坳（a）转换为后期压陷（b）的成因模式

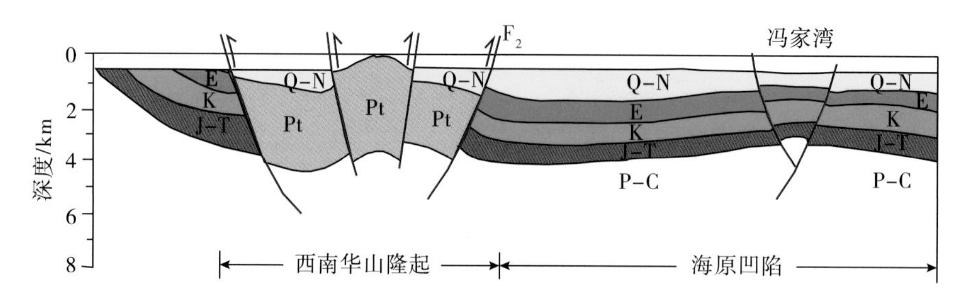

图6－11　六盘山盆地与南西华山关系

（二）六盘山盆地与鄂尔多斯盆地关系

六盘山盆地与鄂尔多斯盆地并无直接关系。二者具有共同的古生界基底，但自晚三叠纪以后分割为不同的大地构造单元，无论是盆地的构造类型、性质，还是发展演化的历史都有很大差异。

（三）六盘山盆地与香山隆起关系

香山隆起与南西华山对应，是六盘山盆地的东北缘隆起带。在晚中生代，六盘山盆地是夹于香山隆起与南西华山隆起之间的一个克拉通边缘的张性断坳盆地。这时，香山隆起与南西华山隆起的地位相当。

而当青藏地块由西南向东北推挤时，西华山隆起带随之向早期张性断坳盆地推挤，在六盘山再生前陆盆地的形成中处于主动施力状态，而香山隆起带处于被动抵抗状态（图6－12）。

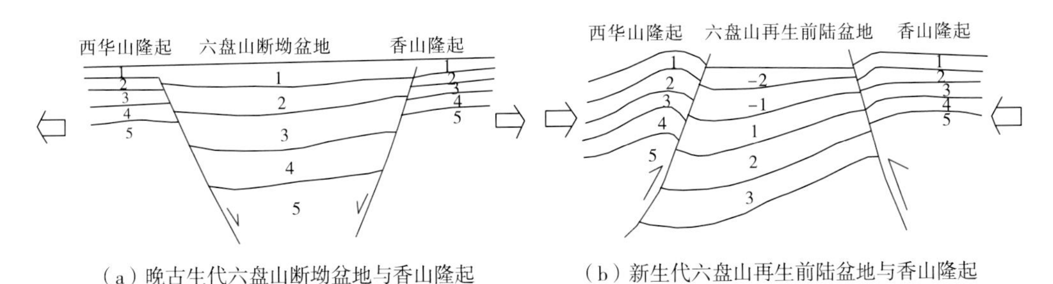

（a）晚古生代六盘山断坳盆地与香山隆起　（b）新生代六盘山再生前陆盆地与香山隆起

图6－12　六盘山盆地与香山隆起

（四）石峡口断阶与鄂尔多斯西缘逆冲带的对比

不能简单地对比。石峡口断阶及两侧与鄂尔多斯西缘逆冲带在构造性质上有类似的地方，都起因于构造挤压作用，但形成历史、环境和规模不相同。

据前人研究，鄂尔多斯西缘逆冲带在晚三叠纪就已经形成，是晚三叠纪鄂尔多斯前陆盆地的西部盆缘断裂带，如同龙门山断裂带对于四川盆地。从侏罗纪以来，特别是晚侏罗纪，伴随着伊朗－阿富汗－冈底斯微大陆群的聚敛和中特提斯洋的闭合，以及古近－新近纪以来印度板块的俯冲消减，鄂尔多斯西缘逆冲带又曾多次遭受强烈挤压，最终成为规模宏大、变形强烈而复杂的南北向褶皱－逆冲构造带，如图6－13（a）所示。

石峡口断阶是六盘山盆地内部的小规模次级隆起带——逆冲推覆构造楔。根据地震和钻探资料分析，石峡口断阶可能是在晚中生代克拉通边缘断坳盆地的基础上，由古近－新近纪以来的印度板块俯冲消减作用驱动的构造反转造成的。其规模小，变形较为简单，如图6－13（b）所示。也正因为这样，其中的油气保存条件应当比鄂尔多斯西缘逆冲带更好一些。

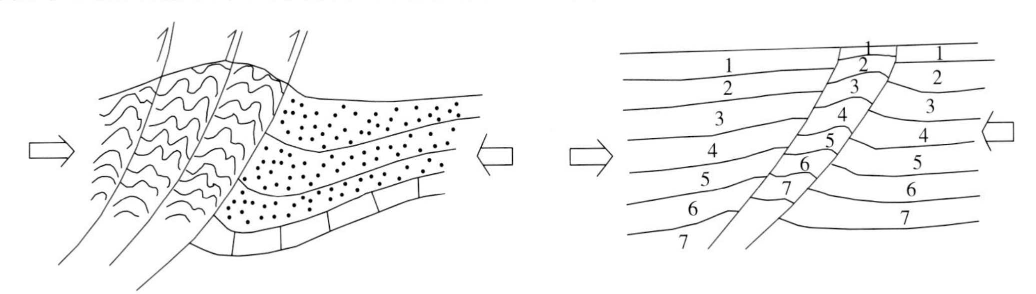

（a）鄂尔多斯西缘逆冲带成因模式　（b）六盘山盆地石峡口断阶成因模式

图6－13　石峡口断阶与鄂尔多斯西缘逆冲带的对比

第四节 宁夏全区断裂展布特征

宁夏处于华北地块/鄂尔多斯地块、阿拉善微陆块与祁连早古生代造山带三个构造单元的结合部位，地质历史时期经历多次的拉张、挤压、扭旋等多种应力作用，造成宁夏区内成因复杂，样式多样，展布特征各异，多种类型并存的复杂断裂展布现状。

近年来，针对宁夏全区断裂展布特征，多个研究课题做了不同程度的刻画与描述。《宁夏回族自治区区域地质志》根据地层出露情况共划定了不同级别断裂14条，其中 F_{11} 香山南麓－六盘山东麓断裂为北祁连中－新元古代活动陆缘与华北古陆块的分界，F_8 牛首山－罗山－崆峒山东麓断裂是阿拉善微陆块与华北陆块的分界，其余断裂为三、四、五级构造单元界线，利用地层出露划定的断裂性质清楚，位置准确，可靠性较强，但是针对隐伏于第四系之下的较小规模断裂，无法识别。宁夏物勘院《宁夏全区物化探基础图件编制》主要依据所编重力异常图较系统地在宁夏全区共确定（划定）Ⅰ级断裂2条、Ⅱ级断裂5条、Ⅲ级断裂18条，Ⅳ级断裂66条，总计91条。作为针对宁夏全区各级别断裂的系统划定与描述，受于断裂识别的技术方法的局限性和单一性，对局部地区小规模断裂的划定不尽全面。

本次工作对全区1：20万重力数据进行处理，分别求取垂向二阶导数、水平总梯度模、水平方向导数、小波变换与斜导数，在处理的结果数据上独立划定全区断裂，再利用五种方法独立划定断裂结果，相互对比，相互印证，对全区断裂构造进行了初步解译。为了使全区构造方案更加合理，更加可靠，在初步成果的基础上，应用大地电磁测深剖面、可控源音频大地电磁剖面、二维地震剖面对构造格架进行比对验证，对局部断裂进行校正、完善，并最终提交出全区断裂分布新方案（图6－14）。

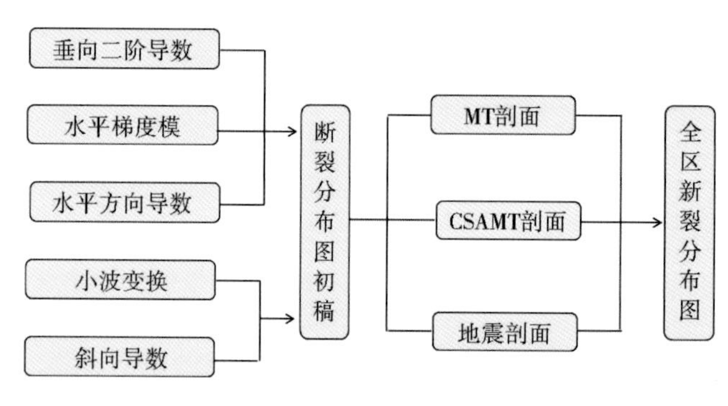

图6－14 全区构造划分技术流程图

一、多技术方法联合解译断裂

（一）垂向二阶导数与水平总梯度模

垂向二阶导数作为边界识别的常用技术方法，利用零值线的位置确定断裂的位置和地层岩体的边界，具有对各级别断裂识别能力强的优点，并且识别能力不受断裂展布方向的影响，具备全方位识别的特点。此次工作，利用垂向二阶导数在全区共识别各级别断裂133条（图6－15），在宁夏北部（银川地堑）、西部（卫宁新生代断陷、卫宁北山、香山地区）、南部（西吉地区、六盘山盆地、彭阳地区）大部分区域断裂痕迹明晰，细节信息丰富，因此，该方法能够为断裂划定提供较为可靠的依据。在宁夏东部（宁东地区），垂向二阶导数平面图呈现出杂乱无序的特征，表明此方法尚不具备对宁东地区小规模断裂的识别和划定能力。另外，由于欠缺针对各级断裂的分级能力，垂向二阶导数难以区分青铜峡－固原断裂、西华山－六盘山这两条Ⅰ级断裂与其配套的次级断裂，所以对Ⅰ级断裂位置划定不够准确。

与垂向二阶导数相似，水平总梯度模也是一种常用的断裂识别技术方法，不同的是，水平梯度模具有受局部重力异常变化影响小，且对导数方向不敏感的特点。水平总梯度模利用它的极大值确定断裂的位置和异常体的边界。在宁夏全区，有青铜峡－固原断裂与西华山－六盘山断裂2条Ⅰ级断裂，贺兰山西麓断裂、车道－阿色浪断裂、三营－甘塘断裂、六盘山西麓断裂等5条Ⅱ级断裂，正谊关断裂、黄河断裂、天都山－月亮山断裂、共和－治平断裂等15条Ⅲ级断裂在水平梯度模平面图上显示非常清晰，轨迹明确，该方法能够作为识别本区较大规模断裂的可靠技术方法。水平梯度模对小规模断裂（主要为Ⅳ级断裂）识别能力有限，尤其在宁东地区。利用本方法，在全区共划定断裂98条，其中Ⅰ级断裂2条，Ⅱ级断裂4条，Ⅲ级断裂15条，其余77条均为Ⅳ级断裂（图6－16）。

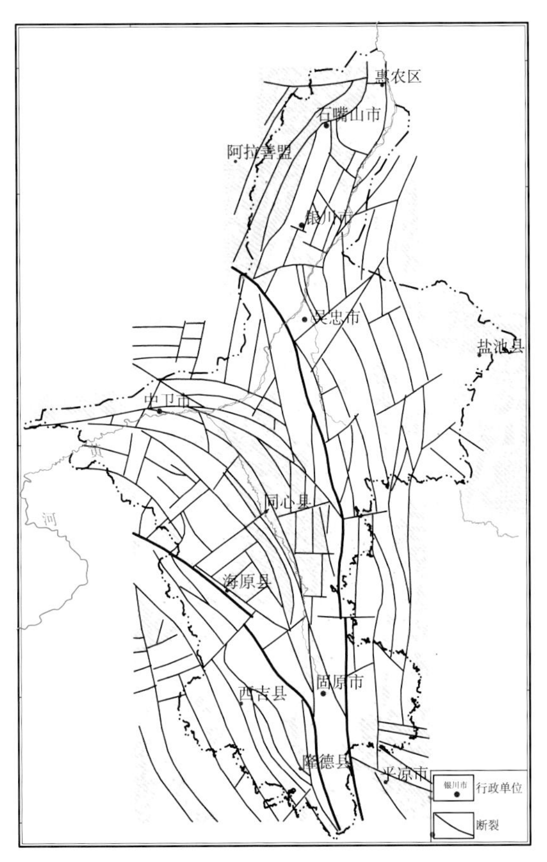

图6－15　垂向二阶导数推断断裂图

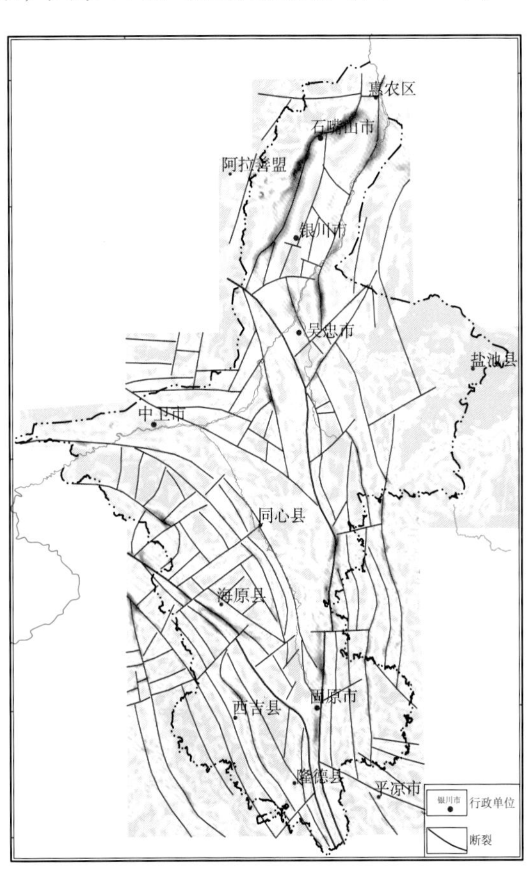

图6－16　水平总梯度模推断断裂图

（二）水平方向导数

水平方向导数作为边界识别的另一种常用技术手段，能够反映出与计算方向相垂直的方向展布的断裂，利用极大值（或极小值）位置确定断裂的位置和地层岩体的边界。一般情况下，0°、45°、90°、135°四个方位的水平方向导数能够较为详尽地反映出工作区断裂的分布状况，由于本区断裂较为复杂的西南地区，断裂主要延伸方向为北北西向(330°方向)，所以，在原来四个方位的基础上增加了60°方位的水平方向导数，以求对断裂识别有更好的效果（图6－17）。

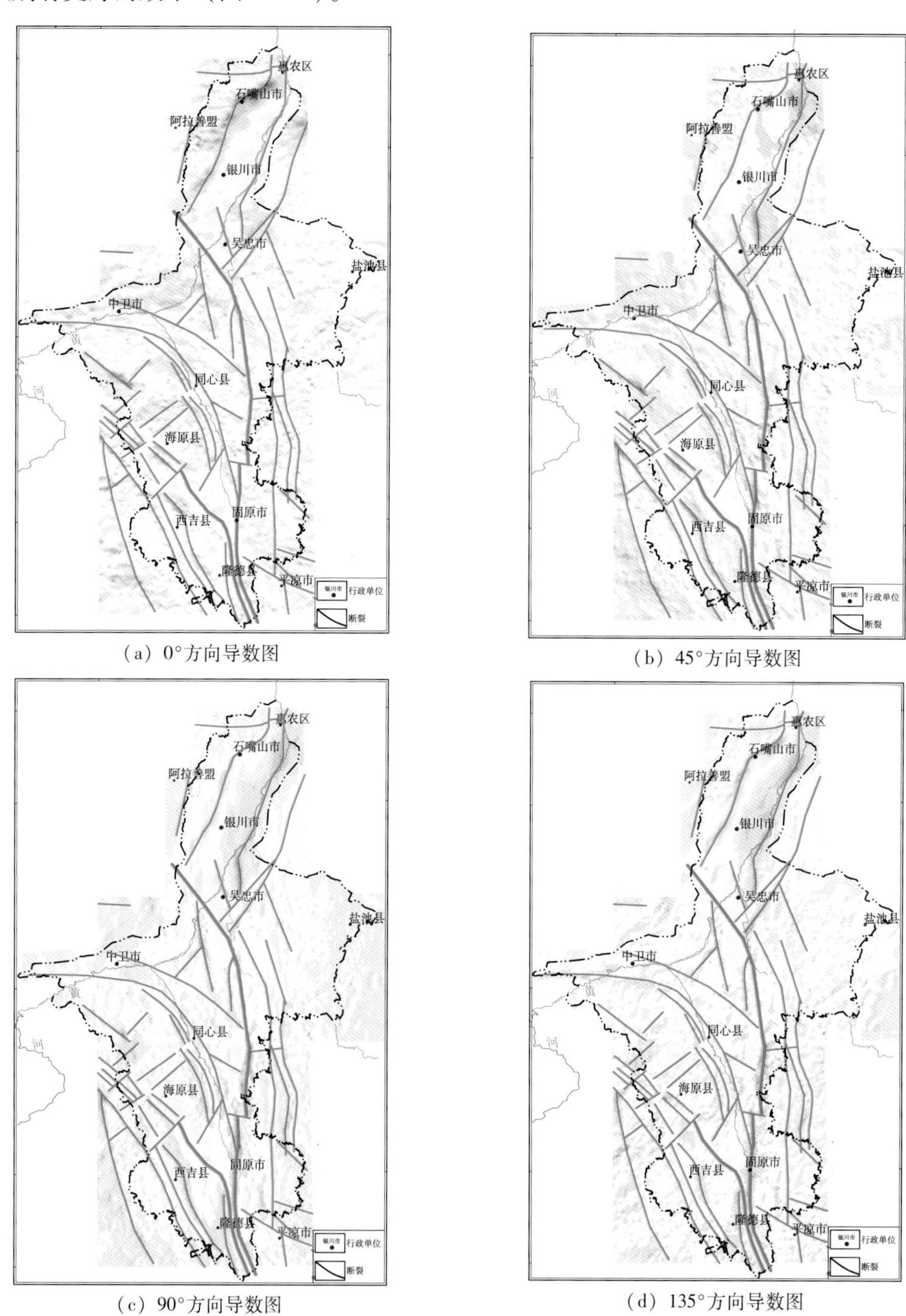

(a) 0°方向导数图

(b) 45°方向导数图

(c) 90°方向导数图

(d) 135°方向导数图

图6－17　方向导数推断断裂图

可以看出，尽管一定方位的方向导数对单个方位展布的断裂均具有较好的识别能力，但是其对小规模（Ⅳ级）断裂的反映不明显，且对断裂的分级能力不强，利用五个不同方位的方向导数在全区共识别断裂56条，其中Ⅰ级断裂两条，其余断裂级别不详。

（三）小波变换

小波变换作为一种新的、重要的边界识别的技术方法，在本次全区断裂的划定过程中起着主要的作用。

从对断裂识别的对应性方面划分，小波变换可以分为：小波垂直变换、小波水平变换和小波对角变换；从对断裂的识别能力方面划分，小波变换则可以分为二阶变换、三阶变换、四阶变换、五阶变换和六阶变换，本次断裂划定工作分别完成了小波垂直、小波水平、小波对角变换的二阶、三阶、四阶和五阶变换。

1. 小波垂直变换

小波垂直变换能够很好地反映全区（近）南北向展布的断裂，随着变换阶数升高，其反映出的断裂级别也下降，同时反映出更多的断裂分布的细节（图6－18）。

小波五阶垂直变换主要反映（近）南北向展布的Ⅰ级主干断裂，即青铜峡－固原断裂，同时反映出北部北北西走向的银川盆地的两条边界断裂，即贺兰山西麓断裂与黄河断裂；小波四阶垂直变换反映（近）南北向展布的Ⅱ级断裂，主要有贺兰山西麓断裂、车道－阿色浪断裂、六盘山西麓断裂和屈吴山－南湖断裂；小波三阶垂直变换反映（近）南北向展布的Ⅲ级断裂，如贺兰山东麓断裂、黄河断裂、峡口－宁东断裂、白土岗－芒哈图断裂、白土岗－青龙山－彭阳断裂等；小波二阶垂直变换反映（近）南北向展布的Ⅳ级断裂。小波垂直变换针对（近）南北向展布的断裂具有很强的识别与划分能力，断裂痕迹明显清晰、走向明确，位置清楚，南北向展布的断裂主要分布在北部的银川盆地与中南部的宁夏古脊梁及其以东地区，断裂主要为青铜峡－固原断裂及其附属断裂。

2. 小波水平变换

小波水平变换能够很好地反映全区（近）东西向展布的断裂，随着变换阶数降低，其反映出的断裂级别也下降，同时反映出更多的断裂分布的细节（图6－19）。

小波五阶水平变换主要反映（近）东西向展布的主干断裂，由于走向的差异，小波水平变换针对青铜峡－固原断裂与西华山－六盘山断裂两条Ⅰ级断裂反映模糊，基本无法识别划分；小波四阶水平变换反映（近）东西向展布的Ⅱ级断裂，主要为温都尔勒图－恩和－马高庄断裂的温都尔勒图至恩和段与甘塘－三营断裂的温都尔勒图至米钵山段；小波三阶水平变换反映（近）南北向展布的Ⅲ级断裂，如：峡口－宁东断裂、白土岗－芒哈图断裂、马高庄北断裂与曙光南断裂；小波二阶水平变换反映（近）东西向展布的Ⅳ级断裂，主要分布于宁东地区与彭阳南部。

小波水平变换针对（近）东西向展布的断裂具有很强的识别与划分能力，其反映出的断裂主要为Ⅲ级、Ⅳ级断裂，分布于宁东、彭阳南部等区域，断裂细节信息丰富，为全区东西向展布断裂的刻画提供较为可靠的依据。

3. 小波对角变换

小波对角变换能够反映全区北西－南东向、北东－南西向展布的断裂，随着变换阶数

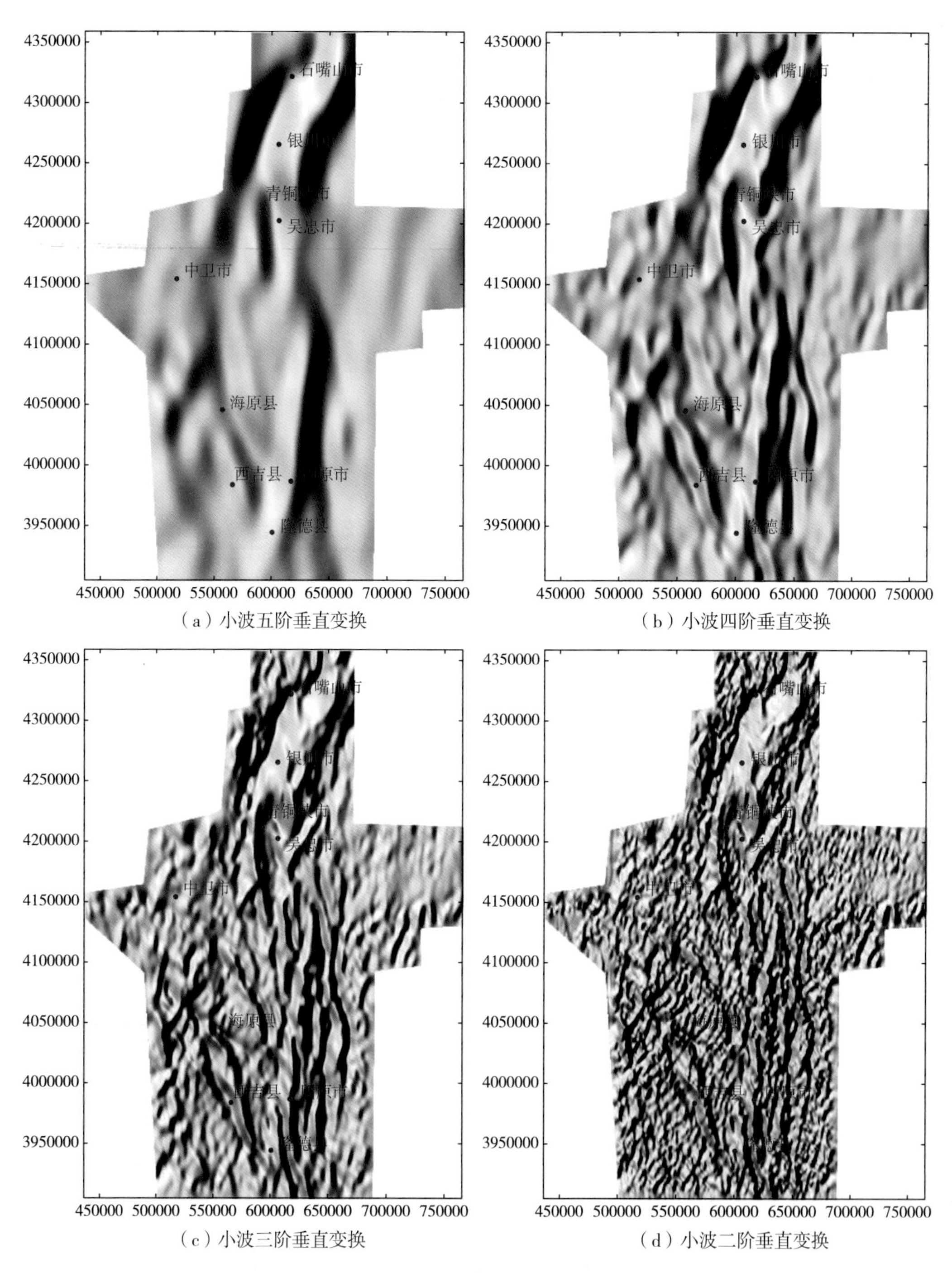

（a）小波五阶垂直变换

（b）小波四阶垂直变换

（c）小波三阶垂直变换

（d）小波二阶垂直变换

图 6－18　小波垂直变换推断断裂图

降低，其反映出的断裂级别也下降，同时反映出更多的断裂分布的细节（图 6－20）。

小波五阶对角变换主要反映北西－南东向展布的主干断裂，在本区，西华山－六盘山断裂反映清晰；小波四阶对角变换反映北西－南东向、北东－南西向展布的Ⅱ级断裂，主

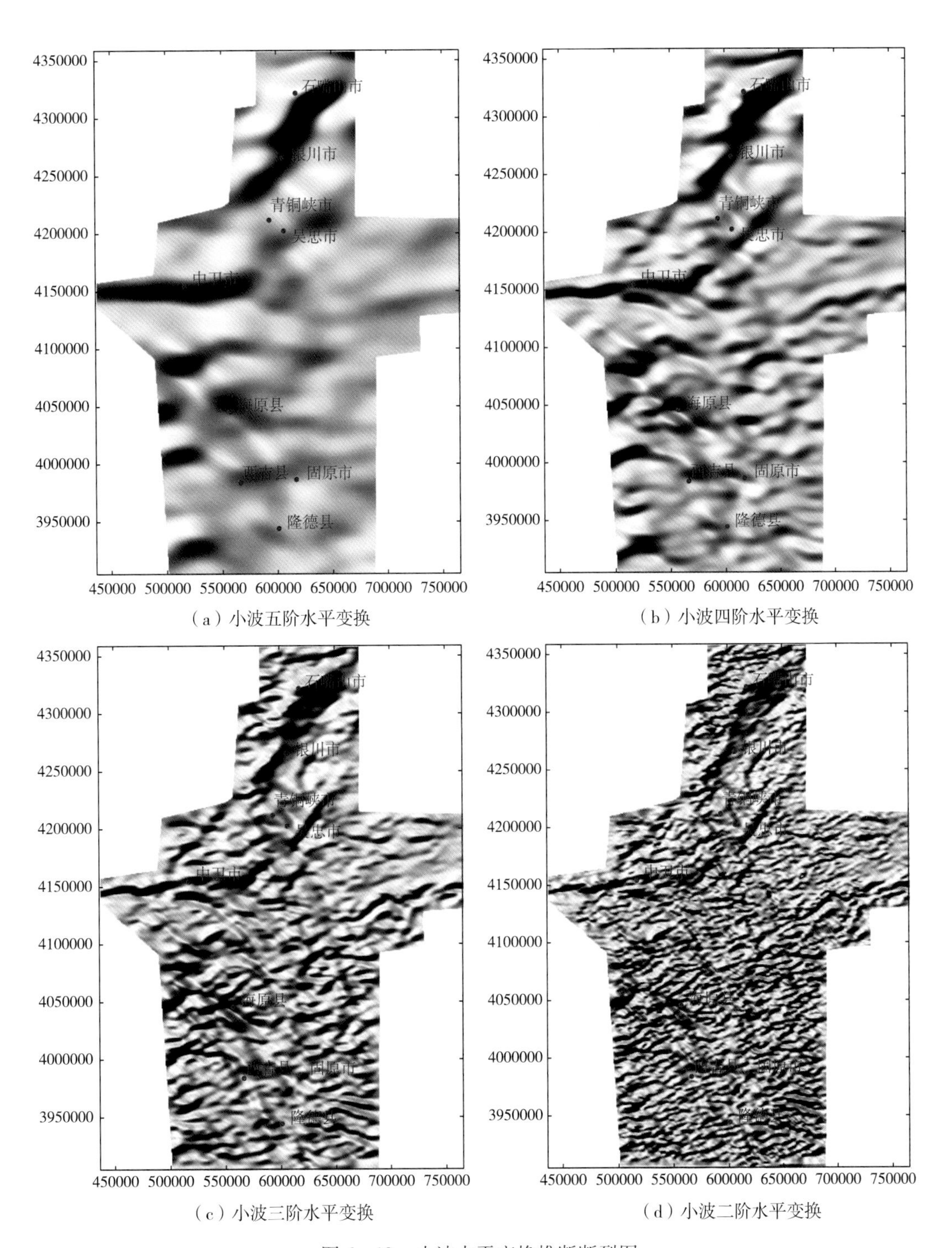

（a）小波五阶水平变换

（b）小波四阶水平变换

（c）小波三阶水平变换

（d）小波二阶水平变换

图 6－19　小波水平变换推断断裂图

要有贺兰山西麓断裂、温都尔勒图－恩和－马高庄断裂的恩和至马高庄段、甘塘－三营断裂的米钵山－三营段以及屈吴山－南湖断裂；小波三阶对角变换反映北西－南东向、北东－南西向展布的Ⅲ级断裂，如：贺兰山东麓断裂、黄河断裂、峡口－宁东断裂、喊叫

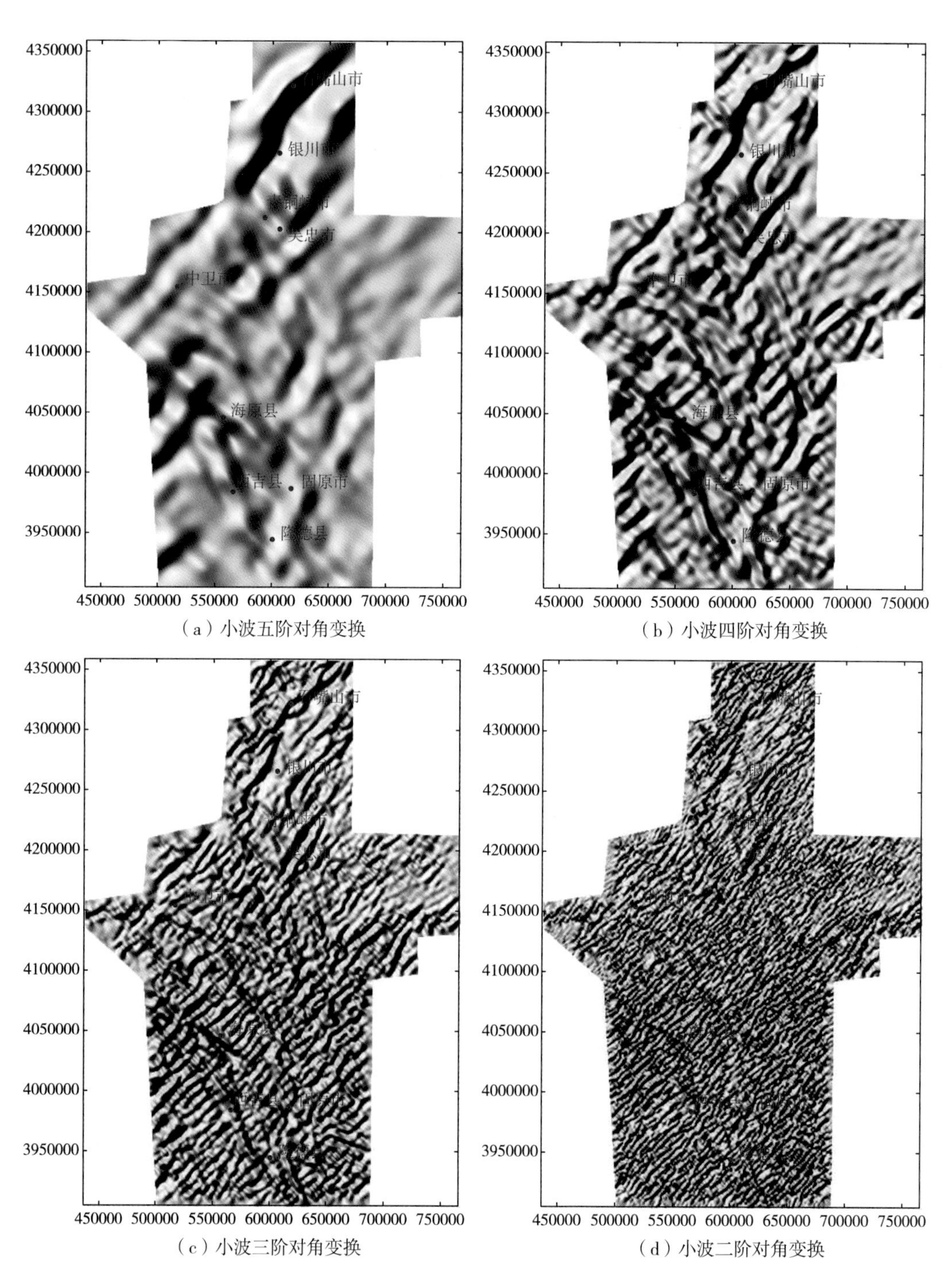

（a）小波五阶对角变换

（b）小波四阶对角变换

（c）小波三阶对角变换

（d）小波二阶对角变换

图 6－20　小波对角变换推断断裂图

水－黑城断裂、共和－治平断裂等；小波二阶对角变换反映北西－南东向、北东－南西向展布的Ⅳ级断裂，主要为分布于西吉、海原地区北西－南东向展布的小规模断裂。

小波对角变换针对北西－南东向、北东－南西向展布的断裂具有很强的识别与划分能力，断裂分布西南部的卫宁北山、徐套、海原、西吉、隆德等区域，断裂痕迹清晰，细节信息丰富，为全区西南部断裂的刻画提供较为可靠的依据。

综上所述，小波变换作为一种全新的边界识别的技术方法，具备以下两点重要的优势：第一，针对全区（近）南北向、（近）东西向、北西－南东向与北东－南西向展布的断裂均具备良好的识别能力；第二，对于全区各级别（Ⅰ级、Ⅱ级、Ⅲ级、Ⅳ级）断裂具有良好的区分能力。

本次利用小波变换共识别断裂218条，其中Ⅰ级断裂2条，Ⅱ级断裂6条，Ⅲ级断裂20条，Ⅳ级断裂190条（图6－21）。

（四）斜导数

斜导数（Tiltderivative，也称倾斜角（Tilt－angle））是继垂向导数、水平方向导数之后另外一种重要的边界识别的技术方法，也是一种较为新颖的断裂划定手段，与其余方法相比较，斜导能够克服因断裂走向的不同对识别划定能力所带来的影响，其具备三方面重要优势：

第一，全方位。斜向导数针对（近）南北向、（近）东西向、北西－南东向与北东－南西向展布的断裂均具有良好的识别能力。

第二，多尺度。斜向导数对于Ⅰ级断裂、Ⅱ级断裂、Ⅲ级断裂、Ⅳ级断裂有良好的识别与区分能力。

第三，强定位。斜向导数反映断裂走向清晰，细节信息丰富，断裂位置明确。

综合分析认为：斜向导数作为全新的边界识别技术方法，能够为全区断裂划定提供可靠、翔实、准确的参考依据，利用本方法共识别断裂255条，其中Ⅰ级断裂2条，Ⅱ级断裂6条，Ⅲ级断裂20条，Ⅳ级断裂227条（图6－22）。

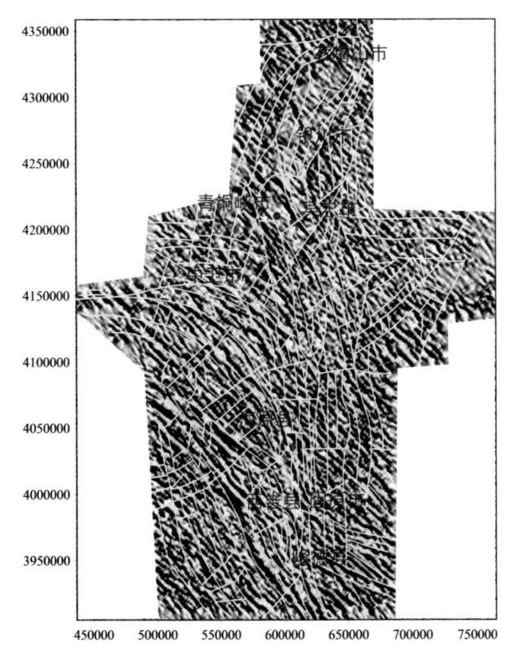

图6－21　小波变换推断断裂图

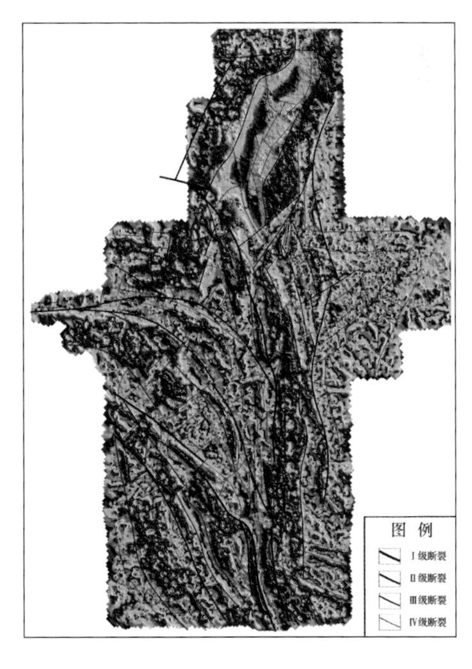

图6－22　斜导数推断断裂图

（五）多种方法联合解译断裂

各种方法单一识别断裂均有一定优势与不足之处，为了克服这种局限性，更加准确解译各级别断裂分布位置，确定其走向、倾向、倾角、区内延伸长度、交切关系、向下切割地层深度等一系列空间展布特征，本次工作将垂向二阶导数、水平总梯度模、水平方向导数、小波变换与斜导数五种方法联合应用，相互对比，相互印证，对全区断裂进行了重新解译、编号、命名，确定了宁夏回族自治区断裂分布新方案。

全区共解译断裂265条，其中：Ⅰ级断裂2条，分别是青铜峡－固原断裂（$F_{Ⅰ}^{1}$）、西华山－六盘山断裂（$F_{Ⅰ}^{2}$），均为可靠断裂；Ⅱ级断裂6条，分别是贺兰山西麓断裂（$F_{Ⅱ}^{1}$）、车道－阿色浪断裂（$F_{Ⅱ}^{2}$）、温都尔勒图－恩和－马高庄断裂（$F_{Ⅱ}^{3}$）、甘塘－三营断裂（$F_{Ⅱ}^{4}$）、六盘山西麓断裂（$F_{Ⅱ}^{5}$）与屈吴山－南湖断裂（$F_{Ⅱ}^{6}$），均为可靠断裂；Ⅲ级断裂20条，分别是正谊关断裂（$F_{Ⅲ}^{1}$）、贺兰山东麓断裂（$F_{Ⅲ}^{2}$）、黄河断裂（$F_{Ⅲ}^{3}$）、峡口－宁东断裂（$F_{Ⅲ}^{4}$）、白土岗－芒哈图断裂（$F_{Ⅲ}^{3}$）、腾格里额里斯－余丁断裂（$F_{Ⅲ}^{6}$）、烟洞沟断裂（$F_{Ⅲ}^{7}$）、卫宁北山东麓断裂（$F_{Ⅲ}^{8}$）、牛首山西麓断裂（$F_{Ⅲ}^{9}$）、罗山西麓断裂（$F_{Ⅲ}^{10}$）、白土岗－青龙山－彭阳断裂（$F_{Ⅲ}^{11}$）、暖泉－惠安堡断裂（$F_{Ⅲ}^{12}$）、磁窑堡－曙光断裂（$F_{Ⅲ}^{13}$）、马高庄北断裂（$F_{Ⅲ}^{14}$）、喊叫水－黑城断裂（$F_{Ⅲ}^{13}$）、西湾－兴仁断裂（$F_{Ⅲ}^{16}$）、天都山－月亮山断裂（$F_{Ⅲ}^{17}$）、树台－西滩－神林断裂（$F_{Ⅲ}^{18}$）、共和－治平断裂（$F_{Ⅲ}^{19}$）和曙光南断裂（$F_{Ⅲ}^{20}$），均为可靠断裂；Ⅳ级断裂237条，其中：海子湖断裂（$F_{Ⅳ}^{14}$）、陶乐东2号断裂（$F_{Ⅳ}^{19}$）等77条为可靠断裂，芦花台西断裂（$F_{Ⅳ}^{2}$）、陶乐西断裂（$F_{Ⅳ}^{20}$）等113条为待验证断裂，其余47条为推测断裂（注释：由三种及三种以上边界识别方法解译的断裂为可靠断裂，由两种边界识别方法解译的断裂为待验证断裂，只由一种边界识别方法单独解译的断裂为推测断裂）（图6－23）。

（六）与《宁夏全区物化探基础图件编制》对比

受限于边界识别技术的单一性，宁夏物勘院《宁夏全区物化探基础图件编制》全区共确定Ⅰ级断裂2条、Ⅱ级断裂5条、Ⅲ级断裂18条，Ⅳ级断裂66条，总计91条（图6－24）。

与本次全区断裂分布方案相比较，异同点体现在三个方面。

(1)《宁夏区域重磁资料开发利用研究》较《宁夏全区物化探基础图件编制》更精细。体现在所解译断裂的条数方面，本次共解译各级断裂265条，多出老方案174条，新解译的断裂包括Ⅱ级断裂1条，为温都尔勒图－恩和－马高庄断裂（$F_{Ⅱ}^{3}$）；Ⅲ级断裂2条，分别是马高庄北断裂（$F_{Ⅲ}^{14}$）与曙光南断裂（$F_{Ⅲ}^{20}$）；Ⅳ级断裂171条。体现在局部地区Ⅳ级断裂的精细刻画方面，在宁东地区车道－阿色浪断裂以东区域，新发现并确定了北东向、北西向和东西向展布断裂35条，填补了该地区断裂刻画的空白；在卫宁北山地区，本次对北北西、东西向两组相互交切的断裂呈“井”字形展布的特征刻画进一步深入，完善了对该地区局部小规模断裂的认识；在固原地区，新发现了Ⅳ级断裂21条，主要分布于九彩、沙沟、偏城与张易一带，断裂走向不一，分布特征较复杂，需进一步研究认识；

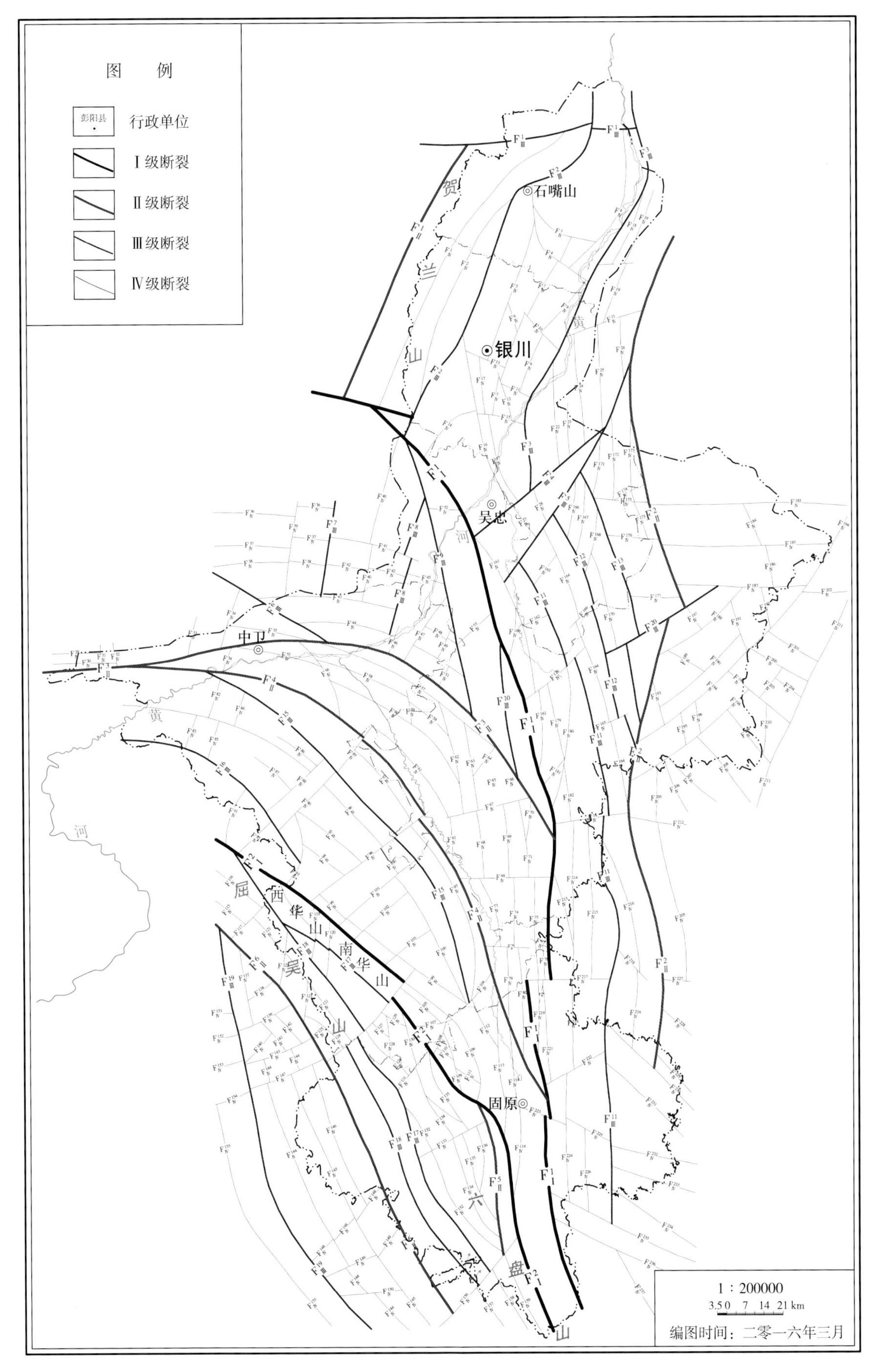

图6-23 宁夏全区断裂分布图

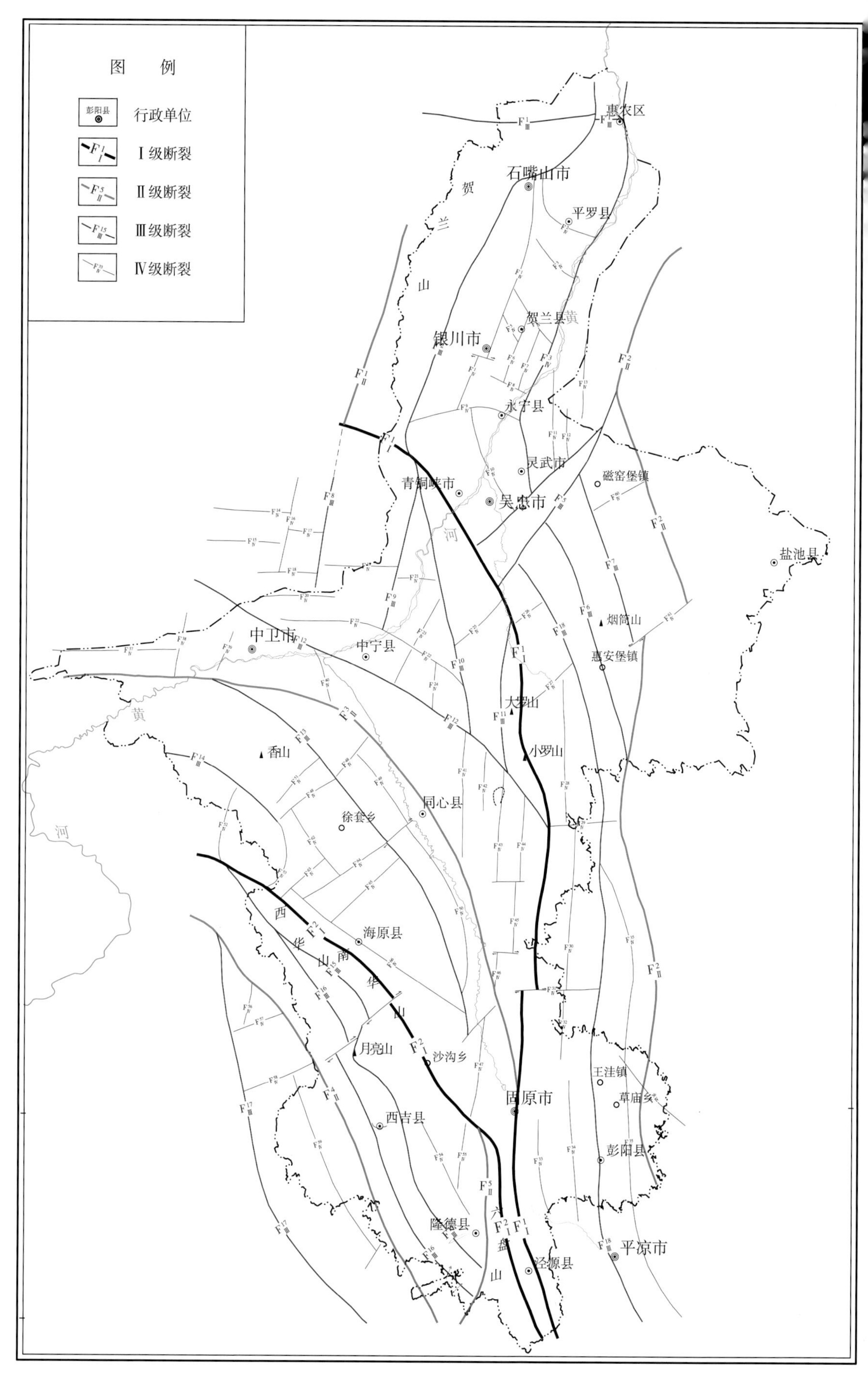

图6－24　《宁夏全区物化探基础图件编制》中宁夏全区断裂分布图
（据宁夏回族自治区地球物理地球化学勘查院，2010）

在烟筒山地区，新发现夹持于温都尔勒图－恩和－马高庄断裂与甘塘－三营断裂之间的数条次级断裂，充实了该地区对于该地区弧形断裂特征的精细描述和进一步认识。

（2）《宁夏区域重磁资料开发利用研究》与《宁夏全区物化探基础图件编制》所确定构造格架一致。认为西华山－六盘山断裂为宁夏境内阿拉善微陆块－鄂尔多斯地块与祁连早古生代造山带的边界，青铜峡－固原断裂为鄂尔多斯地块与阿拉善微陆块的分界。

（3）《宁夏区域重磁资料开发利用研究》与《宁夏全区物化探基础图件编制》所描述断裂特征一致。认为鄂尔多斯地块北部断裂呈北北东向展布，为逐级下降的正断层，配套北西向小型断裂。中南部发育近南北向平行展布的断裂，延伸长，规模大；阿拉善微陆块弧形断裂发育，以北西向转东西向弧形断裂为主，规模大、数目多，配套北东向小型断裂，二者相互交切；祁连早古生代造山带以北西向断裂为主发育一系列北西向次级断裂，规模大。

二、宁夏全区断裂展布特征

本次工作主要针对Ⅰ级断裂、Ⅱ级断裂以及部分Ⅲ级断裂展布特征进行详细描述。

（一）Ⅰ级断裂（F_1）

宁夏境内Ⅰ级断裂主要有青铜峡－固原断裂与西华山－六盘山断裂，区内展布位置具体如图6－23所示。

1. 青铜峡－固原断裂（F_1^1）

青铜峡－固原断裂南起泾源县新民乡，向北经固原（东）、炭山、罗山（东）、牛首山（东）至大坝镇（青铜峡市管辖）转向北西，横切贺兰山南段后，遂隐伏于腾格里沙漠区之下，北段走向为北西向，南段为近南北走向，在宁夏境内延伸长度350 km。该断裂代表腾格里早古生代构造楔之卫宁北山－香山弧形冲断带东北边缘断裂，其东侧为鄂尔多斯地块西缘褶冲带－贺兰山隆起冲断带（见图6－23）。

在剩余重力异常图上，沿断裂延展方向为一醒目的重力梯级带，其两侧的重力场反映出迥然不同的特征，东侧剩余重力场为一南北向展布的重力高值带，极值大，分布面积广泛，其西侧为大面积剩余异常负值区。尤其在固原、头营两地之间，重力台阶异常极为明显，幅值可达50 mGal，反映了断层的规模及其产状（断面陡倾斜）（图6－25）。

在六盘山地区，1∶5万地面高精度磁测解释成果反映青铜峡－固原断裂具有明显的分区性，断裂两侧磁场变化率区别明显，东侧为南北向分布的带状负值区，西侧则为与东侧近似平行展布的正值区，断裂为不同磁场明显的分界线（图6－26）。

宁夏区内D、A、B三条大地电磁剖面由北向南分别于沙泉北、大罗山、固原市地区横跨青铜峡－固原断裂，在D剖面上，断裂由西向东表现出低阻区向中阻区变化的过渡带特征，为西倾的逆断层，倾角约35°，切割深度约为20 km，在A剖面上，断裂表现为中阻区向高阻区变化的电性特征，为一条上陡下缓的西倾的逆断层，倾角约为55°，切割深度约为15 km；在固原市地区由西向东方向表现为低阻向中阻变化的过渡带特征，为一条西倾的逆断层，断层上部产状较陡，倾角约65°，下部平缓，近似水平，切割深度约为10 km，它是区域上腾格里增生楔与鄂尔多斯地块分界断裂（图6－27）。

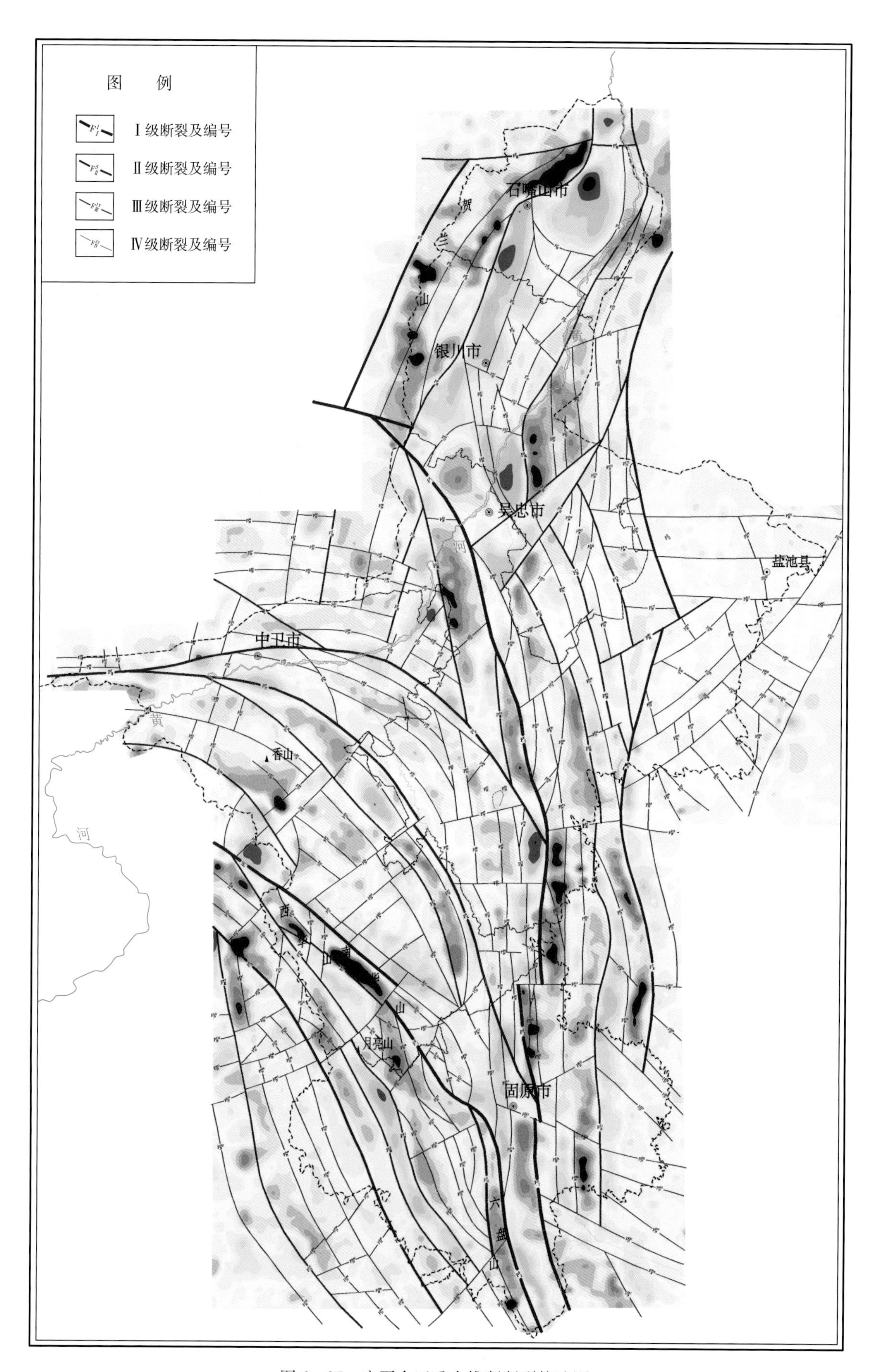

图 6－25 宁夏全区重力推断断裂构造图

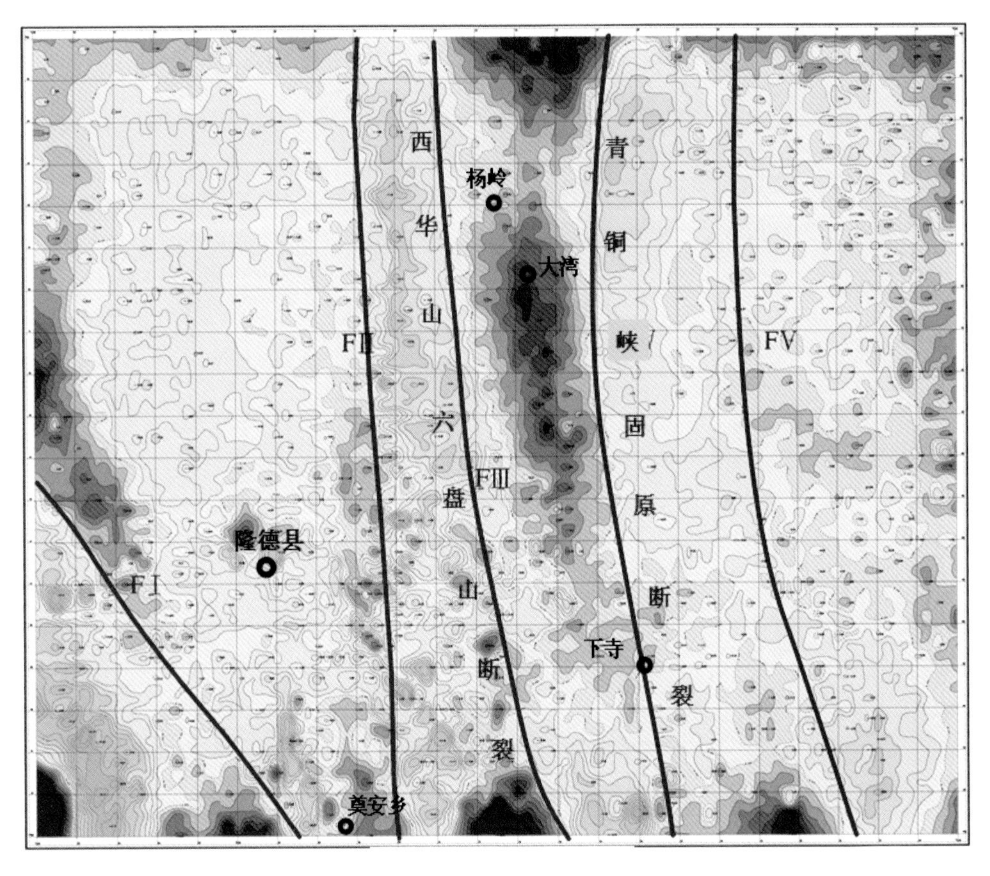

图6-26　六盘山地区磁法推断断裂图

由炭山地区地震剖面解释成果可知，在此区域青铜峡-固原断裂炭山段为西倾逆断层，倾角65°，断距大于1000 m，切割深度大于2 km；分析认为，炭山地区确实存在一条东西向展布的小规模断裂（毛井南断裂）将青铜峡-固原断裂错断（图6-28）。

在断裂通过的六盘山（小关山）地段上，化探有Cr、Ni、Co铁族元素异常显示；新民以南，断裂西侧（甘肃境内）出露古生代中酸性、中基性侵入岩；断裂北段甘肃的龙首山地区（金昌）有含硫化物铜镍矿床的超基性岩产出。

航、卫片线性影像特征明显，两侧地貌反差大，南西侧多为基岩山地，北东侧为洪积扇裙。该断裂自加里东期到喜马拉雅期都有活动，对两侧地层的展布有较强的控制作用，为一条重要的逆冲推覆断裂。

综合重、磁、电、震与地质资料，分析认为青铜峡-固原断裂下切深度可达地壳下部，为鄂尔多斯地块与阿拉善微陆块的分界。

2. 西华山-六盘山深大断裂（F_1^2）

从发育规模来说，西华山-六盘山断裂西起甘肃乌鞘岭，向东延经毛毛山、黄家洼山后，延入宁夏境内。沿西华山、南华山北麓，向东南再经六盘山（大关山）东麓延出区外。在宁夏区内延伸长度约233 km（见图6-23）。

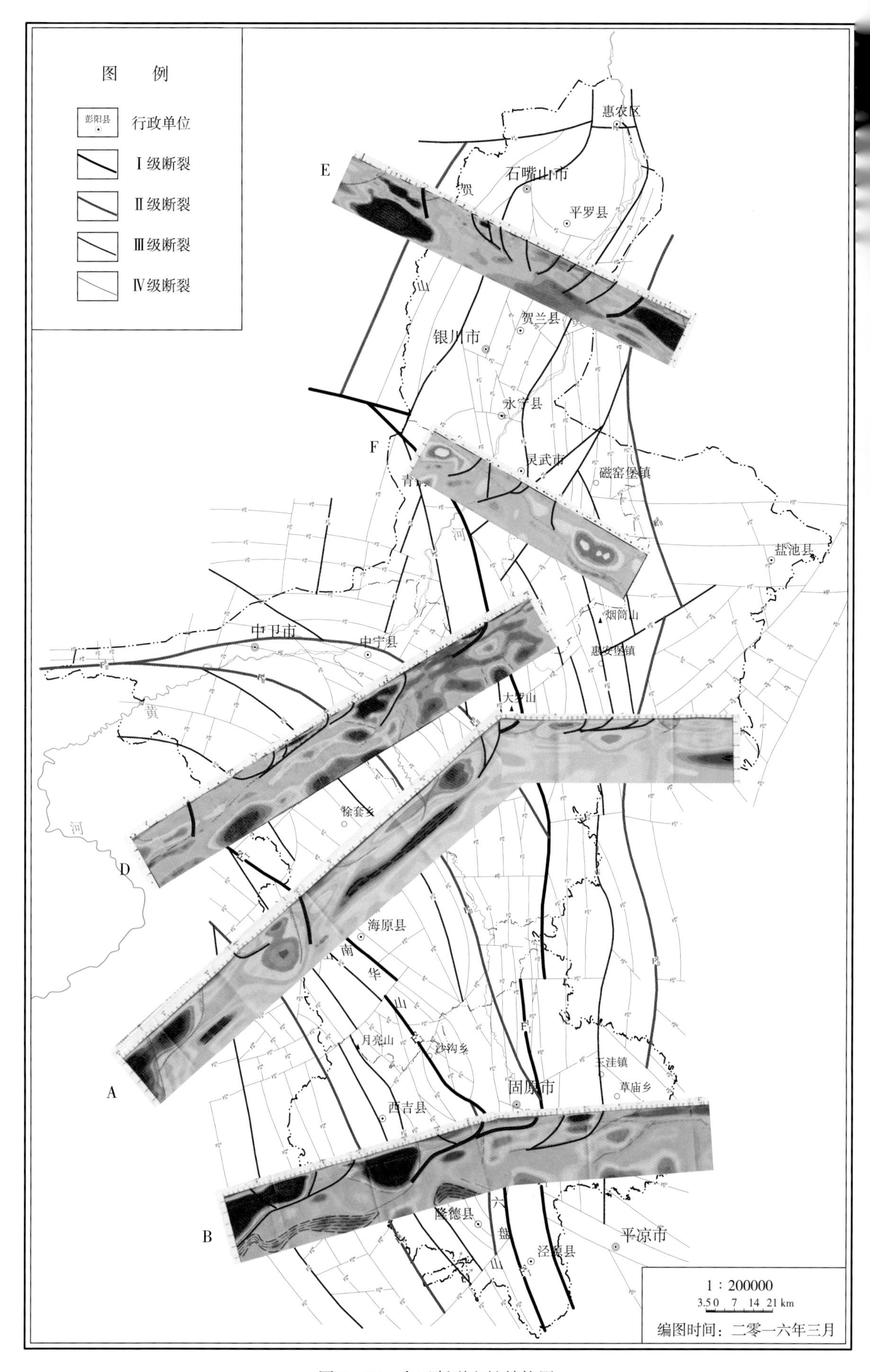

图 6－27 全区断裂电性结构图

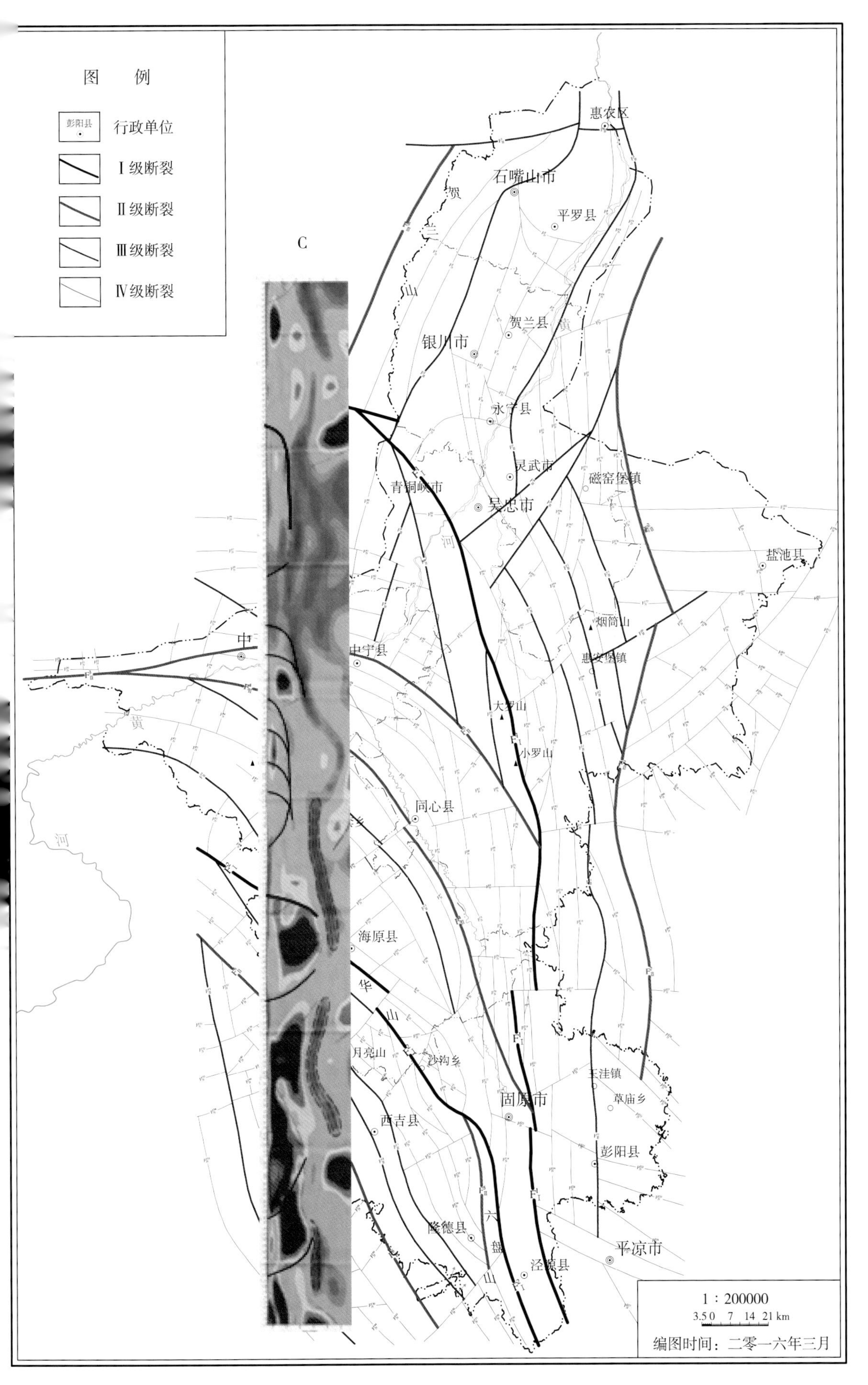

图 6－27　全区断裂电性结构图（续）

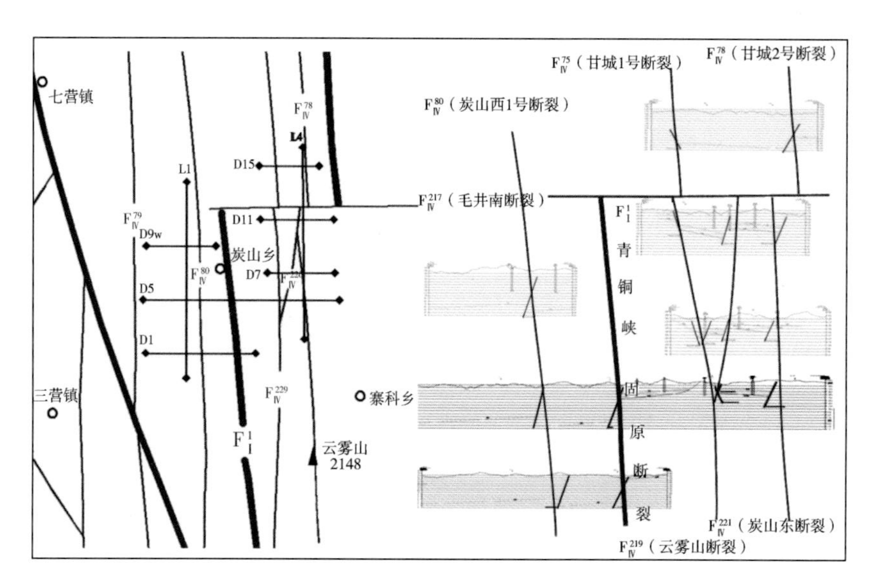

图 6－28　炭山地区地震解释成果图

在剩余重力异常图上，西华山－六盘山重力梯级带以弧形分布为特色，两侧重力场特征有明显差别，其西南侧剩余重力表现为串珠状呈线性展布的正异常，异常极值为 $(1.55 \sim 5.70) \times 10^{-5}\ m/s^2$，东北侧剩余重力整体上呈大面积宽泛的负异常区，其内部负异常分散，异常值比较低，认为西华山－六盘山断裂发育规模大，为区域性大断裂（见图 6－25）。

1∶5 万地面高精度磁测资料先后覆盖南西华山与六盘山地区，在磁测平面图上，断裂表现为大型磁异常梯度带，为不同特征磁异常分界线，在六盘山地区，断裂东侧，磁异常呈近南北向展布的大面积、宽缓正异常，认为是华北地块磁性基底岩石引起，西侧磁异常值明显下降，且其南部出现面积较大的负异常区。推测该断裂规模较大，具有明显的分区性；南西华山地区，断裂转为北西走向，西南侧呈串珠状，局部磁异常沿断裂线性展布，异常极值较高，局部异常分布范围较小，东北侧为一大面积、宽缓的正磁异常区，与六盘山地区断裂东侧磁场特征类似，推测该断裂规模较大，具有明显的分区性（见图 6－26，图 6－29）。

2012 年完成的可控源音频大地电测剖面（CSAMT 剖面）横跨于西华山－六盘山断裂固原段，由解释结果清晰看出断裂两侧电性特征变化明显，该断裂明显的低阻特征，推测断裂倾向南西，倾角约 70°（图 6－30）。

硝口地震剖面共解释断裂 6 条，由西向东依次为 F_1、DF_2、DF_3、DF_4、DF_5 与 DF_6，由于资料精度的限制和解释方法的差异，DF_3 与 DF_5 在本次断裂划定中没有能够很好的识别，其中 F_1 对应本次划定的西华山－六盘山断裂，西华山－六盘山断裂硝口段穿过 DZ3 与 DZ1 剖面，为走向北北西、倾向南西的逆断层，倾角 58°～64°（图 6－31）。

宁夏区内，A、B 两条大地电磁剖面横跨西华山－六盘山断裂海原段与固原段，由剖面电性结构图像清楚地看出：西华山－六盘山断裂是明显的电性差异带，断裂西南侧剖面表现为中阻带上部覆盖分布范围较广且不连续的高阻块体的电性特征，东北侧由浅至深均为连续分布的中阻带，断裂表现出明显的由西南向东北的逆推覆构造特征。断裂较陡立且切割深度可达 40 km 左右（见图 6－27）。

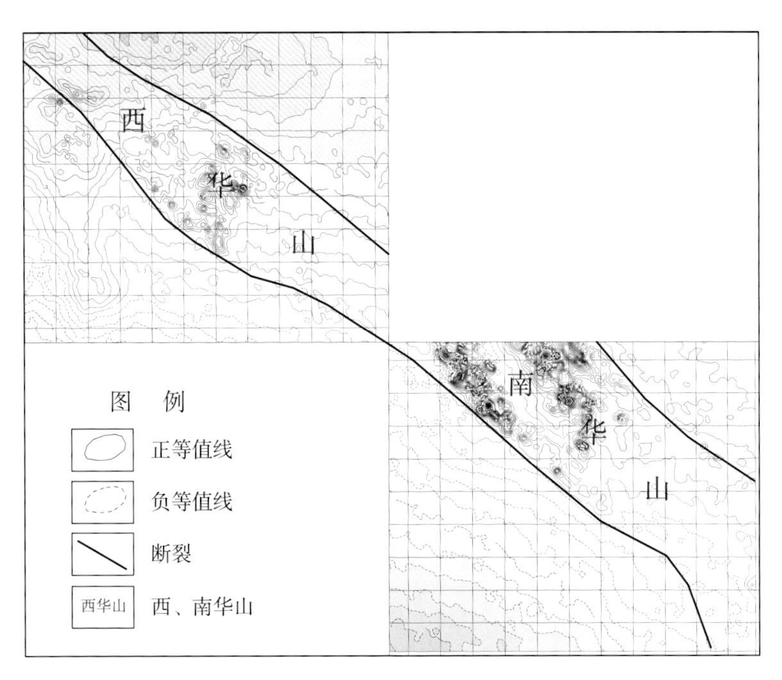

图 6-29　南西华山地区磁场分布特征

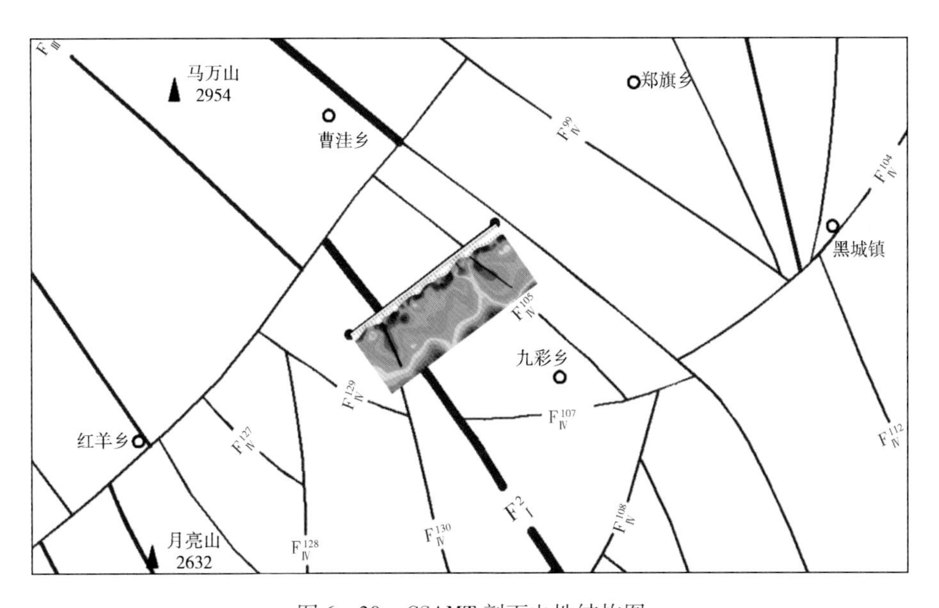

图 6-30　CSAMT 剖面电性结构图

断裂两侧构造反差强度大，升降幅度逾 7 km。沿断裂出露的岩浆侵入体以及由中基性火山岩、喷发碎屑沉积物变质的绿片岩系分别呈串珠状和带状分布，并向西断续延伸。沿断裂带可见到中酸性、基性或超基性（转石）岩出露或隐伏于盖层之下。该断裂为一继承性活动断裂，它割切了中元古代至新近世建造的所有地层，并见中元古界逆冲于古近系之上。该断裂也是我国著名的天然地震活动带，1920 年海原 8.5 级地震，其震中就位

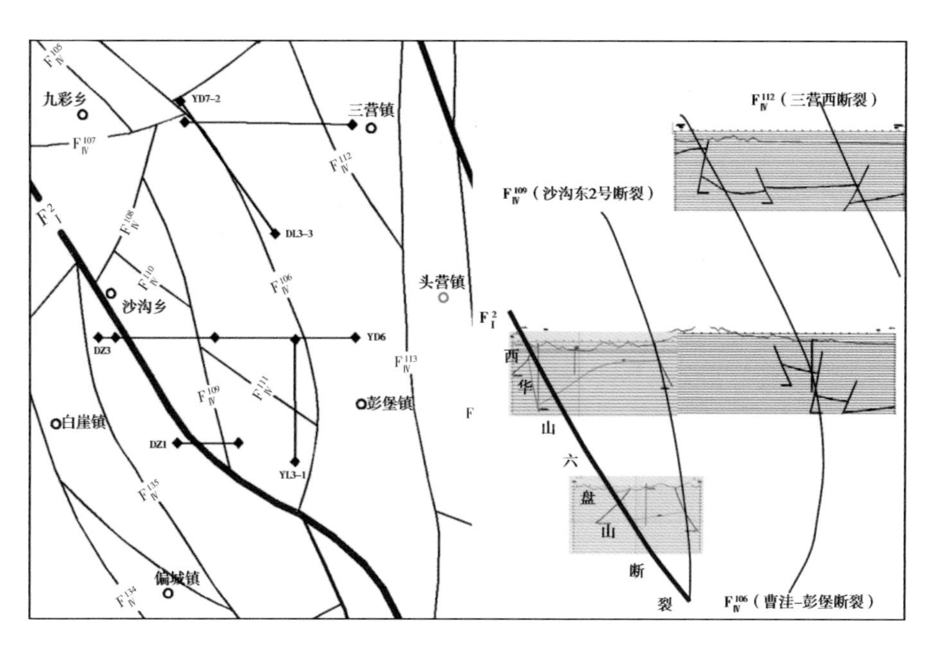

图 6－31　硝口地区地震解释成果图

于断裂带上的西安州附近。

依上地质、重磁场特征，推断西华山－六盘山断裂是为下切深度可抵上地幔的深大断裂，为华北地块与祁连早古生代造山带的分界。

（二）Ⅱ级断裂（$F_{Ⅱ}$）

1. 贺兰山西麓断裂（$F_{Ⅱ}^{1}$）

南起巴润别立地区，并沿贺兰山西麓向北东延伸，经木仁高勒、小松山西侧，在宁夏境内交于正谊关断裂。走向为北北东向，延伸长度 77 km，总体上表现为一略向北西凸出的北东向展布的隐伏大断裂（见图 6－23）。

在剩余重力异常图上，重力场特征显示为北东向的重力梯级带。大地电磁剖面中的 E 剖面横跨断裂的北段，断裂在大地电磁测深剖面由西向东表现出高阻区向中阻区变化的过渡带特征，为一条南东倾向的逆冲断层，倾角约 60°，切割深度约为 10 km，它是阿拉善东南缘隆起带与贺兰山褶断带的分界（见图 6－25）。

在木仁高勒一带有含钛磁铁矿的辉长岩侵入体分布，小松山有含铜、镍矿的超基性岩出露于地表；从区域性航磁异常特征，以及由磁异常所显示出的构造线方向和所属构造系等方面分析，该断裂东西两侧的磁异常，宏观上是同一类型的构造层的反映，其性质都与古元古界变质岩系中的磁性层（体）有关。但断裂两侧的广大地域内太古界之上的沉积建造差异明显：西侧的淖尔套、庆格勒图、迭布斯克等地区是以中新生界沉积为主，属台隆构造区；而东侧则为地台型沉积建造。以上地质、地球物理特点表明贺兰山西麓断裂下切深度大、活动时间长。推断断裂是在较早大地构造发展阶段形成的，可能成生于五台期，并在以后的不同地质时期继续或再度活动。它具有划分区域构造单元的地质意义。

2. 车道－阿色浪断裂（F_{II}^{2}）

北起内蒙古桌子山东麓阿色浪北，向南经宁夏马家滩东、萌城进入甘肃省南湫子东车道坡、冯庄直抵平凉市以东。断裂多被新生界覆盖，但重力、电法及地震探测均证实其存在，宁夏境内总长约 330 km，沿南北向展布，它是陶乐－彭阳褶冲带东部边界（见图 6－23）。

在剩余重力异常图上，沿此断裂重力梯度密集（见图 6－25），在断裂带上自北向南有 E 和 A 两条大地电磁剖面横跨，大地电磁剖面中的 E 剖面横跨断裂的北段，断裂在 MT 剖面由西向东表现出中阻区向高阻区变化的过渡带特征，为一条南西倾向的正断层，倾角约 50°；在 A 剖面上表现出中阻区电性特征，为一条西倾的逆断层，倾角为 60°，切割深度为 20 km（图 6－27）。

该断裂明显控制了宁夏东部中－新元古代、寒武纪、早－中奥陶世地层的沉积与分布，除在加里东期－印支期有过较强活动外，它也明显地控制了中、新生界的分布与发育。如早白垩世保安群环河组在该断裂东侧厚数百米，而在其西侧则缺失；断裂两侧古近系—新近系的岩相、厚度也有较大差异，东侧以河湖相沉积为主，而西侧以山麓相堆积为主。

3. 温都尔勒图－恩和－马高庄断裂（F_{II}^{3}）

南起马高庄乡，向北经田老庄乡、南川乡（西）至中宁县（北）转向东西，止于温度尔勒图，在宁夏境内相交于甘塘－三营断裂（F_{II}^{4}）。走向为近东西－北北西向，延伸长度 225 km，它是烟洞山－小关山冲断带与牛首山－罗山冲断带分界（见图 6－23）。

在剩余重力异常图上，断裂两侧重力场特征有明显差别（见图 6－25），断裂带自北向南有 D、A 两条大地电磁剖面横跨，其中该断裂在 D 剖面由西向东表现出高阻区向低阻区变化的过渡带特征，为一条南西倾向的逆断层，倾角约为 60°，切割深度约为 10 km；在 A 剖面由西向东表现出中阻区向低阻区变化的过渡带特征，为一条南西倾向逆断层，倾角约为 65°，切割深度约为 7 km（见图 6－27）。

由小红山地区地震剖面解释成果可知：温都尔勒图－恩和－马高庄断裂西段为一条近东西走向、南倾的逆断层，倾角 45°～65°，断距大于 500 m，切割深度约 1.2 km，为烟筒山－小关山冲断带与牛首山－罗山冲断带的分界断裂。

4. 甘塘－三营断裂（F_{II}^{4}）

断裂西起长流水以西，经常乐镇（南）、米钵山（北）、同心县（西）至七营镇，往南东延可与青铜峡－固原深大断裂斜接，走向为近东西向－北北西向，延伸长度为 240 km，总体呈向北东凸起的弧形。它是香山褶断带与烟洞山－小关山冲断带分界（见图 6－23）。

在剩余重力异常图上，它处于一个平缓的重力梯度带上，与地貌阶梯、卫星影像解译结果基本一致，断裂带两侧重力异常表现为西高东低（见图 6－25），断裂带自北向南有 D、A 两条大地电磁剖面横跨，其中该断裂在 D 剖面由西向东表现出高阻区向中阻区变化的过渡带特征，为一条南西倾向的逆断层，倾角约为 55°，切割深度约为 15 km；在 A 剖面上表现出低阻区的电性特征，为一条南西倾向逆断层，倾角约为 65°，切割深度约为 10 km（见图 6－27）。

地表有断层分布，切割地层有奥陶系、泥盆系、石炭系、古近系、新近系及第四系。

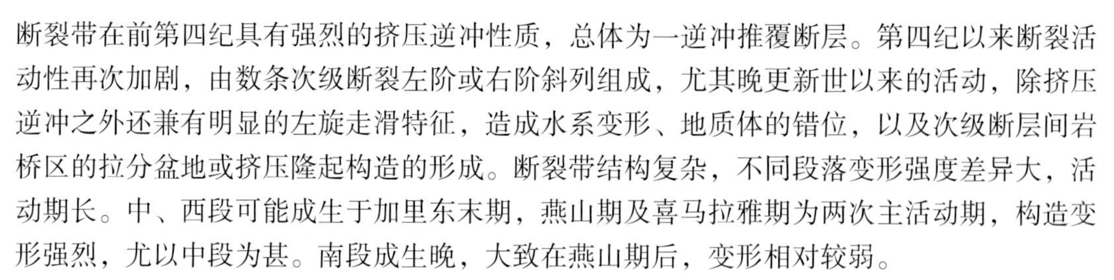

断裂带在前第四纪具有强烈的挤压逆冲性质，总体为一逆冲推覆断层。第四纪以来断裂活动性再次加剧，由数条次级断裂左阶或右阶斜列组成，尤其晚更新世以来的活动，除挤压逆冲之外还兼有明显的左旋走滑特征，造成水系变形、地质体的错位，以及次级断层间岩桥区的拉分盆地或挤压隆起构造的形成。断裂带结构复杂，不同段落变形强度差异大，活动期长。中、西段可能成生于加里东末期，燕山期及喜马拉雅期为两次主活动期，构造变形强烈，尤以中段为甚。南段成生晚，大致在燕山期后，变形相对较弱。

5. 六盘山西麓断裂（F_{II}^{5}）

南起山河镇（东），经陈靳乡（东）和观庄镇（东），往北延伸相交于西华山－六盘山断裂，沿近南北向展布，延伸长度约 50 km（见图 6－23）。

在剩余重力异常图上，断裂两侧重力场特征有明显差异，重力场表现为西低东高（见图 6－25）。大地电磁剖面的 B 剖面横跨断裂北段。该断裂在 B 剖面由西向东表现出低阻区向高阻区变化的过渡带特征，为一条南西倾向逆断层，倾角约为 65°，切割深度约为 5 km（见图 6－27）。

可控源音频大地电磁测深剖面（CSAMT 剖面）经过断裂北段，该断裂显示在剖面最东侧，剖面上由西向东表现出低阻区向中阻区变化的过渡带特征，倾向南西，倾角约 70°，切割深度约为 2 km。

6. 屈吴山－南湖断裂（F_{II}^{6}）

断裂南起南湖，向北经赵墩、红耀乡（东）、新塬（东）至屈吴山（西），总体走向为北北西向，延伸长度约 170 km。是中祁连东缘走滑－逆冲构造带和六盘山走滑－推覆构造带的分界（见图 6－23）。

在剩余重力异常图上，断裂北段为一醒目的重力梯级带，重力场特征表现为西低东高（见图 6－25）。断裂带自北向南有 A、B 三条大地电磁剖面横跨，其中该断裂在 A 剖面由西向东表现出高阻区向中阻区变化的过渡带特征，为一条南西倾向的逆断层，倾角约为 65°，切割深度约为 15 km；在 B 剖面上由西向东表现出低阻区向高阻区变化的过渡带特征，为一条西倾的逆断层，倾角约为 60°，切割深度约为 15 km（见图 6－27）。

可控源音频大地电磁剖面（CSAMT 剖面）中的 6 号剖面横跨断裂中段，该断裂显示在剖面最西侧，在剖面图上表现出明显的低阻区特征，倾向南西，倾角约 70°，切割深度约为 2 km。

（三）Ⅲ级断裂（F_{III}）

1. 正谊关断裂（F_{III}^{1}）

在宁夏境内西端与贺兰山东麓断裂（F_{III}^{2}）相交，向东经惠农区（南）、园艺延伸至黄河断裂（F_{III}^{3}），断裂总体近东西向展布，断裂总长约 80 km（见图 6－23）。

在剩余重力异常图上表现为东西向展布的重力高与重力低之间的过渡带，断裂东西两侧为重力高异常，断裂延伸方向表现出重力低异常特征（见图 6－25）。断裂东延，可与铁克苏庙强磁异常北界相连；西延大致与淖尔套东西向磁异常带连接。它活动时间长，切割深度可达结晶基底的下部。

2. 贺兰山东麓断裂（F_{III}^2）

断层北起红果子镇（西）以北约 20 km 处，向南经红果子镇（西），走向近南北向，长约 20 km。向西南沿北北东－北东向过燕墩子乡（西）、石嘴山市，再折向北北东，朝崇岗镇（东）－芦花镇（东）一线继续延伸并与青铜峡－固原断裂重合。断裂总体走向为北北东向，总长约 156 km。是银川断陷盆地的西边界（见图 6－23）。

在剩余重力异常图上，表现为一醒目的重力梯级带，重力场特征表现为西高东低（见图 6－25）。大地电磁 E 剖面于崇岗镇附近横跨断裂中部，断裂在剖面上表现出低阻区电性特征，为一条南东倾向的正断层，倾角约 60°，切割深度约为 13 km（见图 6－27）。

贺兰山东麓断裂具有多期性活动特点，一般认为其形成于早燕山期，属挤压逆冲推覆断裂；喜马拉雅期沿先存断裂继承性活动，但断裂性质已截然不同，形成左行走滑正断裂，其形成与银川地堑同步，属盆地同生断裂。断层以西是高峻挺拔的贺兰山，主峰敖包疙瘩海拔 3556 m；以东为开阔的银川平原，海拔 1100～1300 m，两者地形高差达 2200 余米。新生代以来，该断层活动强烈，垂直运动幅度近 10 km，显示贺兰山山体持续上升，银川盆地继续下陷过程。

3. 黄河断裂（F_{III}^3）

北起园艺以北地区，在礼和乡以北，走向为北北西向，以南至永宁县（东），走向为北北东向，大致沿银川平原区黄河段展布，向南沿永宁县（东）－灵武市（东）一线转为北北西走向延伸至峡口－宁东断裂，长度约 150 km。是银川断陷盆地与东部的陶乐－彭阳褶冲带的分界构造（见图 6－23）。

在剩余重力异常图上，断裂两侧重力场特征有明显差异，断裂东侧为一反映古生界隆起的陶乐－横山重力高分布带，其剩余重力异常相对银川地堑幅值可达 $9.77 \times 10^{-5}\ m/s^2$，由此可见，古生界构造起伏幅度之大（见图 6－25）。断裂自北向南有 E、F 两条大地电磁剖面横跨，其中 E 剖面横跨断裂北部陶乐镇（南），断裂在剖面上由西向东表现出中阻区向低阻区变化的过渡带特征，为一条北西倾向的正断层，倾角约 65°，切割深度约为 10 km；F 剖面横跨断裂南端灵武市（南）地区，断裂在剖面上由西向东表现出中阻区向低阻区变化的过渡带特征，为一条南西倾向正断层，倾角约 65°，切割深度约为 10 km（见图 6－27）。

陶乐地区地震解释成果揭示：黄河断裂为北西倾向正断层，倾角 55°，断距约 200 m，切割深度 1 km 左右。

4. 峡口－宁东断裂（F_{III}^4）

北起清水营（北），向南经宁东镇、崇兴镇（南）、吴忠市（南）斜交于青铜峡－固原断裂，断裂总体沿北东向展布，长度约 62 km（见图 6－23）。

在剩余重力异常图上，断裂北段南北两侧重力场特征差异明显，表现为北高南低的重力异常特征（见图 6－25）。大地电磁剖面中的 F 剖面横跨断裂中段灵武市（东）地区，断裂在剖面上由西向东表现出由低阻区向中阻区变化的过渡带特征，为一条北西倾向的正断层，倾角约为 60°，切割深度约为 5 km（见图 6－27）。

5. 白土岗－芒哈图断裂（F_{III}^5）

南起扁担沟镇（东），向北经白土岗乡、清水营（西）、芒哈图（东）延伸至车道－

阿色浪断裂，走向为北东向，倾向南东，倾角为50°，切割深度约为10 km，总长约95 km（见图6－23）。

在剩余重力异常图上，断裂两侧重力场特征存在明显差异，清水营以北，表现为西高东低的重力异常特征，以南则为西低东高的重力异常特征（见图6－25）。大地电磁剖面中的F剖面横跨断裂中段，断裂在剖面图上反映为中阻区内部的变化带，为一条南东倾向的正断层，倾角约为60°，切割深度约为10 km（见图6－27）。

6. 腾格里额里斯－余丁断裂（$F_{Ⅲ}^{6}$）

北起宁夏境外腾格里额里斯地区，$F_{Ⅲ}^{6}$向东南延伸相交于温都尔勒图－恩和－马高庄断裂（$F_{Ⅱ}^{3}$），总体呈北西向展布，长约57 km（见图6－23）。

在剩余重力异常图上，重力场特征显示为北西向的重力梯级带，具体表现为北高南低的重力场特征（见图6－25）。大地电磁剖面中的C剖面经过断裂中段，断裂在剖面上的位置稍有偏差，由南向北表现出低阻区的电性特征，为一条南西倾向的逆断层，倾角约为50°，切割深度约为10 km（见图6－27）。

7. 烟洞沟断裂（$F_{Ⅲ}^{7}$）

北起乱井子（东），向南经烟洞沟（西）延伸至石空北1号断裂（$F_{Ⅳ}^{43}$），走向为北北东向，宁夏境内总长约47 km（见图6－23）。

在剩余重力异常图上，断裂北段表现为明显的重力梯级带，具有西低东高的重力场特征。断裂南段两侧的重力场特征差别不明显（见图6－25）。

8. 卫宁北山东麓断裂（$F_{Ⅲ}^{8}$）

南起枣园（南），向北沿北东向经青铜峡站（西）延伸至牛首山西麓断裂（$F_{Ⅲ}^{9}$），断裂倾角为70°，长约50 km（见图6－23）。

在剩余重力异常图上，重力场特征显示为北东向的重力梯级带，具体为西高东低的重力场特征，其东西两侧剩余重力异常幅值可达$6.63\times10^{-5}\ m/s^2$（见图6－25）。

9. 牛首山西麓断裂（$F_{Ⅲ}^{9}$）

南起南川乡（西），重合于温都尔勒图－恩和－马高庄断裂（$F_{Ⅱ}^{9}$），向北经红寺堡、牛首山（西）、青铜峡站（东）延伸至青铜峡－固原断裂（$F_{Ⅰ}^{1}$），总体走向为北北西向，南西倾向，倾角为65°，总长约104 km（见图6－23）。

在剩余重力异常图上，沿此断裂重力梯度密集，总体表现为西低东高的重力场特征，东西两侧剩余重力异常幅值约为$6.98\times10^{-5}\ m/s^2$（见图6－25）。

大地电磁剖面中的D剖面经过断裂南部，断裂在剖面上整体表现不明显，为低阻区的内部的分界电性特征，为一条南西倾向的逆断层，倾角约为55°，切割深度约为5 km（见图6－27）。

10. 罗山西麓断裂（$F_{Ⅲ}^{10}$）

北起沙泉乡（北），相交于青铜峡－固原断裂，向南经大罗山（西）、小罗山（西）延伸至温都尔勒图－恩和－马高庄断裂（$F_{Ⅱ}^{3}$），总体以近南北向展布，延伸长度约50 km（见图6－23）。

在剩余重力异常图上，表现为一醒目的重力梯级带，具体为西低东高的重力场特征，两侧剩余重力异常幅值约为 6.67×10^{-5} m/s^2（见图 6－25）。

大地电磁剖面中的 A 剖面经过断裂中部，断裂在剖面上表现为低阻区向中阻区的变化带电性特征，为一条西倾向的逆断层，倾角约为 55°，切割深度约为 5 km（见图 6－27）。

11. 白土岗－青龙山－彭阳断裂（F_{III}^{11}）

北起白土岗（西），向东南经青龙山、毛井（东）、罗洼乡（东）、王洼镇、彭阳县、大寨（东），走向大体呈北北西－近南北向，总长约 260 km（见图 6－23）。

在剩余重力异常图上，断裂两侧重力场特征差别明显，具体表现为西高东低的重力异常特征，两侧剩余重力异常幅值约为 8.14×10^{-5} m/s^2（见图 6－25）。

断裂自北向南有 A 和 B 两条大地电磁剖面横跨，其中在 A 剖面上自西向东表现出高阻区向中阻区变化的过渡带特征，为一条西倾的逆断层，倾角约为 30°；在 B 剖面上自西向东表现出高阻区向中阻区变化的过渡带特征，为一条西倾的逆断层，倾角约为 30°，切割深度约 5 km（见图 6－27）。

12. 暖泉－惠安堡断裂（F_{III}^{12}）

南起甜水堡（北），斜交于车道－阿色浪断裂（F_{II}^{2}），向北经惠安堡镇（东）、烟筒山（西）、暖泉（东）、麻黄湾（西）延伸至白土岗－芒哈图断裂（F_{III}^{5}），总体走向为北北西向，延伸长度约为 90 km（见图 6－23）。

剩余重力异常图上断裂两侧剩余重力异常幅值不大，两侧重力异常特征为西高东低（见图 6－25）。大地电磁剖面的 A 剖面横跨断裂南部，断裂在剖面上显示位置稍有偏差，自西向东表现出中阻区的电性特征，为一条西倾的逆断层，倾角约为 40°，切割深度约 5 km（见图 6－27）。

13. 磁窑堡－曙光断裂（F_{III}^{13}）

南起曙光（南），相交于曙光南断裂（F_{III}^{20}），向北经过冯记沟乡（西）、磁窑堡镇（西）延伸至白土岗－芒哈图断裂（F_{III}^{5}），断裂总体沿北北西向展布，总长约 65 km（见图 6－23）。

在剩余重力异常图上，断裂两侧重力场特征差别不明显（见图 6－25）。大地电磁剖面的 F 剖面横跨断裂南部，由于断裂规模小，在剖面上反映不明显，推测为西倾逆断层，倾角约 40°，切割深度小于 5 km（见图 6－27）。

14. 马高庄北断裂（F_{III}^{14}）

西侧斜交于青铜峡－固原断裂，向东经过马高庄（北）、南湫（北）重合于车道－阿色浪断裂（F_{II}^{2}），走向为近东西向，延伸长度约为 30 km（见图 6－23）。

剩余重力异常图上断裂南北两侧重力场特征有一定差别，两侧均为高重力异常，但南侧异常幅值高于北侧异常幅值（见图 6－25）。

15. 喊叫水－黑城断裂（F_{III}^{15}）

南起黑城镇（西），向北经过关桥乡（东）、喊叫水乡（西）延伸至甘塘－三营断裂（F_{II}^{4}），关桥乡以北走向为北西向，以南走向为北北西向，总长约 160 km（见图 6－23）。

在剩余重力异常图上，表现为一醒目的重力梯级带，除喊叫水附近断裂两侧表现为西高东低的重力场特征外，其余部位均表现为西低东高的重力场特征（见图 6－25）。

断裂在大地电磁剖面中的 C 剖面上位置稍有偏差，自南向北表现出高阻区向中阻区变化的过渡带特征；D 剖面表现出中阻区与高阻区的过渡带特征；A 剖面上断裂特征反映

不明显，整体上，断裂为一条南西倾向的逆断层，倾角约为65°，切割深度约为8 km（见图6－27）。

16. 西湾－兴仁断裂（F_{III}^{16}）

南起靖安（南），向北经过兴仁镇、香山镇（东）转向北西西向延伸至西湾，走向为北西向，宁夏境内延伸长度约为86 km。是兴仁凹陷的东部边界（见图6－23）。

在剩余重力异常图上，断裂两侧重力场特征差别明显，具体表现为西低东高的重力异常特征，两侧剩余重力异常幅值约为8.34×10^{-5} m/s²（见图6－25）。

断裂自北向南有D和C两条大地电磁剖面横跨，其中在D剖面上自西向东表现出中阻区的电性特征，为一条北东倾向的逆断层，倾角约为55°，切割深度约为6 km；在C剖面上自南向北表现出中阻区向低阻区变化的过渡带特征（见图6－27）。

17. 天都山－月亮山断裂（F_{III}^{17}）

南起奠安乡，向北经凤岭乡（东）、将台乡（东）、月亮山，总体走向为北北西向，延伸总长度约150 km。于红羊乡附近被北东向展布的红羊－曹洼断裂分为南、北两段，其中南段长度约100 km，北段长度50 km（见图6－23）。

剩余重力异常图上表现为一醒目的重力梯级带，断裂两侧表现为西低东高的重力场特征（见图6－25）。大地电磁测深B剖面于硝河乡横跨断裂南段，断裂在剖面上表现出由高阻区向中阻区明显的过渡带特征，反映出断裂为一条南西倾向，倾角约70°，切割深度约为10 km的逆断层（见图6－27）。

18. 树台－西滩－神林断裂（F_{III}^{18}）

南起岳堡（东），向北经曹务、神林乡、兴隆镇、西滩乡、吉强镇、新营镇（东），断裂总体沿北北西向展布，延伸总长度约180 km。于红羊乡附近被北东向展布的红羊－曹洼断裂分为南、北两段，其中南段长度约100 km，北段长度81 km（见图6－23）。

在剩余重力异常图上，断裂两侧重力场特征差别明显，具体表现为西高东低（见图6－25）。

大地电磁A、B剖面分别于黄桥乡、西滩乡附近横跨断裂北段与南段，二者表现出不同的电性特征，A剖面上断裂（北段）表现出高阻区向中阻区的过渡带特征，为西倾逆断层，倾角约65°，切割深度约15 km，B剖面上断裂（南段）表现出高阻区内部变化带特征，为西倾逆断层，倾角约50°，切割深度约12 km（见图6－27）。

19. 共和－治平断裂（F_{III}^{19}）

南起治平，向北经新店、党岘延伸至屈吴山－南湖断裂（F_{II}^{6}），总体走向为北北西向，延伸长度约160 km（见图6－23）。

在剩余重力异常图上，重力场特征显示为北北西向的重力梯级带，断裂两侧表现为西低东高的重力异常特征（见图6－25）。

断裂自北向南有A、B和C三条大地电磁剖面横跨，其中在A剖面上自西向东表现出高阻区向中阻区变化的过渡带特征，为一条南西倾向的逆断层，倾角约为50°，切割深度约为15 km；在B剖面上自西向东表现出高阻区的电性特征，为一条北东倾向的逆断层，倾角约为50°，切割深度约5 km；在C剖面上自南向北表现出高阻区的电性特征，为一条北东倾向的逆断层，倾角约为50°，切割深度约为15 km（见图6－27）。

20. 曙光南断裂（$F_{Ⅲ}^{20}$）

西侧斜交于暖泉－惠安堡断裂（$F_{Ⅲ}^{12}$），向东经烟筒山（南）、曙光（南）延伸至车道－阿色浪断裂（$F_{Ⅱ}^{2}$），总体沿北东向展布，长度约为45 km（见图6－23）。在剩余重力异常图上，断裂两侧重力场特征表现为北高南低（见图6－25）。

（四）Ⅳ级断裂（$F_{Ⅳ}$）

Ⅳ级断裂在区内分布范围广，其展布方向多样，以（近）南北向、（近）东西向、北北西向、北北东向四类构造形迹为主。它们多被局限在依重力异常圈定的构造区内，都是区域性断裂活动的派生或次生断层，一般规模不大，下切深度相对较浅。但这类小型断层对研究中新生界局部构造及其分界、圈定沉积矿产的局部富集范围等方面具有比较重要的地质意义。在基岩出露区，小型断裂更是寻找内生金属矿的重要找矿标志，特别是它与较大断裂交汇的部位，往往是富集成矿的容矿构造。因此，在成矿远景区预测工作中，应予以重视。Ⅳ级断裂的展布特征见附表1。

第五节 小　　结

（1）根据重力、航磁、地震与大地电磁测深结果，青铜峡－固原断裂是阿拉善微陆块与鄂尔多斯地块的边界断裂，具有深断裂特征。青铜峡－固原断裂在青铜峡以北的延伸不与三关口断裂带相连，可能与阿拉善微陆块内的查汗布勒格断裂带相接。其北段向西与龙首山断裂带相接，但查汗布勒格断裂带可能不具深断裂特征。

（2）根据重力与大地电磁测深成果证实西华山－六盘山断裂是深断裂，属于青藏高原东北缘地区变形最前缘地带，是阿拉善微陆块与祁连早古生代造山带的分界。

（3）走廊过渡带在早古生代是阿拉善地块的大陆斜坡。

（4）南西华山、香山是六盘山盆地的边缘隆起带，六盘山盆地与鄂尔多斯盆地并无直接关系，石峡口断阶及两侧与鄂尔多斯西缘逆冲带在构造性质上有类似的地方，都起因于构造挤压作用，但形成历史、环境和规模不相同。

（5）综合运用垂向二阶导数、水平总梯度模、水平方向导数、小波变换与斜导数五种边界识别方法对宁夏全区断裂进行了解译，对比认为小波变换与斜导数两种方法具备全方位、多尺度与强定位的特点，是本次断裂解译的主要方法。宁夏全区共确定断裂267条，其中Ⅰ级断裂2条，Ⅱ级断裂6条，Ⅲ级断裂20条，Ⅳ级断裂237条。

（6）对比宁夏物勘院《宁夏全区物化探基础图件编制》，此次新解译各级断裂174条，包括Ⅱ级断裂1条，Ⅲ级断裂2条，其余171条均为Ⅳ级断裂。

（7）宁东地区车道－阿色浪断裂以东区域，新解译的断裂填补了该地区对断裂认识的空白；固原地区新解译的断裂主要分布于九彩、火石寨、李俊、沙沟、偏城、张易等区域，对该地区断裂的精细刻画与描述，提供了物探方面的证据；烟筒山地区新解译断裂为温都尔勒图－恩和－马高庄断裂同系列的次级弧形断裂，将该地区进一步复杂化；卫宁北山地区新解译断裂为北北西与东西走向的两组相互交切的断裂，平面上呈“井”字形分布。

第七章

宁夏重磁资料处理解释与金属矿有利成矿区域分析

第一节 概　　况

宁夏回族自治区地质调查院在《宁夏回族自治区区域地质志》中指出："宁夏矿产以非金属矿产为主，金属矿产多为小型或矿化（点）。形成矿床的不多，且规模小，品位低。它们分别分布在贺兰山、卫宁北山－烟洞山、香山、南西华山等地，金属矿产地一般与重力高或重力梯度带相对应。主要的找矿远景区有：西吉－隆德多金属找矿远景区，南西华山金、铜找矿远景区，香山铁、铜铅多金属找矿远景区，卫宁北山多金属找矿远景区，贺兰山北段金找矿远景区，六盘山多金属找矿远景区。

宁夏金属矿产中的铁矿，主要分布于卫宁北山和贺兰山北段。前者成因类型为中低温热液型，矿石有赤铁矿、褐铁矿和菱铁矿等；后者属沉积变质型，矿石以赤铁矿为主。两地区铁矿均为小型矿床。有色金属矿产，铜、铅锌等一般不具工业价值，多为矿点或矿化点。卫宁北山、西华山、香山、六盘山等地区中低温热液型铜、铅锌矿化比较发育，其中仅香山崾岘子为一小型铜矿床。金矿产地有卫宁北山金场子小型矿床；西华山窝宝沟、柳沟金矿点；贺兰山北段牛头沟金矿点（或金矿床）。

要实现宁夏多金属矿产找矿突破，不但要加强宁夏全区域的地质成矿背景研究，同时更为重要的是要深入研究深部成矿地质条件，从成矿理论上首先获得突破，为实现宁夏内生金属矿产攻深找盲突破奠定基础"。

第二节 贺兰山北段磁测资料解释及有利成矿区域分析

一、概况

宁夏贺兰山北段近几年来在金找矿方面取得了重要进展，新发现了牛头沟－梁根、北岔沟－柳葫芦沟等多处矿床（点），显示出了良好的找矿潜力。贺兰山北段金矿地质工作，主要分为两个阶段：20世纪60～80年代局限于砂金和石英脉型金矿的找矿工作；90

年代初期开始注意构造蚀变岩型金矿的研究和局部地段的找矿工作。在主攻找矿类型方面存在争议，目前以构造破碎带蚀变岩型为重点，找矿工作围绕主断裂带展开。

贺兰山位于华北陆块西北缘，在古元古代的结晶基底上沉积着从中元古代到新生代较为连续的地层。研究区贺兰山北段大地构造位置为华北陆块－鄂尔多斯地块西缘，与阿拉善微陆块交界处（图7－1）。即贺兰山裂陷北段的基底杂岩带，区内最古老的地层为古元古界贺兰山岩群，构成该区的结晶基底。自古元古代以来堆积了巨厚的碎屑－火山沉积，经区域变质作用，火山岩演变为角闪质变质建造，沉积岩成为片麻岩变质建造，同时伴有S型花岗岩侵入，由此构成裂陷带古老结晶基底结晶杂岩系（贺兰山岩群），基底之上覆盖元古代至三叠系基本连续的沉积盖层，中生代末期该带大规模隆升，基底及覆盖层全部卷入强烈褶皱与断裂。其中贺兰山北段基底大面积露出地表，为本区主要地质体，主体由片麻岩及古老花岗岩组成，褶皱、强应变挤压片理化蚀变带及各种断裂构造形迹十分发育，褶皱构造轴向为北东向或近南北向，由于受多期褶皱变形及后期断裂破坏，仅保留一些残迹，不易辨认，部分地段基底层之上保存有新元古代、古生代、中生代、新生代地层（图7－2）。

贺兰山北段岩性分区分别为花岗岩分区、变质岩分区、沉积岩分区以及第四系分区（图7－3）。

1. 花岗岩

区内石榴黑云花岗岩，似斑状花岗岩侵入于新太古代贺兰山岩群中，新元古代青白口纪地层不整合覆于其上，说明其侵入时代晚于新太古代，早于青白口纪，应在古元古代—新元古代之间，时代厘定为古元古代。

2. 变质岩

分布于贺兰山北段的新太古代—古元古代贺兰山岩群，为一套角闪麻粒岩相级的中－高级区域变质岩系，主要岩石类型有片麻岩类、变粒岩类、片岩类、粒岩类及麻粒岩类等，以前三者为主。变质作用达高角闪岩相至角闪麻粒岩亚相，属低压相系。其岩群的变质建造属孔兹岩建造。主变质期的峰期为低压相系的角闪麻粒岩相环境，其原岩属一套表壳岩石，主要为一套成分成熟度低的细碎屑岩和泥质岩，其间夹有碳酸盐岩和火山岩。原岩性质和地球化学特征表明，物源区是经过相当演化的花岗质地壳，这些特征反映了其形成是经历了一个较漫长的过程，不宜限于某一时段。据此认为，将贺兰山岩群的形成时代置于新太古代—古元古代，可能是较为合适的选择。按变质作用不同类型，工作区变质岩可分为区域变质岩、交代变质岩、动力变质岩。

3. 沉积岩

研究区出露地层自老到新为新太古代—古元古代贺兰山岩群、新元古代青白口系、寒武系、奥陶系、石炭系、二叠系、三叠系、白垩系、新近系和第四系。缺失志留系、泥盆系、侏罗系。新太古代—古元古代地层主要出露于正谊关断裂以北，称之为贺兰山岩群，为一套深变质岩系。

第四系覆盖区分布于山前平原以及沟底、河床等低洼地带，岩性主要为碎石、转石、风成黄土与流水冲刷形成的黏土。

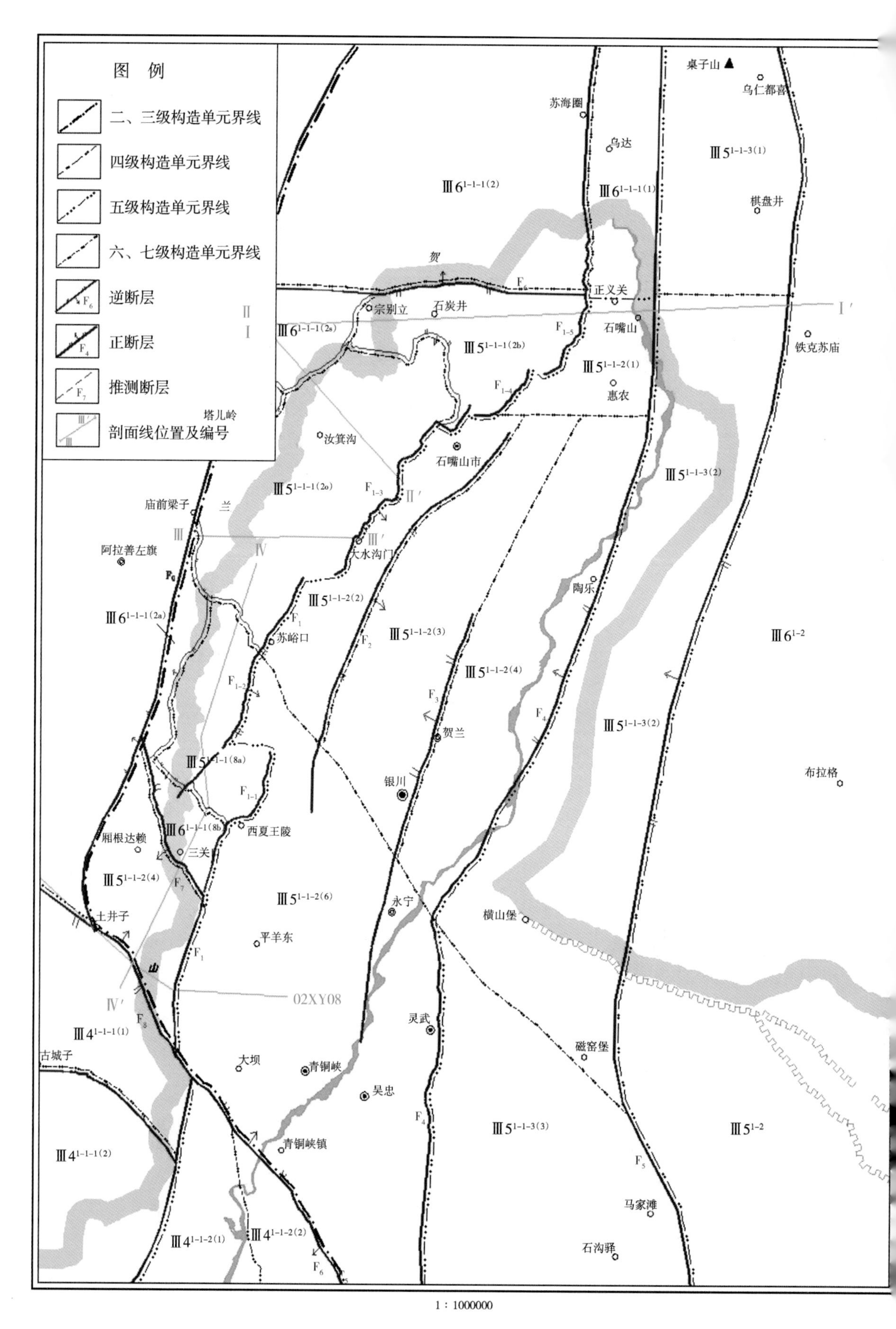

图 7-1 贺兰山北段大地构造位置图

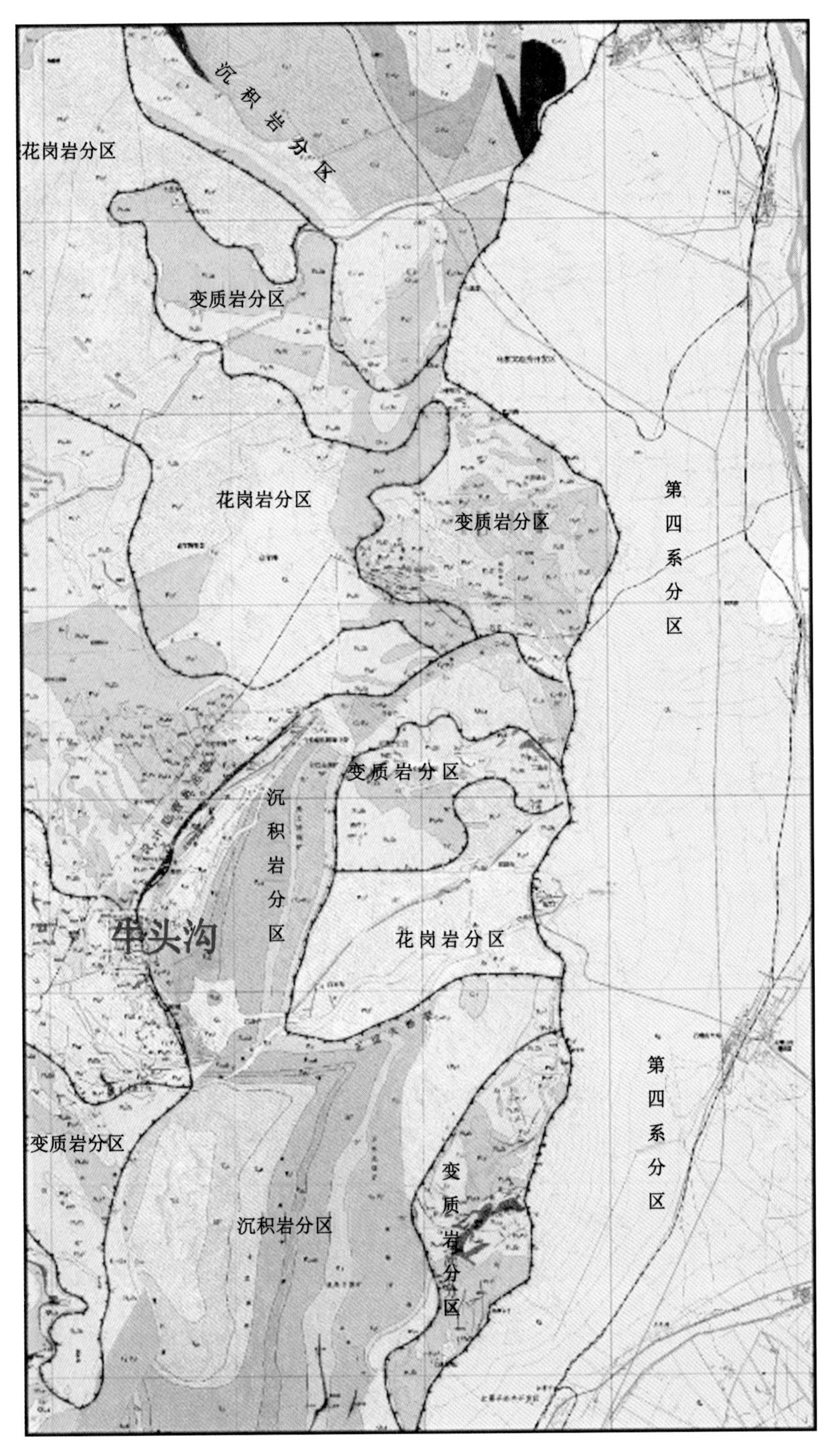

图7－2　贺兰山北段地质图

（据宁夏回族自治区有色金属勘查院，2011）

贺兰山北段地处阿拉善地块、贺兰山裂陷与鄂尔多斯地块交接的三角地带，自元古宙以来就有活动显示，且活动性相对较强，东缘深大断裂形成时间早、活动时间长，是超基性－基性幔源岩浆的通道。贺兰山岩群原岩具较高 Au 的丰度值，经过区域变质和混合岩化作用，后经韧性剪切带及脆性断裂为含金矿液的运移和赋存提供通道和成矿空间。研究区内断裂广泛发育（图 7－4）。

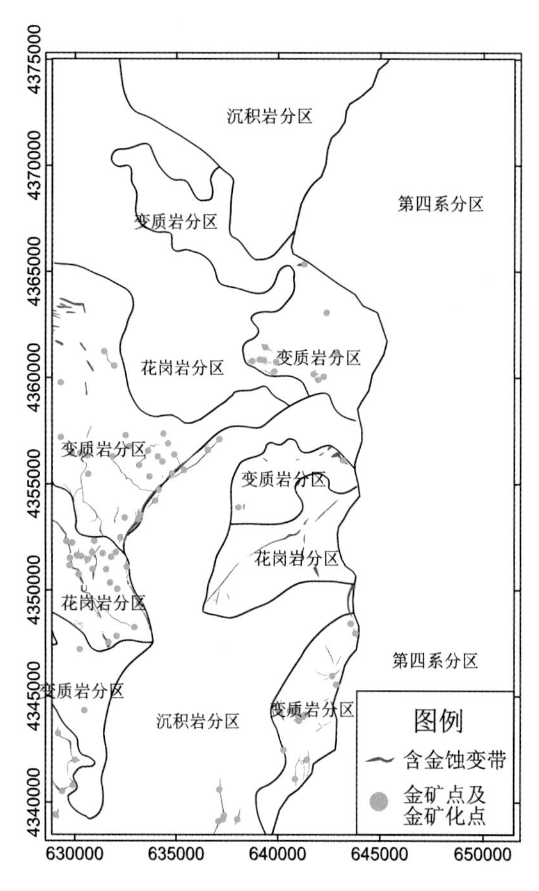

图 7－3　贺兰山北段地质及岩性分区图

（据宁夏回族自治区有色金属勘查院，2011）

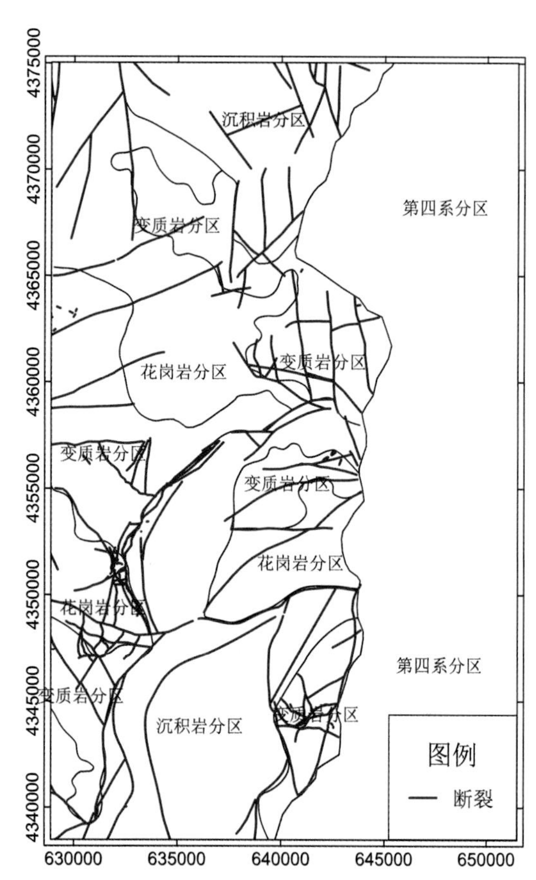

图 7－4　贺兰山北段断裂分布图

（据宁夏回族自治区有色金属勘查院，2011）

二、贺兰山北段地面磁测资料处理解释

研究区贺兰山北段 ΔT 磁测比例尺为 1∶5 万，网度为 500 m×100 m，测线方位 90°。

（一）岩（矿）石磁性特征

各类岩（矿）石磁性参数：新太古界贺兰山岩群的绝大部分岩石都具有一定的磁性；新元古界青白口系、古生界寒武系、奥陶系、石炭系、二叠系及中生界三叠系的岩石均无磁性；岩浆岩具有较强磁性，它是引起局部高值异常的主要因素。通过岩性鉴定可知：辉绿岩、辉长辉绿岩中含磁铁矿 6%～25%，研究区内出露的或隐伏的岩浆岩是引起高、尖、陡异常的主要因素（表7－1）。

表7－1　岩（矿）石磁性参数表

地层		岩性	磁参数		备注
界	系		κ/($4\pi10^{-6}$ SI)	M_r/(10^{-3} A·m^{-1})	
晚古生界	二叠系	石英砂岩、泥质粉砂岩、粉砂质泥岩、泥质粉砂岩			无磁性
	石炭系	灰白色厚层状含粗粒石英砂岩、青灰色层状中粒结晶质灰岩、灰白色含砾粗粒石英砂岩、条带状白云质灰岩、质粉砂岩、粉砂质泥岩、泥质粉砂岩等			无磁性
早古生界	奥陶系	灰、深灰色厚层－中厚层灰岩、泥质灰岩、白云质灰岩			无磁性
	寒武系	褐灰色厚层状灰岩、浅灰色－深灰色白质灰岩、鲕粒状结晶状厚层深灰色灰岩、深灰色条带状细晶白云质灰岩、含铁石英砂岩、紫红色铁矿石、灰白色泥质白云质条带状灰岩、深灰色中层状结晶灰岩、深灰色碎屑灰岩、褐黄色中粒石英砂岩、灰白色混质白云质条带状灰岩、灰－白灰色砂质灰岩、深灰色泥质白云质条带状灰岩、灰白色粗粒石英砂岩			无磁性
中元古界	长城系	灰绿色硅质板岩、灰白色细粒石英砂岩、灰白色中粒岩状石英砂岩、灰白色石英岩			无磁性
	蓟县系				
古元古界	贺兰山岩群	灰黑色黑云片麻岩	671	2892	
		灰绿色斜长混合岩	1578	14448	
		灰绿色变粒岩	1173	506	
		条带条痕变粒岩	778	107	
		二云斜长片麻岩	1484	1129	
		灰白色片麻岩	284	261	
		花岗混合岩	388	327	
岩浆岩		混合花岗岩	388	327	
		辉绿岩	2599	7615	
		辉长辉绿岩	11606	51244	
		辉绿玢岩	1444	212	
		辉石橄榄岩	3645	1325	

（据宁夏回族自治区有色金属勘查院，2011）

（二）地面磁测异常处理解释

贺兰山北段地面磁测 ΔT 异常图中间为北西向大片负值异常背景区，东北部和南西部为正值异常，在正值异常背景区，有局部高值磁异常存在（图7－5）。

对贺兰山北段1∶5万磁异常进行了化极处理，化极后，正值异常范围增大且向北移，正值背景场区域中的局部高磁异常更加明显。工区内人文干扰严重的区域有乌斯太经济开发区、英力特煤矿以及石嘴山火车站等（图7－6）。

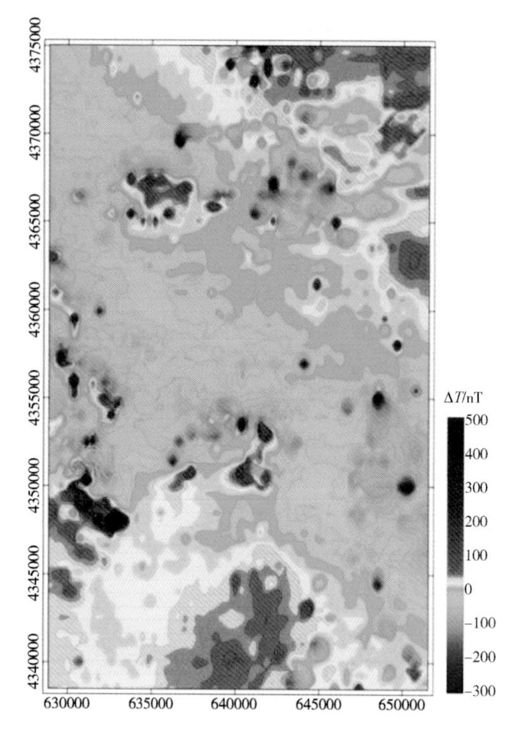

图7－5　贺兰山北段 ΔT 磁异常图

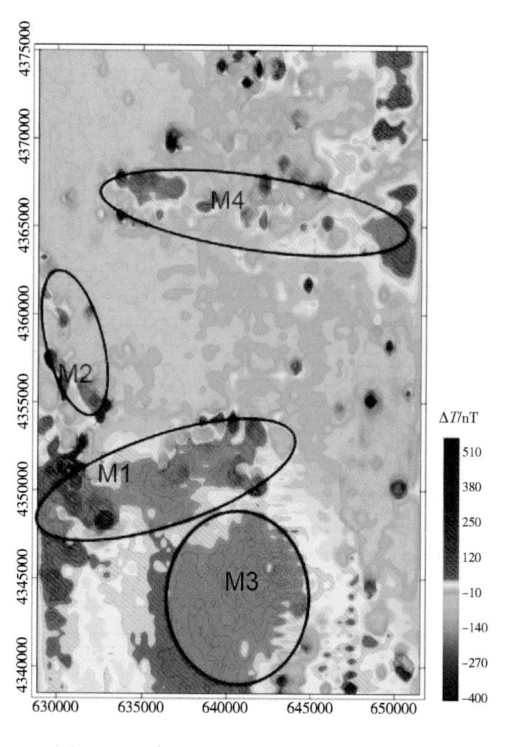

图7－6　贺兰山北段 ΔT 化极磁异常图

根据岩（矿）石物性分析，贺兰山北段磁异常是由新太古界贺兰山岩群变质岩与岩浆岩（辉绿岩、辉长辉绿岩、辉绿玢岩与辉石橄榄岩）产生。在本区主要的磁异常有M1～M4（图7－6，图7－8）。

三、岩体、辉绿岩脉及蚀变带的磁异常标志

过M4异常切1号剖面、M1异常切 AB 剖面，由 ΔT 磁异常可以看出：两条剖面曲线尖锐、有明显的跳跃、正负交错特征，它们是辉绿岩脉等各种具磁性的火成岩脉的反映。而地层的矿化、蚀变也会形成跳跃变化的弱磁异常，它们可能是寻找含金蚀变带的间接地球物理标志。而分布范围大、升高的正磁异常区是贺兰山岩群变质岩与埋深较大岩浆岩的反映（图7－7）。

四、M1～M4磁异常特征与有利成矿区域分析

（一）M1异常（宁夏回族自治区有色金属勘查院2011年报告称10－M5异常）

由红泉子沟、红房子一带一直断断续续向东延伸至化工厂西部一带。该异常是本区最主要的异常，该异常宽约5 km，东西延伸长约14 km，异常极大值1022 nT。本区内有北

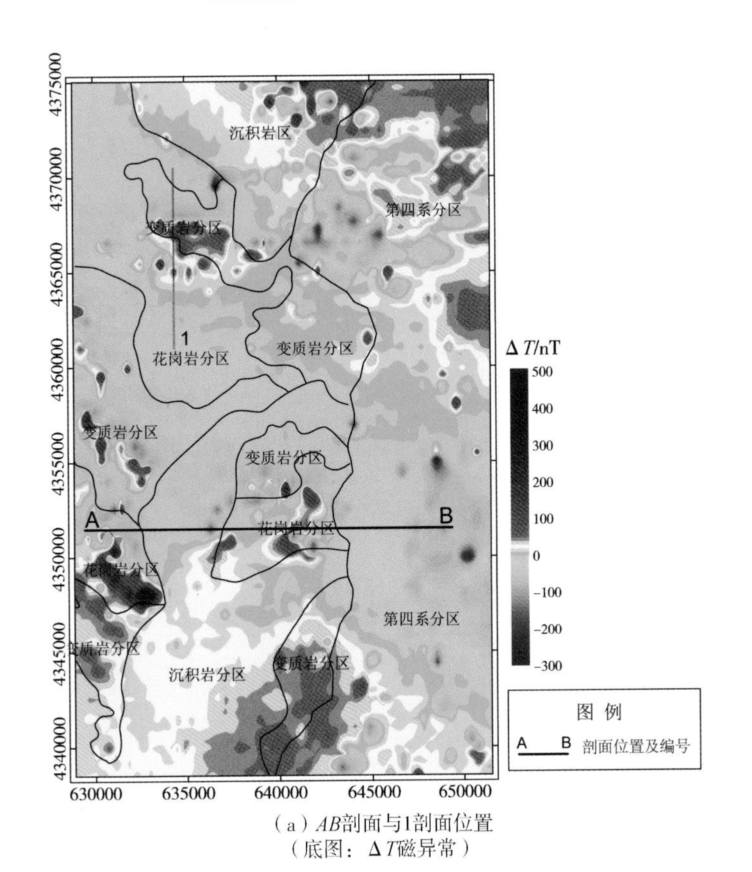

（a）*AB*剖面与1剖面位置
（底图：Δ *T*磁异常）

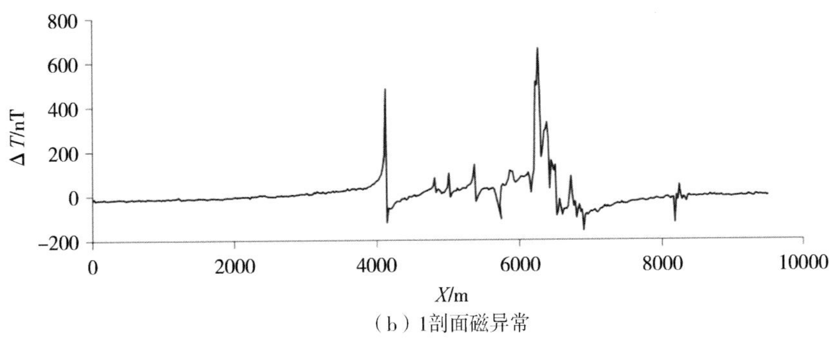

（b）1剖面磁异常

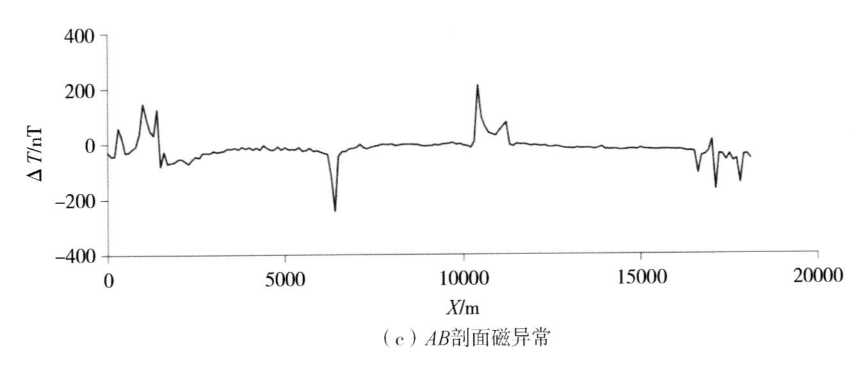

（c）*AB*剖面磁异常

图7－7　*AB* 剖面与1剖面磁异常特征

岔沟、牛头沟、梁根等金矿点。

M1 异常平行正谊关大断裂，近东西走向，地表出露贺兰山岩群中深变质岩。为新太古代—古元古代地壳深层次的韧性剪切变形，发育强应变挤压片理化带及糜棱岩、片麻状糜棱岩、鞘褶皱、拉伸线理等，其与金矿化有密切的关系。

（二）M2 异常（宁夏回族自治区有色金属勘查院 2011 年报告称 10 - M4 异常）

位于图莫勒吐井 - 达拉布盖 - 哈尔木腾西南一带，呈北北西向带状展布。面积较小，但异常强度较大。

M2 异常呈北西向雁型排列的带状异常，强度大、梯度陡、形态不规则，异常区主要位于新太古界黑云斜长片麻岩和混合花岗岩中，异常中心有北西向雁型排列的基性 - 超基性岩和辉绿辉长岩出露。异常区有 Au、Cu、Ni、Co、Cr、Zn 等元素异常环形分布。其特征与 M1 异常相似，符合前面分析的有利成矿区域的特征（即磁异常尖锐复杂、跳跃变化）。

（三）M3 异常（宁夏回族自治区有色金属勘查院 2011 年报告称 10 - M6 异常）

位于白虎洞沟，大山头南侧，树龙沟一带。异常长约 9.6 km，宽约 6.7 km。面积约 60 km^2，异常极大值为 135.9 nT。

M3 异常区出露地层有新太古代贺兰山岩群变质岩、黑云母花岗岩、角闪黑云花岗闪长岩、辉石云煌岩脉、辉绿岩脉和青白口系、石炭系。化探有 Au、As、伴有 Cu、Ni、Co、Cr、Zn、Pb 元素的异常带。其特征与 M1 异常相似，符合前面分析的有利成矿区域的特征（即磁异常尖锐复杂、跳跃变化）。

（四）M4 异常（宁夏回族自治区有色金属勘查院 2011 年报告称 10 - M2 异常）

位于乌尔图沟、苏布鲁黑沟庙沟一带，异常长约 4.4 km，宽约 6.3 km，面积约为 25 km^2，极大值为 297 nT。

M4 异常整体呈北西南东向分布。异常区出露层为新太古代贺兰山岩群，其岩性主要有黑云斜长变粒岩夹片麻岩、黑云斜长浅粒岩，局部有花岗闪长岩、辉绿岩脉出露。异常走向与出露贺兰山岩群阿愣呼都格组黑云斜长变粒岩夹片麻岩和柳树沟组石榴黑云片麻岩、变粒岩一致。其特征与 M1 异常相似，符合前面分析的有利成矿区域的特征（即磁异常尖锐复杂、跳跃变化）。

据宁夏回族自治区有色金属勘查院 2011 年报告中磁异常平剖图（图 7 - 8），有两个走向近东西的条带状磁异常带（M1、M4），呈尖锐跳跃变化特征，反映这两个磁异常带辉绿岩脉等具磁性的岩脉发育。在该带已发现大量岩脉、金矿化点与蚀变带。其中有北岔沟、牛头沟、梁根等金矿点。M1、M4 两个磁异常带是有利成矿区域。

五、小结

（1）在贺兰山北段，分布范围大、升高的正磁异常区是贺兰山岩群变质岩与岩浆岩的反映，而磁异常尖锐复杂、跳跃变化则是辉绿岩脉等各种具磁性的火成岩脉的反映。此外，地层的矿化、蚀变也会形成跳跃变化的弱磁异常，它们可能是寻找含金蚀变带的间接地球物理标志，要注意发现此类弱异常。

（2）在贺兰山北段有四个主要的磁异常带，其中M1、M4两个近东西向的异常带是找金的有利成矿区域：

1）M1异常，由红泉子沟、红房子一带向东延伸，是区内最主要的异常，宽约5 km，东西延伸长约14 km，异常极大值1022 nT。区内有北岔沟、牛头沟、梁根等金矿点。

2）M2异常，位于图莫勒吐井－达拉布盖－哈尔木腾西南一带，北北西向。面积小，异常强度大。

3）M3异常，位于白虎洞沟－大山头南侧－树龙沟一带。长9.6 km，宽6.7 km，异常极大值为135.9 nT。

4）M4异常，位于乌尔图沟－苏布鲁黑沟庙沟一带，长4.4 km，宽6.3 km，极大值为297 nT。

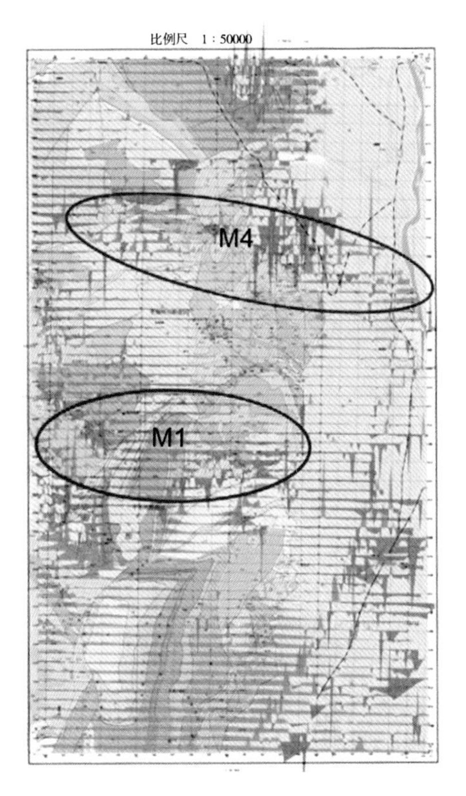

图7－8　贺兰山北段ΔT磁异常平剖图

（据宁夏回族自治区有色金属勘查院，2011）

（3）石英脉型金矿与构造蚀变岩型金矿是本区找矿的主攻类型，应关注升高正异常背景中磁异常复杂、跳跃变化段。而寻找构造破碎带蚀变岩型金矿则应围绕F_1主断裂带展开。

第三节　卫宁北山－香山重磁异常处理解释及铁、多金属矿有利成矿区域分析

一、卫宁北山多金属矿有利成矿区域分析

（一）概况

卫宁北山地区位于阿拉善微陆块西缘，其东与鄂尔多斯地块毗邻，是宁夏金属矿产勘查最重要的地区之一。近年来随着勘查工作的深入，发现了多处以金、铅、银、铜、铁等为主的小型矿床及矿点。研究区内已经发现的金场子金矿床及二人山银、铅矿体，为区内最具代表性的金属矿床（图7－9）。

卫宁北山地区是宁夏在金属矿勘查工作方面投入最多的地区之一。最早可以追溯到20世纪50年代。迄今为止，在区域地质调查、矿产勘查、物探、化探、自然重砂、遥感以及同位素测试和流体包裹体等方面都做过比较系统的工作。20世纪80年代，金场子金矿床提交了5 t的金属量后停产，而二人山银铅矿至今尚未正式开采。金场子金矿、二人

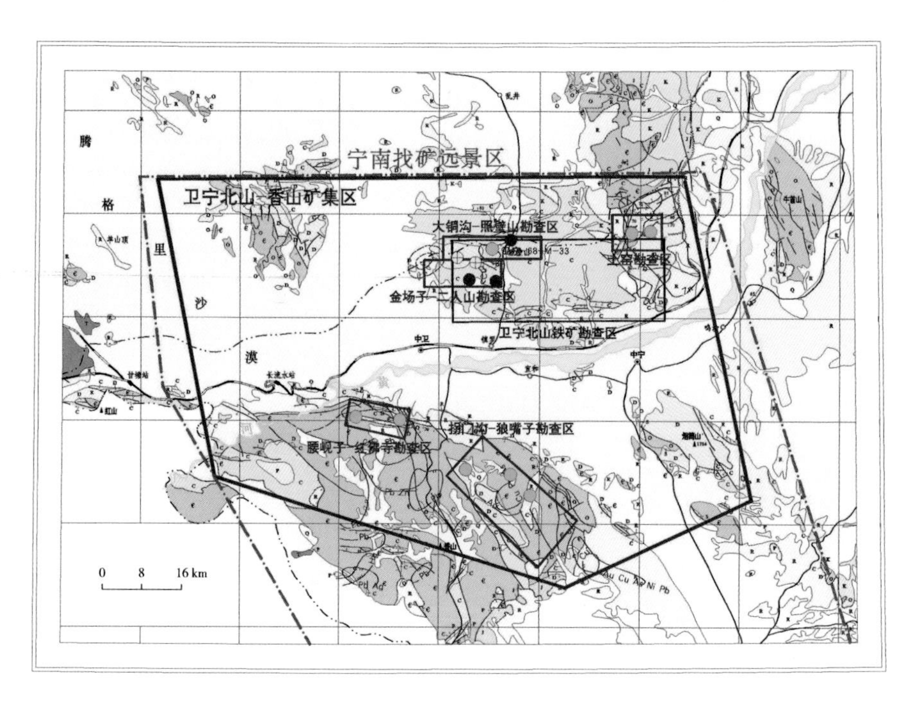

图 7-9 香山-卫宁北山矿集区勘查工作部署图

（据《宁夏回族自治区区域地质志报告》，2013）

山银铅矿以及一些小型的多金属矿点都主要赋存于石炭系海陆交互相沉积所形成的碳酸盐含膏岩建造中，受东西向断裂带（F_{18}）的控制。矿床的空间产出部位与硅化、黄钾铁钒化、褐铁矿化、高岭土化和少量的绿泥石化等蚀变体关系密切（刘志坚，2013）。

铁矿方面仅发现了少数小型矿床和较多的矿点、矿化点及异常。其中只有新照壁山、照壁山、石堆水和麦垛山铁矿等六处小型铁矿床，累计查明的铁矿资源量仅 192×10^4 t。

在卫宁北山西部的单梁山西段（二人山-金场子北）和东部的土窑一带，可能存在有隐伏的中酸性岩体，其与出露地表的闪长玢岩脉很可能为同源、同期形成。初步认为隐伏的中酸性岩体应该是卫宁北山地区多金属矿成矿最核心的要素。无论是加里东期还是印支-燕山期侵入岩，均系钙碱性系列岩石，形成于岛弧及大陆边缘带，与造山作用有关。

金场子金矿的金矿物为微细金球，其形态为圆球状、椭球状等。球粒均由多金体组成，成色极高，平均为998，这一特点具有表生金的成色特征（邱朝霞，1989）。为赋存与巨厚氧化带中的“渗流卤水-表生改造型金矿”（图 7-10）。

断裂构造主要是与褶皱相伴的近东西走向的（包括层间）断裂，主要分布在褶皱两翼的石炭系—泥盆系中。东西向断裂中的较大者有二人山-金场子东西向断裂带、照壁山断层、茶梁子断裂等；南北向断层主要有土窑断层等。

金场子金矿床与二人山银、铅矿床在空间上受东西向的断裂构造控制，并且主成矿元素的单元素异常形态为长轴状的椭圆形，与断裂构造的空间叠加性比较一致。而在 1∶10 万的航空磁测，卫宁北山地区的西北部（距金场子金矿约 5 km）发现了 M-33 磁异常。区内地表可见多处的铁、铜矿点或小型矿床，在浅部发现了小型的金矿床以及银铅矿。整

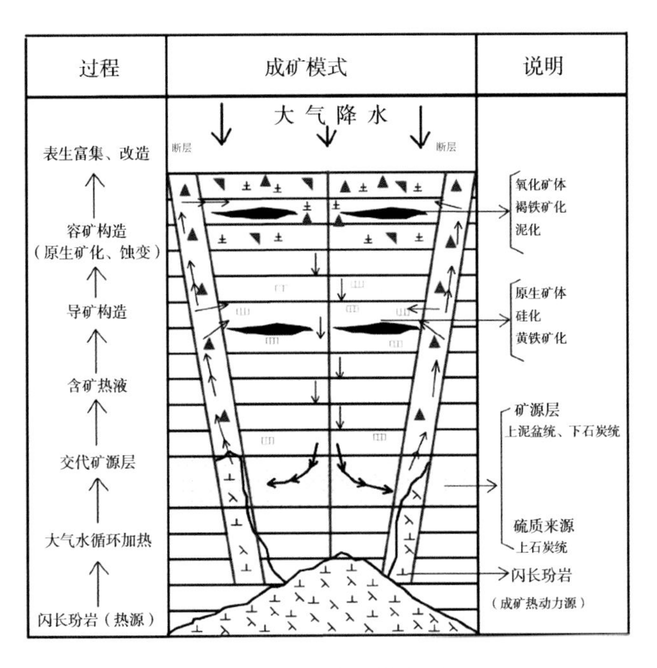

图 7－10　成矿模式图

（据徐国风，1988）

个矿化密集区大约有 700 km² 之多，这些矿点、矿化点或者浅部的小型矿床总体上沿着一定的构造方向分布。自西往东，有二人山铁、银矿化密集区；黄石坡沟银、铅矿化密集区；金场子金、银矿密集区；大同沟－照壁山铜铁矿化密集区以及最东部的土窑铜矿化密集区（图 7－11）。

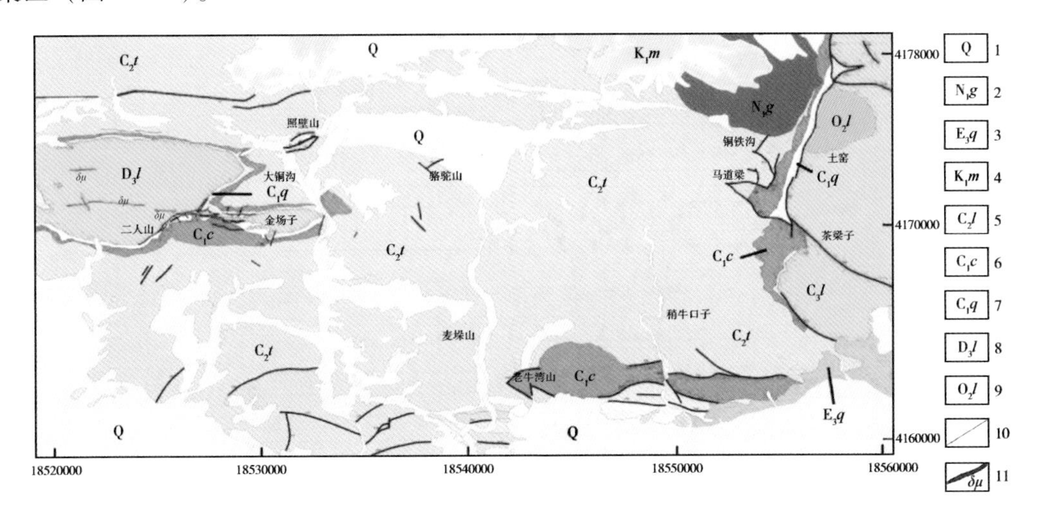

图 7－11　卫宁北山地区地质图

（据《卫宁北山多金属矿产调查》，2013）

1—第四系；2—新近系干河沟组；3—古近系清水营组；4—白垩系庙山湖组；5—上石炭统土坡组；6—下石炭统臭牛沟组；7—下石炭统前黑山组；8—上泥盆统老君山组；9—上奥陶统狼嘴子组；10—断层；11—闪长玢岩脉

金场子金矿体主要赋存于二人山－金场子断裂（F_{18}）带东段，接近地表的部位。并且，受后期构造运动和表生环境的次生改造影响强烈。二人山银、铅矿体则赋存于F_{18}断裂带西段的次级断裂或裂隙当中，从地表的氧化矿到深部原生硫化矿表现出规律的分带性。两个矿体的围岩主要为晚古生代的上泥盆统老君山组及下石炭统前黑山组、臭牛沟组。碳酸盐岩及富含钙质的碎屑岩为成矿作用提供了优良的导矿或容矿条件。

其中成矿意义较大的以出露于西侧的海西－印支期中性脉岩为主，侵入于上泥盆统老君山组第三段及下石炭统前黑山组及臭牛沟组，岩性为蚀变闪长玢岩，脉体宽1～6 m，长数十米至数百米，规模较大者多近东西向展布，小规模者分布无规律，部分蚀变闪长玢岩脉则紧密的分布于金矿体的上下盘。

矿床的控制因素主要体现在两方面：矿体、矿化体以及主成矿元素原生晕都赋存于下石炭统的地层中，走向与地层走向基本一致，为近东西向。北东－南西或近东西向的断裂构造为金场子金矿床的赋矿构造（图7－12）。

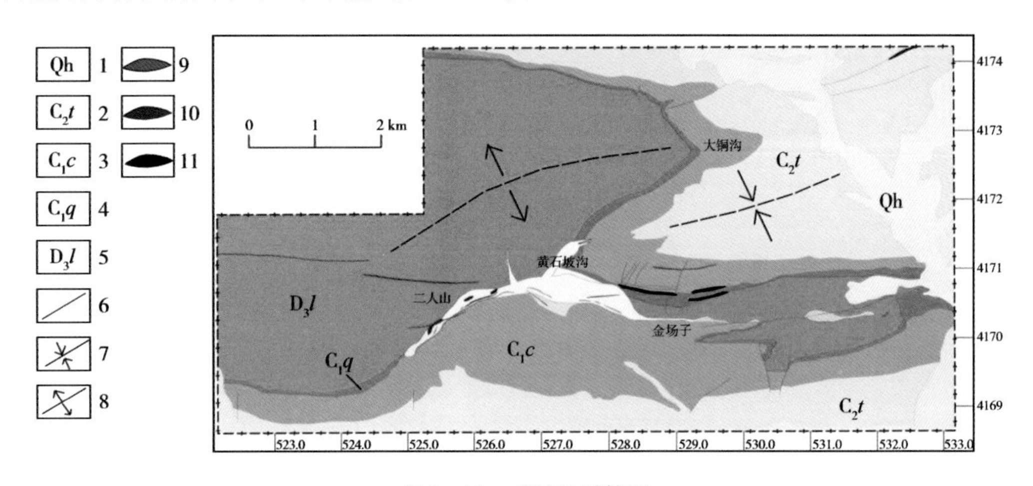

图7－12　矿区地质简图

（据《卫宁北山多金属矿产调查》，2013）

1—第四系；2—上石炭统土坡组；3—下石炭统臭牛沟组；4—下石炭统前黑山组；5—上泥盆统老君山组；6—断层；7—向斜轴；8—背斜轴；9—闪长玢岩脉；10—褐铁矿化带；11—金矿体

（二）卫宁北山多金属矿体空间分布规律

1. 与构造关系

金场子－二人山地区的多金属矿体沿着北东－东西的断裂呈串珠状分布。说明这两组构造在空间上起到了导矿和配矿的作用。尤其是二人山银、铅矿，还位于F_{18}弧形构造的顶部，在弧形构造形成过程中，弧顶部位是构造应力最为集中、构造变形和岩石破碎最为强烈的地段，因而也是后期热液活动、含矿流体上升迁移乃至成矿的有利构造环境。除此之外，断裂构造附近的岩石节理、裂隙亦成为容矿的有利空间，一些小型的矿脉或矿点往往就赋存于这些构造当中，可认为是断裂构造中主矿体周围的小－微型矿体的集群（图7－13）。

2. 与地球物理关系

金场子－二人山矿区有航磁异常及地面高精度磁测异常，位于二人山银铅矿的西侧不远处，在成因上可能都存在一定的关系（图7－14）。

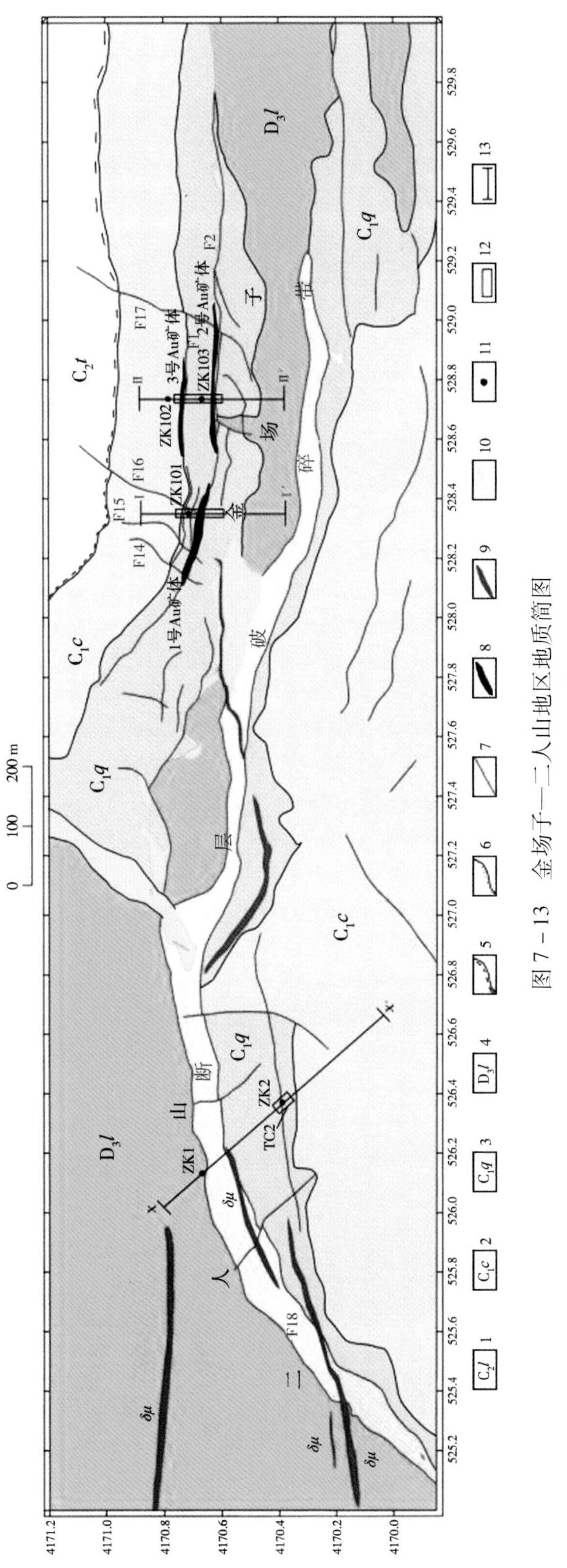

图 7-13　金场子—二人山地区地质简图

（据《卫宁北山多金属矿产调查》，2013）

1—上石炭统土坡组；2—下石炭统臭牛沟组；3—下石炭统前黑山组；4—上泥盆统老君山组；5—平行不整合；6—角度不整合；7—断层；8—金矿体；9—闪长玢岩脉；10—泥化带；11—钻孔；12—探槽；13—勘查线

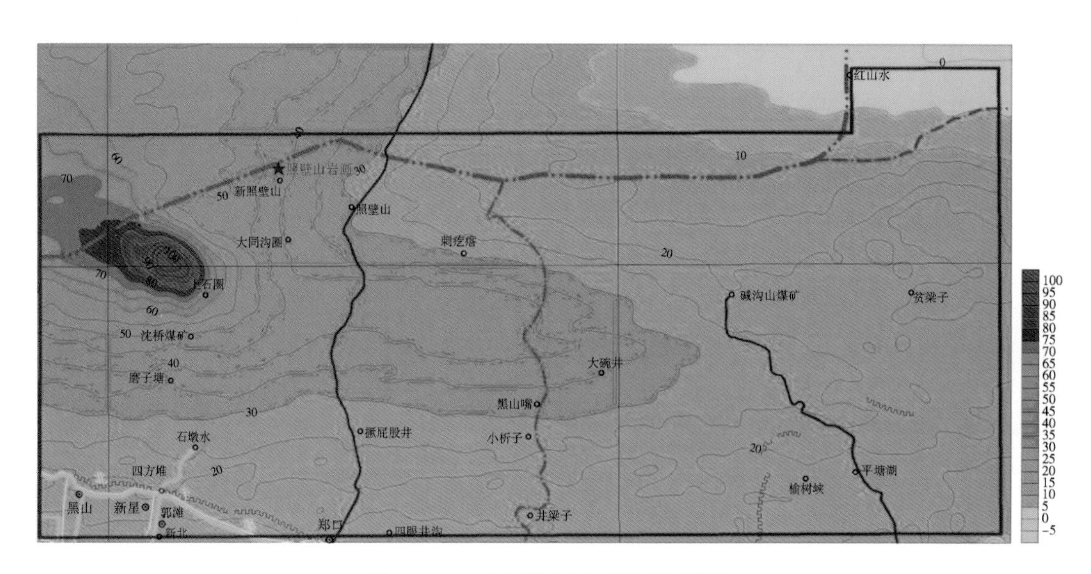

图 7－14 卫宁北山地区航磁异常图

（据《卫宁北山多金属矿产调查》，2013）

矿（化）体往往表现出低阻中激化的特征，断裂构造相对于围岩往往表现出低电阻特征，而深部的黄铁矿化相对于围岩表现出高极化率的特征。

在矿区地表大量出现不同规模的闪长玢岩脉，岩脉在空间上与金场子金矿体往往表现为上下盘且相似蚀变类型的关系。而这些岩脉与高精度磁测所推测的隐伏中酸性岩体可能为同一岩浆－侵入系统。因此，这一岩浆－侵入系统与研究区内的矿体形成过程应该存在着一定的成因联系（图 7－15）。

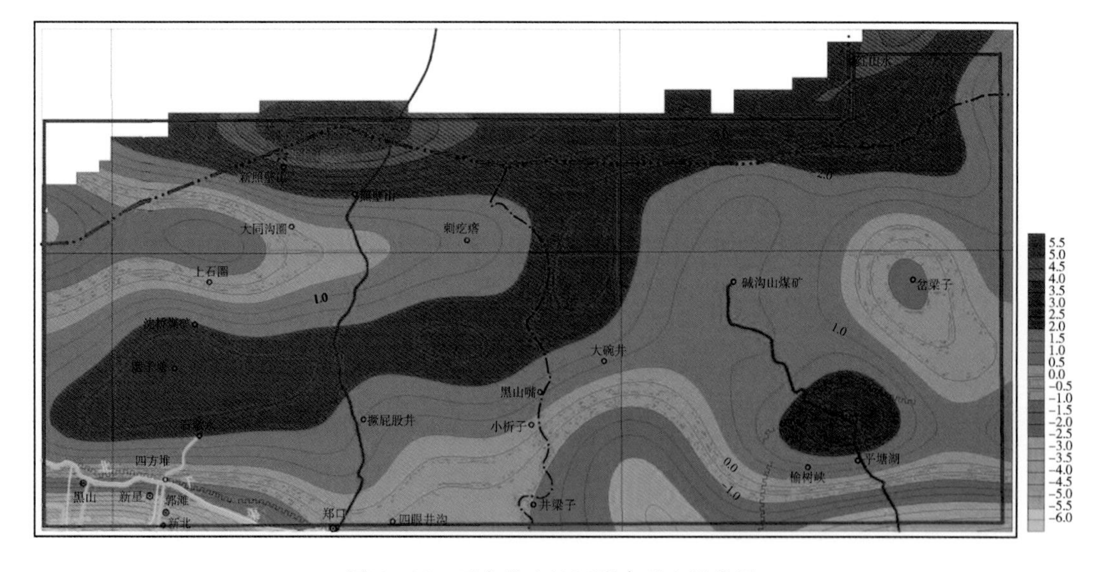

图 7－15 卫宁北山地区剩余重力异常图

（据《卫宁北山多金属矿产调查》，2013）

通过在二人山地区布置的一条激电测深剖面 $X-X'$ 线，视电阻率低阻带与二人山－金场子（F_{18}）断裂带相吻合，视极化率自剖面起点 500～700 m 的距离，地下 200～300 m 的深度，有一极化率异常，对应的电阻率为低阻带，推测为原生硫化物所致，这一点具备本地区的矿致异常特征（图 7－16）。

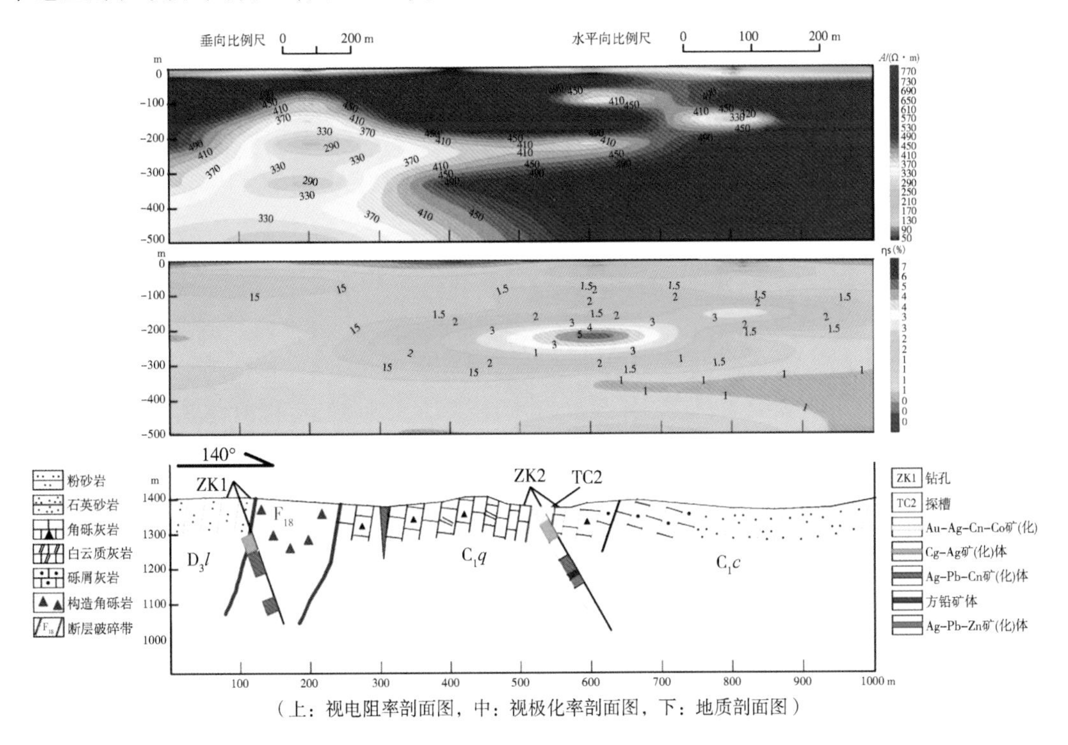

（上：视电阻率剖面图，中：视极化率剖面图，下：地质剖面图）

图 7－16 二人山 $X-X'$ 线物探－地质综合剖面图

（据《卫宁北山多金属矿产调查》，2013）

3. 与地球化学关系

水系异常分布特征：通过对水系沉积物测量数据进行分析，确定了各分析元素异常下限。最终圈定了 37 个综合异常，且主要分布于西部的金场子－二人山地区、大铜沟地区、照壁山地区、中部的骆驼山地区、中南部的稍牛口子地区以及东部的土窑地区、茶梁子地区。异常形态多为长轴状，并且几乎都沿断裂带分布，表明研究区断裂构造对成矿作用起着非常重要的控制作用。Au、Cu 等异常面积较大，伴生的其他异常元素种类多，与已知典型矿床空间套和极为一致，起到了重要的指示作用。岩石地球化学结果显示在 F_{18} 断裂带有明显异常（图 7－17，图 7－18，图 7－19）。

（三）卫宁北山平面重磁异常特征分析

1. 卫宁北山磁异常化极

由卫宁北山磁异常及化极结果可见，该区有三个局部异常，其中金场子－二人山北西的两个异常组成一北西向磁异常带，其强度较大，而北部的近等轴状异常强度较小。根据岩石物性与磁异常的规模分析，围岩主要为晚古生代的上泥盆统老君山组及下石炭统前黑

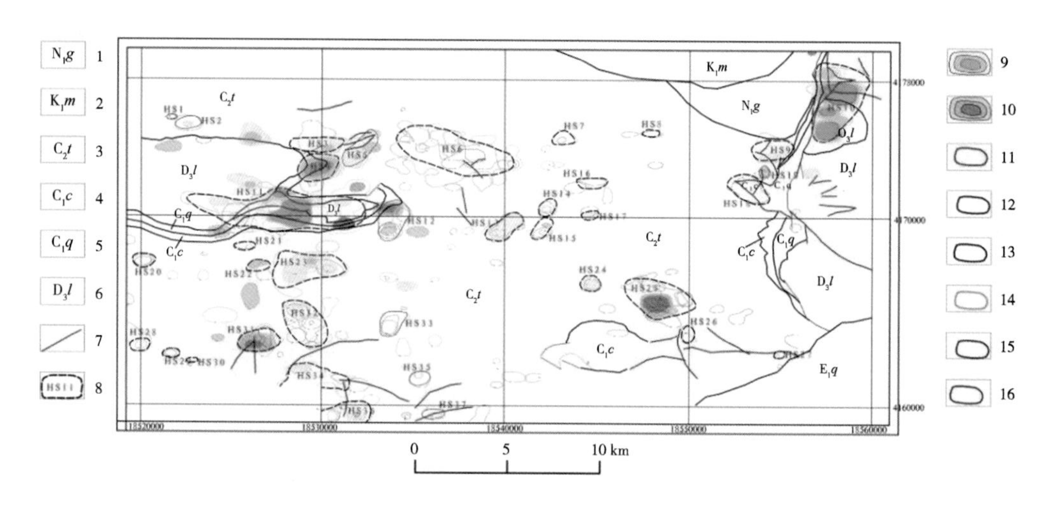

图 7－17　卫宁北山地区水系沉积物综合异常图

（据《卫宁北山多金属矿产调查》，2013）

1—新近系干河组；2—白恶系庙山湖组；3—石炭系上坡组；4—石炭系臭牛沟组；5—石炭系前黑山组；6—泥盆系老君山组；7—断层；8—综合异常及编号；9—Cu 异常；10—Au 异常；11—Ag 异常；12—Zn 异常；13—Pb 异常；14—Fe 异常；15—Ni 异常；16—Co 异常

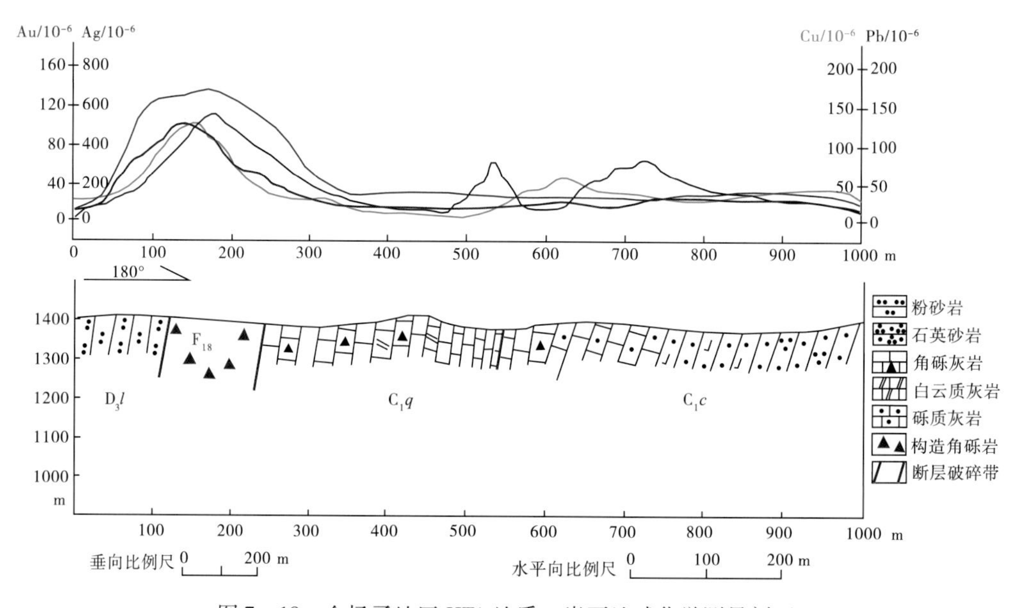

图 7－18　金场子地区 HT1 地质、岩石地球化学测量剖面

山组、臭牛沟组地层，不具磁性；只有火成岩具磁性能够引起局部磁异常。因此，该北西向局部磁异常由中（酸）性侵入岩所引起。图中还可以看出金场子－二人山有一东西向的磁异常带，该带应为 F_{18} 断裂带及具磁性的闪长玢岩、蚀变带的反映，是金与其他多金属成矿的远景带（图 7－20，图 7－21）。

土窑勘查区缺磁测资料，未处理解释。

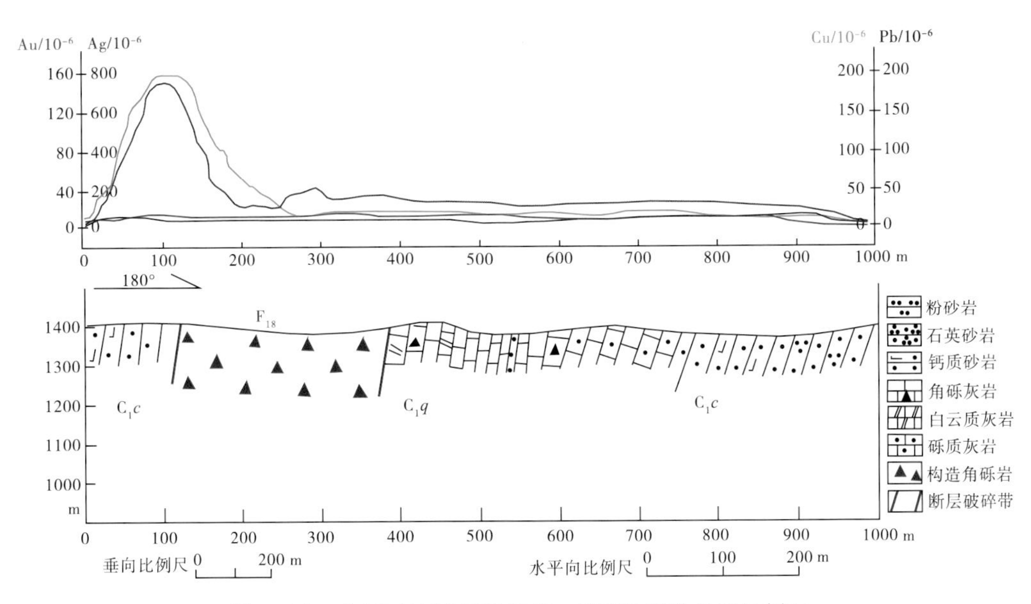

图 7－19　金场子地区 HT2 地质、岩石地球化学测量剖面

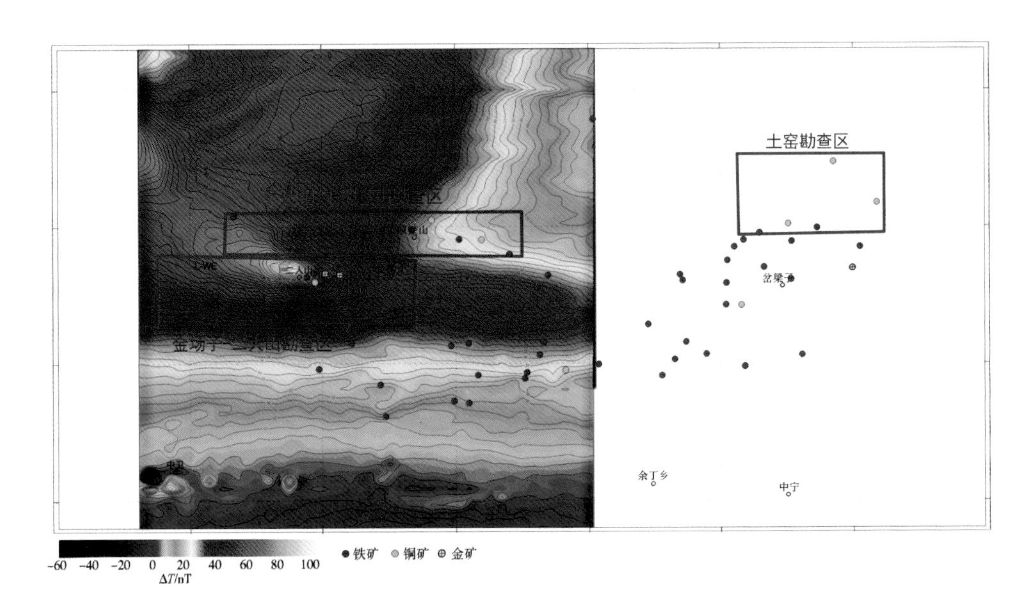

图 7－20　卫宁北山磁异常图

2. 卫宁北山局部重力异常

图 7－22(a) 是卫宁北山局部重力异常图，图 7－22(b) 中红色等值线代表磁异常大于 70 nT 的部分。局部重力异常与磁异常并没有很好地重合性，局部磁异常是在重力高的边缘。根据岩石物性分析，中（酸）侵入岩密度约 2.64 g/cm^3，泥盆、石炭系密度约 2.64～2.65 g/cm^3，二者没有明显的密度差异，侵入岩不太可能产生局部重力低异常或高异常。

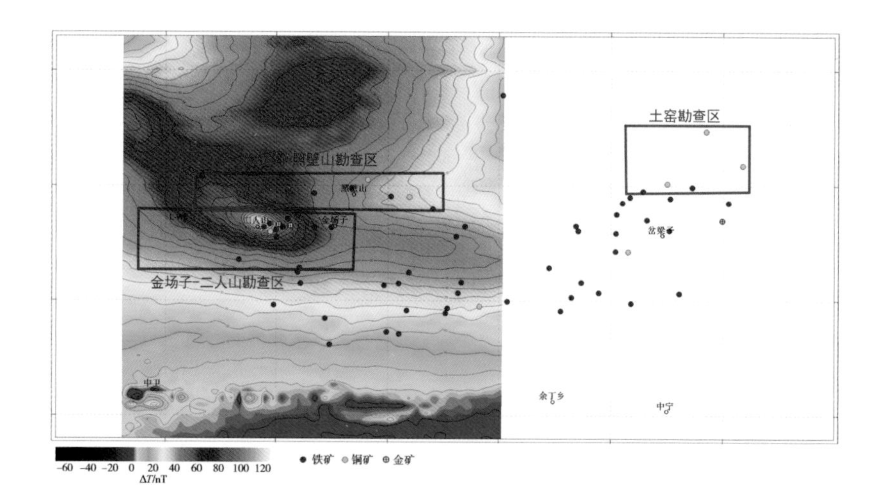

图 7－21　卫宁北山磁异常化极图

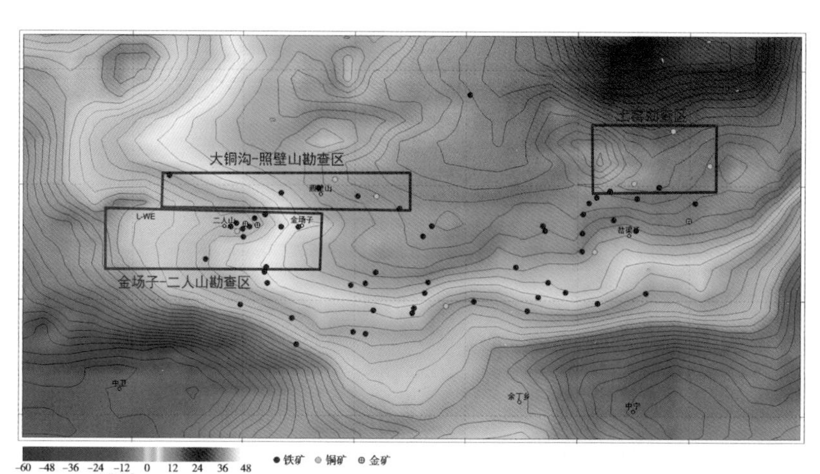

（a）局部重力异常

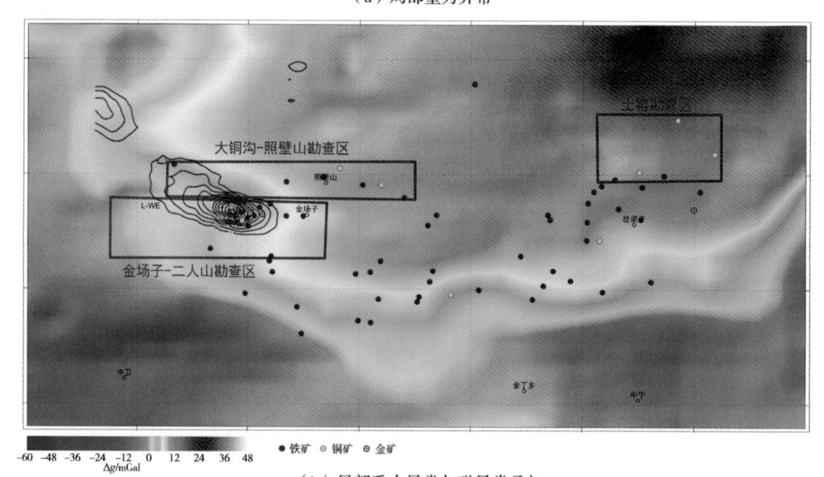

（b）局部重力异常与磁异常叠加

图 7－22　卫宁北山局部重磁异常

（四）卫宁北山剖面重磁异常特征分析

二人山地区磁异常化极后呈北西向分布，北西方向长约12 km，北东向宽约4 km，化极后磁异常最大值约为120 nT。取过磁异常中心的南北与东西两条剖面，即L－NS和L－WE线进行反演解释，如图7－23（c）所示。

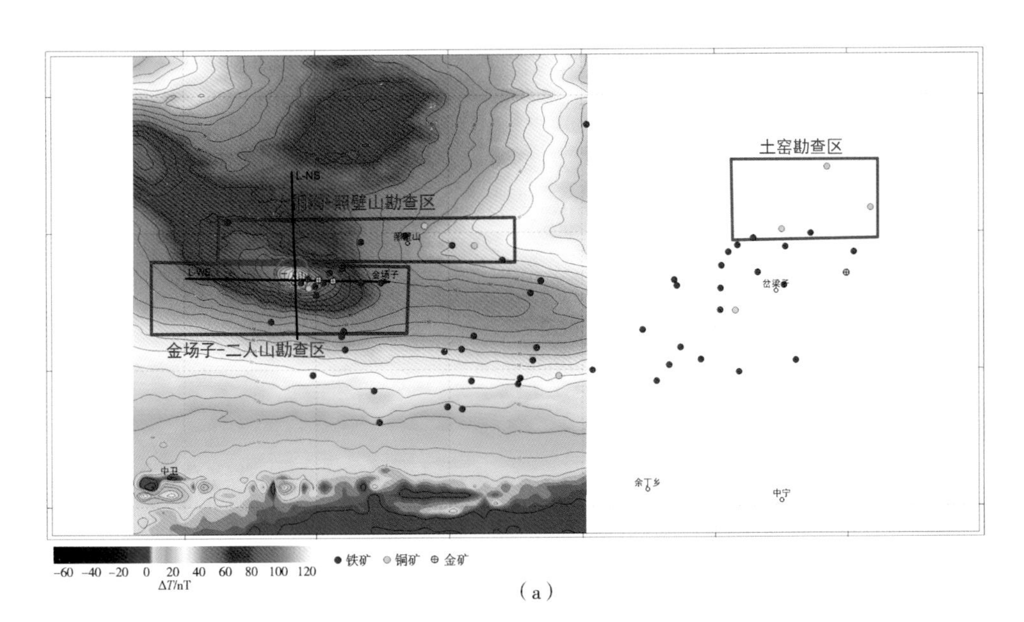

（a）

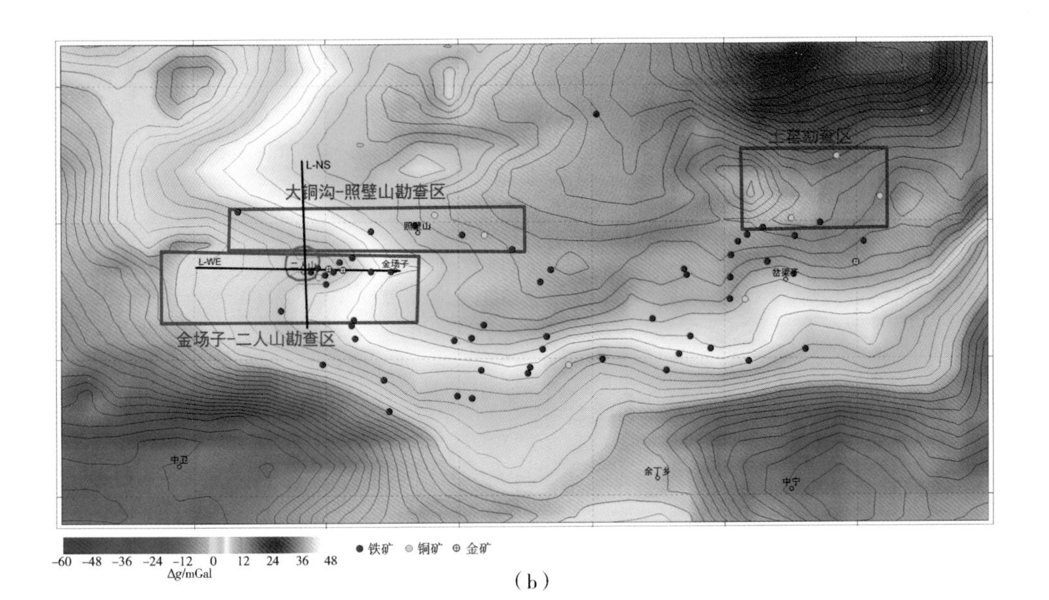

（b）

图7－23　卫宁北山L－NS和L－WE线平面位置

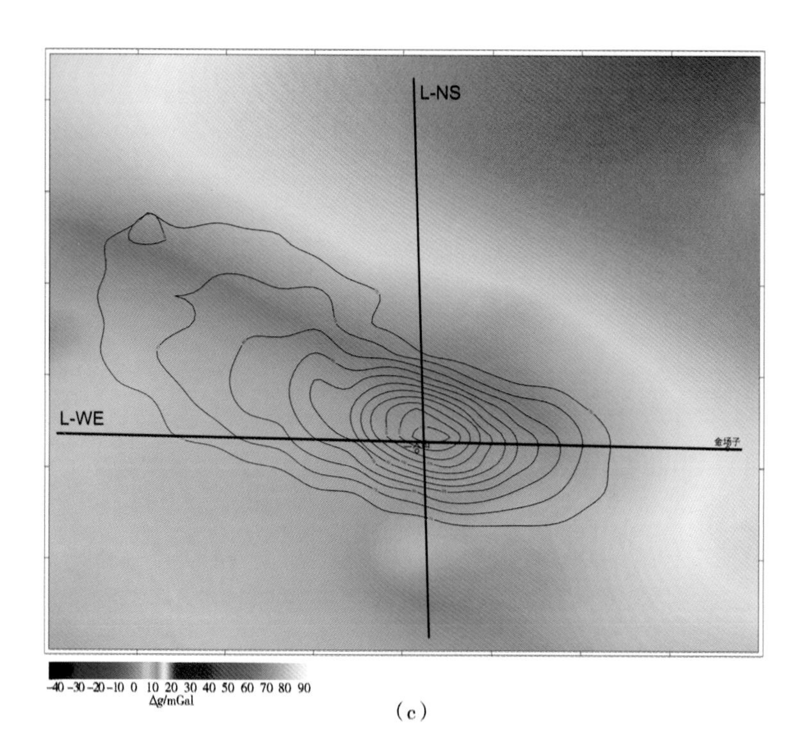

(c)

图 7-23 卫宁北山 L-NS 和 L-WE 线平面位置（续）

1. 剖面重磁异常特征

图 7-24 中红色曲线为重力异常，有一北高南低的区域场，这个区域场是海原群变质岩产生，因此需要对重力异常场源分离提取局部场。采用滑动平均法提取局部重力异常如图 7-24 下部所示。

东西剖面中红色曲线为重力异常，也有一东高西低的区域场，采用滑动平均法提取局部重力异常，如图 7-25 下部所示。

2. L-NS 线重磁异常解释

平面磁异常欧拉齐次方程反演结果表明场源深度约 824 m，南北剖面磁异常欧拉齐次方程反演结果表明场源深度约 1020 m，平均 800~1000 m，二者不一致的原因是窗口大小与形状不一样造成。

南北剖面呈重力低与磁力高，说明场源体为低密度、强磁性。对南北剖面重力异常与磁异常分别进行密度反演与磁化强度反演，图 7-26（b）中部是密度反演结果，图中蓝色部分是低密度岩体的反映；图 7-26（b）下部是磁化强度反演结果，图中红色部分是具磁性火成岩体的反映。重磁反演结果有一定差别，但是总体上，反演结果的火成岩体产状陡，略向北倾。

为了减少单一方法反演的多解性，对南北剖面进行重磁联合反演，结果显示，岩体产状陡立且略向北倾，上顶埋深约为 1000 m，下延深度 5~6 km（图 7-27）。

3. L-WE 线重磁异常解释

平面磁异常欧拉齐次方程反演结果表明场源深度约 824 m。

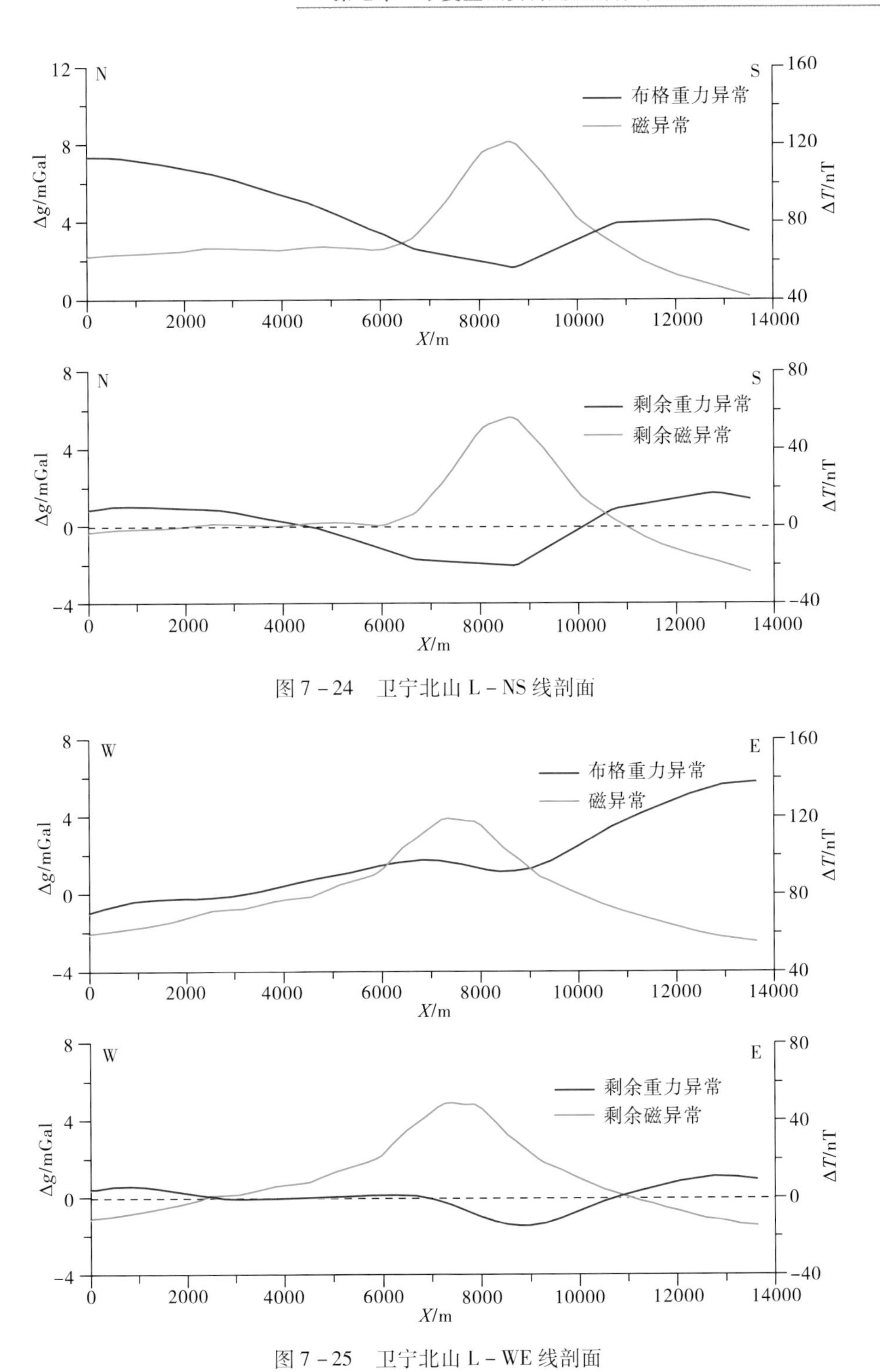

图 7 - 24　卫宁北山 L - NS 线剖面

图 7 - 25　卫宁北山 L - WE 线剖面

南北剖面磁异常欧拉齐次方程反演结果表明场源深度约 1025 m。

东西剖面呈重力低与磁力高，说明场源体为低密度、强磁性。对东西剖面重力异常与磁异常分别进行密度反演与磁化强度反演，结果显示，火成岩体产状陡立，略向西倾。

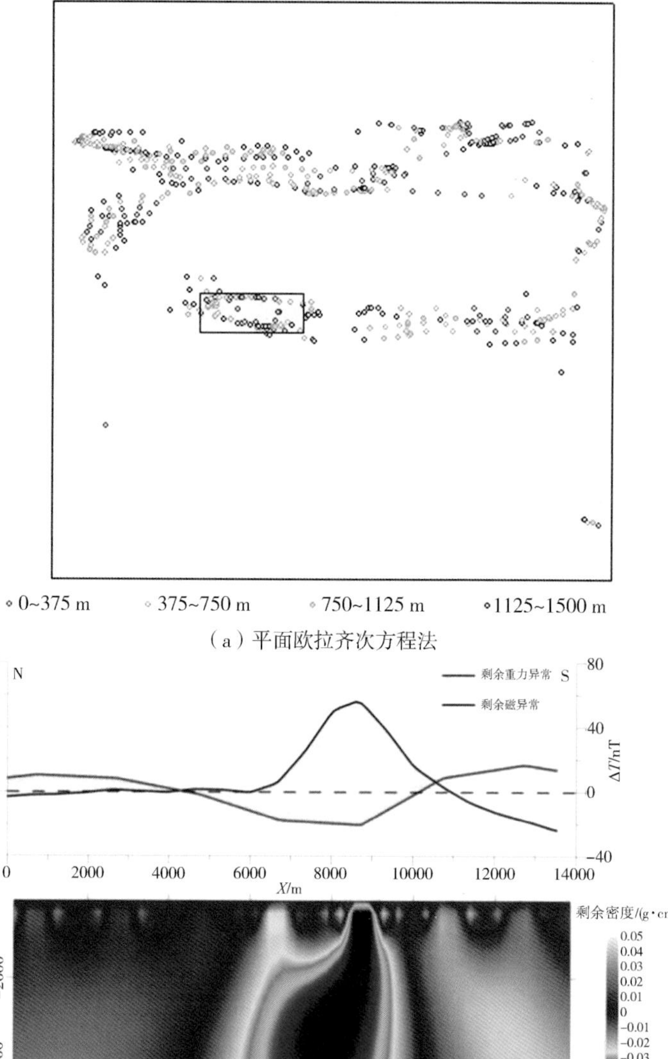

（a）平面欧拉齐次方程法

（b）2D重磁反演

图7－26　L－NS线重磁异常反演结果

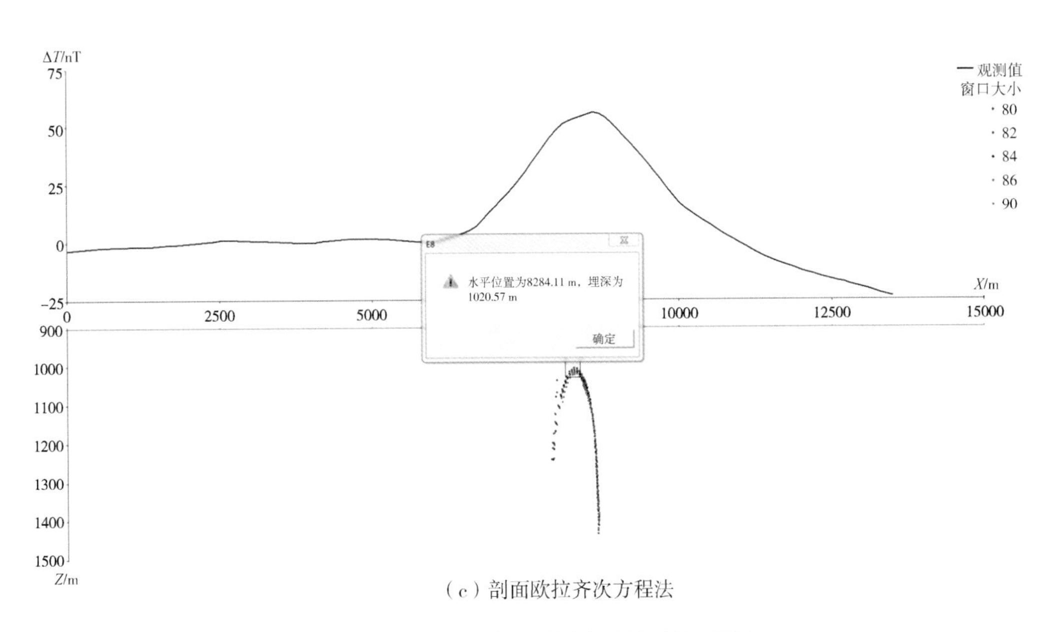

（c）剖面欧拉齐次方程法

图 7－26　L－NS 线重磁异常反演结果（续）

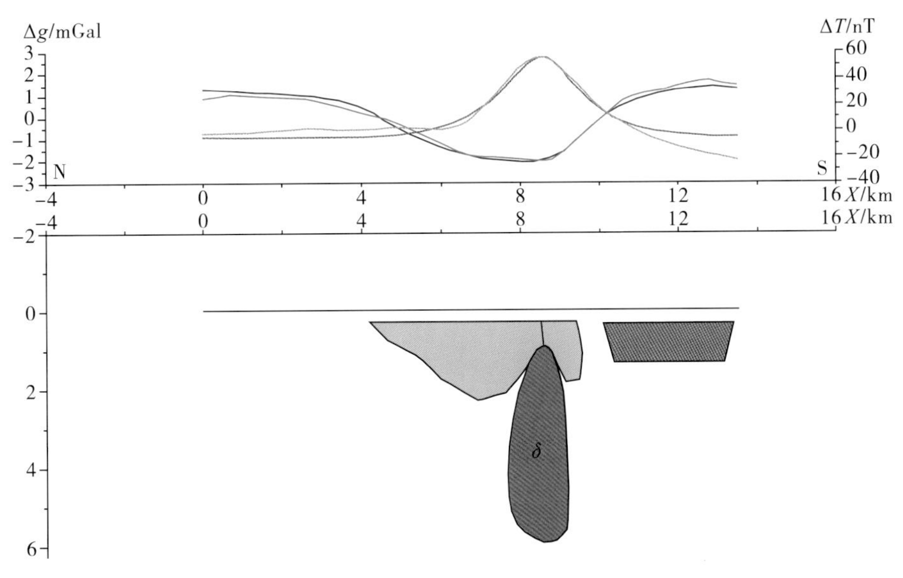

图 7－27　L－NS 线 2.5D 人机交互反演

（说明：图中浅灰色为泥盆系地层，深灰色为石炭系地层）

东西剖面重磁联合反演结果如图 7－28、图 7－29 所示。

4. 电法异常解释对比

重磁联合反演结果与电法一致。EH4 图中红色虚线所圈定的范围，推测为磁异常源，埋深较大，在 600～1500 m 深度范围内，近似等轴状。地表出露和地下隐伏有花岗闪长岩－闪长玢岩侵入岩体（岩脉），经过分析测试花岗闪长岩－闪长玢岩，其年龄在 144～170 Ma 之间，此时期正好是卫宁北山地区在燕山早期的碰撞造山期后的伸展阶段，此时卫宁北山地区发生了中－酸性岩浆侵入（图 7－30，图 7－31）。

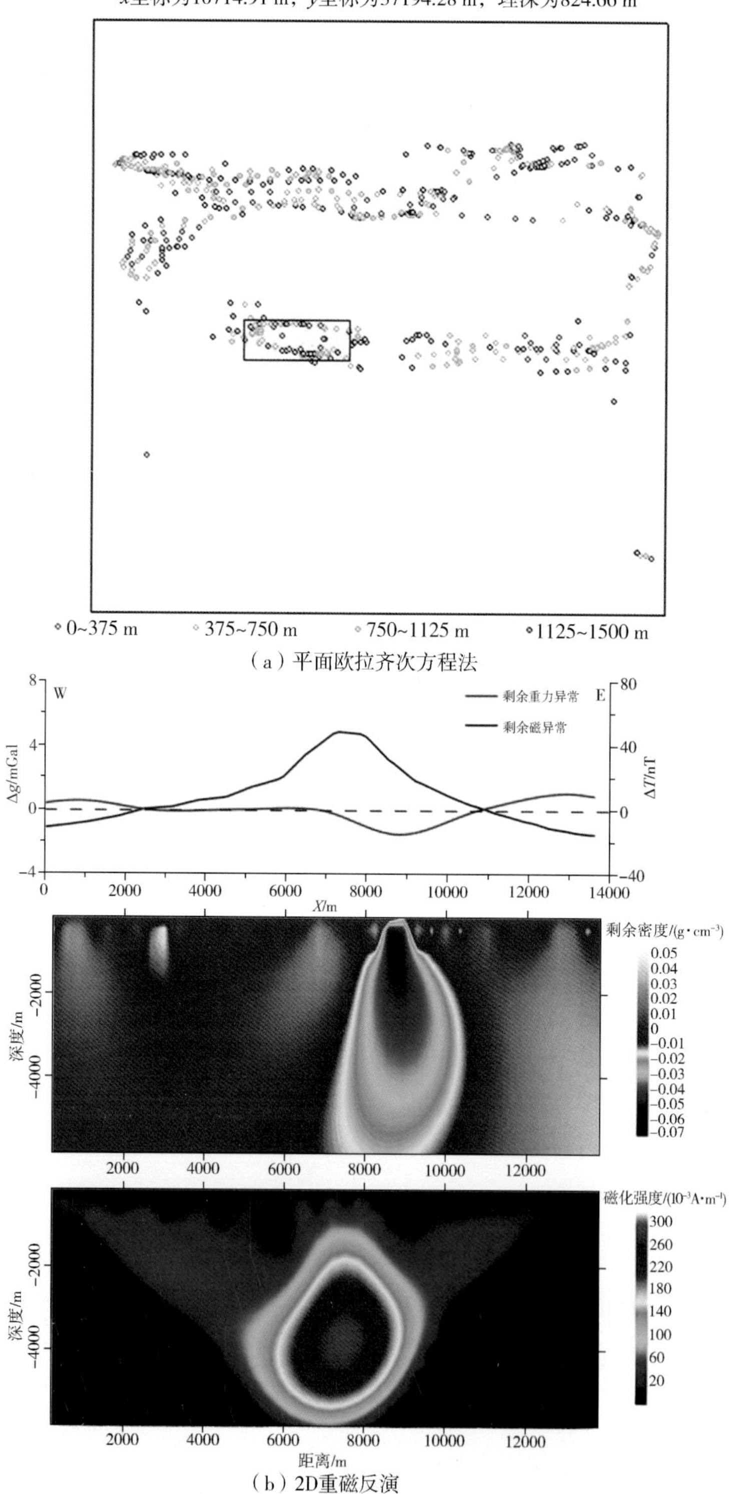

图 7－28　L－WE 线重磁异常反演结果

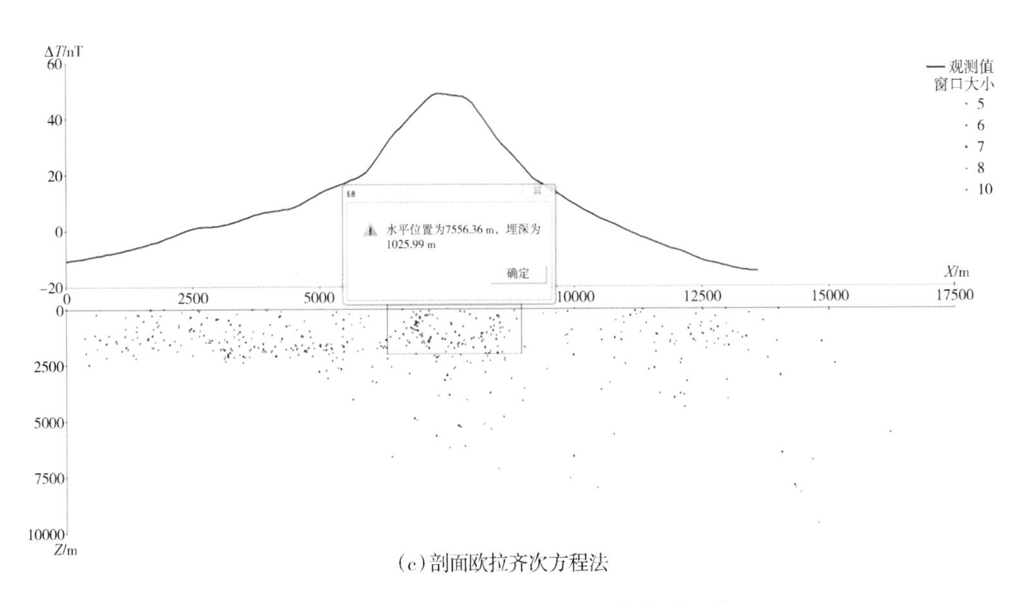

(c)剖面欧拉齐次方程法

图 7－28　L－WE 线重磁异常反演结果（续）

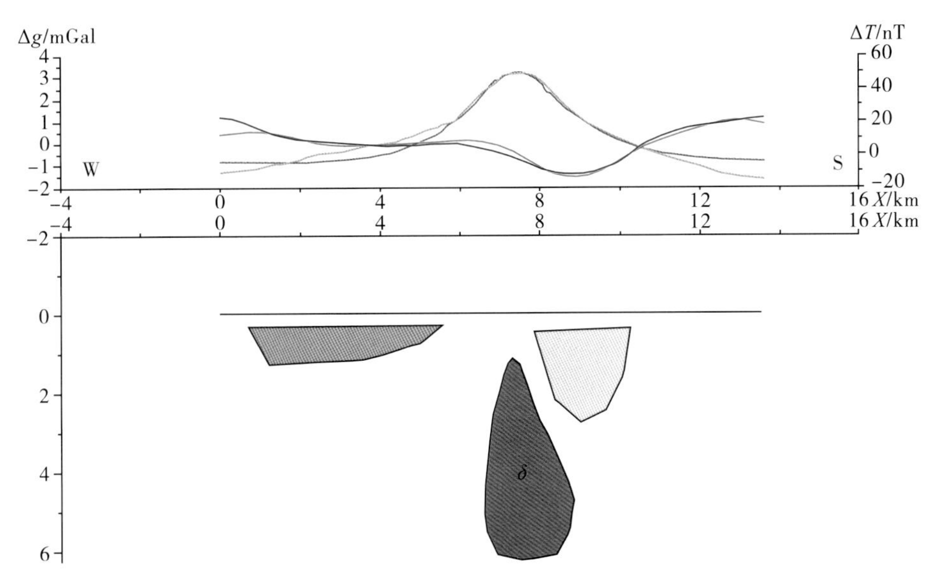

图 7－29　L－WE 线 2.5D 人机交互反演

（图中浅灰色为泥盆纪地层，深灰色为石炭纪地层）

5. 与 2011 年卫宁北山 ZKXII－1 钻孔验证结果对比

2015 年 7 月 6 日，在银川项目进展汇报会上，曾提出了 2011 年在卫宁北山为了验证是否有岩体存在，部署了 ZKXII－1 钻孔，孔深 1800 m 未见岩体。会后收集了宁夏地质调查院 ZKXII－1 钻孔的资料，分析对比如下。

ZKXII－1 钻孔深约 1800 m，方位角约为 225°；

倾角由浅到深从 88.30°到 41.90°；

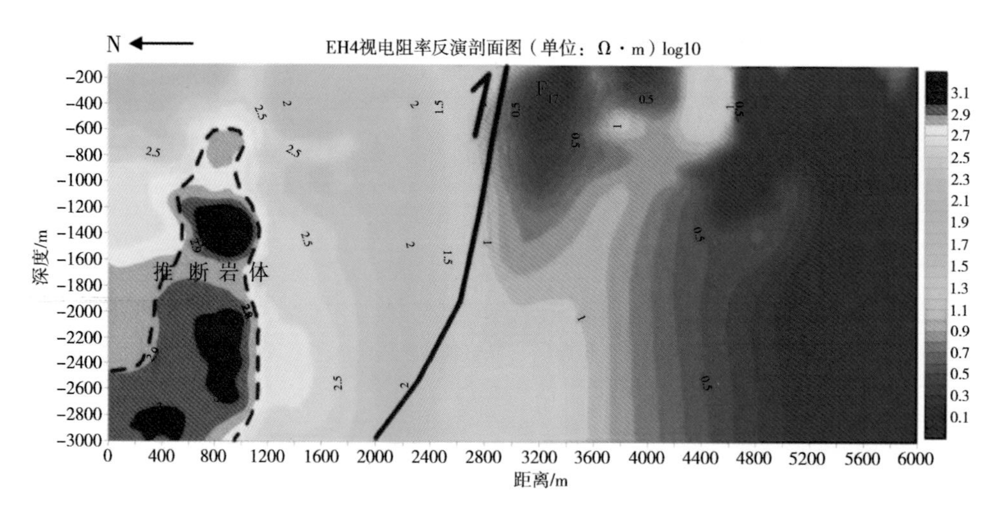

图 7-30　EH4 视电阻率反演剖面图（卫宁北山磁异常段 30～36 km）

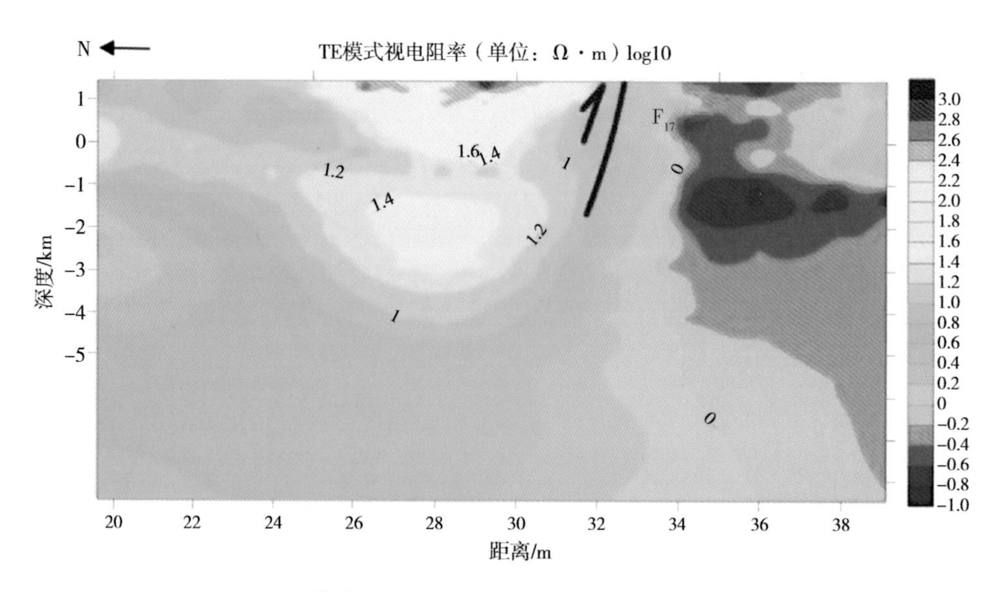

图 7-31　TE 模式视电阻率反演剖面图（卫宁北山段 20～39 km）

钻井整体呈南西走向。

详见表 7-2、表 7-3。

表 7-2　ZKXII-1 钻孔弯曲度测量结果表

孔深/m	方位角/(°)	倾斜角/(°)	备注
60.00	0	88.30	
100.00	271	87.30	
160.00	12	83.40	
200.00	5	82.00	
260.00	47	80.20	

续表

孔深/m	方位角/(°)	倾斜角/(°)	备注
300.00	55	79.10	
360.00	35	77.60	
400.00	4	76.70	
460.00	200	75.50	
500.00	207	76.10	
560.00	209	76.20	
600.00	213	76.40	
660.00	226	76.00	
700.00	226	75.50	
760.00	228	75.00	
800.00	229	74.60	
860.00	229	74.30	
900.00	231	74.20	
960.00	0	88.30	
1000.00	271	87.30	
1060.00	12	83.40	
1100.00	5	82.00	
1160.00	47	80.20	
1200.00	55	79.10	
1260.00	35	77.60	
1300.00	43	76.70	
1360.00	200	75.50	
1400.00	207	76.10	
1460.00	209	76.20	
1500.00	213	76.40	
1560.00	226	76.00	
1600.00	226	75.50	
1660.00	228	75.00	
1700.00	229	74.60	
1760.00	229	74.30	
1780.00	231	74.20	

（据《卫宁北山多金属矿产勘查》，2013）

表7－3　ZKXII－1钻孔录井结果表

深度/m	地层特征
53.00～75.20	石英岩脉，见黄铁矿立方体
104.70～120.20	石英岩脉
199.37～323.80	存在铁矿化现象
349.90～353.30	闪长玢岩脉
511.80～897.45	铁矿化现象强烈
897.45～898.15	闪长玢岩脉
898.15～1211.00	石英为主，穿插闪长玢岩，铁矿化明显
1211.00～1344.00	辉长闪长岩质中基－基性角砾岩、基性－超基性角砾岩含石英及金属矿物
1457.20～1471.00	花斑状隐爆角砾岩，砾石成分估计与熔浆成分有关，底部有石英岩脉，铁矿化强烈，构造挤压碎裂明显
1471.00～1539.80	见少数隐爆角砾岩，存在蓝辉铜矿颗粒
1578.00～1589.00	石英岩脉，见铜矿化

（据《卫宁北山多金属矿产勘查》，2013）

将钻孔位置投影到磁异常反演岩体结果图上结果发现，卫宁北山 ZKXII－1 钻井位于重磁反演模型中心位置的北西方向，钻井走向为南西方向，这是钻井未打到岩体的原因。如果钻井走向为东南方向，或者钻井布置在模型中心位置的北东方向，打到岩体的可能性比较大。ZKXII－1 钻孔录井结果表明，该钻孔岩心所见岩脉、矿化非常普遍，如果在钻孔施工中及时进行三分量磁测井就能够发现是否存在岩体与岩体的位置（图7－32）。

（五）卫宁北山断裂分析

根据重力小波断裂分析的结果所示，分析的断裂与地质地表观察的断裂有较好的对应关系。在卫宁北山，重力反映的断裂比地表观察的断裂完整。如过二人山、金场子金矿区与矿化点的 F_{18} 断裂等（图7－33）。

磁异常近东西向正值条带与重力断裂分析的近东西向断裂一致，磁异常是在断裂带发育的具磁性蚀变闪长玢岩的反映，重磁异常与 F_{18} 断裂及二人山－金场子金矿带一致。但是地表地质观察解释的 F_{18} 断裂范围小、断断续续。重磁异常反映比 F_{18} 完整，可以根据重磁异常沿该断裂带追踪金矿带。

（六）卫宁北山有利成矿区域分析

1. 有利成矿区域选择的原则

远景区应选择在卫宁北山的二人山－金场子近东西向重磁异常及根据重磁解释的火成岩体周围，以及断裂构造切割褶皱核部或翼部的地段、原生晕异常、褐铁矿化带或铁帽、低阻及中－高极化的物探异常带、碳酸盐岩发育的地层、地表矿化蚀变带等条件在空间耦合程度高地区。

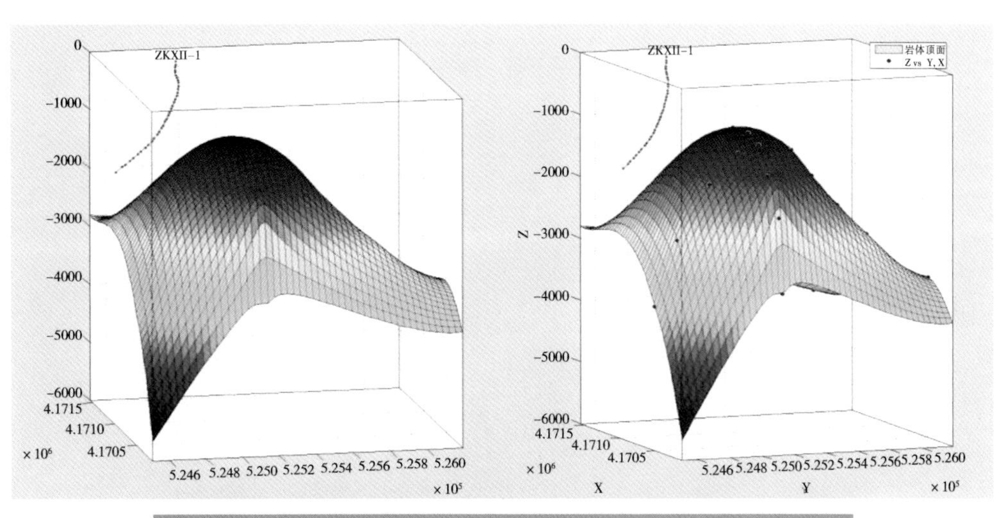

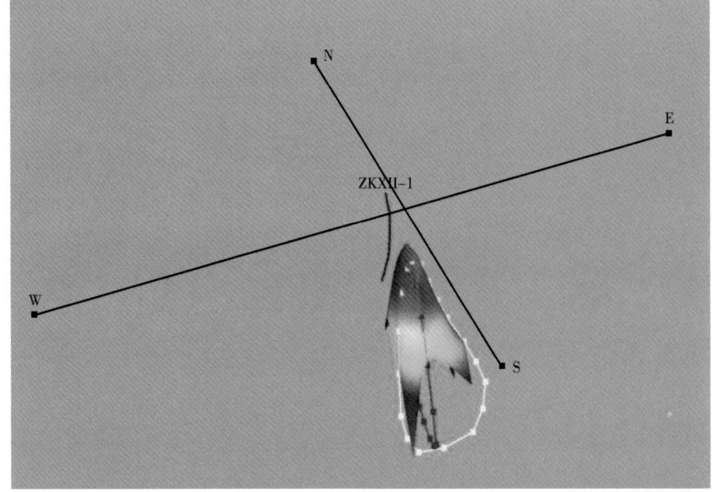

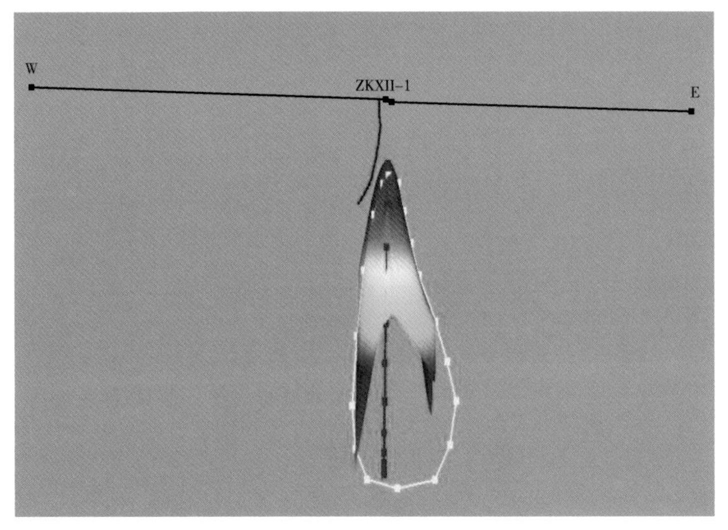

图 7－32 ZKXII－1 钻孔与岩体的关系图

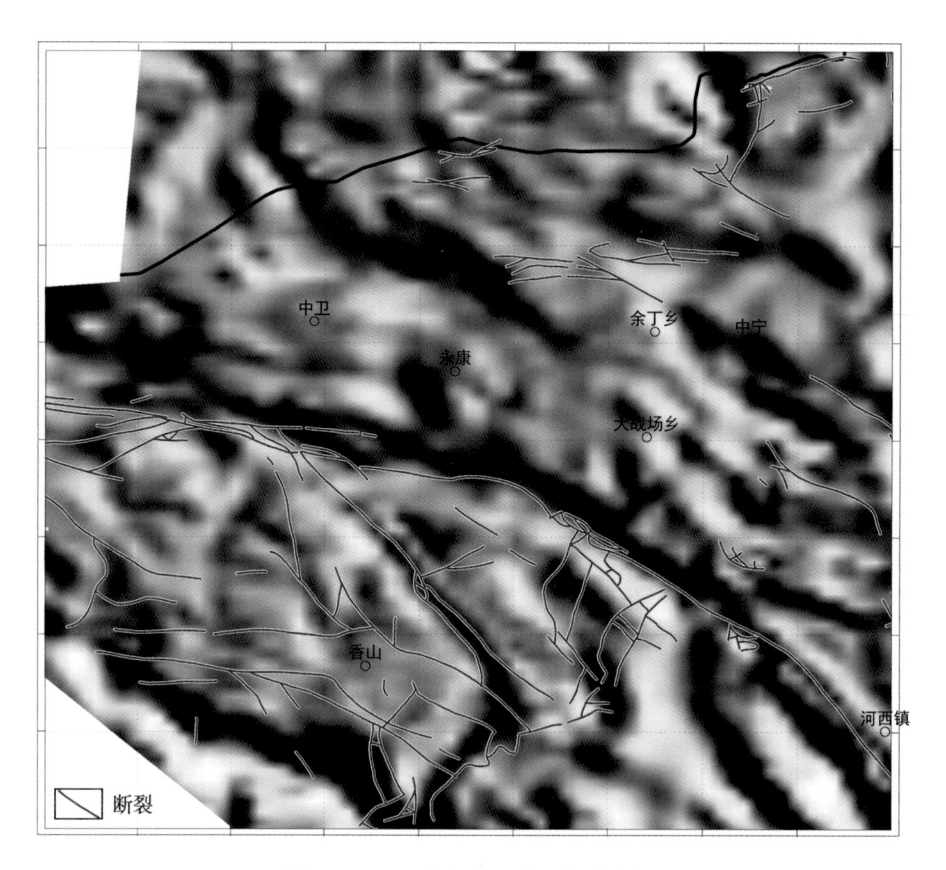

图 7－33　卫宁北山－香山断裂分析

2. 有利成矿区域选择

二人山－金场子近东西向重磁异常是断裂及具磁性蚀变闪长玢岩的反映，与 F_{18} 断裂及二人山－金场子金矿带一致。但是地表地质观察解释的 F_{18} 断裂范围小、断断续续。而重磁异常反映比 F_{18} 完整。该近东西向重磁异常带是卫宁北山地区的成矿构造面，是寻找金矿有利成矿区域。

二人山－金场子北西的磁异常与重力异常不同源。该磁异常是高磁低密度火成岩体的反映，火成岩体埋深 700～800 m，宽约 2 km。该火成岩体是卫宁北山地区的成矿地质体，在其周围具有进一步找金属矿床的潜力。

二、香山铁矿有利成矿区域分析

（一）概况

近年来，随着矿产勘查工作的深入，相继在中卫香山、卫宁北山地区以及邻区阿拉善左旗境内发现了许多小型铁矿床（点），使其成为宁夏重要的铁矿床成矿区和找矿远景区。在该成矿区带内，照壁山铁矿、顾家岘铁矿和石盖沟铁矿的形成受不同的地质单元和成矿作用影响，且含矿层位多，分布范围广，是本区最具有代表性的典型矿床（图 7－34）。

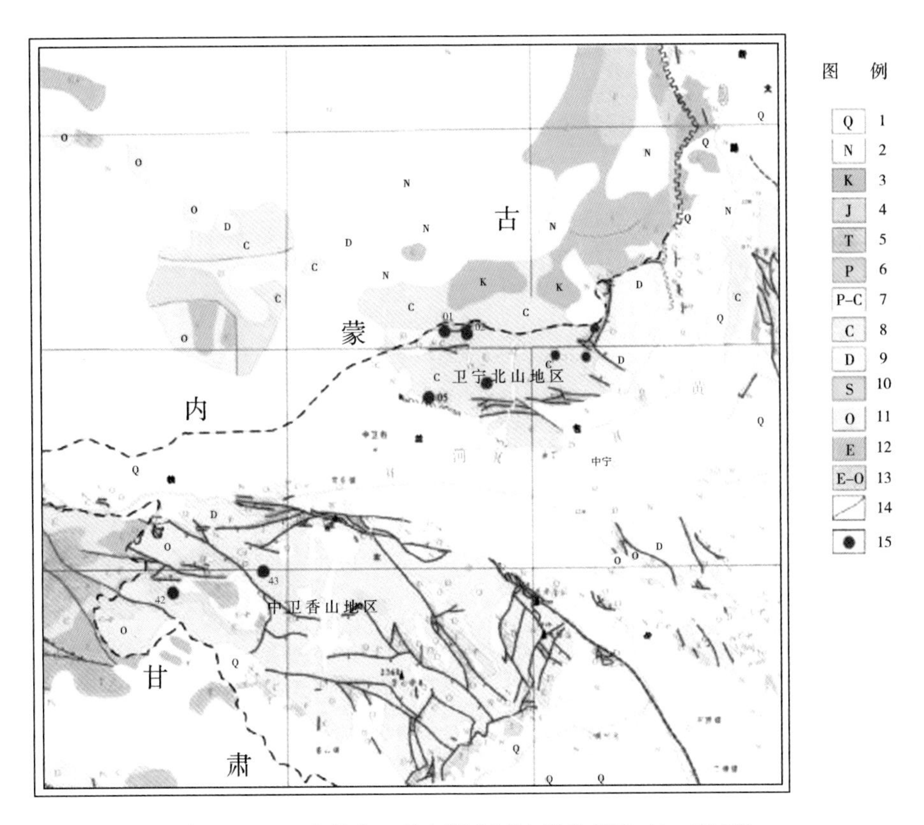

图7-34　卫宁北山—香山研究区地质矿产图（1∶50万）
（据《卫宁北山多金属矿产勘查》，2013）
1—第四系；2—新近系—中新统；3—白垩系；4—侏罗系；5—三叠系；6—二叠系；7—石炭-二叠系；8—石炭系；9—泥盆系；10—志留系；11—奥陶系；12—寒武系；13—寒武-奥陶系；14—断层；15—铁矿床（点）

（二）卫宁北山-香山铁矿成矿规律

1. 铁矿床受地层控制

中奥陶统香山群狼嘴子组黄河井段硅质岩建造、下石炭统（臭牛沟组、前黑山组）和上石炭统羊虎沟组碎屑岩建造为本区主要的含铁建造，对铁矿形成有一定控制作用。

2. 铁矿床的分布、类型与构造单元密切相关

次级褶皱、断裂等构造组成的控容带，严格控制矿体的展布与形态；次级背斜（或短轴背斜）构造倾末端及背斜（或短轴背斜）构造近轴部或翼部的层间滑动破碎带、软硬岩层间因挤压所造成的裂隙为铁质的富集成矿提供了直接的运移通道和淀积空间。

3. 铁矿形成与岩相古地理环境关系密切

含铁建造或含铁层位，下石炭统盐化潟湖相（前黑山组、臭牛沟组）各类岩石主要属于一个较封闭的古海湾或古海盆沉积，周围的古陆又有较充分的物质（包括铁质）供给，形成一个非常有利的古地理环境。

4. 岩浆-热液活动与铁矿形成的关系

区域上有闪长玢岩脉出现，卫宁北山可能有隐伏岩体存在，其与出露地表的闪长玢岩脉很可能为同源、同期形成。早期成矿的中－低温热液作用可能与这些岩浆活动有关。

5. 围岩蚀变与铁矿形成的关系

中－低温热液型铁矿围岩蚀变较轻微，只是在断层破碎带附近硅化程度显著增高，铁矿体附近的砂岩均明显硅化。

氧化淋滤型铁矿床近矿围岩蚀变主要为褐铁矿化、硅化和碳酸盐化。其中顾家岘铁矿和石盖沟铁矿属于地表浅部环境下氧化和淋滤作用所成；照壁山铁矿床为中－低温热液和表生氧化作用复合成因。

（三）重磁方法研究卫宁北山－香山地区铁矿的思路与方法

（1）对于表生作用形成的顾家岘铁矿和石盖沟铁矿，其中的狼嘴子组硅质岩、赤铁矿具有强磁性，可以利用高精度磁测方法直接寻找铁矿体。2007 年对香山地区长流水幅和峡门幅 1∶5 万高精度磁测结果，发现有两处航磁异常，一处为 M－7，中心坐标为东经 104°56′153″，北纬 37°20′10″，异常区长 3.7 km，宽 1.0 km，呈北西西向延伸，最大强度为 370 nT，一般为 150 nT 左右；另一处为 M－7－（1），中心坐标为 104°56′24″北纬 37°20′32″，长 4.1 km，宽 1.2 km 呈北西西向延伸，强度较高，最大值为 350 nT。由地面物性测量结果看，测区狼嘴子组黄河井段中硅质岩、赤铁矿石，具有强磁性，磁化率 κ 最大值为 $1200\times10^{-6}4\pi SI$，平均值为 $438\times10^{-6}4\pi SI$，同时具有较大的剩余磁化强度 M_r（最大值为 149×10^{-3} A/m），泥岩、砂岩、砂砾岩、石英砂岩、页岩、灰岩磁性较弱，板岩磁性最弱，为弱磁性岩石，磁化率 κ 最大值为 $204\times10^{-6}4\pi SI$，平均值为 $109\times10^{-6}4\pi SI$，同时具有较小的剩余磁化强度 M_r（平均值为 6×10^{-3} A/m）。

（2）铁矿受构造地层控制，可以利用重磁资料进行构造与断裂分析。对于与中－低温热液作用有关的照壁山铁矿床利用重磁方法进行火成岩、断裂分析（图 7－35）。

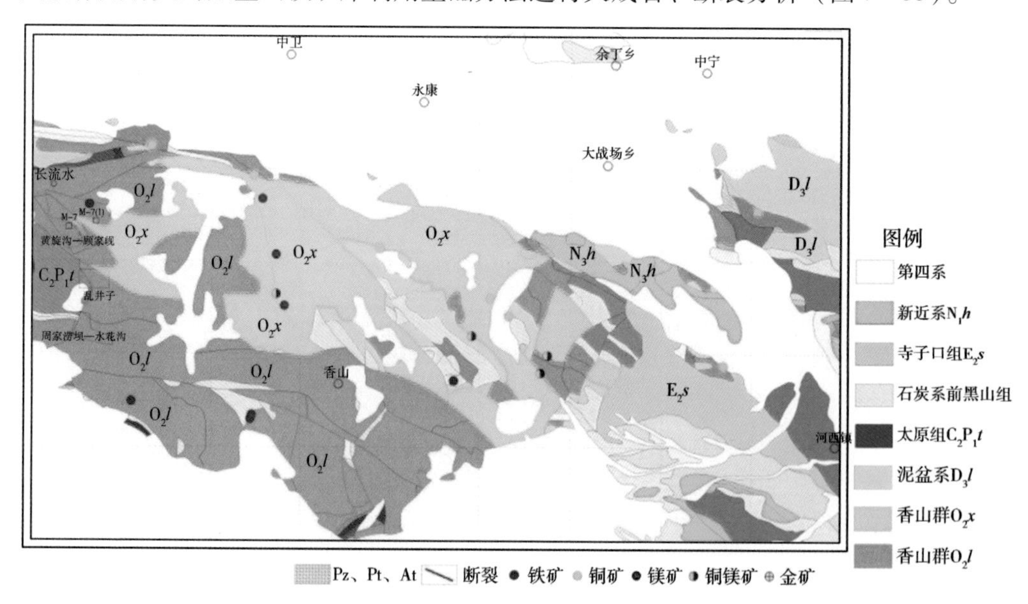

图 7－35　香山地区地质图

（四）卫宁北山－香山地区重磁资料处理

在香山老地层出露区剩余重力异常图上为局部重力高，剩余重力异常与地层之间有一定的对应关系，剩余重力异常高普遍反映了地层隆起。但磁异常和剩余重力异常没有直接的对应关系（图7－36，图7－37）。

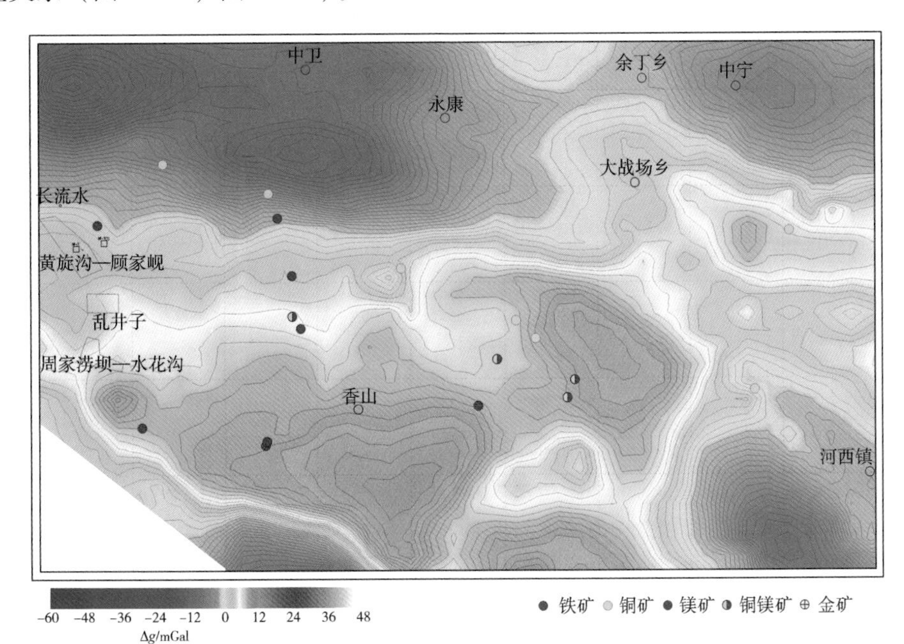

图7－36　香山地区剩余重力异常图

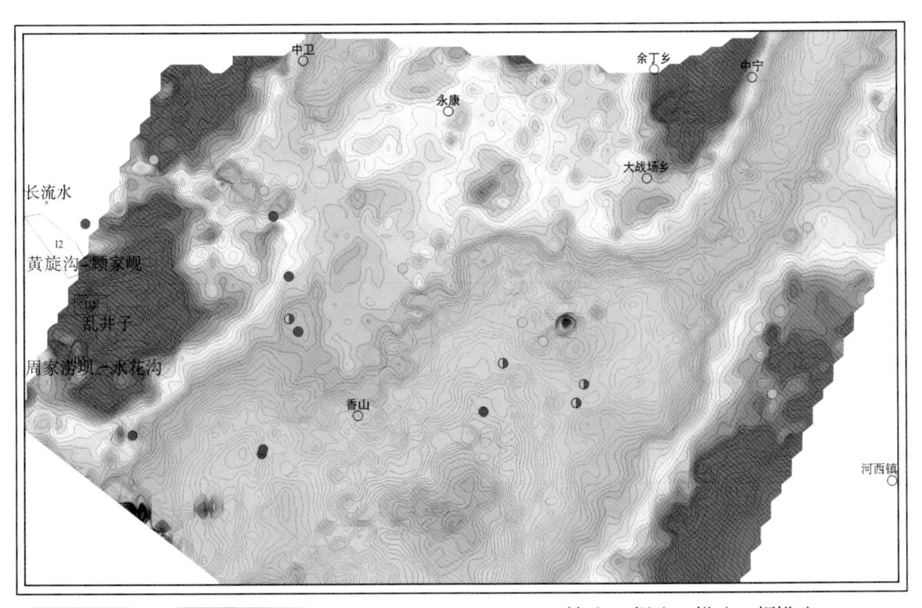

图7－37　香山地区 ΔT 磁异常

顾家岘铁矿化带主要发育于黄石旋沟背斜南翼，沿着背斜轴部分布。欧拉齐次方程反演结果显示，顾家岘铁矿区磁性体的深度大约为300 m（图7-38）。

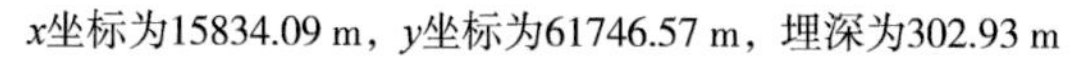

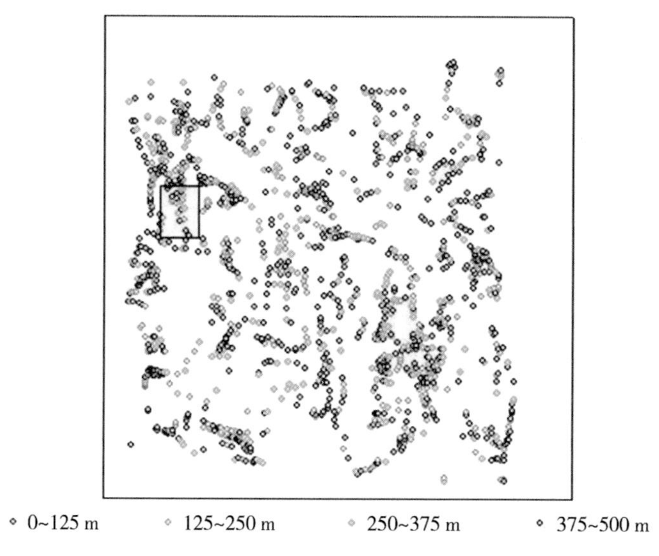

图7-38　欧拉齐次方程反演顾家岘铁矿上顶埋深

狼嘴子组硅质岩、赤铁矿具有强磁性，顾家岘铁矿、乱井子、周家涝坝-水花沟与局部磁异常对应较好。应该在香山群狼嘴子组地层中找局部高磁异常（图7-39）。

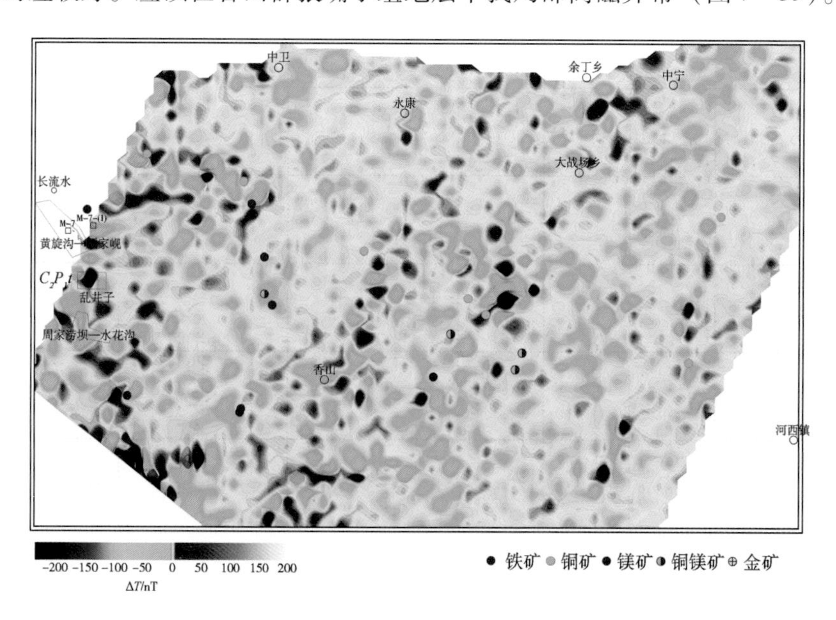

图7-39　磁异常小波分解（一阶细节）
（图中红、橙色部分为局部高磁异常）

二阶细节场源似深度2800 m，是深部具磁性的地层等引起的，并不是浅部强磁性狼嘴子组黄河井段中硅质岩、赤铁矿石等的反映（图7-40，图7-41）。

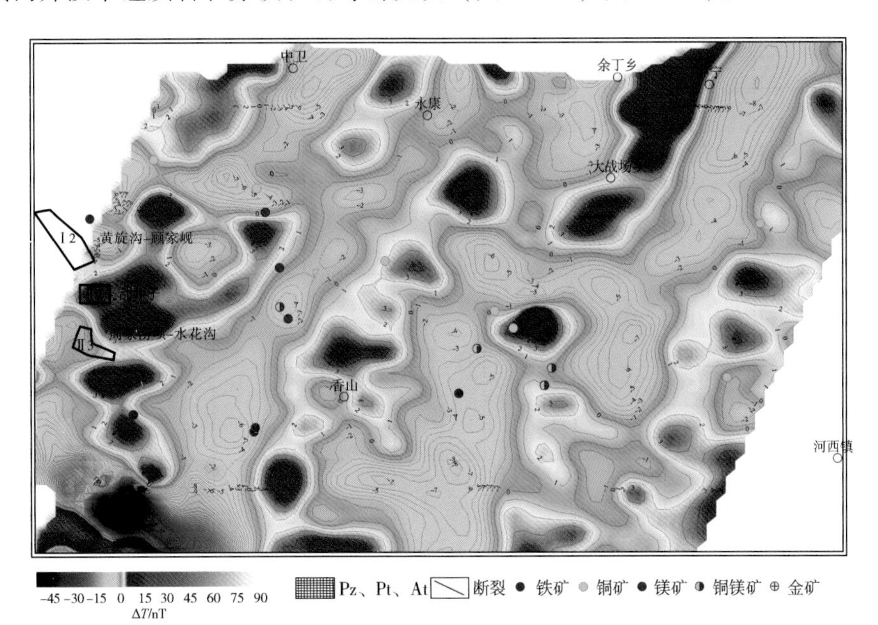

图7-40　磁异常小波分解（二阶细节）

（图中红、橙色部分为局部高磁异常）

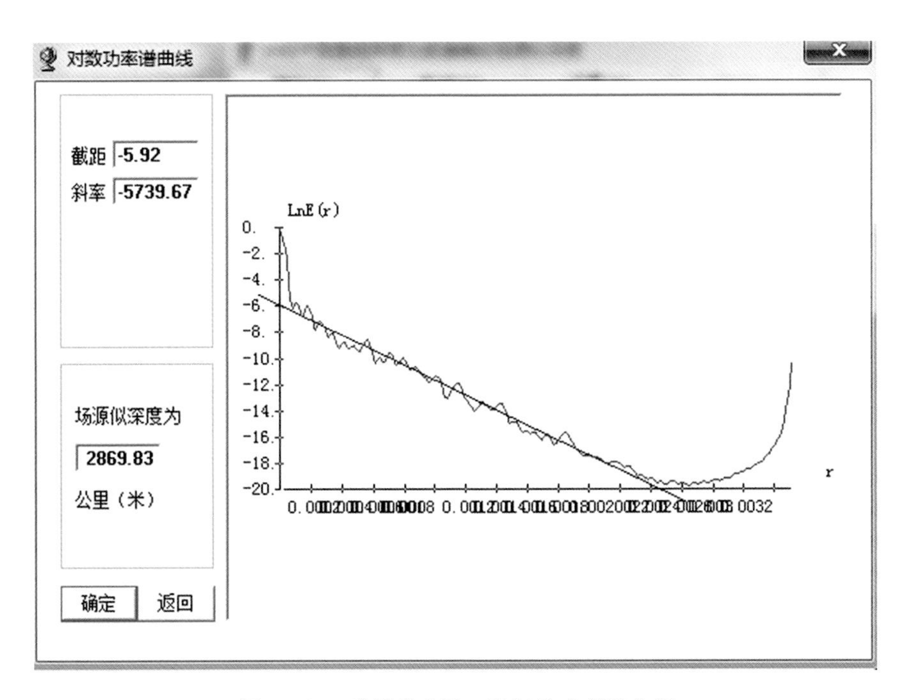

图7-41　磁异常小波二阶细节功率谱分析

顾家岘铁矿化带主要发育于黄石旋沟背斜南翼的香山群狼嘴子组黄河井段硅质岩和硅质白云岩中，矿化层厚度不足2 m，走向北西，延伸不稳定，呈透镜体状，矿化明显受层间断裂破碎带控制，顾家岘铁矿分为南北两个矿化带（图7-42）。

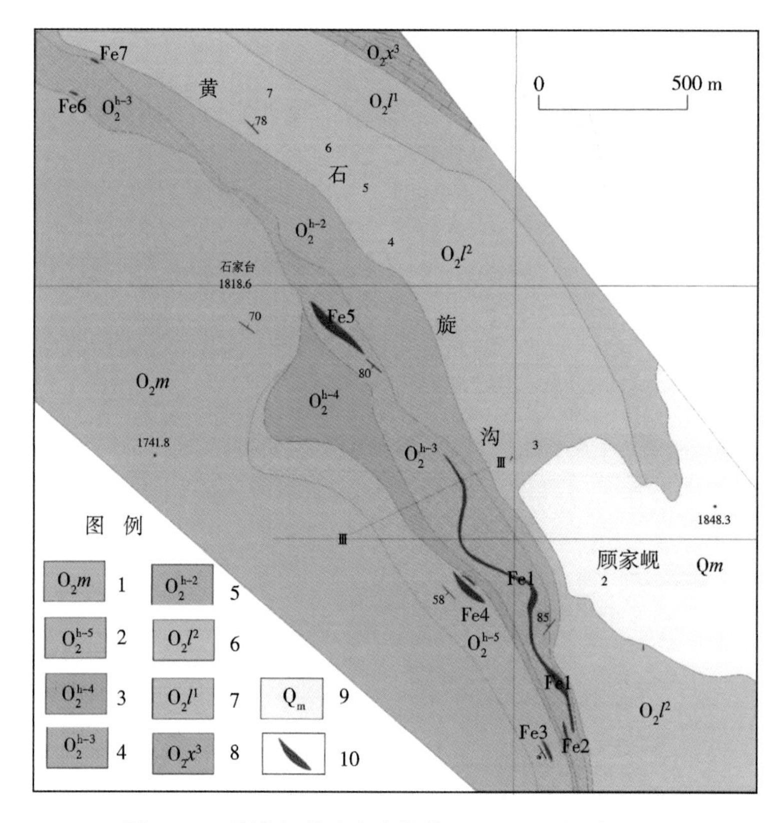

图7-42　顾家岘铁矿南矿化带1∶1万地质矿产草图

（据仲佳鑫，2010）

1—中奥陶统香山群磨盘井组；2—香山群狼嘴子组黄河井段第五岩性层；3—黄河井段第四岩性层；4—黄河井段第三岩性层；5—黄河井段第二岩性层；6—狼嘴子组第二岩段；7—狼嘴子组第一岩段；8—香山群徐家圈组第三岩性段；9—第四系马兰组；10—铁矿体

石盖沟铁矿区矿化体主要赋存于石炭系前黑山组中-细粒石英砂岩及岩屑白云质灰岩、砾屑微晶灰岩中（主要为下段和中段接触部位），沿断裂破碎带分布，矿化体形态呈脉状或透镜体状，受近东西向层间断裂控制明显。矿区共发现铁矿点9处，规模较小（图7-43）。

（五）卫宁北山-香山地区铁矿有利成矿区域分析

在香山地区，铁矿是表生作用形成的，如顾家岘铁矿和石盖沟铁矿。香山群狼嘴子组硅质岩、赤铁矿具有强磁性，可以利用浅部的局部磁异常为线索，在香山群狼嘴子组等地层出露区，且褶皱与断裂发育的地区内寻找铁矿床。

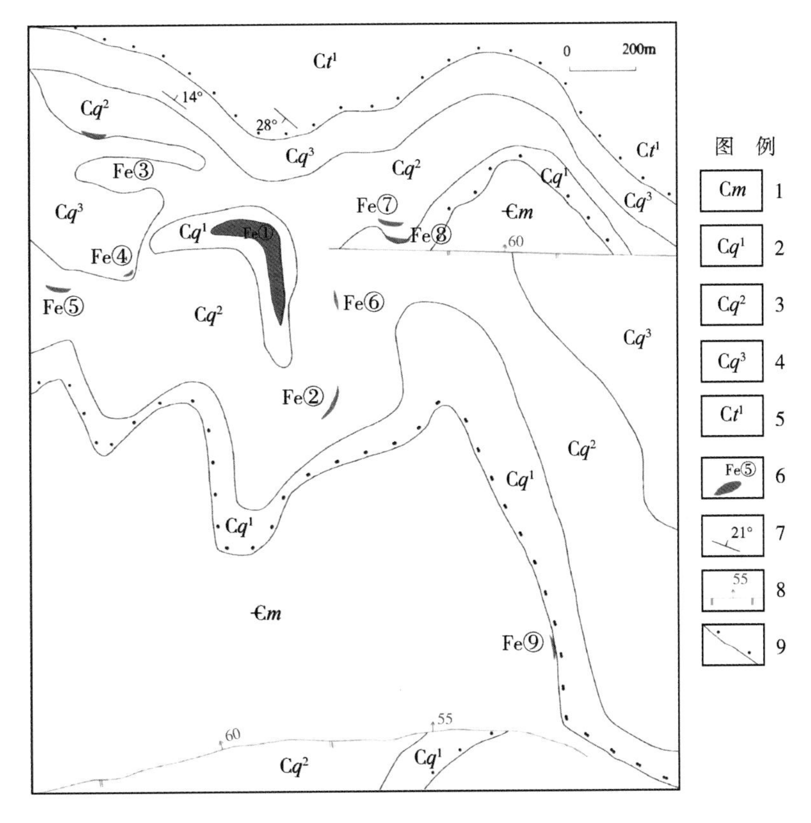

图 7-43 石盖沟铁矿地质矿产简图

（据仲佳鑫，2010）

1—中奥陶统磨盘井组；2—石炭系前黑山组下段；3—石炭系前黑山组中段；4—石炭系前黑山组上段；5—石炭系土坡组下段；6—铁矿体及编号；7—产状；8—逆冲断层；9—不整合接触

第四节 南西华山重磁异常解释与金属矿有利成矿区域分析

一、概况

（一）以往研究程度与认识

宁夏物勘院在《宁夏全区物化探基础图件编制》报告中指出：“干盐池－西华山－南华山－月亮山磁异常主体呈北西走向，西自甘肃黄家洼山，向东向南进入宁夏境内，经干盐池－西华山－南华山至海原县李俊，在宁夏境内长约 80 km”。在该异常带西侧，有自甘肃屈吴山，向东进入宁夏直至月亮山的断续异常分布，总体也呈北西向。

干盐池－西华山－南华山异常带中局部异常也多呈北西向条带状分布，强度多小于 200 nT。对应于西华山、南华山等基岩出露区，梯度较大，隐伏覆盖区异常较宽缓。该区历年来开展过多期次物化探和地质找矿工作，并有钻探和其他地质工程的揭露。可以确认引起磁异常的主要地质原因——中元古界南华山组、园河组、西华山组中的含磁铁矿的绿片岩类及少量侵入岩（花岗闪长岩等）。在干盐池地区还见有超基性岩转石。但是，对于这个地区的成矿、找矿前景仍是没有确切的结论性意见。在磁异常分布区，化探也有较好的异常指示，局部矿化也明显。当地村民也有分散小规模采矿的，但均未有重大发现。

该带最南端海原县李俊地区的宁 C－92－75 异常，推断其直接原因仍为这套中元古界的变质岩引起。

屈吴山－月亮山南带上零星分布的一些磁异常，强度较小，异常多呈等轴状。位于宁夏境内的有宁 C－92－66（南部在甘肃境内）、宁 C－92－90、宁 C－92－80、宁 C－92－73、宁 C－92－78 和宁 C－92－79，其中宁 C－92－66 异常位于屈吴山岩体以东的覆盖区，对宁 C－92－80 异常也应予以一定重视。宁 C－92－78、宁 C－92－79 异常经宁夏物勘院与宁夏回族自治区核工业地质勘查院地面检查，认为场源体深度大（图 7－44）。

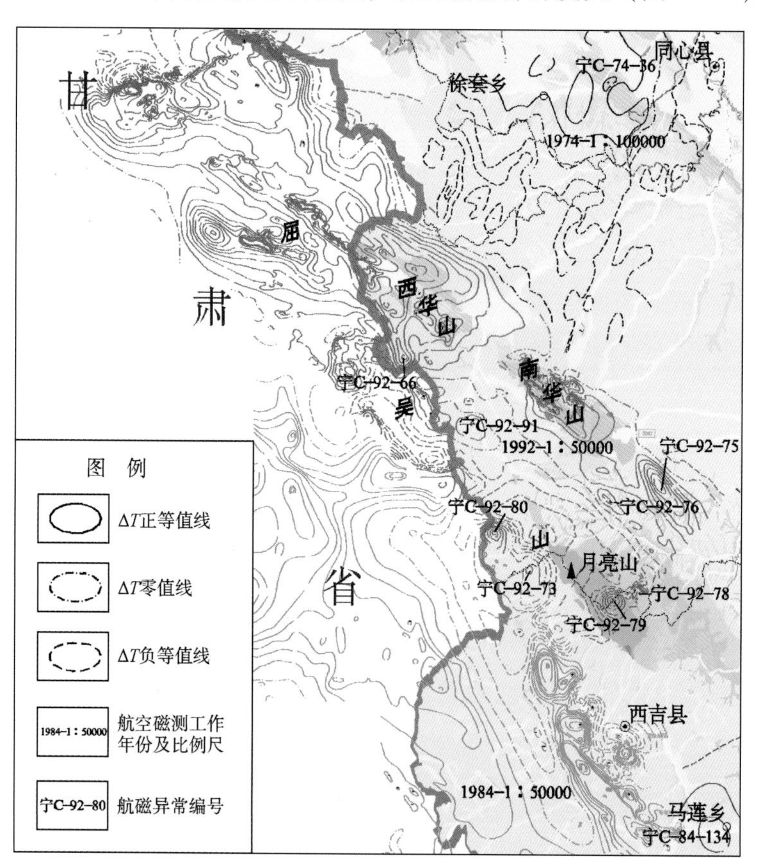

图 7－44　南西华山、月亮山位置图

（据宁夏回族自治区地质调查院，2013）

宁夏全区岩浆热液活动微弱，航磁异常不多，要在历年主要工作区——卫宁北山和南西华山以外，找到新的工作区域，还要以航磁异常为线索，开展地面物（化）探和地质、钻探验证工作，了解航磁异常场源地质体的性质，综合地质找矿的多种方法、手段、思路，从构造、地质背景入手，判断异常性质和了解异常区的找矿前景。

（二）资料情况

（1）1994 年，地质矿产部航空物探遥感中心完成了《宁夏中卫－海原地区航空物探（磁、伽马能谱）报告》，工作比例尺为 1∶5 万。但现存的只有报告扫描件，没有数据，图 7－45 是该报告测区范围及解释的断裂。

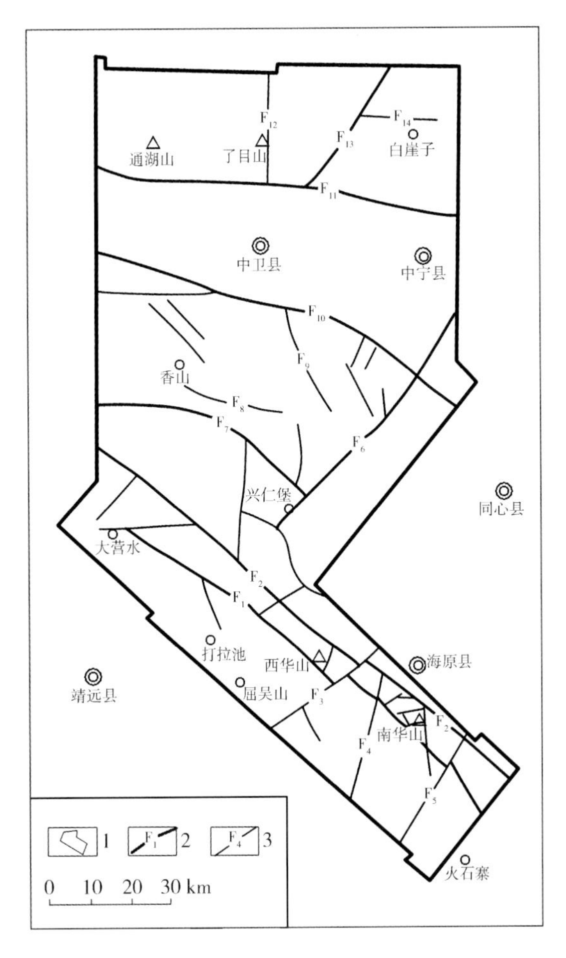

图 7－45　测区范围与断裂分布图

（据地质矿产部航空物探遥感中心，1994）

1—测区范围；2—大断裂及编号；3—一般性断裂及编号

（2）2012 年，宁夏物勘院完成了《宁夏中卫市南西华山铜金矿调查地面磁测报告》，先期在西华山地区开展 1∶5 万地面高精度磁测 120 km^2，然后对矿致异常和矿化带开展 1∶1 万地面高精度磁测 40 km^2。在南华山地区选定 40 km^2 的范围进行 1∶1 万高精度磁测。在西吉盆地航磁异常区布置 5 条磁测剖面，总计 50 km，但现存的只有文字报告和西吉盆地 5 条磁测剖面数据。

（3）2014 年，宁夏物勘院与中国地质大学（武汉）资源学院完成了《宁夏西吉县月亮山北部地区物化探异常查证优化设计》项目，开展了 1∶1 万地面高精度磁法测量、激电测深。

二、西华山、南华山重磁资料处理解释

（一）研究思路

根据南西华山地区岩（矿）石磁性参数统计得出，南西华山地区前寒武系海原群含磁铁矿的各类片岩相当于海底火山喷发的基性火山岩，具有中等磁性，且变化较大，磁化率一般变化在（4000～30000）$\times10^{-5}$ SI之间，剩余磁化强度一般为 $n\times10^{-3}\sim n\times100\times10^{-3}$ A/m，是区内引起磁异常的主要因素。

不含磁铁矿颗粒的各种片岩及大理岩均无磁性。铜矿石、煌斑矿、褐铁矿、矿化石英脉等也无磁性。以脉状产生的变质基性岩只在高宝沟一带有较强磁性，κ 值变化在（1722～33753）$\times10^{-5}$ SI之间，剩余磁化强度变化在（18～6577）$\times10^{-3}$ A/m之间。其他岩性无磁性或显弱磁性。

花岗闪长岩磁化率（410～3900）$\times10^{-5}$ SI，剩余磁化强度（60～3800）$\times10^{-3}$ A/m；超基性岩转石磁化率（500～5000）$\times10^{-5}$ SI，剩余磁化强度（130～1500）$\times10^{-3}$ A/m。

南西华山地区中元古界（Pt_2）蓟县系（Jx）西华山组（J$x$$x$）与南华山组（J$x$$n$）密度为2.58～2.94 g/cm^3，平均2.80 g/cm^3，因此，前寒武系海原群变质岩密度为2.80 g/cm^3。而酸性－中酸性侵入岩体的岩石密度值为2.60～2.63 g/cm^3。位于甘肃会宁县华家岭一带的晚古生代花岗岩（Pz3γ）侵位于下古生界，它与围岩有0.10 g/cm^{3}的密度差，又加之其埋藏浅，规模较大，故能引起明显的重力异常；出露于南华山、月亮山地区的奥陶纪花岗闪长岩（O$\gamma\delta$），平均密度2.63 g/cm^3，因规模小，其重力响应不明显。

根据岩（矿）石物性得出，引起磁异常的主要因素是前寒武系海原群变质岩与火成岩体及岩脉，单一地依靠磁测资料并不能区分前寒武系海原群变质岩与火成岩体及岩脉。由于前寒武系海原群变质岩地层的密度高于上覆地层，因此局部重力异常能够反映前寒武系海原群变质岩基底的起伏，当火成岩体及岩脉侵入到前寒武系海原群变质岩地层，可能会产生局部重力低；而侵入到中新生代地层时，可能会产生局部重力高，因此必须具体问题具体分析。

因此，在南西华山地区要识别与区分前寒武系海原群变质岩与火成岩体及岩脉可以采取如下的一些方法：

（1）火成岩体及岩脉产生高磁异常，但火成岩体及岩脉的重力异常可能为高重力或低重力或无重力异常，因此利用精细的位场分离方法提取局部高磁高重（及低重）异常，结合地层出露特征、矿化特征等分析这些局部高磁异常的性质，识别火成岩体及岩脉。

（2）由于火成岩体及岩脉可能分布范围要比前寒武系海原群变质岩地层小，因此可以从异常的形态特征上分析火成岩体及岩脉。

（3）利用重磁联合反演解释方法，首先利用重力异常反演得出前寒武系海原群变质岩地层上界面的起伏；由于前寒武系海原群变质岩地层具有磁性，再根据重力反演结果的起伏深度计算它产生的磁异常，从实测的磁异常中减去前寒武系海原群变质岩地层产生的磁异常，剩余的磁异常即火成岩体及岩脉产生，根据该剩余异常反演火成岩体及岩脉。

（二）重磁资料处理解释

由西华山、南华山航磁与剩余重力异常图可以看出，西华山、南华山剩余重力异常与航磁异常呈北西向，与地质构造走向一致，它们是具磁性、高密度的前寒武系海原群变质岩与具磁性火成岩体及岩脉的共同反映。剩余重力异常范围比航磁异常大，说明海原群变质岩地层的分布范围大，火成岩体及岩脉则是沿断裂带零星出现。航磁异常是海原群变质岩地层与火成岩体及岩脉的反映。因此，必须首先圈定那些高值的局部磁异常，再分析它们与局部重力异常的关系（图 7－46）。

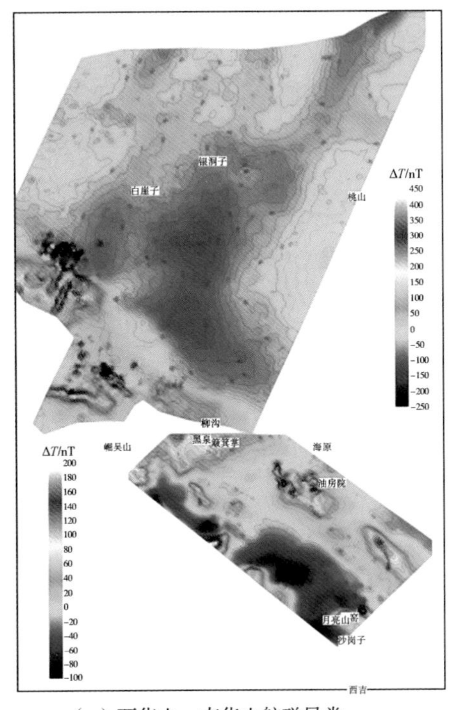

（a）西华山、南华山航磁异常

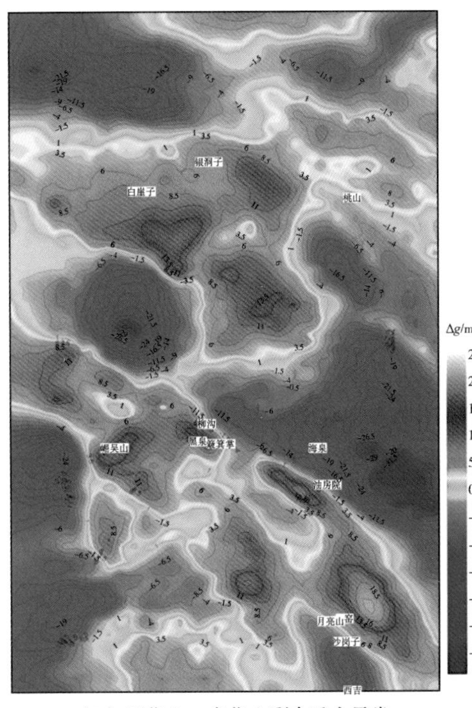

（b）西华山、南华山剩余重力异常

图 7－46　西华山、南华山航磁与剩余重力异常图

利用小波多尺度分析对航磁异常与重力异常分解，得出一阶细节图。根据航磁一阶细节的高值部分圈出 15 个局部异常，编号为 M1 ~ M15 ［图 7－47（a）］，把它叠合到重力一阶细节图上［图 7－47（b）］，列表并与地质构造图对比分析（图 7－48；表 7－4）。

表 7－4　局部重磁异常分析

异常编号	航磁一阶细节	重力一阶细节	重力二阶细节	对应主要地层	对应矿点类型	位置	地名
M1	高	中高	中高	第四纪覆盖	无	不在宁夏	
M2	高	高	高	E	无	不在宁夏	
M3	高	高	高	Pt	无	不在宁夏	
M4	高	高	高	Sγ	无	不在宁夏	

续表

异常编号	航磁一阶细节	重力一阶细节	重力二阶细节	对应主要地层	对应矿点类型	位置	地名
M5	中高	高	高	Pt	无		
M6	高	高	高	Pt	铜、镁、铁		柳沟、黑泉、簸箕掌
M7	高	高	高	第四纪覆盖	无		涝坝湾
M8	高	高	高	Sγ	无	不在宁夏	屈吴山
M9	高	高	高	第四纪覆盖	无	不在宁夏	
M10	高	中高	高	第四纪覆盖	无	不在宁夏	
M11	高	高	高	Pt	铜、铜镁		油房院
M12	高	高	高	第四纪覆盖	无		关庄乡
M13	高	中高	高	第四纪覆盖	无		九彩乡
M14	高	高	高	K	无		九彩乡
M15	中高	中高	高	K	铜、铜镁		月亮山、沙岗子

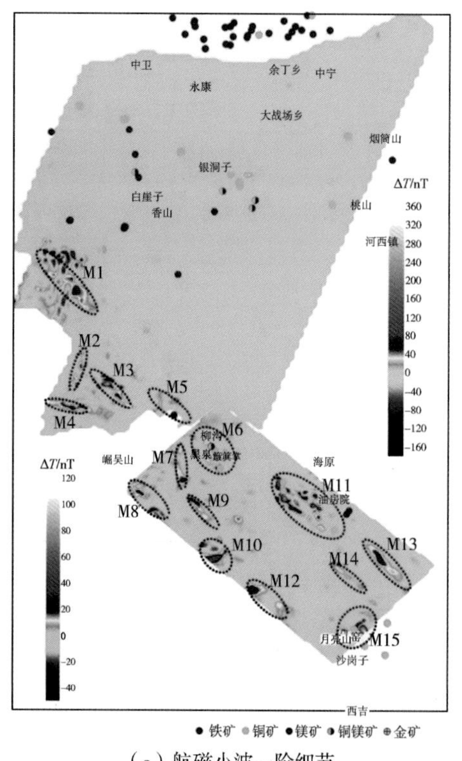

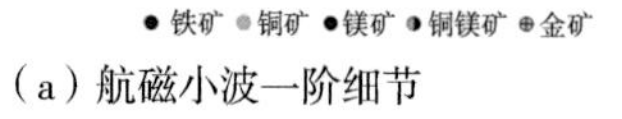

（a）航磁小波一阶细节

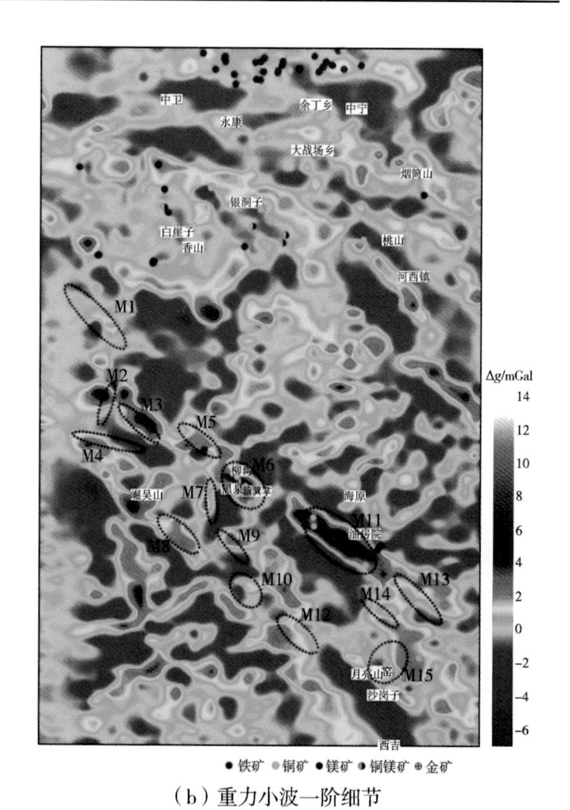

（b）重力小波一阶细节

图 7－47　航磁小波一阶细节和重力小波一阶细节

M5 异常：中高磁异常、高重力异常，地表出露地层为前寒武系海原群变质岩，无已知矿点与矿化。

M6 异常：高磁异常、高重力异常，地表出露地层为前寒武系海原群变质岩，有柳沟

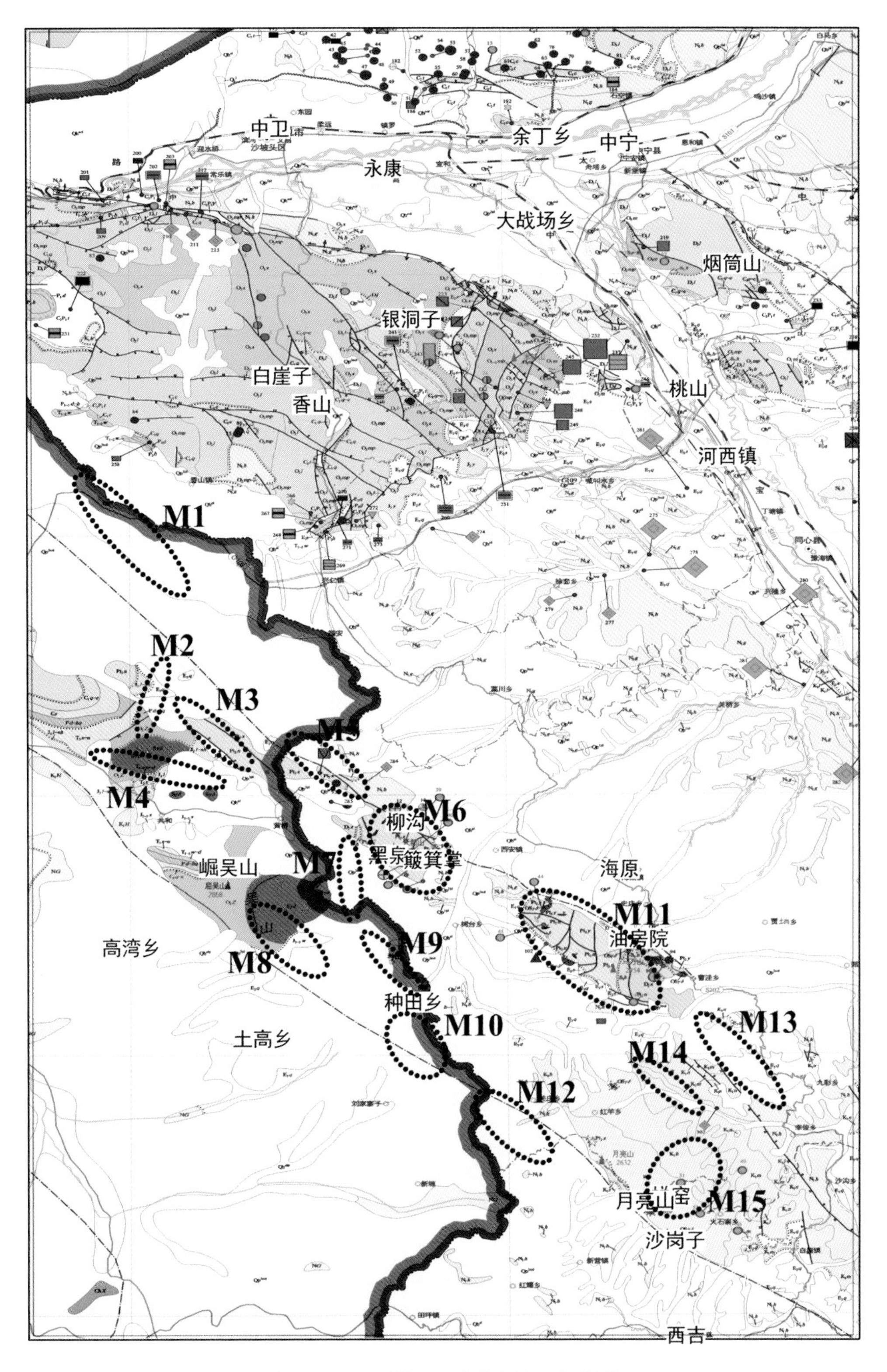

图 7－48　西华山、南华山地质构造图

金矿化，马场、黑泉、簸箕掌－窝宝沟铜金矿化。

M7 异常：位于涝坝湾附近，高磁异常、高重力异常，第四纪覆盖，无已知矿点与矿化。

M11 异常：高磁异常、高重力异常，地表出露地层为前寒武系海原群变质岩，有油房院岩体，铜矿化。

M12 异常：位于关庄乡附近，高磁异常、高重力异常，第四纪覆盖，无已知矿点与矿化。

M13 异常：位于九彩乡附近，高磁异常、中高重力异常，地表出露地层为白垩系，无已知矿点与矿化。

M14 异常：位于九彩乡附近，高磁异常、高重力异常，第四纪覆盖，无已知矿点与矿化。

M15 异常：位于月亮山附近，中高磁异常、中高重力异常，地表出露地层为白垩系，有蝉窑、沙岗子岩体，钻到 700～1100 m 仍有强烈黄铁矿化。南华山银洞子岩体，硫铁矿化。

其余的 M1～M4、M8～M10 共 7 个磁异常不在宁夏境内。

建议加强对 15 个局部重磁异常的研究，特别是那些性质未知的局部重磁异常。

第五节　月亮山宁 C－92－75 航磁异常解释

一、概况

月亮山地区位于北祁连加里东褶皱带之东南段的南西华山－月亮山断隆带中，是北祁连加里东多金属成矿带（Ⅲ级）中的白银－南西华山－月亮山铜、金、硫铁矿成矿带（Ⅳ）的组成部分（见图 7－44）。

1994 年，地质矿产部航空物探遥感中心完成了 1∶5 万中卫－海原地区航空物探（磁、伽马能谱）工作，在勘查成果报告中指出，“位于南西华山－月亮山南东端的宁 C－92－75 异常，地处弱－无磁性的第四系覆盖区。曲线宽缓圆滑两翼对称，强度 140 nT，轴向北西，长 18 km，宽 5 km。在 ΔT 化极上延不同高度磁场图中均有明显反映，表明异常由具一定规模和埋深的磁性体引起。经正演计算磁性体最小深度约 1.0 km，磁化强度 620×10^{-3} A/m。依据异常特征及所处的构造环境，推断为隐伏的前寒武海原群绿片岩类引起。其成因可能受北东向大断裂影响，导致这一地段的前寒武海原群地层沉陷，隐伏于盖层之下。”

2005 年，宁夏回族自治区核工业地质勘查院完成了西吉月亮山蝉窑－沙岗子 1∶1 万磁法工作，对月亮山西部的航磁异常进行了地面检查，对航磁异常进行了初步分析和研究。

2008 年，宁夏物勘院在蝉窑地区开展了 1∶1 万高精度磁法详查，面积 16 km^2，工作比例尺 1∶1 万。

2008 年度在蝉窑（宁 C－92－79 航磁异常段）完成激电测深剖面六条，在磁异常边部发现激电异常一处，经钻探验证在 350～640 m 间见强烈黄铁矿化蚀变，证明激电异常由金属硫化物引起。2010 年 3 月，在该异常进行了可控源（CSAMT）工作，除上部低阻异常外发现深部 700～1100 m 间存在另一低阻异常带，经钻探验证仍为黄铁矿化引起，未见铜矿化。

2008 年，宁夏物勘院在《宁夏物化探资料开发研究报告》中认为，“该带最南端海原李俊的宁 C－92－75 异常，推断其直接原因仍为这套中元古界的变质岩引起”。宁

C－92－75 异常走向北西，变化梯度小、规模大，说明是埋深较大的磁性体引起，该特征不同于屈吴山岩体、蝉窑岩体等埋深较浅的加里东期岩浆岩的磁异常。

2014 年，宁夏物勘院与中国地质大学（武汉）资源学院完成了《宁夏西吉县月亮山北部地区物化探异常查证优化设计》项目，开展了 1∶1 万地面高精度磁法测量，激电测深，并在宁 C－92－75 异常部署了 ZK01 钻孔。

在报告中指出，“反演表明该磁异常主体的顶界深度在地下 700～900 m。同时，磁异常带空间上处于 NW 向南西华山南麓和北麓深断裂之间，与重力高值区叠合，处于 NW 向区域断裂之间的隆起区上。重力异常推测深度地下 700～900 m 之间，异常带西北和东南不远处曹 1 和黑 1 井揭露的工区新生代地层和 K1 地层厚度在 700～900 m 之间，这也进一步推测该重力异常为区域上蓟县系地层、加里东晚期—华力西期岩体或高密度脉岩群带引起。南边航磁宁 C－92－79 对应的 1∶1 万磁异常，就是南侧火石寨沙岗子岩体引起。因此，宁 C－92－75 所显示的重力异常带上部磁异常有可能为隐伏加里东晚期—华力西期岩体或脉岩群引起。在 1∶1 万高磁与 1∶5 万重力小波二阶细节叠合图上，较为明晰地显示出这种重、磁分布规律”（图 7－49）。

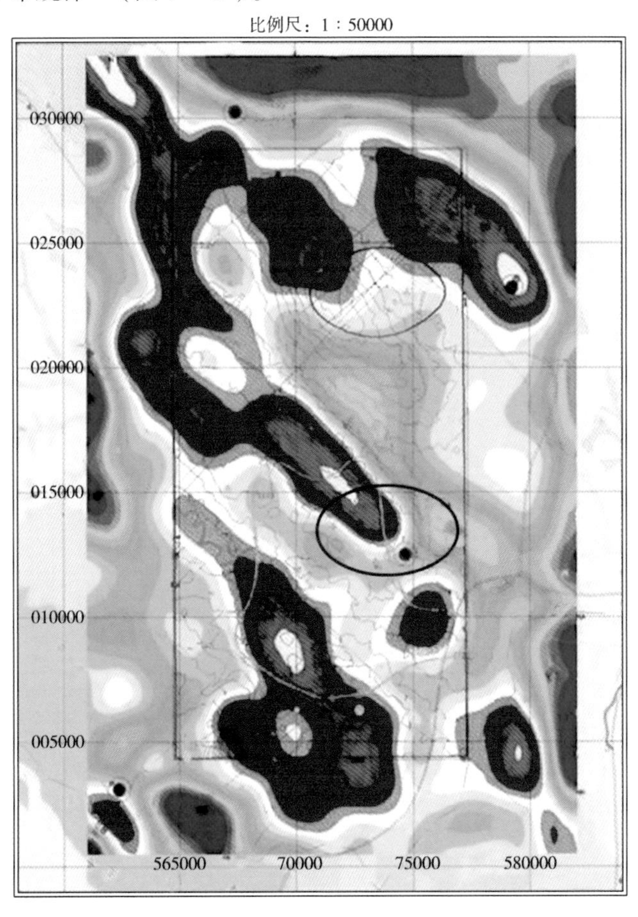

图 7－49　1∶1 万高磁与 1∶5 万重力小波二阶细节叠合图

（据宁夏回族自治区地球物理地球化学勘查院，2014）

二、宁 C－92－75 航磁异常的解释

由航磁异常图可以看出，宁 C－92－75 磁异常与北西的西华山、南华山两个异常呈串珠状排列，中间被北东向断裂切割。其中西北的西华山、南华山两个异常较尖锐、杂乱，表明场源较浅，地表已出露前寒武系海原群变质岩地层。而宁 C－92－75 磁异常宽缓光滑，说明磁性体埋深较大（图 7－50）。

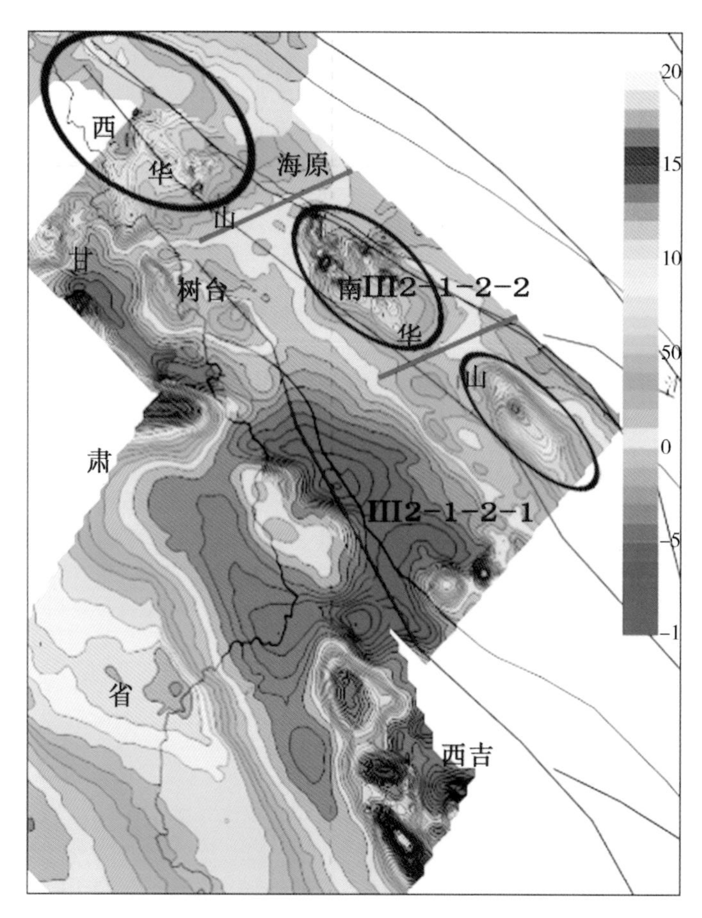

图 7－50　宁 C－92－75 航磁异常

图 7－51 是与宁 C－92－75 航磁异常对应的剩余重力异常，由图可以看出，夹持在两北西向断裂中的串珠状重磁异常特征十分相似，西华山、南华山重力异常明显，但宁 C－92－75 航磁异常对应的局部重力异常没有明显的闭合。说明西华山、南华山两个重磁异常对应的地质体埋深浅，而宁 C－92－75 磁异常对应的地质体埋深大。

三、月亮山工区 1∶1 万地面磁测与 1∶5 万重力处理解释

图 7－52 是月亮山工区 1∶5 万重力与 1∶1 万磁测位置图。

图 7－53 是月亮山工区 1∶5 万剩余重力异常与小波分解一、二阶细节。

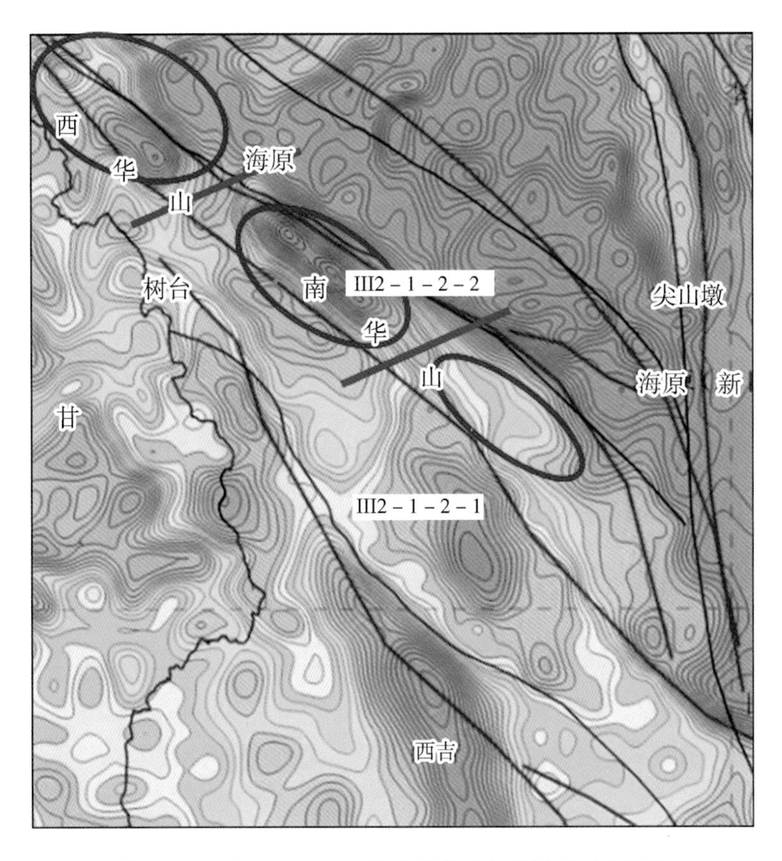

图 7 - 51　宁 C - 92 - 75 航磁异常对应的局部重力异常

图 7 - 54 是月亮山工区磁异常、化极磁异常与小波分解三、四阶细节。

分析重磁异常及小波分解结果的特征，选择局部重力异常与化极磁异常三阶细节［图 7 - 53（a）］作为平面特征的分析图件。

由图 7 - 53（a）可以看出，剩余重力异常呈等轴状，位于工区北部；而化极磁异常小波三阶细节呈北西向，为两个局部磁力高的拉长的异常。剩余重力异常与化极磁异常小波三阶细节有较好的对应关系，但高局部重力异常与高磁异常部分对应。ZK01 孔打在高重、高磁重叠部分的边缘，该局部高重、高磁重叠异常是高密度、强磁性的地质体产生的，可能是海原群变质岩基底。而该局部重磁异常西南部分的呈高磁异常、低重力异常，它有两种可能：一是被一条北东向断裂切断，南东部分的海原群变质岩基底更深，呈低重力异常与较高的磁异常；二是该处可能存在强磁性、低密度的地质体，如果侵入岩物性符合该特征则为隐伏的侵入岩（前寒武系海原群变质岩密度为 2.80 g/cm^3。而酸性 - 中酸性侵入岩体的岩石密度值为 2.60 ~ 2.63 g/cm^3）。

根据重磁异常特征及所处的地质构造环境，宁 C - 92 - 75 航磁异常推测为隐伏的前寒武系海原群变质岩地层与酸性 - 中酸性侵入岩体共同引起。由于北东向断裂切割，造成宁 C - 92 - 75 航磁异常位置的前寒武海原群基底变深，宁 C - 92 - 75 磁异常幅值下降、未形成局部高重力异常。

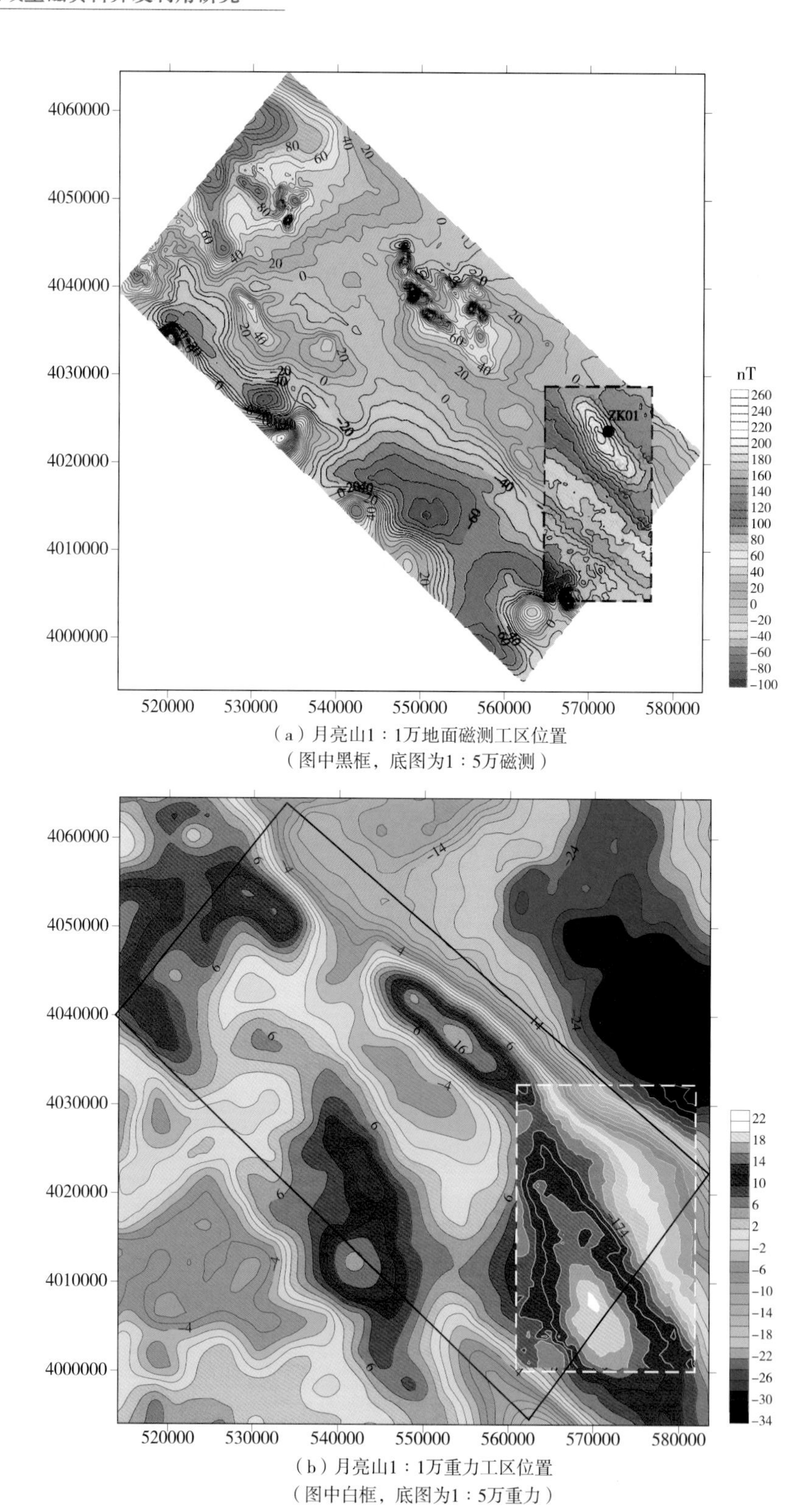

（a）月亮山1：1万地面磁测工区位置
（图中黑框，底图为1：5万磁测）

（b）月亮山1：1万重力工区位置
（图中白框，底图为1：5万重力）

图 7－52　月亮山重磁工区位置

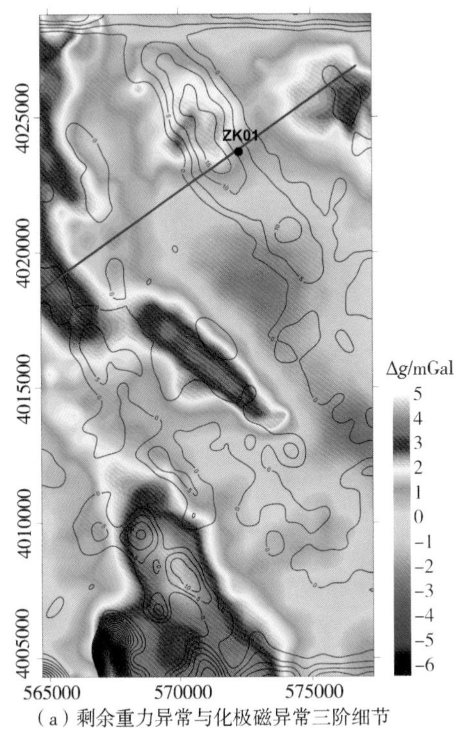

（a）剩余重力异常与化极磁异常三阶细节

（底图是剩余重力异常，图中黑线是化极磁异常小波三阶细节）

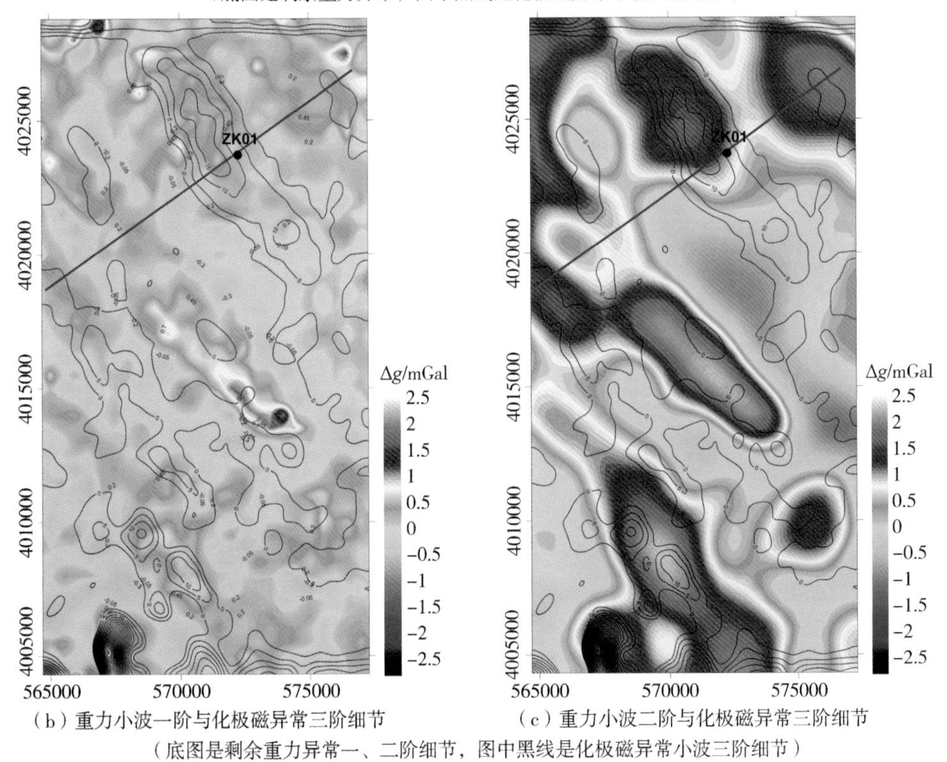

（b）重力小波一阶与化极磁异常三阶细节　　（c）重力小波二阶与化极磁异常三阶细节

（底图是剩余重力异常一、二阶细节，图中黑线是化极磁异常小波三阶细节）

图7－53　月亮山工区重力异常与小波分解

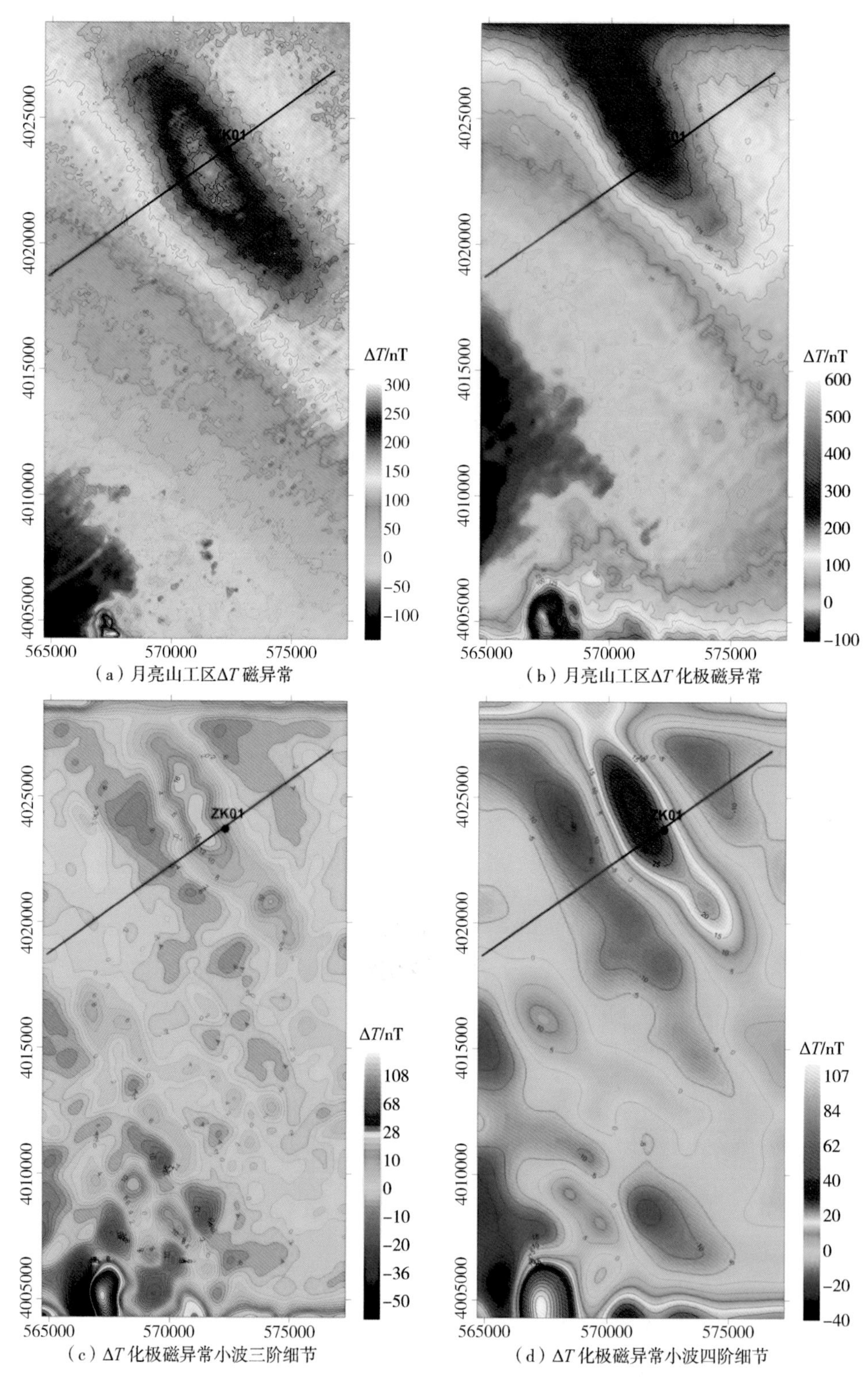

（a）月亮山工区ΔT 磁异常　（b）月亮山工区ΔT 化极磁异常

（c）ΔT 化极磁异常小波三阶细节　（d）ΔT 化极磁异常小波四阶细节

图 7 – 54　月亮山工区磁异常与小波分解

四、月亮山重磁异常定量解释

（一）磁异常的反演解释

过宁 C－92－75 航磁异常中心切一条剖面，利用经验切线法、欧拉齐次方程法、功率谱分析法、视磁化强度反演法与 2.5D 交互反演法进行计算（图 7－55），得出结果如下：

（1）经验切线法上顶埋深约 1480 m。

（2）欧拉齐次方程法上顶埋深约 1427 m。

（3）功率谱分析法上顶埋深约 1450 m。

（4）视磁化强度反演法上顶埋深大于 1000 m。

（5）2.5D 交互反演法上顶埋深大于 1000 m。

通过反演计算结果得出：

第一，估计引起月亮山磁异常的磁性体深度大于 1000 m，目前钻探的深度还不够。

第二，由于缺乏岩石剩磁的资料，磁性体的产状还不能确定。如果没有剩磁影响，磁倾角取 55.1°，则可能是向北东倾；如果考虑剩磁，总磁化方向 125°，则可能向南西倾。南西华山构造大多为北西向推覆，产状为南西倾可能性大。

（二）重磁异常联合反演解释

根据磁异常的反演结果作为初始模型，对局部重力做 2.5D 反演结果，剖面所切部位的局部高重高磁异常反演得出的高密度、强磁性地质体埋深约 1200 m（图 7－56）。

五、讨论

以上解释方案认为“月亮山可能为前寒武系海原群变质岩与加里东晚期华力西期岩体（岩脉）共同引起”存在的疑点是：

（1）虽然月亮山重磁异常经过小波或滑动平均法分解得出在月亮山北有一局部高重力异常与高磁异常对应，但局部高重力的数量级很小，只有 1.6 mGal，与南西华山的两个高磁高重力异常相比要小得多（南西华山局部高重力为 15 mGal），推测可能是反映海原群变质岩基底的高磁高重力特征。

（2）从宁 C－92－75 航磁异常与局部重力异常的对应关系看：西华山、南华山与月亮山三个磁异常是北西向排列成一条线的，而西华山、南华山与月亮山的局部重力是错开的，月亮山磁异常不对应高重力异常。西华山、南华山与月亮山之间有一条北东向断裂，把西华山、南华山与月亮山错开。西华山、南华山与海原凹陷之间的断裂在月亮山向南西移。月亮山海原群的基底可能很深，月亮山重磁异常的性质就与西华山、南华山不一样。

根据以上分析，我们过西华山、南华山与月亮山切一条重磁剖面（图 7－57），由图 7－58 可以看出：横坐标 1～10000 与 20000～40000 的西华山、南华山高磁高重力异常对应非常好，而横坐标 50000～65000 的月亮山是高磁低重力异常。能够引起高磁低重力异常的地质体一定是高密度强磁性的，也就是月亮山深部的地质体很有可能是一规模较大的岩体，而海原群的基底可能很深。该火成岩体可能是沿海原凹陷西的断裂入侵的。

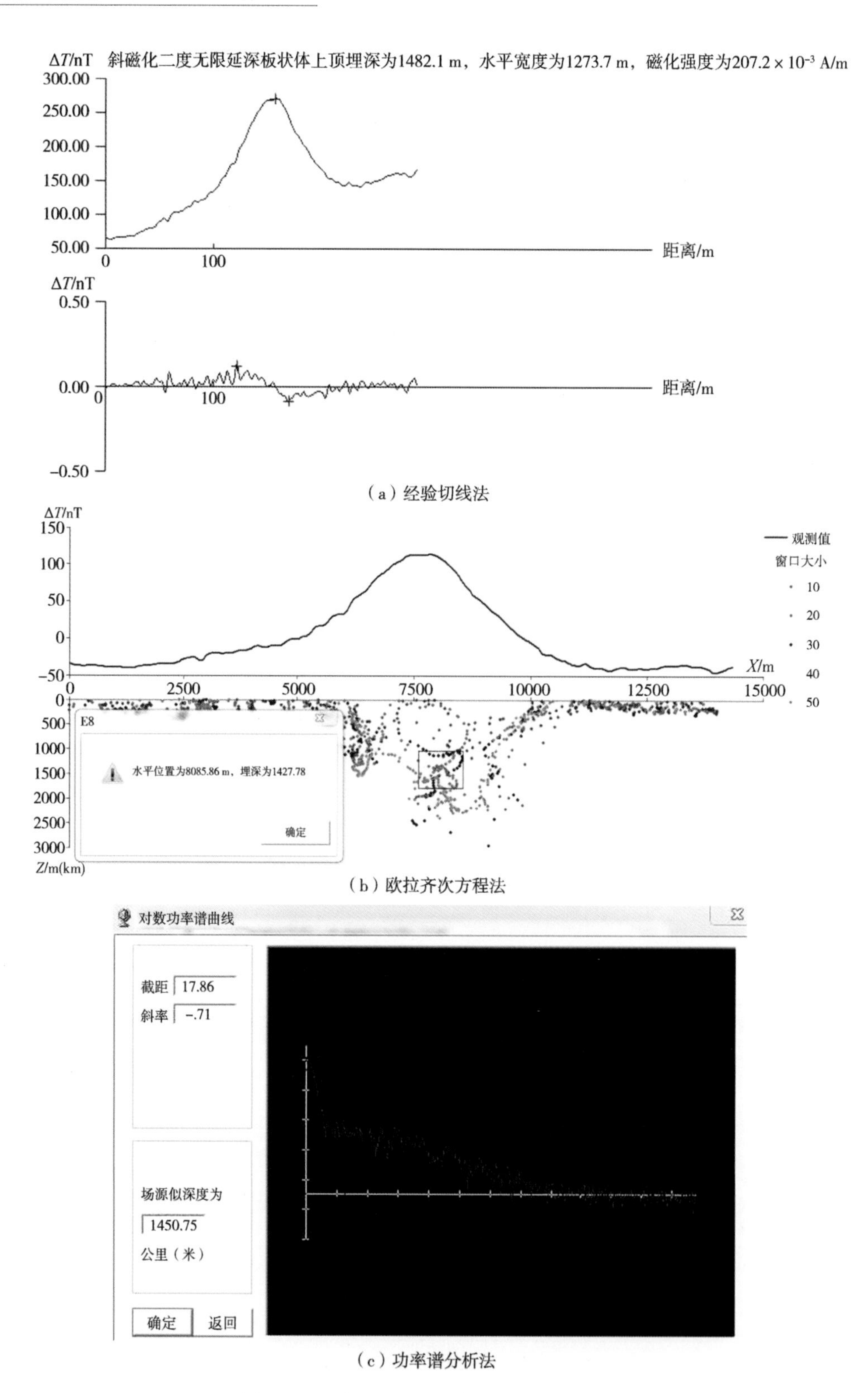

（a）经验切线法

（b）欧拉齐次方程法

（c）功率谱分析法

图7－55 宁C－92－75航磁异常反演解释

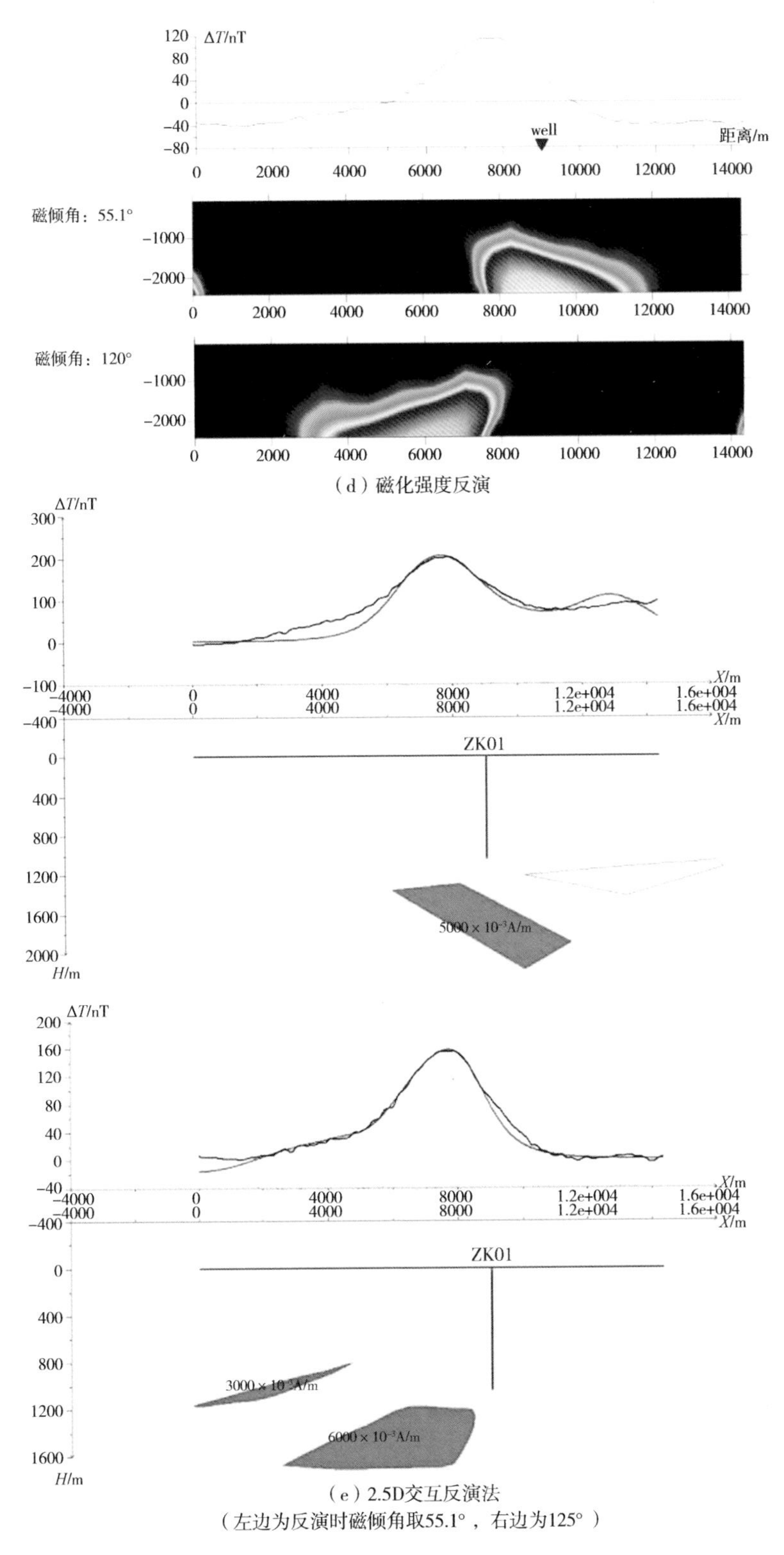

（d）磁化强度反演

（e）2.5D交互反演法
（左边为反演时磁倾角取55.1°，右边为125°）

图7－55 宁C－92－75航磁异常反演解释（续）

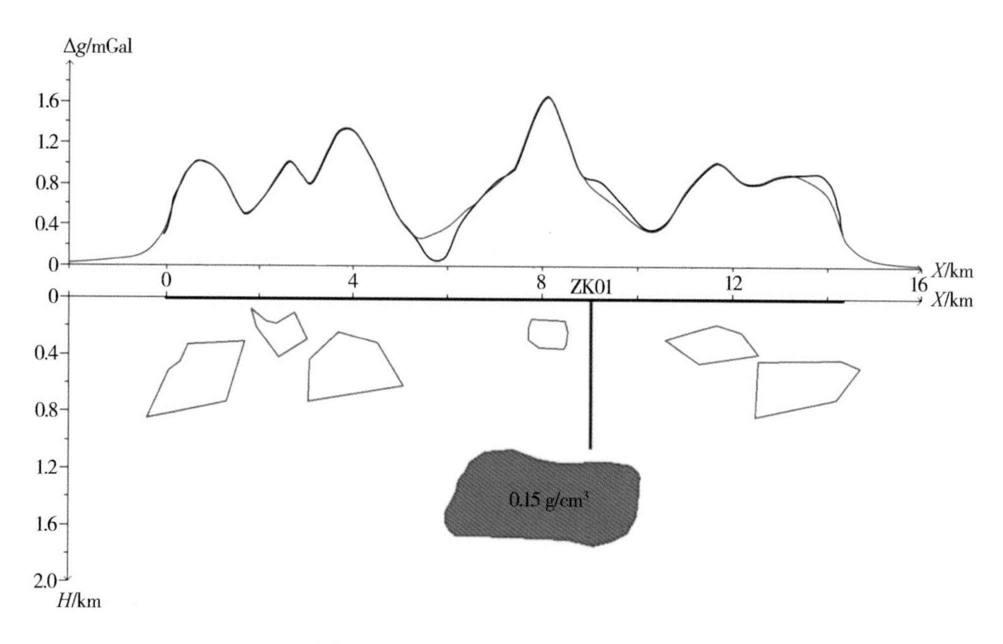

图 7-56　局部重力 2.5D 反演结果

（图中上半部黑线为剩余重力异常，红线为正演拟合曲线，下半部充填红色部分为反演解释的岩体，未充填颜色的为密度不均匀体）

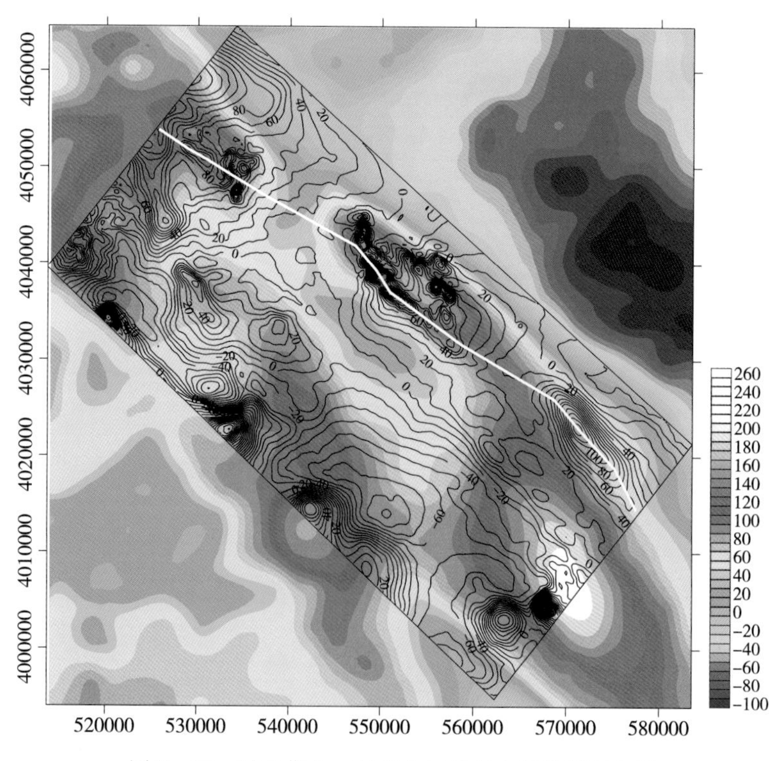

图 7-57　过西华山、南华山与月亮山重磁剖面位置

（白线为剖面位置，底图为重力异常，等值线为磁异常）

因此，第二种解释方案是认为月亮山重磁异常主要由深部的火成岩体引起，海原群基底较深。火成岩体与海原群基底的埋深都在1000 m以上。

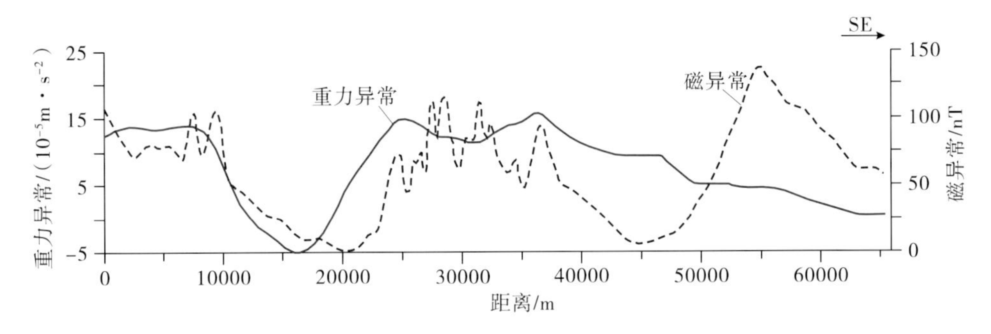

图7－58 过西华山、南华山与月亮山重磁剖面

六、小结

（1）估计引起月亮山磁异常的磁性体深度大于1200 m，目前钻探的深度还不够。

（2）宁C－92－75异常可能为前寒武系海原群变质岩与加里东晚期华力西期岩体（岩脉）共同引起，也有可能仅由深部的火成岩体引起，火成岩体与海原群基底的埋深都在1000 m以上。

第六节 西吉盆地重磁异常解释与金属矿有利成矿区域分析

一、概况

西吉盆地位于宁南弧形构造带白银－西吉推覆体中段，为典型挤压－剪切型断陷盆地。前缘白银－月亮山－西吉深大断裂为滑脱断裂，局部反转成犁式断裂。西吉盆地地表为大面积第四系覆盖，目前尚未发现任何金属矿产。但向西至同处一条构造带的甘肃白银－靖远一带，是我国著名的铁、铜、铅锌、银等多金属矿集区和成矿带（北祁连多金属成矿带），已发现众多中型、大型铜、铅锌、铁、金多金属矿床，特别是以白银矿床为代表的火山岩型铜－铅锌多金属硫化物矿最具意义。以往钻探资料显示，深部有元古界和下古生代深海相火山岩沉积以及加里东中酸性岩浆岩侵入，具有良好的多金属成矿地质条件。

但北自西吉县新营，向南经西吉县将台、隆德县联财、温堡直至甘肃庄浪、张家川一线，存在一个呈北西－南东向的较强航磁异常带，在宁夏境内延展80 km。

西吉盆地磁异常带主要由新营、杨家川、赵家佬、将台和泉儿湾五个局部异常带组成。

1961年，前人曾在泉儿湾一带进行了针对航磁异常的两处钻孔验证。其中一个钻孔的孔深度为501.53 m，在孔深490～499.3 m处，钻遇到花岗闪长岩、黑云母闪长岩，以及穿插其间的伟晶岩和石英脉。黑云母闪长岩的矿物成分有斜长石、角闪石、黑云母和绿帘石、磁铁矿等，其中角闪石含量占45%，孔深499.93～501.53 m未取岩心，岩性不明。另一验证孔验证了宁C－84－132磁异常（泉儿湾），孔深784 m，其中第四系厚15 m，古近－新近系甘肃群厚470 m，485～784 m为加里东期基性－超其性岩（未见底）。

根据前人的钻孔资料及地质构造环境分析，西吉盆地位于新生界覆盖层之下，应该是以中元古界海原群、寒武系黑茨沟组、奥陶系阴沟群等，以火山岩、火山碎屑岩和细碎岩为主的地层，与侵入其中的加里东期中酸性和基性－超其性侵入岩（脉）等组成，不排除局部存在有石炭－二叠纪地层（据程建华等，2011）。

宁C－84－132异常带南段之宁C－74－6（隆德县联财）异常。1973年开展过1∶5万地面磁测，1983年经两个钻孔验证为混合岩化斜长角闪岩和混合岩化花岗岩引起（1986年《甘肃省白银－天水地区航空磁力测量成果报告》）。西吉磁异常带的赵家佬异常（宁C－84－137），2005年经宁夏物勘院地面查证（1∶1万地面高精度磁测），计算磁性地质体埋深350～530 m，倾向北东、倾角75°。将台异常（宁C－84－138），ΔT等值线呈东西向异常与南北向局部异常的叠加特征，切线法估算东西向主体异常埋深780 m。

2013年，宁夏物勘院在西吉盆地航磁异常区布置五条磁测剖面，总计50 km。在该项目完成的《宁夏中卫市南西华山铜金矿调查地面磁测报告》中指出，“认为南华山和西华山磁异常主要与海原群变质岩有关，西吉盆地的剖面异常主要与隐伏的基性和超基性岩有关。通过对西吉盆地的五条剖面做正演和反演，可以确定出磁异常的顶板埋深以及异常体的大概形状。”

西吉盆地地表为大面积第四系黄土覆盖，区内多种元素呈现高背景场型，分析认为可能与黄土覆盖弱化异常有关，在局部地区（三合一带）出现Cu、Pb、Zn、Sb、As、Mo、Cd的元素异常。套合性较好，推断与下伏内生多金属矿化有密切关系。具有一定找矿意义的异常有宁－46、宁－47、宁－48等。西吉马黄沟综合异常编号宁－46，位于月亮山西部甘宁边界一带，面积126 km^2。出露地层主要为大面积黄土，沟谷中见有新近系地层，地表未见矿化，白银－天水1∶5万航磁异常显示为一负磁异常，强度约－40 nT。元素异常以Cu为主，并有As、Sb的较高强度异常，异常主要集中于东北部的古近－新近系地层。

西吉盆地地表有较大厚度的新生界盖层，但航磁异常、化探异常明显。二者吻合程度较好。综合分析区内地质、物化探异常特征，初步认为区内较强的航磁异常、多元素化探异常与深部基性－酸性岩浆活动有关，尽管西吉盆地新生界盖层厚度较大，但其所处构造及成矿区带位置较为有利，是今后宁南地区开展深部多金属找矿工作的重要靶区（据程建华等，2011，白永江，李广武，2011）。

2011年，宁夏物勘院在《宁夏全区物化探基础图件编制》报告中指出，“西吉盆地为重力低、磁力高，但是该地区为新生界覆盖，应为重力低和无磁性，显然物探与地质不符。这些均是因为深部可能存在强磁性的地质体，且物探往往是深部的反映而不是表面的反映。西吉异常带磁场强度较大，类比甘肃庄浪、张家川同带区域的矿点、矿产地特点，有进一步开展找矿工作的必要。推断西吉异常带的主要地质原因，可能还是富含磁铁矿的老变质岩类。但对本带磁异常的地质原因和找矿前景还不能做出确切的判断。”

二、岩石物性特征

（一）磁性特征

由西华山、南华山及甘肃白银等地区岩石标本的磁参数可以看出，本区上古生界、中生界及新生界地层不具有磁性。元古代、早古生代地层中的浅变质岩系，特别是含有磁铁矿的各类片岩有较强的磁性。加里东期基性、超基性岩磁性中等，可显示出局部磁异常（表7－5）。

表7－5 西华山、南华山及甘肃白银等地区岩石标本磁参数

岩石名称	磁化率 $\kappa/(10^{-6}4\pi SI)$	剩余磁化强度 $M_r/(10^{-3}\ A\cdot m^{-1})$	地区	备注
蛇纹岩	2865	600	海原甘盐池	转石
角闪岩	2600 ~ 3000	微	西吉泉儿湾	岩心
花岗闪长岩	63	微	西华山	加里东晚期
含磁铁矿石英片岩	9726	2300	甘肃通渭、静宁	An
含磁铁矿角闪黑云母片岩	7810	1570	白银矿区	An
绿泥石片岩	4710		南华山	Pt_2
绿泥石片岩	1741		西华山	Pt_2
石英云母片岩	1666		西华山	Pt_2

（二）密度特征

由西吉盆地岩石密度统计表可以看出，中元古界海原群，下古生界与上覆岩系为一个明显的密度分界面，密度差0.2～0.3 g/cm³。该界面的起伏，控制了本区重力场的分布，是导致重力场变化的主要因素。第四系与下伏古近系虽有较大的密度差异，但它只能影响重力场的局部变化。研究区岩浆侵入具有面积小、侵入时代早的特点。侵入时代分中条期和加里东期，且以中条期岩浆活动强烈，面积较大。侵入岩以中酸性岩为主，基性、超基性侵入岩较少，且多以岩脉形式出现。岩浆岩的岩石密度值一般与下古生界的岩石密度值接近（表7－6）。

表7－6 岩石密度统计表

地层时代	密度/$(g\cdot cm^{-3})$	地区	备注
Q	1.33	西吉	土样
N	2.44	西吉、海原	新近世
E	2.45	西吉、海原	古近世
K_{1L}	2.50	西吉月亮山	
P_{Z1}	2.70	同心、静宁	寒武－奥陶纪

续表

地层时代	密度/(g·cm^{-3})	地区	备注
P_{t2}	2.76	西华山、南华山、月亮山	
侵入岩	2.60~2.64	屈吴山、南华山、月亮山	

（据程建华等，2011）

综合上述特征可以判定，本区侵入岩在重力场中，一般以幅值弱、面积小的特点出现。中酸性侵入岩为相对剩余重力低，而中基性岩为相对剩余重力高，超基性岩为重力高。

三、西吉盆地重磁异常的解释

（一）资料情况

西吉盆地磁测资料是从1∶5万航磁资料中截出的，如图7－59（a）中斜线部分所示。图7－59（a）中L1～L5红线为2012年宁夏物勘院在西吉盆地航磁异常区布置五条磁测剖面。图7－59（b）是1∶5万航磁平面等值线图，图7－59（c）是1∶5万航磁异常图与程建华文献中图的叠合，文献中的图覆盖范围广，但是没有收集到该资料。

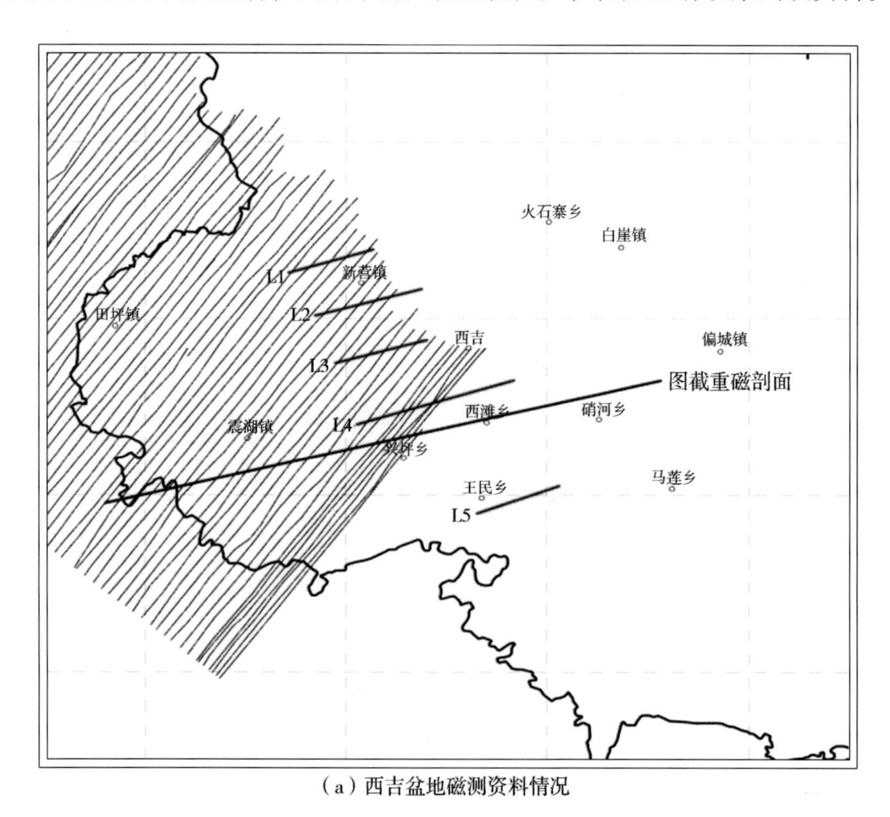

（a）西吉盆地磁测资料情况

图7－59　西吉盆地磁测资料情况

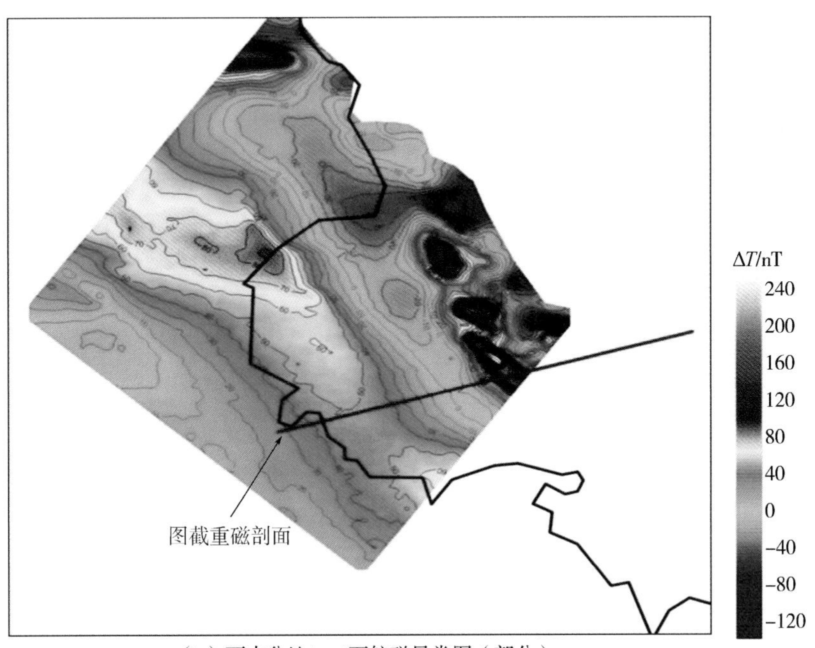

（b）西吉盆地1：5万航磁异常图（部分）

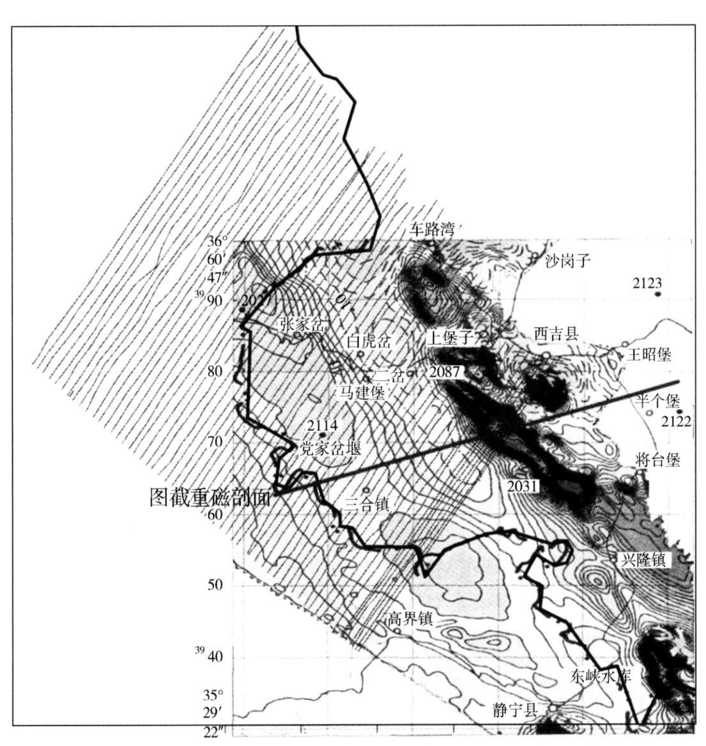

（c）西吉盆地1：5万航磁异常图与程建华文献中图的叠合

图 7－59 西吉盆地磁测资料情况（续）

（二）西吉盆地重磁异常解释

重力异常小波一阶逼近表明：西吉盆地重力低是由两条北西向的重力低与重力次低组成的，而北西向的磁异常与西侧的重力次低异常重叠。也就是说，西吉盆地重力低并非简单的一个重力低，而是有高有低，盆地西侧重力高部分与高磁异常对应（图 7－60）。

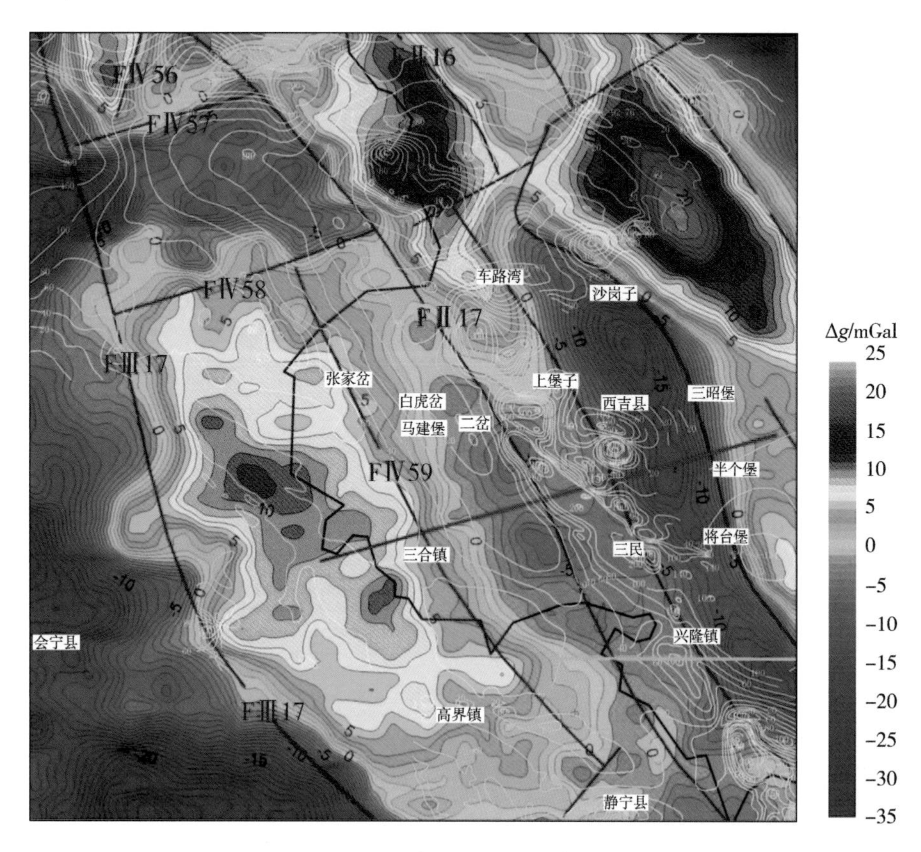

图 7－60　西吉盆地重磁异常叠合图

（底图是西吉盆地重力异常小波一阶逼近，图中白色等值线是根据程建华文献中图所描绘）

过西吉盆地切取一条重磁异常剖面（位置见图 7－59 中红线），在图 7－61 中横坐标 2300～3500 号点位置，布格重力异常与磁异常对应，说明西吉盆地的高磁异常与局部重力高异常同源。

对过西吉盆地剖面进行重磁异常联合解释，其解释过程是，第一，对重力异常反演，得出中元古界海原群变质岩基底的起伏形态；第二，根据中元古界海原群变质岩基底的起伏进行正演，得出纯粹由中元古界海原群变质岩基底的起伏产生的磁异常；第三，将实测的磁异常减去中元古界海原群变质岩基底的起伏产生的磁异常，剩余的磁异常即认为是由加里东期侵入岩脉产生；第四，反演剩余磁异常，得出加里东期侵入岩脉。

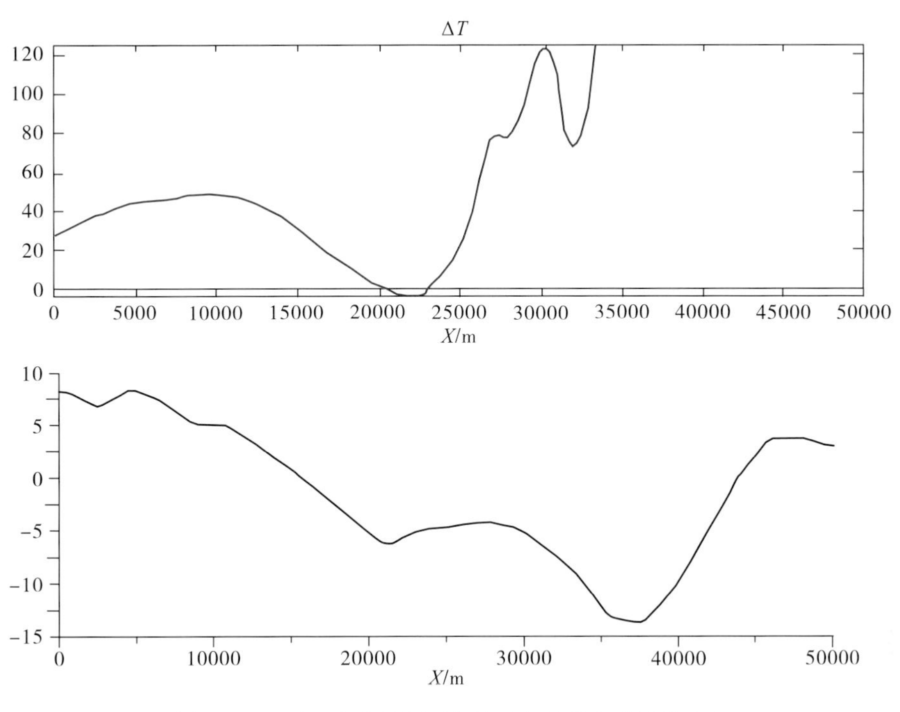

图 7－61　过西吉盆地剖面布格重力异常与磁异常对比

海原群变质岩具有高密度和较强的磁性，局部重力异常反映西吉盆地中元古界海原群变质岩基底的起伏，磁异常则是中元古界海原群变质岩与加里东期侵入岩脉的共同反映（图 7－62）。

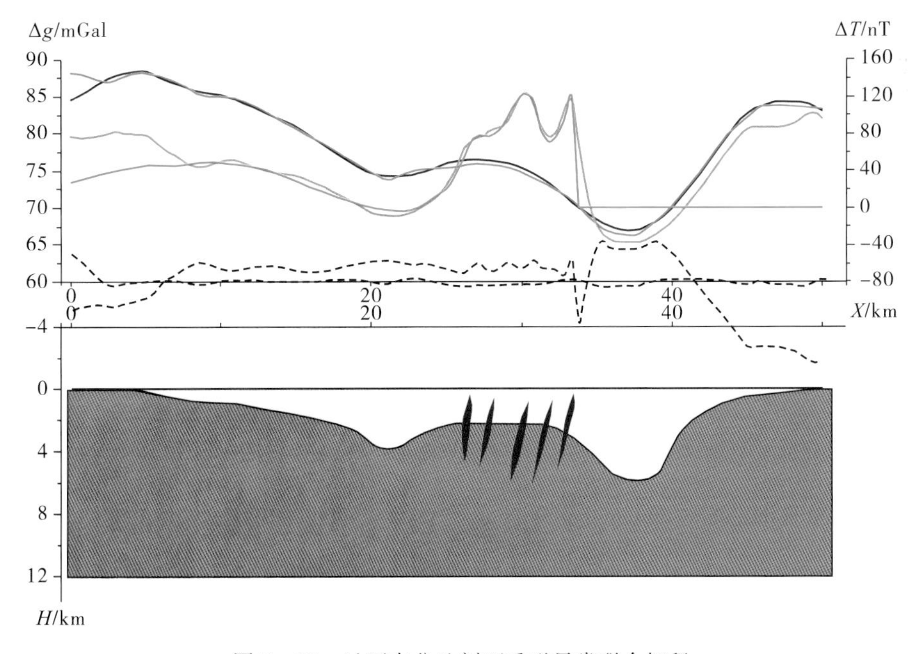

图 7－62　过西吉盆地剖面重磁异常联合解释

四、小结

（1）西吉盆地属北祁连成矿带，向西至同处一条构造带的甘肃白银—靖远一带，是我国著名的铁、铜、铅锌、银等多金属矿集区和成矿带。

（2）西吉盆地的高磁异常与盆地中部的重力次低部分对应，局部重力异常反映西吉盆地中元古界海原群变质岩基底的起伏，磁异常则是中元古界海原群变质岩与加里东期侵入岩脉的共同反映。

第七节　与甘肃白银对比

一、北祁连地区地质概况

西华山－南华山－西吉处白银－西吉早古生代岛弧，该带呈北西－南东向，展布于宁夏西南部，向西、向南延伸出宁夏进入甘肃，在宁夏仅为该岛弧的东端部分。白银－西吉岛弧北东以月亮山－六盘山西麓断裂与景泰－海原弧后盆地分界。白银－西吉岛弧为白银地区古生代火山岛弧带组成部分，只是在宁夏境内完全被新生界覆盖。

白银地区主要发育奥陶纪阴沟群－中堡群深海－次深海相浊流沉积，由陆源碎屑浊积岩夹碳酸盐岩、泥质岩、硅质岩和火山岩、火山碎屑岩等组成，其火山岩组合为碱性系列和玄武岩－安山岩－英安岩（斜长流纹岩）组合，具岛弧和活动大陆边缘的火山岩共生组合特征。宁夏与之对应的西吉盆地基底也发育一套早古生代火山岩－碎屑岩组合，应属白银－西吉岛弧沉积。晚古生代时期，发育弧后前陆盆地碎屑沉积（志留系旱峡组、泥盆系老君山组）和上叠盆地型的陆缘坳陷型海陆交互相碎屑－泥炭质沉积层（石炭系羊虎沟组）；中、新生代以逆冲推覆－走滑为主，发育陆内拉分－坳陷盆地－西吉坳陷盆地，充填有白垩系、古近系、新近系和第四系碎屑－泥质沉积层。

西华山－南华山－西吉向西至同处一条构造带的甘肃白银－靖远一带，是我国著名的铁、铜、铅锌、银等多金属矿集区和成矿带（北祁连多金属成矿带），已发现众多中型、大型铜、铅锌、铁、金多金属矿床，特别是以白银矿床为代表的火山岩型铜－铅锌多金属硫化物矿最具意义。因此，对比西华山－南华山－西吉与甘肃白银成矿带具有重要意义。

宁夏物勘院在《宁夏全区物化探基础图件编制》报告中也指出："西吉磁异常带北自西吉县新营，向南经西吉县－西吉县将台－隆德县联财－温堡直至甘肃庄浪、张家川一线，在宁夏境内延展 80 km，走向 310°。该异常带在宁夏境内都处于第四系覆盖区，延入甘肃境内的庄浪、张家川一带发现有钛磁铁矿等矿产地和多金属矿点。西吉异常带磁场强度较大，类比甘肃庄浪、张家川同带区域的矿点、矿产地特点，有进一步开展找矿工作的必要。"

北祁连地区侵入岩非常发育，中、酸性岩和基性、超基性岩均有出露。岩浆岩总体具有呈 NWW 向带状分布的特点，其展布方向与区内大断裂的走向一致，表明其形成与北祁连洋盆的扩展－闭合－碰撞造山过程具有密切联系（图 7－63）。

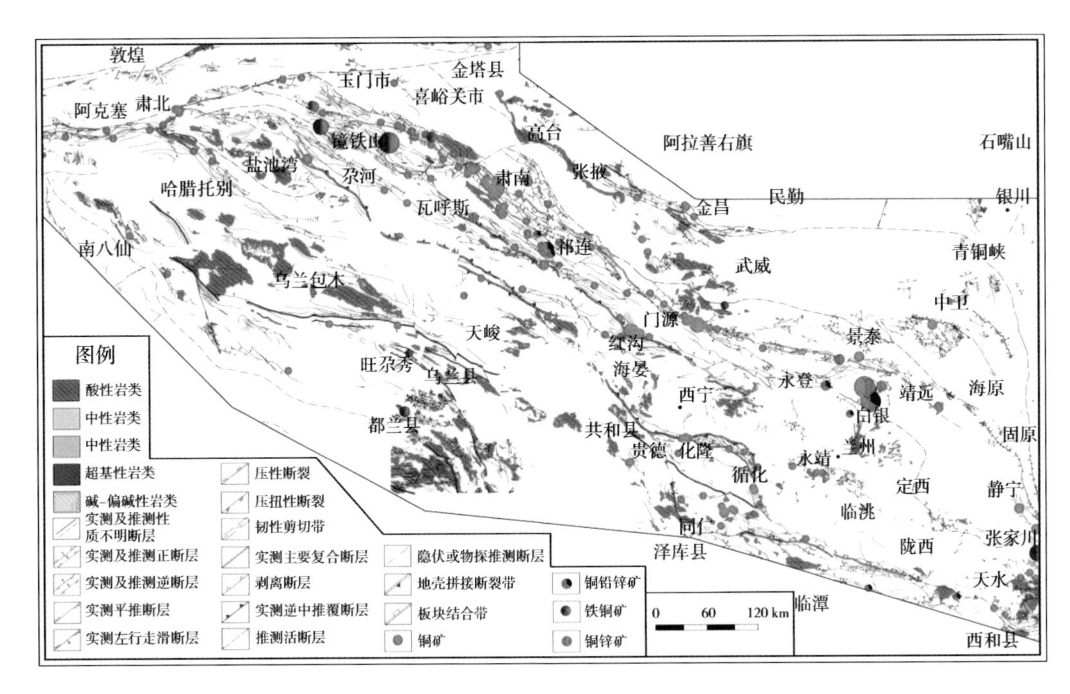

图 7－63　北祁连地区岩浆岩分布

（据廖时理，2014）

前人根据遥感资料对该区进行了线环构造解译。统计矿床、矿产当量与线状构造的距离，结果表明，研究区 158 个矿床中有 76.58% 的矿床和 78.21% 的矿产当量分布在距离线状构造 4 km 的范围内，而距离线状构造 6 km 的范围内包含的矿床和矿产当量则分别占总量的 84.18% 和 87.84%，当距离进一步增大时，区内包含的矿产和矿产当量均不再明显增加，因此，以 6 km 为半径对线状构造进行缓冲区分析提取找矿信息（图 7－64）。

二、北祁连地区区域重磁场特征

为了分析西吉盆地、西华山、南华山与月亮山重磁异常的特征并与北祁连地区对比，我们收集了北祁连地区 1∶100 万区域重磁资料。

北祁连地区 1∶100 万区域重力场总体为负布格重力异常，且重力异常自东向西、自北东向南西呈阶梯状降低，而与之对应的莫霍面变深，地壳厚度逐渐变厚。

北祁连地区 1∶100 万航磁异常总体以负磁异常为主，表现为正负异常交替出现，磁场剧烈变化的特征。分带性明显，高值带一般呈 NW 向或 NWW 向的串珠状带状排列，并与重力浅源异常高值对应。据前人资料，祁连山地区太古系地层磁性较高，石炭系宗吾隆山群、泥盆系牦牛山群以及寒武系、奥陶系、中－下元古代火山岩地层具弱磁性特征，其他地层磁性较弱，区内高磁异常区主要呈带状分布在大型构造带如地壳性断裂附近，可能主要与这些区域分布的基性－超基性岩有关。研究区局部地区的高磁异常表现出呈 NE 向分布的特点，如位于北祁连东段的兰州－靖远－海原高磁异常带和景泰－中卫低磁异常带，表明了区内 NE 向构造线的存在（图 7－65）。

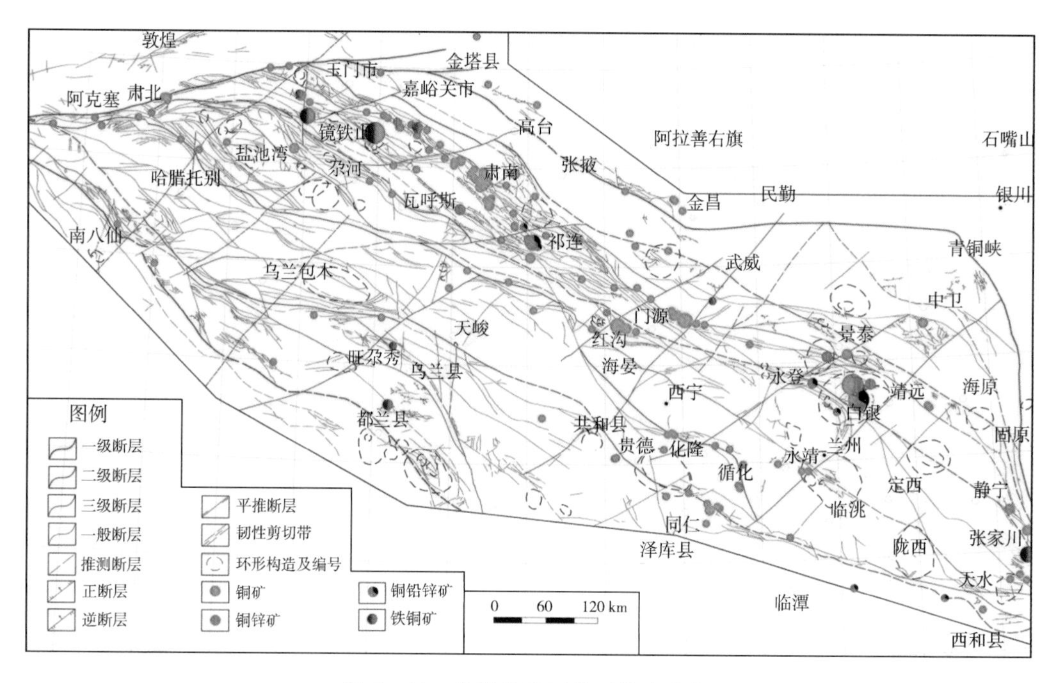

图 7－64　北祁连地区线环构造分布

（据廖时理，2014）

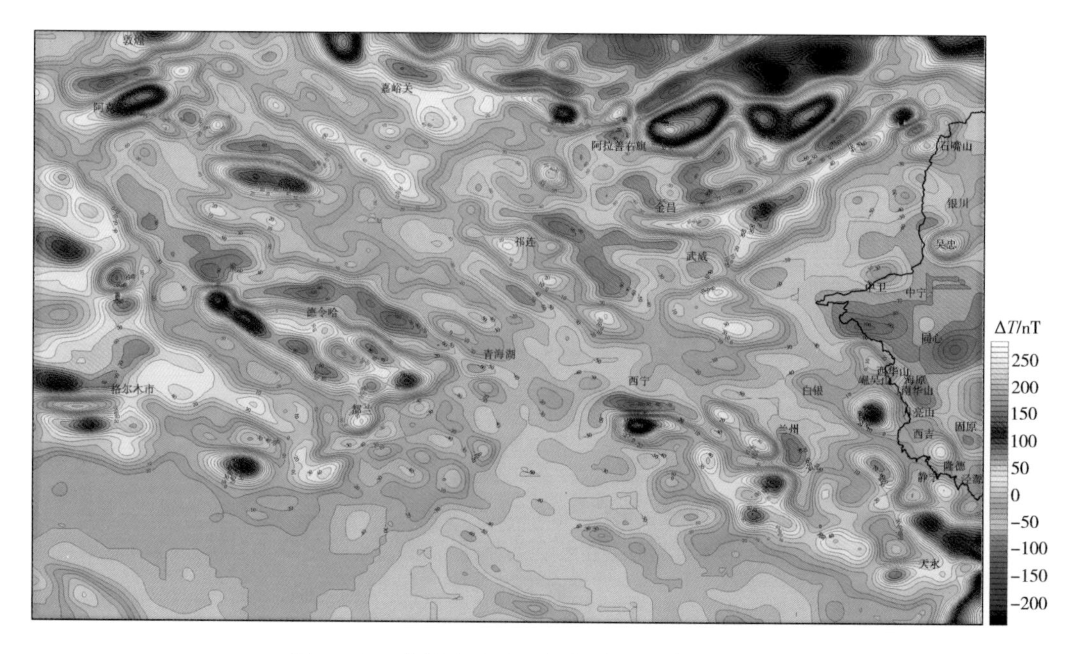

图 7－65　北祁连地区（含宁夏）ΔT 航磁异常图

可以看出，北祁连成矿带重磁异常呈北西向，与地质构造一致。在西华山－南华山－屈吴山－月亮山－西吉－隆德磁异常明显，说明北祁连造山带往东到西华山－南华山－屈吴山－月亮山－西吉－隆德一带。在白银－西吉－隆德有一北西向磁异常带，由三个局部磁异常组成的，说明它们可能具有相似的性质与相互有关，因此在西吉、月亮山是否有火成岩侵入体值得关注。

在图7－64北祁连地区线环构造分布中，海原与固原之间有一环形构造，它大致对应图7－66中的局部重力高，其性质有待研究。

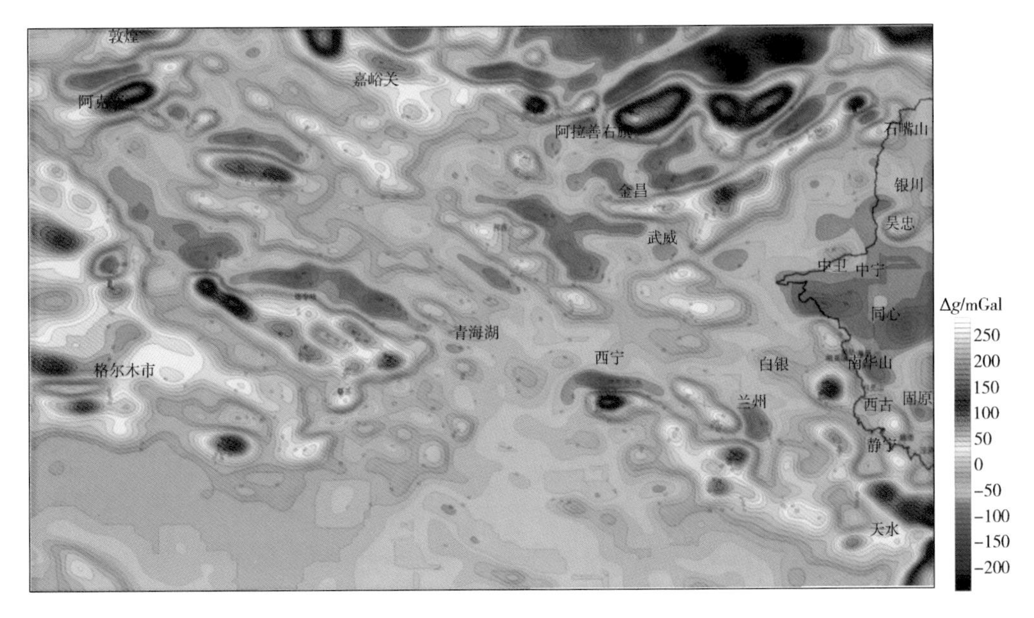

图7－66　北祁连地区（含宁夏）剩余重力异常图

第八节　小　　结

一、贺兰山北段

（1）在贺兰山北段，分布范围大、升高的正磁异常区是贺兰山岩群变质岩与岩浆岩的反映，而磁异常尖锐复杂、跳跃变化则是辉绿岩脉等各种具磁性的火成岩脉的反映。此外，地层的矿化、蚀变也会形成跳跃变化的弱磁异常，它们可能是寻找含金蚀变带的间接地球物理标志，要注意发现此类弱异常。

（2）在贺兰山北段有四个主要的磁异常带，其中M1、M4两个近东西向的异常带是找金的主要有利成矿区域。

（3）石英脉型金矿与构造蚀变岩型金矿是本区找矿的主攻类型，应关注升高正异常背景中磁异常复杂、跳跃变化段。而寻找构造破碎带蚀变岩型金矿则应围绕F_1主断裂带展开。

二、卫宁北山－香山

照壁山、石堆水和麦垛山铁矿等为中－低温热液和表生氧化作用复合成因。二人山－

金场子为“渗流卤水－表生改造型金矿”，围岩主要为晚古生代的上泥盆统老君山组及下石炭统前黑山组、臭牛沟组地层。有隐伏的中酸性岩体与闪长玢岩脉。

顾家岘铁矿和石盖沟铁矿属于地表浅部环境下氧化和淋滤作用所成。含铁建造为中奥陶统香山群狼嘴子组黄河井段硅质岩建造、下石炭统（臭牛沟组、前黑山组）和上石炭统羊虎沟组碎屑岩建造。

（1）卫宁北山有利成矿区域应选择在二人山－金场子近东西向重磁异常及根据重磁解释的火成岩体周围。断裂构造切割褶皱核部或翼部的地段、原生晕异常、褐铁矿化带或铁帽、低阻及中－高极化的物探异常带、碳酸盐岩发育的地层、地表矿化蚀变带等条件在空间耦合程度高地区。

二人山－金场子近东西向重磁异常带是卫宁北山地区的成矿构造面，是寻找金矿有利成矿区域。

二人山－金场子北西的磁异常与重力异常不同源。该磁异常是高磁、低密度火成岩体的反映，火成岩体埋深约700～800 m，宽约2 km。该火成岩体是卫宁北山地区的成矿地质体，在其周围具有进一步找金属矿床的潜力。

（2）香山群狼嘴子组硅质岩、赤铁矿具有强磁性，可以利用浅部的局部磁异常为线索，在香山群狼嘴子组等地层出露区，且褶皱与断裂发育的地区内寻找铁矿床。

三、西华山、南华山

南西华山磁异常由海原群变质岩与中酸性侵入岩、岩脉引起，如屈吴山岩体。柳沟、黑泉、簸箕掌、油房院为铁、铜矿点。

根据航磁一阶细节的高值部分圈出15个局部异常，其中在宁夏境内8个。与已知矿化点对应的有3个：

M6异常有柳沟金矿化，马场、黑泉、簸箕掌－窝宝沟铜金矿化。

M11异常有油房院岩体，铜矿化。

M15异常有蝉窑、沙岗子岩体，钻到700～1100 m仍有强烈黄铁矿化。南华山银洞子岩体，硫铁矿化。

未知的5个：

M5异常：中高磁异常、高重力异常，地表出露地层为前寒武系海原群变质岩。

M7异常：位于涝坝湾附近，高磁异常、高重力异常，第四纪覆盖。

M12异常：位于关庄乡附近，高磁异常、高重力异常，第四纪覆盖。

M13异常：位于九彩乡附近，高磁异常、中高重力异常，地表出露地层为白垩系。

M14异常：位于九彩乡附近，高磁异常、高重力异常，第四纪覆盖。

四、西吉盆地

西吉盆地为重力低、磁力高。局部重力低异常主要反映西吉盆地海原群变质岩基底的起伏，磁异常则是海原群变质岩与加里东期侵入岩脉的共同反映。

对比白银矿田与西华山－南华山－西吉航磁异常和重力异常，金、银、铜、铅矿点，矿化和 Au、Cu、Pb、As 化探组合异常，得出西华山－南华山－西吉航磁异常不仅与海原群变质岩基底有关，也与加里东晚期岩浆活动磁性矿物富集有关。

目前尚未在西华山－南华山－西吉地区发现有火山机构，赋矿围岩也不一样。由于西吉盆地覆盖层较厚，是否在覆盖层下面有类似于白银矿田的地质构造与火山成因块状硫化物矿床，北祁连造山带向东倾覆到西吉盆地覆盖层之下，目前还不能定论。

第八章
宁夏重力资料处理解释与煤田远景预测

第一节 宁夏煤田概况与重力勘探方法应用

宁夏回族自治区有极丰富的煤炭资源，1∶20万区域重力资料的二次开发能否在本区煤炭资源的勘探开发中发挥作用？本书首先收集分析了宁夏已知煤田的地质、物探资料，以宁东煤田已知区分析建立了石炭－二叠系煤田与侏罗系煤田的地质地球物理模型，在勘探开发程度高的已知区（宁东煤田、贺兰山煤田）验证1∶20万区域重力资料预测方法的有效性，再预测卫宁北山、香山－徐套、宁南等重点区的含煤远景。

一、宁夏煤田概况

煤炭是宁夏的优势矿种，在全国六大聚煤区中，宁夏地处西北侏罗纪聚煤区的东部边缘和华北石炭－二叠纪聚煤区的西缘，因而宁夏具有石炭－二叠纪和侏罗纪两大聚煤区的聚煤特征。

宁夏有五个含煤区：贺兰山北段、宁东、卫宁北山－香山、宁南与隆（德）静（宁）含煤区（图8－1）。

宁夏地质调查院在《宁夏回族自治区区域地质志》中指出，“贺兰山含煤区的煤矿主要分布在北段的石炭井等地。矿区一般对应于重力高背景上的局部重力低或局部重力高异常的边部。宁东含煤区是我区大中型煤矿所在地，分布于横山堡、磁窑堡、碎石井、石沟驿、鸳鸯湖及萌城一带。矿床对应于宽缓重力低中的局部重力高异常带上。宁南含煤区主要分布于炭山、王洼等地，一般位于局部重力低的边部。香山含煤区矿床主要分布于下流水、土坡、新井、窑山等地。一般对应于局部重力低异常。”“含煤地层主要为上石炭统和中侏罗统，含煤构造为坳陷盆地和断陷两种，多对应于较大面积重力低边部的局部重力异常带。鄂尔多斯坳陷及香山周边断陷带是主要找煤区。”

二、煤田重力模型与预测概述

在油气勘探中，通常利用重力方法寻找局部构造，在凹陷中找局部隆起构造，常称为“凹中隆”。这是因为油气往上运移，聚集在局部隆起构造部位。因此，利用重力方法在重

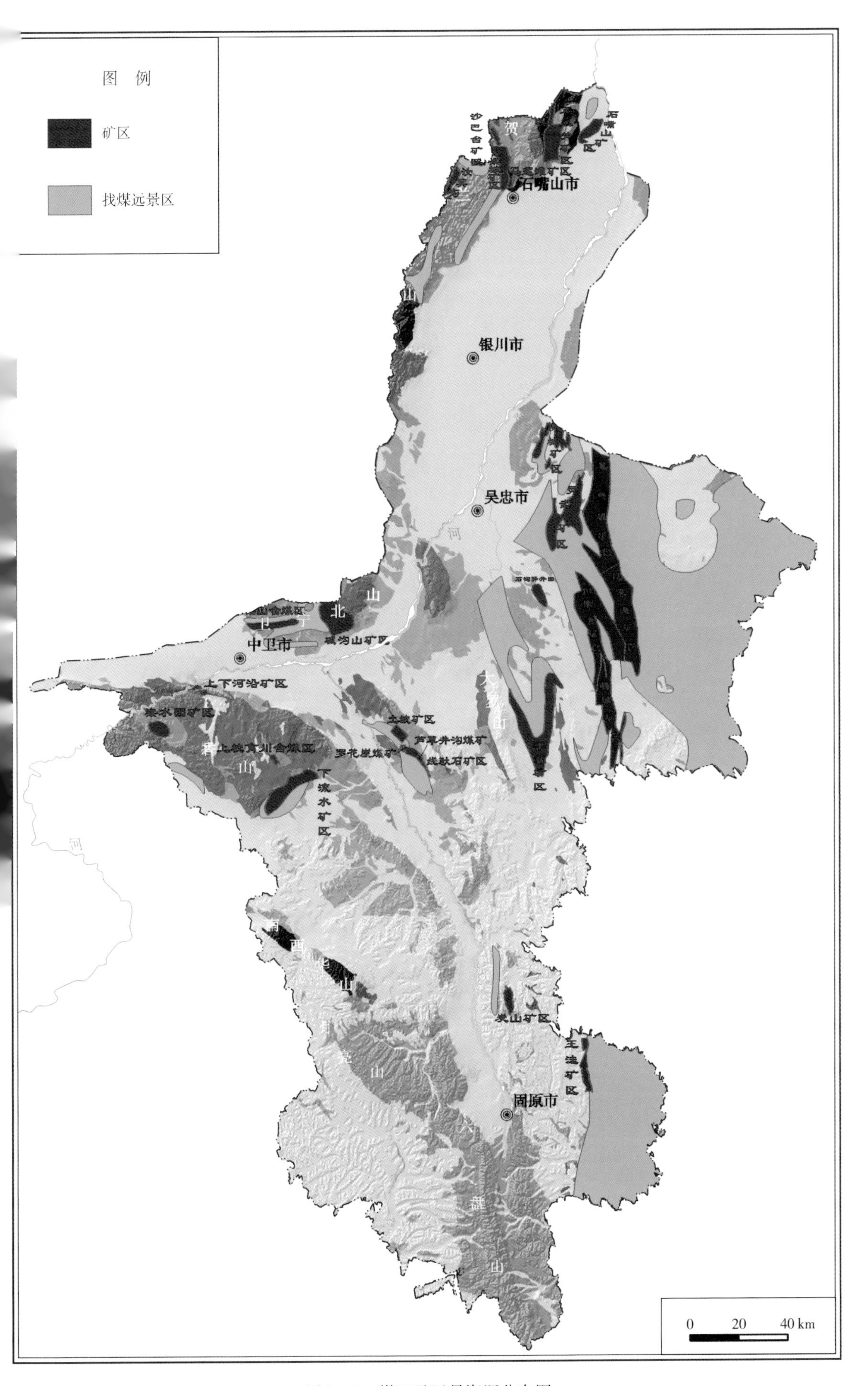

图 8－1　煤田及远景资源分布图

力低中寻找局部重力高就能够找“凹中隆”，这是油气田重力模型与利用重力进行油气勘探方法。煤田重力模型与油气田构造的重力模型完全不同，由于含煤层在形成以后就不会迁移，只受构造变动，如褶皱、凹陷隆起、断裂等作用的影响。找含煤构造不是找“凹中隆”，而是要研究含煤构造的起伏变化与分布范围。

李土雄等（2012）介绍，山东巨野煤田主要含煤岩系是石炭－二叠系，由于石炭－二叠系地层与其基底奥陶系、覆盖层中新生界存在密度差，因此可以结合钻孔资料，利用重力异常计算石炭－二叠系地层的厚度，以及奥陶纪地层的顶部埋深，进一步圈定煤炭成矿远景区（图8－2）。

该文献得出，巨野煤田几个较大的煤矿区内石炭－二叠纪地层厚度0～500 m，奥陶系顶部深度500～1000 m，根据此规律进一步寻找煤炭远景区：田桥断裂以西及以东三处远景区。

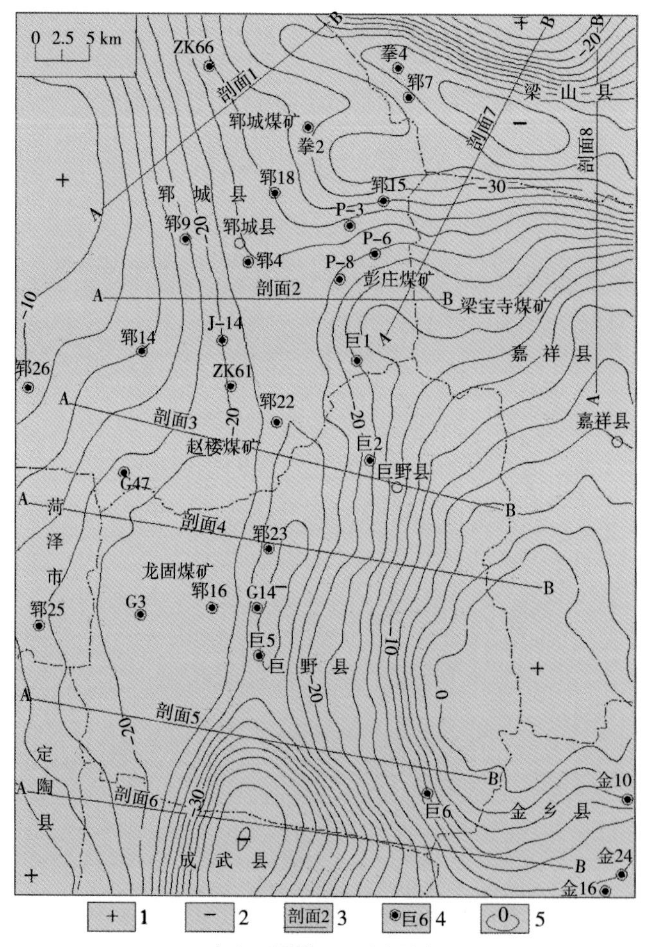

（a）巨野煤田区重力异常图

1—重力高异常；2—重力低异常；3—正演剖面及编号；4—钻孔及编号；5—重力等值线及注记（$10^{-5}m/s^2$）

图8－2　山东巨野煤田重力异常

（据李土雄等，2012）

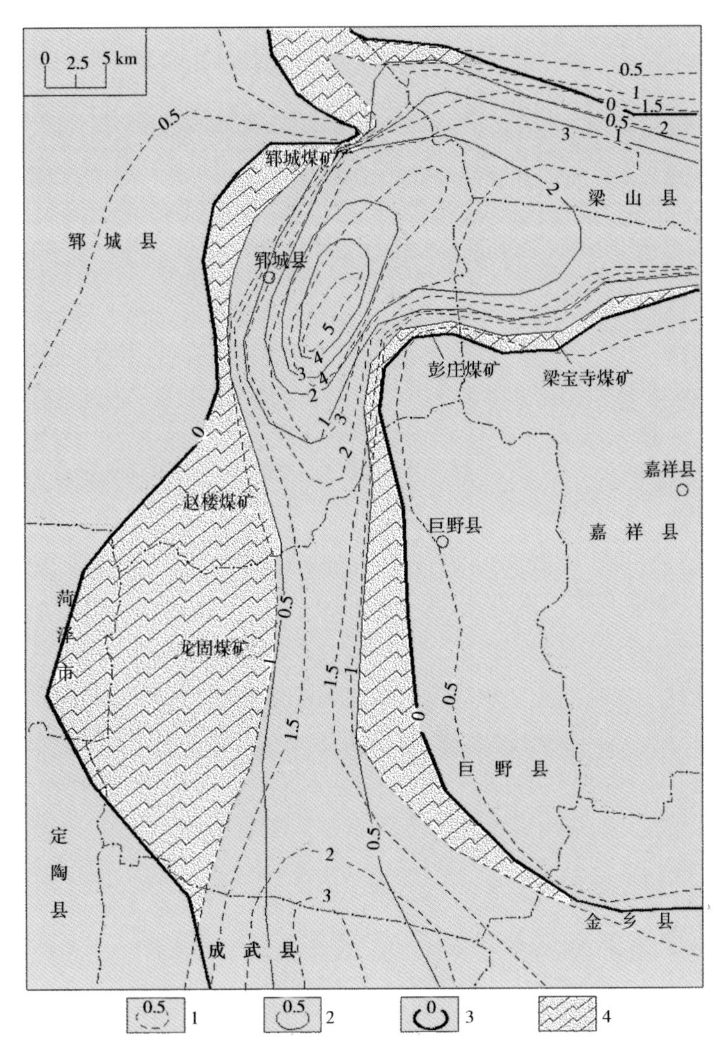

1　2　3　4

(b) 巨野煤田区重力正演结果图

1—奥陶系顶部等深线及注记（km）；2—石炭-二叠系等厚线及注记（km）；3—等厚度零值线；4—推断含煤区

图 8－2　山东巨野煤田重力异常（续）

（据李土雄等，2012）

根据远景区图可以看出，它们分布在重力低的边缘，局部重力升高处。

颜洪鸣（2000）介绍了推（滑）覆构造区与坳陷构造区重力方法找煤的方法，在推（滑）覆构造区，主要控煤因素是推（滑）覆构造老地层掩盖（或重复）了煤系和其他地层。重力场上表现的特征主要为高密度体压覆在低密度体之上，产生密度亏损，使得与正常区对比重力值降低。找煤的关键是推覆体厚度。寻找重力高背景场中的重力低。通过计算剩余重力异常值所反映的推（滑）覆体的厚度来评价找煤前景。

在坳陷构造区找煤，关键是寻找凹中隆，在总体下沉的断块中寻找凸起断块。坳陷构造区的重力场特征是大面积低值负重力异常显示，在相对隆起区域断块凸起地方形成明显的重力高。此种重力高绝对值不高但相对值较高，是重力低背景场中的重力高。

第二节　利用重力资料预测宁夏煤田的方法有效性分析

一、宁夏1∶20万重力与煤田构造关系

宁夏全区布格重力异常值由北东向南西呈下降趋势，下降幅度为80 mGal。以青铜峡－固原南北重力梯级带为界，其东、西两侧地区的重力场特征有着明显的不同。

天环向斜位于陶乐－横山堡和青龙山－云雾山两个重力高带的以东地区。它在布格重力异常图上宏观表现为一平缓开阔的相对重力低值区，沿盐池县的苏步井－王乐井－麻黄山南北一线为重力极小值分布带。由该带附近的两个钻孔揭示，中生界厚度大于1900 m，其中下白垩统厚度分别为1047 m和1097 m，重力低值分布域是中生界沉积中心区带。根据地震勘探资料解释，这一区带下古生界埋深4000 m，向两侧埋深逐渐减小，重力异常值亦随之增大。由此看来下古生界构造层顶界面的起伏变化是影响本区地面重力分布的主要地质因素。

进一步分析天环向斜的局部重力异常，在坳陷区内，剩余重力异常主要分布于马家滩－惠安堡一线以西。这些异常的延伸方向近南北，其平面形状或近似圆形，或为带状；正、负异常幅值较小，一般为4～8 mGal，梯度变化不大。依据区内地震勘探资料以及异常与已知构造的对应关系判断，它们除与古生界局部构造变动有关外，还与中生界内部构造有关。

宁夏物勘院在《宁夏全区物化探基础图件编制》中指出：从本区局部异常的分布规律来看，它们分别与已知中生界油藏或煤田区有较好的对应关系。

利用滑动平均等方法得到的剩余重力异常虽然能够分析一些局部重力异常与油气及煤田的关系，但是无法说明为什么有些在局部重力高，有些在局部重力低上。

从宁夏地层密度统计表可以看出，宁夏地区存在两个主要的密度分界面，上部密度分界面是在上古生界以下地层与其上覆层系之间，存在0.06～0.20 g/cm^3 的密度差；下部密度分界面是在下古生界及以下地层与上覆中生界、上古生界之间，存在0.10～0.20 g/cm^3 以上的密度差（见表2－1）。

二、宁夏煤田重力模型

根据宁夏地区密度界面特征，我们建立石炭－二叠系煤田与侏罗系煤田的地质地球物理模型。

（一）石炭－二叠系煤田重力模型（横城煤田、韦州煤田）

横城煤田、韦州煤田，它们位于上古生界地层的凹陷。上古生界地层密度高于上覆的中新生界地层，密度差约0.06～0.20 g/cm^3，若上古生界地层抬升，则会产生局部重力高异常，而若上古生界地层的上顶面存在局部凹陷，则会在局部重力高异常中又产生次一级

的重力低异常（图8－3）。因此，我们可以利用小波分析方法对重力异常进行多尺度分析，分别提取上古生界地层的局部重力高异常与次一级的上古生界地层凹陷（煤富集区）产生的次一级局部重力低异常。

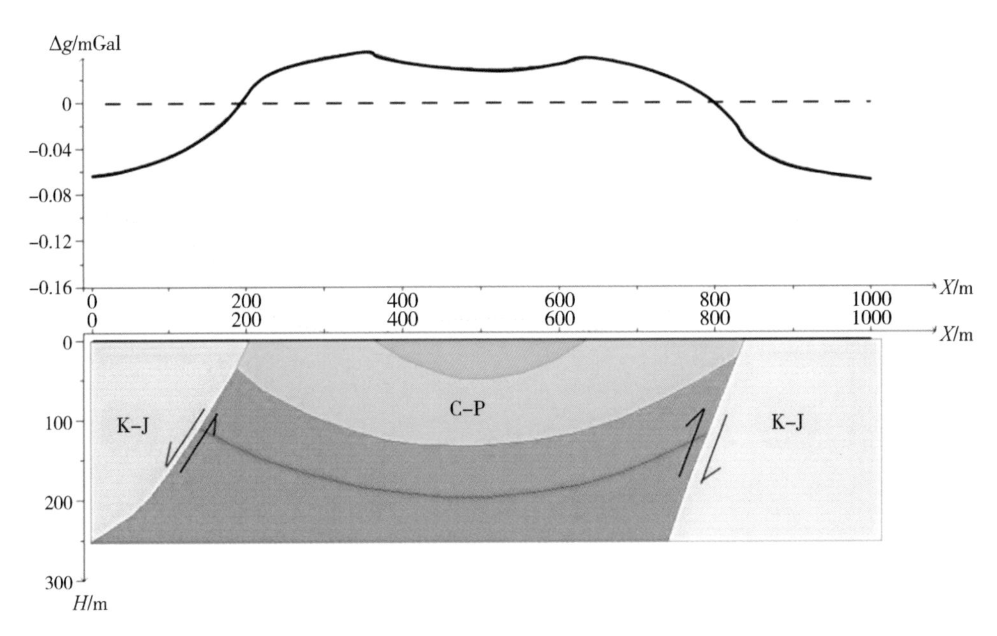

图8－3 石炭－二叠系煤田重力模型

（二）侏罗系煤田重力模型（石沟驿、灵武、鸳鸯湖、马家滩、积家井、萌城煤田）

图8－4（a）是在P－T－C地层基底上沉积J地层的凹陷重力模型，图8－4（b）是J－P－T－C地层受构造变动形成凹陷与隆起，在其上沉积Q－N－E－K地层的重力模型，该模型表示侏罗系煤田的重力模型。

延安组聚煤作用是在三叠系起伏不平的基底之上发展起来的。中燕山亚旋回期（中侏罗世末至早白垩世初）构造运动在本区表现剧烈，使侏罗系及其以前的地层褶皱成山，形成一系列近南北向的褶皱曲与断裂（刘向阳，2009）。

侏罗系煤田，如石沟驿、灵武、鸳鸯湖、马家滩、积家井、萌城煤田，它们位于中生界地层埋深较浅的部位，在局部重力上为高值区或梯度带。上古生界地层密度高于上覆的中新生界地层，密度差约0.06～0.20 g/cm^3，在上古生界地层背景下，中生界地层会产生局部重力低异常，而当中古生界地层的上顶面有起伏变化时，则会在局部重力低异常中又产生次一级的重力高或低异常，如石沟驿煤田为局部重力梯度带，而马家滩煤田则是重力低中的次一级局部重力高异常。我们可以利用小波分析方法对布格重力异常进行多尺度分析，分别提取中生界地层的局部重力异常，它们的次一级异常则反映中生界地层的局部隆起与凹陷（图8－4）。

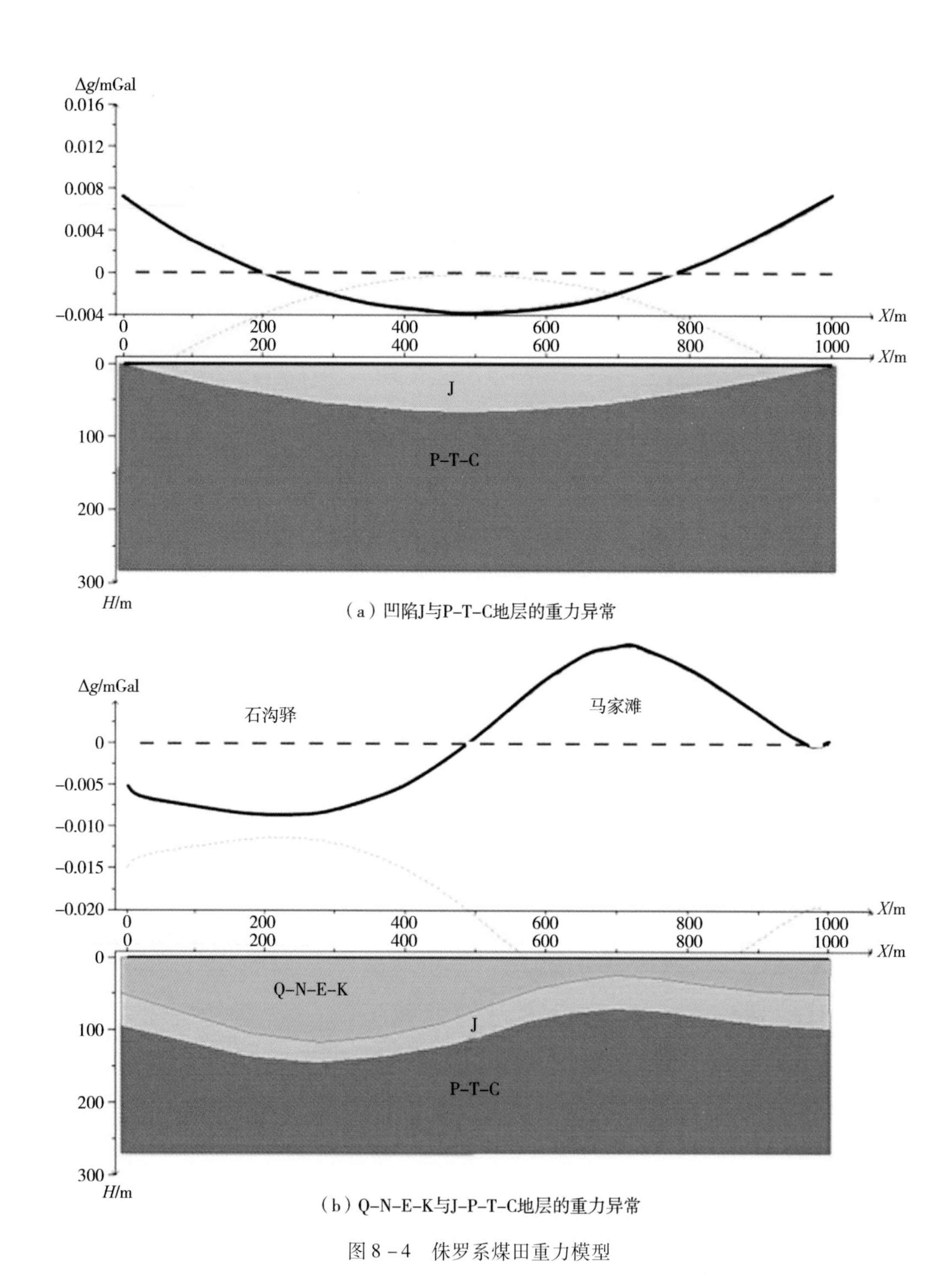

（a）凹陷J与P–T–C地层的重力异常

（b）Q–N–E–K与J–P–T–C地层的重力异常

图 8－4　侏罗系煤田重力模型

第三节　根据重力资料对宁东煤田含煤区的分析

一、概况

宁东煤田位于宁夏东部，属灵武、盐池、同心三县管辖。煤田北起红墩子与内蒙古区省界分界，南至萌城与甘肃相邻，以吴忠市和固原市的市界为界，西以黄河断裂及青铜峡固原大断裂为界，东以宁夏陕西省为界。南北长104～200 km，东西宽80～105 km，面积13224 km^2。

煤田由9个矿区构成（图8－5），位于北部的红墩子、横城矿区，位于南部的韦州矿区，位于中部的自西向东的石沟驿、灵武、鸳鸯湖、马家滩、积家井、萌城6个矿区。在9个区中，除石沟驿矿区、灵武矿区、横城矿区已开发利用，其他6区尚未利用，处于开发阶段。而位于东部的侯家河矿区目前处于普查阶段。

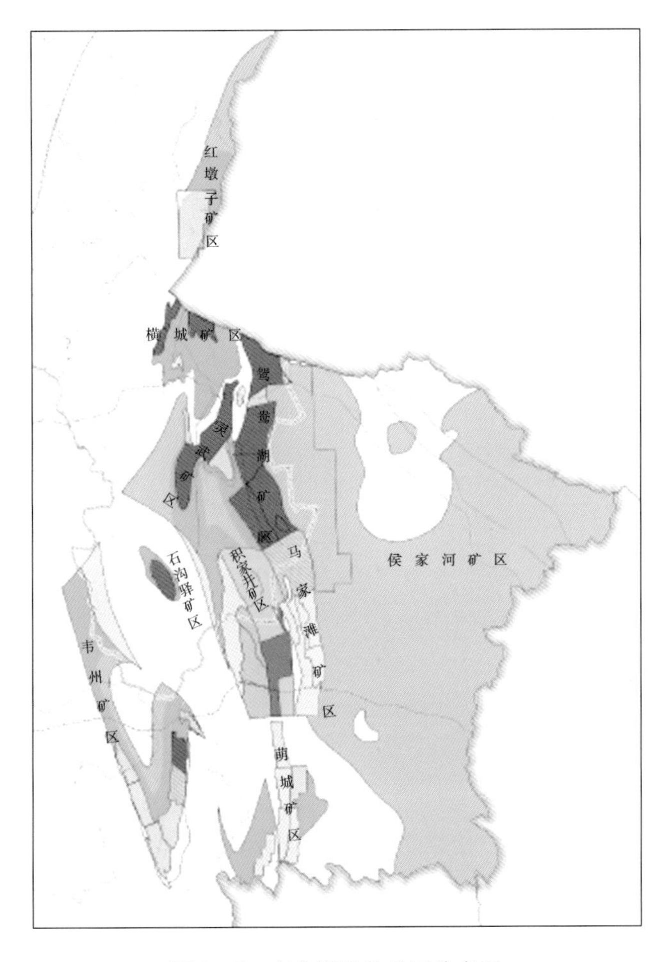

图8－5　宁东煤田各矿区分布图

（一）区域构造

宁东地区处于鄂尔多斯西缘构造带分区的中区。中区北界为青铜峡－吴忠断裂，也是北区横山堡构造带的南界。该断裂从刘家庄－鸳鸯湖构造南段向西经银川断陷南部过青铜峡之北，直至贺兰山南段。再经西与龙首山－查汗布勒格大断裂相接。南部的边界为中卫－中宁断裂，简称卫宁断裂，在中卫、中宁县沿黄河东西展布，全长 1 km。卫宁断裂东段是北部沙漠与南部黄土丘陵的分界线，向鄂尔多斯盆地内部延伸，为盆地内部南北向地势、地貌的变化带。

中区所在位置，构造现象复杂，根据已有的地质资料，可将其划分为转换带和马家滩构造带两个次级单元。

1. 转换带

临近该构造转换带，北区横山堡构造带的北北东向构造线渐转向北东向，甚至近东西向；而其南部的马家滩构造带则由北北西向逐渐向北西－北西西向转变。该转换带位于南、北不同方向构造线发生改变的转折部位。

该转换带在地表大部分地区为第四系所覆盖，仅在布朗山、面子山出露有北北西向展布的早白垩世地层，部分地区零星出露有晚三叠世和早中侏罗世地层。总体来看，从西往东依次有三组背、向斜相间展布。这些背、向斜轴向不一，显示出既与相邻地区有一定联系，但又明显有别的转换过渡特征。根据这些背、向斜核部和翼部出露地层推断，该构造过渡带的褶皱最早形成于晚侏罗世。

2. 马家滩段

该段即为马家滩构造带，具有典型逆冲推覆构造特征。自西向东发育有四条西倾的主要逆冲断层（韦州－安国、青龙山－平凉、惠安堡－沙井子、马儿庄逆冲断层），相应地形成了韦州、青龙山、石沟驿和烟筒山逆冲席。马家滩构造带的各逆冲席共同组成了马家滩大型推覆体系，在其前缘，由于一系列反向断层的存在，构成了前缘三角带和后冲带，形成了马家滩地区特有的逆冲推覆构造体系。这些主要逆冲断层均呈上陡下缓，且常于上古生界煤系地层中发生滑脱，形成底板逆冲断层和叠瓦扇。少数断层以较陡的倾角进入下古生界碳酸盐岩中，使断层面呈躺椅状。该构造带在惠安堡之南，构造幅度减弱，断层减少，构造特征出现明显差异，故将其南界定在惠安堡之南。

（二）研究区构造特征

研究区处于鄂尔多斯盆地西缘，属华北地台、南北向逆冲构造带、桌子山－横山堡逆冲带。本区东临鄂尔多斯台拗，西接六盘山弧形构造带，呈一南北向之狭长地带，其南北方向均延至区外。本区由一系列走向 NNW 或近 SN 向的褶皱群及与之相伴的断层组成。北部（清水营井田与梅花井井田）以褶皱为主，断层稀少，南部（麦垛山井田、红柳井田与双马井田）断层发育破坏了褶曲的完整性。

研究区发育的大型褶曲：鸳鸯湖背斜、清水营向背斜、张家庙向背斜、清水营胡家井向背斜、李家圈向背斜、长梁山－马家滩向斜、长梁山向斜、周家沟－于家梁背斜、长梁山－马家滩向斜、尖儿庄背斜、鸳鸯湖－冯记沟背斜。

研究区发育的大型断裂构造可以分成两组：东西向正断层，南北向逆断层。

东西向正断层：清水营 F_3 正断层、新碱沟子北正断层、新碱沟子正断层、杨家窑北正断层、杨家窑正断层、麦垛山正断层。

南北向逆断层：清水营 Fib 逆断层、李家圈逆断层、张家庙逆断层、马柳逆断层、麦垛山 F_3 逆断层、于家梁逆断层、杜窑沟逆断层、双马 F_9 逆断层、李新庄断层、双马 F_1 逆断层、双马 F_1 逆断层。

宁东与宁南含煤区以东的鄂尔多斯盆地经古地理重建可分成三个主要相带：外带，冲积沉积为主的相带，河流体系为主，宽约 50 ~ 100 km。中带，三角洲沉积为主的相带，宽约 70 ~ 100 km。内带，盆地中心，开阔湖泊及三角洲水下沉积为主的带，面积 25000 km^2，如图 8 - 6（a）所示。图 8 - 6（b）是鄂尔多斯盆地延安组第一段富煤带分布，主要富煤面积在中带，占延安组整个聚煤面积 80%。在外带即河流作用为主的地带煤层分布变化较大，在盆地的边缘聚煤作用弱；在河流体系下游部分与三角洲带过渡部位聚煤作用强，煤层厚而稳定。盆地的聚煤作用实际上受三角洲平原分布所限制。由图可以看出，宁东与宁南地区是处在富煤带，由西向东盆地逐渐加深，向盆地中心煤层的厚度也减薄。

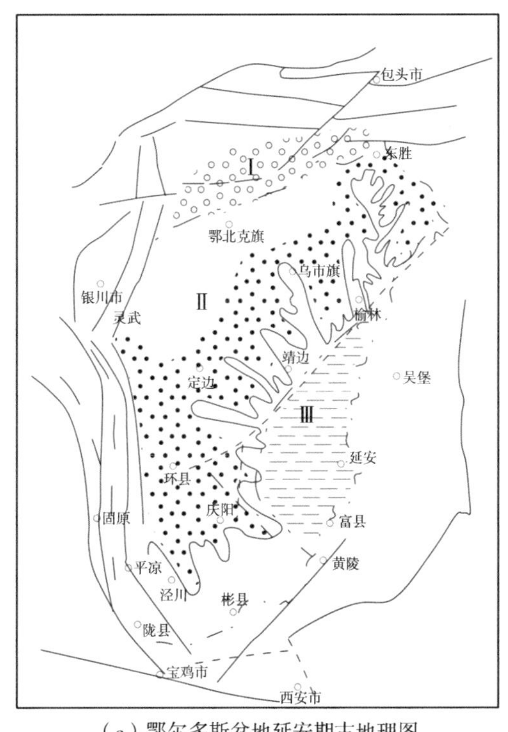

（a）鄂尔多斯盆地延安期古地理图

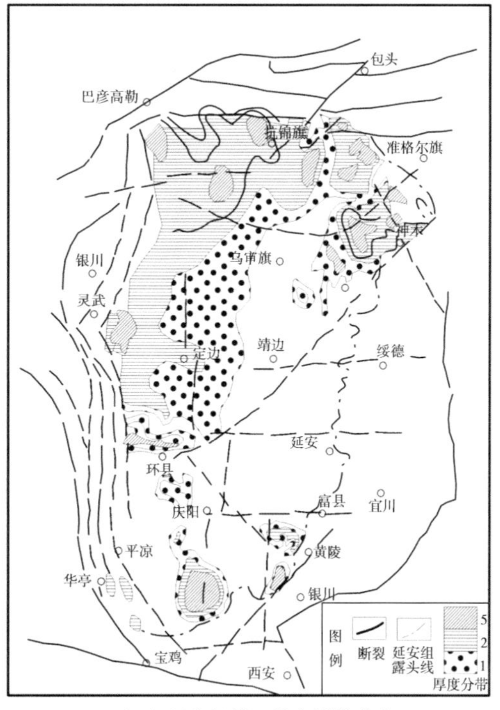

（b）延安组第一段富煤带分布

图 8 - 6　宁东地区延安期古地理与富煤带分布

Ⅰ—外带，河流体系为主；Ⅱ—中带，三角洲沉积为主；Ⅲ—内带，盆地中心

二、宁东地区重力小波分析

（一）横城煤田、韦州煤田

在重力异常小波三阶细节图上，横城煤田、韦州煤田为局部重力高，它们是石炭－二叠纪地层高密度的反映。宁东地区存在两个主要的密度分界面：下部密度分界面是在下古生界及以下地层与上覆中生界、上古生界之间，存在0.10～0.20 g/cm³以上的密度差；上部密度分界面则是在上古生界以下地层与其上覆层系之间，存在0.06～0.20 g/cm³的密度差。由于上古生界地层密度高于中新生界地层，它们在三阶小波细节上表现为局部重力高。

横城煤田重力异常小波二阶细节为高低相间的重力高与重力低异常；韦州煤田局部也为高－低－高局部重力异常，且与已知的横城煤矿、韦州煤矿有一定的对应关系，可以看出横城煤田、韦州煤田赋存在二阶细节的局部重力低上。重力异常的小波二阶细节主要反映石炭－二叠纪地层（上古生界）顶界面的起伏（图8－7）。因此，对于石炭－二叠纪地层的煤田，其在局部重力场的特征为局部重力高背景上的次一级重力低。

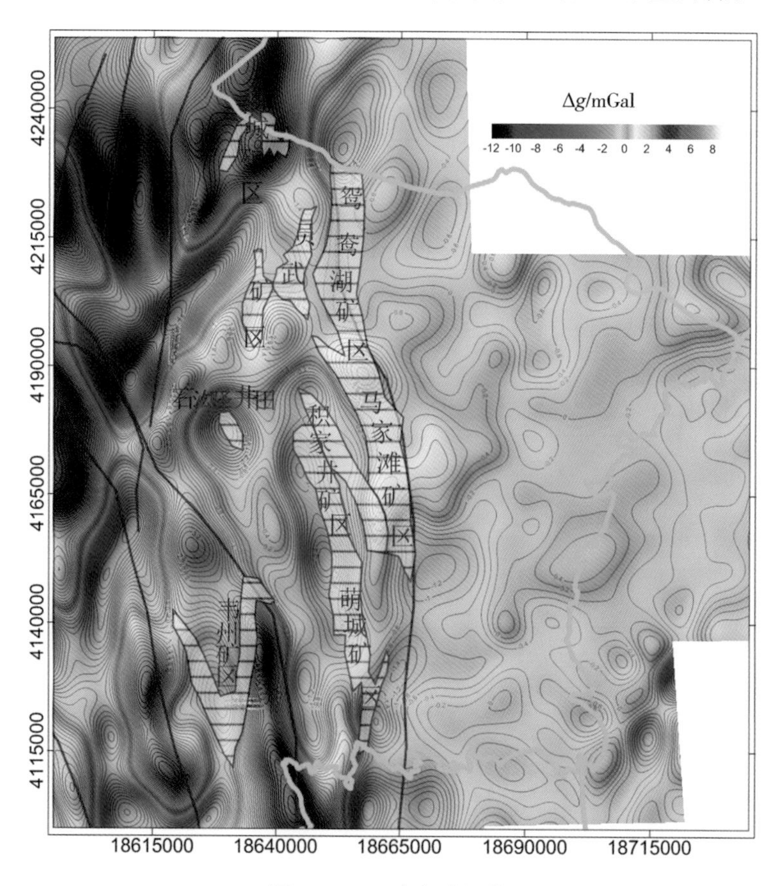

图8－7　二阶小波细节

（二）石沟驿、鸳鸯湖、马家滩等煤田

石沟驿、鸳鸯湖、马家滩等煤田是侏罗系地层，在鸳鸯湖－马家滩背斜为局部重力高，鸳鸯湖－马家滩矿区在小波三阶细节为局部重力高；而石沟驿向斜为局部重力低，石沟驿井田位于局部重力梯度带上。

通过以上分析，重力异常的小波三阶细节主要反映上古生界顶界面的起伏的大致趋势（图8－8），其中横城煤田、鸳鸯湖煤田、马家滩，韦州煤田是近南北向的上古生界顶界面的隆起，而局部重力低则反映上古生界顶界面凹陷，其上沉积有中生界中侏罗组含煤地层。

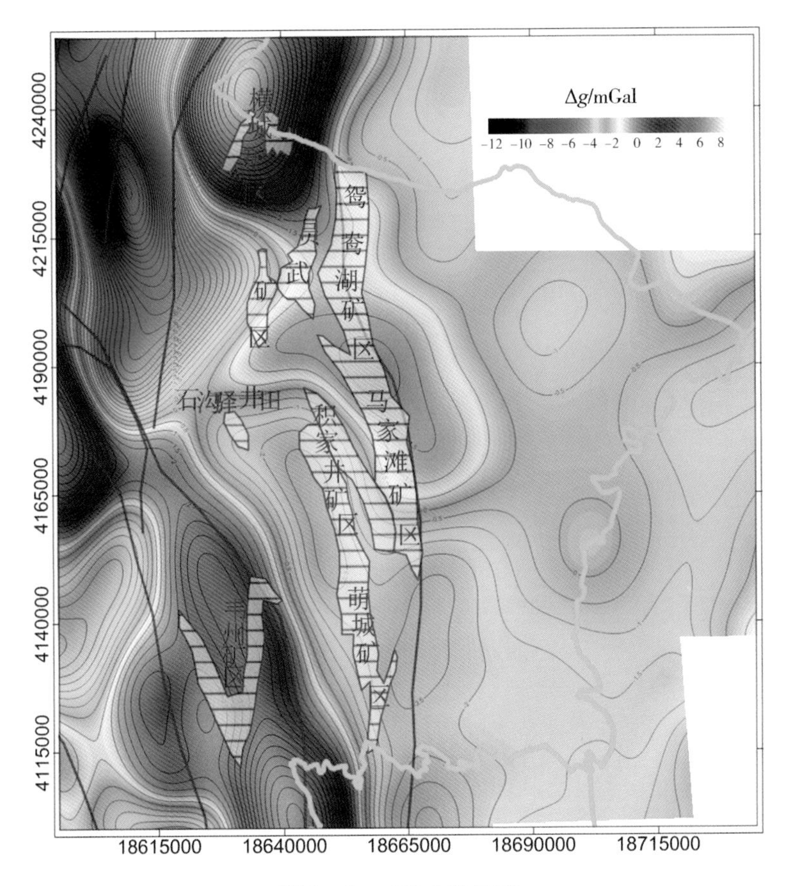

图8－8　三阶小波细节

三、宁东煤田含煤区的分析

根据以上分析，局部重力的梯度带与已知的采煤区对应较好，验证了第二节煤田地质地球物理模型。表明1∶20万区域重力资料的二次开发能够在煤田预测中发挥作用（图8－9）。

（1）侏罗系煤田主要分布在重力异常小波三阶细节的局部重力高与梯度带上。鸳鸯湖、马家滩、灵武、积家井、萌城、石沟驿煤田外围局部重力梯度带，为侏罗系煤田含煤区。

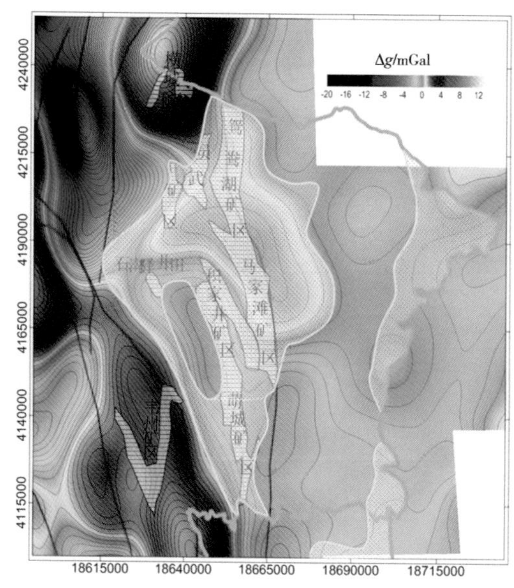

（a）根据重力小波三阶细节分析结果

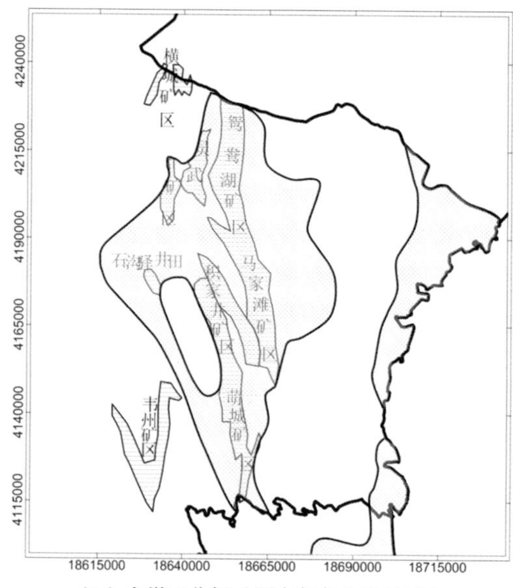

（b）含煤区分析（图中灰色为远景区）

图8－9　根据重力资料的含煤区分析

（2）宁东地区东部局部重力梯度带，为侏罗系煤田含煤区。

四、小结

（1）宁东地区在布格重力异常图上宏观表现为一平缓开阔的相对重力低值区，重力低是中生界沉积中心区带，下古生界构造层顶界面的起伏变化是影响重力分布的主要地质因素。

（2）宁东地区局部重力异常除与古生界构造层顶界面的起伏变化有关外，还与中生界内部构造有关。

（3）宁东地区存在两个主要的密度分界面，上部密度分界面则是在上古生界以下地层与其上覆层系之间，存在0.06～0.20 g/cm^3 的密度差。下部密度分界面是在下古生界及以下地层与上覆中生界、上古生界之间，存在0.10～0.20 g/cm^3 的密度差。

（4）石炭－二叠纪煤田，如横城煤田、韦州煤田，它们位于上古生代地层的凹陷内，会在局部重力高异常中产生次一级的重力低异常。利用小波分析二阶细节可以提取上古生代地层的局部重力高异常，三阶细节可以进一步提取上古生代地层凹陷（煤富集区）产生的次一级局部重力低异常。

（5）侏罗纪煤田，如石沟驿、灵武、鸳鸯湖、马家滩、积家井、萌城煤田，它们位中生代地层局部凹陷内，中新生代地层会在上古生代地层背景下产生局部重力低异常。当中古生代地层的上顶面有起伏变化时，则会在局部重力低异常中又产生次一级的重力高或低异常，因此可以利用小波分析方法分别提取中生代地层的局部重力异常，它们的次一级异常则反映中生代地层的局部隆起与凹陷。重力异常的三阶细节的梯度带与高值区是侏罗纪含煤区。

第四节　根据重力资料对贺兰山煤田含煤区的分析

一、概况

贺兰山北段延安组为河湖相含煤碎屑建造，延安组中含有丰富的煤炭资源，为宁夏重要的含煤地层之一。从沉积相及沉积环境演化特特征来看，侏罗纪沉积盆地为一构造断陷盆地。石嘴山、正宜关、沙巴台、石炭井、呼鲁斯台、汝箕沟、炭梁坡与马莲滩矿区出露主要有石炭系、二叠系，少数为古近－新近系、侏罗系。

石嘴山、正宜关、沙巴台、石炭井、呼鲁斯台、汝箕沟、炭梁坡与马莲滩矿区为石炭－二叠纪煤田。

石嘴山、正宜关、沙巴台、石炭井、呼鲁斯台、汝箕沟、炭梁坡与马莲滩矿区是已知的煤矿，图中红色部分，而绿色是宁夏物勘院《宁夏全区物化探基础图件编制》（2012）预测的远景（图8－10）。

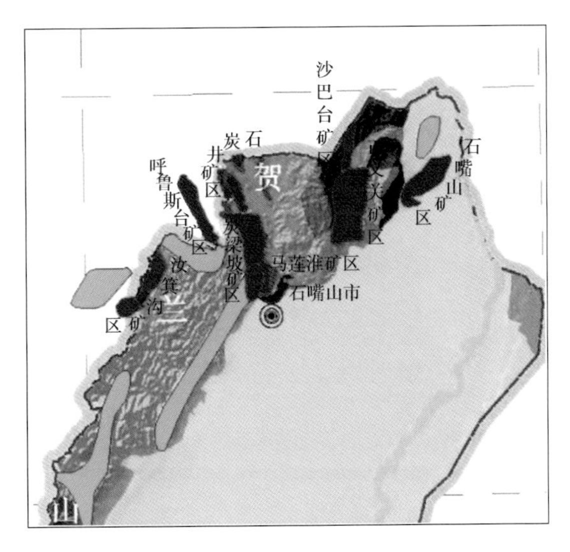

图8－10　贺兰山北段煤矿区
（据宁夏回族自治区地球物理地球化学勘查院，2012）

二、贺兰山煤田含煤区分析

由重力小波二阶细节可以看出，石炭－二叠系、古近－新近系、侏罗系大多位于重力二阶细节高值区边缘的梯度带。因此，含煤区应为重力二阶细节高值区边缘的梯度带（图8－11）。

在重力小波一阶细节图上，局部重力高呈南北向展布，与已知的煤田与煤矿对应，含煤区内各煤田构造呈近南北向或北北西向，这与该区印支期褶皱轴向或断裂方向一致并导致煤层的加厚、减薄，表明贺兰山北段滑脱构造对煤层的影响明显（图8－12）。

第五节　卫宁北山煤田预测

一、概况

卫宁北山－香山含煤区东以龙首山－六盘山深断裂为界与贺兰山含煤区、宁南含煤区相邻，南部至香山南缘，分为卫宁北山与香山两个区。本节介绍卫宁北山。

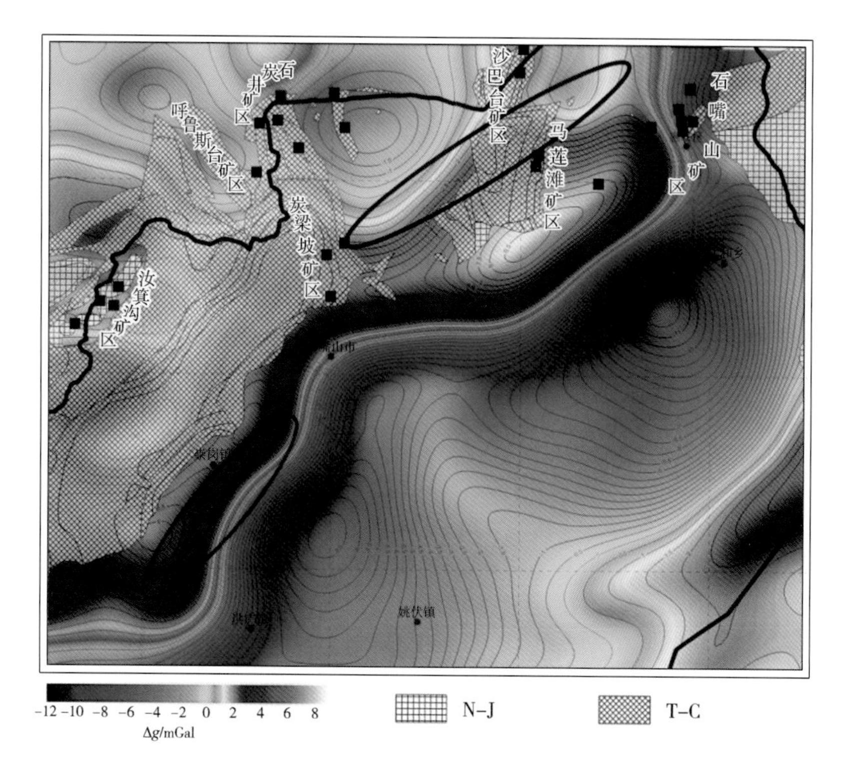

图 8－11　贺兰山北段重力小波二阶细节

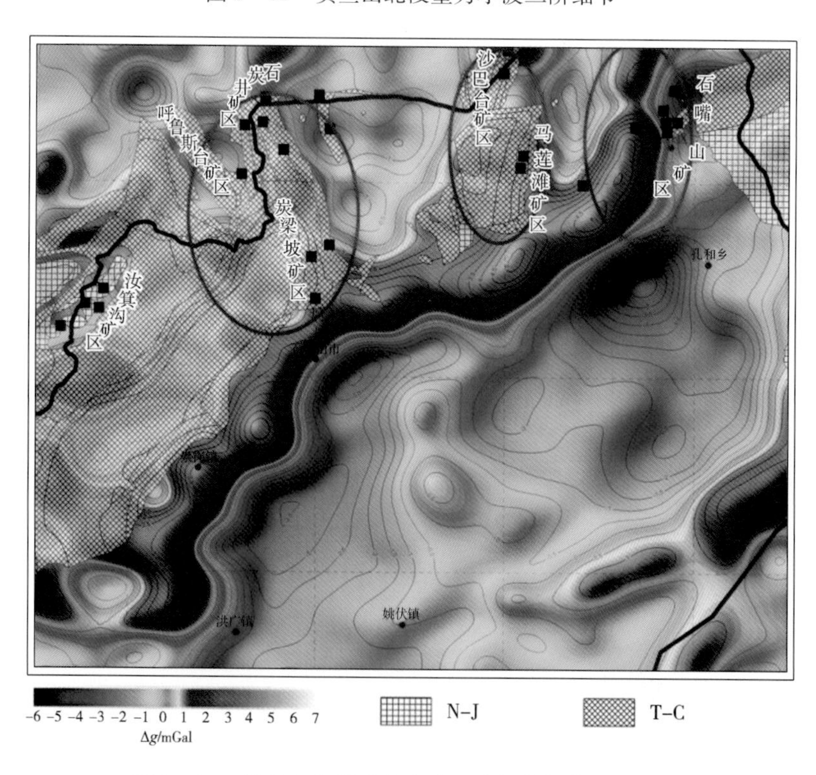

图 8－12　贺兰山北段重力小波一阶细节与煤矿区对比

单梁山含煤区、碱沟山矿区、上下河沿矿区、梁水园矿区、上校育川含煤区与下流水矿区、土坡矿区、芦草井沟煤矿、线驮石矿区、罗花崖煤矿区为石炭－二叠纪与侏罗纪煤田（图8－13，图8－14）。

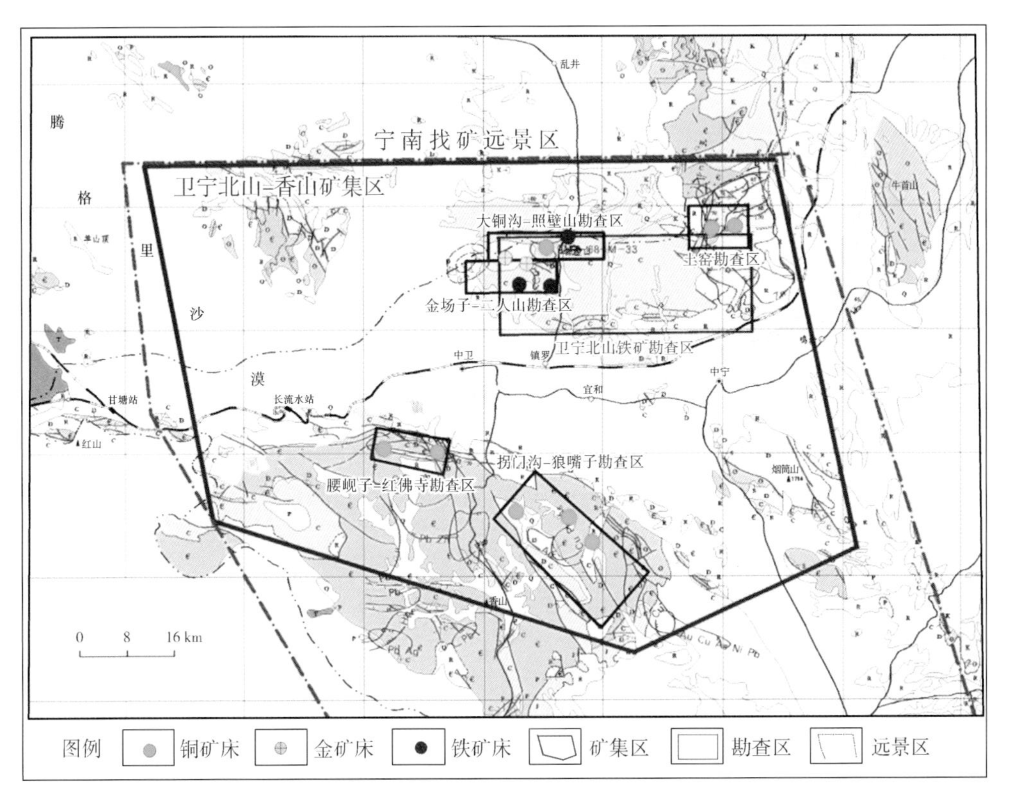

图8－13　卫宁北山－香山地质图
（据宁夏回族自治区地质调查院，2013）

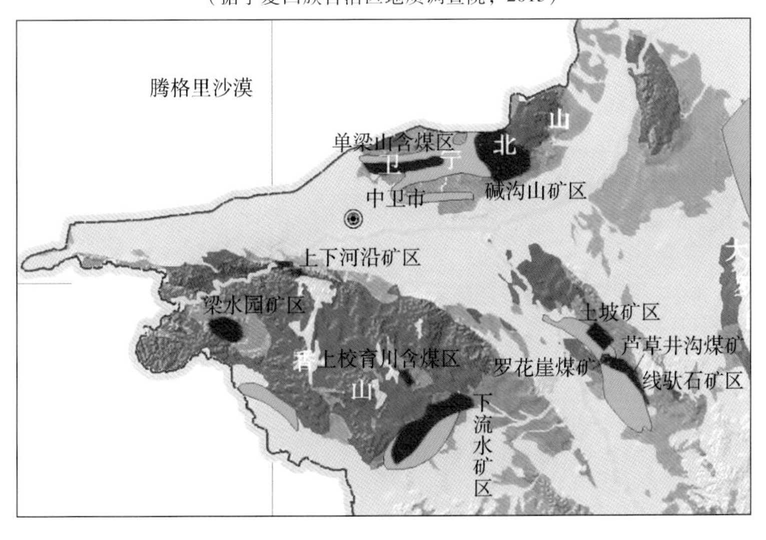

图8－14　卫宁北山含煤区
（据宁夏回族自治区地球物理地球化学勘查院，2010）

单梁山含煤区、碱沟山矿区出露有石炭系。

在卫宁北山地质图中，单梁山已知的含煤区及煤矿为图中红色部分，而绿色部分是宁夏物勘院《宁夏全区物化探基础图件编制》（2010）预测的远景（图8－14）。

二、卫宁北山重力小波分析与煤田远景预测

（1）在重力二阶细节图上，单梁山含煤区、碱沟山矿区是东西向的局部重力高。局部重力高是密度相对于第四系覆盖层较高的石炭－二叠系埋深较浅或隆起出露地表的反映。因此，重力二阶细节的高值部分及边缘梯度带是在单梁山、碱沟山含煤区进一步工作的远景区。

上下河沿矿区、梁水园矿区、上校育川含煤区与下流水矿区零星出露有石炭系，分布在香山古隆起周缘及残存在寒武系中未剥蚀处。

（2）在重力二阶细节图上，上下河沿矿区、梁水园矿区、上校育川含煤区与下流水矿区是中间低两侧高的北西西向的局部重力高。局部重力高是密度相对于第四系覆盖层较高的寒武系及零星出露的石炭－二叠系的反映。因此，重力二阶细节的边缘梯度带是在上下河沿矿区、梁水园矿区、上校育川含煤区与下流水矿区等处进一步工作的远景区。

（3）土坡矿区、芦草井沟煤矿、线驮石矿区、罗花崖煤矿区，在烟筒山泥盆系西南缘出露有石炭系。

在重力二阶细节图上，土坡矿区、芦草井沟煤矿、线驮石矿区、罗花崖煤矿区是北西向的局部重力高。局部重力高是烟筒山泥盆系地层与西南缘石炭－二叠系，埋深较浅或隆起出露地表的反映。因此，烟筒山泥盆系地层西南缘重力二阶细节的高值及边缘梯度带是该区进一步工作的远景区（图8－15）。

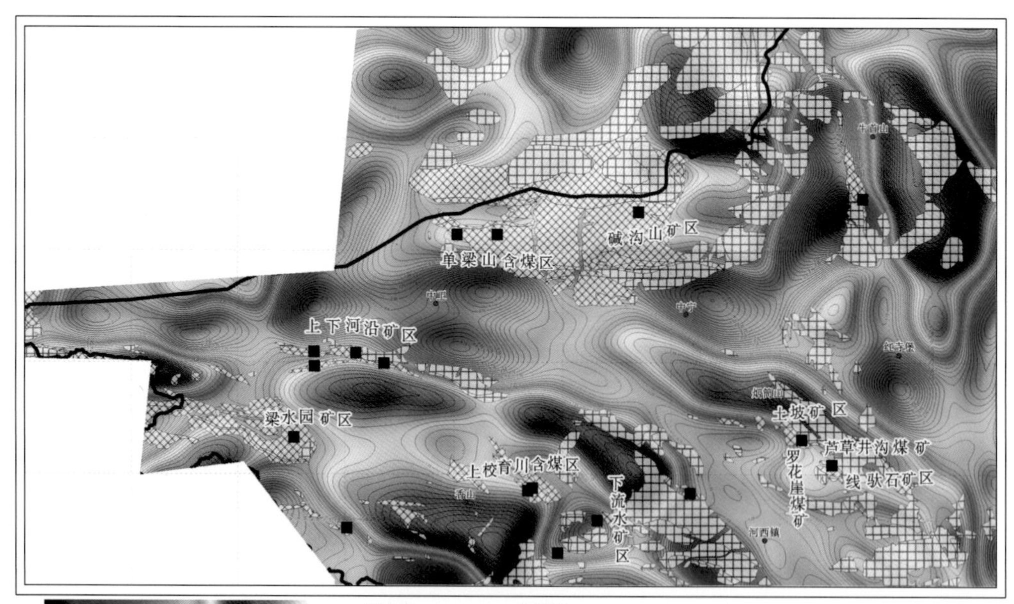

图8－15 重力小波二阶细节

第六节　香山-徐套煤田预测

一、概况

香山古隆起出露奥陶、泥盆系，徐套凸起地表为第四系覆盖，在徐套与香山之间则零星出露有侏罗、古近系等。

二、香山-徐套地区重磁场特征

由徐套凸起及周缘1：20万布格重力异常显示，徐套、香山、米钵山是北西向的重力高，而下流水、兴仁堡为重力低。从北往南重力异常由高到低，北部为徐套-香山凸起，南部重力低为海原凹陷。

由香山-徐套地区剩余重力异常图可以看出，局部重力正异常有香山（$\delta g_{-47}>12$ mGal）、徐套（$\delta g_{-74}>10$ mGal），梨花坪（$\delta g_{-75}>4$ mGal），它们与古生界或中元古界断隆有关。局部重力负异常有：下流水（$\delta g_{-48}<-4$ mGal）、喊叫水（$\delta g_{-51}<-14$ mGal）、关桥（$\delta g_{-76}<-8$ mGal）、兴仁堡（$\delta g_{-73}<-24$ mGal），它们与古生界下陷，上覆中新生代沉积有关的（图8-16）。

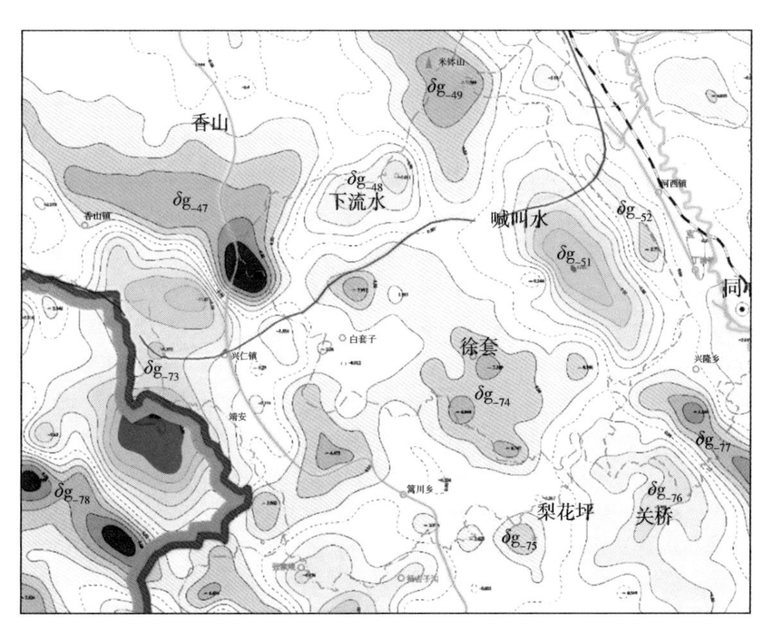

图8-16　香山-徐套地区剩余重力异常

图8-17是根据收集的重力资料重新做的香山-徐套地区剩余重力异常图。

由香山古隆起-徐套凸起及周缘1：10万航磁异常图可以看出，香山古隆起-徐套凸起是局部磁力低（图8-18）。

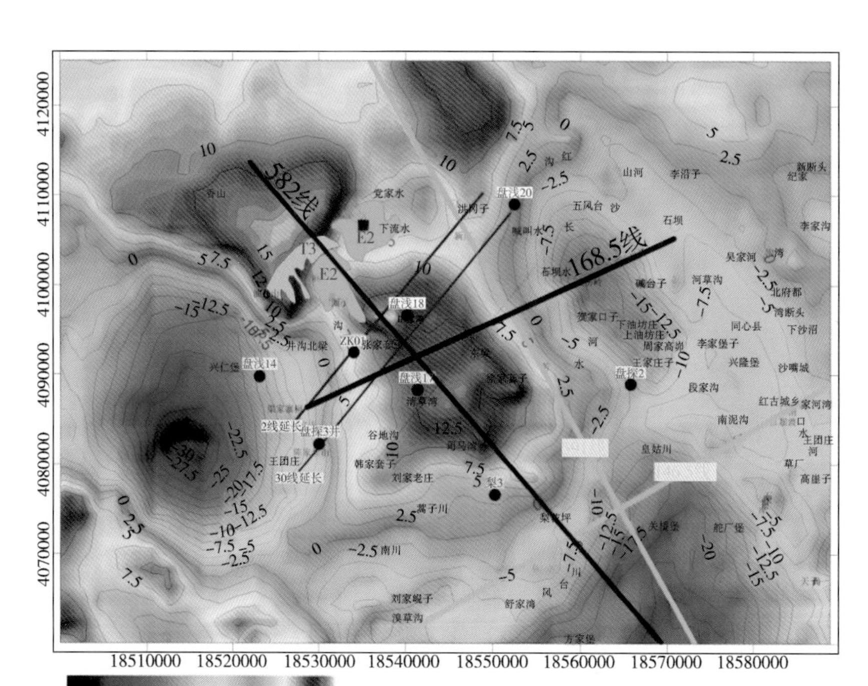

图 8－17　香山－徐套地区剩余重力异常

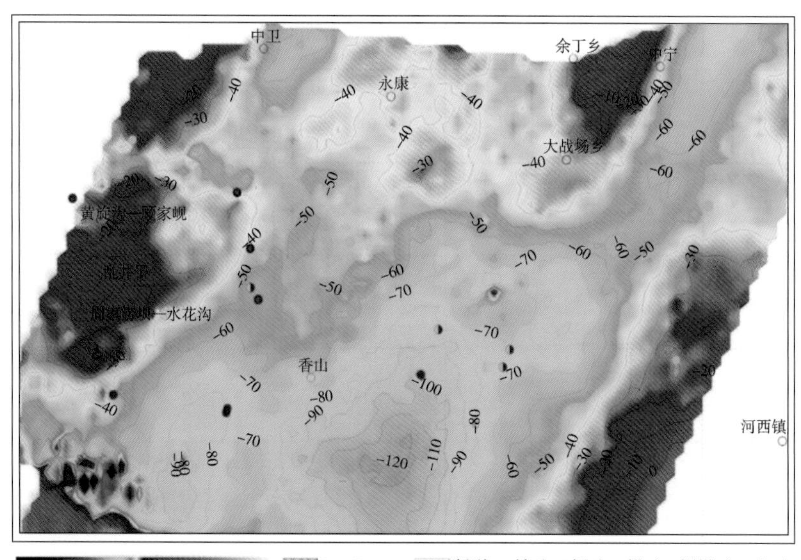

图 8－18　香山地区 ΔT 磁异常

岩石物性测定结果表明：在香山－徐套地区，前寒武系含磁铁矿绿泥石片岩磁性较强，在地面可引起 1000～2000 nT 的磁异常，其次是超基性岩转石，再次是花岗闪长岩的磁性，在地面可引起 400 ~ 500 nT 的磁异常。由以上分析可见，在香山 – 徐套地区，引起磁异常的地质因素，主要是前寒武系含磁铁矿绿泥片岩、花岗闪长岩、超基性岩（表 8 – 1）。

表 8 – 1　岩石磁性结果表

岩石名称	测定块数	$\kappa/(4\pi\times10^{-6}$ SI)			$M_r/(10^{-3}$ A · m^{-1})			备注
		最大值	最小值	一般值	最大值	最小值	一般值	
含磁铁矿绿泥石片岩	10	16570	3060	4000 ~ 10000	7390	120	200 ~ 500	航测队实测
花岗闪长岩	8	3870	410	600 ~ 1200	3775	60	300 ~ 1000	
超基性岩转石				400 ~ 4000			100 ~ 1200	宁夏物探队实测
含磁铁矿绿泥石片岩				400 ~ 4000			100 ~ 1200	

对香山古隆起与徐套凸起基底性质及关系做如下归纳：

对比剩余重力异常图和 ΔT 航磁异常图，香山 – 徐套是一北西向的局部重力高，而东西侧分别是贺家口子 – 喊叫水局部重力低和兴仁堡局部重力低。而磁异常的特征与重力异常完全不一样，香山古隆起为磁力低。由此可见：

香山古隆起是早古生代褶皱基底的隆起，不是结晶基底的隆起。可以推测，在香山古隆起带早古生代褶皱基底以下至结晶基底之间有比较厚的地层。而在徐套凸起上中上元古界地层，古生界的寒武、奥陶、志留、泥盆、石炭、二叠、三叠、侏罗纪等地层则已全部缺失或大部分缺失。

三、重磁、大地电磁测深剖面分析

收集了中国石化总公司 20 世纪 90 年代以来在香山 – 徐套地区做过的二维地震、MT、钻井等资料：综合地球物理剖面 582 线、168. 5 线、591 线、146. 5 线有重磁、大地电磁测深（MT），部分有地震勘探剖面。

（一）582 线（图 8 – 19）

由南往北重力异常由低到高逐渐升高，反映了海原凹陷到香山 – 徐套凸起的构造格局。1 ~ 52 号点重力低为海原凹陷，海原凹陷是六盘山盆地的最深的凹陷。52 ~ 86 号点为徐套凸起，85 号点以后重力异常呈略下降再上升的趋势，六盘山盆地北界定在 85 号点，即徐套凸起的北界断裂，其北已有泥盆纪等地层零星出露，属香山古隆起的南端。海原凹陷与徐套凸起之间有北东向的梨花坪 – 同心断裂。由 MT 反演电阻率剖面［图 8 – 19（c）］可以看出，在 52 ~ 85 号点上，徐套凸起的电性结构特征是浅层比剖面南的海原凹陷高，说明徐套凸起中新古生代地层由于逆冲和抬升作用已遭严重剥蚀，只残留很薄的第四系、第三系和白垩系（可能还有极少量的侏罗 – 三叠系），而其下部，即 1 ~ 10 km，并没有出现明显的高阻，而其南部的海原凹陷在 5 km 以下则呈现次高阻和高阻，特征为早古生界寒武 – 奥陶系。

（二）168. 5 线（图 8 – 20）

由西往东 1 ~ 36 号点的重力低是兴仁堡凹陷，而中部 36 ~ 67 号点宽缓重力升高段为

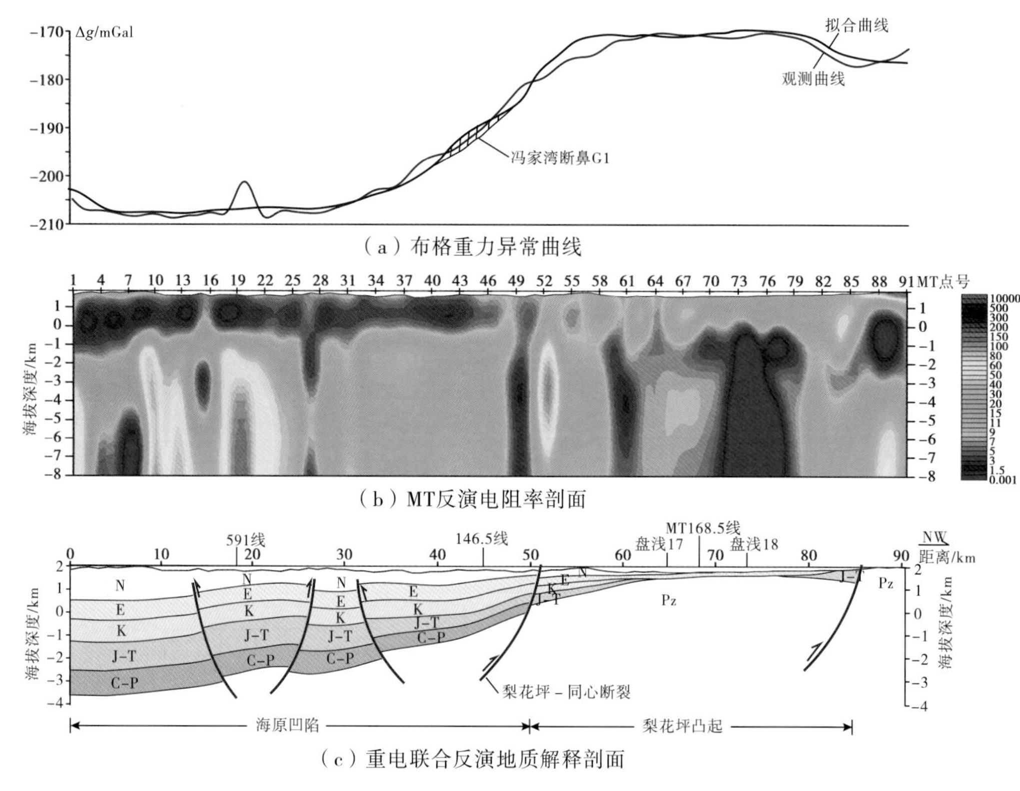

（a）布格重力异常曲线

（b）MT反演电阻率剖面

（c）重电联合反演地质解释剖面

图 8－19　582 线综合地球物理与地质解释剖面图

（据中国石油化工股份有限公司西部新区指挥部，2003）

徐套凸起。67～76 号点是一规模较小的局部重力低，对应着贺家口子凹陷，再往东 76～82 号点局部重力异常高为石峡口断阶，82～89 号点在升高背景中的局部重力低为同心凹陷，89～100 号点缓慢抬升的重力高对应着窑山凸起。重电联合反演结果［见图 8－20（d）］表明兴仁堡凹陷内可能有晚古生界的石炭－二叠系分布，其基底埋深达4000 m。在凹陷东部的盘参三井揭示古近－新近系 383.9 m，下白垩统 700 m，中侏罗统 507 m，上三叠统 706 m，也证实了重电联合反演解释结果。

（三）566 线（图 8－21）

剖面北端的 71～85 点重力异常升高段对应盆地外的三眼井凸起，三眼井凸起位于香山古隆起的南部，是香山古隆起的一部分，该古隆起是早古生界寒武－奥陶系的隆起，其上覆的中新生代地层剥蚀殆尽。71 点附近为兴仁堡断裂，该断裂走向北东东，向南倾，具有逆冲性质，该断裂可作为六盘山盆地的北界。39～71 号点重力低对应着兴仁堡凹陷，布格重力异常下降幅度达 25 mGal，是规模较大的局部重力低。兴仁堡凹陷南北都为断裂所分割，南界在 39 号点附近，也是向西南倾的逆冲断裂，该断裂是南西华山断裂带东侧的一支断裂。大地电磁测深资料还反映 56 号点附近存在另一条向西南倾的逆冲断裂，分割了兴仁堡凹陷 2 km 以下深部的次高阻及高阻地层。

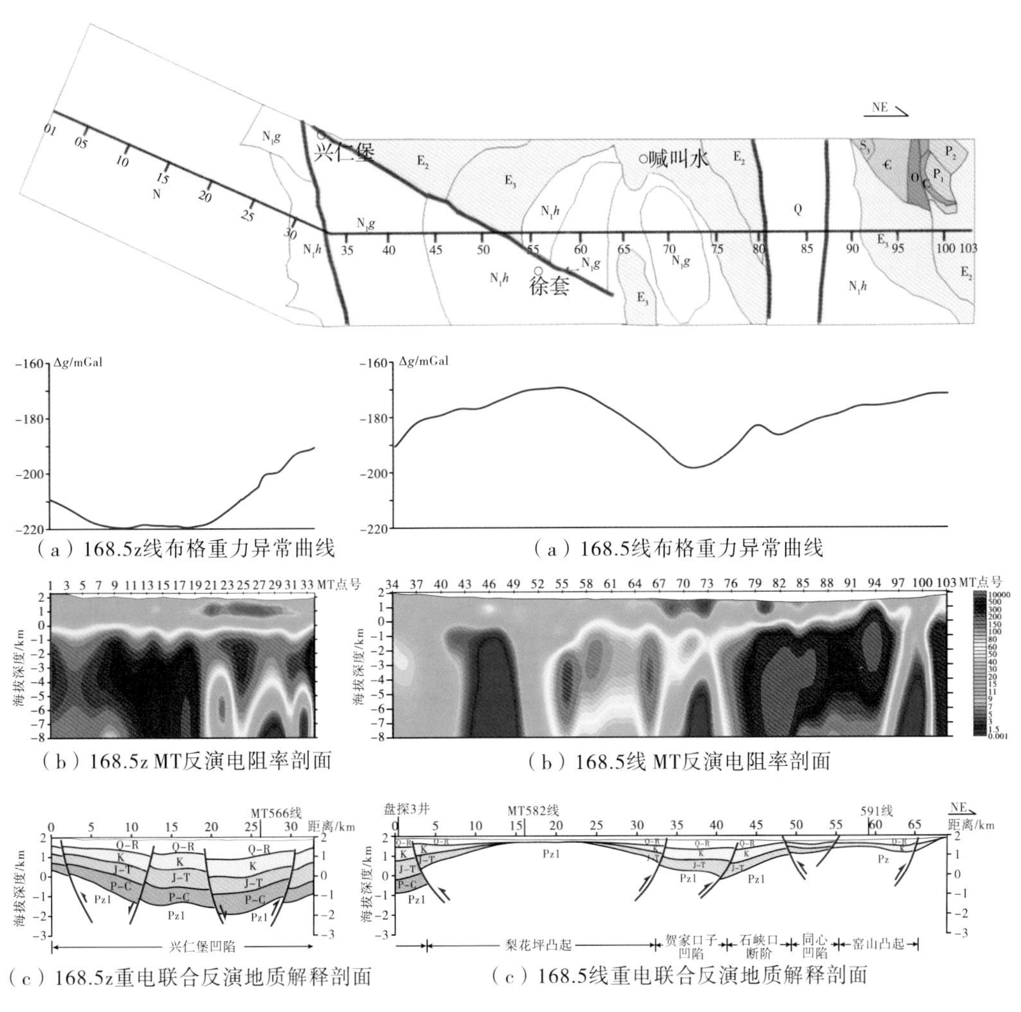

图 8－20　168.5 线、168.5z 线综合地球物理与地质解释剖面图
（据中国石油化工股份有限公司西部新区指挥部，2003）

（四）591 线（图 8－22）

六盘山盆地的南北边界位置，东南界位于 40 号点附近的局部重力高及梯度带，即以青铜峡－固原断裂为界，其东的鄂尔多斯西缘逆冲带已有下奥陶统零星出露。而以西的固原凹陷为第四系、古近－新近系和下白垩统广泛分布。盆地的北界在梨花坪凸起的北界，即校育川附近。

在盆地北缘外侧主要为古生界出露区，分布着大面积的寒武系和零星的泥盆系、石炭系。其中香山一带的校育川石炭系出露较好，层序较完整，主要由浅海相－滨湖相的碳酸盐岩及海相交互煤系组成，总厚达 1180 m，其中黑色和深灰色页岩及炭质页岩较发育，厚约 180 m。

591 线上断裂的特征和性质与 146.5 线相同，即多数断层为逆冲性质，浅部陡立，往深部变缓，向西南倾。重震联合反演结果表明，固原凹陷往南逐渐变缓，到固原凹陷南端

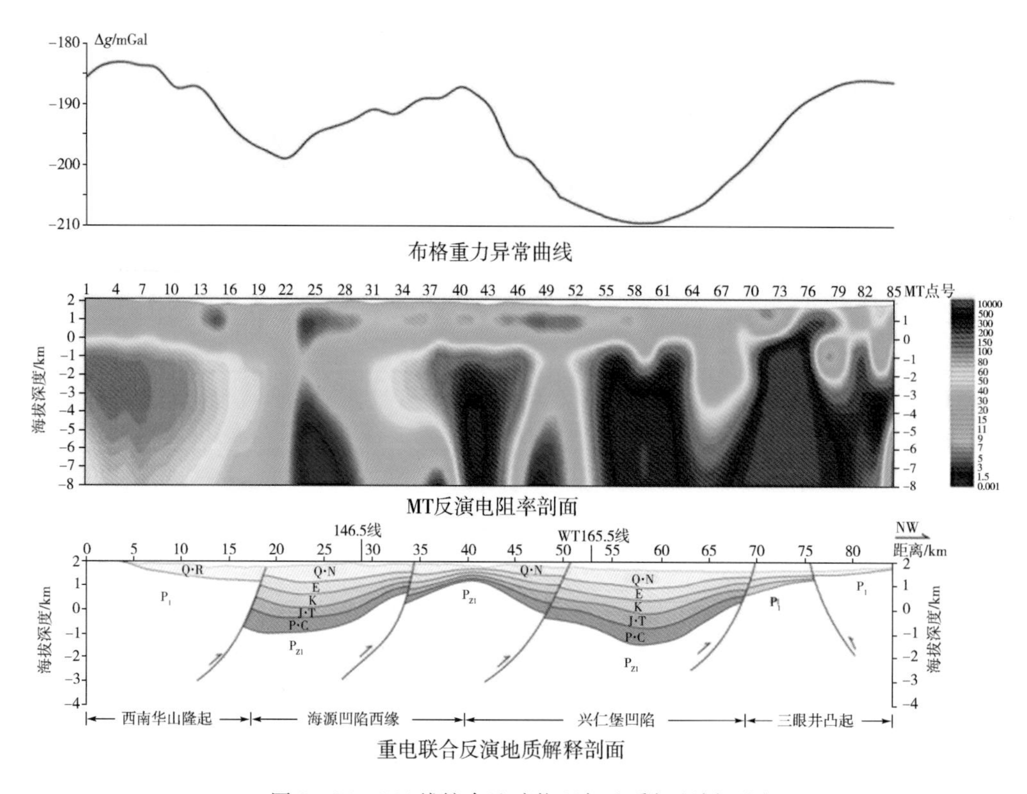

图 8－21　566 线综合地球物理与地质解释剖面图

（据中国石油化工股份有限公司西部新区指挥部，2003）

的炭山断阶，古近－新近系、白垩系已出露地表。但剩余重力异常曲线最低值在 60～80 号点附近，固原凹陷的中心并不在这里的原因可能是固原凹陷地层密度与北部的有较大差别造成。

（五）146.5 线（图 8－23）

六盘山盆地的东西边界位置，东界的 130～140 号点为一重力升高的陡坡带，窑山－烟筒山断裂 F_3 在 130 号点，青铜峡－固原断裂 F_1 在 148 号点，而 148 号点以东已出露作为盆地基底的早古生界寒武奥陶系。其对应的也是重力异常幅值最大的地方，再往东缘外侧，即鄂尔多斯盆地西缘的南北向冲断带，主要出露下古生界的下奥陶系、寒武系、震旦系和少量石炭－二叠系，褶皱变形十分强烈。盆地西界在 30～40 号点附近，它对应着重力升高的陡坡带，重力幅值最高处对应于西华山褶皱带，主要出露元古界变质岩系和少量下古生界，褶皱变形也十分强烈。由此可见，六盘山盆地的位置应在东部重力高与西部重力高之间局部重力低的部分。重震、重电和综合地质解释的结果表明，六盘山盆地断裂大多是早期断裂阶段正断层，后期挤压逆冲的逆断层，浅部的倾角较陡，一般为 60°～70°，向深部逐渐变缓，并且向西南倾。重震联合反演的结果表明，海原凹陷是六盘山盆地最大的凹陷，且深度也最大，基底深度可达 6000 m，保存有古近－新近系、白垩系、侏罗系和石炭－二叠系等完整的地层。

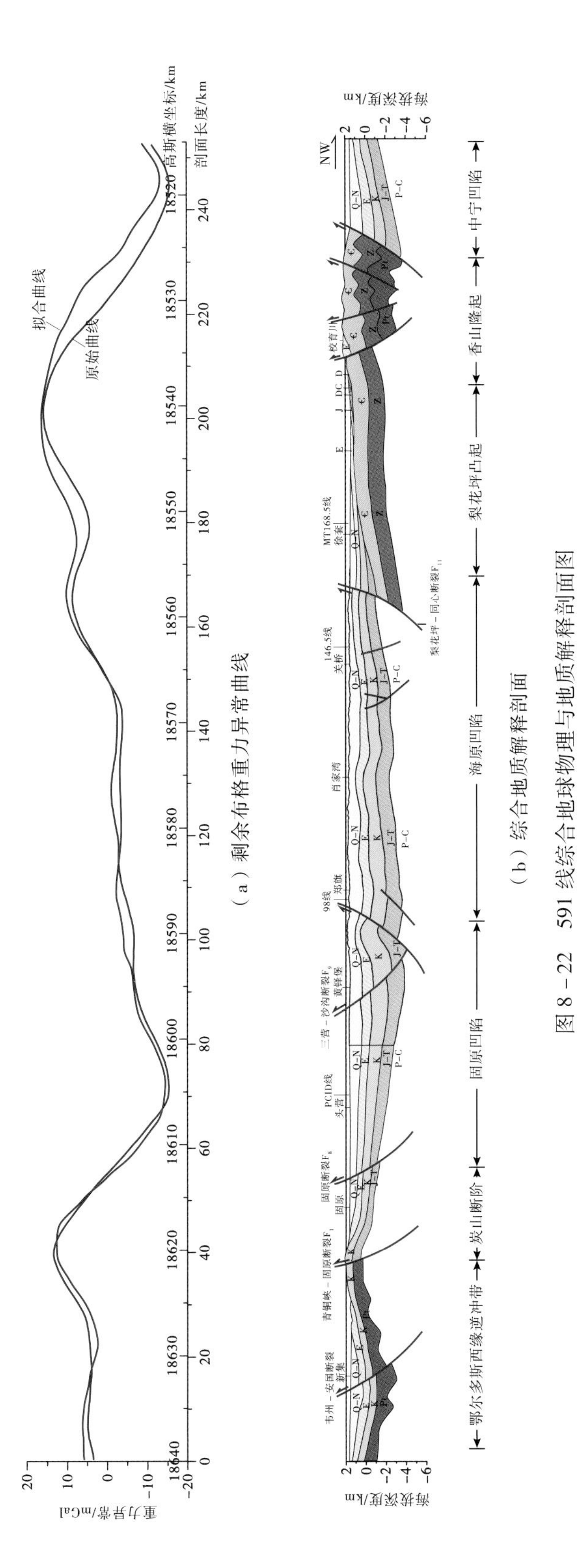

图 8－22　591 线综合地球物理与地质解释剖面图
（据中国石油化工股份有限公司西部新区指挥部，2003）

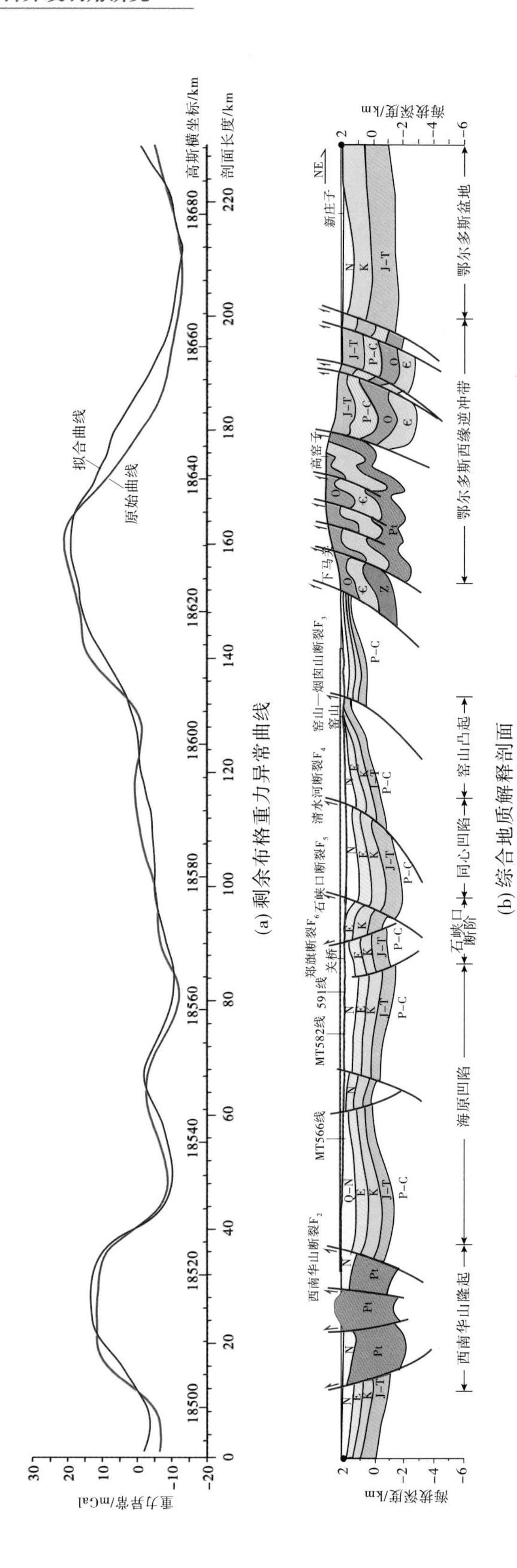

图 8－23　146.5 线综合地球物理与地质解释剖面图

（据中国石油化工股份有限公司西部新区指挥部，2003）

四、香山－徐套地区下古生界上顶面深度的反演

根据地震、MT 解释结果与钻井资料所控制的深度，采用密度界面线性回归反演法，可以计算下古生界（前寒武海原群变质岩系）上顶面的深度。其原理如下：

如果密度界面起伏平缓，可以认为重力变化与密度界面的起伏近似呈线性关系，即

$$h = a + b \times \Delta g$$

式中，h 为界面深度；Δg 为界面起伏引起的重力异常；a、b 是两个系数，它们与重力异常起算点处界面深度和界面上下物质层的密度差有关。

为了应用上述公式，至少要知道界面上两个点的深度。如果已知点有 n 个，它们的深度为 $h_i(i = 1,2,3,\cdots,n)$，则根据最小二乘原理确定系数 a、b：

$$a = \frac{\sum \Delta g_i^2 \sum h_i - \sum \Delta g_i \sum \Delta g_i h_i}{n \sum \Delta g_i^2 - (\sum \Delta g_i)^2}$$

$$b = \frac{n \sum \Delta g_i h_i - \sum h_i \sum \Delta g_i}{n \sum \Delta g_i^2 - (\sum \Delta g_i)^2}$$

式中，$\sum$ 为 $\sum_{i=1}^{n}$ 的省略形式。

a、b 求出后，则可由 $h = a + b \times \Delta g$ 计算各测点下方密度界面的深度了。在界面起伏平缓时，误差不大。

利用 582 线、591 线、168.5 线、盘浅 17、18、盘探 3、ZK001 等钻孔资料，与局部重力异常进行线性回归（图 8－24）。

由香山－徐套地区下古生界（前寒武海原群变质岩系）上顶面的深度图可以看出：盘浅 17、盘浅 18 井下古生界（前寒武海原群变质岩系）上顶面的深度约 600～800 m，ZK01 井深度大于 1600 m，该井紧邻 F_{62} 断裂，位于徐套凸起的边缘，过 F_{62} 断裂往东，下古生界（前寒武海原群变质岩系）上顶面迅速变浅。钻井资料已证实：盘浅 17 井，于井深 493 m 由下古近系直接进入下古生界寒武－奥陶系，盘浅 18 井，于井深 495 m 由下白垩统直接进入寒武－奥陶系。推测在徐套凸起结晶基底最浅埋深在 500 m 左右（图 8－25）。

五、香山－徐套地区煤田远景预测

重力小波分析二阶细节，反映出香山－徐套浅部的密度不均匀特征，其中二阶细节的低值部分（图中蓝色）反映徐套凸起周缘下古生界（前寒武海原群变质岩系）上顶面较浅的部分。在徐套凸起，该上顶面也是有起伏变化的。二阶细节的低值部分（图中蓝色）反映在这些地方有古近－新近系、白垩系、侏罗系等地层存在（图 8－26）。

根据重力异常小波二节细节特征，在徐套凸起周缘划出古近－新近系、白垩系、侏罗系等地层存在且埋深较浅的范围，该范围可以作为在徐套地区进一步找煤的远景区（见图 8－27 中两条黑点线的范围）。在该范围内已有下流水煤矿。因此，在该区寻找侏罗与石炭－二叠系的煤田应在徐套凸起与香山古隆起之间的过渡地带与徐套凸起的环带间进行。

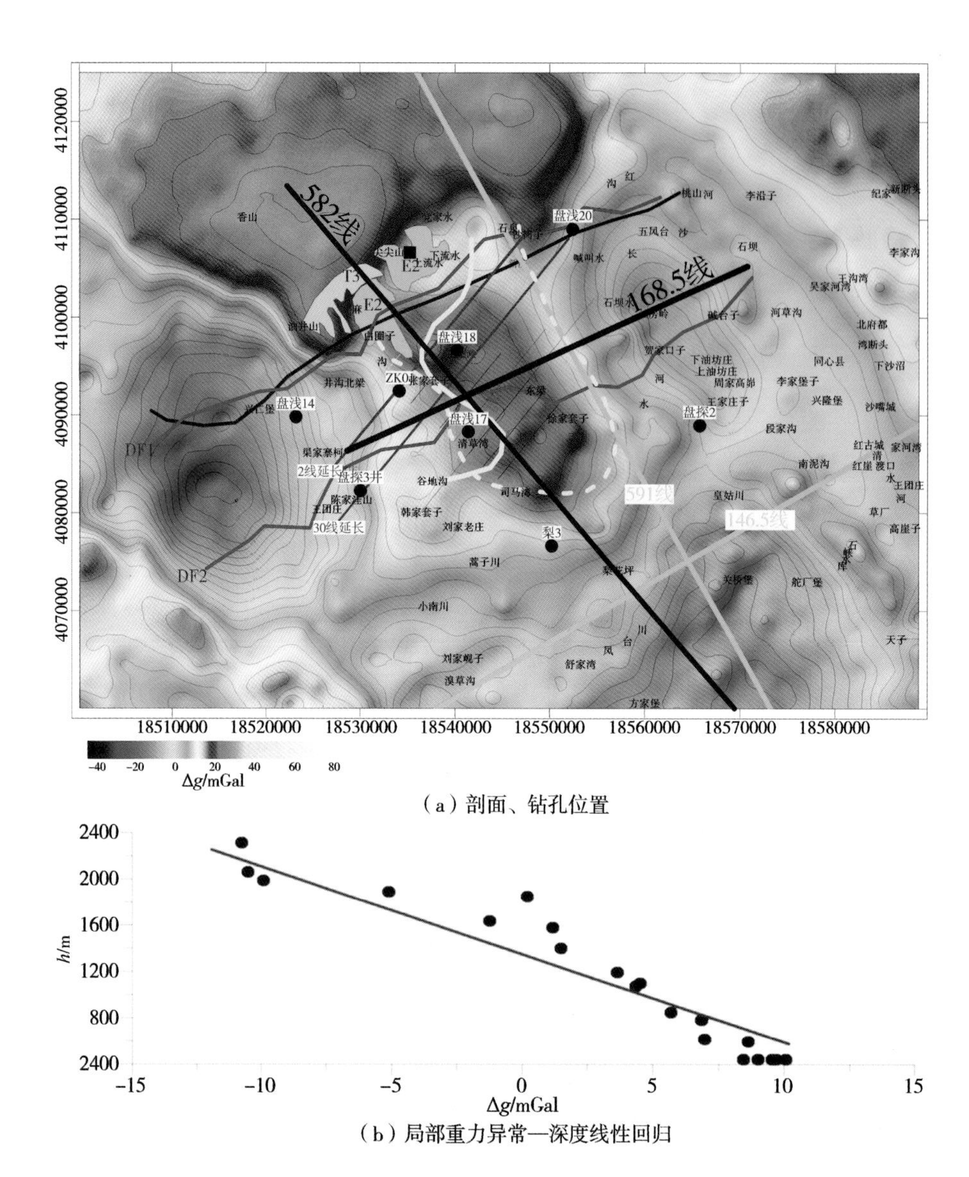

（a）剖面、钻孔位置

（b）局部重力异常—深度线性回归

图 8-24　香山-徐套地区局部重力异常—深度线性回归

六、小结

（1）徐套与中卫、南西华山一样，正磁异常为中元古代海原群变质岩，即结晶基底的隆起。香山古隆起是早古生代褶皱基底的隆起，不是结晶基底的隆起。可以推测，在香山古隆起带早古生代褶皱基底以下至结晶基底之间有比较厚的地层。而在徐套凸起上中上元古界，古生界的寒武、奥陶、志留、泥盆、石炭、二叠、三叠、侏罗纪等地层则已全部缺失或大部分缺失。

（2）根据二维地震与 MT 的 582 线、591 线、168.5 线、盘浅 17、盘浅 18、盘探 3、ZK001 等钻孔资料约束，采用线性回归重力反演方法，得出徐套凸起及周缘下古生界

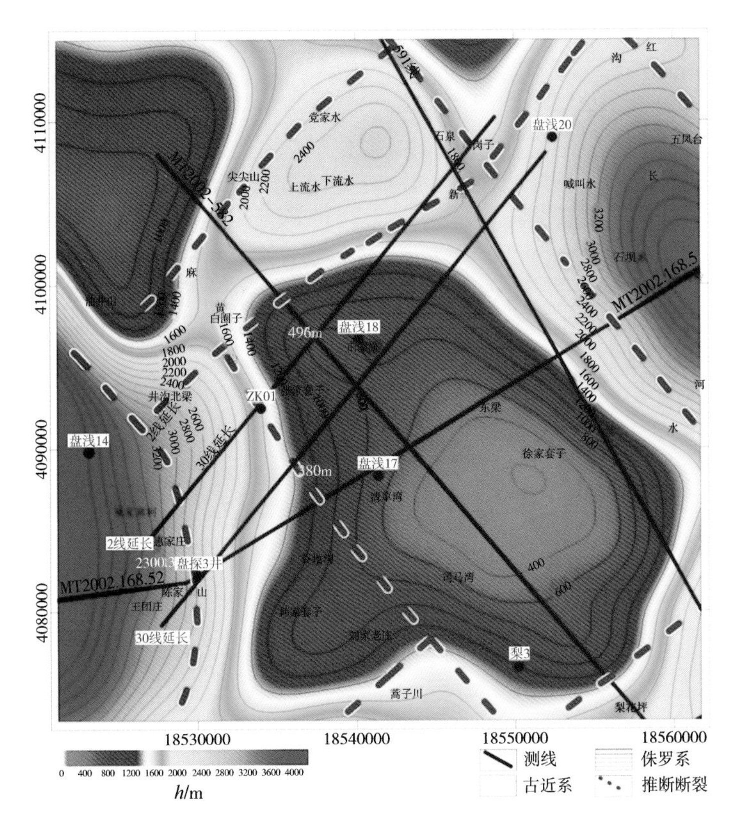

图 8－25　香山－徐套地区下古生界

（前寒武海原群变质岩系）上顶面的深度图

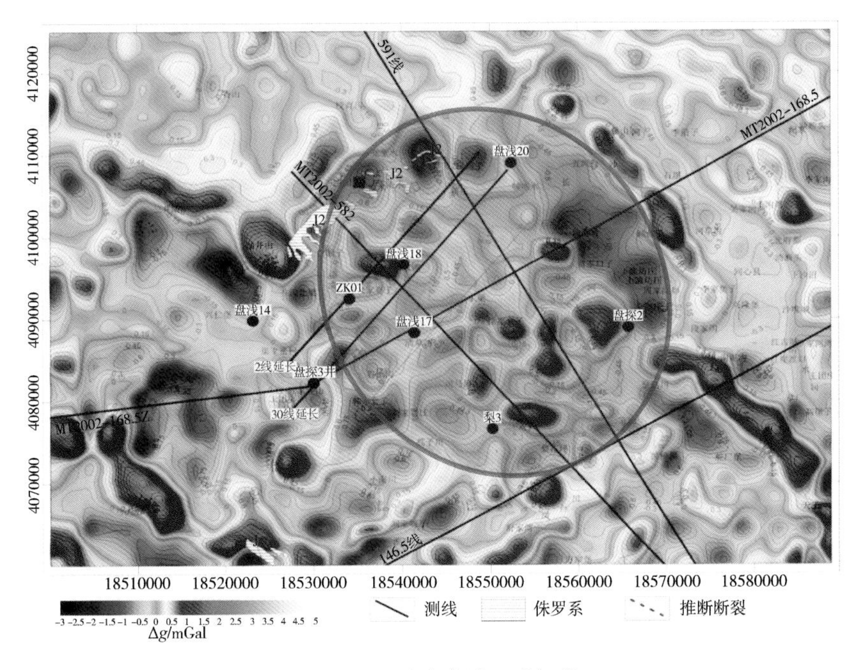

图 8－26　重力小波二阶细节

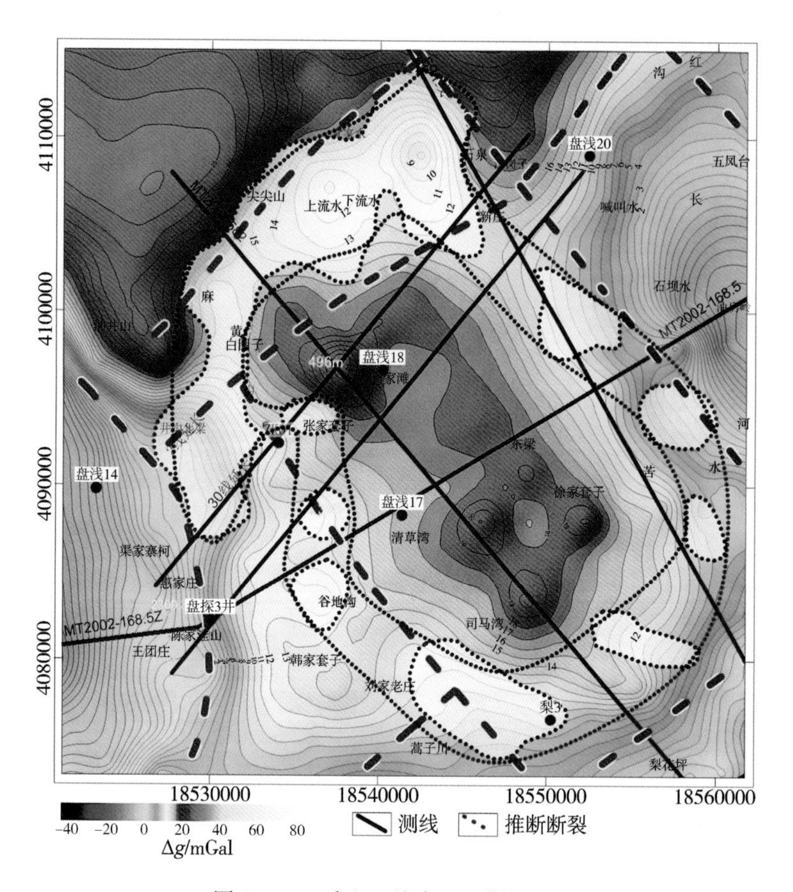

图 8－27　香山－徐套地区煤田远景

（前寒武海原群变质岩系）上顶面深度。该深度可以作为分析徐套凸起构造与含煤远景预测提供依据。

（3）预测侏罗与石炭－二叠系煤田的远景，即徐套凸起与香山古隆起之间的过渡地带与徐套凸起的环带。

第七节　宁南煤田预测

一、概况

宁南地区已知有王洼矿区与炭山矿区，为侏罗纪煤田。王洼矿区与炭山矿区第四纪地层覆盖，零星出露有古近－新近纪与侏罗纪、石炭纪地层。

炭山油页岩赋存于中侏罗统延安组。在炭山地区地表出露地层为前寒武系、侏罗系、白垩系、古近系与新近系。地层露头零星分布，多为新近系全新统黄土覆盖（白云来等，2008）。

王洼矿区与炭山矿区是已知的含煤区（图8－28红色部分），而绿色是宁夏物勘院《宁夏全区物化探基础图件编制》（2010）预测的远景（图8－28）。

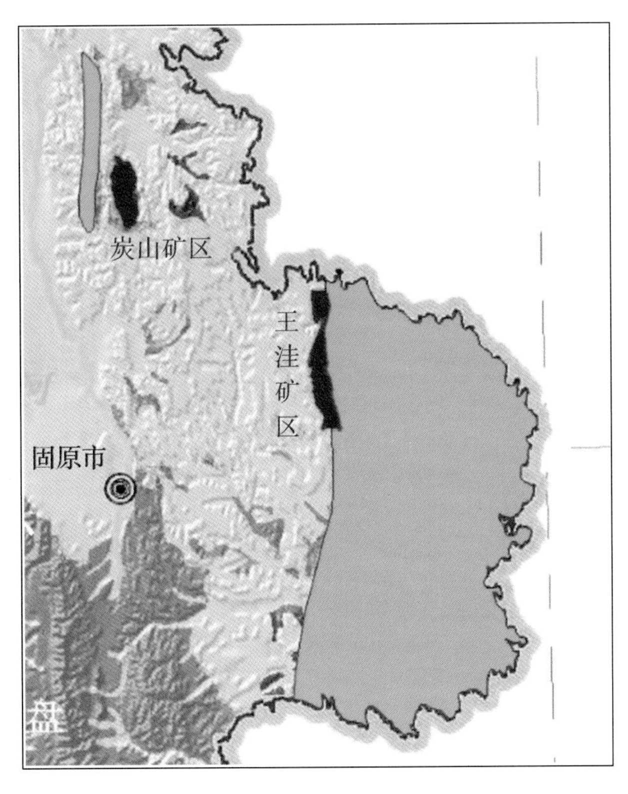

图8－28 宁南地区煤田
（据宁夏回族自治区地球物理地球化学勘查院，2010）

二、宁南地区重力小波分析与煤田远景预测

在重力二阶细节图上（图8－29），南北向重力高带是古生界或中元古界断隆，王洼矿区与炭山矿区是南北向局部重力高的边缘，即重力梯度带上。局部重力高是密度相对于第四系覆盖层较高的古近－新近系、侏罗系等地层埋深较浅或隆起出露地表的反映。

因此，重力二阶细节的高值边缘的梯度带是在王洼矿区与炭山矿区进一步工作的远景区（图8－30）。

宁南地区东部是另一个重力二阶细节高值异常，该异常走向南北，高值区边缘的梯度带是进一步工作的远景区，彭阳ZK31－5位于该梯度带上，该孔根据长源距伽马－伽马测井与侧向电阻率测井解释结果有8层煤：在井深1084 m有0.8 m厚煤层，井深1109 m有1.8 m厚煤层，井深1124 m有3.38 m厚煤层，井深1146 m有2.55 m厚煤层，井深1160 m有1.16 m厚煤层，井深1177 m有1.46 m厚煤层，井深11179 m有1.75 m厚煤层，井深1186 m有1.65 m厚煤层。

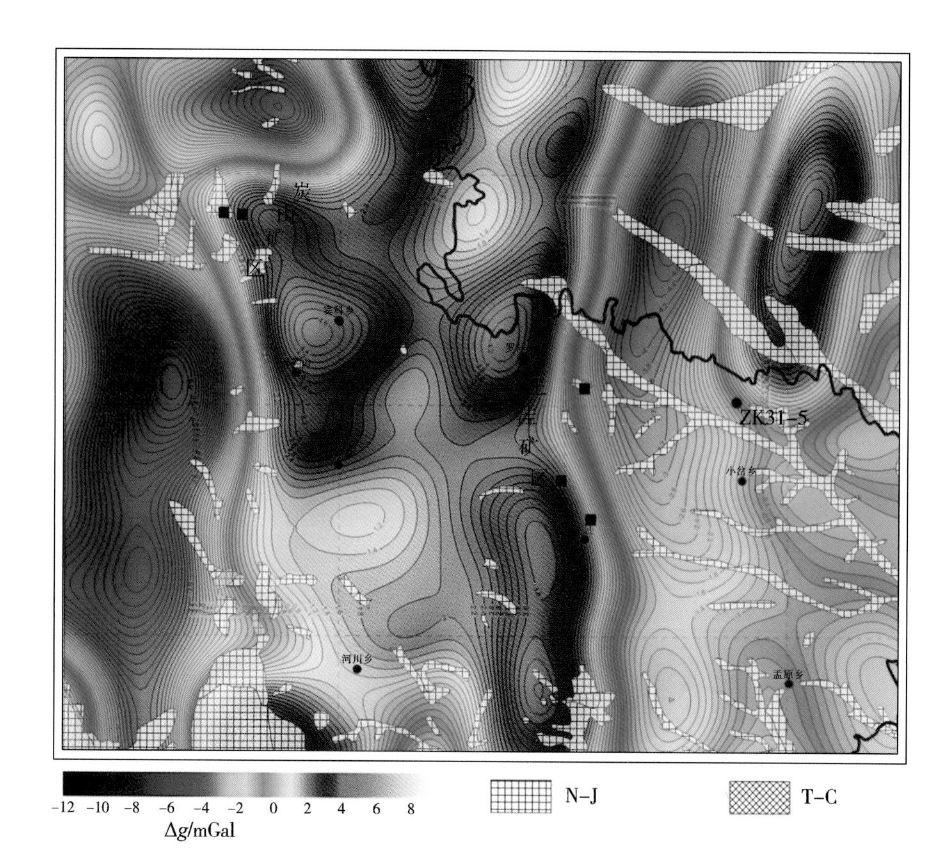

图 8－29　重力小波二阶细节

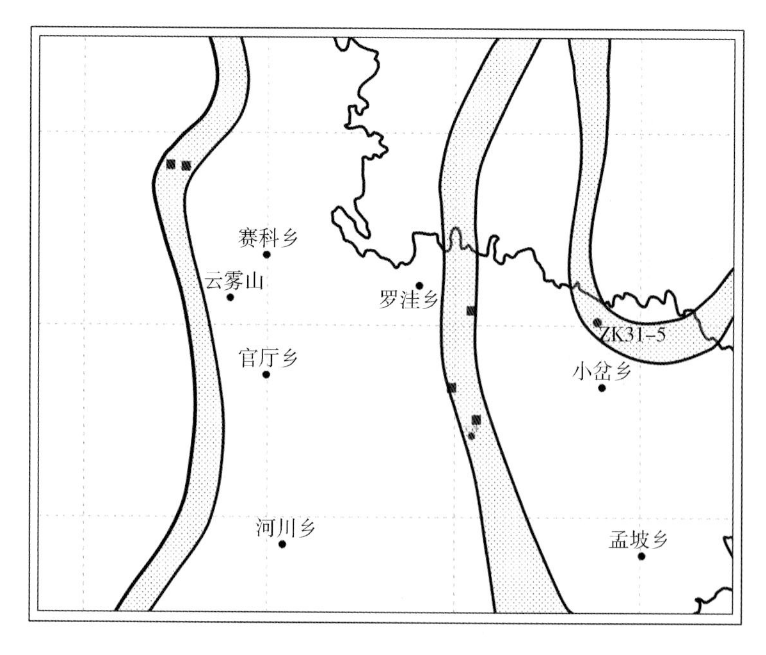

图 8－30　宁南地区根据重力的远景预测（图中灰色部分为远景区）

第八节　隆静地区煤田预测

隆静地区有已知的煤矿点两个，含煤地层推断为上石炭统土坡组。

隆静含煤区及邻区重力小波三阶细节隆静含煤区位于局部重力高的边缘，而另一处月亮山－海原之间的含煤区也处于重力小波三阶细节局部重力高的边缘（图8－31）。

因此，隆静含煤区的远景区与前面其他含煤远景分析一样，应在重力小波三阶细节局部重力高的边缘，即重力梯度带去寻找。隆静含煤区及邻区重力小波二阶细节特征与三阶类似，即远景区在局部重力高的边缘的梯度带上（图8－32）。

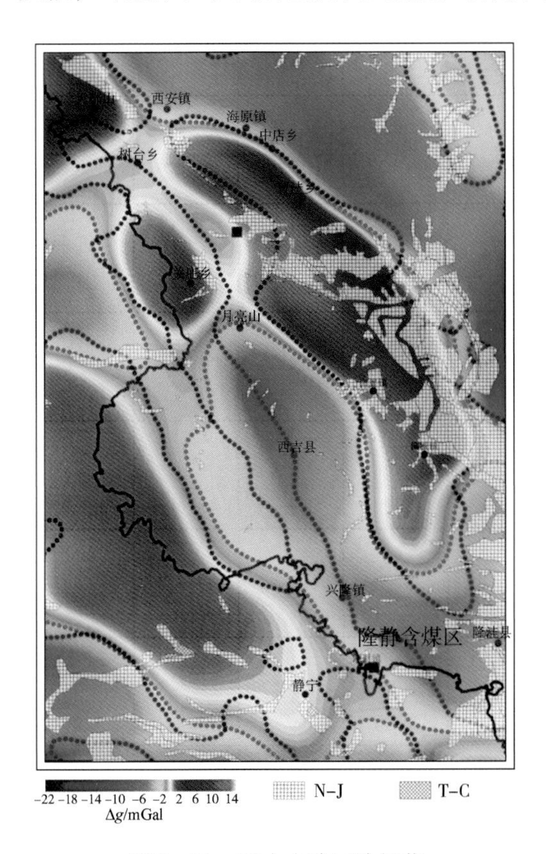

图8－31　重力小波三阶细节

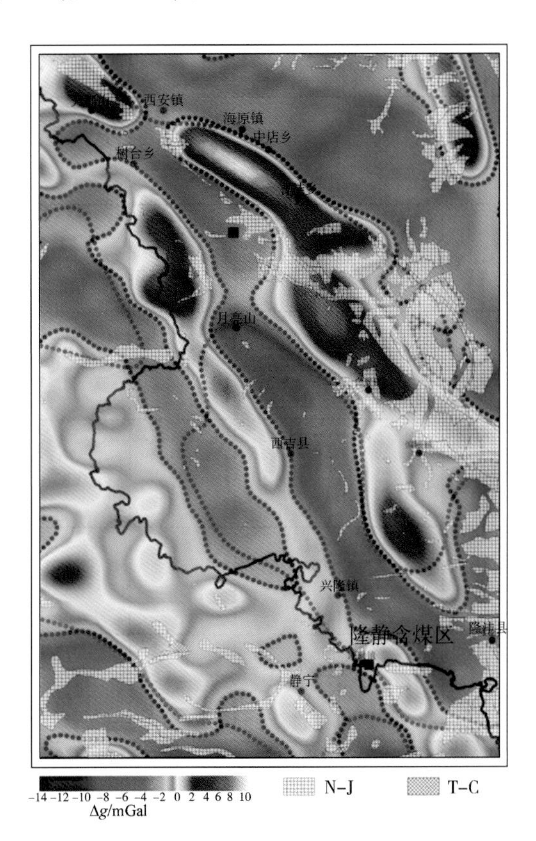

图8－32　重力小波二阶细节

第九节　小　　结

（1）宁东地区石炭－二叠纪煤田，它们位于上古生界地层的凹陷内，会在局部重力高异常中产生次一级的重力低异常。利用小波分析二阶细节可以提取上古生界地层的局部重力高异常，三阶细节可以进一步提取上古生界地层凹陷（煤富集区）产生的次一级局部重力低异常。

宁东地区侏罗纪煤田，它们位于中生代地层局部凹陷内，在上古生代地层背景下产生局部重力低异常。当中古生代地层的上顶面有起伏变化时，则会在局部重力低异常中又产生次一级的重力高或低异常，因此利用小波分析方法提取中生代地层的局部重力异常，它们的次一级异常则反映中生代地层的局部隆起与凹陷。重力异常的三阶细节的梯度带与高值区是侏罗纪煤田的含煤区，该结论与宁东煤田的实际情况较一致。

（2）贺兰山北段石炭-二叠纪、古近-新近纪、侏罗纪地层大多位于重力二阶细节高值的边缘，因此，含煤区应为重力二阶细节高值的边缘，该结论与贺兰山煤田的实际情况较一致。

（3）卫宁北山-香山地区重力二阶细节的高值部分及边缘是在单梁山、碱沟山含煤区进一步工作的远景区。重力二阶细节的边缘部分是在上下河沿矿区、梁水园矿区、上校育川含煤区与下流水矿区等，它们是进一步工作的远景区。烟筒山泥盆纪地层西南缘重力二阶细节的高值及边缘是该区进一步工作的远景区。

（4）根据二维地震、MT、钻孔资料约束，采用线性回归重力反演方法，得出徐套凸起及周缘下古生界（前寒武海原群变质岩系）上顶面深度，该深度可以作为分析徐套凸起构造与含煤远景预测提供依据。侏罗与石炭-二叠纪煤田的远景为徐套凸起与香山古隆起之间的过渡地带与徐套凸起的环带。

（5）宁南地区重力二阶细节的高值边缘是进一步工作的远景区。即炭山、王洼矿区远景应在南北重力二阶细节边缘的狭长地带，往西或往东深度可能增大。宁南地区东部重力二阶细节高值区边缘的梯度带是进一步工作的远景区，彭阳ZK31-5位于该梯度带上。

第九章 固原地区岩盐矿综合地球物理分析与远景区预测

第一节 概　况

根据宁夏地区Ⅴ级成矿单元划分，硝口岩盐属于西华山－六盘山冲断带铜、金、铅、锌、石膏、岩盐、芒硝成矿带（V6）。岩盐主要产于下白垩统乃家河组。早白垩世，六盘山盆地由燕山期褶皱隆起带前缘发育的前陆盆地和一些山间凹陷盆地组成。六盘山盆地早期沉积了三桥组冲积扇相和辫状河三角洲相粒度较粗的砾岩、砂岩红色碎屑岩建造；中晚期（和尚铺组－马东山组）有陆内挤压转化为伸展，湖盆逐渐扩大，主体由辫状三角洲的砂岩、砾岩，向湖盆中心的砂岩、泥岩、泥灰岩和生物礁灰岩构成；早白垩世后期（乃家河组）反转为挤压型盆地性质，湖盆衰退，气候干燥，沉积了一套以泥岩夹石盐、石膏、钙质芒硝为主的蒸发岩盐。早白垩世，经燕山运动Ⅲ幕，类前陆坳陷盆地褶皱隆起，受燕山旋回晚期构造变形作用影响，遭受近东西向挤压，白垩系产生近南北向中小型宽缓褶皱和逆冲断层。

宁夏岩盐矿主要发现于固原硝口一带，赋存于六盘山盆地内，为内陆河湖相沉积。白垩系乃家河组地层中多有蒸发盐矿物生成。2014年，宁夏物勘院在《宁夏固原市硝口－寺口子岩盐矿预查综合物探报告》中指出：

硝口地区岩盐矿成矿远景：指在一定的深度上，可能有下白垩统（K_1）含岩盐层沉积的次一级的断陷区。找矿靶区：根据地质或物探资料（部分为钻探资料揭示）推测远景区内可能有岩盐矿体或矿床赋存的区段。圈定成矿远景区及找矿靶区的依据为：

（1）在剩余重力异常图上，显示为次一级的负向构造单元区，并在该区的两侧或一侧有下白垩统乃家河组（K_1n）存在。

（2）从硝口、孔家庄的叶家河两地钻孔所见岩盐矿体的分布，与剩余重力异常的对应关系分析：岩盐矿体的空间产出规律、赋存部位，明显受根据重力异常推断的李俊－硝口－和尚铺区域性断裂带及次级断陷盆地的控制。因此，沿李俊－硝口－和尚铺一线分布的重力梯级带，以及旁侧的剩余重力负异常带，可作为在本区寻找或预测岩盐矿床的地球物理含岩盐远景区标志。

到目前为止，硝口岩盐地区布置了1∶5万高精度重力测网，地震剖面、电法剖面和重力剖面进行综合地球物理勘查，现有钻井20口（图9－1）。表9－1是钻井统计表，为了方便，本书中部分井重新命名，其中9口钻井钻遇岩盐地层，受工区复杂的构造推覆作用影响，岩盐上顶界面深度变化大，多数井的岩盐层未钻穿，难以估算实际厚度。

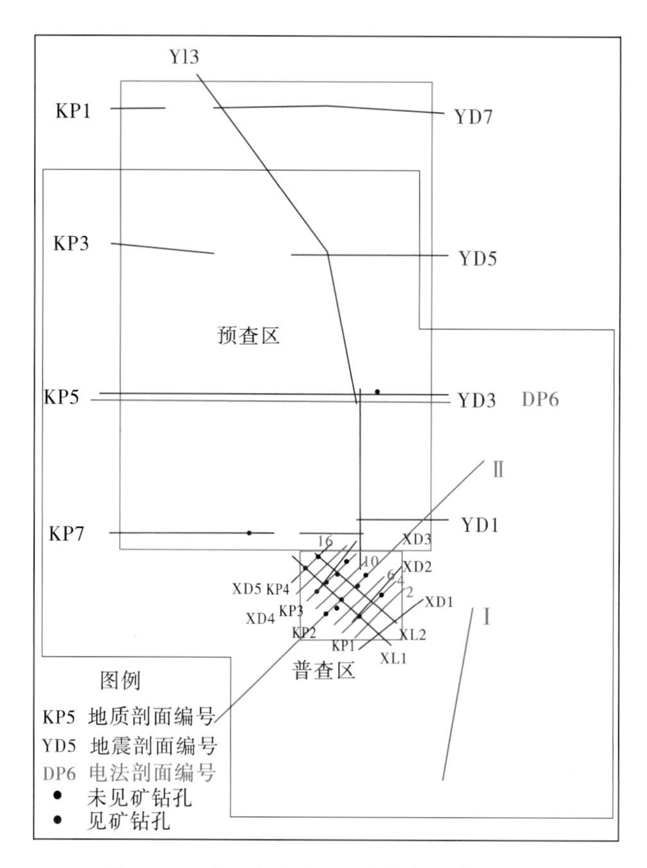

图9－1　硝口岩盐矿区以往物探工作程度图
（据宁夏回族自治区地球物理地球化学勘查院，2014）

表9－1　硝口岩盐钻井统计表

序号	钻孔	x坐标/m	y坐标/m	z高程/m	完钻深度/m	完钻日期	岩盐顶深/m
1	ZK101	3988355.00	18597759.00	1812.00	523.33	2002/09/12	197.84
2	ZK102	3989650.25	18599020.33	1798.97	1519.17	2009/11/29	未见岩盐
3	ZK201	3990354.00	18595775.00	1831.00	914.64	2009/01/7	402.74
4	ZK202	3989354.39	18596718.51	1892.51	1114.88	2009/07/10	342.55
5	ZK203	3988828.03	18596414.97	1887.87	558.97	2009/07/14	未见岩盐
6	ZK204	3990123.13	18597621.80	1763.82	1021.51	2009/08/26	369.22
7	ZK205	3990737.28	18598115.16	1755.61	1019.44	2009/10/05	未见岩盐
8	ZK206	3988499.03	18595818.37	2078.80	654.88	2009/12/19	未见岩盐
9	ZKⅡ－1	4013095.91	18592000.03	1877.41	1109.27	2010/07/9	未见岩盐

续表

序号	钻孔	x 坐标/m	y 坐标/m	z 高程/m	完钻深度/m	完钻日期	岩盐顶深/m
10	ZK301	3990123.13	18597621.80	1763.82	1111.98	2009/10/13	918.02
11	ZK302	3990811.30	18596433.63	1791.90	1132.03	2009/07/16	588.44
12	ZK303	3991520.16	18596987.53	1768.48	1408.19	2009/11/29	未见岩盐
13	ZKⅢ-2	3995763.00	18589592.00	2040.00	1705.11	2013/05/30	未见岩盐
14	ZK401	3991193.51	18594560.74	1840.62	1112.52	2009/08/27	778.43
15	ZK402	3991806.67	18595295.08	1854.05	1345.42	2010/01/16	未见岩盐
16	ZKⅤ-1	4001232.00	18583522.00	1872.00	1514.93	2010/12/27	未见岩盐
17	ZKⅤ-2	4001281.89	18598792.10	1692.48	1853.58	2010/01/24	未见岩盐
18	ZKⅥ-1	3996550.00	18591058.00	1919.00	1121.89	2011/09/08	未见岩盐
19	ZKⅦ-1	3993201.07	18591245.78	1960.07	1471.67	2010/08/24	956.65
20	ZK辅-1	3994275.00	18590025.00	1976.00	1629.53	2014/01/08	1247.69

利用综合地球物理资料和钻井资料研究硝口及六盘山盆地岩盐矿分布，需要考虑岩盐的物性特征，以及岩盐在地面上能引起的重力、地震和电法异常特征。还需要结合当地的构造、地层条件，并结合白垩系岩盐沉积环境，对岩盐的成矿规律进行综合预测，并归纳出硝口岩盐的成矿模式和有效的地球物理勘查技术。

第二节　研究区地质概括

一、区域构造

工作区位于六盘山早白垩世盆地的中北部，六盘山盆地的大地构造位置处于中朝准地台西部与昆仑-祁连-秦岭造山系邻接地区。由西至东，涉及昆祁秦造山系祁连山造山带的走廊过渡带、北祁连加里东褶皱带和中朝准地台的鄂尔多斯西缘坳陷带青云台拱。

在地质历史中，该区经历了新元古代前的基底形成阶段；新元古代至早古生代为陆块裂谷阶段，而于地台区域的贺兰山-六盘山坳拉槽（鄂尔多斯西缘坳陷带）的裂陷结束于奥陶纪末；晚古生代至中生代三叠纪为继承性坳陷阶段，而于地台区域内的坳陷起始较晚于晚石炭世；中生代侏罗纪直至新生代为陆内构造阶段，形成陆内盆山体系。

六盘山早白垩世盆地即形成于侏罗纪末晚燕山运动作用下，使宁夏南部地区接受自南西向北东的挤压推覆，所产生的宁南弧型盆山体系。在该区由南至北，可见到西华山-南华山-月亮山、香山-烟筒山弧形山地及其间的同心-海原-固原和西吉-靖远断陷盆地，于早白垩世至古近纪形成山前间盆地的陆相堆积。

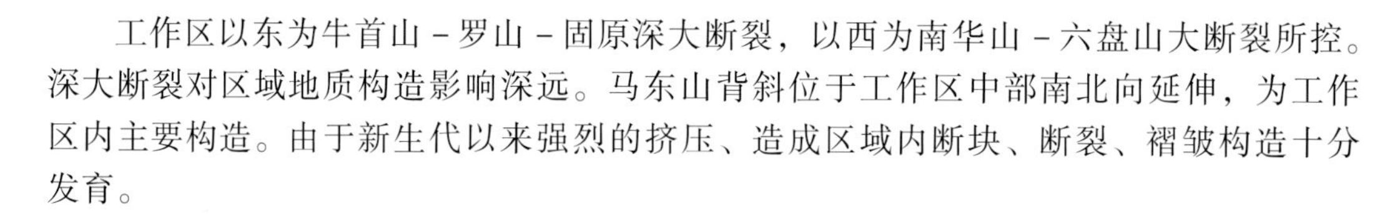

工作区以东为牛首山 - 罗山 - 固原深大断裂，以西为南华山 - 六盘山大断裂所控。深大断裂对区域地质构造影响深远。马东山背斜位于工作区中部南北向延伸，为工作区内主要构造。由于新生代以来强烈的挤压、造成区域内断块、断裂、褶皱构造十分发育。

（一）主要断裂构造

（1）罗山 - 固原断裂：该断裂为区域性大断裂，为槽台分界线，在本区为沿罗山 - 云雾山 - 固原一线近南北向展布，西侧为一埋藏深约1600 m，由下古生界组成的槽型谷地，东侧为古生界台地。断裂大部分被新生代地层覆盖，只在罗山、云雾山可见古生界基岩与断裂露头，断面西倾，倾角40°~80°左右。在炭山、黑石山、官厅一带沿断裂可见数处辉绿岩脉侵入。

（2）清水河断裂：该断裂由香山北麓沿至固原地区，沿清水河一线至固原附近与西华山 - 六盘山断裂复合。在香山北麓该断裂露头清晰，它将寒武系、奥陶系及石炭系逆冲到古近系之上，在本区域内表现为隐伏断裂。

（3）西华山 - 六盘山断裂：总体走向北西 - 南东，并呈现向北东方向凸出的弧形，断面倾向南西，倾角60°~70°，为一条大型逆冲深大断裂，是走廊过渡带与北祁连褶皱带的分界线。在西华山北麓，中上元古界海原群变质岩系逆冲到古近系渐新统清水营组之上。该断裂断开的最新地层是下白垩统六盘山群和古近系清水营组，并在第四系中亦有错断痕迹，表明该断裂自喜马拉雅期以来仍在继续活动过程中。

（4）硝口 - 叶家河大断层：该断层地表表现为逆断层，走向北西300°，区域出露长大于80 km，预查区内出露长约12.5 km。两侧落差明显，断层面倾向北东，倾角63°~70°，两端延伸出预查区以外，东南端被硝口北东向平移断层错断。该断层是控矿构造，为矿层赋存的南西边界。

（二）褶皱构造

区域褶皱构造不发育，仅见马东山复背斜。开阔型斜歪背斜，轴面西倾，东冀陡倾，局部地层倒转，枢纽向北倾伏，倾伏端产状340°∠24°，核部地层复杂化，揉皱强烈，轴迹呈向北东凸出的弧形，中段被断层截切。背斜东翼产状（30°~97°）∠（30°~80°），西翼产状（270°~300°）∠（20°~65°），核部地层为白垩系下统立洼峡组，两翼为马东山组，褶皱出露长度约18 km。

二、区域地层

宁夏六盘山早白垩世盆地区域地层为秦祁昆地层区之祁连 - 北秦岭地层分区、海原 - 西吉小区。区域内新生界盖层广布，主要出露地层中生界下白垩统六盘山群（表9-2）。

（一）白垩系（K_1）

区域内缺失上白垩统，下白垩统发育，称六盘山群，出露分布广泛。该群自下而上分为五个岩组，呈山前盆地陆相杂色 - 红色碎屑岩建造。

表 9－2　研究区区域地层层序表

年代地层			岩石地层		
界	系	统	祁连－北秦岭地层分区		
			宁夏南部小区	海原－西吉小区	
新生界	第四系	全新统	风积层（Qh^{eol}）、湖积层（Qh^{l}）化学堆积物（Qh^{ch}）、湖沼堆积物（Qh^{fl}）		
			冲积层（Qh^{1+2al}）、洪积层（Qh^{1pl}）		
		上更新统	马兰组（$Qp_3{}^{m}$）洪积层（$QP_3{}^{pl}$）		
			洪积层（$Qp_3{}^{pt}$）		
		中更新统	风积层（$Qp_2{}^{eol}$）、冲积层（$Qp_2{}^{al}$）洪积层（$QP_2{}^{pl}$）		
		下更新统	风积层（$Qp_1{}^{eol}$）、冲积层（$Qp_1{}^{al}$）		
			洪积层（$Qp_1{}^{al}$）		
	新近系	上新统	甘肃群（NG）	干河沟组（N_1g）	
		中新统		红柳沟组（N_1h）	
	古近系	渐新统	固原群（EG）	清水营组（E_3q）	
		始新统		寺口子组（E_2s）	
中生界	白垩系	下统	六盘山群（K_1）	乃家河组（K_1n）	
				马东山组（K_1m）	
				立洼峡组（K_1l）	
				和尚铺组（K_1h）	
				三桥组（K_1s）	

（1）三桥组（K_1s）：主要分布月亮山、火石寨一带。为紫红色块状砾岩、角砾岩夹砂岩组成，砾石成分随地而异，多呈棱角状、排列紊乱、钙质胶结，层理不明显，厚 210～300 m，厚度变化大，主要分布在研究区中部。属山麓堆积。

（2）和尚铺组（K_1h）：主要分布月亮山、火石寨一带。岩性为紫红、砖红色厚－巨厚层状含砾砂岩、含砾粗粒长石砂岩、粗－细粒长石砂岩、长石石英砂岩夹少量泥质粉砂岩、砂质泥岩等，局部夹含铜砂岩，厚 234 m。

（3）立洼峡组（K_1l）：主要分布在马东山、白崖西等地。马东山仅出露上部层位，构成马东山背斜之核部，厚度 94.6 m，由黄褐色中－厚层细砂岩、黄－灰色中层状泥质砂岩、黄褐色砂质泥岩、黄灰色薄层泥灰岩（具蜂窝状溶蚀孔洞、约占 30%）及紫红色厚层状砂质泥岩等。该组基本层序自下而上由粗变细，砂质含量逐渐减小，基本由砂岩、泥岩、泥灰岩、灰岩组成之韵律层。色调为杂色特征。本组厚度变化在 140.00～412.05 m 之间。本组系河流－湖泊相沉积，与和尚铺组为连续沉积。

（4）马东山组（K_1m）：主要分布在马东山、杨明堡、硝口南等地，地貌上构成高山峻岭。本组以马东山最发育而命名，岩性比较稳定；主要为蓝灰、灰绿、灰黄色中－薄层状钙质泥岩、页岩、泥灰岩互层夹薄层鲕状灰岩（具波浪状构造）、隐晶质灰岩、白云质灰岩及油页岩组成。在臭水沟一带，以灰、黄、灰褐色页岩、薄层鲕状灰岩、薄层

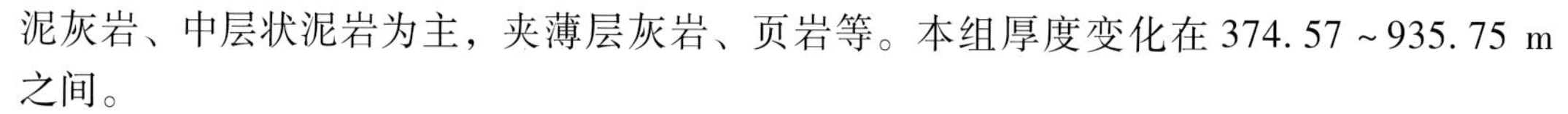

泥灰岩、中层状泥岩为主，夹薄层灰岩、页岩等。本组厚度变化在374.57～935.75 m之间。

本组沉积物最细，有机质含量高，具有较好的生油条件，油页岩常夹在中部；在和尚铺见到0.5 m厚的油页岩，窑山剖面中见到三层（各厚0.3 m油页岩），含油率3.5%～4.5%。

（5）乃家河组（K_1n）：是本研究项目中主要成盐地层。主要分布于寺口子、马东山、硝口、红套与杨明堡等地。在寺口子以蓝灰、灰绿、灰－灰蓝色中－薄层泥质灰岩、薄层泥灰岩（发育平行层理，具较多盐溶孔洞）、砂质灰岩、薄层灰岩互层为主，夹少量页岩及石膏层（厚约2 m）；在有些地段，见有数层灰褐色薄层泥灰岩，具平行层理，层间潮湿，风化面全为白色卤水印迹，并有硫化氢气味，夹层厚0.5～2.0 m不等，夹层间距也不相同。本组顶部为紫红色页岩。总厚度在238.51～696.84 m之间。在臭水河，上部夹多层厚薄不一的石膏层。本组岩性变化较大，横向上自东向西沉积物粒度逐渐变粗，纵向上由灰绿色层逐渐变为含紫红色层，为由细变粗层序。本组与下伏马东山组为连续沉积。本组为早白垩世盆地区主要含矿（盐类）地层，夹多层石盐、芒硝及膏盐层。沉积的石盐及芒硝多被层间水及地表水溶蚀，岩层中常呈现大小不等的蜂窝状盐溶孔洞。

（二）古近系（E）

缺失古新统，始新统和渐新统广泛分布于山前盆地。

（1）始新统寺口子组（E_2s）：为始新世山麓－河流相红色碎屑岩建造，主要分布于海原、同心及偏城、香炉山两侧、寺口子、马东山东麓等地，在李家塌山也有零星出露。地层以寺口子最为发育，厚281.7～293.8 m。其岩性底部为0.2～1.2 m厚的含砾砂岩（偏城一带，呈棕红色厚层状砾岩，厚50～80 m），主要为橘红、砖红色厚－巨厚层含泥质中－细粒长石石英砂岩，发育大型板状斜层理；在红庄一带为含砾岩、砂砾岩、含砾泥质砂岩，泥质、钙质胶结。在石岘子一带，厚度为69.3 m，下部为橘红色厚层砾岩；上部为红色中－厚层砂岩。向南至臭水沟，岩性变粗，底部的含砾砂岩变为砾岩，厚度增大，为211 m。该组与下伏前古近世地质体呈不整合关系。

（2）渐新统清水营组（E_3q）：为渐新世河湖相红色碎屑岩含膏盐建造，本组在寺口子地区出露较好，宏观上呈现紫红、褐红、橘红夹灰绿、灰白色条带状色调；底部含灰白色钙质假结核，下部为砖红色块状细砂岩（钙质胶结，交错层理发育）。一般灰绿色泥岩常与石膏层相伴生。该组基本层序为自下而上由粗变细。砂岩、粉砂岩逐渐减少；泥质砂岩、砂质泥岩、泥岩逐渐增多，均不显示任何层理，致密坚硬，贝壳状断口发育，厚度为678.3～971.0 m。

（三）新近系（N）

缺失上新统，仅发育中新统，分布与古近系类同。

（1）红柳沟组（N_1h）：为早－中中新世山前盆地河湖相红色碎屑岩建造，分布较广，露头零星，主要出露于上店子一带。岩性以寺口子最具代表性，沉积厚度最大，岩性最细，往南东岩性渐粗、厚度减薄，在上店子，可见超覆现象。岩性主要为紫红色厚层状粉砂质泥岩与橙黄色中－厚层状粉砂岩互层夹灰绿色中－厚层状石膏质砂岩，底部具一层

1.0～2.5 m的灰白色含砾砂岩。本组上部偶见泥灰岩透镜体，沉积物粒度自下而上逐渐变细，岩石松散，固结程度较差。宏观色调比下伏清水营组浅，厚度280～963 m，与清水营组为平行不整合接触。

（2）干河沟组（N_1g）：为晚中新世河湖相杂色碎屑岩建造，与红柳沟组连续沉积，主要分布于寺口子东－庙山东一线，沿山前产出。岩性以橙黄、土黄色含泥质、钙质粉砂岩为主（其中粉砂岩发育交错层理）夹砾岩、含砾砂岩（常呈透镜体）、砂岩等，近底部见薄层石膏岩等。岩层松散，固结程度比较差。厚度83.9～633.0 m。

（四）第四系（Q）

第四系区内分布广泛，全新统与更新统（包括下、中、上）发育齐全，基本呈现了大陆型干旱气候环境中的沉积，按成因分为流水与风积两大系列，再按类型又分为冲积、洪积、风积、湖沼及化学堆积。区内晚更新世风成黄土广布，构成典型的沟壑梁峁地貌为知名；湖沼与化学堆积发育于全新世。广泛发育的黄土层，土质疏松，密度值低，给地球物理勘探带来比较严重的影响。

第三节　工区岩石物性

一、密度

表9－3是本区各相关岩性密度值。其岩盐矿与围岩具明显的密度差。第四系黄土松散沉积物平均密度值仅仅1.49 g/cm^3。它与下伏古近－新近纪砂泥岩地层存在较大的密度差。岩盐密度较低，与含盐层中的泥灰岩、灰岩有0.5 g/cm^3 的密度差。当岩盐矿体具有一定的规模时，能够在地面上产生比较明显的低重力异常。第四纪黄土层土质疏松，密度小，厚度变化大，对重力局部异常产生比较严重的影响，导致重力异常与地面起伏呈现明显的相关性，增大了重力异常解释的难度。

表9－3　六盘山盆地海原凹陷岩石、地层密度分布一览表

地层	岩性	标本数/块	标本岩样密度/(g·cm^{-3})	地层密度/(g·cm^{-3})
Q	黄土	60	1.49	1.49
N	泥岩	32	2.04	2.23
	砂岩	60	2.33	
E	泥岩	33	2.18	2.27
	砂岩	30	2.36	
	砾岩	61	2.62	2.62
Kn	岩盐	30（2009年采集）	2.02(2009年测定)	
	灰岩	30	2.67	2.57
	泥灰岩	30	2.59	
	钙质泥岩	30	2.46	

续表

地层	岩性	标本数/块	标本岩样密度/(g·cm^{-3})	地层密度/(g·cm^{-3})
K*m*	灰岩	60	2.53	2.48
	钙质泥岩	30	2.34	
	泥灰岩	30	2.58	
	泥岩	30	2.35	
K*l*	砂岩	30	2.57	2.53
	砾岩	33	2.61	
	砂质泥岩	30	2.31	
	粉砂岩	30	2.55	
	泥灰岩	60	2.59	
K*h*	细砂岩	30	2.35	2.40
	砾质泥岩	30	2.29	
	砾岩	30	2.56	
K*s*	砾岩	60	2.57	
J_2				2.46
T				2.53
P_{Z2}				2.58
P_{Z1}				2.70
Pt_2(J*x*)				2.84
$O_{\gamma\delta}$	花岗闪长岩	43		2.59

（据宁夏回族自治区地球物理地球化学勘查院，2012）

对重力资料进行地质解释时，应注意到新生界的松散沉积层这一干扰因素，当具有密度较大的碳酸岩盐、硫酸岩盐与岩盐层交互产出时，前两者引起的局部重力高，有可能使岩盐矿引起的局部重力低受到畸变，在分析重力测量资料时也必须加以注意。

二、电性特征

（1）第四系（Q）：黏土及粘沙土和沙砾石构成，主要分布在沟谷台地上，电阻率一般在10～100 Ω·m之间，随着地层含水性和含盐量的多少而变化，潮湿且含盐量增高时，电阻率降低，干燥不含水时，电阻率升高。

（2）古近－新近系清水营组（E_3q）：岩性主要为泥岩、泥质砂岩、砂岩构成，地层电阻率变化较小，岩性颗粒较细时，电阻率在5～10 Ω·m左右，岩性颗粒变粗时，电阻率升高，达到10～15Ω·m，与下伏下白垩统乃家河组（K_1n）地层有明显的电阻率差异。

（3）下白垩统乃家河组（K_1n）：地层岩性主要为泥岩、砂质泥岩、泥灰岩等，在地层完整未破碎、地层含盐量较高时，电阻率较高，一般在20～50 Ω·m之间，局部岩盐完整地段电阻率值可达到60～80 Ω·m；地层完整未破碎、地层含盐量较低时，由于地层泥质含量较高，部分卤水溶解渗入，电阻率降低，一般在10～20 Ω·m之间；当构造发育，地层破碎、卤水充填富集时，电阻率迅速降低，一般在5 Ω·m以下，易于与其他类型区分，这也是划分构造破碎带的重要电性特征。

（4）下白垩统马东山组（K_1m）：岩性主要以白云质灰岩、灰岩、砂质灰岩、灰质泥岩、泥质灰岩为主，电性参数变化不大，地层含盐量较低，电阻率较高，一般在100 Ω·m以上。部分地段由于构造破坏地层较破碎，地表可见卤水泉涌出，成分以硝盐为主，电阻率值很低，在5 Ω·m左右，可据此特征划分构造破碎带。

表9－4　工作区地层电性参数统计表

岩性名称	视电阻率/(Ω·m)	备注
马东山组灰岩、泥质灰岩	>100	露头小四极法测定
马东山组灰岩、泥质灰岩（含芒硝、破碎）	<10	
乃家河组泥灰岩、砂岩（含盐、未破碎）	20～80	
乃家河组泥灰岩、砂岩（含盐、破碎）	10～20	
清水营组泥岩、泥质砂岩、粉砂岩	5～10	
第四系	10～100	

三、测井物性特征

（1）新近纪、古近纪地层主要以砂质泥岩和细粉砂岩为主。电阻率相对较小，一般在3～30 Ω·m之间；自然伽马值在40～70 CPS（脉冲数）之间，泥岩中稍高，可超过100 CPS；密度值基本在2.4～2.6 g/cm^{3}之间，在测井曲线上物性特征反应明显。

（2）白垩系乃家河地层为本区主要含盐地层，岩性主要以白云质石盐和含石盐白云岩为主。电阻率值较高，一般在55～120 Ω·m之间；自然伽马值在15～50 CPS之间；密度变化较大，含石盐白云岩密度值在2.48～2.75 g/cm^{3}之间，含白云质石盐密度值为2.2～2.3 g/cm^{3}左右。

（3）白垩系马东山地层主要以钙质泥岩和粉砂质泥岩为主。电阻率相对于乃家河组地层偏高，一般在50～350 Ω·m之间；自然伽马值在50～80 CPS之间，在泥岩中较高；密度变化不大，幅值在2.25～2.65 g/cm^{3}之间。

表9－5　测井物性统计表

地层	岩性	视电阻率值/Ωm	自然伽马/CPS	密度/(g·cm^{-3})
古近－新近系	泥岩	2～4	90～120	2.41～2.53
	砂质泥岩	3～6	45～75	2.36～2.48
	粉砂岩	5～10	40～56	2.47～2.57
	细粒砂岩	11～30	25～55	2.34～2.49
	中粒砂岩	22～35	20～40	2.42～2.58

续表

地层	岩性	视电阻率值/Ωm	自然伽马/CPS	密度/($g \cdot cm^{-3}$)
白垩系乃家河组	含白云质石盐	55～115	16～35	2.19～2.28
	含石盐白云岩	25～60	20～40	2.48～2.75
	含石膏粉砂质泥岩	90～340	50～80	2.39～2.58
白垩系马东山组	钙质泥岩	65～285	55～75	2.23～2.55
	粉砂质泥岩	50～230	58～76	2.56～2.64

（据宁夏回族自治区地球物理地球化学勘查院，2012）

第四节　测井及地震资料分析

一、测井曲线特征分析

白垩系上覆的新近系、古近系，岩性以泥岩、砂质泥岩、粉细砂岩为主，自然伽马曲线幅值变化不大，呈中高幅值反映特征；视电阻率值整体偏低，曲线形态变化平缓。受地层压实作用和岩性的影响，声波速度由浅至深呈现逐渐增大的趋势。

在白垩系乃家河组钻遇的岩盐地层，具有明显的测井曲线特征。在岩盐层段，电阻率异常出现剧烈的跳跃，与上覆砂泥岩地层相比，岩盐呈现明显的高阻特性。声波测井受其中夹杂的部分白云岩地层影响，声波曲线出现局部跳跃，但整体变化平稳，岩盐声波速度为4000～4300 m/s。与上覆地层相比，岩盐层段具有高波速特征。但是，岩盐层段表现为比较明显的低密度异常。当岩盐质地均匀，含盐量稳定时，钻井扩孔现象不严重，井径曲线也表现为平稳的直线形态。总体而言，与砂泥岩地层相比，岩盐在电阻率、密度、伽马和声波曲线上，具有高阻、低密度、低自然伽马的异常特征（图9－2）。

二、人工合成地震记录制作与反射特征分析

经过对地震资料频谱分析，二维地震剖面目的层段深度不大，频率较高，主频40 Hz左右。采用40 Hz的雷克子波进行人工合成地震记录制作，并与井旁地震道对比。用来分析岩盐地震反射信号，以及主要地质界面的地震反射同相轴波组特征。

图9－3是ZK401井人工合成地震记录与XL1剖面井旁地震道对比。其中550～620 m井段，速度、密度、伽马和电阻率测井曲线都出现了不同程度的剧烈变化。据ZK401井钻井柱状图资料，这一井段岩性为层状构造的土黄色粉砂质泥岩，质地松软，遇水呈泥状，岩心破碎。井径曲线也反映出这一层段出现较大的扩张现象。上述岩性和钻井因素产生的速度和密度异常，导致合成记录700 ms处出现强振幅，中低频率的波形特征，与过井剖面XL1的井旁地震道难以对比。

根据ZK401井钻井资料，该井在779 m深度钻遇岩盐地层。岩性为白云质石盐（石盐含量70%～90%）和含石盐白云岩（石盐含量15%～20%）互层。石盐层段顶界即为

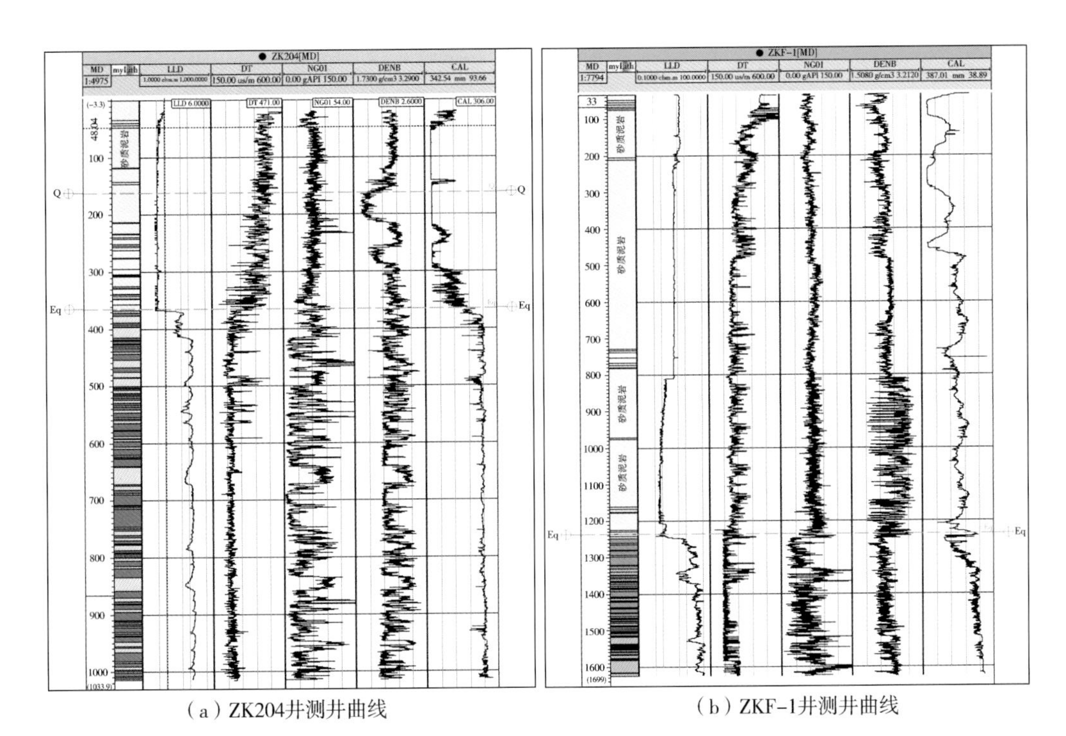

(a) ZK204井测井曲线　　(b) ZKF-1井测井曲线

图 9-2　硝口岩盐测井曲线特征

（岩性柱状图上深绿色部分为白云质岩盐，浅绿色为含盐白云岩）

白垩系顶界。在岩盐井段，声波、密度、伽马和电阻率都出现了比较明显的异常，岩盐地层表现为高波速、低密度，高电阻率等物性特征。井径曲线也变化平缓，说明岩盐井段岩性均值性较好，没有明显的扩孔现象。但是，图 9-3 表明，岩盐层段顶界并没有形成明显的地震反射信号。而 820～900 m 的强地震反射同相轴，应该是岩盐层段内部厚度和物性差异较大的白云质石盐与含石盐白云岩互层引起的地震反射。

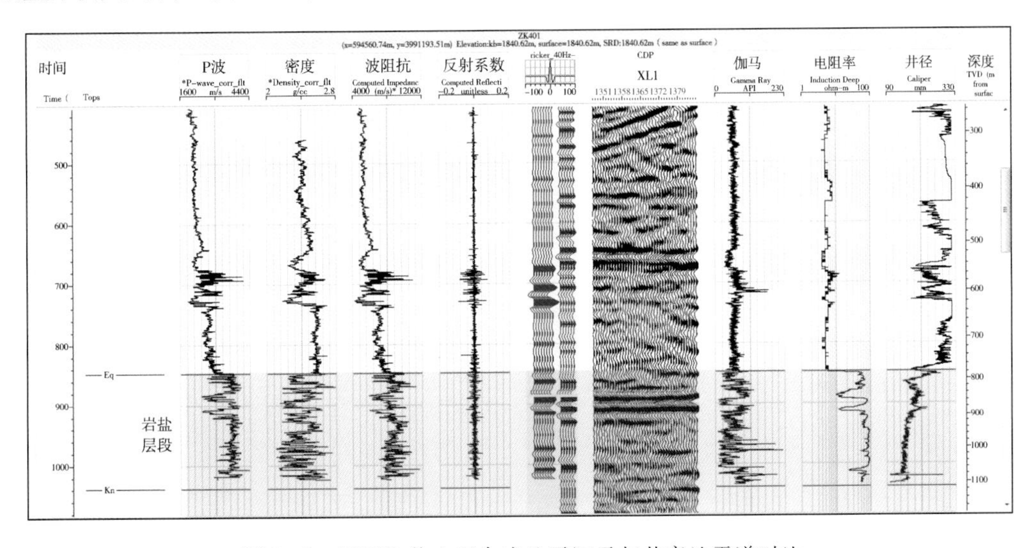

图 9-3　ZK401 井人工合成地震记录与井旁地震道对比

图9－4是ZK204井人工合成地震记录与XD3剖面井旁地震道对比。ZK204井在井深364 m钻遇岩盐。岩盐井段主要为白云质石盐（石盐含量60%～85%）和含石盐白云岩（石盐含量15%～20%）互层，部分井段夹少量石膏和芒硝。显然，白云质石盐具有明显的高波速、低密度、低伽马和高电阻率特征。石盐和白云岩互层的地层厚度不如ZK401大，引起测井曲线出现不连续的锯齿状跳变。岩盐井段的地震信号与ZK401井类似，也不具有明显的地震反射特征。

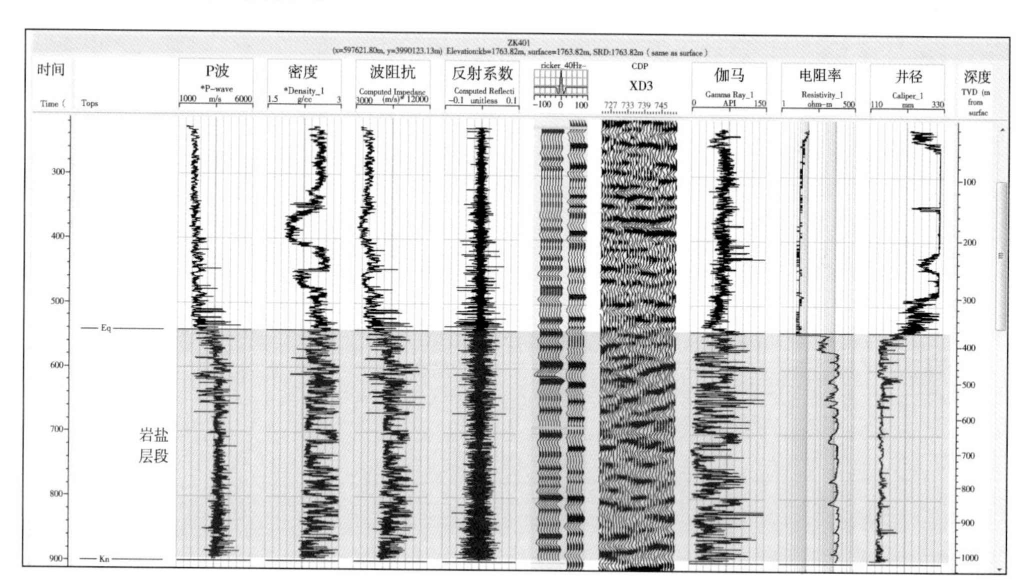

图9－4　ZK204井人工合成地震记录与井旁地震道对比

岩盐层段虽然具有比较明显的物性异常，但没有形成能量较强，波组特征明显的地震反射信号。首先，地震信号的强弱，主要取决于反射界面上下两套地层波阻抗的差值。通常，地质界面波阻抗差值越大，地震反射信号能量越强，越是能够在地震剖面上引起比较明显的地震同相轴。反之，如果上下地层之间没有较大的波阻抗差异，就不会有强反射地震同相轴相对应。换言之，即使上下地层岩性存在很大区别，或者地质界面多么重要，只要波阻抗差异太小，那么，在地震剖面上就不会形成特征明显的地震反射信号。

波阻抗曲线是P波速度和密度的乘积。对于岩盐而言，虽然具有高波速和低密度的物性特征，但二者相乘得到的波阻抗曲线，高波速和低密度异常特征相互抵消，结果导致在岩盐上顶面没有明显的波阻抗异常。波阻抗曲线和反射系数曲线，也在一定程度上能够解释为什么岩盐顶界物性异常明显，但没有明显地震反射信号的原因。波阻抗曲线和反射系数曲线都能反映这一现象。因此，反射系数和地震子波褶积得到的人工合成记录上，岩盐顶界的地震反射信号较弱，特征不够明显，在地震剖面上层位标定困难，解释工作难度较大。

此外，图9－4中ZK204钻井声测井曲线表明，岩盐井段的P波速度从浅往深是渐变而不是突变的。分析其原因，可能是地层中的岩盐受上覆地层中的孔隙水影响，部分石盐溶解后向上扩散并固结，造成岩盐层段与上覆地层之间的速度变化不够剧烈。垂向上渐变的地层速度也不会引起明显的地震反射信号。

三、连井剖面分析

图9－5是ZKIII－2－ZK辅－1－ZKVII－1－ZK401－ZK202连井剖面。ZKIII－2完钻深度1705 m，没有见到岩盐。ZK辅－1和ZKVII－1分别在井深1326 m和956 m钻遇岩盐层段，岩盐埋藏较深，ZK401和ZK202分别在井深778 m和343 m钻遇白垩系乃家河地层，白垩系与上覆古近－新近系呈不整合接触关系。岩盐层段岩性为白云质石盐和角砾状含石盐白云岩互层为主。该连井剖面说明岩盐埋藏深度由北西向东南逐渐变浅。ZKIII－2井虽然没有见到岩盐，但不一定说明该井位地区没有岩盐发育。很有可能该部位岩盐埋藏深度大，超过了ZKIII－2的完钻深度。由于上述几口井都没有钻穿岩盐层，无法分析岩盐层段底界。根据钻井资料，连井剖面东南位置的ZK401和ZK202井含白云质石盐单层厚度变小，含石盐白云岩（含盐量10%～15%）单层厚度较大；而北西方向的ZK辅－1和ZKVII－1两口井的含白云质石盐单层厚度大，含盐率高（70%～90%）。从图9－6中过井XL1地震偏移剖面可以看出，地层由NW向SE方向逐渐抬升。由此可见，石盐埋藏深度变化大，受构造控制作用明显。

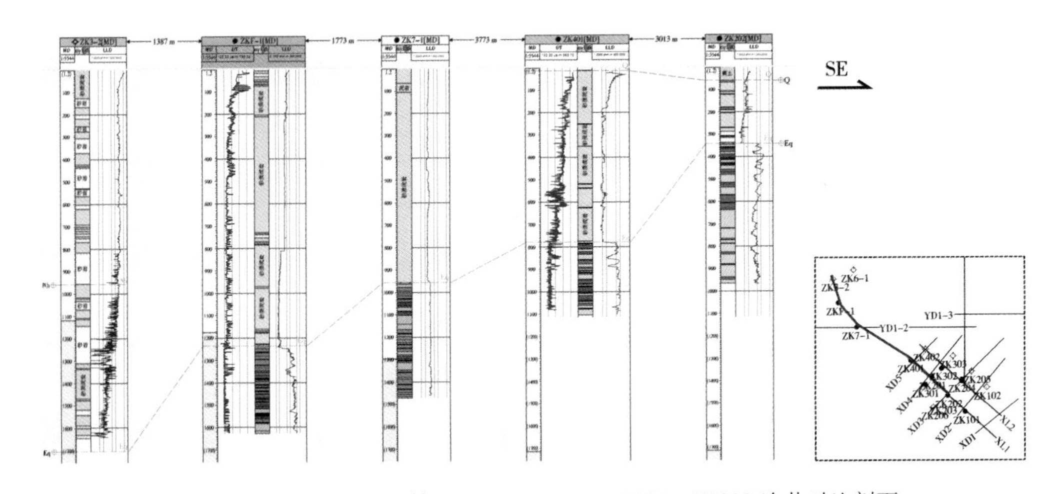

图9－5　ZKIII－2－ZK辅－1－ZKVII－1－ZK401－ZK202连井对比剖面

图9－7是过井ZK402－ZK302－ZK204－ZK102连井对比剖面。该剖面与图9－5中的连井剖面近于平行。其中ZK302和ZK204两口井分别于583.5 m和364.86 m钻遇富含岩盐的白垩系乃家河地层。ZK102井位于ZK204井南东方向，两口井相距仅1.56 km，完钻深度1519 m，没有发现岩盐地层；ZK402位于ZK302北西方向，两口井相距1.48 km，完钻深度1345 m，也没有发现岩盐地层。可见，该地区岩盐地层的分布比较复杂，白垩纪地层起伏大，岩盐富集程度受构造因素影响较大。

图9－8是硝口岩盐详查区ZK206－ZK202－ZK204－ZK205连井对比剖面，XD3地震

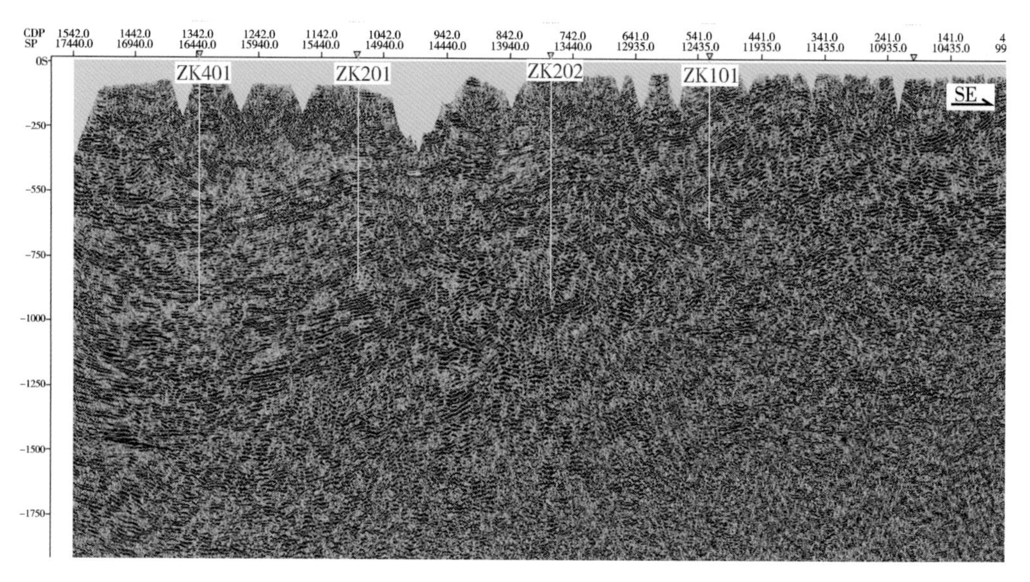

图 9－6　XL1 线二维地震偏移剖面

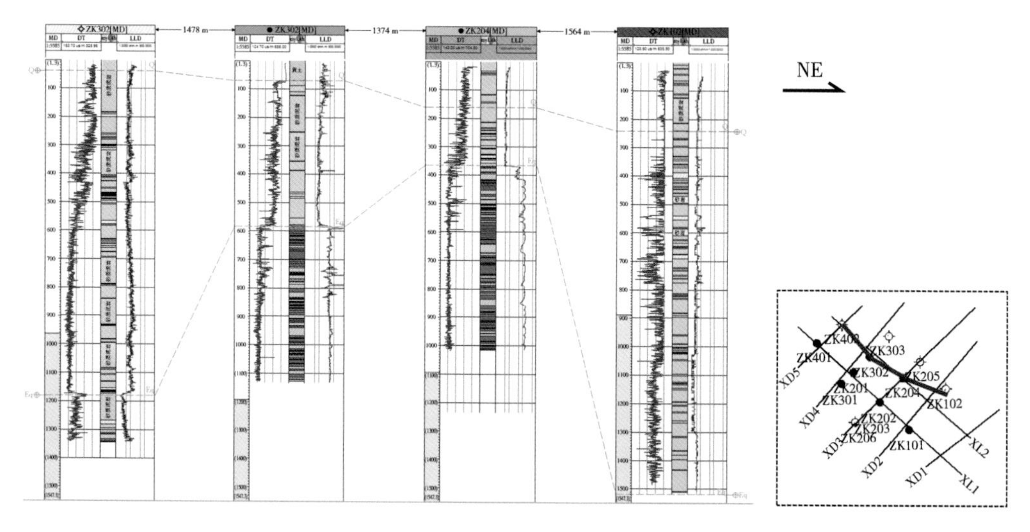

图 9－7　ZK402－ZK302－ZK204－ZK102 连井对比剖面

测线（图 9－9）与该连井剖面位置重合。ZK202 和 ZK204 钻遇岩盐，而东西两侧的 ZK206 和 ZK204 与这两口井相距仅仅 1 km 左右，并没有钻到岩盐。从 XD3 地震剖面上分析，ZK206、ZK202、ZK204 位于西侧的山前逆冲推覆带上。受多期强烈的逆掩推覆构造作用，ZK206 井位的白垩系乃家河地层被推挤并遭受剥蚀，岩盐被剥蚀殆尽。而 ZK205 位于固原凹陷一侧，乃家河组地层埋藏较深。

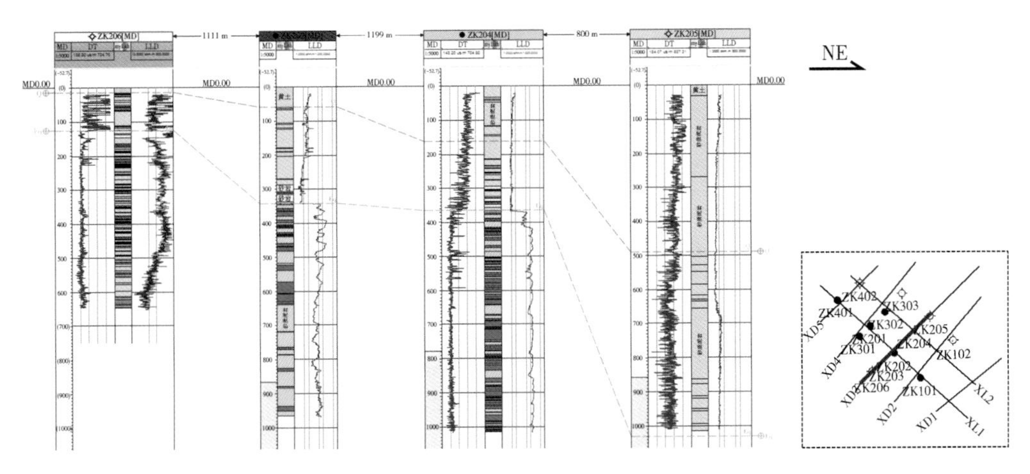

图 9－8　ZK206－ZK202－ZK204－ZK205 连井对比剖面

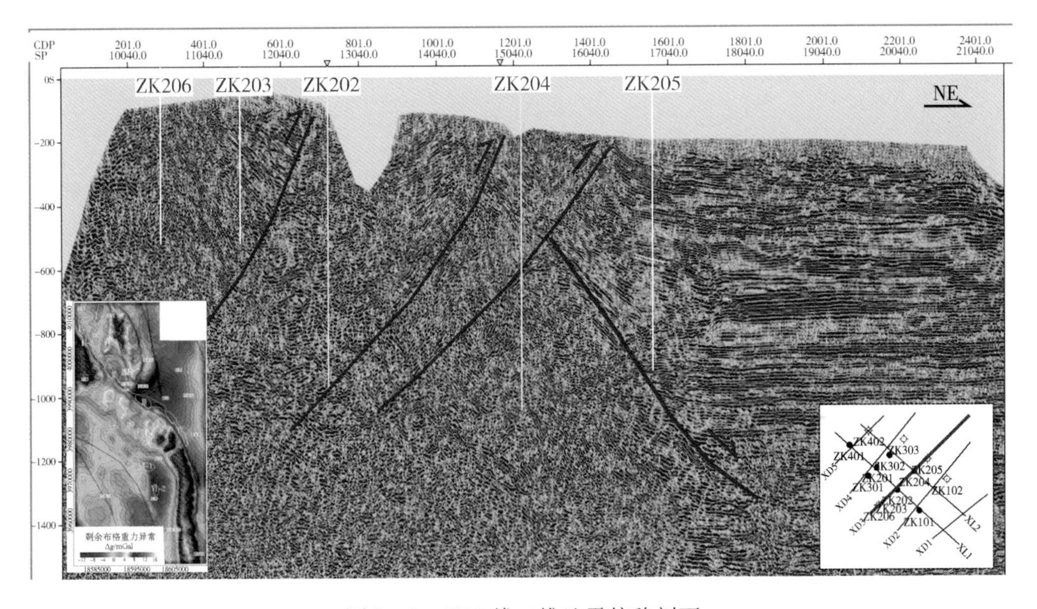

图 9－9　XD3 线二维地震偏移剖面

第五节　重力异常处理与解释

一、布格重力异常特征分析

硝口岩盐矿区地处六盘山盆地黄土塬地区，地表广泛覆盖的低密度黄土层，对重力异常影响较大，增大了重力资料解释和反演的难度。图 9－10 为硝口地区 1∶5 万地面地形图。

为了进一步分析该地区深部构造特征，将布格重力异常向上延拓 3 km，获得该地区区域重力异常［图 9－11（a）］。重力异常东西两侧较低，高重力异常在工区中部呈北西

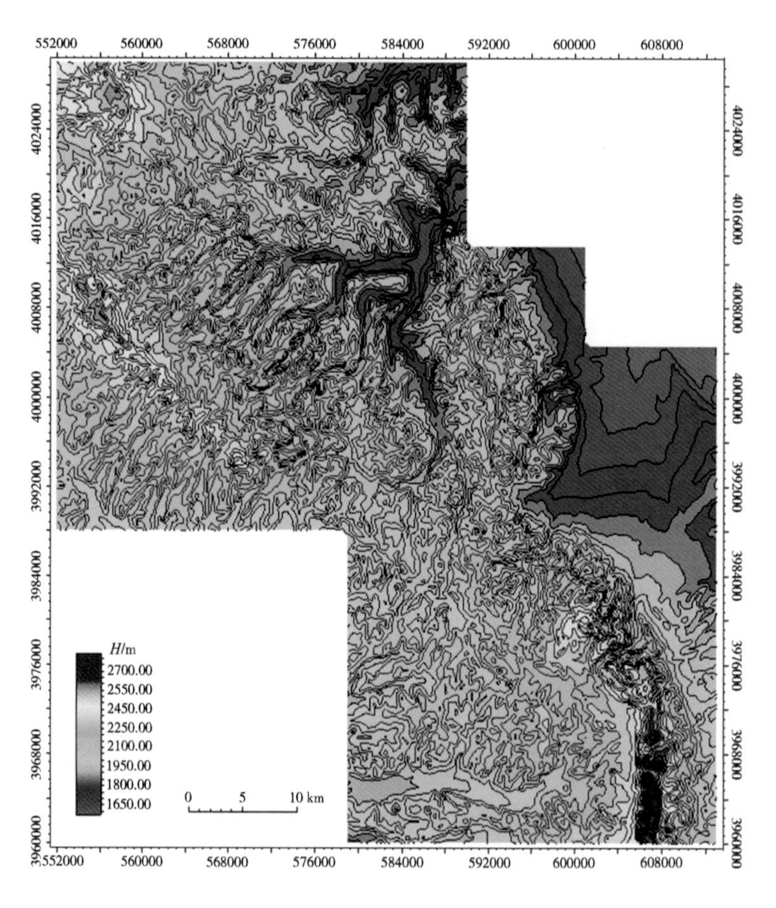

图 9-10　硝口地区 1∶5 万地面地形图

向条带状分布，与该地区二级断层和构造走向方向一致。该地区高密度地层在构造推覆作用下，造成地面隆起，同时在北侧和南侧分别有两个高重力异常带。

图 9-11（b）是向上延拓 3 km 重力异常所对应的剩余重力异常，由多个高低重力区带组成，不但能够反映工区局部凹陷和隆起的构造格局，还能够反映局部地区密度变化所引起的异常特征。

二、重力异常小波多尺度分解与分析

为了进一步了解低密度在该地区的重力异常特征，采用小波变换方法，将该剩余重力异常进行多尺度分解。图 9-12 是经小波多尺度分解后得到的各阶逼近、细节和逼近剩余部分。逼近剩余指的是小波变换前的重力异常与逼近部分的差值。其中，小波一阶细节比较杂乱，主要反映的是布格重力异常的扰动部分和噪声，没有太多的地质意义，因此没有显示。小波变换二阶细节［图 9-12(d)］与二阶逼近剩余部分［图 9-12(g)］分布特征和形态比较相似，主要反映了沿断裂带重力场梯级带重力局部异常信息，主要的重力场信息依然包含在二阶逼近部分中。三阶逼近部分［图 9-12(b)］异常圆滑，高低重力异常分别与工区内范围较大的隆起和凹陷相对应。而三阶逼近剩余部分［图 9-12(h)］在

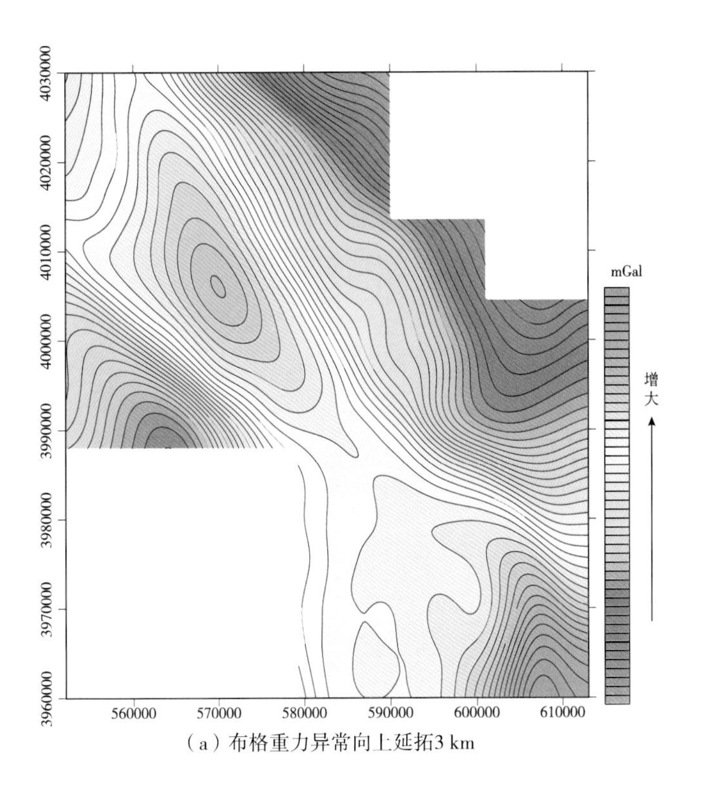

（a）布格重力异常向上延拓3 km

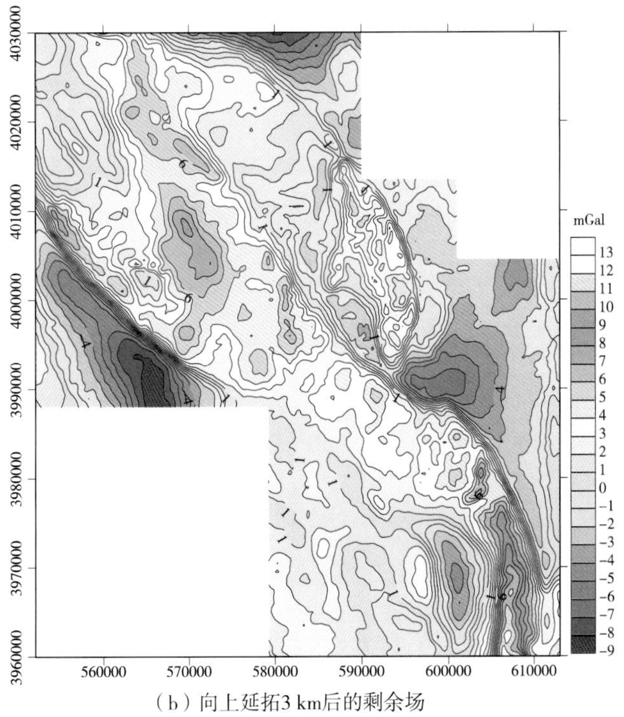

（b）向上延拓3 km后的剩余场

图9-11　硝口地区1∶5万重力异常向上延拓3 km及其剩余场（等值线单位mGal）

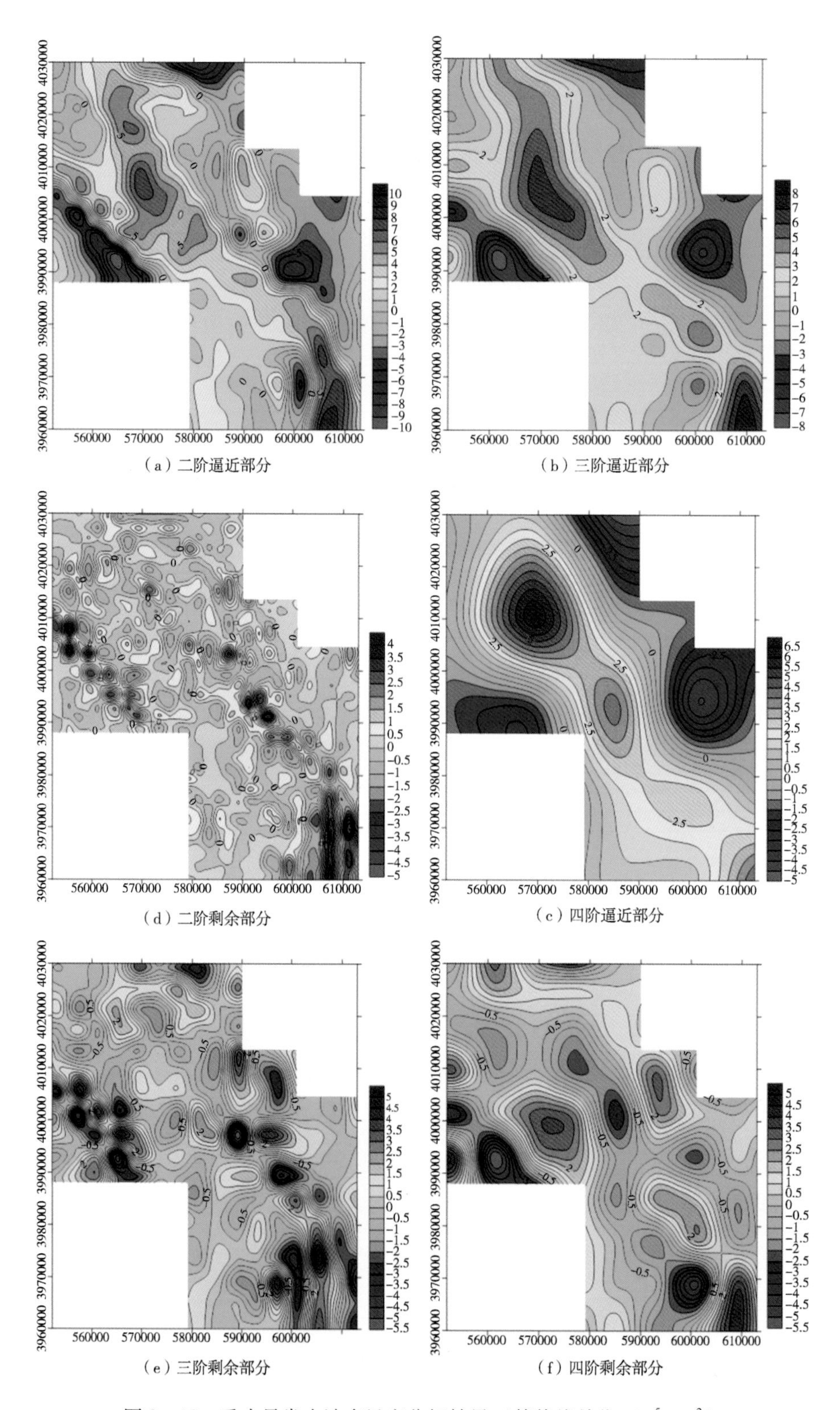

图9-12　重力异常小波多尺度分解结果（等值线单位$10^{-5}m/s^2$）

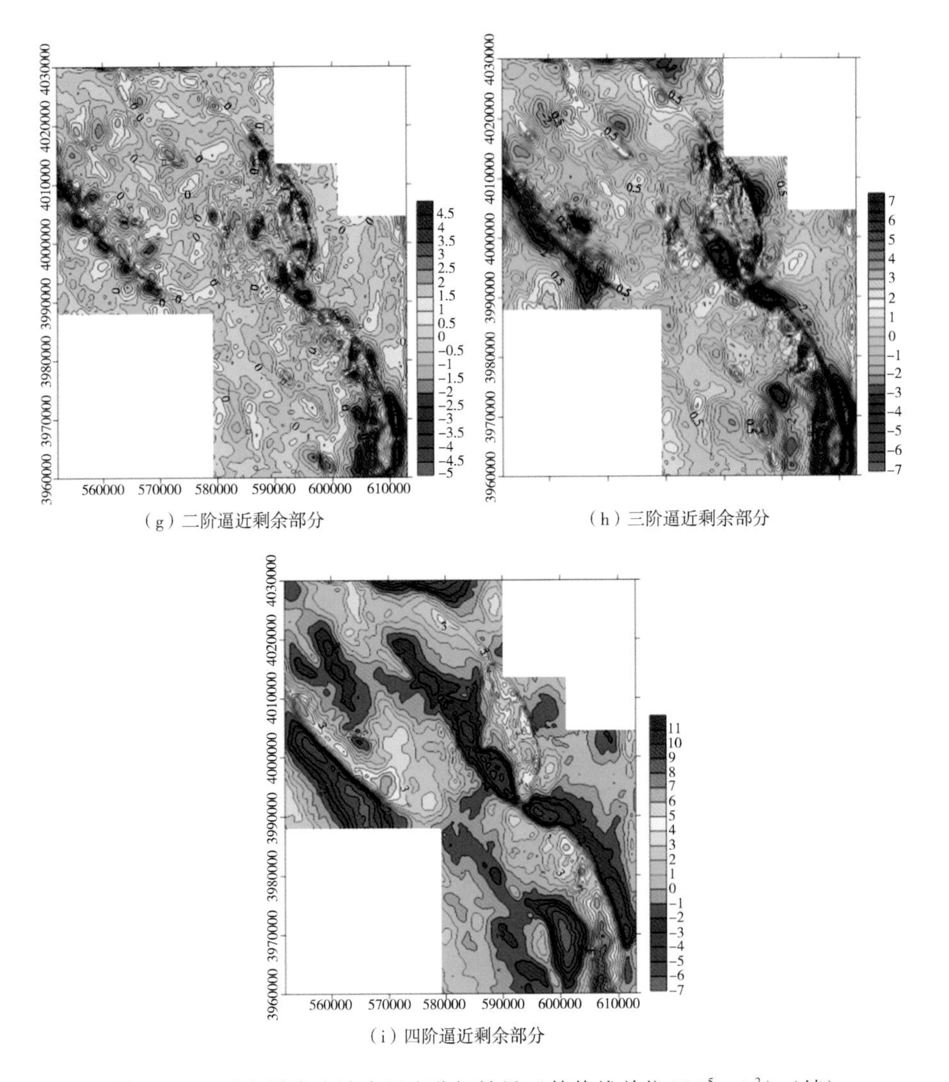

（g）二阶逼近剩余部分

（h）三阶逼近剩余部分

（i）四阶逼近剩余部分

图9－12 重力异常小波多尺度分解结果（等值线单位$10^{-5}m/s^2$）（续）

硝口岩盐详查区表现出明显的低值异常。低值异常条带在工区南部呈南北向展布，向北又转为北东向延伸。延伸方向与区内李俊－硝口－和尚铺区域性断裂带走向一致。四阶逼近部分［图9－12(c)］异常更加光滑，反映了更深的地质体和地质界面。条带状分布特征更加明显的四阶逼近剩余部分则反映了受断裂带影响，地层岩性的变化以及密度的变化特征。

为了进一步分析重力异常与见岩盐钻孔的位置关系，将图9－12(h) 中硝口预查和详查工区放大（图9－13)。显然，硝口地区钻遇岩盐的钻井位于低重力异常部位，岩盐钻孔的分布呈北东向长条状分布。地震资料揭示了重力低部位与逆掩推覆构造相对应，并没有明显的凹陷和岩盐反射特征，但由于岩盐具有低密度特征，与上覆古近－新近纪砂泥岩地层存在0.1～0.4 g/cm^3 的密度差，虽然埋藏深浅变化大，但岩盐厚度大，足以在地面上引起足够强度的重力异常。ZKF－1（即ZK辅－1井）西北侧的ZK3－2井（即ZKIII－2井）虽然没有钻遇岩盐，但从重力异常分布来看，有可能是因为岩盐埋藏深度大的原因。

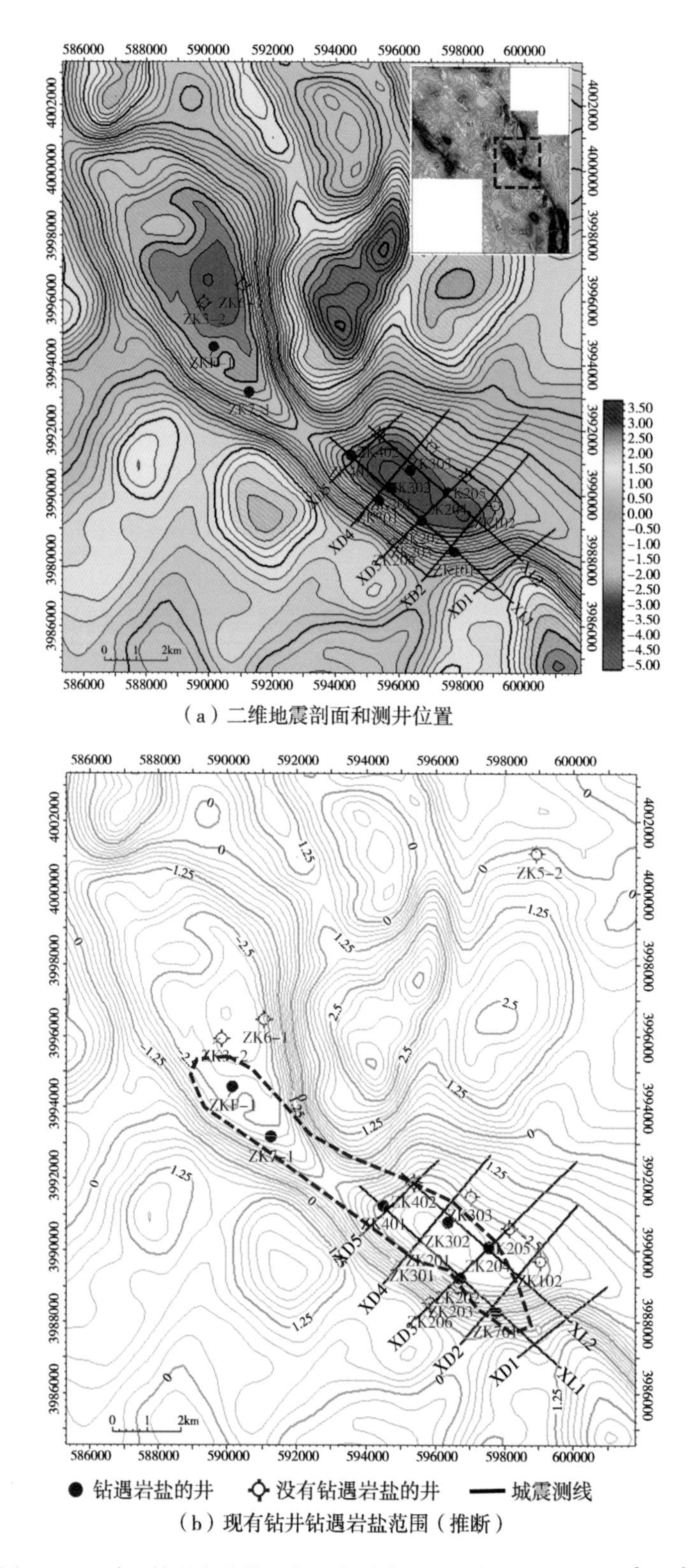

图 9-13　硝口钻遇岩盐井区与重力异常对比(等值线单位 $10^{-5}m/s^2$)

三、可控源音频大地电磁测深剖面电阻率异常分析

硝口岩盐预查区布置过三条可控源音频大地电磁测深（CSAMT）剖面，包括过井ZKVII－1的L1剖面。ZKVII－1井在956.65 m钻遇岩盐地层，岩盐具有高阻和低密度的物性特征，在L1剖面上（图9－14），与上覆古近系清水营组地层相比，具有比较明显的高电阻率异常。重力异常虽然不如CSAMT剖面上的电阻率异常明显，但在推断的岩盐区上方，也表现出低重力异常的趋势。利用电阻率反演剖面和重力异常，通过人机交互2.5D重力反演，可以建立起岩盐及其围岩的地学断面图。重力和CSAMT相结合的方法，在硝口岩盐调查过程中具有的一定的优势，便于进一步开展岩盐调查。

四、硝口地区岩盐成矿远景区预测

综合宁夏物勘院圈定成矿远景区及找矿靶区的依据，归纳为如下四条原则：

（1）下白垩统（K_1）沉积地层的分布区，有含岩盐层沉积的乃家河组（K_1n）存在，特别是次一级的断陷区。

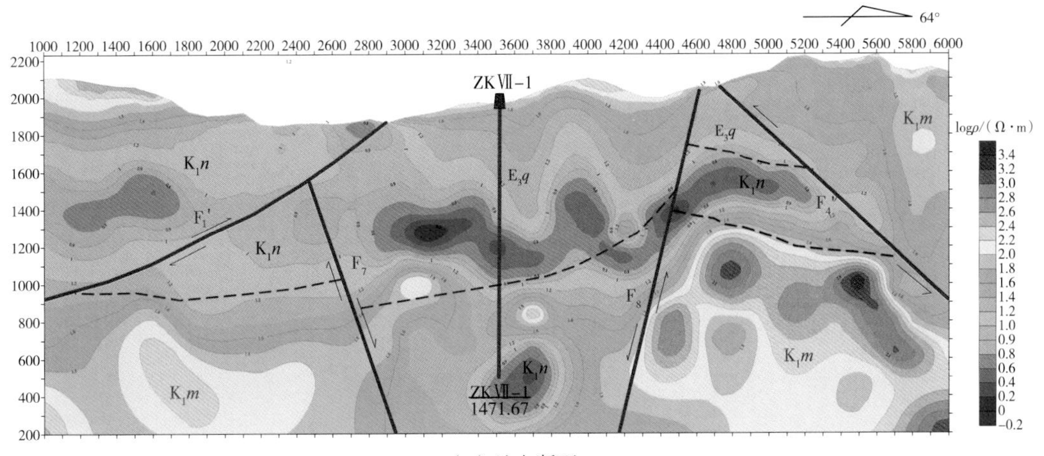

（a）地电断面

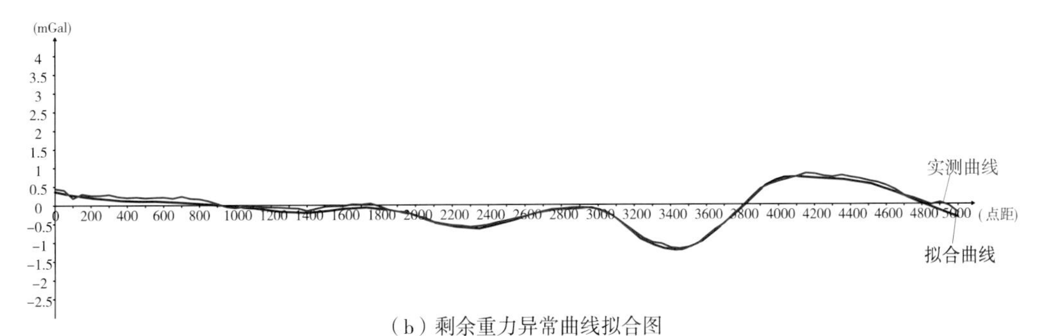

（b）剩余重力异常曲线拟合图

图9－14　硝口盐矿预查区L1线CSAMT和重力综合解释断面图

（据宁夏回族自治区地球物理地球化学勘查院，2014）

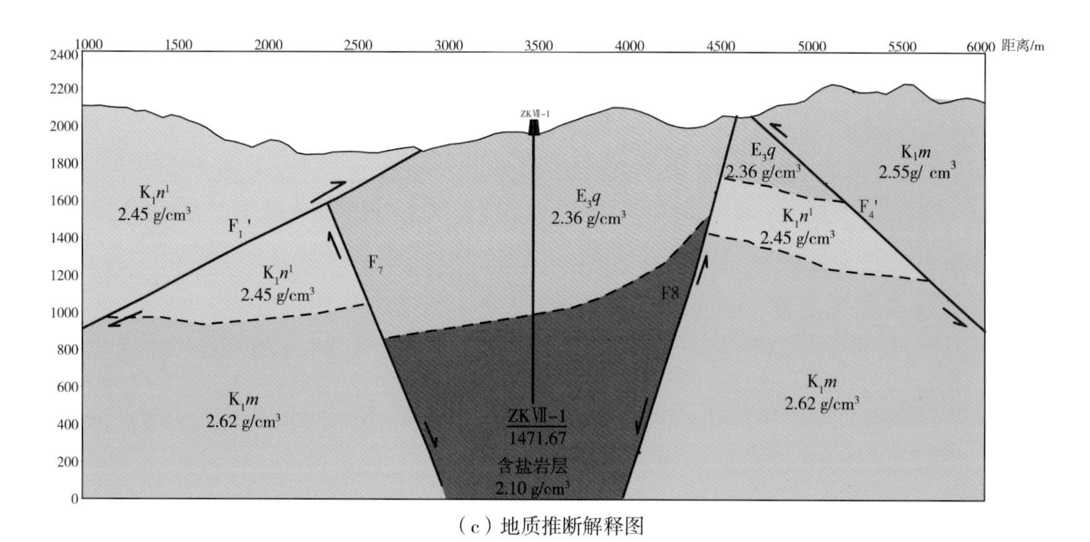

（c）地质推断解释图

图 9－14　硝口盐矿预查区 L1 线 CSAMT 和重力综合解释断面图（续）
（据宁夏回族自治区地球物理地球化学勘查院，2014）

（2）在剩余重力异常图上为局部重力低，在 CSAMT 地电断面上为中低阻。古近系清水营组（E_3q）电阻率为 5～15 Ω·m，下伏下白垩统乃家河组（K_1n）地层一般在 20～50 Ω·m 之间，含盐时电阻率降低，一般在 10～20 Ω·m 之间。与上覆地层有明显的电性差异。如图 9－14（a）为地电断面，（c）反映了钻孔钻遇下白垩统（K_1）地层情形。

（3）在地震剖面上，下白垩统（K_1）沉积层反射界面是 TK 反射层，乃家河组（K_1n）反射界面的波组特征目前的资料还无法识别。

（4）从硝口、孔家庄的叶家河两地钻孔所见岩盐矿体的分布，与剩余重力异常的对应关系分析：岩盐矿体的空间产出规律、赋存部位，明显受李俊－硝口－和尚铺区域性断裂带及次级断陷盆地的控制。因此，沿李俊－硝口－和尚铺一线分布的重力梯级带，以及旁侧的剩余重力负异常带，即重力小波分析三阶细节的逼近剩余部分局部重力低［图 9－12(h)］可作为在本区寻找或预测岩盐矿床的地球物理标志。此标志也可以作为其他地区预测标志。

遵循以上原则，将硝口地区岩盐远景区划分为两类（图 9－15）。第Ⅰ类地区为硝口岩盐详查区，该地区已经钻遇岩盐地层，建议下一步应该在北侧地区布置更深的钻井。第Ⅱ类远景区有两个，具有第Ⅰ类地区相似的构造条件和重力异常特征。建议在这两个地区布置地球物理和钻井工作。

第六节　海原－固原凹陷下白垩统地层的分布

由于重力勘探方法纵向分辨率低，单一依靠重力资料无法圈定与岩盐矿有关的下白垩统（K_1）地层的分布，而电法资料所表示的电性界面往往与密度或波阻抗界面不一致。

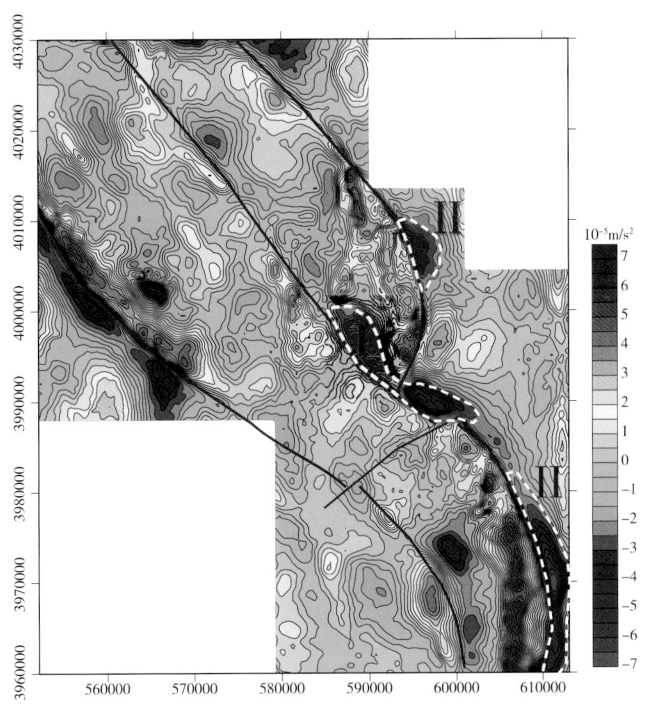

图 9-15　含岩盐远景区预测

因此，利用中国石化在海原-固原凹陷油气勘探的地震资料，对海原-固原凹陷下白垩统（K_1）等地层的分布进行解释。本次收集的海原-固原凹陷的地震剖面 10 条用于构造解释。同时还收集钻至白垩纪地层的井资料。

一、六盘山盆地白垩系地层分布概况

六盘山盆地南北向各井对比发现，乃家河组总体上呈现出自北向南厚度加大、粒度变细的特征，但盘参 4 井乃家河组厚度明显大于海参 1 井和盘中 2 井，岩石粒度也从盘参 4 井向盘中 1 井变粗；马东山组均表现为自下而上由粗变细的正韵律特征。说明海原凹陷和固原凹陷为六盘山盆地的两个相对独立的沉积中心，从凹陷边缘向凹陷中心马东山组—乃家河组地层厚度加大，岩石颜色变深，粒度变细、砂岩、砾岩减少，泥岩增多。

从东西向野外露头剖面分析，乃家河组总体上呈现盆地东西两侧薄，中心厚度大，粒度变细的特征，寺口子剖面厚度最大。马东山组也是整体上呈现东西薄，中心厚的特征，沉积物粒度相对乃家河组变粗，沉积中心位于寺口子东部的马东山剖面。

从两组地层可以看出，从马东山组到乃家河组盆地的沉降中心从东向西迁移，湖盆面积增大、水体变深。六盘山盆地在早白垩世马东山组—乃家河组沉积时期发育多个沉积中心，其中海原凹陷以盘参 4 井为沉积中心，一般厚 1000 ~ 1800 m；固原凹陷沉积中心分布不明显；沙沟断阶南部存在另一个沉积中心，但大多已经被逆冲推覆体所掩盖。

二、海原－固原凹陷速度分析与时深转换

2002年中国石化海参1井下古近－新近系底（TE）的设计深度为1850 m，而实际钻遇深度为1478 m，误差高达372 m。这是由于海原－固原凹陷井资料少，速度资料少，加上地层速度横向变化较大，不同年代的地震资料的海拔基准面及充填速度不一致，导致时深转换难度大，精度低。

由井资料得到地层深度和厚度，由过井地震剖面得到双程反射时间，采用多项式拟合法求得时深转换近似公式。选取距地震测网比较近的四口井：海参1井、盘参1井、盘参4井、盘中1井及其过井地震剖面进行时深转换研究，采用多项式进行拟合，得到时深转换曲线。

表9－6　时深转换结果及误差对比图

井号	井深度与反射时间		时深转换后的深度						以前的时深转换	
			三次多项式		四次多项式		五次多项式			
	时间/s	高程/m	高程/m	误差/m	高程/m	误差/m	高程/m	误差/m	高程/m	误差/m
海参1井	0.35	1650.0	1537.3	112.7	1534.1	115.9	1597.4	52.6	1611.6	38.44
	1.21	362.0	4183.9	－56.9	21.5	－59.5	423.2	－61.2	142.7	219.27
	1.39	182.0	92.9	89.1	95.1	86.9	151.8	30.3	－261.1	443.06
	1.94	－1540.0	－1390.3	－149.7	－1393.3	－146.7	－1408.9	－131.1	－1701.5	161.53
盘参4井	0.28	1718.0	1629.2	88.8	1626.4	91.6	1708.9	9.1	1697.6	20.39
	0.74	1003.0	1066.1	－63.1	1065.2	－62.2	995.9	7.1	1039.8	－36.81
	1.03	708.0	693.1	14.9	694.9	13.1	642.9	65.1	513.2	194.84
	2.01	－1484.0	－1647.5	163.5	－1651.0	167.0	－1703.2	219.2	－1907.2	423.20
盘中1井	0.51	1218.0	1339.5	－121.5	1336.5	－118.5	1336.1	－118.1	1395.9	－177.94
	0.78	1019.0	1017.7	1.3	1017.3	1.7	943.2	75.8	972.3	46.68
	1.21	400.0	418.9	－18.9	421.5	－21.5	423.2	－23.2	142.7	257.27
盘参1井	1.30	152.0	263.4	－111.4	265.9	－113.9	296.9	－144.9	－55.0	207.0
	1.53	53.0	－206.6	259.6	－205.4	258.4	－124.4	177.4	－598.2	651.18
	1.95	－1600.0	－1425.9	－174.1	－1429.0	－171.0	－1449.7	－150.3	－1730.6	130.60

表9－6是按新建立的时深转换关系计算的结果及与以前时深转换结果的对比，由表可以看出，新的时深转换公式计算的结果较之以前有明显的提高，如海参1井四个反射层的误差，新的五次多项式分别为52.6 m、61.2 m、30.3 m和131.1 m，而以前的时深公式的误差则为38.44 m、219.27 m、443.06 m和161.53 m。

上述在井资料的约束下，获得的五次多项式公式，用该公式计算的深度和井资料虽然比以前的二次多项式模式有较大改善，但仍有误差，为了进一步提高时深转换精度，我们利用多个井的五次趋势面时深转换结果与井深度的残差，在横向上又做了一次趋势面的拟合，目的是修正五次多项式时深转化的误差。通过第二次的修正，进一步提高了时深转换的效果。

三、海原－固原凹陷 L1～L10 剖面构造图与 TK 构造图

利用新的时深转换方法对其中的 10 条剖面进行构造解释，并编制时间剖面图和构造解释剖面图与 TK 构造图。通过对比分析我们可以得出：

（1）采用纵向上时深关系多项式拟合和横向上深度残差的多项式拟合相结合的时深转换方法，提高了时深转换的精度，如 TE 反射层，海参 1 井原来时深转换结果与井资料误差 372 m，用新的时深转换方法误差只有 1.1 m，盘参 4 井原误差 163 m，现误差 2 m，盘中 1 井原误差 119 m，现误差 7 m 等。

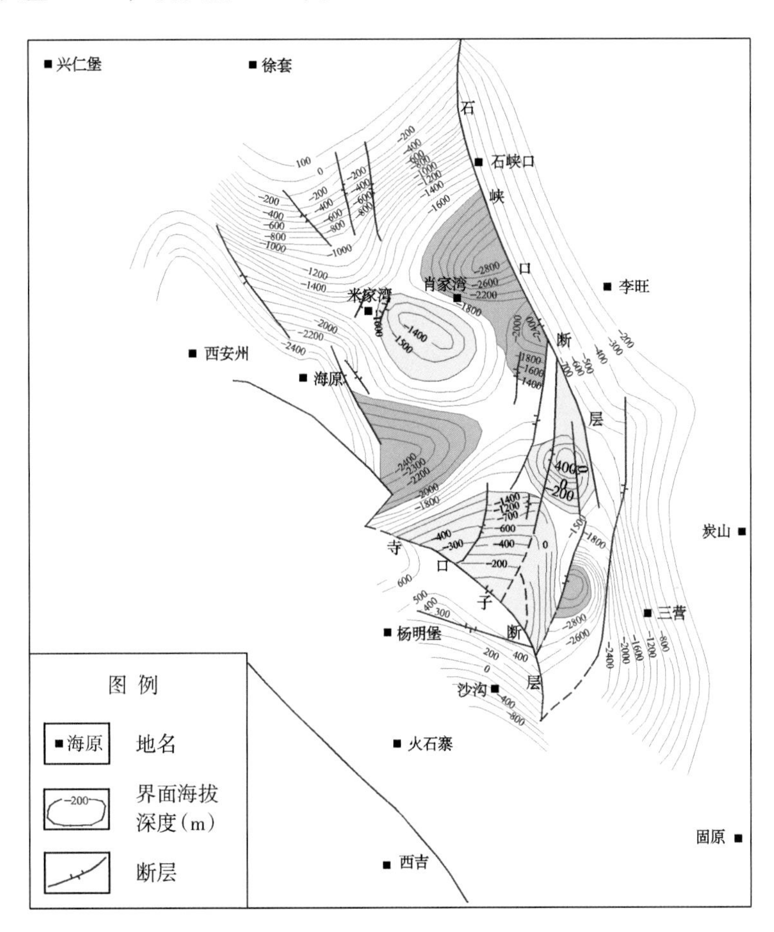

图 9－16 海原－固原凹陷 TK 反射层构造图

（2）用新的时深转换方法对其中的 10 条剖面进行构造解释，并编制时间剖面图和构造解释剖面图。并重新制作的 TK 构造图，总体面积与原来构造图基本一致，几个重要局部构造（肖家湾、郑旗、王家庄）范围不变，但局部构造幅度则有变化。

图 9－16 为白垩系底界 TK 构造图，黄色为埋深较浅的局部隆起，蓝色为埋深较大的局部凹陷。海原凹陷埋深大，最大深度约 3000 m。白垩纪地层分布具有东厚西薄和东断西超的特征，海原凹陷厚度最大，约 1600～2800 m。白垩纪地层仅发育下统，除梨花

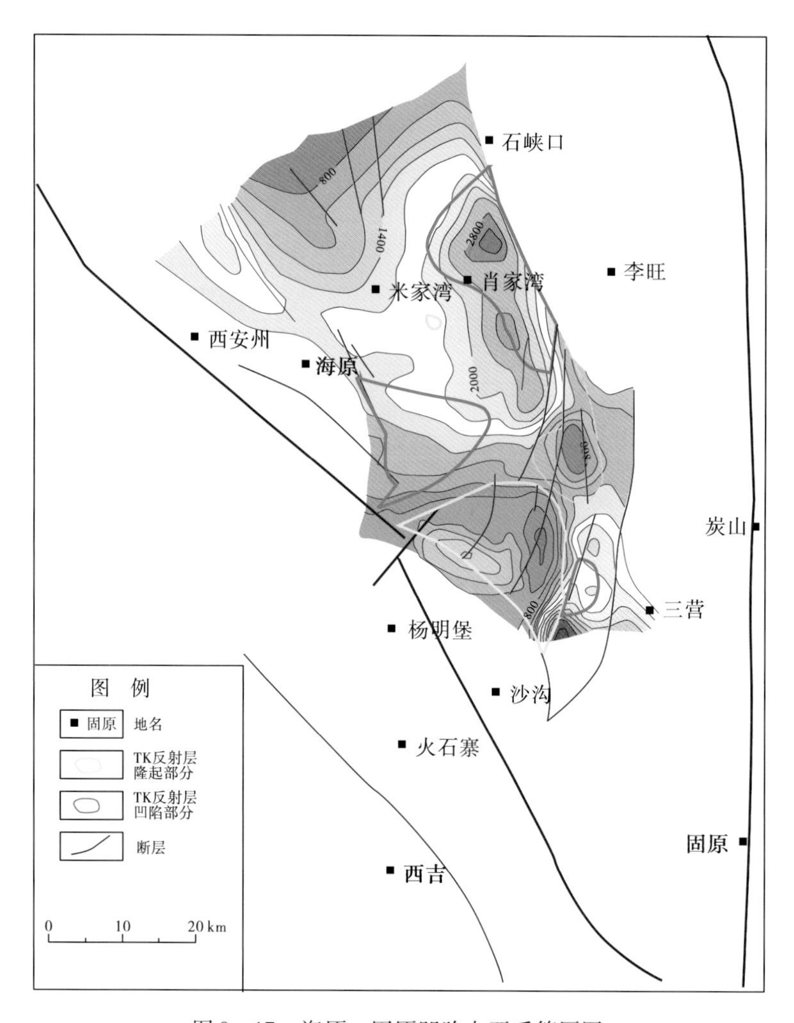

图 9-17　海原-固原凹陷白垩系等厚图

坪-徐套凸起有局部缺失外，在全盆广泛分布且厚度大。由上而下为：三桥组（K_1s）、和尚铺组（K_1h）、立洼峡组（K_1l）、马东山组（K_1m）和乃家河组（K_1n）。三桥组和和尚铺组为洪积、河流相的砾岩、砂岩等粗碎屑沉积，立洼峡组为砂砾岩和泥岩沉积，马东山组和乃家河组为泥岩、泥灰岩沉积。下白垩统最主要生油层为马东山组和乃家河组，暗色泥岩发育。

第七节　小　　结

（1）岩盐以白云质石盐（石盐含量 70% ~90%）和含石盐白云岩（石盐含量 15% ~20%）互层为主。岩盐沉积厚度大，密度低（平均 2.2 g/cm^3），与上覆古近纪地层存在 0.2 ~0.4 g/cm^3 密度差异。部分岩盐赋存在裂隙和破碎带中，含盐率不高。

（2）岩盐地层分布于下白垩统的乃家河组（K_1n），特别是次一级的断陷区。成矿时代为早白垩世乃家河组沉积期的晚期，矿层主要赋存于白垩系乃家河组上段中部地层。为隐伏矿床，地表多被新生界地层覆盖，矿床边界受构造控制。在大型逆冲推覆构造下盘及褶皱构造的核部可能是固体盐硝矿的赋存部位。

（3）在岩盐井段，岩盐表现为高波速、中低密度，高电阻率、低伽马等物性特征。井径曲线也变化平缓，均值性较好，没有明显的扩孔现象。但岩盐层段顶界地震反射信号不明显，而岩盐层段内部白云质石盐与含石盐白云岩互层，由于厚度和物性差异较大，可以引起比较强的地震反射。

（4）岩盐地层沿李俊－硝口－和尚铺一线分布的重力梯级带，以及旁侧的剩余重力负异常带，即重力小波分析三阶逼近剩余部分的局部重力低，是岩盐发育的有利区带。根据剩余重力异常及构造特征，划分了两类共三个有利远景区。

（5）海原凹陷白垩纪地层分布具有东厚西薄和东断西超的特征，海原凹陷厚度最大，约1600～2800 m。白垩纪地层仅发育下统，除梨花坪－徐套凸起有局部缺失外，在全盆广泛分布且厚度大。

第十章
六盘山盆地油气资源远景

本章主要论述六盘山盆地构造单元的划分与油气资源远景评价，主要依据是中国石化集团公司在六盘山地区的资料。

第一节　地质概况

一、区域构造特征

六盘山盆地位于华北古板块的南部边缘，为河西走廊向东的延伸。盆地演化经历了七个阶段：①早元古代统一大陆形成期；②中晚元古代秦祁贺三叉裂谷形成期；③寒武－奥陶纪秦祁洋盆地形成期；④志留－泥盆纪前陆盆地形成期；⑤石炭－三叠纪类克拉通盆地形成期；⑥侏罗－白垩纪克拉通边缘断坳盆地形成期；⑦古近－新近纪再生前陆盆地形成期，最终形成了三套沉积盖层的叠合性盆地，属于多世代、多原型叠合的小型复杂盆地。

区内构造以向北东突出的弧形隆起构造带与沉积凹陷带相间排列为其主要特征。盆地发育了一系列呈叠瓦状向北西向延伸，且凸出于北东向的弧形逆冲断层，这些逆冲断层平面分布具有东部密集，西部稀疏的特征。受其影响，盆地构造总体表现为东部逆掩带复杂，西部相对简单。海原凹陷呈北西向分布，北宽南窄，平面形态轮廓呈一楔形。构造走向主要为北西向。

二、地层特征

六盘山盆地为华北古板块和柴达木微古板块之间挟持的山间盆地，其下古生界褶皱基底之上，沉积了上古生界—新生界，沉积厚度一般3000～5000 m，最大8000 m。其中下白垩统马东山组—乃家河组、中下侏罗统—上三叠统为盆地主要勘探目的层系。下白垩统埋深1000～3000 m，中下侏罗统—上三叠统埋深一般2000～4000 m。

下白垩统分布广泛，盘参4井等五口探井及盘浅1井等地质浅井证实，马东山组在盆地中部岩性以深灰、灰色泥岩、灰质泥岩为主，向北部岩性变粗，向南灰质岩增厚，其地层总厚752～1246 m；乃家河组主要出露于六盘山一带，岩性为深灰色钙质泥岩、泥岩夹泥灰岩，厚317～620 m。

中下侏罗统仅盆地西北角的盘探3井钻遇，在盆地东缘、窑山及盆地西缘均有出露，是一套河流、沼泽和滨浅湖相的砂、泥互层式含煤建造，厚500～1200 m。

上三叠统在盆地北缘、东缘均有分布，盆地西北角的盘探3井揭示其岩性以灰色、深灰色或黑色泥岩、粉砂岩为主，夹少量煤线，厚300～1500 m。

三、油气显示

六盘山盆地为一油气远景较大的盆地。区内及其周缘油气显示十分丰富，共发现地面油气显示33处，井下油气显示14口，产状以裂缝含沥青为主，气苗及荧光为次，个别为晶洞含油。其中石炭系油苗二处，侏罗系油苗一处，古近－新近系油苗三处，其余均为白垩系油苗。

四、生储盖特征

区内主要发育两种类型、四套生储盖组合：

自生自储型：下白垩统、中侏罗统—上三叠统及石炭系可形成自生自储自盖式生储盖组合。

古生新储型：油源层为下白垩统、中侏罗统和石炭系，储集层为古近系寺口子组，盖层为清水营组，岩性为红色砂质泥岩夹膏岩，厚度可达300 m以上。

五、基底特征

六盘山盆地具有双重基底。下部具有与陕甘宁盆地相同的结晶基底，即太古界与下元古界结晶基底，其上的上元古界和下古生界，由于加里东运动的强烈改造使其褶皱变质，成为六盘山盆地的褶皱基底。区内加里东褶皱基底以上的盖层有石炭系、二叠系、侏罗系、白垩系及新生界。

第二节　勘探程度与取得的主要成果

一、工作程度

六盘山盆地的勘探研究工作始于20世纪50年代。截至2000年10月，全区共完成1∶20万重力、磁力测量（海原、固原凹陷1∶5万重力详查）；电法剖面15条，共1341 km；数字地震1793 km，其中120次覆盖数字地震360 km；钻井95口，其中探井6口，进尺13672.8 m，浅井89口，进尺43543.19 m。

2001年中国石化西部项目经理部部署了地震攻关试验测线8条，满覆盖343 km，1∶10万非地震（电法MT、重力）综合大剖面3条；化探普查2583 km^2，化探详查964 km^2，EMAP详查13条，共182 km。

二、取得的主要成果

（1）六盘山盆地发育三套烃源层系，以上三叠－中下侏罗统为主力烃源层；

（2）六盘山盆地存在五套储层，以上三叠－中侏罗统和下白垩统三桥－立洼峡组为主；

（3）六盘山盆地发育五套生储盖组合，以 T_3-J_2 自生自储和 $T_3-J_2-K_1$ 正常式组合为主；

（4）六盘山盆地构造与油气生排烃史时空配置较好，有利油气成藏；

（5）六盘山盆地资源潜力大、资源丰度高、主要集中于三叠－侏罗系；

（6）海原、固原凹陷油源充足，构造较发育，井下油气显示丰富，圈闭与化探异常、局部重力高吻合性好，为有利凹陷；兴仁堡凹陷、沙沟断阶、石峡口断阶为较有利勘探区。

第三节　岩石物性特征

一、岩石密度特征

测区内新生界覆盖甚广，前新生界基岩密度标本采自于香山、炭山、西华山及南华山等山区。密度标本分别由下元古界—第四系的岩石构成，具有一定的代表性。第四系松散沉积物的平均密度值为1.9 g/cm^3。蒸发岩（石膏）及黏土质岩（泥岩、页岩）的密度值为2.3 g/cm^3，地层的密度分布影响不大。

陆源碎屑岩普遍低于海相碳酸岩的岩石密度值，前者一般小于2.60 g/cm^3。后者在2.60～2.7 g/cm^3 之间变化，本区寒武系、奥陶系在沉积层中为相对高密度体，而上古生界、中、新生界各层系的岩石密度值相对偏低，因此在海陆相地层之间存在明显的密度差异，其间为一连续、明显的密度界面。

出露于南华山、西华山及月亮山等地的下元古界海原群是一套原岩为基性火山岩、碳酸盐岩变质而成的绿片岩和大理岩，岩石密度值在2.74～2.84 g/cm^3 之间变化，是六盘山盆地内平均密度值最高的岩石类别。

二、地层密度特征

（一）第一密度层

对应第四系疏松沉积层，密度值为1.9 g/cm^3。它与下伏古近－新近系呈不整合接触。密度差为0.35 g/cm^3。盆地内部第四系厚度变化为0～500 m。清水河谷、海原－贾塘一带厚约150～270 m，关桥－双河堡一带厚度约几十米。由于该层与下伏地层的密度差异较大，且近地表，因此对重力场局部形态影响较大。

（二）第二密度层

由古近－新近系组成，密度值在2.20～2.30 g/cm^{3}之间，平均2.25 g/cm^3。

区内古近－新近系较发育，厚度变化为200～2000 m，与下白垩统总体呈平行不整合接触，两者之间密度差为0.2 g/cm^3。因此该密度层对重力场总体呈区域性影响，但幅度不大。

（三）第三密度层

对应白垩系至三叠系，平均密度为2.45 g/cm^3。该层在盆地内分布广泛，厚度从几百米到几千米，变化较大，按正常地层沉积层序，该层与下伏密度层的密度差为0.05 g/cm^3。

（四）第四密度层

对应石炭－二叠系，地层平均密度为2.5 g/cm^3。本区该层经历了加里东晚期－华力西期构造运动。地壳隆降频繁，断裂褶皱强烈。因此，该密度层分布范围有限，难以形成区域性的连续密度界面。

（五）第五密度层

对应下古生界，其厚度大于6000 m。平均密度为2.70 g/cm^3。这是一套海相基性火山岩、复理石及碳酸岩盐建造。密度值高且稳定。由于第四密度层局部缺失，因此该层与上覆密度层的差异为0.13～0.22 g/cm^3，为一分布范围广且连续的密度界面，它基本控制了区内布格重力异常的分布形态。

地层密度及分层详见表10－1。

表10－1 六盘山盆地地层密度及分层表

密度层	层位	密度/(g·cm^{-3})	密度差/(g·cm^{-3})
第一密度层	第四系	1.90	0.35
第二密度层	古近－新近系	2.25	0.20
第三密度层	白垩－三叠系	2.45	0.05
第四密度层	石炭－二叠系	2.50	0.20
第五密度层	下古生界	2.70	

三、电性特征

选用不同构造部位典型曲线正、反演结果来确定不同构造部位地层的电性特征。

（一）中央凹陷电性特征

依据 MT 点曲线正、反演结果，该凹陷带主要有六个电性层。
第一电性层（表层高阻）：电阻率 10 ~ 50 Ω · m；
第二电性层（低阻层）：电阻率小于 10 Ω · m；
第三电性层（次高阻层）：电阻率 10 ~ 35 Ω · m；
第四电性层（相对高阻层）：电阻率 30 ~ 60 Ω · m；
第五电性层（相对低阻层）：电阻率 20 ~ 40 Ω · m；
第六电性层（电性基底）：电阻率大于 100 Ω · m。

（二）东部斜坡带

与中央凹陷相比，部分地区缺失第五电性层，相应电性层减薄，但电阻率相对高低一致。

（三）南西华山隆起带

与中央凹陷相比，缺失第四、第五电性层，第一、第二电性层缺失或变薄，白垩系大片出露。

综合分析认为该区存在六套电性层，具备了电法勘探物质基础，电性层与地层的对应关系如下：
第一电性层：电阻率 10 ~ 50 Ω · m，对应第四系及部分古近 – 新近系；
第二电性层：电阻率小于 10 Ω · m，对应古近 – 新近系；
第三电性层：电阻率 10 ~ 35 Ω · m，对应白垩系；
第四电性层：电阻率 10 ~ 60 Ω · m，对应侏罗系；
第五电性层：电阻率 20 ~ 40 Ω · m，对应石炭 – 二叠系；
第六电性层：电阻率大于 100 Ω · m，对应前石炭系。

第四节　1 : 20 万重磁资料处理解释

一、重磁资料解释处理流程图

重磁资料处理解释流程如图 10 – 1 所示。

二、区域重磁场特征

图 10 – 2(a) ~ (d) 分别是六盘山盆地布格重力异常图和向上延拓 1 km、5 km、10 km、20 km 平面等值线图。由图可以看出，六盘山盆地主体是一个北北西向呈倒三角形的区域重力低带，其重力低的中心在海原 – 冯家湾 – 肖家湾 – 郑旗一带，面积逾 3000 km^2，异常宽缓，幅值较大，是六盘山盆地的中央坳陷区。中央坳陷区内又可以分

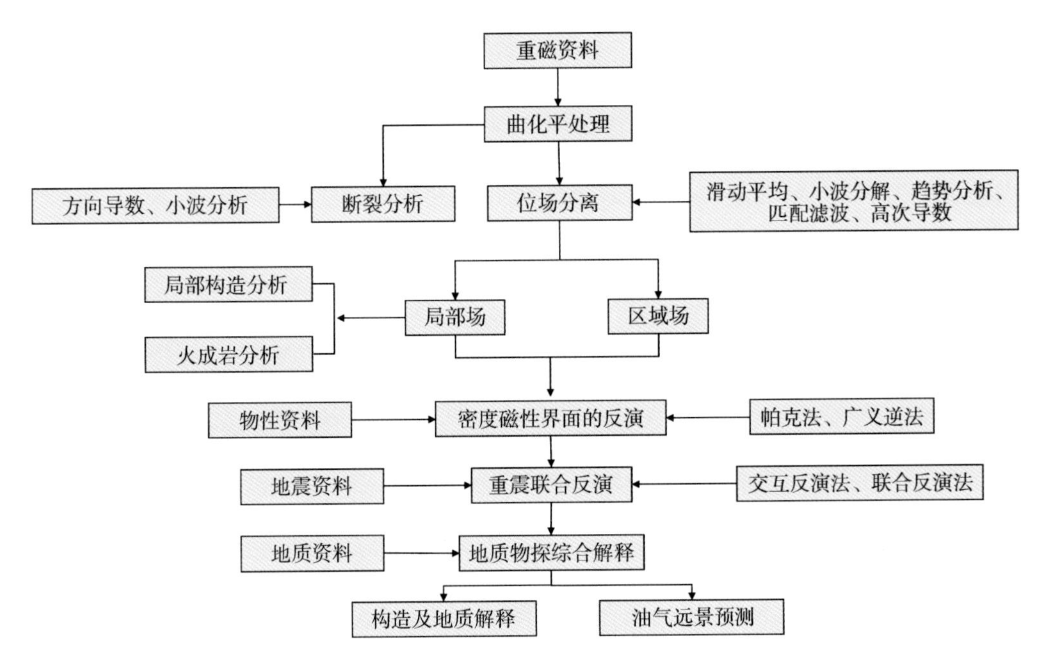

图 10－1　重磁资料处理解释流程图

为贾塘、关桥－肖家湾－米家湾、西安州三个局部重力低，其外围北部有兴仁堡、贺家口子重力低，南部有马家庄－头营重力低。中央坳陷与外围兴仁堡、贺家口子重力低构成三叉形态，说明凹隆格局受秦祁贺三叉裂谷控制。中央坳陷区的西侧西安州－曹洼－沙沟为北西向线性梯度带（即沿西华山、南华山、石窑子东侧）。这条北西向重力梯度带是北祁连加里东褶皱带与走廊过渡带的分界，界线西南加里东褶皱层埋深1000 m左右，在其前缘西华山、南华山可见下元古界逆冲而上，覆盖于新生界之上。在中央坳陷区东侧的喊叫水－贺家口子－黄谷川－黑城－头营是一条北北西向线性梯度带，向东是北北西向串珠状正负相间的异常带，重力高低相间排列，具地槽褶皱特征，到盆地东缘小罗山－包头水－炭山已渐变为南北向构造。异常相对平稳，展现地台区的重力场特征。

重力异常向上延拓至20 km，中部的重力低已由北北西向转为南北向，反映了该区深部重力场源（深度约30～50 km）与浅层构造的地质背景已完全不一样。

1：20万 ΔT 磁异常图中磁异常比较平静，反映了火成岩活动不甚剧烈（图10－3）。

三、下古生界褶皱基底顶面与莫霍面重力场的提取与反演

对实测重力场进行小波多尺度分析，并计算各阶小波逼近的对数功率谱以及它们的场源深度。二阶小波逼近的功率谱计算的场源深度为4.98 km，把二阶小波逼近作为褶皱基底起伏产生的场（图10－4）；四阶小波逼近的功率谱计算的场源深度为43.46 km，把四阶小波逼近作为深部莫霍面起伏产生的场（图10－5）。

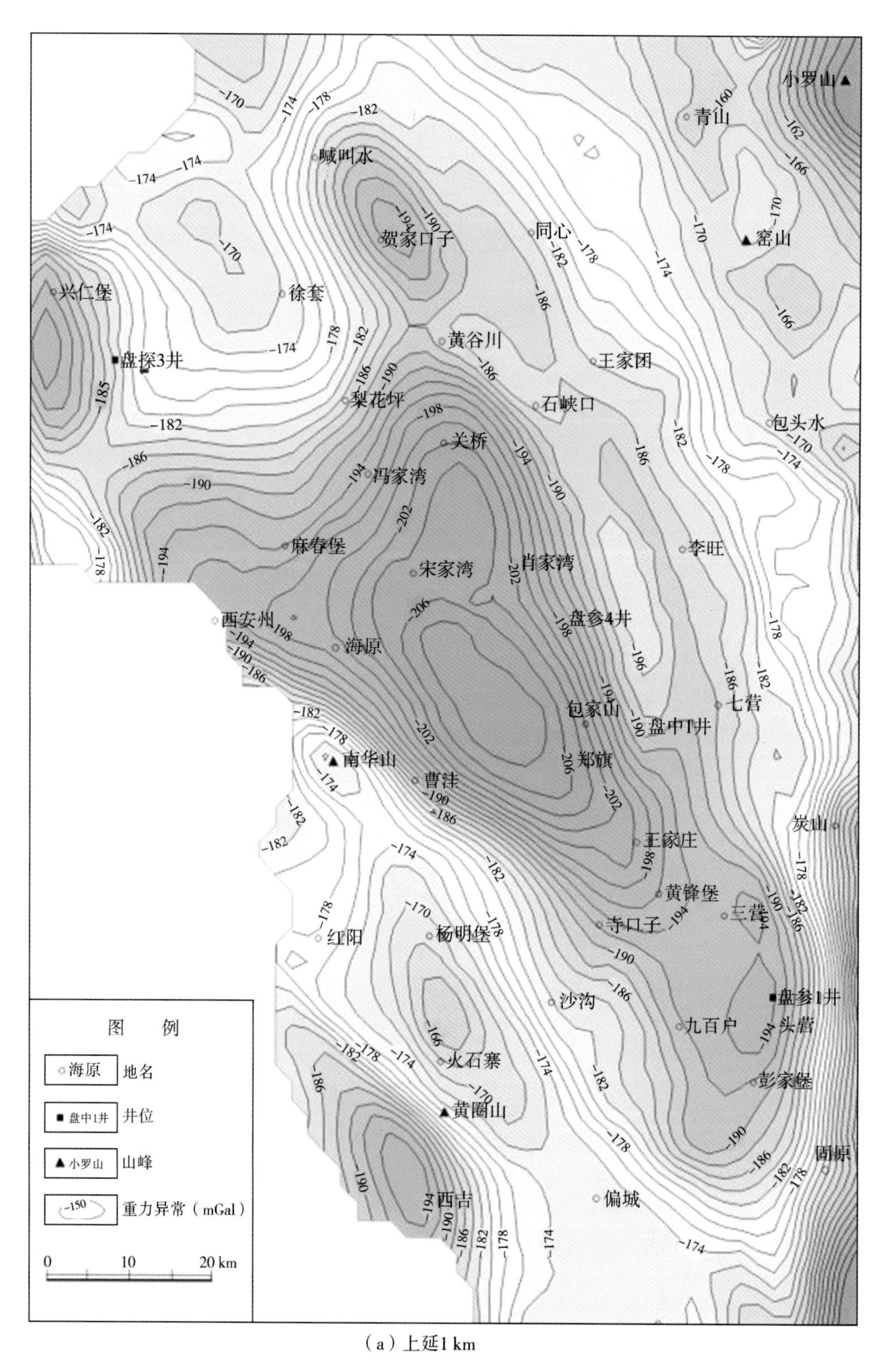

（a）上延1 km

图10－2　六盘山盆地布格重力异常及上延1 km、5 km、10 km、20 km

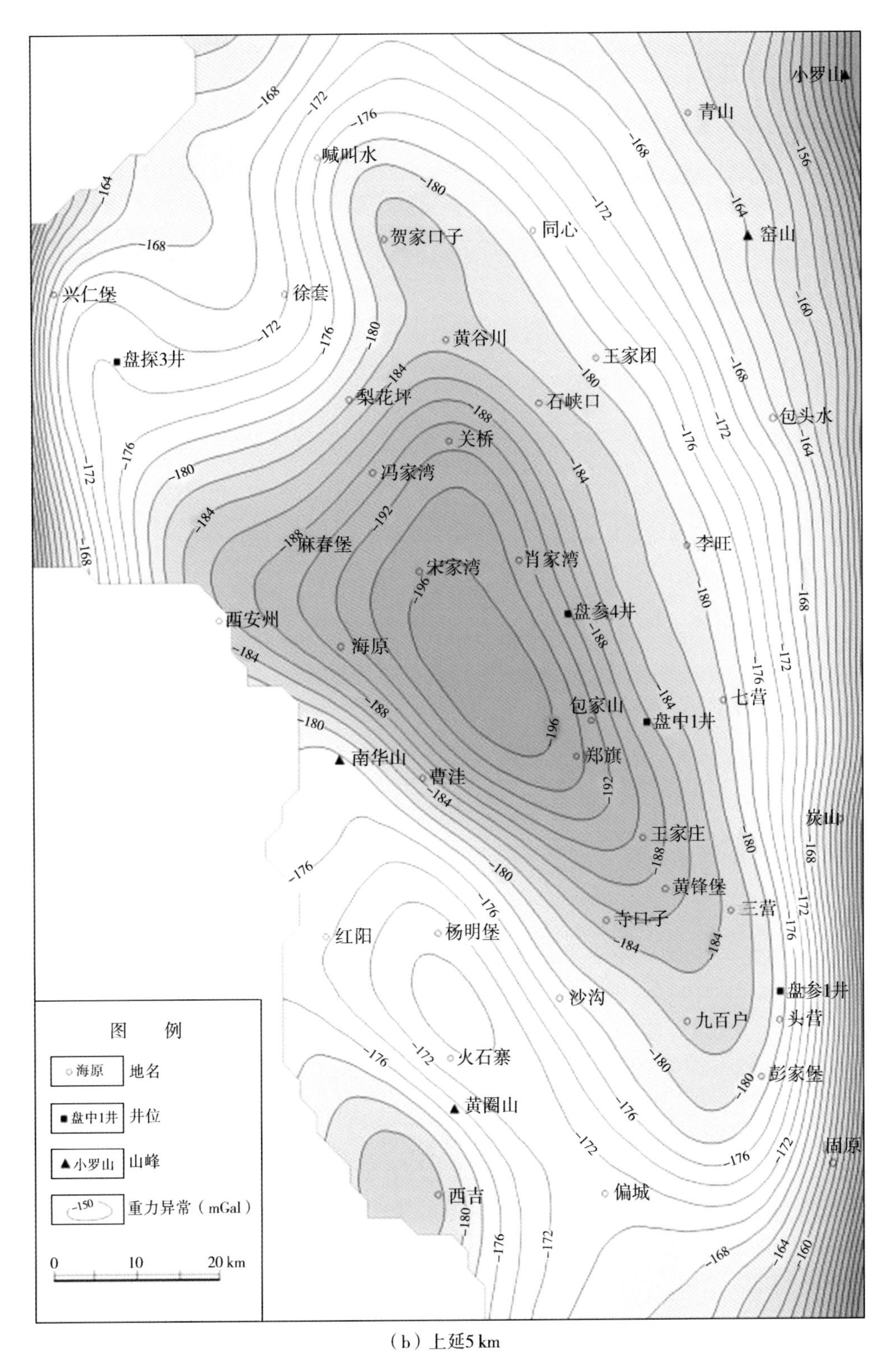

（b）上延5 km

图 10－2　六盘山盆地布格重力异常及上延 1 km、5 km、10 km、20 km（续）

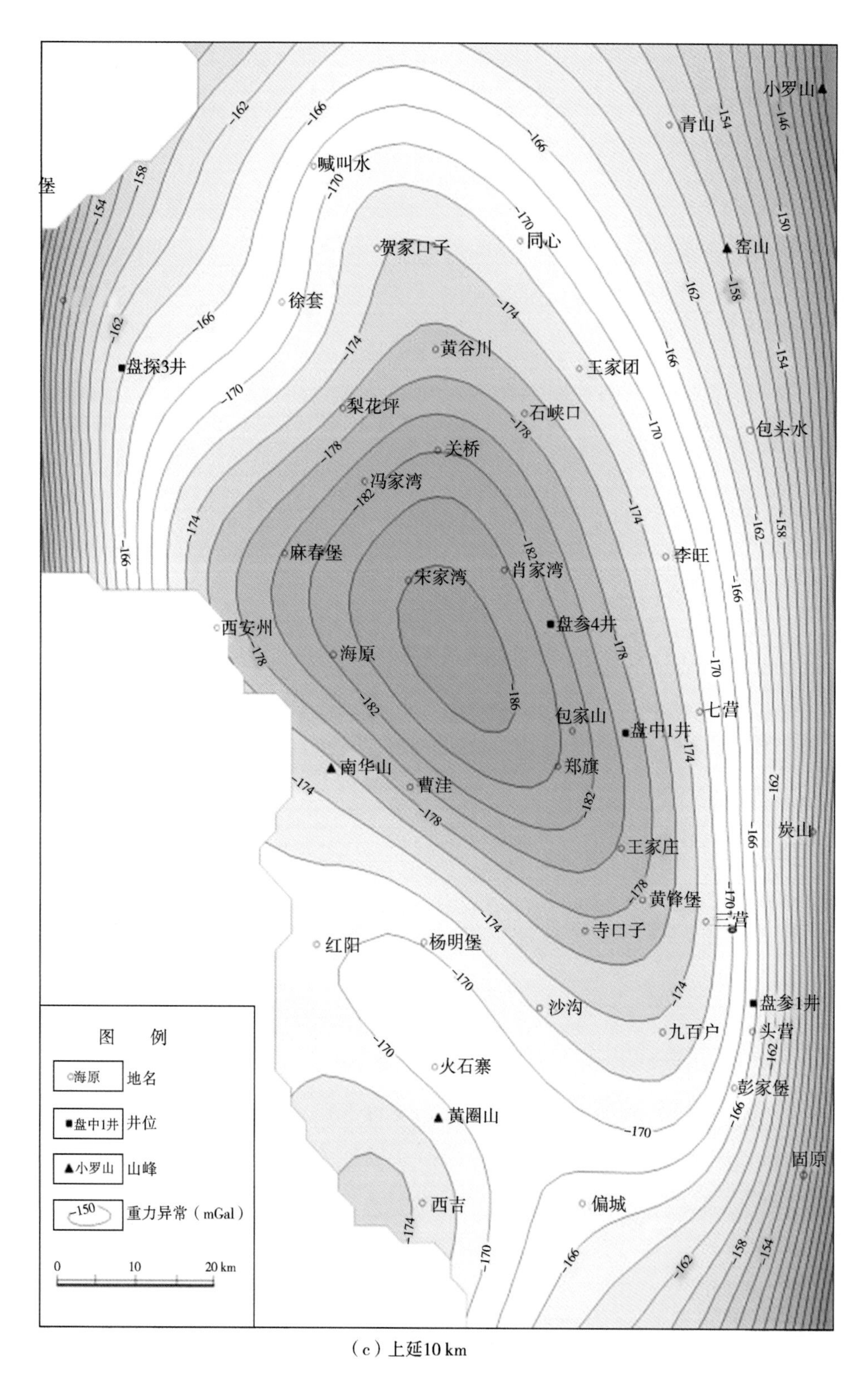

（c）上延10 km

图 10－2 六盘山盆地布格重力异常及上延 1 km、5 km、10 km、20 km（续）

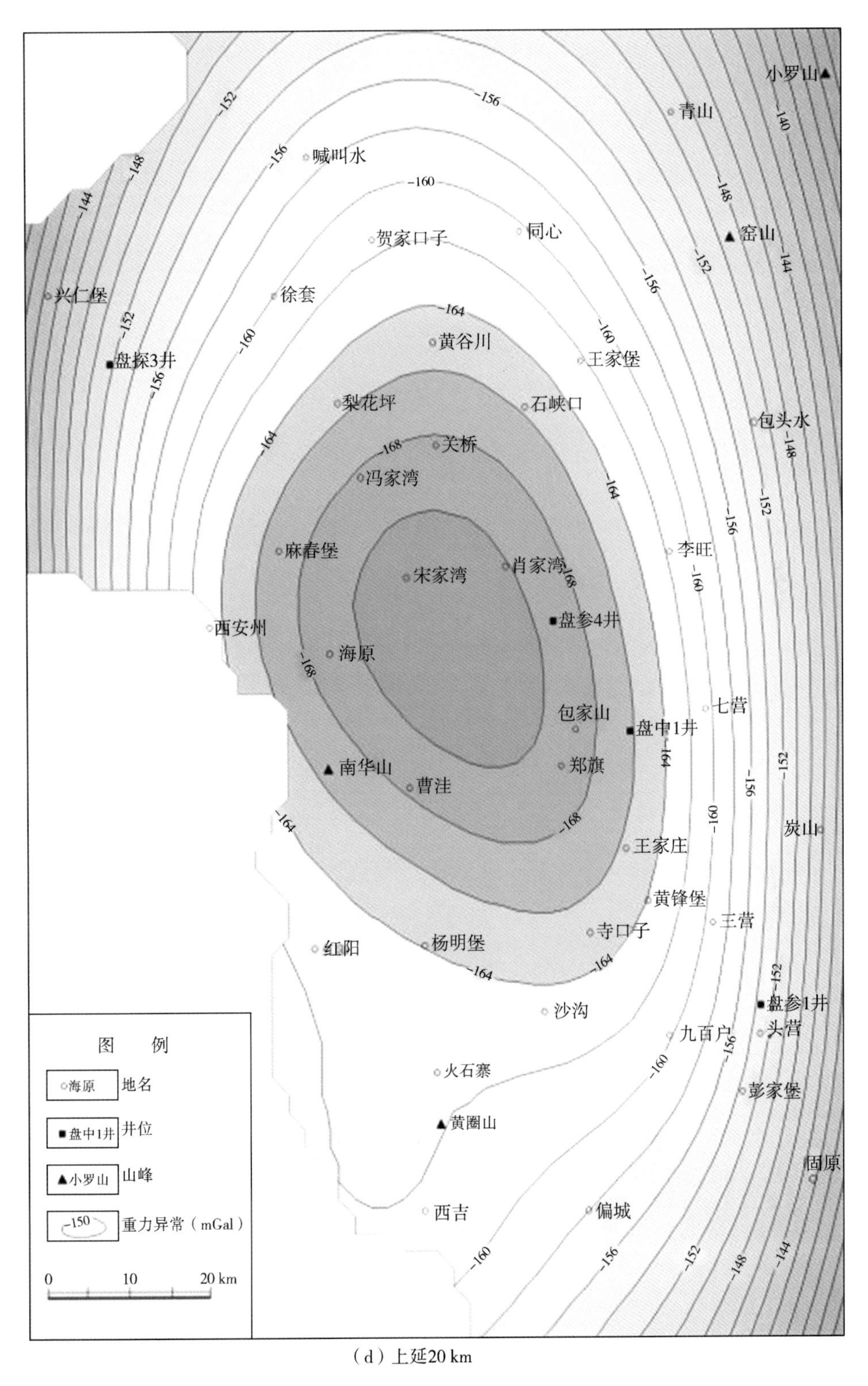

（d）上延20 km

图 10－2　六盘山盆地布格重力异常及上延 1 km、5 km、10 km、20 km（续）

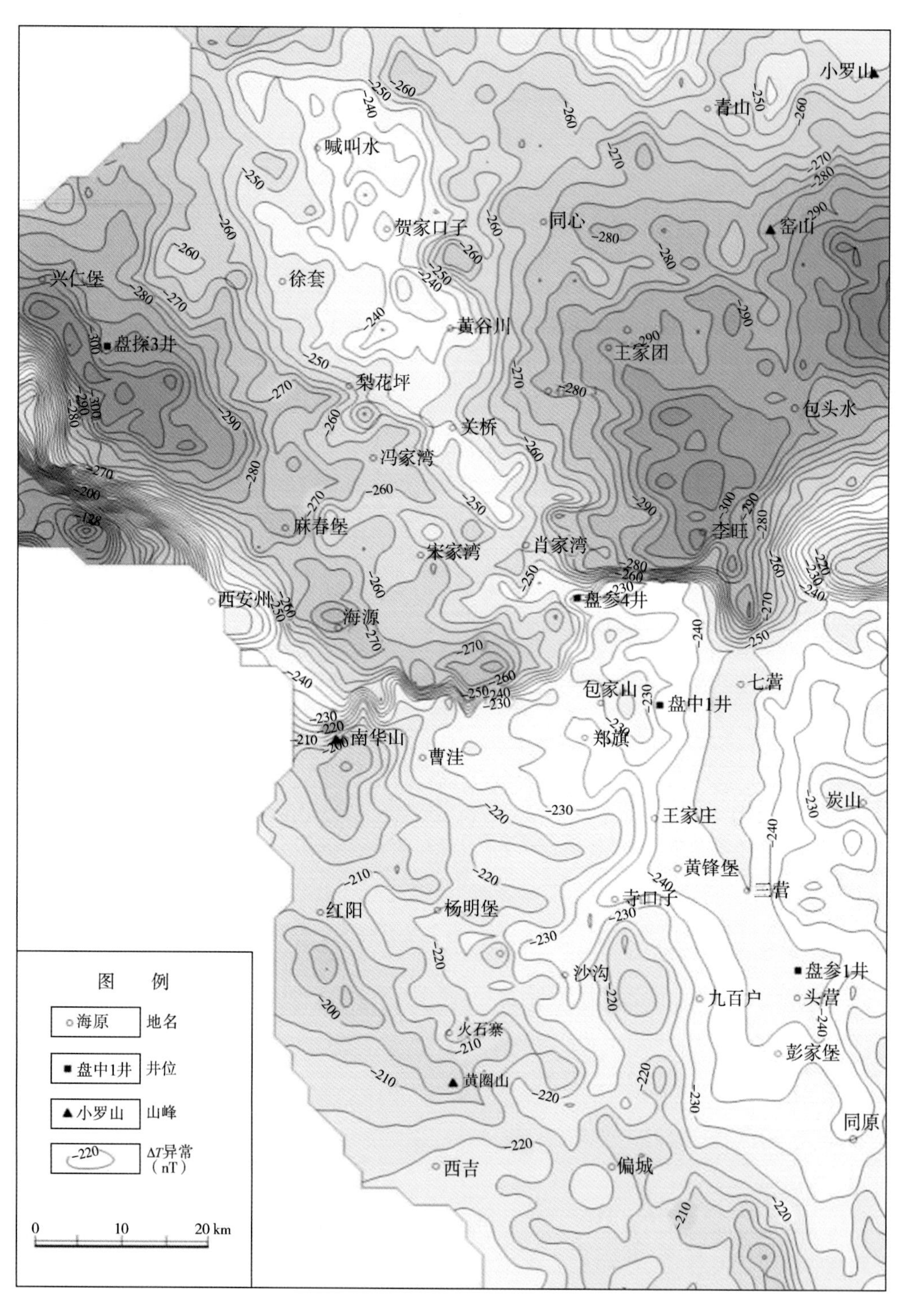

图 10－3　六盘山盆地 1∶20 万 ΔT 磁异常图

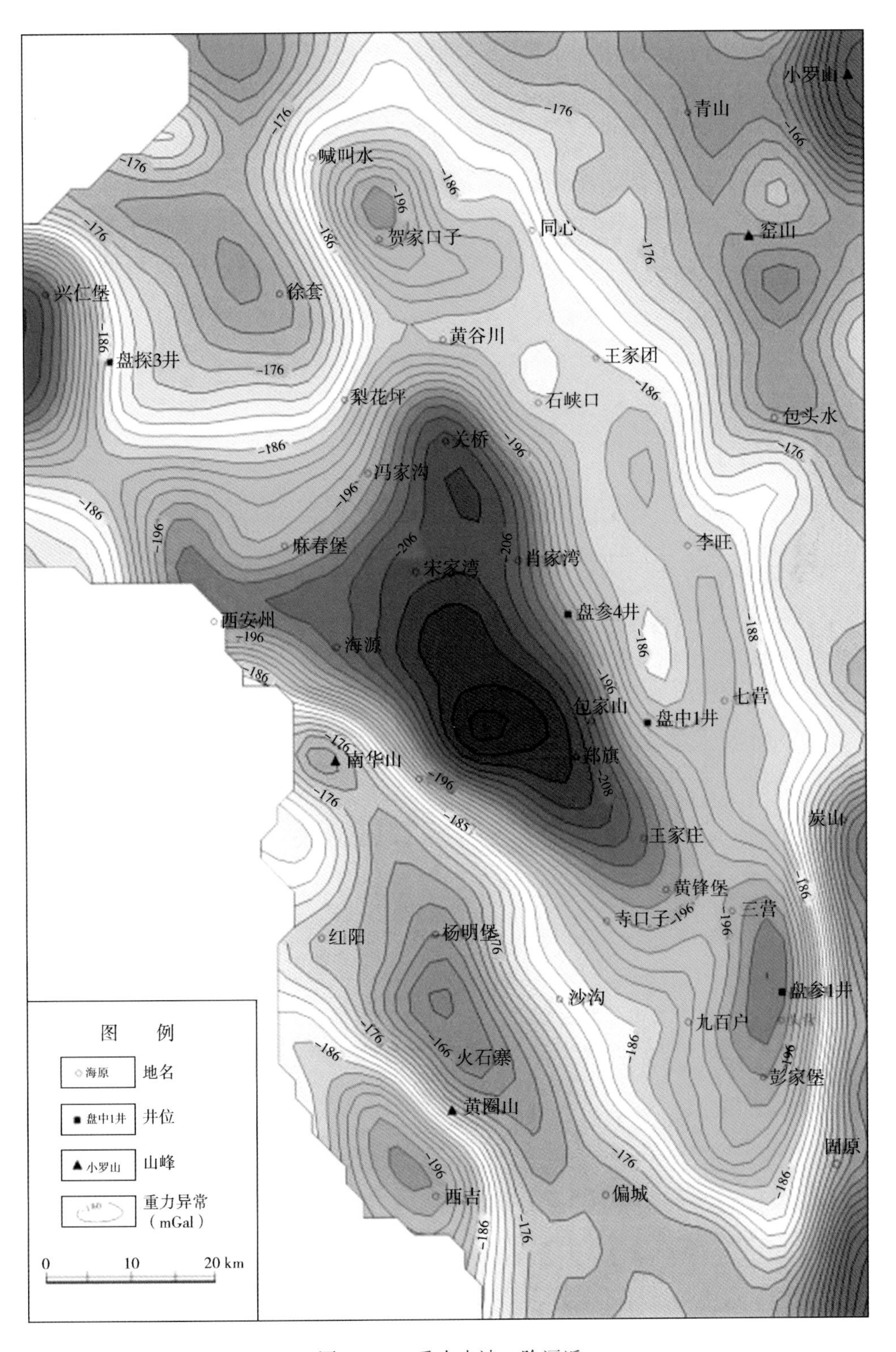

图 10－4　重力小波二阶逼近

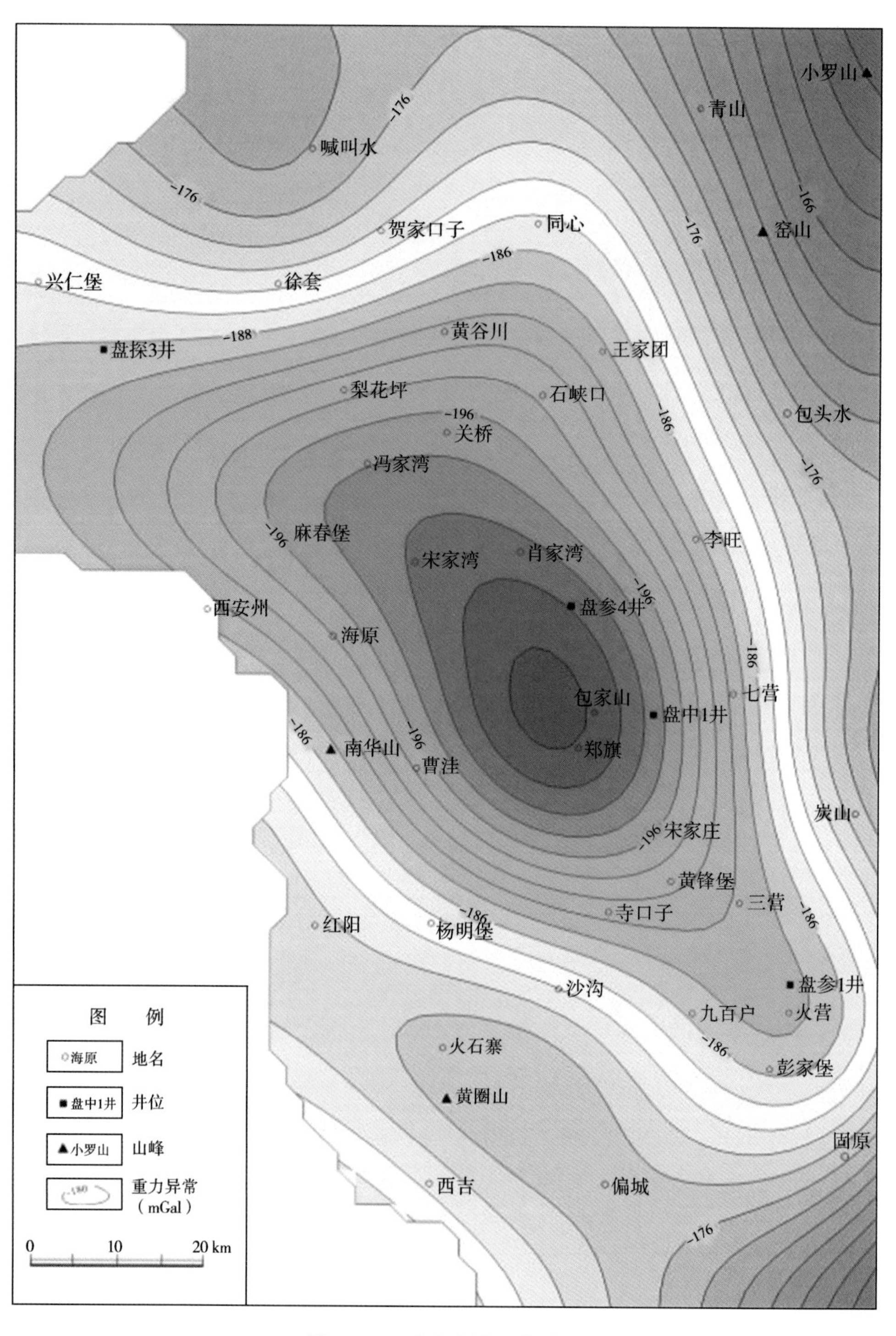

图 10－5　重力小波四阶逼近

对上述的小波二阶逼近和四阶逼近所分解出的褶皱基底和莫霍面的重力场用 Parker 法进行密度界面反演，得到褶皱基底深度图和莫霍面深度图（图 10 -6，图 10 -7）。

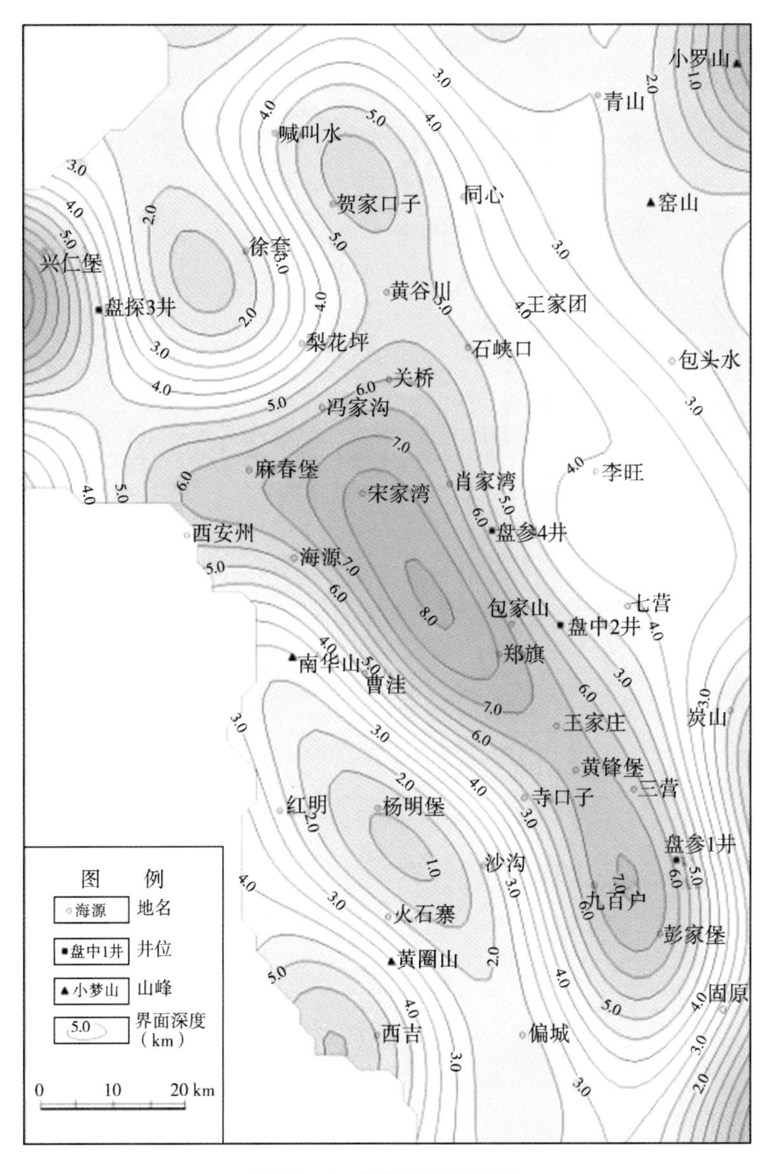

图 10 -6　褶皱基底深度图

四、构造单元划分

根据布格重力异常向上延拓结果，以及高次导数与水平总梯度模的特征，将六盘山盆地划分为两大二级构造单元与 10 个三级构造单元（表 10 -2；图 10 -8，图 10 -9）。

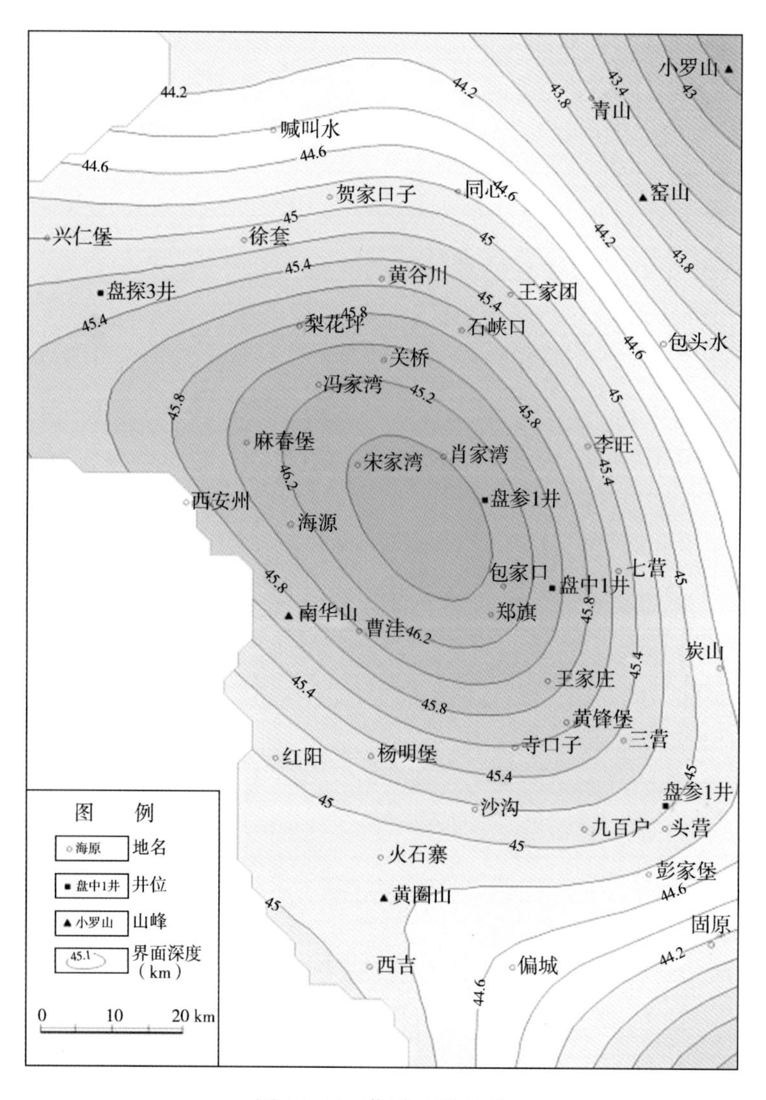

图 10-7　莫霍面深度图

表 10-2　六盘山盆地构造单元

二级构造单元	面积/km²	三级构造单元	面积/km²	基底最大埋深/m
中央坳陷	5600	兴仁堡凹陷	>300	4000
		梨花坪凸起	>1000	400
		贺家口子凹陷	300	5000
		海原凹陷	2500	8000
		固原凹陷	1000	5200
		沙沟断阶	500	3000
东部斜坡	3200	石峡口断阶	500	3000
		同心凹陷	1000	4000
		窑山凸起	1300	500
		炭山断阶	400	3000

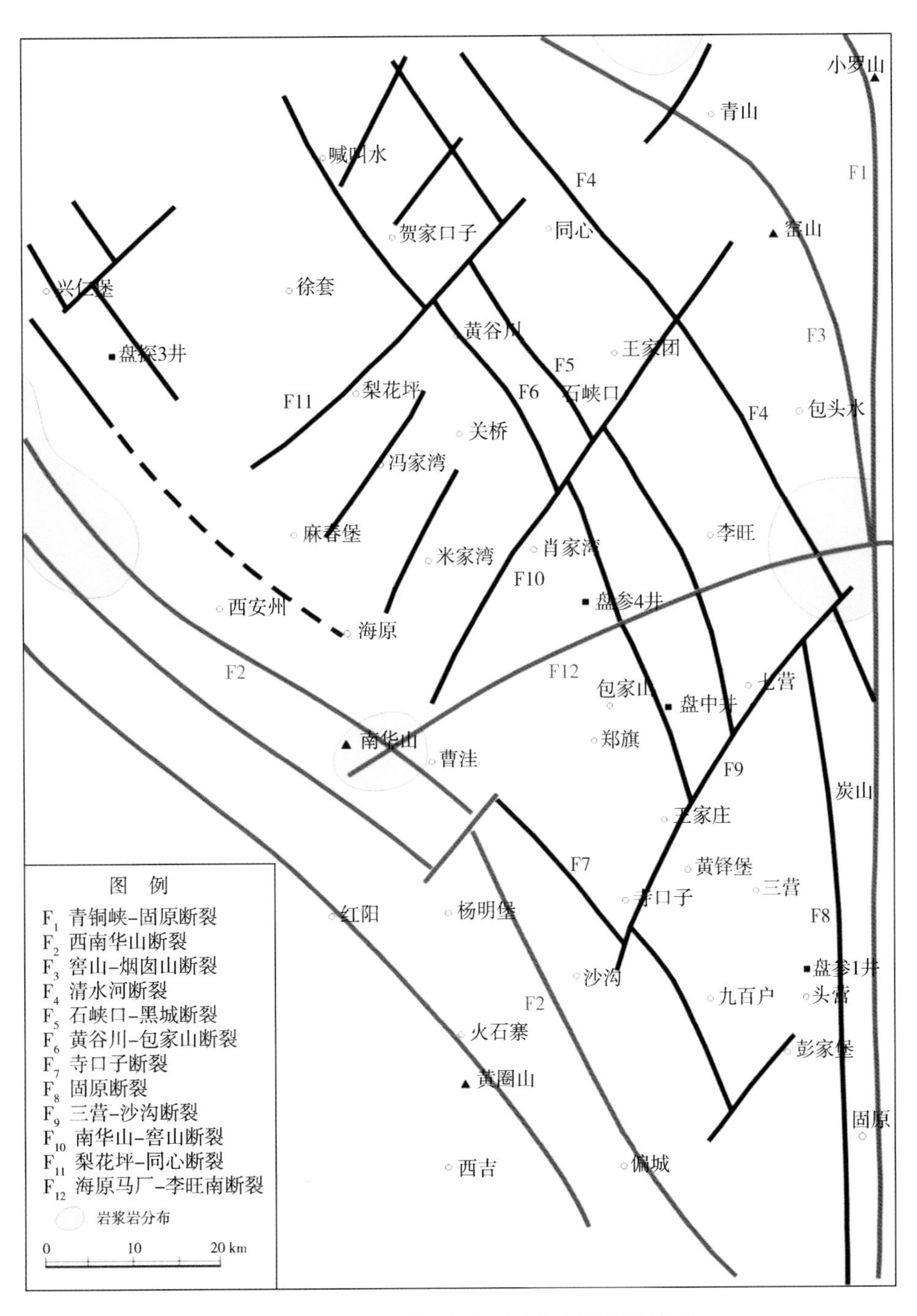

图 10-8　六盘山盆地根据重力解释的断裂体系

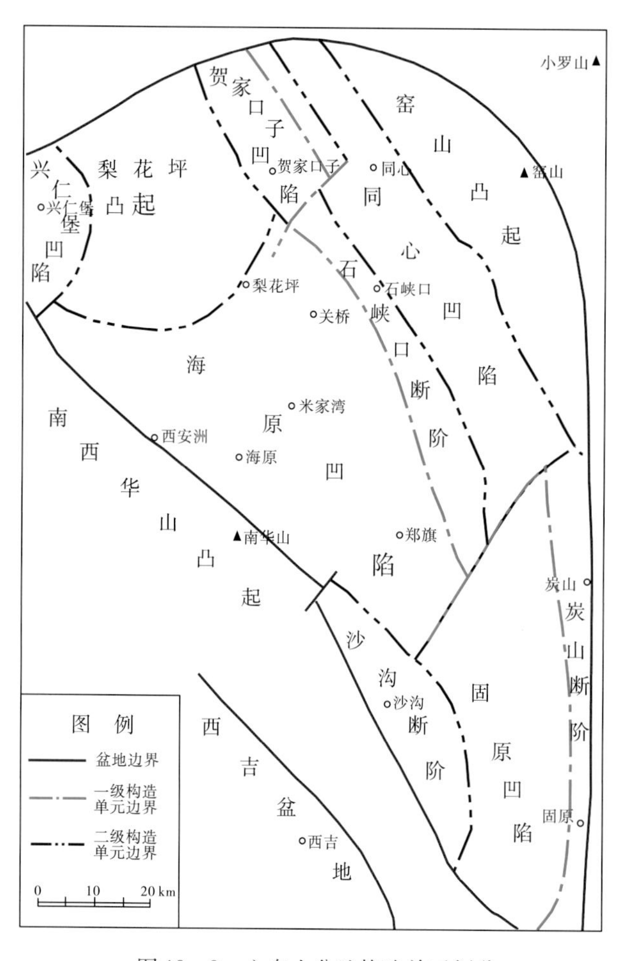

图 10－9　六盘山盆地构造单元划分

（一）中央坳陷

中央坳陷在布格重力异常图上呈北宽南窄的倒三角形，其西界与南西华山隆起带，东界与东部斜坡带以密集重力梯度带接触，面积约 5600 km^2，中央坳陷西界是海原断裂，东界是桃山断裂、石峡口断裂与固原断裂。以往人们将六盘山盆地作为鄂尔多斯西缘逆冲褶皱带的一部分，并将其划分为几个逆冲席或推覆体。但是，从秦祁贺三叉裂谷系的特征和六盘山盆地演化看，将其划归走廊过渡带，并分为中央坳陷和东部斜坡两大构造单元更为合理。中央坳陷进一步划分为六个三级构造单元（图 10－8，图 10－9）。

1. 兴仁堡凹陷

兴仁堡凹陷位于中央坳陷的西北端。面积大于 300 km^2。重力异常呈南北拉长的椭圆状，等值线密集，说明凹陷埋深较大，重力资料解释兴仁堡凹陷基底埋深达 4000 m（图 10－9）。

2. 梨花坪凸起

梨花坪凸起位于中央坳陷的北端，面积大于 1000 km^2。在布格重力异常图上，梨花坪凸起（也称徐套凸起）是一个略显拉长的等轴状北西向重力高。上延 5 km 后异常仍十分明显，说明梨花坪凸起与深部构造因素有关（图 10－9）。

3. 贺家口子凹陷

贺家口子凹陷位于梨花坪凸起东侧，其东为石峡口断阶，面积约 300 km^2，在布格重力异常图上贺家口子凹陷与梨花坪凸起轴向平行，为北西向拉长椭圆状重力低。重力解释基底埋深 5000 m，贺家口子凹陷应是海原凹陷向北延伸部分，它被一横推断层与海原凹陷错开，该断层同时也把石峡口断阶错开为两部分（图 10－9）。

4. 海原凹陷

海原凹陷位于中央坳陷中部，呈北西走向倒三角形，面积约 2500 km^2。凹陷北部为兴仁堡凹陷，梨花坪凸起，贺家口子凹陷，南部与固原凹陷相接，西侧为南西华山隆起。东侧则为石峡口断阶，西东两侧分别与海原大断裂与石峡口断裂为界。在布格重力异常图上，海原凹陷为三个局部重力低构成的倒三角形，即关桥－米家湾、西安州（等值线未闭合）、米家湾－郑旗重力低。而肖家湾－米家湾－海原及冯家湾－米家湾则是分割这三个重力低的鞍部。根据重力资料解释，海原凹陷基底深度约为7000～8000 m（图10－9）。

5. 固原凹陷

固原凹陷位于中央坳陷的南部，近南北走向，面积约1000 km^2，固原凹陷北部为海原凹陷。根据1∶5万资料固原凹陷重力解释基底深度约7000 m，而根据2001年完成的591剖面，经曲化平处理后固原凹陷剩余重力异常比海原凹陷略低，基底深度比海原凹陷略深（图10－9）。

6. 沙沟断阶

沙沟断阶位于固原凹陷西侧，北西走向，狭长条带状，在布格重力异常图上为北西向线性梯度带略向东突出。沙沟断阶两侧为海原断裂带的两条断裂，重力解释的基底埋深约为3000 m。由于断层的逆冲，沙沟断阶局部白垩系已出露地表，三叠－侏罗纪地层向西减薄（图10－9）。

（二）东部斜坡带

东部斜坡带在布格重力异常图上为走向北西的重力线性梯度带，在上延1 km、5 km平面等值线图上较为明显，向东布格重力异常值逐渐增大，在总体呈北西向的线性梯度带背景上，有局部的凹陷与隆起，可以分为石峡口断阶，同心凹陷，窑山凸起和炭山断阶（见图10－2，图10－9）。

1. 石峡口断阶

位于海原凹陷与同心凹陷之间，呈北西向狭窄条带状，面积500 km^2，在布格重力异常图上为多个拉长形的局部重力高（图10－9）。

2. 同心凹陷

位于石峡口断阶以东，呈北西向条带状，面积1000 km^2，在布格重力异常图上为局部重力低，基底埋深约4000 m（图10－9）。

3. 窑山凸起

位于同心凹陷以东，呈北西向条带状，面积1300 km^2，在布格重力异常图上为多个局部重力高（图10－9）。

4. 炭山断阶

位于固原凹陷以东，为狭小的近南北条带状，面积400 km^2，在布格重力异常图上为密集的重力梯度带（图10－9）。

五、局部异常分析

利用小波分解，把布格重力异常分解到五阶，由于一阶和二阶细节以高频异常为主，反映了噪声干扰和地表密度不均匀体的影响，所以把三阶、四阶小波细节之和作为局部场，即 $D_L = D_3 + D_4$，所得结果所示（图10－10）。对比用艾勒金斯Ⅱ公式计算的重力异常垂向二次导数（图10－11，半径为4 km），其局部异常的形态范围相似。我们把它们作为六盘山盆地的局部重力异常。

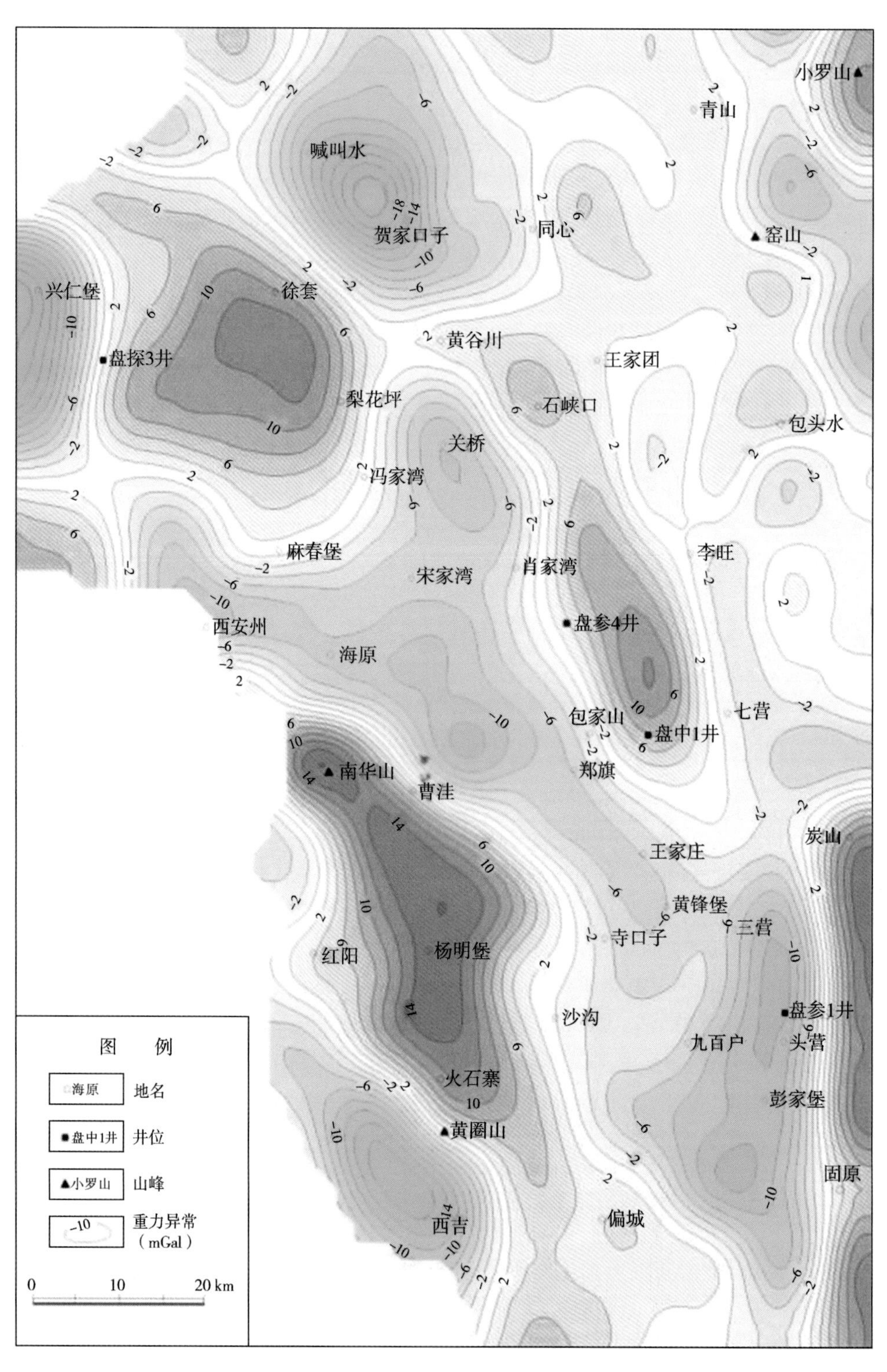

图 10－10　六盘山盆地局部重力异常图

（说明：小波细节三阶、四阶之和）

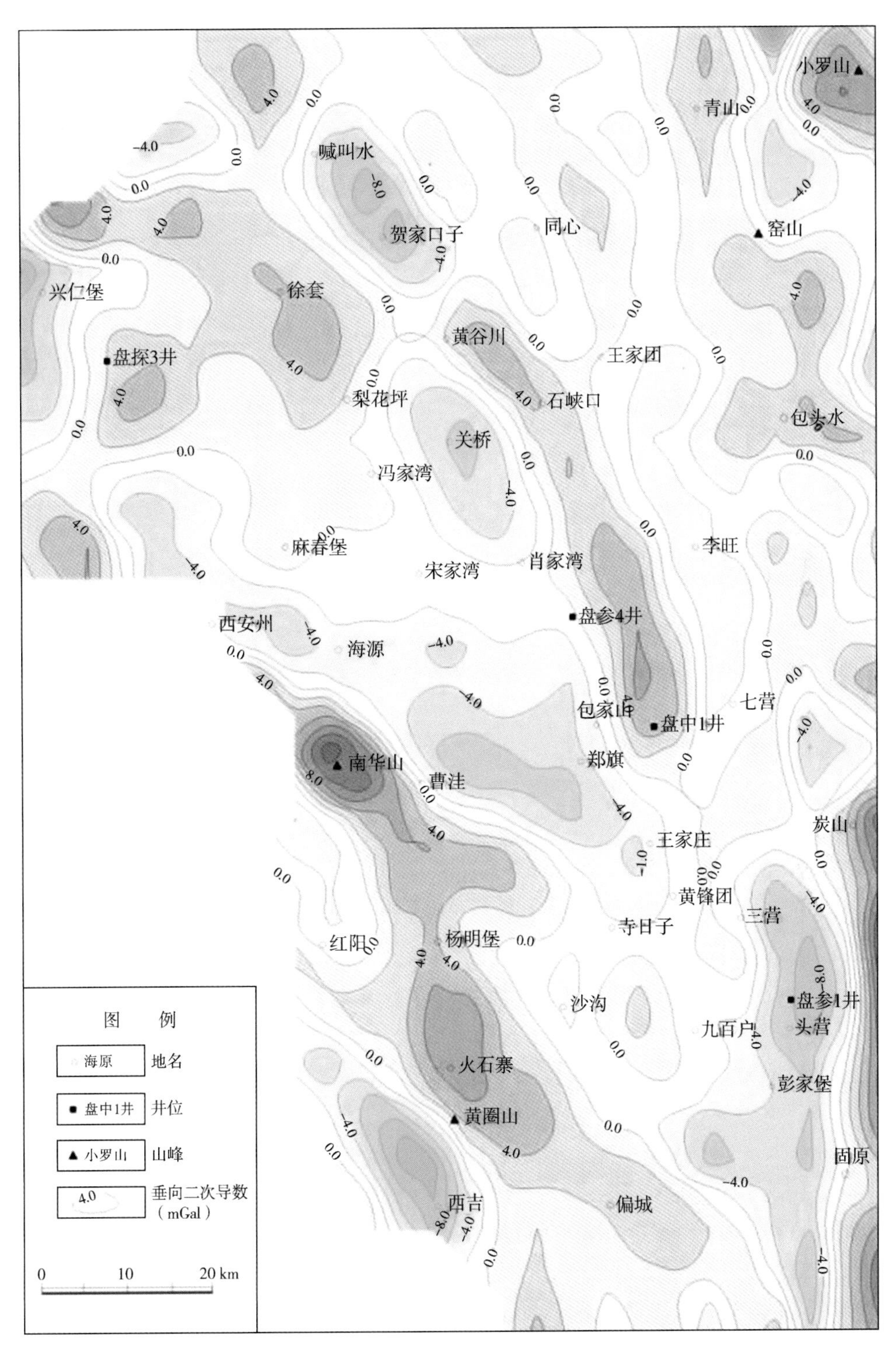

图 10－11 六盘山盆地重力异常垂向二次导数
（艾勒金斯Ⅱ公式计算）

第五节 1∶5 万海原凹陷重力资料处理与解释

一、1∶5 万海原凹陷重力异常特征

对比 1∶5 万海原凹陷布格重力异常图和六盘山盆地布格重力异常图，两者形态一致，工区北部为梨花坪凸起，中部为关桥重力低及米家湾 - 郑旗重力低，东部为石峡口断阶，西南部为沙沟断阶，南部为固原凹陷。在关桥重力低与米家湾 - 郑旗重力低之间是米家湾 - 肖家湾重力鞍部。1∶20 万六盘山盆地布格重力异常成图按 2 mGal 等值线距，只刻画了区域重力异常的大致形态，而 1∶5 万海原凹陷重力异常按 0.5 mGal 等值线距成图，异常的细节则丰富得多。

黄谷川 - 石峡口 - 罗川有串珠状局部重力高，串珠状异常与地形相关，可能是由于该区黄土塬地形切割强烈，布格改正、地形改正无法完全消除地形影响的缘故。

二、基底特征

对 1∶5 万海原凹陷重力异常进行小波分解，提取反映下古生界顶面，即盆地褶皱基底起伏产生的重力场，图 10 - 12 是小波分解的三阶逼近。它反映了盆地基底产生的重力场，利用 Parker 法密度界面反演方法计算了海原凹陷的基底深度（图 10 - 13）。由反演结果可以看出，海原凹陷基底深度超过 7000 m，基底最大深度位于关桥 - 米家湾和郑旗、包家山以西，而固原凹陷的深度在 5500 ~ 6000 m。石峡口断阶基底深度大多 2500 ~ 3000 m，南部则小于 2500 m。梨花坪凸起基底深度小于 3000 m，沙沟断阶最浅，基底深度小于 1500 m。

三、海原凹陷局部构造分析

根据 1∶5 万海原凹陷重力资料计算的垂向二次导数和小波分解局部重力异常，提取了海原凹陷的局部重力异常。根据重力垂向二次导数原理可以知道，重力垂向二次导数相当于一个高通滤波器，它能够突出浅部地质体产生的异常。由六盘山盆地主要密度界面表可以看出，古近 - 新近纪地层平均密度 2.41 g/cm^3，它与下伏的下白垩统—上三叠统平均密度 2.38 g/cm^3，相差 0.07 ~ 0.16 g/cm^3，当地层有一定规模时，如下白垩统上界面隆起或凹陷，它完全可以形成密度界面，并在垂向二次导数图上有所反映，虽然本区最主要的密度界面是下古生界的褶皱基底，其与上覆的地层密度差为 0.20 ~ 0.27 g/cm^3，但由于该界面在下白垩统—上三叠统的界面之下，因此，当上部界面起伏有一定规模和一定分布范围时，垂向二次导数反映的是上部界面，而当上部界面没有明显起伏和较大分布范围时，垂向二次导数反映的才是下部褶皱基底。根据这一原理我们解释了海原凹陷的局部构造共 16 个。由局部构造图可以看出（图 10 - 14）。

G_1 局部异常：位于冯家湾。地震 T_{T3} 反射层构造解释冯家湾南有局部圈闭，因此，G_1

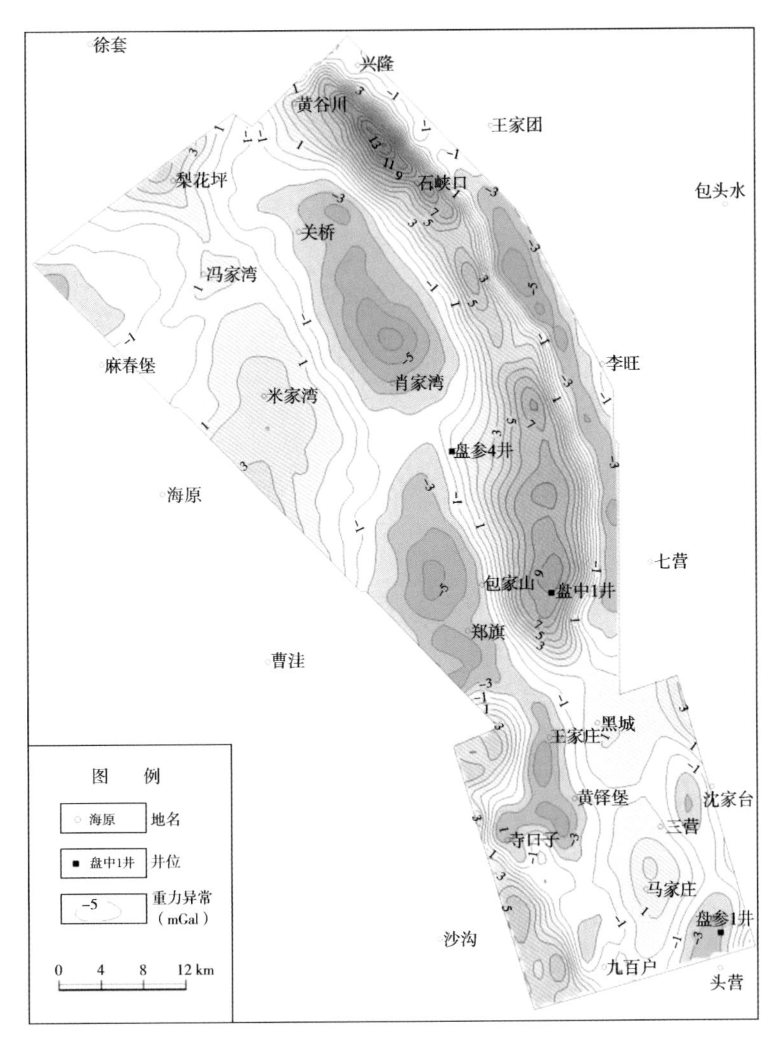

图 10－12　海原凹陷剩余重力异常图（小波分解三阶逼近）

局部异常是 T_3 地层局部隆起和褶皱基底隆起的反映。

G_2、G_3 局部异常：位于米家湾、肖家湾，地震 T_E、T_K、T_{T3}反射层构造解释该处有局部圈闭，由局部重力异常图可以看出，它处于两局部重力低的鞍部，是褶皱基底的隆起部分，也是古近－新近系、白垩系、三叠系的局部圈闭。

G_4 局部异常：位于关桥和肖家湾南北两个局部凹陷之间，在垂向二次导数图上没有形成圈闭，是向西凸出的鼻状异常。地震 T_E、T_K、T_{T3}反射层构造图上没有形成圈闭，推测是褶皱基底的凸起或古近－新近系、白垩系、三叠系的隆起的局部构造。

G_5、G_6、G_7、G_8、G_9 局部重力异常：是串珠状北西向排列，位于石峡口断阶上，其中 G_9 局部异常有一未封闭向西鼻状凸起。

G_{10}局部异常：位于石峡口断阶南端，位于盘中一井在此局部构造上。地震 T_E、T_K、T_{T3}反射层构造解释该处有局部圈闭，位于 T_K 反射层的郑旗断块。

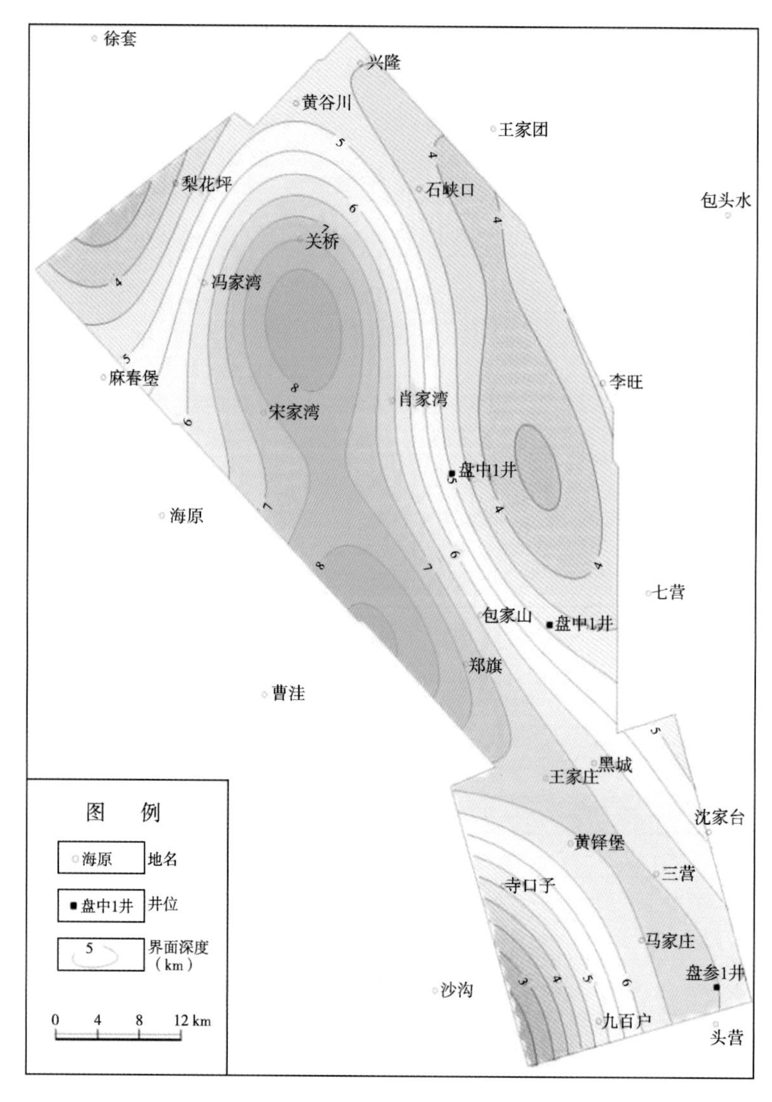

图 10－13　海原凹陷的基底深度

G_{11}局部异常：位于海原凹陷西的贾塘，未封闭，推测是褶皱基底的隆起部分，可能是古近－新近系、白垩系、三叠系地层的局部隆起。

G_{12}局部异常：位于郑旗南、王家庄东，是一个封闭的局部重力高，地震 T_E、T_K、T_{T3} 反射层构造解释该处有局部圈闭。由该圈闭向北东是相对重力低中的升高带，即郑旗断块向西向延伸部分。

G_{13}局部异常：位于固原凹陷北的黑城，是一个封闭的局部重力高，地震构造解释未见有局部构造，推测是褶皱基底的隆起部分或古近－新近系、白垩系、三叠系地层隆起的局部构造。

G_{14}局部异常：位于固原凹陷南的马家庄，是一个封闭的局部重力高，地震构造解释未见有局部构造，推测是褶皱基底的隆起部分或古近－新近系、白垩系、三叠系地层隆起

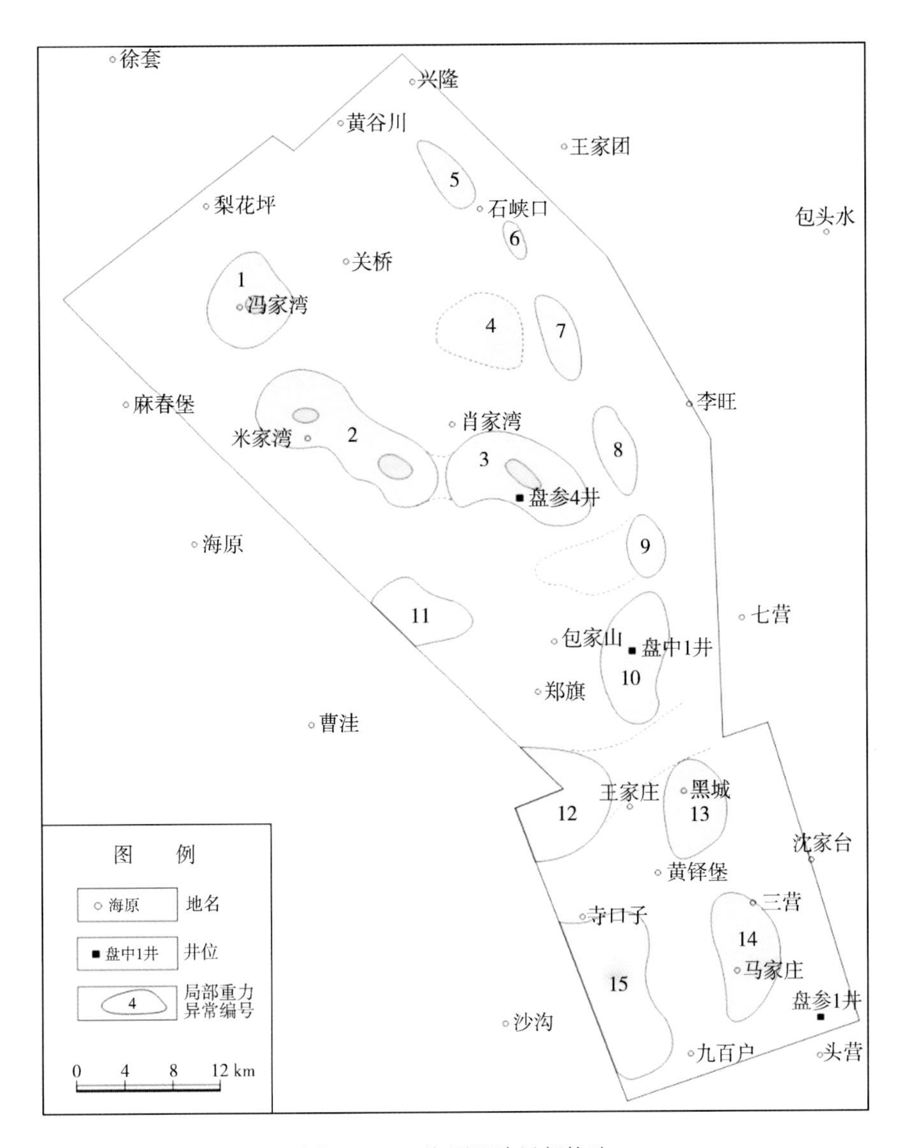

图 10－14　海原凹陷局部构造

的局部构造。它与黑城局部重力高一起呈南北向局部隆起。

G_{15}局部异常：位于固原凹陷西，寺口子南，未封闭。地震构造解释未见有局部构造，推测是褶皱基底的隆起部分或古近－新近系、白垩系、三叠系地层隆起局部构造。

G_{16}局部异常：位于郑旗－包家山，推测为局部构造高点。

综上所述，根据1∶5万重力异常对海原凹陷做局部构造分析，除证实了地震已发现的局部构造：肖家湾构造G_2、G_3，郑旗断块G_{10}、G_{12}外，还新发现了G_4、G_9、G_{11}、G_{13}、G_{14}、G_{15}、G_{16}局部构造，并对G_1、G_2、G_3局部构造有所补充：

（1）冯家湾断鼻G_1，地震资料解释该断鼻层位为三叠系，高点埋深1800 m，圈闭面积 35.9 km^2，圈闭幅度 100 m，属不可靠构造。重力资料证实此构造存在。

（2）肖家湾－米家湾背斜 G_2、G_3，地震资料解释该背斜三叠系、白垩系层位范围近 80 km^2，圈闭幅度 100～200 m，古近－新近系层位范围 265.2 km^2。重力资料推测古近－新近系、白垩系、三叠系地层范围呈东西向，面积远远大于 80 km^2，但与地震解释古近－新近系层位形态不一。

（3）关桥南断鼻 G_4。

（4）盘参 4 井南断鼻 G_9。

（5）郑旗断块 G_{10}。

（6）贾尚断鼻 G_{11}。

（7）郑旗南断块 G_{12}。

（8）黑城背斜 G_{13}。

（9）马家庄背斜 G_{14}。

（10）寺口子断鼻 G_{15}。

（11）郑旗－包家山断鼻 G_{16}。

上述根据 1∶5 万重力新发现和证实补充的局部构造，由于重力资料无法解释为褶皱基底的构造或盖层中古近－新近系、白垩系、三叠系的构造，提供的这些新的线索作为进一步评价海原凹陷远景时参考。

第六节　小　　结

一、结论

（1）六盘山盆地位于华北古板块的南部边缘，河西走廊向东延伸部分。盆地经历了七个阶段演化，属于多世代、多原型叠合的小型复杂盆地。盆地具有双重基底，下部为太古界与下元古界结晶基底，上部为上元古界和下古生界的褶皱基底，加里东褶皱基底以上的盖层有石炭系、二叠系、侏罗系、白垩系及新生界。

（2）六盘山盆地发育三套烃源层系，以上三叠－中下侏罗统为主力烃源层；存在五套储层，以上三叠－中侏罗统和下白垩统三桥－立洼峡组为主；六盘山盆地资源潜力大、资源丰度高、主要集中于三叠－侏罗系；海原、固原凹陷油源充足，构造较发育，井下油气显示丰富，圈闭与化探异常、重力高吻合性好，为有利凹陷；兴仁堡凹陷、沙沟断阶、石峡口断阶为较有利勘探区。

（3）根据 1∶20 万重力异常对六盘山盆地做局部构造分析，划分为两大二级构造单元与 10 个三级构造单元。

（4）根据 1∶5 万重力异常对海原凹陷做局部构造分析，共划分 16 个局部构造。除了证实了地震已发现的局部构造肖家湾构造 G_2、G_3，郑旗断块 G_{10}、G_{12} 外，还新发现了 G_4、G_9、G_{11}、G_{13}、G_{14}、G_{15}、G_{16} 局部构造，并对 G_1、G_2、G_3 局部构造有所补充。

二、远景评价

（一）一级远景区：海原凹陷和固原凹陷

海原凹陷：是六盘山盆地内面积最大，基底埋深最深的二级构造单元，凹陷内发育三套烃源岩：石炭－二叠系，三叠－侏罗系及白垩系，在海原凹陷的局部构造有：冯家湾断鼻，米家湾－肖家湾背斜，关桥南断鼻，郑旗南断块，郑旗－包家山断鼻。

固原凹陷：是六盘山盆地内第二大凹陷，在固原凹陷的局部构造有：黑城背斜，马家庄背斜，寺口子断鼻。

（二）二级远景区：石峡口断阶，兴仁堡凹陷

石峡口断阶：是六盘山盆地内小规模的次级隆起带。根据地震与钻井资料分析，石峡口断阶可能是在晚中生代克拉通边缘断坳盆地的基础上，由古近－新近纪以来的印度板块俯冲消减作用驱动的构造反转造成的。其规模与变形都比鄂尔多斯西缘逆冲带小和简单，因此，油气保存条件应比鄂尔多斯西缘逆冲带更好一些。石峡口断阶在地表表现为地层隆起（桃山）和一系列背斜带，古近－新近系广泛出露地表，最高部位白垩系也已出露。石峡口断阶的局部构造有：石峡口斜列小背斜，郑旗断块。

兴仁堡凹陷：兴仁堡凹陷已被盘探3井证实发育有三叠－侏罗系含油气系统；不仅有很好生油岩，而且有油气显示。在2002年大地电磁测深资料中发现兴仁堡凹陷沉积地层为低密度、中高阻，推测它们是古生界石炭－二叠系地层和厚度较大的膏岩层，其相邻的校育川地表已出露1000多米厚、完整的晚古生界地层，因此，兴仁堡凹陷与海原、固原凹陷一样，也有三套含油气系统。进一步分析还可以发现，兴仁堡凹陷是由一环形的重力低和中央重力高组成。

（三）三级远景区：梨花坪凸起，沙沟断阶，贺家口子凹陷，同心凹陷

梨花坪凸起：梨花坪凸起本身不具备生油条件，但其南面为海原凹陷，西面为兴仁堡凹陷，有较好的供油条件，所以梨花坪凸起受以往的研究人员重视。但从香山－同心地区航磁和2002年MT资料解释结果看，梨花坪凸起是结晶基底的隆起，结晶基底之上覆盖的沉积地层不厚，有些地方剥蚀殆尽，且梨花坪凸起的电性特征也非典型的高阻，表明梨花坪凸起的断裂较发育，由于断裂破碎造成电阻率降低。

沙沟断阶：沙沟断阶位于固原凹陷西，是六盘山盆地两条大型弧形断裂（清水河断裂和南西华山断裂）逆冲上来的断阶带，虽然保存条件较差，但有可能形成新的储油组合，可能是白垩和石炭、二叠系油气的储集场所。

贺家口子凹陷：以往资料分析，下白垩统在盆地北部以粗碎屑沉积为主，生油岩不发育。三叠－侏罗系地层在该凹陷也不太发育，因此认为没有可靠的生油层。

同心凹陷：以往资料分析，同心凹陷处于边缘相带，不具备生油层发育条件，且没有1：5万重力覆盖，MT和地震剖面覆盖也很少，研究程度低。

第十一章
成果与建议

第一节 成　　果

1. 总结分析宁夏全区岩（矿）石及地层物性

收集并统计前人关于全区地层（岩石）密度、磁性、电性及地震波速特性资料，针对全区基岩出露区进行系统性岩（矿）石标本采集，并将岩（矿）石物性按照“系—组—岩性”的次序进行系统归类统计，分析总结了其物性特征。

2. 采用多尺度滑动窗口线性回归分析法消除地形相关假异常

对宁夏全区 1∶20 万布格重力数据重新进行各项改正，并采用多尺度滑动窗口线性回归分析法消除地形相关假异常，获得了新的 1∶20 万布格重力异常图。对比新老布格重力异常图可以看出，整体上，新的布格重力异常图并没有改变全区基本构造格架，细节上，很大程度消除了地形相关的“虚假异常”。

3. 重新解译全区剩余异常

以多尺度滑动窗口线性回归分析法校正后的布格重力异常数据为基础，选取重力异常形态较完整的兴仁堡负异常为实例计算出圆周的最佳半径为 21 km，运用滑动平均法对重力场进行了分离。共解译局部重力异常 138 处，其中新解译的局部重力异常共 37 处，含 14 处局部重力正异常和 13 处局部重力负异常。

4. 重新解译断裂体系、区域构造单元

综合运用垂向二阶导数、水平总梯度模、水平方向导数、小波变换与斜导数五种边界识别方法对宁夏全区断裂体系进行了解译，共确定各级断裂 267 条，其中新解译Ⅱ级断裂 1 条、Ⅲ级断裂 2 条、Ⅳ级断裂 171 条。

根据地质、重力、航磁、反射地震与大地电磁测深结果，综合研究认为：在宁夏地区有 2 条深断裂：西华山 - 六盘山深大断裂为阿拉善微陆块与祁连早古生代造山带的分界。青铜峡 - 固原深大断裂是阿拉善微陆块与华北陆块之鄂尔多斯地块的边界断裂。青铜峡 - 固原断裂带在青铜峡以北的延伸不与三关口断裂带相连，可能与阿拉善地块内的查汗布勒格断裂带相接，但查汗布勒格断裂带可能不具深断裂特征。

5. 预测贺兰山北段、卫宁北山 - 香山地区等六个地区金属矿有利成矿区域

根据宁夏地区航磁与重力、电法等资料，预测了贺兰山北段、卫宁北山 - 香山地区、西华山－南华山－月亮山地区、西吉盆地等六个地区金属矿有利成矿区域，对比分析了宁夏与甘肃地区区域重力、航磁异常特征，探讨了两区区域构造与成矿特点。

6. 预测全区煤田远景

对 1：20 万重力资料进行小波多尺度分析，提取反映煤田构造的局部重力异常。以勘探开发程度高的宁东、贺兰山煤田验证了预测方法的有效性，预测了卫宁北山、香山－徐套、宁南等区的煤田远景。

7. 预测固原地区岩盐矿远景

根据 1：5 万重力、电法与地震等资料预测硝口岩盐矿远景，预测了岩盐矿赋存地层下白垩统在固原凹陷的分布、深度与厚度，划分了两类共三个岩盐成矿远景区。

8. 划分六盘山盆地构造单元与局部构造、油气远景

根据 1：20 万重力异常、航磁及地震、钻井资料，对六盘山盆地做局部构造分析，划分了两大二级构造单元与 10 个三级构造单元，并评价了一级油气远景区两个，二级油气远景区两个，三级油气远景区 4 个；根据 1：5 万重力异常对海原凹陷做局部构造分析，共划分了 16 个局部构造。指明了六盘山盆地下一步油气勘探的方向。

9. 以产、学、研结合推动科技创新与人才培养

宁夏物勘院《宁夏区域重磁资料开发利用研究》项目组与中国地质大学（武汉）刘天佑（教授）科研团队联合，以产、学、研结合的形式进行科技攻关。共完成了各类技术创新四项，发表了核心期刊论文六篇，为宁夏物勘院培养了专业技术人员十余名，为中国地质大学（北京）培养了硕士研究生两名。

第二节　建　　议

（1）建议在 1：20 万重力预测远景区的基础上，选择有利的远景区开展 1：5 万（局部 1：1 万）高精度重力测量，在重力解释的远景区部署二维地震剖面，寻找侏罗、石炭－二叠系煤田与油气资源。

（2）加强对南西华山 15 个局部重磁异常的研究，特别是那些性质未知的局部重磁异常。

（3）月亮山磁异常的磁性体深度大于 1000 m，目前钻探的深度还不够。

（4）西吉盆地覆盖层下面是否有类似于白银矿田的地质构造与火山成因块状硫化物矿床，北祁连造山带向东倾覆到西吉盆地覆盖层之下，目前还不能定论。建议将南西华山、西吉盆地与甘肃白银的重磁资料拼图统一处理解释，加强对甘肃白银地区与成矿地质体、成矿构造面与成矿地质体特征的对比分析。

（5）六盘山盆地六盘山群生油岩与上覆的古近系始新统寺口子组是良好的生储组合，它们可能组成侧向生储油组合；下白垩统生油岩系在断裂带附近裂缝发育，也可以组成自生自储式组合。因此，应当注意清水河断裂及两侧斜坡的局部构造；即除了原先注意的海原、固原凹陷外，还应注意石峡口断阶及两侧的斜坡带。

参考文献

第一章

宁夏回族自治区地球物理地球化学勘查院. 1993. 宁夏回族自治区1：20万区域重力调查工作成果报告.
宁夏回族自治区地球物理地球化学勘查院. 2010. 宁夏全区物化探基础图件编制.
宁夏回族自治区地质调查院. 2013. 宁夏回族自治区区域地质志报告.

第二章

宁夏回族自治区地球物理地球化学勘查院. 1993. 宁夏回族自治区1：20万区域重力调查工作成果报告.
宁夏回族自治区地球物理地球化学勘查院. 2011. 宁夏中卫市罗家老圈金银铅多金属矿预查电法工作报告.
宁夏回族自治区地球物理地球化学勘查院. 2012. 宁夏固原市硝口——寺口子岩盐矿预查综合物探专题报告.
宁夏回族自治区地球物理地球化学勘查院. 2012. 宁夏中卫市南西华山柳沟地区激电中梯电法工作报告.
宁夏回族自治区地球物理地球化学勘查院. 2015. 宁夏回族自治区中卫市徐套乡物化探异常查证报告.
宁夏回族自治区地球物理地球化学勘查院. 2015. 宁夏泾源县立洼峡地区铅锌矿普查电法专题报告.
宁夏回族自治区地球物理地球化学勘查院. 2015. 宁夏西吉县月亮山地区北部物化探异常查证报告.
宁夏回族自治区地质调查院. 2013. 宁夏回族自治区区域地质志报告.

第三章

高德章, 侯遵泽, 唐健. 2000. 东海及邻区重力异常多尺度分解 [J]. 地球物理学报, 43 (6): 842-849.
管志宁. 2005. 地磁场与磁力勘探. 北京: 地质出版社.
侯遵泽, 杨文采. 1995. 小波分析应用研究 [J]. 物探化探计算技术, 17 (3): 1-9.
侯遵泽, 杨文采. 1997. 中国重力异常的小波变换与多尺度分析 [J]. 地球物理学报, 40 (1): 85-95.
刘天佑. 1992. 重磁异常反演理论与方法. 武汉: 中国地质大学出版社.
刘天佑. 2007. 位场勘探数据处理新方法. 北京: 科学出版社.
刘天佑. 2013. 磁法勘探. 北京: 地质出版社.
刘天佑, 刘大为, 詹应林, 等. 2006. 磁测资料处理新方法及在危机矿山挖潜中的应用 [J]. 物探与化探, 30 (5): 377-390.
刘天佑, 吴招才, 詹应林, 等. 2007. 磁异常小波多尺度分解及危机矿山的深部找矿: 以大冶铁矿为例 [J]. 地球科学 (中国地质大学学报), 32 (1): 135-141.

魏伟，吴招才，刘天佑. 2006. 基于AutoCAD平台三维可视化规则几何形体磁场反演［J］. 工程地球物理学报，3（1）：54－59.
杨宇山，刘天佑，李媛媛. 2006. 任意形状地质体数值积分法重磁场三维可视化反演［J］. 地质与勘探，42（5）：79－83.
Camacho A G，Montesinos F G，Vieira R. 2000. Gravity inversion by means of growing bodies［J］. *Geophysics*，65（1）：95－101.
Camacho A G，Montesinos F G，Vieira R. 2002. A 3－D gravity inversion tool based on exploration of model-possibilities［J］. *Computers & Geosciences*，28：191－204.
Fedi M，Florio G. 2001. Detection of potential fields source boundaries by enhanced horizontal derivative method［J］. *Geophysical Prospecting*，49（1）：40－58.
Li Y and Oldenburg D W. 1996. 3－D Inversion of magnetic data［J］. *Geophysics*，61：394－408.
Li Y and Oldenburg D W. 1998. 3－D Inversion of gravity data［J］. *Geophysics*，63：109－119.
Miller H G，Singh V. 1994. Potential field tilt－a new concept for location of potential field sources［J］. *Journal of Applied Geophysics*，32：213－217.
Miller，H. G，Singh V. 1994. Semiquantitative techniques for the removal of directional trends from potential field data［J］. *Journal of Applied Geophysics*，32：199－211.
Pilkington M. 1997. 3－D magnetic imaging using conjugate gradients［J］. *Geophysics*，62（4）：1132－1142.
Portniaguine O and Zhdanov M S. 1999. Focusing geophysical inversion images［J］. *Geophysics*，64：874－887.
Verduzco B，Fairhead J D，Green C M，Mackenzie C. 2004. The meter reader－New insights into magnetic derivatives for structural mapping［J］. *The Leading Edge*，23（2）：116－119.
Wijns C，Perez C，Kowalczyk P. 2005. Theta map：Edge detection in magnetic data［J］. *Geophysics*，70（4）：39－43.

第四章

陈超. 1998. 解决西藏羌塘地区重力异常与高程相关问题的尝试［J］. 物探与化探，22（6）：431－439.
陈超，王晓柳. 1998. 消除重力异常与高程相关现象的方法及应用［J］. 石油物探，37（4）：122－127.

第五章

宁夏回族自治区地球物理地球化学勘查院. 2010. 宁夏全区物化探基础图件编制.
宁夏回族自治区矿产地质调查所. 2004. 宁夏回族自治区矿产地质及航磁图编制.
杨培胜. 2014. 重磁局部异常提取方法的研究及应用. 成都：成都理工大学.
曾华霖. 2005. 重力场与重力勘探. 北京：地质出版社.

第六章

甘肃省地矿局. 1966. 甘肃省大地构造概况.
黄喜峰，钱壮志，孙保平，等. 2010. 北祁连造山带与贺兰冷裂谷构造边界的探讨［J］. 桂林理工大学学报，30（2）：195－201.
金春华. 2009. 地震层析成像在宁夏及邻区的应用. 硕士论文.
李斌. 2006. 鄂尔多斯盆地西缘前陆盆地构造特征和油气成藏研究. 博士论文.
刘森. 2013. 贺兰－六盘－鄂尔多斯西缘构造带地壳速度结构研究. 硕士论文.
闵刚. 2012. 宁夏弧形构造带中上地壳电性结构及其构造含义. 博士论文.

宁夏回族自治区地球物理地球化学勘查院. 2008. 宁夏回族自治区物化探资料开发应用研究.
宁夏回族自治区地球物理地球化学勘查院. 2010. 宁夏全区物化探基础图件编制.
宁夏回族自治区地质调查院. 2013. 宁夏回族自治区区域地质志报告.
宋述光. 1997. 北祁连山俯冲杂岩带的构造演化 [J]. 地球科学进展, 12 (4): 351 - 365.
汤锡元, 冯乔, 李道燧. 1990. 内蒙古西部巴彦浩特盆地的构造特征及其演化 [J]. 石油与天然气地质, 11 (2): 127 - 135.
王萍, 王增光. 1997. 阿拉善断块层间滑动断裂和推覆构造 [J]. 地震, 17 (1): 103 - 112.
夏时斌. 2013. 六盘山及邻区中上地壳电性结构研究. 硕士论文.
杨振德, 潘行适, 杨易福, 等. 1986. 阿拉善断块层间滑动断裂和推覆构造 [J]. 地质科学, (3): 201 - 210.
詹艳. 2005. 青藏高原东北缘海原弧形构造区地壳电性结构探测研究 [J]. 地震学报, 27 (4): 431 - 440.
詹艳. 2008. 青藏高原东北缘地区深部电性结构及构造涵义. 博士论文.
詹艳, 赵国泽, 王继军, 等. 2004. 六盘山盆地的大地电磁探测 [J]. 石油地球物理勘探, 39 (增刊): 80 - 84.
詹艳, 赵国泽, 王继军, 等. 2005. 青藏高原东北缘海原弧形构造区地壳电性结构探测研究 [J]. 地震学报, 27 (4): 431 - 440.
张家声, 李燕, 韩竹均. 2003. 青藏高原向东挤出的变形响应及南北地震带构造组成 [J]. 地学前缘 (中国地质大学, 北京), 10 (特刊): 168 - 175.
张进. 2002. 陕甘宁地区古生代以来的构造及演化特征研究. 博士论文.
张进, 马宗晋, 任文军, 等. 2003. 宁夏中部牛首山地区构造特征及其地质意义 [J]. 大地构造与成矿学, 27 (2): 132 - 142.
张振法, 李超英, 牛颖智. 1997. 阿拉善 - 敦煌陆块的性质、范围及其构造作用和意义 [J]. 内蒙古地质, (2): 1 - 14.
赵希刚. 2006. 多源信息处理及其在线环构造识别和多种能源矿藏 (床) 找矿中的应用——以鄂尔多斯盆地为例. 博士论文.
中国石油化工股份有限公司西部新区指挥部. 2003. 2003 年度六盘山盆地非地震资料处理解释综合研究.

第七章

北京中色物探有限公司. 2011. 宁夏贺兰山北段金及多金属矿远景调查物探工作报告.
程建华, 尹秉喜. 2011. 宁夏月亮山西麓找矿远景预测中的重磁资料应用研究 [J]. 物探化探计算技术, 33 (1): 45 - 50.
地质矿产部航空物探遥感中心. 1994. 宁夏中卫—海原地区航空物探 (磁、伽马能谱) 勘查成果报告.
李广武, 白永江. 2011. 宁夏西华山—南华山地区多金属成矿地质条件分析及其成矿远景预测 [J]. 科技传播, 9 (下): 84 - 85.
李红宇等. 2010. 宁夏贺兰山北段牛头沟金矿地质地球化学特征和矿床成因探讨 [J]. 地质与勘探, 46 (6): 1036 - 1044.
李红宇, 郭合伟, 孙文坤. 2009. 宁夏西华山柳沟金矿地质特征及成矿地质条件分析 [J]. 矿产与地质, 23 (1): 21 - 26.
廖时理. 2014. 甘肃省白银地区找矿靶区逐级圈定与定量预测. 博士论文.
刘志坚. 2013. 宁夏卫宁北山金、铅、银多金属矿成矿地质特征. 硕士论文.
宁夏回族自治区地球物理地球化学勘查院. 2008. 蝉窑地区 1: 1 万高精度磁法详查.
宁夏回族自治区地球物理地球化学勘查院. 2008. 宁夏西吉县月亮山蝉窑—沙岗子磁异常查证电法工作

报告.
宁夏回族自治区地球物理地球化学勘查院. 2010. 宁夏全区物化探基础图件编制.
宁夏回族自治区地球物理地球化学勘查院. 2010. 宁夏石嘴山市牛头沟金矿普查区可控源音频大地电磁测深（CSAMT）勘查报告.
宁夏回族自治区地球物理地球化学勘查院. 2013. 宁夏中卫市南、西华山铜金矿调查地面磁测报告.
宁夏回族自治区地球物理地球化学勘查院. 2014. 宁夏西吉县月亮山北部地区物化探异常查证优化设计.
宁夏回族自治区地质调查院. 2010. 宁夏矿产地质概论.
宁夏回族自治区地质调查院. 2013. 宁夏回族自治区区域地质志报告.
宁夏回族自治区地质调查院. 2013. 卫宁北山多金属矿产勘查.
邱朝霞. 1989. 宁夏金场子金矿床氧化带中微细金球特征［J］. 地质与勘探, 25（8）: 39－42.
宋新华. 2010. 宁夏矿产资源产业布局研究. 博士论文.
徐国风. 1988. 论宁夏金场子渗流热卤水—表生改造型金矿床的矿源［J］. 地球科学——中国地质大学学报, 13（2）: 147－153.
杨勇, 张晓东. 2013. 物探与遥感技术在宁夏西华山地区矿产预测中的应用［J］. 宁夏工程技术, 12（4）: 332－334.
仲佳鑫. 2010. 宁夏香山—卫宁北山地区铁矿类型与成矿规律. 硕士论文.

第八章

白云来, 杨亚娟, 马玉虎. 2008. 宁夏固原炭山油页岩矿床的主要特征及开发利用前景［J］. 甘肃地质, 17（1）: 65－71.
曹代勇, 王四龙, 凌舒群, 等. 1990. 重磁数据图像处理技术在煤田构造研究中的应用［J］. 煤田地质与勘探, （2）: 26－29.
韩绍阳, 侯惠群, 腰善丛, 等. 2004. 我国可地浸砂岩型铀矿勘查方法技术研究［J］. 铀矿地质, 20（5）: 306－314.
李土雄, 刘磊, 等. 2012. 利用重力方法圈定巨野煤田成矿远景区［J］. 山东国土资源, 28（7）: 28－31.
李晓翠, 刘武生, 贾立城, 等. 2014. 鄂尔多斯盆地南部砂岩型铀矿成矿预测［J］. 铀矿地质, 30（6）: 321－327.
刘娟. 2010. 宁东地区延安组沉积特征与聚煤规律研究. 硕士论文.
刘向阳, 李进军, 王贝. 2009. 宁东煤田马家滩矿区沉积环境与聚煤作用［J］. 中国煤炭地质, 21（11）: 19－27.
宁夏回族自治区地球物理地球化学勘查院. 2010. 宁夏全区物化探基础图件编制.
宁夏回族自治区地质调查院. 2010. 宁夏矿产地质概论.
宁夏回族自治区地质调查院. 2013. 宁夏回族自治区区域地质志报告.
孙涛, 孙建安. 2012. 宁夏香山含煤区找煤方向及前景探析［J］. 中国煤炭地质, 24（3）: 8－11.
王俊茹, 刘国辉, 张献民. 1991. 重磁方法在煤田勘探中的应用——以北李庄煤田勘探区为例［J］. 河北地质学院学报, 14（1）: 73－77.
物质矿产部航空物探遥感中心. 1994. 宁夏中卫－海源地区航空物探（磁、伽马能谱）勘查成果报告.
许文强. 2014. 巨野煤田重力场与构造特征［J］. 当代化工, 43（12）: 2706－2709.
颜洪鸣. 2000. 三维定位反演在皖北重磁电算找煤中的应用［J］. 中国煤田地质, 12（1）: 63－73.
张金带, 徐高中, 陈安平, 等. 2005. 我国可地浸砂岩型铀矿成矿模式初步探讨［J］. 铀矿地质, 21（3）: 139－145.

中国石油化工股份有限公司西部新区指挥部. 2003. 2003 年度六盘山盆地非地震资料处理解释综合研究.

第九章

宁夏地质矿产资源勘查开发创新团队. 2013. 六盘山地区盐类矿产勘查技术方法研究. 银川：宁夏人民出版社.
宁夏回族自治区地球物理地球化学勘查院. 2010. 宁夏全区物化探基础图件编制.
宁夏回族自治区地球物理地球化学勘查院. 2012. 宁夏区域重磁资料开发利用研究.
宁夏回族自治区地球物理地球化学勘查院. 2014. 宁夏固原市硝口—寺口子岩盐矿预查综合物探报告.
宁夏回族自治区地质调查院. 2010. 宁夏矿产地质概论.
宁夏回族自治区地质调查院. 2013. 宁夏回族自治区区域地质志报告.

第十章

宁夏回族自治区地球物理地球化学勘查院. 2010. 宁夏全区物化探基础图件编制.
宁夏回族自治区地质调查院. 2010. 宁夏矿产地质概论.
宁夏回族自治区地质调查院. 2013. 宁夏回族自治区区域地质志报告.

后　记

该课题以产、学、研合作的形式进行科技攻关，将地质院校在运用新理论、新技术、新方法进行找矿方面的技术优势，与地勘单位资料优势、队伍优势、设备优势相结合，形成工作思路，在收集总结研究前人工作成果的基础上，完成了该课题。宁夏回族自治区地球物理地球化学勘查院《宁夏区域重磁资料开发利用研究》项目组成员与中国地质大学（武汉）刘天佑（教授）科研团队先后进行了五次成果交流，并就场分离方法探讨、地形影响消除、边界识别方法等相关问题组织了专项讨论与学习。课题研究与专著编写过程中，共完成各类技术创新四项，发表核心期刊论文六篇，培养了多名具有较高专业素养的物化探人才。

在研究课题开展及本书编著过程中，教授级高级工程师李新虎作为项目负责人制定了研究方向与技术路线；教授级高级工程师李宁生与博士生导师刘天佑教授作为技术负责人，紧抓研究重点，攻克了技术难点；中国地质大学（武汉）协助宁夏回族自治区地球物理地球化学勘查院负责具体实施课题研究及专著的编写。

本书的完成及出版得到宁夏回族自治区国土资源厅科技处、宁夏回族自治区地质局地质科技处的全力协助与配合，在此表示感谢。本书编著过程中得到了宁夏回族自治区地质调查院党委书记孟方、宁夏回族自治区国土资源厅地勘处原处长汪俊清、宁夏回族自治区国土测绘院院长李天斌、宁夏回族自治区地质局总工程师程建华、宁夏回族自治区地质局副总工程师张鹏川、宁夏回族自治区地质局地勘处处长翁平、宁夏回族自治区煤田地质局冯中贵等多位教授级高级工程师的大力支持和指导，在此表示诚挚的谢意。同时，还要特别感谢宁夏回族自治区国土资源厅地勘处原处长汪俊清在本书文稿的编排中提出的宝贵意见和建议。

由于本书研究范围为宁夏回族自治区全境，研究的基础资料以宁夏回族自治区全区1∶20万重力、1∶100万航磁资料为主，涉及物化探与地质多个领域，资料的精度达不到精细预测的要求，且研究领域涉及地球物理、地质构造、矿产预测等多个方面，研究时间短，鉴于编者的水平所限和研究时间仓促，书中错误和疏漏之处，恳请读者批评指正。

编　者

2016年7月

附　表

附表1　宁夏回族自治区全区1∶20万构造解译断裂汇总表

编号	级别	名称	走向	倾向	倾角（°）	延伸长度/km	切割深度/km	备注
F_{I}^{1}	Ⅰ级	青铜峡－固原断裂	南北	西	75	350	25	D—D′MT剖面
F_{I}^{2}		西华山－六盘山断裂	北北西	南西	60	233	40	A—A′MT剖面
F_{II}^{1}	Ⅱ级	贺兰山西麓断裂	北北东	南东	45	77	10	E—E′MT剖面
F_{II}^{2}		车道－阿色浪断裂	南北	西	50	333	20	E—E′MT剖面
F_{II}^{3}		温都尔勒图－恩和－马高庄断裂	东西—北北西	南—南西	60	225	10	D—D′MT剖面
F_{II}^{4}		甘塘－三营断裂	东西—北北西	南—南西	55	241	11	D—D′MT剖面
F_{II}^{5}		六盘山西麓断裂	南北	西	55	56	5	B—B′MT剖面
F_{II}^{6}		屈吴山－南湖断裂	北北西	南西	60	170	15	B—B′MT剖面
F_{III}^{1}	Ⅲ级	正谊关断裂	东西			80		
F_{III}^{2}		贺兰山东麓断裂	北北东	南东	60	156	13	E—E′MT剖面
F_{III}^{3}		黄河断裂	北北东	北西	65	150	10	E—E′MT剖面
F_{III}^{4}		峡口－宁东断裂	北东	北西	60	62	5	F—F′MT剖面
F_{III}^{5}		白土岗－芒哈图断裂	北东	南东	50	95	10	F—F′MT剖面
F_{III}^{6}		腾格里额里斯－余丁断裂	北西	南西	50	57	10	C—C′MT剖面
F_{III}^{7}		烟洞沟断裂	北北东			47		
F_{III}^{8}		卫宁北山东麓断裂	北北东			50		
F_{III}^{9}		牛首山西麓断裂	北北西	南西	55	104	5	D—D′MT剖面
F_{III}^{10}		罗山西麓断裂	南北	西	55	50	5	A—A′MT剖面
F_{III}^{11}		白土岗－青龙山－彭阳断裂	南北	西	45	260	5	B—B′MT剖面
F_{III}^{12}		暖泉－惠安堡断裂	南北	西	50	91	5	A—A′MT剖面
F_{III}^{13}		磁窑堡－曙光断裂	北北西	南西	40	65	3	F—F′MT剖面
F_{III}^{14}		马高庄北断裂	东西			28		
F_{III}^{15}		喊叫水－黑城断裂	北北西	南西	65	162	8	D—D′MT剖面
F_{III}^{16}		西湾－兴仁断裂	北西	东北	55	86	6	D—D′MT剖面
F_{III}^{17}		天都山－月亮山断裂	北北西	南西	70	150	10	B—B′MT剖面

续表

编号	级别	名称	走向	倾向	倾角（°）	延伸长度/km	切割深度/km	备注
$F_{Ⅲ}^{18}$	Ⅲ级	树台－西滩－神林断裂	北北西	南西	65	181	10	B—B′MT 剖面
$F_{Ⅲ}^{19}$		共和－治平断裂	北北西	南西	50	162	15	C—C′MT 剖面
$F_{Ⅲ}^{20}$		曙光南断裂	北东东			45		
$F_{Ⅳ}^{1}$	Ⅳ级	厢根达来断裂	北北东	南东	45	130	10	E—E′MT 剖面
$F_{Ⅳ}^{2}$		芦花台西断裂	北北东	南东	40	83	10	E—E′MT 剖面
$F_{Ⅳ}^{3}$		渠口南断裂	北西			28		
$F_{Ⅳ}^{4}$		石嘴山－通伏断裂	北西	北东	45	45	5	E—E′MT 剖面
$F_{Ⅳ}^{5}$		洪广－丰登断裂	北北东	南东	65	54	9	E—E′MT 剖面
$F_{Ⅳ}^{6}$		常信－贺兰断裂	北北西			11		
$F_{Ⅳ}^{7}$		姚伏－胜利断裂	北北东	北西	65	71	10	E—E′MT 剖面
$F_{Ⅳ}^{8}$		惠农－通伏断裂	北北东	北西	60	58	5	E—E′MT 剖面
$F_{Ⅳ}^{9}$		月牙湖西断裂	北北东	北西	60	48	5	E—E′MT 剖面
$F_{Ⅳ}^{10}$		金贵－掌政断裂	北西			19		
$F_{Ⅳ}^{11}$		望远断裂	北西西			12		
$F_{Ⅳ}^{12}$		鹤泉湖断裂	北北西			19		
$F_{Ⅳ}^{13}$		宝湖断裂	北西西			16		
$F_{Ⅳ}^{14}$		海子湖断裂	北东	南东	45	27	3	F—F′MT 剖面
$F_{Ⅳ}^{15}$		永宁断裂	东西			18		
$F_{Ⅳ}^{16}$		兴泾－叶盛断裂	北北西	南西	60	66	13	F—F′MT 剖面
$F_{Ⅳ}^{17}$		良田－崇信断裂	北北西	北东	60	55	11	F—F′MT 剖面
$F_{Ⅳ}^{18}$		陶乐东 1 号断裂	北北东	南东	45	29	2	陶乐地震剖面
$F_{Ⅳ}^{19}$		陶乐东 2 号断裂	北北东	北西	55	52	13	E—E′MT 剖面
$F_{Ⅳ}^{20}$		陶乐西断裂	东西			14		
$F_{Ⅳ}^{21}$		月牙湖南断裂	北东东			31		
$F_{Ⅳ}^{22}$		黄草坡断裂	南北			38		
$F_{Ⅳ}^{23}$		横山堡断裂	南北			20		
$F_{Ⅳ}^{24}$		黑梁断裂	南北			40		
$F_{Ⅳ}^{25}$		芒哈图断裂	南北			38		
$F_{Ⅳ}^{26}$		芒哈图东断裂	南北			23		
$F_{Ⅳ}^{27}$		金银滩东 1 号断裂	北西			14		
$F_{Ⅳ}^{28}$		金银滩东 2 号断裂	北北西			13		
$F_{Ⅳ}^{29}$		温都尔勒图北断裂	东西	南	70	18	2	小红山地震剖面
$F_{Ⅳ}^{30}$		温都尔勒图断裂	东西	南	70	24	2	小红山地震剖面
$F_{Ⅳ}^{31}$		温都尔勒图东 1 号断裂	南北	东	50	7	2	小红山地震剖面

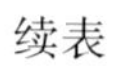

续表

编号	级别	名称	走向	倾向	倾角（°）	延伸长度/km	切割深度/km	备注
$F_{\text{Ⅳ}}^{32}$		温都尔勒图东2号断裂	南北	东	70	10	2	小红山地震剖面
$F_{\text{Ⅳ}}^{33}$		迎水桥北1号断裂	北北东			16		
$F_{\text{Ⅳ}}^{34}$		迎水桥北2号断裂	北北东			23		
$F_{\text{Ⅳ}}^{35}$		柔远北断裂	北西西	南	70	33	6	C—C′MT剖面
$F_{\text{Ⅳ}}^{36}$		乱井子断裂	东西	南	60	50	8	C—C′MT剖面
$F_{\text{Ⅳ}}^{37}$		乱井子南1号断裂	东西	北	55	50	8	C—C′MT剖面
$F_{\text{Ⅳ}}^{38}$		乱井子南2号断裂	东西	北	65	45	8	C—C′MT剖面
$F_{\text{Ⅳ}}^{39}$		乱井子西断裂	南北			44		
$F_{\text{Ⅳ}}^{40}$		卫宁北山西麓断裂	北北东			63		
$F_{\text{Ⅳ}}^{41}$		烟洞沟北断裂	北西西			50		
$F_{\text{Ⅳ}}^{42}$		烟洞沟南断裂	北西西			45		
$F_{\text{Ⅳ}}^{43}$		石空北1号断裂	东西	南	60	53	8	C—C′MT剖面
$F_{\text{Ⅳ}}^{44}$		石空北2号断裂	东西	北	60	38	5	C—C′MT剖面
$F_{\text{Ⅳ}}^{45}$		白马北断裂	北西西			14		
$F_{\text{Ⅳ}}^{46}$		枣园断裂	北北东			11		
$F_{\text{Ⅳ}}^{47}$		白马－鸣沙断裂	北东			28		
$F_{\text{Ⅳ}}^{48}$	Ⅳ级	白马南断裂	北西	北东	50	13	5	D—D′MT剖面
$F_{\text{Ⅳ}}^{49}$		鸣沙东断裂	北东	南东	50	14	5	D—D′MT剖面
$F_{\text{Ⅳ}}^{50}$		大河北断裂	北西	南西	55	23	3	D—D′MT剖面
$F_{\text{Ⅳ}}^{51}$		大河断裂	北北东			8		
$F_{\text{Ⅳ}}^{52}$		大坝断裂	东西			12		
$F_{\text{Ⅳ}}^{53}$		牛首山南断裂	北东			17		
$F_{\text{Ⅳ}}^{54}$		迎水桥断裂	北北东			10		
$F_{\text{Ⅳ}}^{55}$		柔远－宣和断裂	北北西	南西	60	33	10	C—C′MT剖面
$F_{\text{Ⅳ}}^{56}$		宣和断裂	北西	南西	55	33	4	D—D′MT剖面
$F_{\text{Ⅳ}}^{57}$		新堡断裂	北西	南西	50	77	5	D—D′MT剖面
$F_{\text{Ⅳ}}^{58}$		烟筒山断裂	北西	北东	55	56	8	D—D′MT剖面
$F_{\text{Ⅳ}}^{59}$		烟筒山东断裂	南北			17		
$F_{\text{Ⅳ}}^{60}$		大战场断裂	北西	南西	65	63	4	D—D′MT剖面
$F_{\text{Ⅳ}}^{61}$		河西－王团断裂	北北西	南西	45	44	4	A—A′MT剖面
$F_{\text{Ⅳ}}^{62}$		丁塘东1号断裂	南北	西	70	42	10	A—A′MT剖面
$F_{\text{Ⅳ}}^{63}$		丁塘东2号断裂	南北	西	70	32	11	A—A′MT剖面
$F_{\text{Ⅳ}}^{64}$		丁塘东3号断裂	北东			13		
$F_{\text{Ⅳ}}^{65}$		丁塘东4号断裂	南北			16		

续表

编号	级别	名称	走向	倾向	倾角(°)	延伸长度/km	切割深度/km	备注
F_{IV}^{66}	Ⅳ级	丁塘东5号断裂	南北			14		
F_{IV}^{67}		田老庄断裂	北东东			32		
F_{IV}^{68}		王团东断裂	南北			25		
F_{IV}^{69}		予旺西2号断裂	南北			16		
F_{IV}^{70}		予旺北断裂	北北东			15		
F_{IV}^{71}		予旺西1号断裂	南北			28		
F_{IV}^{72}		张家垣北断裂	东西			34		
F_{IV}^{73}		李旺东断裂	北北西			26		
F_{IV}^{74}		张家垣西断裂	南北			25		
F_{IV}^{75}		甘城1号断裂	南北	东	60	37	3	炭山地震剖面
F_{IV}^{76}		七营断裂	东西			16		
F_{IV}^{77}		甘城南断裂	北西			7		
F_{IV}^{78}		甘城2号断裂	南北	西	60	13	2	炭山地震剖面
F_{IV}^{79}		炭山西2号断裂	南北			27		
F_{IV}^{80}		炭山西1号断裂	南北	西	55	40	2	炭山地震剖面
F_{IV}^{81}		香山北1号断裂	北西西	南	65	93	7	D—D′MT剖面
F_{IV}^{82}		香山西3号断裂	北北东			15		
F_{IV}^{83}		香山西4号断裂	北北东			13		
F_{IV}^{84}		香山西1号断裂	北北东			13		
F_{IV}^{85}		香山西2号断裂	北北东			15		
F_{IV}^{86}		香山北2号断裂	北西	北东	60	18	5	D—D′MT剖面
F_{IV}^{87}		香山南断裂	北西	南西	65	18	8	C—C′MT剖面
F_{IV}^{88}		香山东断裂	北东	南东	60	29	5	C—C′MT剖面
F_{IV}^{89}		米钵山南断裂	北东			21		
F_{IV}^{90}		兴仁东断裂	北东			31		
F_{IV}^{91}		香山断裂	北北东			22		
F_{IV}^{92}		兴仁西断裂	北东			17		
F_{IV}^{93}		白套子－张家岘断裂	南北			28		
F_{IV}^{94}		蒿川断裂	北西	北东	60	19	3	A—A′MT剖面
F_{IV}^{95}		白套子断裂	北西	北东	55	31	4	A—A′MT剖面
F_{IV}^{96}		徐套断裂	北西	北东	50	31	5	A—A′MT剖面
F_{IV}^{97}		丁塘西断裂	北西	南西	70	105	5	A—A′MT剖面
F_{IV}^{98}		杨吉子沟－兴隆断裂	北东			56		
F_{IV}^{99}		下小河－黑城断裂	北西			69		

续表

编号	级别	名称	走向	倾向	倾角（°）	延伸长度/km	切割深度/km	备注
F_{IV}^{100}	Ⅳ级	关桥－黑城断裂	北西			64		
F_{IV}^{101}		下小河－关桥断裂	北东			38		
F_{IV}^{102}		史店北断裂	北东			27		
F_{IV}^{103}		贾塘北断裂	北东			21		
F_{IV}^{104}		黑城断裂	北东			23		
F_{IV}^{105}		九彩断裂	北西	南西	65	20	3	CSAMT 剖面
F_{IV}^{106}		曹洼－彭堡断裂	北西	南西	70	55	2	硝口地震剖面
F_{IV}^{107}		九彩南断裂	东西			14		
F_{IV}^{108}		沙沟北断裂	北北东			13		
F_{IV}^{109}		沙沟东 2 号断裂	北北西	北东东	65	23	1	硝口地震剖面
F_{IV}^{110}		沙沟东 1 号断裂	北西			7		
F_{IV}^{111}		沙沟南断裂	北西			11		
F_{IV}^{112}		三营西断裂	北北西	南西西	65	19	1	硝口地震剖面
F_{IV}^{113}		三营－中河断裂	南北	西	65	53	5	B—B′MT 剖面
F_{IV}^{114}		头营－大湾断裂	南北	西	65	62	5	B—B′MT 剖面
F_{IV}^{115}		共和断裂	北西			17		
F_{IV}^{116}		共河北断裂	北西			25		
F_{IV}^{117}		黄桥断裂	北东			19		
F_{IV}^{118}		天都山北断裂	北北西	南西	70	23	7	A—A′MT 剖面
F_{IV}^{119}		树台断裂	南北			20		
F_{IV}^{120}		西安断裂	南北			21		
F_{IV}^{121}		黄桥－关庄断裂	北北西	南西	45	51	3	A—A′MT 剖面
F_{IV}^{122}		种田西断裂	南北			21		
F_{IV}^{123}		复兴断裂	南北			15		
F_{IV}^{124}		关庄东 1 号断裂	北西	南西	65	19	2	CSAMT 剖面
F_{IV}^{125}		关庄东 2 号断裂	北东东			6		
F_{IV}^{126}		红羊－火石寨断裂	北北西	南西	60	24	5	CSAMT 剖面
F_{IV}^{127}		红羊－曹洼断裂	北东			48		
F_{IV}^{128}		红羊东 1 号断裂	南北			16		
F_{IV}^{129}		红羊东 2 号断裂	北西西			10		
F_{IV}^{130}		李俊西断裂	北北西			21		
F_{IV}^{131}		火石寨南断裂	北东			19		
F_{IV}^{132}		硝河－山河断裂	北北西	南西	65	66	6	B—B′MT 剖面
F_{IV}^{133}		硝河南断裂	北东东			29		

续表

编号	级别	名称	走向	倾向	倾角（°）	延伸长度/km	切割深度/km	备注
F_{IV}^{134}	Ⅳ级	白崖－陈靳断裂	北北西	北东	55	71	4	CSAMT 剖面
F_{IV}^{135}		沙沟－观庄断裂	北北西	南西	50	33	2	CSAMT 剖面
F_{IV}^{136}		观庄断裂	南北	西	50	25	2	CSAMT 剖面
F_{IV}^{137}		刘家寨子北 3 号断裂	北北西			28		
F_{IV}^{138}		刘家寨子北 2 号断裂	北东			12		
F_{IV}^{139}		刘家寨子北 1 号断裂	北东东	北西	60	22	7	C—C′MT 剖面
F_{IV}^{140}		刘家寨子西 3 号断裂	北东			15		
F_{IV}^{141}		刘家寨子西 2 号断裂	北北西	北东	50	14	2	C—C′MT 剖面
F_{IV}^{142}		刘家寨子西 1 号断裂	北北西			15		
F_{IV}^{143}		新塬北断裂	北东东	南东	55	27	7	C—C′MT 剖面
F_{IV}^{144}		新塬－杨集－双岘断裂	北北西	南西	65	114	7	C—C′MT 剖面
F_{IV}^{145}		新塬－三合－威戎断裂	北北西	南西	65	115	7	B—B′MT 剖面
F_{IV}^{146}		新塬－平峰断裂	北北西	南西	65	56	5	B—B′MT 剖面
F_{IV}^{147}		新塬南断裂	北东东	南东	60	30	4	C—C′MT 剖面
F_{IV}^{148}		界石铺断裂	北北东			39		
F_{IV}^{149}		细巷断裂	北东东			35		
F_{IV}^{150}		甘沟断裂	东西			24		
F_{IV}^{151}		甘沟驿北 4 号断裂	东西			13		
F_{IV}^{152}		甘沟驿北 3 号断裂	东西			15		
F_{IV}^{153}		甘沟驿北 2 号断裂	北东东			18		
F_{IV}^{154}		甘沟驿北 1 号断裂	北东东			19		
F_{IV}^{155}		甘沟驿－陇川断裂	北北西	南西	65	94	7	C—C′MT 剖面
F_{IV}^{156}		南湖－山河断裂	北北东			44		
F_{IV}^{157}		新集断裂	北北西			17		
F_{IV}^{158}		通边东 1 号断裂	北北西			26		
F_{IV}^{159}		通边东 2 号断裂	北北西			31		
F_{IV}^{160}		苦水河西断裂	南北			19		
F_{IV}^{161}		扁担沟－小罗山断裂	北北西	南西	50	88	5	D—D′MT 剖面
F_{IV}^{162}		苦水河东断裂	北东东			12		
F_{IV}^{163}		白土岗南断裂	北东			14		
F_{IV}^{164}		暖泉－惠安堡－南湫断裂	北北西			104		
F_{IV}^{165}		青龙山东断裂	北东东			14		
F_{IV}^{166}		暖泉东 1 号断裂	北北东	南东	45	21	7	F—F′MT 剖面
F_{IV}^{167}		暖泉东 2 号断裂	北北东	南东	45	27	5	F—F′MT 剖面

续表

编号	级别	名称	走向	倾向	倾角(°)	延伸长度/km	切割深度/km	备注
F_{IV}^{168}	IV级	暖泉东3号断裂	北北东	南东	45	25	5	F—F′MT剖面
F_{IV}^{169}		烟筒山北断裂	北东			15		
F_{IV}^{170}		烟筒山断裂	北北西			35		
F_{IV}^{171}		磁窑堡断裂	南北			22		
F_{IV}^{172}		磁窑堡东断裂	南北			30		
F_{IV}^{173}		庙山断裂	南北			27		
F_{IV}^{174}		庙山南1号断裂	北东			17		
F_{IV}^{175}		庙山南2号断裂	东西			27		
F_{IV}^{176}		马家滩北断裂	东西	北	40	28	4	F—F′MT剖面
F_{IV}^{177}		冯记沟断裂	东西			29		
F_{IV}^{178}		韦州北断裂	北东			30		
F_{IV}^{179}		韦州断裂	北北西	南西	45	28	10	A—A′MT剖面
F_{IV}^{180}		韦州-下马关断裂	南北	西	45	51	10	A—A′MT剖面
F_{IV}^{181}		下马关断裂	北东			12		
F_{IV}^{182}		下马关东断裂	南北			20		
F_{IV}^{183}		高沙窝-二道川断裂	东西			70		
F_{IV}^{184}		盐池西2号断裂	北北西			17		
F_{IV}^{185}		盐池北断裂	东西			58		
F_{IV}^{186}		盐池西1号断裂	南北			15		
F_{IV}^{187}		王乐井南断裂	东西			40		
F_{IV}^{188}		青山西1号断裂	北东			44		
F_{IV}^{189}		大水坑北断裂	北西			15		
F_{IV}^{190}		青山南断裂	北东			41		
F_{IV}^{191}		青山东断裂	北北西			19		
F_{IV}^{192}		莲花池断裂	北北西			15		
F_{IV}^{193}		大水坑西断裂	北北西	北东	50	22	10	A—A′MT剖面
F_{IV}^{194}		盐场堡断裂	北东东	北西	45	114	12	A—A′MT剖面
F_{IV}^{195}		麻黄山西3号断裂	南北			12		
F_{IV}^{196}		麻黄山西2号断裂	南北	西	45	12	5	A—A′MT剖面
F_{IV}^{197}		青山西2号断裂	北西			10		
F_{IV}^{198}		麻黄山西1号断裂	北东	北西	45	57	5	A—A′MT剖面
F_{IV}^{199}		冯地坑断裂	北西			30		
F_{IV}^{200}		红柳沟北1号断裂	北西			25		
F_{IV}^{201}		红柳沟北2号断裂	北西			22		

续表

编号	级别	名称	走向	倾向	倾角(°)	延伸长度/km	切割深度/km	备注
F_{IV}^{202}	Ⅳ级	盐场堡北断裂	东西			18		
F_{IV}^{203}		红柳沟东 1 号断裂	北东			14		
F_{IV}^{204}		红柳沟东 2 号断裂	北西			12		
F_{IV}^{205}		虎洞断裂	南北			80		
F_{IV}^{206}		麻黄山南 3 号断裂	北西			21		
F_{IV}^{207}		麻黄山南 2 号断裂	北西			24		
F_{IV}^{208}		麻黄山南 1 号断裂	北西			32		
F_{IV}^{209}		冯地坑南断裂	北西			25		
F_{IV}^{210}		冯地坑西断裂	南北			18		
F_{IV}^{211}		周台子－刘峁塬断裂	北北东			81		
F_{IV}^{212}		南湫东断裂	东西			28		
F_{IV}^{213}		马高庄南断裂	北北西			27		
F_{IV}^{214}		马高庄－交岔断裂	南北			90		
F_{IV}^{215}		毛井西断裂	南北			58		
F_{IV}^{216}		南湫－小岔断裂	南北			79		
F_{IV}^{217}		毛井南断裂	东西	北	65	32	2	炭山地震剖面
F_{IV}^{218}		车道北断裂	北西			16		
F_{IV}^{219}		云雾山西断裂	南北	西	55	31	2	炭山地震剖面
F_{IV}^{220}		炭山东断裂	南北	西	60	9	1	炭山地震剖面
F_{IV}^{221}		云雾山断裂	南北	西	65	35	1	炭山地震剖面
F_{IV}^{222}		交岔断裂	北东东			27		
F_{IV}^{223}		固原南断裂	北西西	南西	45	24	4	B—B′MT 剖面
F_{IV}^{224}		古城断裂	南北	西	45	47	12	B—B′MT 剖面
F_{IV}^{225}		彭阳北断裂	北西			19		
F_{IV}^{226}		彭阳西断裂	南北			31		
F_{IV}^{227}		虎洞南断裂	东西			11		
F_{IV}^{228}		殷家城北断裂	北西			15		
F_{IV}^{229}		殷家城南断裂	北西			19		
F_{IV}^{230}		小岔－马渠断裂	北西	北东	45	46	8	B—B′MT 剖面
F_{IV}^{231}		孟塬断裂	北西	南西	45	39	13	B—B′MT 剖面
F_{IV}^{232}		城阳北断裂	南北			33		
F_{IV}^{233}		郭塬北断裂	南北			33		
F_{IV}^{234}		红河北断裂	北西			39		
F_{IV}^{235}		大寨断裂	北西西			66		
F_{IV}^{236}		崆峒－白水断裂	北西西			66		
F_{IV}^{237}		峡门断裂	北西			28		

附表 2　宁夏回族自治区全区 1∶20 万局部重力异常汇总表

异常编号、名称	经纬度	异常特征	地质概况	已发现矿产	定性解释
δg_{-1} 贺兰山北	106°04′~106°09′ 39°15′~39°15′	重力低，走向北北西，幅值 -8.2 mGal，面积 34 km^2	异常处在正谊关断裂的西端北侧，主体位于普遍遭混合花岗岩化的新太古界贺兰山群之上	煤、赤褐铁矿	与煤系地层和断裂破碎带有关
δg_{-2} 贺兰山	106°08′~106°13′ 39°10′~39°15′	重力低，走向近南北，幅值 -5.3 mGal，面积 51 km^2	异常处在正义关断裂的西端北侧，主体位于普遍遭混合花岗岩化的新太古界贺兰山群之上，异常南端可见二叠系、三叠系		与煤系地层和断裂破碎带有关
δg_{-3} 石炭井	106°15′~106°25′ 39°09′~39°19′	重力低，似椭圆状，走向近南北，幅值 -6.6 mGal，面积 141 km^2	异常位于正义关断裂的中段北侧，对应以石炭系、二叠系为核部的复向斜，两翼是新元古界青白口系、古生界寒武系	煤	与煤系地层组成的复向斜有关
δg_{-4} 惠农区西	106°32′~106°35′ 39°15′~39°19′	重力低，似椭圆状，走向近南北，幅值 -4.4 mGal，面积 25 km^2	异常位于正义关断裂的东段北侧，主体位于普遍遭混合花岗岩化的新太古界贺兰山群之上，异常西部及南端可见寒武-奥陶系、石炭系、二叠系、三叠系	煤、金	
δg_{-5} 惠农区	106°39′~106°49′ 39°13′~39°19′	重力低，椭圆状，走向北北东，幅值 -12.9 mGal，面积 89 km^2	异常位于正谊关断裂的东端北侧，南端可见石炭系	煤、煤层气	
δg_{-6} 园艺	106°47′~106°54′ 39°12′~39°17′	重力高，似椭圆状，幅值 5.3 mGal，面积 61 km^2	异常边部有石炭系出露，大部分为第四系覆盖		为下古生界隆起
δg_{-7} 小松山北	105°58′~106°07′ 39°05′~39°13′	重力高，不规则椭圆状，幅值 6.3 mGal，面积 117 km^2			
δg_{-8} 小松山	106°00′~106°10′ 39°01′~39°07′	重力低，裙带状走向北东，幅值 -2.9 mGal，面积 76 km^2	对应以侏罗系为核部的复向斜，西翼为奥陶系	煤、煤层气	与煤系地层构成的向斜核部有关
δg_{-9} 木仁高勒	105°58′~106°05′ 38°57′~39°01′	重力高，走向东西，幅值 8.1 mGal，面积约 53 km^2	异常位于贺兰山西麓断裂的北段东侧		
δg_{-10} 石嘴山	106°17′~106°38′ 39°02′~39°15′	重力高，走向北东，幅值 17 mGal，面积约 300 km^2	地表可见新元古界震旦系、青白口系、古生界寒武系、石炭系隆起褶断	煤、褐铁矿	老地层高密度体引起

续表

异常编号、名称	经纬度	异常特征	地质概况	已发现矿产	定性解释
δg_{-11} 暖泉	106°03′～106°15′ 38°44′～39°00′	重力高，走向北东，幅值 12.4 mGal，面积 153 km^2	贺兰山中段三叠系复褶皱		中生界、古生界隆起
δg_{-12} 宝丰	106°28′～106°45′ 38°53′～39°08′	重力低，走向北东，幅值 -18 mGal，面积约 448 km^2	第四系覆盖		
δg_{-13} 银川—西大滩	105°56′～106°22′ 38°16′～39°00′	长带状重力低，走向北东，幅值 -13.7 mGal，面积约 889 km^2	第四系覆盖		新生界断陷盆地，底部可能为下古生界
δg_{-14} 平罗	106°24′～106°28′ 38°50′～38°54′	重力高，椭圆状，走向北西，幅值 1.3 mGal，其分布范围约 33 km^2	第四系覆盖		下古生界隆起
δg_{-15} 陶乐	106°51′～107°00′ 38°51′～38°57′	重力高（异常未封闭），走向北东，幅值 12.5 mGal，面积 226 km^2	第四系覆盖		下古生界隆起
δg_{-16} 小口子	105°47′～105°54′ 38°18′～38°42′	重力高，走向北北东，幅值 19.1 mGal，东侧梯度大，西侧梯度变化较小，面积约 320 km^2	地面为由新元古界青白口系、震旦系、古生界寒武系、奥陶系构成的复褶皱	褐铁矿	老地层隆褶引起
δg_{-17} 芦花镇	105°56′～106°07′ 38°35′～38°44′	重力低异常，走向北东，幅值 -5.5 mGal，分布面积约 131 km^2	异常西侧可见古元古代黑云斜长花岗岩，内穿插有辉绿岩脉		新生界底部可能为黑云斜长花岗岩体（或下古生代）
δg_{-18} 兴泾镇	106°00′～106°05′ 38°21′～38°28′	重力低，走向北东，幅值 -10.4 mGal，西侧梯度大，东侧梯度变化较小，面积约 55 km^2	第四系覆盖		
δg_{-19} 灵武	106°06′～106°20′ 37°59′～38°18′	等轴状重力低，走向北西，幅值 -13 mGal，面积 465 km^2	第四系覆盖		新生界底部为下古生界
δg_{-20} 吴忠	106°07′～106°33′ 37°42′～38°07′	重力低，异常主体呈等轴状，幅值 -11.7 mGal，两侧梯度变化不大，面积约 317 km^2	位于牛首山东麓，为第四系覆盖区		新生界底部为下古生界

续表

异常编号、名称	经纬度	异常特征	地质概况	已发现矿产	定性解释
δg_{-21} 贺兰	106°21′~106°27′ 38°21′~38°30′	重力低，长条状，幅值 -4.5 mGal，面积约 148 km^2	第四系覆盖		与新生界局部断陷有关
δg_{-22} 横山堡	106°27′~106°34′ 38°17′~38°26′	不规则串珠状重力高，走向北东，幅值 11.7 mGal，面积约 615 km^2	大部分为第四系覆盖，中心部位可见奥陶系，周围钻孔揭露奥陶系埋深 1000 m 左右		下古生界隆起
δg_{-23} 清水营	106°40′~106°49′ 38°08′~38°16′	不规则椭圆状重力低，走向南北，幅值 -5 mGal，面积 125 km^2	第四系覆盖		局部凹陷，推测是侏罗系延安组增厚区
δg_{-24} 庙儿台	106°34′~106°40′ 37°55′~38°04′	长条状重力低，整体走向北北东，幅值 -3.3 mGal，面积约 65 km^2	大部分被第四系覆盖，少数地区出露三叠系与侏罗系。钻井揭示该地区主要钻遇侏罗系		
δg_{-25} 麻黄湾	106°30′~106°34′ 37°51′~37°57′	重力低，等轴状，走向北东，幅值 -2.3 mGal，面积约 42 km^2	第四系覆盖，钻孔揭示西侧主要钻遇侏罗系		
δg_{-26} 元山子	105°40′~105°52′ 37°58′~38°08′	长条状重力高，走向北西，幅值 6.3 mGal，东南侧梯度变化大，面积 161 km^2	西侧为新生界覆盖区，少数地区出露寒武-奥陶系、白垩系		
δg_{-27} 大坝	105°38′~105°58′ 37°58′~38°14′	重力低，走向南北，幅值 -7.9 mGal。两侧梯度变化不大，面积 173 km^2	西侧有奥陶系出露		局部新生界增厚
δg_{-28} 青铜峡	105°58′~106°07′ 38°02′~38°12′	不规则椭圆状重力高，走向北西，幅值 8.3 mGal，两侧梯度变化大，面积 311 km^2	第四系覆盖		下古生界隆起
δg_{-29} 柴敖包	105°00′~105°12′ 37°49′~37°57′	重力高，似圆形，走向近南北，幅值 5 mGal，面积 197 km^2	南端可见上古生界，北段被第四系覆盖		下古生界隆起
δg_{-30} 乱井	105°21′~105°30′ 37°50′~38°03′	未全封闭的重力低，走向南北，幅值 -9.7 mGal，两侧梯度变化不大，面积 197 km^2	第四系覆盖		新生界凹陷，底部为下古生界

续表

异常编号、名称	经纬度	异常特征	地质概况	已发现矿产	定性解释
δg_{-31} 腾格里	104°38′～104°52′ 37°29′～37°35′	重力高（未封闭），走向东西，幅值4.8 mGal，面积123 km^2	北侧有寒武系、奥陶系出露		推测下古生界隆起
δg_{-32} 甘塘	104°29′～104°36′ 37°27′～37°30′	重力低，走向东西，幅值－7.2 mGal，面积48 km^2	第四系覆盖		
δg_{-33} 上苍房庙	104°38′～104°48′ 37°25′～37°29′	重力低，走向东西，幅值－10.6 mGal，面积77 km^2	第四系覆盖		新生界底部为古生界
δg_{-34} 孟家塘	104°53′～105°01′ 37°26′～37°32′	重力低，走向近南北，幅值－13.1 mGal，面积95 km^2	第四系覆盖		为新生界断陷，底部为古生界
δg_{-35} 柴敖包南	105°10′～105°15′ 37°46′～37°50′	重力低，走向北东东，幅值－5.3 mGal，面积38 km^2			
δg_{-36} 双疙瘩	105°35′～105°46′ 37°46′～37°52′	重力高，走向近东西，幅值9.5 mGal，面积：99 km^2	可见寒武系、泥盆系、石炭系、侏罗系，异常极值处有华力西期花岗闪长岩脉		推断为古生界隆起，古生界向东西两侧倾没
δg_{-37} 烟洞沟南	105°33′～105°38′ 37°42′～37°47′	重力低，走向北西，幅值－4.8 mGal，面积45 km^2	可见石炭系、白垩系、古近系出露		
δg_{-38} 白马乡	105°48′～105°59′ 37°30′～37°54′	等轴状重力低，走向近南北，幅值－13.6 mGal，面积约456 km^2	第四系覆盖		新生界底部为古生界
δg_{-39} 牛首山	105°54′～106°11′ 37°24′～37°57′	纺锤形重力高，走向北北西，幅值11.8 mGal，两侧梯度变化大，面积708 km^2	地表可见寒武系、奥陶系强烈隆褶，西侧与泥盆系、石炭系断层成不整合接触，东侧为古近系		异常由下古生界强烈隆褶引起
δg_{-40} 歪脖子山	105°12′～105°21′ 37°35′～37°38′	重力高，走向东西，幅值4.8 mGal，南侧梯度变化较大，面积41 km^2	地面出露为泥盆系、石炭系的复褶皱	褐铁矿	异常宽缓，微高，与泥盆系、石炭系复褶皱构成的稳定密度块体有关

续表

异常编号、名称	经纬度	异常特征	地质概况	已发现矿产	定性解释
δg_{-41} 中卫	105°10′~105°20′ 37°30′~37°34′	重力低，等轴状，走向近东西，幅值 −6.1 mGal，面积约 73 km^2	第四系覆盖		为新生界断陷，底部为古生界
δg_{-42} 常乐	105°03′~105°20′ 37°22′~37°28′	重力低，等轴状，走向近东西，幅值 −8.2 mGal，面积约 157 km^2	第四系覆盖	煤、铜银矿	为新生界断陷，底部为古生界
δg_{-43} 中宁	105°34′~105°45′ 37°26′~37°33′	椭圆形重力低，走向北西，幅值 −8.1 mGal，面积约 155 km^2	第四系覆盖		为新生界断陷，底部为古生界
δg_{-44} 鸣沙	105°49′~105°59′ 37°24′~37°35′	重力高，不规则串珠状，幅值 4 mGal，面积 160 km^2	第四系覆盖		是断陷中的相对隆起，底部为古生界
δg_{-45} 烟洞山	105°29′~106°10′ 36°59′~37°27′	条带状重力高，走向北西，幅值 7.9 mGal，面积约 506 km^2	地面是中下古生界组成的复褶皱，可见寒武系、奥陶系、志留系、泥盆系、石炭系等	煤、褐铁矿	异常与烟洞山中下古生界隆起对应，两侧为新生界断陷
δg_{-46} 红寺堡	105°53′~106°06′ 37°16′~37°35′	重力低，不规则椭圆状，走向北北西，幅值 −11.6 mGal，面积 244 km^2	第四系覆盖		为新生界断陷，底部为中下古生界
δg_{-47} 香山	104°57′~105°22′ 36°58′~37°13′	重力高，走向北西，幅值 13.6 mGal，南侧 δg 等值线密集，面积约 476 km^2	中－上奥陶统香山群出露区	褐铁矿、油页岩	异常系香山群断隆引起
δg_{-48} 下流水	105°21′~105°30′ 37°03′~37°08′	重力低，δg 零等值线延伸方向，异常主体似圆形，走向北东东，幅值 −8 mGal，面积约 247 km^2	异常主体位于侏罗系为核部的复向斜上，向北西延伸为中上古生界复向斜	煤	中生界厚度底部为下古生界
δg_{-49} 米钵山	104°53′~105°36′ 37°05′~37°18′	弧形带状重力高，走向北西西，最大幅值 7.5 mGal，总面积约为 563 km^2	中－上奥陶统香山群出露区		推测异常与香山群断隆有关
δg_{-50} 喊叫水北	105°34′~105°48′ 37°08′~37°20′	三角状重力低，走向北西，幅值 −5.6 mGal，总面积约为 149 km^2	新生界覆盖区，奥陶系零星出露		
δg_{-51} 喊叫水	105°36′~105°48′ 36°55′~37°08′	重力低，走向北西，幅值 −12 mGal，面积 241 km^2	第四系覆盖		古生界上部为中、新生界断陷

续表

异常编号、名称	经纬度	异常特征	地质概况	已发现矿产	定性解释
δg_{-52} 河西	105°41′~105°50′ 36°59′~37°09′	长条状重力高，走向北西，幅值5.8 mGal，总面积约为77 km^2	新生界覆盖区		
δg_{-53} 白土岗	106°17′~106°24′ 37°39′~37°51′	长条状重力高，走向北东，幅值9.8 mGal，两侧梯度变化较大，面积约114 km^2	地表可见三叠系		异常处于“南北古隆起带”的北端，相对两侧为下古生界隆起
δg_{-54} 石沟驿	106°24′~106°32′ 37°39′~37°47′	重力低，似圆状，幅值-6.8 mGal，两侧梯度变化不大，面积118 km^2	地表为以侏罗系延安组为核部的复向斜	煤	异常由前白垩纪—下古生代地层强烈拗褶引起
δg_{-55} 马家滩	106°41′~106°51′ 37°45′~37°51′	似椭圆形重力高，走向北北西，幅值5.4 mGal，两侧梯度变化不大，面积90 km^2	新生界覆盖。钻井揭示东侧见三叠系延长组石油天然气	石油、天然气	推测为古生界、中生界隆起引起
δg_{-56} 沙泉乡	106°08′~106°19′ 37°18′~37°40′	长条状重力低，走向北北东，幅值-10.7 mGal，两侧梯度变化较大，面积263 km^2	新生界覆盖区		新生界底部为古生界
δg_{-57} 沙泉东	106°17′~106°19′ 37°23′~37°29′	长条状重力低，走向近南北，幅值-4.9 mGal，面积32 km^2	新生界覆盖区		新生界底部为古生界
δg_{-58} 韦州北	106°20′~106°26′ 37°27′~37°34′	不规则椭圆状重力高，走向近南北，幅值8.1 mGal，两侧梯度变化不大，面积约72 km^2	大部分被第四系覆盖，西侧有小部分出露三叠系		相对两侧为下古生界隆起
δg_{-59} 烟筒山	106°35′~106°47′ 37°20′~37°44′	条带状重力低，走向北北西，幅值-6.3 mGal，两侧梯度变化不大，面积约257 km^2	地表可见二叠系、三叠系、白垩系		异常由前白垩纪—下古生代地层强烈拗褶引起
δg_{-60} 曙光	106°47′~106°54′ 37°26′~37°39′	长条状重力高，走向北东，幅值3.8 mGal，面积约92.5 km^2	第四系覆盖区，钻井揭示南侧见侏罗系煤	煤	

续表

异常编号、名称	经纬度	异常特征	地质概况	已发现矿产	定性解释
δg_{-61} 大水坑	106°52′~106°57′ 37°24′~37°30′	重力低，不规则片状，幅值 -2.7 mGal，面积 43 km^2	新生界覆盖区，钻井揭示南侧见三叠系延长组石油	石油	推断异常与第四系—侏罗系局部增厚有关
δg_{-62} 窑山北	106°10′~106°15′ 37°08′~37°14′	重力低，椭圆状，幅值 -6.0 mGal，面积 45 km^2	第四系覆盖区		新生界底部可能为下古生界
δg_{-63} 窑山	106°11′~106°16′ 36°59′~37°05′	重力低，走向近南北，幅值 -6.8 mGal，面积 62 km^2	异常主体被第四系覆盖		新生界底部可能为下古生界
δg_{-64} 罗山	106°13′~106°24′ 37°03′~37°27′	重力高，走向北北西，幅值 10.2 mGal，面积 313 km^2	地表可见奥陶系隆褶成山		下古生界隆起产生，为大、小罗山断块区
δg_{-65} 韦州西	106°19′~106°23′ 37°11′~37°16′	重力低，不规则椭圆状，走向近东西向，幅值 -5 mGal，面积 34 km^2	新生界覆盖区		
δg_{-66} 韦州	106°24′~106°30′ 37°09′~37°19′	重力低，走向近南北，呈长条状，幅值 -4.2 mGal，两侧梯度变化缓慢，面积 86 km^2	新生界覆盖	煤	下古生界上部为中、上古生界拗褶，为韦州向斜分布区
δg_{-67} 下马关	106°23′~106°28′ 37°00′~37°06′	椭圆状重力低异常，走向北东，幅值 -6.4 mGal，面积 51 km^2	第四系覆盖		
δg_{-68} 青龙山	106°28′~106°44′ 36°59′~37°27′	长条状重力高，走向北北西，幅值 9.7 mGal，面积 333 km^2	异常东侧为青龙山，可见青白口系、寒武系、奥陶系。异常区内被第四系覆盖，零星可见奥陶系，主要钻遇石炭系		推测下古生界隆起
δg_{-69} 惠安堡	106°31′~106°42′ 37°05′~37°29′	条带状重力低，走向北北西，幅值 -7.95 mGal，西侧梯度变化较大，面积约 225 km^2	新生界地层覆盖，南侧出露寒武系、白垩系		
δg_{-70} 甜水堡西	106°41′~106°47′ 37°03′~37°18′	条带状重力高，走向近南北，幅值 4.6 mGal，面积约 127 km^2	新生界地层覆盖，南侧出露寒武 - 奥陶系		

续表

异常编号、名称	经纬度	异常特征	地质概况	已发现矿产	定性解释
δg_{-71} 林记口子	106°46′～106°50′ 37°10′～37°14′	等轴状重力低，走向北西，幅值 -10.3 mGal，面积约28 km^2	第四系覆盖，北部出露三叠系		
δg_{-72} 甜水堡	106°45′～106°49′ 36°57′～37°07′	等轴状重力低，走向近南北，幅值 -10.4 mGal，面积76 km^2	西北侧可见青白口系、寒武系、奥陶系、石炭系、二叠系及侏罗系，东侧为第四系覆盖		异常位于断距达4000 m左右的断裂带上
δg_{-73} 兴仁县	105°00′～105°17′ 36°45′～37°03′	重力低，近似圆形，走向近南北，幅值 -24.6 mGal，面积约510 km^2	第四系覆盖		古生界上部充填中、新生代沉积
δg_{-74} 徐套	105°17′～105°43′ 36°45′～37°02′	重力高，异常主体走向北东，幅值8 mGal，面积约538 km^2	第四系覆盖		下古生界上部为中生界，为下古生界隆起
δg_{-75} 蒿川乡	105°35′～105°39′ 36°42′～36°46′	重力高，似圆状，走向北北西，幅值5.8 mGal，它是g_{-52}的南延部分，面积28 km^2	第四系覆盖		下古生界上部为中、新生界
δg_{-76} 关桥	105°42′～105°52′ 36°39′～36°50′	不规则长条状重力低，走向北北西，幅值 -7.9 mGal，面积130 km^2	第四系覆盖		古生界上部为中、新生界
δg_{-77} 高崖	105°46′～105°58′ 36°44′～36°54′	重力高，走向北西，幅值9.5 mGal，两侧梯度变化较大，面积94 km^2	地表可见白垩系、古近系，为中生界背斜		古生界隆起，中新生界背斜
δg_{-78} 共和	104°40′～105°10′ 36°42′～36°50′	重力高，走向北西，幅值11.6 mGal，北侧梯度变化较大，面积168 km^2			
δg_{-79} 黄桥	105°04′～105°12′ 36°37′～36°42′	重力低，椭圆状，走向北西西，幅值 -6.5 mGal，面积68 km^2			
δg_{-80} 崛吴山	105°03′～105°15′ 36°26′～36°37′	长条形重力高，长轴方向北西向，幅值14.6 mGal，面积122 km^2	异常对应奥陶系隆起，西北侧可见石炭系、二叠系		下古生界隆起
δg_{-81} 西华山	105°12′～105°24′ 36°33′～36°44′	长条状重力高，走向北西，幅值11.8 mGal，面积约133 km^2	中元古界强烈隆断，普遍绿片岩化	金	绿片岩是区内岩石密度最高的一类岩石，异常与蓟县系的隆起有关

续表

异常编号、名称	经纬度	异常特征	地质概况	已发现矿产	定性解释
δg_{-82} 海原	105°20′~105°38′ 36°30′~36°45′	重力低，走向北西，幅值 -9.2 mGal，面积231 km^2	第四系覆盖		古生界上部为中、新生界
δg_{-83} 罗川	105°56′~106°05′ 36°26′~36°43′	长条状重力高，走向北北西，幅值9.9 mGal，两侧梯度变化较大，面积186 km^2	可见古近系		古生界隆起，中新生界背斜
δg_{-84} 李旺	105°58′~106°12′ 36°25′~36°51′	长条状重力低，走向北北西，幅值 -7.1 mGal，西侧梯度变化较大，面积331 km^2	新生界覆盖区		
δg_{-85} 土高	105°04′~105°09′ 36°16′~36°28′	重力高，走向南北，幅值 11.6 mGal，两侧梯度变化较大，面积88 km^2	第四系覆盖，北端屈吴山可见奥陶系出露		新生界低部为下古生界断隆
δg_{-86} 复兴	105°07′~105°24′ 36°20′~36°29′	串珠状重力低，整体走向近东西向，幅值 -5.4 mGal，面积99 km^2			
δg_{-87} 树台乡	105°27′~105°38′ 36°20′~36°28′	长条形重力低，走向北西，幅值 -7.3 mGal，北侧梯度变化大，面积91 km^2	北侧为南华山，中元古界强烈断隆，异常主体被第四系覆盖		新生界底部为前寒武系
δg_{-88} 南华山	105°29′~105°45′ 36°19′~36°32′	长条状重力高，走向北西，幅值19.4 mGal，面积183 km^2	中元古界蓟县系强烈隆断，普遍绿片岩化	煤	绿片岩是区内岩石密度最高的一类岩石，异常与蓟县系隆起有关
δg_{-89} 贾埫	105°44′~105°58′ 36°22′~36°30′	重力低，走向北西，幅值 -9.9 mGal，面积385 km^2	第四系覆盖		古生界上部为中、新生界
δg_{-90} 白草原	104°59′~105°08′ 36°05′~36°17′	重力低（未封闭），走向北东，幅值 -8.2 mGal，两侧梯度变化较大，估算面积239 km^2	第四系覆盖		新生界底部为下古生界
δg_{-91} 刘家寨子	105°11′~105°27′ 36°06′~36°18′	重力低，走向近南北，幅值 -7.4 mGal，北东侧梯度变化较大，面积242 km^2	第四系覆盖		新生界底部为下古生界

续表

异常编号、名称	经纬度	异常特征	地质概况	已发现矿产	定性解释
δg_{-92} 关庄	105°23′~105°32′ 36°11′~36°26′	串珠状重力高，走向北北西，幅值9.2 mGal，两侧梯度变化较大，面积150 km^2	第四系覆盖，有20 nT的磁异常		新生界底部为下古生界隆起，两侧为寒武系—奥陶系，核部可能为前寒武系
δg_{-93} 火石寨	105°44′~105°53′ 36°03′~36°14′	重力高，走向北北西，幅值11 mGal，两侧梯度变化较大，面积140 km^2	地面可见白垩系、蓟县系		白垩系底部为前寒武系
δg_{-94} 寺口子	105°57′~106°06′ 36°05′~36°15′	重力高，呈长条状，走向北西，幅值4.0 mGal，面积为124 km^2	大部分地区出露白垩系	油页岩	
δg_{-95} 峰台山	106°07′~106°18′ 36°45′~36°58′	重力高，呈不规则长条状，走向南北，幅值6.3 mGal，东侧梯度大，面积为294 km^2	地表可见白垩系、古近系	煤	相对两侧为局部隆起
δg_{-96} 七营	106°09′~106°18′ 36°20′~36°43′	重力高，呈不规则长条状，走向近南北，幅值7.3 mGal，面积为245 km^2	新生界覆盖区，零星出露白垩系	煤	相对两侧为局部隆起
δg_{-97} 予旺	106°19′~106°26′ 36°45′~36°59′	椭圆形重力低，走向南北，幅值-16.1 mGal，东西两侧等值线密集，面积177 km^2	第四系覆盖		中、新生界底部为中下古生界
δg_{-98} 张家塬	106°16′~106°23′ 36°32′~36°44′	长条状重力低，走向南北，幅值-9.4 mGal，面积128 km^2	第四系覆盖		相对两侧为局部凹陷，底部为中下古生界
δg_{-99} 炭山北	106°13′~106°25′ 36°24′~36°31′	重力低，近似圆形，幅值-10.6 mGal，面积约140 km^2	南侧可见青白口系、侏罗系、白垩系。青铜峡-固原深大断裂通过异常区东侧		中新生界底部为下古生界，为中新生界断陷
δg_{-100} 固原	106°02′~106°18′ 35°49′~36°20′	条带重力低，走向南北，幅值-11.1 mGal，两侧梯度变化较大，面积约771 km^2	第四系覆盖，据钻孔揭露古近-新近系厚1547 m，白垩系钻至1653 m仍未到底。青铜峡-固原深大断裂通过异常区东侧。钻井揭示西侧见白垩系岩盐	岩盐	中新生界底部为下古生界

续表

异常编号、名称	经纬度	异常特征	地质概况	已发现矿产	定性解释
δg_{-101} 炭山	106°17′~106°27′ 36°03′~36°24′	重力高，长条状，幅值 11.8 mGal，面积约 278 km^2	地表可见青白口系、奥陶系、白垩系、侏罗系。青铜峡－固原深大断裂通过异常区西侧	煤	下古生界隆起
δg_{-102} 马高庄	106°21′~106°33′ 36°22′~36°56′	长条状重力高，走向南北，幅值 14.6 mGal，西侧为梯级带，面积约 492 km^2	地表可见青白口系、寒武系、奥陶系沿异常带零星出露		下古生界隆起
δg_{-103} 毛井西	106°31′~106°35′ 36°26′~36°43′	串珠状重力高，走向南北，幅值 -5.6 mGal，面积约 135 km^2			
δg_{-104} 毛井	106°29′~106°42′ 36°12′~36°40′	长条状重力高，走向北北东，幅值 8.3 mGal，东侧梯度变化较大，面积 99 km^2	第四系覆盖		下古生界隆起
δg_{-105} 钱阳山北	106°37′~106°41′ 36°42′~36°49′	低缓重力低，异常主体走向近南北，幅值 -6.9 mGal，面积约 34 km^2	东侧可见石炭系、二叠系、三叠系		下古生界上部为中、上古生界和中生界。为中、上古生界拗褶
δg_{-106} 钱阳山南	106°41′~106°48′ 36°32′~36°41′	长条状重力低，异常主体走向近南北，幅值 -8 mGal，面积约 59 km^2	东侧可见石炭系、二叠系、三叠系		下古生界上部为中、上古生界和中生界。为中、上古生界拗褶
δg_{-107} 罗洼	106°37′~106°46′ 35°05′~36°31′	条带状重力低，走向近南北，幅值 -10.2 mGal，西侧梯度变化较大，面积 459 km^2	银洞子处可见侏罗系、白垩系，钻井揭示中部王洼见侏罗系煤层	煤	中生界和上古生界底部为下古生界，为一较大型的中、新生界断陷带
δg_{-108} 南湫	106°40′~106°50′ 36°35′~36°52′	长条状重力高，走向北北西，幅值 10.5 mGal，面积 166 km^2	异常区内可见青白口系、寒武系、奥陶系和上古生界露头		下古生界隆起
δg_{-109} 车道	106°45′~106°52′ 36°12′~36°28′	长条形重力高，走向北北东，幅值 14.3 mGal，两侧梯度变化较大，面积 165 km^2	可见奥陶系沿异常区零星出露		下古生界隆起
δg_{-110} 牛山布梁	106°47′~106°54′ 36°39′~36°48′	重力低，走向北北西，幅值 -8.4 mGal，面积约 98 km^2	西侧下古生界隆褶成山，东侧为第四系覆盖		异常位于断距达 4000 m 左右的断裂带上

续表

异常编号、名称	经纬度	异常特征	地质概况	已发现矿产	定性解释
δg_{-111} 白阳	106°51′～106°59′ 36°18′～36°27′	重力低，似椭圆状，幅值 -4.4 mGal，面积约109 km^2	异常区西侧可见奥陶系，异常主体处可见白垩系		异常位于断距达4000 m左右的断裂带上
δg_{-112} 殷家城	106°49′～106°57′ 36°08′～36°16′	重力低，走向北东，幅值 -6.5 mGal，面积约69 km^2	第四系覆盖。西侧可见奥陶系零星出露		异常位于断距达4000 m左右的断裂带上
δg_{-113} 甘沟驿	105°03′～105°11′ 35°53′～35°58′	重力低，椭圆状，走向北东东，幅值 -4.6 mGal，面积约76.06 km^2	第四系覆盖		
δg_{-114} 韩集	105°06′～105°14′ 35°47′～35°52′	重力高，不规则椭圆状，走向北东，幅值9.5 mGal，面积66 km^2	第四系覆盖，有50 nT左右的平稳磁异常		推测为前寒武系隆起
δg_{-115} 会宁县	104°60′～105°08′ 35°41′～35°51′	重力低（未封闭），走向北西，幅值 -4.4 mGal	第四系覆盖，航磁有80 nT左右的磁异常，异常较平缓		新生界底部可能为华家岭中酸性花岗岩体
δg_{-116} 震湖	105°26′～105°39′ 35°46′～36°05′	长条形重力低，走向北西，幅值 -4.3 mGal，面积220 km^2	第四系覆盖，航磁为条带负异常，东西两侧磁场特征不同，东南延伸可见志留、石炭、二叠系		加里东期断裂，新生界北端断陷，钻孔揭露前寒武系埋深400 m
δg_{-117} 新营	105°30′～105°38′ 35°58′～36°08′	长条形重力高，走向北西，幅值7.1 mGal，两侧梯度变化不大，面积79 km^2	第四系覆盖，有一中强磁异常，推断为基性岩体，或为蓟县系磁性变质岩系		岩体引起，与磁异常同源
δg_{-118} 西吉县	105°36′～105°56′ 35°38′～36°09′	长条状重力低，走向北西，幅值 -12.7 mGal，两侧梯度变化较大，面积276 km^2	第四系覆盖。西侧有带状中强磁异常，推测与加里东期中基性侵入岩或中元古界蓟县系绿片岩层有关		新生界底部为寒武系、奥陶系
δg_{-119} 偏城	106°00′～106°06′ 35°56′～36°59′	重力高，椭圆形，走向近南北，幅值6 mGal，面积30 km^2	地面可见白垩系		推测为前寒武系隆起
δg_{-120} 义岗	105°01′～105°26′ 35°23′～35°35′	重力低，主体走向近东西，幅值 -16.5 mGal，两侧梯度变化不大，面积约461 km^2	四周沿冲沟可见震旦系和华力西期中酸性花岗岩，有100 nT左右的平稳航磁异常，异常主体被第四系覆盖，冲沟可见古近系		新生界底部为震旦系和华力西期中酸性花岗岩

续表

异常编号、名称	经纬度	异常特征	地质概况	已发现矿产	定性解释
δg_{-121} 太平	105°14′~105°17′ 35°42′~35°45′	重力高，近似圆形，幅值6.2 mGal，面积约24 km^2	第四系覆盖，有一较强局部磁异常		航磁解释为埋深100 m的超基性岩体，重力异常与磁异常不完全同源
δg_{-122} 杨集	105°19′~105°30′ 35°27′~35°40′	重力高，走向北西，幅值7 mGal，面积约138 km^2	沿冲沟可见寒武系、志留系、石炭系、二叠系，航磁异常零乱，平均在0 nT沿带的南北两端有加里东期中基性火山岩的磁异常		下古生界隆起引起，与中基性火山岩关系不大
δg_{-123} 寺子川	105°19′~105°25′ 35°21′~35°24′	重力高，走向近东西，幅值5.6 mGal，面积约41 km^2			
δg_{-124} 马莲乡	105°50′~106°00′ 35°41′~36°00′	重力高，走向北北西，幅值7.8 mGal，两侧梯度变化较大，面积约174 km^2	可见古近－新近系露头		它是g_{-81}的南延，推测为前寒武系隆起
δg_{-125} 张易	105°60′~106°05′ 35°48′~35°52′	重力高，走向北西，幅值1.1 mGal，面积约20 km^2	新生界覆盖区		
δg_{-126} 观庄	105°01′~106°09′ 35°36′~35°54′	重力低，主体走向南北，幅值－5.9 mGal，两侧梯度变化较小，面积约177 km^2	第四系覆盖		中新生界底部为前寒武系，其断陷时期与六盘山断陷一致
δg_{-127} 联财	105°51′~106°04′ 35°20′~35°36′	长条状重力高，走向北西，幅值5.1 mGal，面积约178 km^2	第四系覆盖，有105 nT左右的航磁异常	煤	为寒武系、奥陶系隆起，同时有中基性岩侵入
δg_{-128} 沙塘	105°58′~106°07′ 35°28′~35°36′	重力低，走向北西，幅值－11.8 mGal，面积57 km^2	第四系覆盖		它是西吉断陷的东南端，是新生界断陷。断陷底部可能为上古生界薄层
δg_{-129} 六盘山	106°09′~106°19′ 35°18′~35°44′	长条状重力高，走向近南北，幅值8.7 mGal，西侧梯度变化较大，面积262 km^2	白垩系隆褶	铅、锌，铜	相对两侧为中生界隆起

续表

异常编号、名称	经纬度	异常特征	地质概况	已发现矿产	定性解释
δg_{-130} 泾源	106°15′~106°27′ 35°15′~35°40′	重力低（未封闭），走向北北西，幅值 −10.2 mGal，两侧梯度变化较大，面积约 184 km^2	可见古近系零星出露		为中新生界断陷，下古生界上部为白垩系、古近系
δg_{-131} 开城	106°16′~106°24′ 35°39′~35°57′	长条状重力高，走向南北，幅值 9.8 mGal，面积 241 km^2	大面积被白垩系覆盖，有奥陶系零星露头		下古生界隆起引起
δg_{-132} 古城	106°26′~106°32′ 35°39′~35°54′	重力低，走向南北，幅值 −8.1 mGal，东侧梯度变化较大，面积 236 km^2	第四系覆盖，区内可见奥陶系露头		中生界底部为奥陶系，为中生界断陷
δg_{-133} 交岔	106°31′~106°38′ 35°53′~36°08′	条带状重力高，走向近南北，幅值 9.7 mGal，面积约 141 km^2	新生界地层覆盖，南侧出露寒武系、白垩系		下古生界隆起
δg_{-134} 彭阳	106°31′~106°37′ 35°39′~35°52′	长条状重力高，走向南北，幅值 12.6 mGal，两侧梯度变化不大，面积约 103 km^2	新生界覆盖区，地表可见奥陶系零星出露		下古生界隆起引起
δg_{-135} 崆峒	106°32′~106°39′ 35°30′~35°35′	重力低，走向北西，幅值 −5.3 mGal，面积约 47 km^2	第四系覆盖，南侧为古生界隆起，可见奥陶系、二叠系、石炭系		异常两侧下古生界有 4000 m 左右的断距，异常处于下降盘，侏罗系有局部断陷
δg_{-136} 麻川	106°40′~106°43′ 35°22′~35°26′	重力高，不规则椭圆状，走向近南北，幅值 9.0 mGal，面积约 29 km^2			
δg_{-137} 红河	106°38′~106°43′ 35°42′~35°51′	重力低，走向近南北，幅值 −6.3 mGal，西侧梯度变化较大，面积约 63 km^2	第四系覆盖，西侧为下古生界隆起		异常处于下古生界断距 4000 m 左右的断裂带上，为中生界断陷
δg_{-138} 四十里铺	106°43′~106°52′ 35°20′~35°29′	长条状重力低，走向北西，幅值 −6.8 mGal，面积约 104 km^2	第四系覆盖		中生界也是断陷，异常的西侧可见青白口系、寒武系、奥陶系和上古生界

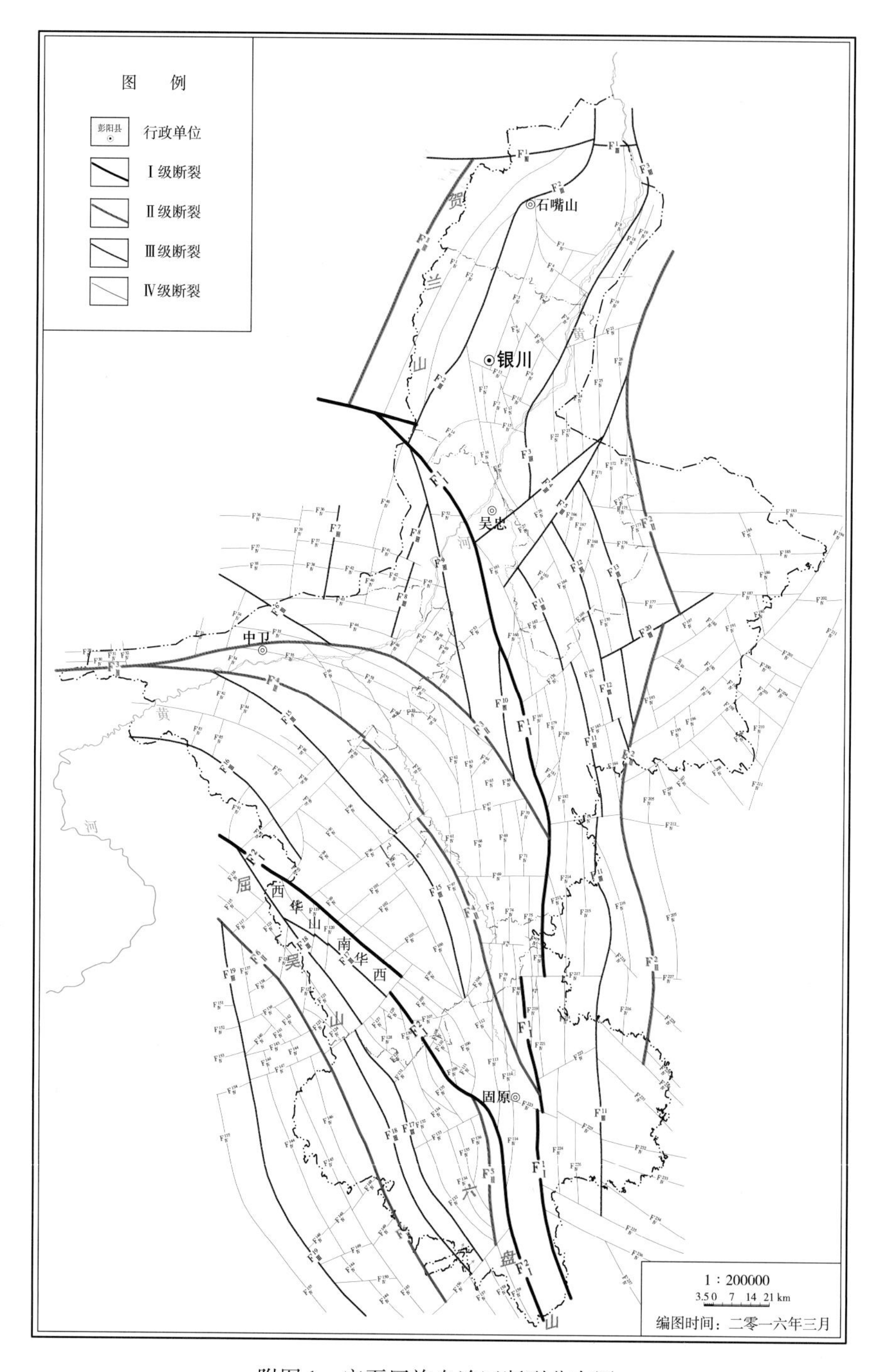

附图1 宁夏回族自治区断裂分布图

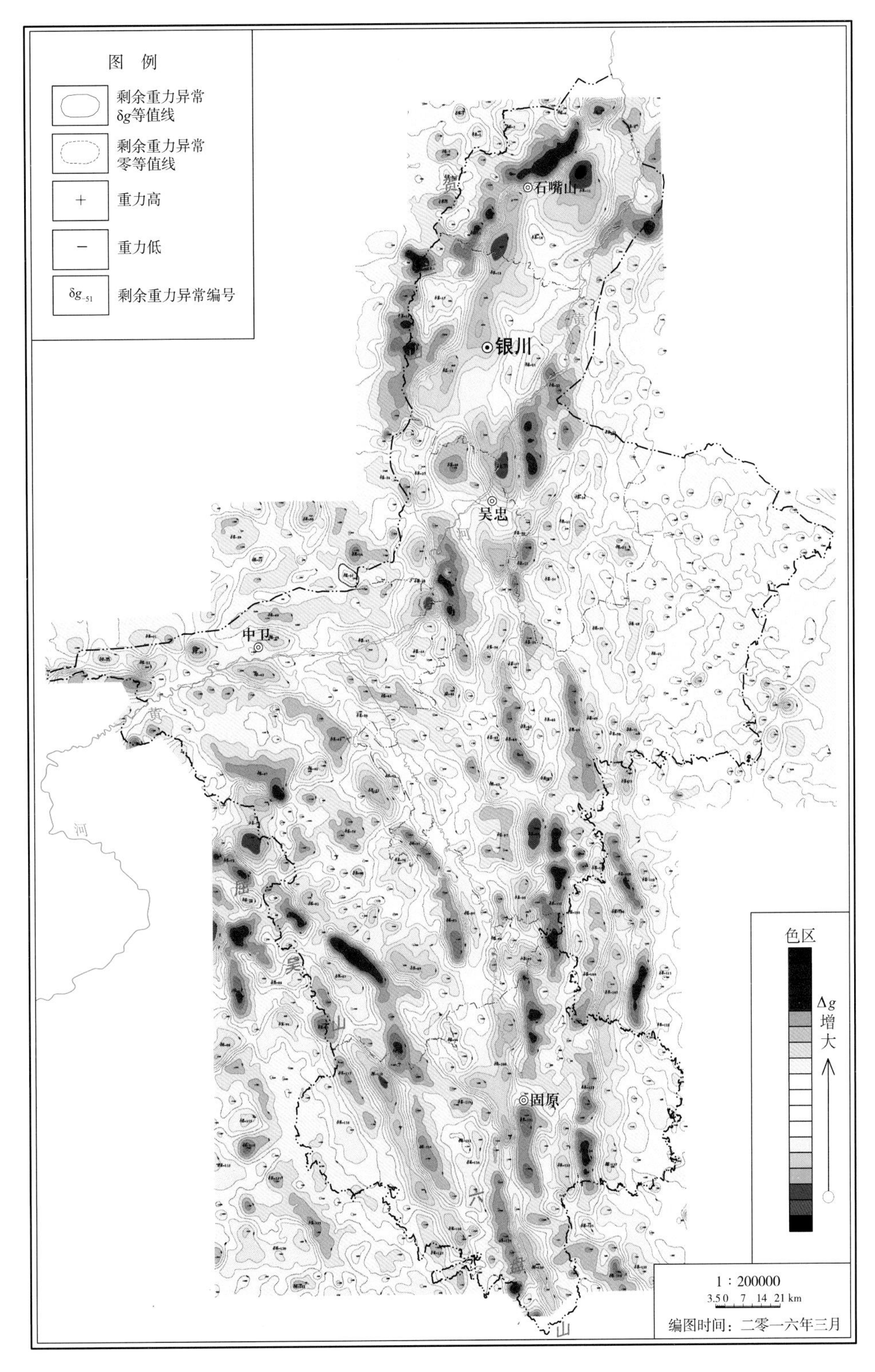

附图2　宁夏回族自治区剩余重力异常图